压铸成型技术及模具
——设计与实践
（第2版）

主编　尹超林
主审　蒋　鹏

重庆大学出版社

内容提要

全书共14章。介绍了金属压铸成型技术和压铸模具的发展历史与现状、压铸成型工艺技术、常用压铸合金、特殊压铸成型工艺、压铸机的主要技术参数和压铸机型号的选用、压铸模具结构的设计方法及步骤、压铸模具常用材料及热处理工艺、常用压铸模具设计软件；压铸模具常见的失效分析形式及压铸模具的维护保养方法；常见压铸缺陷及预防措施。本书收集整理了大量的图表、视频和工厂的典型案例，学生可通过扫描教材中的二维码观看视频。强调了实践性、实用性，注重压铸成型工程技术设计能力的培养。为了便于读者学习与思考，本书每章后面均附有练习题。

本书可作为高等职业技术院校、普通高等本专科院校和成人院校材料成型和模具设计制造专业或相关专业的教学用书，也可作为压铸生产及模具制造企业的工程技术人员、质量控制人员、操作人员的参考书和培训教材。

图书在版编目(CIP)数据

压铸成型技术及模具：设计与实践 / 尹超林主编
. --2版. --重庆：重庆大学出版社，2023.1
高职高专模具制造与设计专业系列教材
ISBN 978-7-5624-7898-0

Ⅰ.①压… Ⅱ.①尹… Ⅲ.①压力铸造—高等职业教育—教材②压铸模—设计—高等职业教育—教材 Ⅳ.①TG24

中国版本图书馆CIP数据核字(2021)第190553号

压铸成型技术及模具——设计与实践
(第2版)
主编 尹超林
特约编辑：秦旖旎
责任编辑：杨粮菊　　版式设计：彭　宁
责任校对：王　倩　　责任印制：张　策
*
重庆大学出版社出版发行
出版人：饶帮华
社址：重庆市沙坪坝区大学城西路21号
邮编：401331
电话：(023)88617190　88617185(中小学)
传真：(023)88617186　88617166
网址：http://www.cqup.com.cn
邮箱：fxk@cqup.com.cn (营销中心)
全国新华书店经销
POD：重庆新生代彩印技术有限公司
*
开本：787mm×1092mm　1/16　印张：21.5　字数：533千
2017年1月第1版　2023年1月第2版　2023年1月第4次印刷
ISBN 978-7-5624-7898-0　定价：59.00元

第2版前言

近年来，随着5G通信和新能源汽车一体化压铸技术的发展，压铸市场异常活跃，压铸产业的高速增长带来了压铸模具制造工业的一派兴旺。根据中国模具工业协会经营管理委员会编制的《全国模具专业厂基本情况》统计，压铸模具约占各类模具总产值的5%，每年增长速度高达25%。目前中国已成为世界性的制造业大国，而且在近50年内中国制造业仍然还将担当“世界工厂”的角色，制造业将是未来我国国民经济增长的主要源泉。在经济全球化浪潮中，产业发展过程的国际分工正在形成，基于成本的压力，外商大量在我国采购压铸件，甚至还在中国设立压铸生产基地，可以预见，未来较长一段时间内，我国仍会承担着国际有色金属铸件及制品的生产制造任务。另一方面由于模具同仁的不懈努力，我国压铸模制作水平和能力有了很大提高，模具质量与先进工业国的差距逐步缩小，巨大的海外模具市场的需求对我国模具产业兴旺起着推动作用。压铸成型技术具有产品质量好、尺寸形状一致性高、少无切削、批量大、节约材料、降低成本等优点，在制造业中得以广泛应用。由于压铸生产具有较高的技术含量，要求从业者必须具备较高的技术水平。因此，我国压铸制造产业的技术发展，人才是关键。而高等职业教育则担负着高技能适用性人才培养的主要任务。

目前有关压铸成型工艺及模具设计的书籍较多，但是普遍存在着一些不足。如内容偏重于理论教学，与企业实际的设计规范和要求存在一定的差距。

本书在第1版的基础上对部分规范及相关内容进行了更新和修订，引入了压铸生产中的新技术。参与编写本书的作者有：重庆工业职业技术学院尹超林，重庆环泰机械制造有限公司技术部副经理刘学明，重庆秦安铸造有限公司模具事业部部长杜修云，重庆康禾盛模具有限公司技术副总罗方金，成都兴光工业科技有限公司工程师黄援。本书作者积20余年压铸企业工艺及模具设计、生产实践和教学经验，在掌握大量工程实践资料数据基础上，编写出此书。本书易学、易懂，专业性强，简明实用。本书的撰写按照两条主线进行：第 1—2 章为压铸成型工艺及设备部分；第 3—13 章为压铸模具设计理论、案例部分；第 14 章为压铸缺陷分析与预防。本书根据“理论以够用为准”的原则，强化应用，突出实践。按照高职学生的认知规律和水平，将理论课程与项目设计并行进行，培养学生的综合运用能力。本书一方面采用了与企业相同步的设计规范和程序，同时，为方便设计者和操作者，书中收集整理了大量的图表，将设计过程和生产实践中的常用数据和常见问题以及相应解决措施都总结归纳其中。

本书可作为高等职业技术院校、普通高等本专科院校和成人院校材料成型和模具设计制造专业或相关专业的教学用书，也可作为压铸生产及模具制造企业的工程技术人员、质量控制人员、操作人员的参考书和培训教材。

本书由重庆工业职业技术学院尹超林任主编，并负责统稿和定稿，北京机电研究所塑性成型工程中心蒋鹏博士、研究员、博士生导师主审。成都工业学院尹红编写绪论，刘学民、罗方金编写第 1 章，刘学民、黄援编写第 2 章，罗方金编写第 3，9，10 章，黄援编写第 4 章，黄援、罗方金编写第 7 章，杜修云、黄援编写第 5，6 章，杜修云、尹超林编写第 8，11，12 章，刘学民、罗方金编写第 13 章，尹超林编写第 14 章。在编写过程中得到了企业专家的大力支持，也参考了部分同行的著作，在此编者表示衷心感谢。

由于编者水平有限，编写时间仓促，本书难免存在疏漏和不足之处，恳请使用本书的教师和读者批评指正。

编　者

2023 年 1 月

绪论

压铸是一种高效率，少、无切削的金属成型工艺，至今约有130多年的历史，与传统的、古老的铸造技术相比，只能说是一种十分年轻的工艺技术。然而，由于压铸所具有的许多特点，它的发展步伐不断加快，在金属制造业中已经占有相当地位。

中国的压铸件市场十分巨大及广泛，大致分为摩托车、汽车、农用车、电动自行车、建筑五金、住宅用品、五金灯具、电子电器、通信器材、仪器仪表、电动工具、日用五金、电子计算机、军事装备及其他领域。中国压铸件产量呈现逐年攀升的势头，2001年以来，年均增长率达13.25%。大量的制造工业特别需要用压铸件，其中铝合金压铸件用得最多，随后是锌合金、铜合金和镁合金。

就汽车工业而言，汽车零部件多属于形状复杂、结构多变、立体性强、尺寸精密和致密性高等多种高要求的零件，而压铸工艺方法在满足这些技术要求方面，则有很强的优势。据1996年报道统计数据，世界上各个国家，不论其工业结构如何，压铸件市场份额中，汽车工业都占主导地位，如澳大利亚80%、日本79.9%、中国64.5%、德国61%、印度60%、加拿大49%、美国48%。可以这样说，压铸工业是汽车工业的重要支撑工业之一。

在当今世界，汽车工业要面对提高性能、节约能源、减少环境污染、降低成本等许多问题，汽车轻量化、减轻整车质量是主要需要解决的途径。诚然，在铸件的采用上，铝合金压铸件替代密度大的黑色金属铸件仍将继续担任主要角色，但这还远远不够，还要寻找质量更轻的材料。由于镁合金具有密度小、比强度高、耐冲击、阻尼性好等一系列优良性能和广泛的应用领域，近年来，引起国内外关注，促进镁合金压铸以年增长20%以上的高速发展。为此，近10余年来甚至在更长的时间内，研究采用更多的镁合金压铸件制造汽车零部件成为主攻课题之一，我国现有镁合金压铸生产企业和科研单位近百家。于是，压铸工艺又将再度显示出其在汽车工业零部件制造中的重要作用。

近几年来，一些工业发达国家的压铸生产的工业结构出现了根本的改变，很多国家将压铸生产逐渐向发展中国家转移，另设工厂，或者向发展中国家直接采购压铸件，其地域目标主要在南美（如巴西）、欧洲（如葡萄牙和波兰），以及东亚一带（重点是中国和韩国）等地，其他一些国家都有相似的倾向。例如，福特公司、丰田公司、通用公司、克莱斯勒公司等许多汽车巨头目前已纷纷在中国投资建厂或从中国购买汽车的零件、部件甚至整车。有报道说，福特公司将在中国下大订单采购零部件，金额高达数十亿美元；通用公司全球采购的订单也向中国零部件企业倾斜，订单中包括铝合金压铸件；三菱公司希望从中国每年采购4亿~5亿美元甚至更多的零部件；汽车零部件供应商德而福集团公司将向中国加大投资，做大中国市场规模；还有其他许多大公司都不约而同采取相同的做法，这一全球范围的举动，必然为中国的压铸工业提供更广阔的市场空间。

从1997年开始，随着汽车、装备制造业、家用电器的高速增长，中国国内模具市场的需求开始显著增长。到2009年，中国模具企业销售额已突破1 000亿元，国产冲压模具、压铸模具等约占总量的80%。压铸模具在汽车零部件、装备制造业等行业需求激增，因此，我国压铸和压铸模具产业生产发展将保持较大的稳定性和较高的增长速度。

“十五”期间，我国模具生产80%左右集中在珠江三角洲、长江三角洲和环渤海这3个地区。为了在竞争中求生存、求发展，模具集群生产应运而生。目前已形成规模的主要有余姚模具城、宁海模具城、慈溪模具城、黄岩模具城、河北黄骅模具城、昆山国际模具城以及北仑模具之乡等。此外还有深圳模具产业基地、苏州高新国际模具城、成都模具产业园、重庆模具产业园、大连模具城、常州长三角模具城、沈阳模具城、芜湖模具产业基地、合肥模具产业园、上海模具工业园、南通模具城、青岛模具城、广东顺德模具城、河源模具工业园、西安模具工业基地等，均已初具规模。

近几年，我国压铸模具的品种、产量、模具设计制造水平，压铸产品的复杂程度、尺寸精度，压铸模具的大型化、复杂化，以及模具制造企业的工艺装备，工作环境，加工和检测手段等均有很大提高，应该说是我国有史以来提升最迅速的时期。但是压铸模的制造总体来说与国外先进工业国家相比差距还很大，大致相当于其20世纪90年代末的水平，大型结构复杂的压铸模具多是仿制，创新点不多。模具制造过程中普遍存在质量控制不够严谨、制造精度不高，以及设计时对模具的热平衡分析、冷却系统设置、模具零件的快换维修、安装的快捷、生产的安全性等方面重视不够，模具使用时的稳定性不高。

我国压铸模具工业发展的现状表现在以下 8 个方面：

(1)压铸模具制造企业普遍采用了 CAD/CAM 技术，CAE 软件在模具设计模拟分析中的应用越来越得到重视

CAD/CAM 一体化技术的实现，使压铸模具的设计制造发生了革命性的改革，实现了企业的技术信息的快速传递和技术资源的共享，提高了零件加工精度和生产效率。近年来，不少厂家还通过采用 CAE 技术，进行模拟金属的充填过程，模具温度场的分析，预测成型过程中铸件可能产生的缺陷及模具强度的分析，来验证模具的流道、溢流、冷却、排气系统及模具结构的设计方案，实现设计优化，减少设计的失误，缩短试验时间。能否成熟地运用 CAE 技术到模具设计和生产上，将成为当今压铸模制造厂家技术提升的新热点和企业实力的一个重要标志。有的公司建立了 CAD/CAE/CAM 计算机网络，模具制作全过程实现无图纸化生产；同时企业也吸收了国外模具设计的新理念，优化了方案，收到了很好的效果。采用信息技术带动和提升模具企业的传统生产是必然趋势，并越来越显示出强大的优越性。

(2)设计和制造大型复杂压铸模的能力大幅提升，国内压铸模具企业已具备制造大型复杂压铸模的能力

近年来，为适应铸件大型化的需要，国内大吨位压铸机拥有量剧增，大型、复杂压铸模需求量得到扩大。

几年前用在超过 15 000 kN 压铸机上用的模具基本都是从国外引进。经过近 10 年来国内各大压铸模具公司的努力，锁模压力在 20 000 kN 以内的压铸机上使用的大型汽车模具，如汽车离合器、变速箱、油底盘以及大型灯罩壳体等压铸模目前完全可以在国内制造，模具的水平和使用效果基本能满足产品需要。例如，被誉为汽车的心脏——缸体的压铸模的开发及制造，由于汽车缸体模属于目前大型汽车压铸模中技术难度最大、技术含量最高的一类，模具在 20 000~30 000 kN 压铸机上使用，单套模具质量一般在 30 t 左右，使用中对生产效率和产品合格率要求特别高，国内各大汽车制造公司一直以来都不惜重金从国外引进模具，上海乾通汽车附件有限公司在国内率先制作了第一套自用的四缸缸体压铸模具。

(3)新技术、新工艺、新材料的应用

压铸模制造水平和寿命的提高有赖于新技术、新工艺的采

用,如不少厂家采用高速加工中心机床高速切削加工淬火后的成型镶块、采用石墨加工中心加工电极、采用慢走丝线切割机加工成型镶块及高精度孔、采用合模机进行模具调试修研装配、采用三坐标测量仪检测坐标尺寸。此外,真空压铸技术,使用恒温器保持模具的工作温度的恒温技术,采用局部加压装置的设计,氮气弹簧的选用,模具零件加工时的在线检测,模具冷却系统的研究,压铸镁合金所用的模具的研制,模具使用的可靠性,稳定性及人性化的研究,以及型腔镶块采用多种表面强化处理(氮碳共渗、硫氮碳共渗、氧化、物理气相沉积)等先进制造技术不断地尝试和推广。

目前,压铸模使用的热模钢主要有上海宝钢、长城钢厂、抚顺钢厂、大冶钢厂、本溪钢厂等国内厂家冶炼的4Cr5MoSiV1(H13钢),以及欧洲和日本生产的钢材,如:瑞典ASSAB钢厂的8407,8418(DIEVAR);奥地利BOHLER钢厂的W300,W400,W403;德国KIND & CO钢厂的TQ1;德国蒂公司的1.2343,1.2344;法国AUBERT & DUVAL公司的ADC3,SMV3;日本日立公司的DAC,DAC55;日本大同公司的DHA1,DH31等。这些钢材洁净度高、组织偏析少、晶粒细、各向同性优异、机械切削性能好、热处理变形少、工作时热强度高、韧性好、磨损少,由于优质钢材的合理选用以及真空热处理工艺的普遍应用,使得近年我国压铸模使用寿命与国际先进工业国的距离大大缩小(但国内模具的使用故障率高仍是通病)。模架的加工精度和材质强度也越来越得到了重视,模架质量的好坏直接影响到整套模具的寿命和产品的精度,“没有高质量的模架不算一套好的压铸模”这个观点正被同行接受。模架常用的材料有中碳钢(45钢、50钢、55钢)、高强度QT、铸钢等。当前行业内对模具的材料选择和热处理工艺更科学和严谨。

(4)高精尖设备的使用前所未有

近年来,压铸模具企业增添很多高端的加工设备,如五轴高速加工中心、三坐标测量仪、慢走丝线切割机床、大型合模机、大型精密电火花机床、整体石墨电极加工机床、深孔钻床、大型龙门磨床、大型龙门数控铣床、大型高压真空淬火炉等设备。这些优良的装备投入为加大产出、缩短制模周期、提高制造精度、制造复杂模具提供了保证,压铸模的制造正改变着“依赖钳工”修正装配的制模模式,朝着“只装少配”的方向迈进。

(5)压铸模具出口市场份额日趋增多

我国出口的压铸模具目前集中在欧洲、北美、日本、韩国等地，据了解部分企业的出口模具量已占总产值的30%以上。越来越多的优质压铸模漂洋过海，这些模具的共同特点是用料考究、制作精良、尺寸精度高、交货周期短，能符合客户标准要求，使用寿命和铸件质量达到或趋近国外先进水平，同时具有明显的价格优势。

(6)压铸模具生产专业化程度尚有待提高

提高模具的专业化生产是市场细分的产物，也是提高模具质量和降低成本的发展趋势。最理想的专业化分工是以特定的压铸件产品来划分，形成有些企业专门制造某类产品模具特别专长，质量特别好，成本特别低，得到市场认可，对这类模具采购量相对集中。

(7)标准化程度有待提高

正确合理地选用压铸模具标准件，提高企业的标准化程度，是提高模具的质量，降低生产成本，缩短制造周期的有效途径。模具标准化程度是衡量一个国家模具水平的重要标志，国外先进工业国家模具标准化率达70%~80%，而目前我国约为40%，而压铸模具标准的建立和标准件的商品化生产及使用覆盖面都低于冲模和塑料模。

(8)国产压铸模具材料的质量有待提高

目前，国产的H13钢材质量和稳定性仍未尽人意，通过改良升级的国产H13钢村，已能满足使用要求。当制造要求高，或使用寿命长，或镶块较大，以及出口模具时基本还首选进口钢材，国产钢材与进口钢材价格相差甚远，很大程度上影响到市场开拓的竞争力。

目录

第 1 章

压铸成型基础

学习目标:

通过本章学习了解压铸成型过程及特点,掌握金属液流动状态和压铸成型工艺参数对压铸质量的影响,掌握压铸成型对压铸件的结构要求。

能力目标:

通过本章的学习应具备设计简单压铸件工艺参数的能力并应具备压铸件结构、精度工艺分析的能力。

1.1 压铸成型技术基础

金属压铸成型(简称压铸)是将熔融的金属液在高压作用下,以高的速度填入压铸模的型腔中,并使金属液在高压状态下凝固而获得铸件的一种方法。它是目前所有金属铸造成型方法中效率最高的一种铸造成型工艺方法。金属压铸成型的显著特点是可以成型形状复杂、壁薄的有色金属结构件,是一种高效率、高精度、高互换性、低消耗的精密零件成型技术。

1.1.1 压铸的基本原理及工艺流程

压铸时压力是从几兆帕到几十兆帕(几十到几百个标准大气压),填充速度为0.5~70 m/s。因此,高压和高速是压铸方法与其他铸造方法的根本区别,也是压铸的重要特征。压铸过程循环如图1.1所示,其压力铸造工程如图1.2所示。

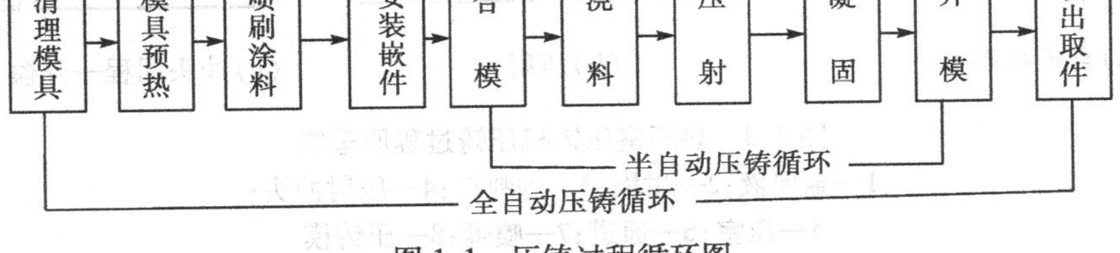

图1.1 压铸过程循环图

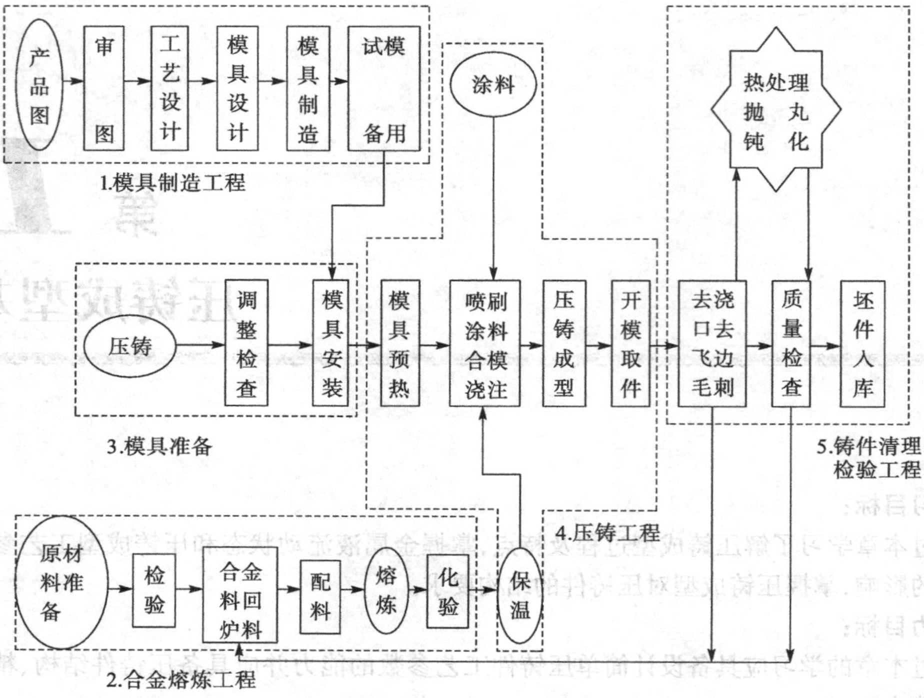

图 1.2　压力铸造工程图

压铸的过程是将熔融的金属液注入压铸机的压室，在压射冲头的高压作用下，高速地推动金属液通过压铸模具的浇注系统，注入并充满压铸模具型腔，在高压作用下完成冷却、结晶、固化等过程，从而获得相应的金属压铸件。

下面以热压室压铸机为例对压铸原理和过程进行说明。

热压室压铸机是锌合金、锡合金、铅合金等低熔点合金压铸的常用设备，它的压室通常浸入在坩埚内的金属溶液中，其压铸原理如图 1.3 所示。

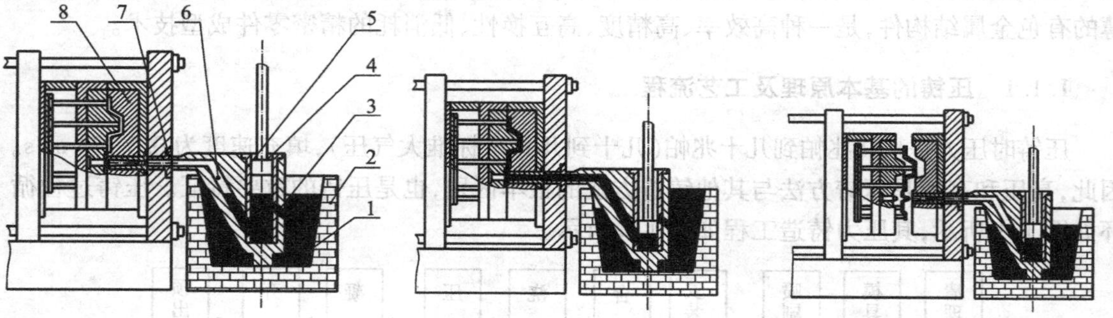

(a)合模状态　　(b)压射　　(c)冲头回程—开模—顶出铸件

图 1.3　热压室压铸机压铸过程原理图

1—金属液；2—坩埚；3—进料口；4—压射冲头；

5—压室；6—通道；7—喷嘴；8—压铸模

压铸过程中，当压铸模 8 闭合后，压射冲头 4 上升，在大气压作用下，坩埚 2 内的金属液 1 通过进料口 3 进入压室 5 内。由于通道 6 高于坩埚 2 的金属液面，金属液 1 不会自行流入压铸模8的型腔内。当压射冲头4在足够的压力下压时，金属液1沿着通道6经喷嘴7填充到压铸模8型腔内。当金属液充满型腔，并通过增压、保压完成补缩过程后，压铸件冷却凝固成型，压射冲头4回升，然后开模顶出，取出铸件，完成一个压铸循环。模具喷刷涂料合模后，进行下一个循环操作。

1.1.2　压铸成型工艺的特点

压铸成型（压铸生产）具有高速、高压、填充时间极短，并在高压状态下凝固成型的特点，因此，压铸较其他铸造方法具有以下特点：

(1)压铸成型的优点

①压铸件组织致密，具有较高的强度和硬度。由于压铸是熔融的液态金属在极短的时间内完成填充，在压铸模内迅速冷却，同时在高压下凝固结晶。因此，在压铸件靠近表面层晶粒较细，组织致密，使得压铸件具有较高的强度、硬度和良好的耐磨性能以及抗腐蚀性能。

②压铸件表面质量好，尺寸精度高。压铸件尺寸精度可达IT13—IT11级，最高时甚至可达IT9级；压铸件的表面粗糙度R_a值通常达0.8~3.2 μm，甚至可达0.4 μm，压铸件互换性好。

③可以生产出形状复杂、轮廓清晰、薄壁深腔的压铸件。压铸锌合金的压铸件最小壁厚可达0.3 mm，铝合金压铸件最小壁厚可达0.5 mm。同时，可以铸出清晰的文字和图案。

④生产效率高，可实现机械化或自动化生产，特别适合大批量生产。冷室压铸机根据压铸机规格的大小，每小时可压铸30~100模次，甚至更多；热室压铸机每小时可压铸400~1 000模次。

⑤材料利用率高。压铸件可不进行机械加工或只需进行少量机械加工就能直接装配使用，材料利用率可达60%~80%，甚至更高。

⑥经济效益好。由于压铸件尺寸精度高、表面质量好，加工余量少或不经机械加工就能进行装配，减少了机械加工设备和加工成本，可获得好的经济效益。

⑦可使制造工艺简单化。压铸生产可将其他具有特殊性能的嵌件直接嵌铸在压铸件上，既满足使用性能的要求，扩大产品用途，又减少了装配工序，使制造工艺简单化。

(2)压铸成型的缺点

①压铸模具的制造成本较高，制造周期长，以及压铸机的费用较贵，因此，不适合小批量的生产，只适用于定型产品的批量生产。

②压铸合金的种类受到限制。目前所采用的压铸模具材料，其耐热性能只适用于熔点较低的铝合金、锌合金、镁合金等合金的压铸；而铜合金在压铸时，由于其熔点较高，模具寿命短的问题比较突出。由于黑色金属的熔点高，压铸模具的使用寿命决定了黑色金属压铸很难用于实际生产。因此，研究和开发新的压铸模具材料和压铸新工艺方法，是压铸工作者需要努力解决的问题。

③由于在压铸成型时，金属液在高温状态下以极快的速度充型，型腔和压室内的气体很难完全排出，同时，由于压铸过程中金属液补缩困难，铸件易出现气孔、缩孔等缺陷，不同程度地影响使用性能及后续的工艺加工性能。

1.2 压铸件的工艺性分析

1.2.1 压铸件的结构工艺性

在压铸生产过程中，要保证压铸件的质量和生产过程的顺利进行，除了受到各种工艺因素的影响外，其铸件结构设计的工艺性也是一个十分重要的前提。压铸件的结构设计是压铸工作的开始，设计时除了首先要考虑其本身的功能性要求，还要考虑其设计的合理性与工艺的适应性，因其直接决定后续工作能否顺利进行。

对压铸件结构的工艺合理性进行分析时需充分考虑各方面的要求，如：符合压铸工艺特点，满足压铸件结构要素的特性，简化模具结构、降低制造难度，方便铸件清理、表面处理、机械加工等后续工序，等等。因此，合理的压铸件结构可缩短产品试制周期、降低生产成本、保证铸件质量、提高生产效率和延长模具使用寿命。故在设计压铸件时，必须强调压铸件设计师与压铸工艺人员的合作，预先考虑并排除在压铸过程中可能发生的许多不利因素。下面对压铸件的结构要素分别进行阐述。

(1)铸件壁厚、连接形式及铸造圆角

薄壁是压铸件的特点之一。压铸时，高温、高速、高压的金属液与模具成型表面接触后很快冷却，最终在铸件表面形成一层致密的细晶粒组织（铝合金的致密层一般在 1 mm 左右，锌合金的致密层一般在 0.3 mm 左右）。该致密层使压铸件强度明显提高，同时也改善了其他性能（如耐磨性、耐蚀性）。

1)铸件壁厚

压铸件壁的厚薄对压铸件的质量有很大影响，厚壁件中心层的晶粒粗大，易形成缩孔、气孔、表面凹陷等缺陷，因而使其力学性能和气密性降低，同时增加金属消耗和成本。压铸件壁太薄又会存在欠铸和冷隔的风险，整个铸件强度也会受影响。因此，需要确定合理的壁厚。合理的壁厚取决于压铸件的具体结构、合金的性能，并与压铸工艺有着密切关系。在满足产品使用功能要求的前提下，综合考虑上述因素的影响，以最低的金属消耗取得良好的成型性和工艺性，采取正常、均匀的壁厚为佳。对于大型铝合金压铸件，壁厚也不宜超过 6 mm。压铸件的最小壁厚和正常壁厚见表 1.1。

表 1.1 压铸件最小壁厚和正常壁厚推荐值

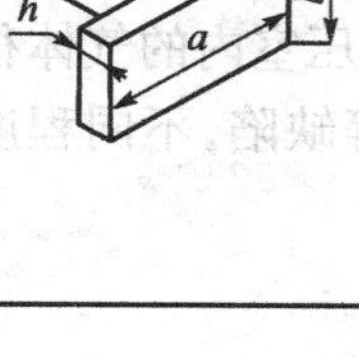

壁的单面面积 $a \times b$ /cm^2	锌合金		铝(镁)合金		铜合金	
	壁厚 h/mm					
	最小	正常	最小	正常	最小	正常
≤25	0.5	1.5	0.8	2.0	0.8	1.5
>25~100	1.0	1.8	1.2	2.5	1.5	2.0
>100~500	1.5	2.2	1.8	3.0	2.0	2.5
>500	2.0	2.5	2.5	3.5	2.5	3.0

2)压铸件壁与壁的连接形式和圆角设计

压铸件上的壁与壁的连接形式和圆角设计,主要应考虑有利于金属液流动和压铸成型,避免压铸件产生应力集中和裂纹,以及延长模具寿命。壁的连接通常采用国内外设计标准推荐的圆角和隅部加强渐变过渡连接,各种过渡连接形式及设计数据如下:

①两壁水平连接

两壁水平连接如图 1.4 所示。

$h_1/h_2 \leqslant 2$ 时,则

$$R = (0.2 \sim 0.5)(h_1 + h_2)$$

$h_1/h_2 > 2$ 时,则

$$L \geqslant 4(h_1 - h_2)$$

②两壁垂直连接

两壁垂直连接如图 1.5 所示。

a.等壁厚时,则

$$R = h + rr = Kh \sim h$$

其中,锌合金 $K=1/4$,铝、镁、铜合金 $K=1/2$。

b.不等壁厚时,则

$$R = r + \frac{h_1 + h_2}{2}$$

$$r \geqslant \frac{h_1 + h_2}{3}$$

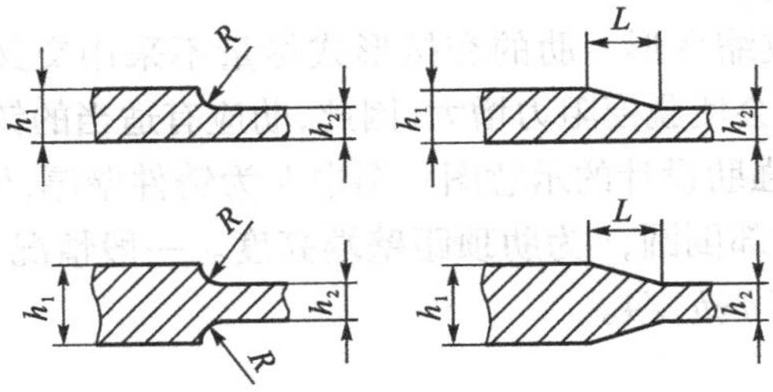

图 1.4　压铸件壁与壁的水平连接

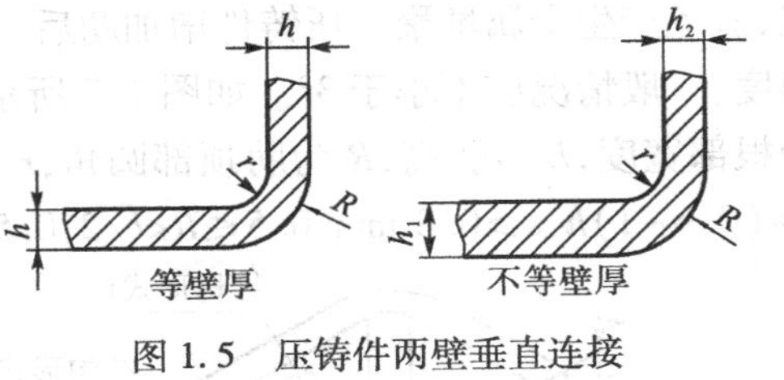

图 1.5　压铸件两壁垂直连接

③两壁交叉连接

如图 1.6 所示,交叉连接的壁,多数情况下是相等壁厚(不相等时,仍可按下列各式计算圆角,应选最薄处壁厚代入公式),交接处圆角尺寸如下:$\alpha=90°$,$R_1=R_2=h$;$\alpha=45°$,$R_1=1.5h$,$R_2=0.7h$;$\alpha=30°$,$R_1=2.5h$,$R_2=0.5h$。

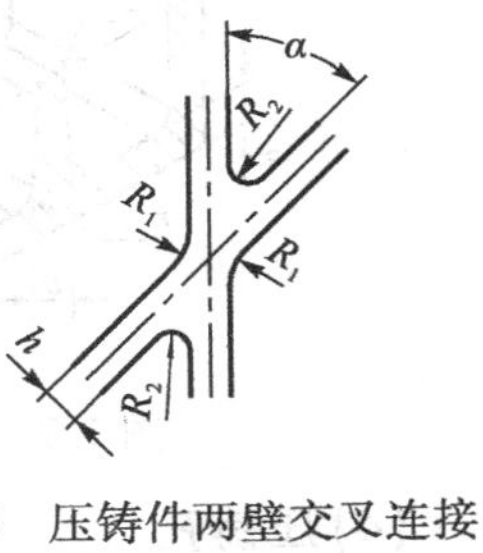

图 1.6　压铸件两壁交叉连接

(2)铸造斜度

铸造斜度又称脱模斜度。为了便于从压铸模内取出压铸件和从压铸件内抽出型芯,在设计压铸件时,应在结构上留有尽可能大的铸造斜度。铸件上的铸造斜度,不单纯是为了减少压铸件与模具的摩擦,容易取出压铸件,保证压铸件表面不被拉伤,使表面光洁,同时对延长模具使用寿命也具有重要意义。

为了减少压铸件脱模时与模具零件成型表面间的摩擦,压铸件内表面上的斜度更为重要。

这是因为金属在凝固冷却过程中收缩时会紧紧包住型芯以及型腔上凸出的成型部分，因此，压铸件上各部分所需要的斜度值大小是不相同的，应按金属收缩的方向来确定。当金属的收缩受到的阻力大时，斜度应大些；反之，斜度可以稍小些。

铸造斜度一般不计入公差范围内，其大小要根据压铸件的脱模深度、合金性质、形状复杂程度以及壁厚而定。一般规定的铸造斜度如下：脱模深度浅的大于深的，高熔点合金大于低熔点合金，形状复杂的大于形状简单的，厚壁大于薄壁，内侧大于外侧。表 1.2 中列举了最小铸造斜度值。在设计压铸件时，应尽可能选用大于表中的斜度值。

表 1.2　最小铸造斜度

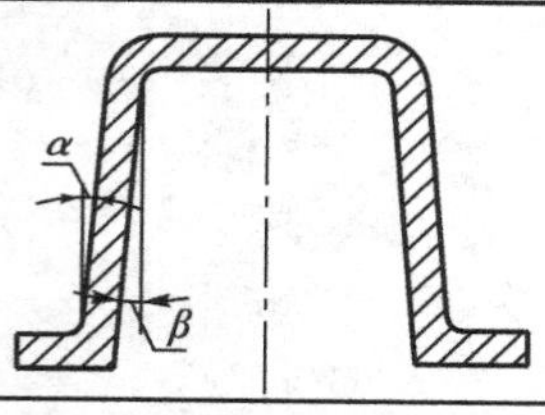	合金种类	配合面最小斜度		非配合面最小斜度	
		外表面 α	内表面 β	外表面 α	内表面 β
	锌合金	0°10′	0°15′	0°15′	0°45′
	铝、镁合金	0°15′	0°30′	0°30′	1°
	铜合金	0°30′	0°45′	1°	1°30′

注：表中数值适用于型腔深度或型芯高度不大于 50 mm，铸件表面粗糙度 R_a 为 0.8 μm。当深度或高度不小于50 mm，或铸件表面粗糙度 R_a 小于 0.8 μm 时，则脱模斜度可适当减小。

(3) 加强肋

压铸件的特点之一是薄壁，为了提高其强度及刚性，防止收缩变形、压铸件推出时变形和产生裂纹，不能单纯用增加厚度的方法，而应在适当的位置设置加强肋。压铸过程中它还可以作为金属液填充的辅助通道，使铸件的成型性更好。

肋的厚度应均匀、布置对称，防止产生新的收缩变形。肋的交接形式尽量不采用交叉形式，避免产生金属堆聚。压铸件增加肋后，开模时会使脱模阻力增大，因此，肋应有适当的铸造斜度，一般情况应不小于 3°。如图 1.7 所示为加强肋设计的示意图。图中 h 为铸件壁厚，b 为肋根部宽度，L 为肋高，R 为肋顶部圆角，r 为肋根部倒圆，s 为肋顶距壁端高度。一般情况下，$b=(0.6\sim1)h$，$s\geq0.8$ mm，$0.5\leq R<b/2$，$0.5\leq r\leq(h+b)/4$。

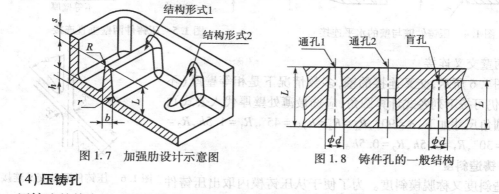

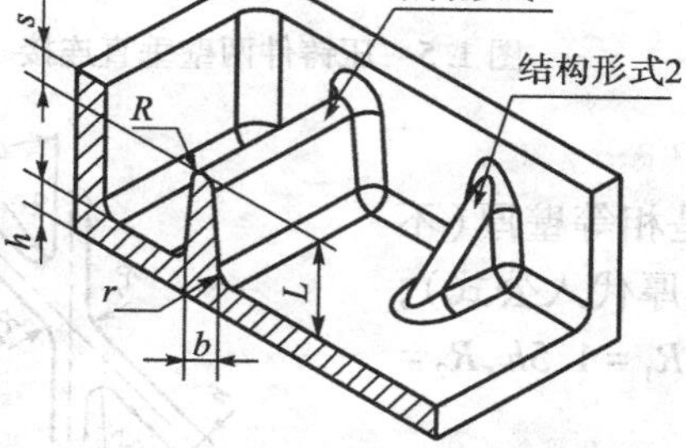

图 1.7　加强肋设计示意图

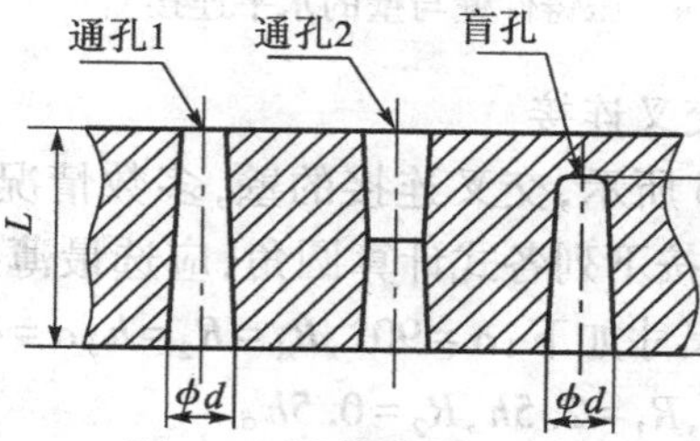

图 1.8　铸件孔的一般结构

(4) 压铸孔

压铸法的特点之一是能够铸造出小而深的圆孔或其他异形孔槽。对一些精度要求不高的孔和槽，可以不必再进行机械加工就可以直接使用，节省了铸件原材料及后续工艺。

因压铸过程中金属液冷却时会产生收缩，对型芯产生较大的抱紧力和侧向收缩力，使细长型芯抽出时，容易弯曲或折断。因此，压铸孔和槽的最小尺寸及其深度受到一定的限制。铸件孔的一般结构如图1.8所示，有关尺寸可参考表1.3。

表1.3　铸孔最小孔径以及孔径与深度的关系

合金种类	最小孔径 d/mm		深度 L 为孔径 d 的倍数/mm			
	经济上合理的	技术上可能的	盲　孔		通　孔	
			$d>5$	$d\leqslant5$	$d>5$	$d\leqslant5$
锌合金	1.5	0.8	$L\leqslant6d$	$L\leqslant4d$	$L\leqslant12d$	$L\leqslant8d$
铝合金	2.5	2.0	$L\leqslant4d$	$L\leqslant3d$	$L\leqslant8d$	$L\leqslant6d$
镁合金	2.0	1.5	$L\leqslant5d$	$L\leqslant4d$	$L\leqslant10d$	$L\leqslant8d$
铜合金	4.0	2.5	$L\leqslant3d$	$L\leqslant2d$	$L\leqslant5d$	$L\leqslant3d$

注：表内深度系指固定型芯而言，对于活动的单个型芯其深度还可以适当增加；对于较大的孔径，精度要求不高时，孔的深度也可超出上述范围。

(5)压铸齿与螺纹

齿和螺纹都可以直接压铸出，对于要求低的齿和螺纹，除去接缝和缺陷即可使用，对要求精度高的齿和螺纹，工作面应留有0.2~0.3 mm的加工余量，最后由机械加工最终成形。除铜合金因收缩大，型芯取出困难，只能压铸外螺纹外，其他合金的内、外螺纹都可以进行压铸成型。由于压铸件的收缩，在旋出螺纹型芯时，螺纹牙形上表面摩擦力很大，旋出困难，为了减少旋出阻力，螺纹型芯宜短不宜长，在轴向上还要有一定的斜度。由于压铸内螺纹比较复杂，为简化模具结构，通常的作法是先制作出螺纹底孔，再由机械加工成内螺纹。压铸螺纹的牙形应避免尖角，一般设计成圆头或平头，如图1.9所示为压铸螺纹牙形的一般画法。

压铸的螺纹与机械加工的螺纹相比，表层的耐磨性和耐压性是其优点，但尺寸精度、形状的完整性以及表面粗糙度都要差些。当压铸的螺纹较长时，必须估计到因合金收缩引起螺距的累积误差，因此螺纹不应过长。可压铸的螺纹尺寸见表1.4。

压铸齿轮的最小模数 m 一般如下：锌合金齿轮 $m=0.3$ mm，铝、镁合金齿轮 $m=0.5$ mm，铜合金齿轮 $m=1.5$ mm。

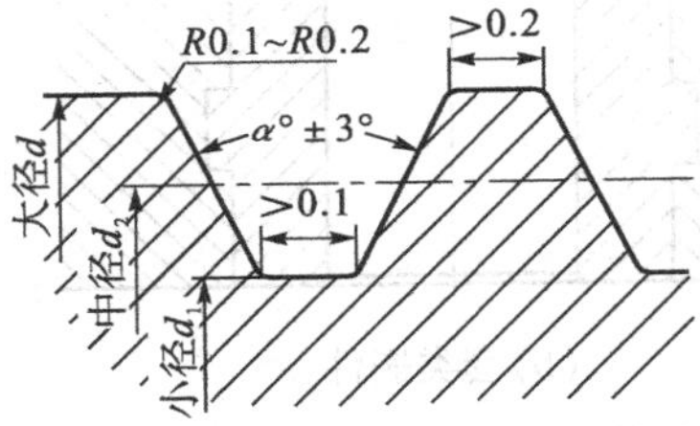

(a)外螺纹牙形

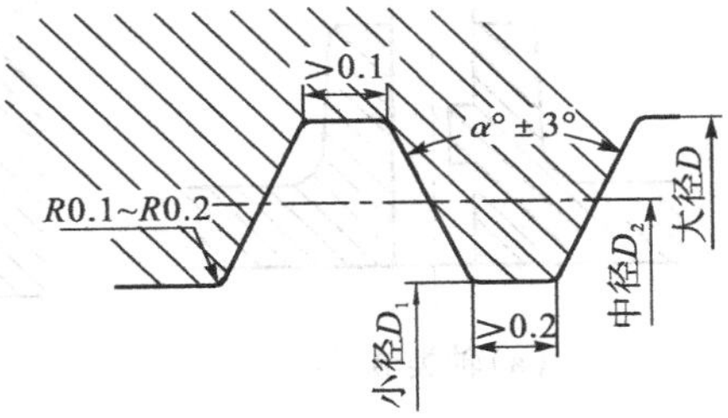

(b)内螺纹牙形

图1.9　螺纹牙形

表1.4　可压铸的螺纹尺寸/mm

合金种类	最小螺距 p	最小直径(大径)		最大长度(p 的倍数)	
		外螺纹 d	内螺纹 D	外螺纹 L	内螺纹 L
锌合金	0.75	6	10	$8p$	$5p$
铝合金	0.75	8	14	$6p$	$4p$

续表

合金种类	最小螺距 p	最小直径(大径)		最大长度(p 的倍数)	
		外螺纹 d	内螺纹 D	外螺纹 L	内螺纹 L
镁合金	0.75	10	14	$6p$	$4p$
铜合金	1.00	12	—	$6p$	—

(6)文字、标志和图案

在铸件上设计文字、标志和图案时,为了适应模具制造的特点,应采用凸纹,这样在模具上加工凹体比较方便。这些结构应避免尖角,图形和笔画应尽量简单,便于模具加工和提高模具使用寿命。除特殊要求外,文字大小一般不小于 5 号字,文字凸出高度大于 0.3 mm,一般取 0.5 mm,线条最小宽度一般为凸出高度的 1.5 倍,常取 0.8 mm,线条最小间隔距大于 0.3 mm,铸造斜度为 10°~15°。

(7)嵌件

在压铸件的设计过程中,根据需要常常会采用加入嵌件的结构形式。加入嵌件后,会使该部位具有本体合金材料没有或者达不到的特殊性能,如强度、硬度、耐蚀性、耐磨性、导磁性、导电性、绝缘性、焊接性等,以扩大压铸件的应用范围。除了改善其物理、化学性能外,加入嵌件还可以改善压铸件的工艺性,如消除局部热节、消除侧凹、细长孔、曲折腔道等阻碍抽芯或出模的部位。以压铸件本身作为嵌件,可以代替部分装配工序或达到将复杂件转化为简单件的目的。嵌件的常见结构如图 1.10 所示。

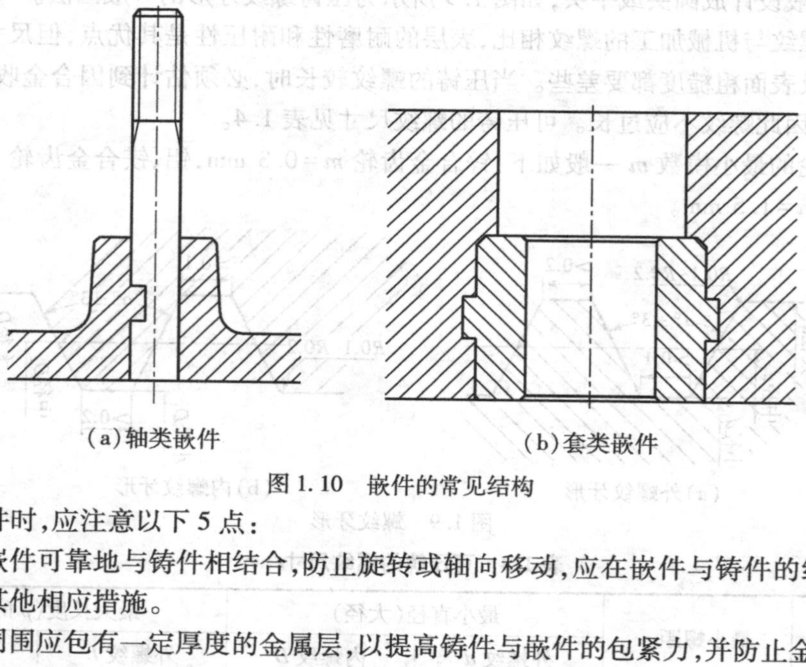

(a)轴类嵌件　　(b)套类嵌件

图 1.10　嵌件的常见结构

设计嵌件时,应注意以下 5 点:

①为使嵌件可靠地与铸件相结合,防止旋转或轴向移动,应在嵌件与铸件的结合面滚花、开槽或采取其他相应措施。

②嵌件周围应包有一定厚度的金属层,以提高铸件与嵌件的包紧力,并防止金属层产生裂纹,嵌件周围金属层最小厚度见表 1.5。

表 1.5 嵌件直径及其周围金属层最小厚度/mm

嵌件直径 d	周围金属层最小厚度	嵌件直径 d	周围金属层最小厚度
$d \leqslant 3$	1~1.5	$5<d \leqslant 11$	2~2.5
$3<d \leqslant 5$	1.5~2	$11<d \leqslant 18$	2.5~3.5

③设计铸件时要考虑到嵌件在模具中的定位，要保证嵌件在受到金属液冲击时不脱落、不偏移。

④嵌件应有倒角，以利于放入模具并避免铸件产生裂纹。

⑤带有嵌件的铸件一般应避免热处理和表面处理，以免嵌件在铸件中松动和产生腐蚀。

1.2.2 压铸件的尺寸精度

在铸造成型的各类工艺中，压铸法生产的零件可达到的尺寸精度是比较高的，其稳定性也不错。对整个压铸件的精度进行合理设计需要从产品图要求的合理性、压铸技术保证的可能性、实现批量生产的经济性这3个方面考虑，因此，合理的压铸件是设计出来的。

(1)影响压铸件尺寸精度的主要因素

①模具因素。包括模具浇排系统、冷却加热系统及推出机构设计对压铸件精度的影响，成型零件的制造误差及装配误差，分型面或活动成型的锁紧状况及脱模斜度，压铸使用到一定阶段后模具磨损及修模误差。

②压铸材料因素。包括合金种类、合金化学成分偏差引起的收缩误差等。

③压铸工艺因素。如压铸工艺参数选择引起的误差、压铸过程中模具热平衡控制误差、压铸机合模机构精度及刚性等。

④其余外部因素。如环境温度变化引起的误差等。

上述因素互相交织在一起，共同影响压铸件精度。例如，合金收缩率就因压铸件的形状、压铸工艺参数、合金种类、压铸件的壁厚而不同，因此，要在研究上述条件与收缩率关系的基础上，才能设计出符合实际情况的收缩率。

(2)压铸件尺寸精度的选择

《铸件尺寸公差、几何公差与机械加工余量》(GB 6414—2017)规定了压力铸造生产的各种铸造金属及合金铸件的尺寸公差，其代号为CT。各级公差数值见表1.6。

表 1.6 铸件尺寸公差数值/mm

铸件基本尺寸		公差等级						
大于	至	CT3	CT4	CT5	CT6	CT7	CT8	CT9
—	3	0.14	0.20	0.28	0.40	0.56	0.80	1.2
3	6	0.16	0.24	0.32	0.48	0.64	0.90	1.3
6	10	0.18	0.26	0.36	0.52	0.74	1.0	1.5
10	16	0.20	0.28	0.38	0.54	0.78	1.1	1.6
16	25	0.22	0.30	0.42	0.58	0.82	1.2	1.7
25	40	0.24	0.32	0.46	0.64	0.90	1.3	1.8

续表

铸件基本尺寸		公差等级						
大于	至	CT3	CT4	CT5	CT6	CT7	CT8	CT9
40	63	0.26	0.36	0.50	0.70	1.0	1.4	2.0
63	100	0.28	0.40	0.56	0.78	1.1	1.6	2.2
100	160	0.30	0.44	0.62	0.88	1.2	1.8	2.5
160	250	0.34	0.50	0.70	1.0	1.4	2.0	2.8
250	400	0.4	e0.56	0.78	1.1	1.6	2.2	3.2
400	630	—	0.64	0.90	1.2	1.8	2.6	3.6
630	1 000	—	—	1.0	1.4	2.0	2.8	4.0
1 000	1 600	—	—	—	1.6	2.2	3.2	4.6

批量生产的压铸件，在正常情况下所能达到的公差等级：对铝（镁）合金为 CT7—CT5，对锌合金为 CT6—CT4，对铜合金为 CT8—CT6。壁厚尺寸公差一般可降一级选用，即图样上的一般尺寸为 CT6，则壁厚尺寸公差为 CT7。铸件尺寸由于受分型面及模具活动部分的影响，增大了尺寸公差。为了适用于各种类型的铸件基本尺寸，表 1.6 中的公差值已包括了分型面及模具活动部分的影响而引起的公差增量。

公差带的位置有以下几种情况：对于不需机加的配合尺寸，孔取正公差，轴取负公差；对于待机加的尺寸，孔取负公差，轴取正公差；对于非配合尺寸，一般取中间（±）公差。

压铸件各个尺寸的公差根据要求可分为一般尺寸、严格尺寸和高精度尺寸。一般尺寸即是未注公差尺寸，对铝（镁）合金可选 CT6，对锌合金可选 CT5，对铜合金可选 CT7。严格尺寸要求在模具结构上消除分型面及活动成型的影响，公差可选高于一般尺寸 1~2 级。高精度尺寸是特殊铸件上的个别尺寸，这类尺寸不仅要求模具上消除分型面、活动成型以及收缩率选用误差等的影响，而且在模具维修、压铸工艺及尺寸检测等方面要严格控制，公差一般选≤CT3。对于圆角半径公差的选择，可见表 1.7。

表 1.7　圆角半径的尺寸公差/mm

圆角半径	≤3	>3~6	>6~10	>10~18	>18~30	>30~50
公　差	±0.3	±0.4	±0.5	±0.7	±0.9	±1.2

(3) 压铸件的角度公差和形位公差

通常情况，压铸件的表面形状和位置主要是由压铸模的成型表面所决定，而成型表面和位置可以达到较高的精度，因此，对压铸件的一般表面的形状和位置不作另行规定，其公差值包括在有关尺寸的公差范围内。对于直接用于装配的表面，参考机械加工零件，在图样中注明表面形状和位置公差。

对于压铸件来说，变形是避免不了的问题，其公差值应控制在合理的范围。自由角度和自由锥度尺寸公差按表 1.8 选取，锥度公差按锥体母线长度决定，角度公差按角度短边长度决定。

一般按 2 级精度选取，特殊情况可选 1 级精度；受分型面及模具活动部分影响和压铸件变形大的角度、加强肋的角度应选用 3 级精度。

推荐采用的压铸件平面度和直线度公差见表 1.9，压铸件平行度、垂直度和倾斜度公差见表 1.10，压铸件同轴度和对称度公差见表 1.11。

表 1.8　自由角度和锥度公差

公称尺寸/mm	精度等级			公称尺寸/mm	精度等级		
	1	2	3		1	2	3
≤3	2.5°	4°	6°	>80~120	30′	50′	1.25°
>3~6	2°	3°	5°	>120~180	25′	40′	1°
>6~10	1.5°	2.5°	4°	>180~260	20′	30′	50′
>10~18	1.25°	2°	3°	>260~360	15′	25′	40′
>18~30	1°	1.5°	2.5°	>360~500	12′	20′	30′
>30~50	50′	1.25°	2°	>500	10′	15′	25′
>50~80	40′	1°	1.5°				

表 1.9　压铸件平面度和直线度公差/mm

基本尺寸	<25	25~63	63~100	100~160	160~250	250~400	>400
整形前	0.20	0.30	0.45	0.70	1.0	1.5	2.2
整形后	0.10	0.15	0.20	0.25	0.30	0.40	0.50

表 1.10　压铸件平行度、垂直度和倾斜度公差/mm

名义尺寸	同一半型内的公差	两个半型内的公差	同一半型内两个活动部位间公差	名义尺寸	同一半型内的公差	两个半型内的公差	同一半型内两个活动部位间公差
<25	0.1	0.15	0.2	160~250	0.3	0.45	0.7
25~63	0.15	0.2	0.3	250~400	0.45	0.65	1.2
63~160	0.2	0.3	0.5	>400	0.75	1	—

表 1.11　压铸件同轴度和对称度公差/mm

名义尺寸	同一半型内的公差	两个半型内的公差	名义尺寸	同一半型内的公差	两个半型内的公差
<18	0.10	0.2	>120~260	0.35	0.50
>18~50	0.15	0.25	>260~500	0.65	0.80
>50~120	0.25	0.35			

1.2.3 压铸件的非加工表面质量

由于压铸的工艺过程比较复杂,涉及流体力学、热学和金属成型等理论,因此,在压铸生产过程中经常会出现压铸件质量缺陷,影响产品的合格率及生产效率。

(1)压铸件表面缺陷

压铸件表面缺陷的表现形式主要有拉伤、气泡、裂纹、变形、冷隔、流痕、凹陷、欠铸、网状毛翅、毛刺飞边等。其产生原因有以下5种情况:

1)压铸机因素

压铸机的性能能否满足所需要的压射条件:压射力、压射速度、锁模力是否足够,压铸工艺参数的选择是否合适(包括压力、速度、时间等)。例如,压射比压过低易产生欠铸,压射速度过高易产生气泡、毛刺飞边。

2)压铸模具因素

模具设计方面主要有模具结构、浇口及排溢系统尺寸及选择位置、推杆布局、温控系统等;模具制造方面主要有模具成型面粗糙度、加工精度、硬度;模具使用方面有表面清理和维护保养等。例如,模具排气不畅易产生气泡,模具强度不够易产生毛刺飞边。

3)压铸件的设计

压铸件的壁厚、铸造斜度、转角及深槽。例如,壁厚过大易引起表面凹陷,铸造斜度太小易产生拔模拉伤。

4)压铸操作因素

合金浇注温度、熔炼温度、涂料及喷涂情况、生产周期。例如,浇注温度过低易产生冷隔,喷涂不好易产生表面拉伤。

5)合金材料因素

原材料及回炉料的成分、干净程度等。

(2)压铸件表面质量分级

用新模具生产压铸件可获得 *Ra* 0.8 μm 的表面粗糙度。在模具的正常使用寿命内,锌合金压铸件能保持为 *Ra* 1.6~3.2;铝(镁)合金压铸件为 *Ra* 1.6~3.2;铜合金压铸件表面最差,受模具龟裂的影响很大。以表面粗糙度为依据的压铸件表面质量分级见表1.12。

表1.12 压铸件表面质量分级

级别	使用范围	备 注
1级	要求高的表面,需镀铬、抛光、研磨的表面,相对运动的配合面,危险应力区表面	相当于 *Ra* 1.6 μm
2级	涂装要求一般或要求密封的表面,镀锌、阳极化、油漆、不打腻以及装配接触面	相当于 *Ra* 3.2 μm
3级	保护性涂装表面及紧固接触面,油漆打腻表面,其他表面	相当于 *Ra* 6.3 μm

(3)压铸件的表面处理

如果压铸件非机加表面的缺陷不能满足使用要求,可通过表面处理来解决或者改善。例如,清理、整形、修补、抛丸、喷砂、钝化、电镀、涂层及阳极处理等。

现对常用的抛丸处理作一个介绍。其原理是大量弹丸在抛丸轮的作用下，高速射向压铸件，撞击铸件表面，以达到去除毛刺、表面强化、消除应力、清理干净压铸件表面。

要获得良好的清理效果，需要选择合适的弹丸（包括弹丸材质、硬度、尺寸）。当抛射速度一定时，大的弹丸动能大，有利于撞击去除大的杂质，清理效果好，但同时会使铸件表面粗糙度变得很大；小的弹丸动能小，可用于去除小的杂质，铸件表面质量好，但清理效率低。例如，铝合金压铸件可采用不锈钢丸，尺寸可选 0.14~0.3 mm，抛出的铸件表面光亮、纹理细致、不变色、抗腐蚀能力强、涂装附着力好。

在抛丸的数量上，需要控制好。过抛会影响清理的效率和铸件表面性能，抛不足则铸件表面质量达不到设计要求，所以，应根据铸件复杂程度选择合适的抛丸工艺，使铸件全部表面都能清洁、平滑、光亮。

1.2.4　压铸件的内部质量

(1)压铸件内部缺陷

压铸件内部缺陷主要有气孔、缩孔（松）、夹杂、脆性等，这些缺陷使压铸件在使用中直接表现为漏气（液）、强度不够发生变形或断裂等。

①气孔可通过解剖后直接观察或探伤检查，其表面光滑，形状成圆形。产生的原因如下：合金液填充时排气不畅，导致空气滞留在模腔内形成气孔；熔炼过程中炉料不干净或温度过高，使金属液中较多的气体没有除尽，在凝固时析出形成气孔；涂料发气量大或使用过多，在浇注前未烧尽，使气体卷入铸件；另外，模温过高也易形成气孔。

②缩孔（松）通过解剖或探伤检查，孔洞形状不规则，其表面不光滑且呈暗色。大而集中的称缩孔，小而分散的称缩松。产生的原因主要是铸件设计不合理，局部壁厚过厚，导致在压铸成型过程的凝固阶段，因产生收缩而得不到金属液补偿，从而造成孔穴。另外，压射比压低、内浇口厚度小、金属液浇注量偏小等也是导致形成缩孔（松）的原因之一。

③夹杂是指混入铸件内的金属或非金属杂质。产生的原因有：炉料不洁净，特别是回炉料上带的杂质；合金液未精炼除气；浇注时带入了熔渣或氧化物，等等。

④脆性指铸件基体金属晶粒过于粗大或细小，使铸件易断裂或碰碎。产生的原因主要有：合金杂质超标；合金液过热或保温时间过长导致晶粒粗大；激烈过冷，使晶粒过细。

(2)压铸件内部质量的改善措施

要得到好的压铸件内部质量，需要将从铸件设计到压铸成型的各个环节控制好。

①压铸件结构设计时尽量采用合理的均匀壁厚，避免热节的产生，并使金属液填充时流动顺畅。

②根据铸件使用要求选用恰当的合金种类及牌号，使压铸过程更容易实现；保证合金材料的纯净度，减少回炉料的使用，防止杂质混入合金液。

③选择合理的熔炼工艺，控制好熔炼温度和时间，减少合金吸气和氧化，通过精炼工艺除去合金液中的气体和氧化夹杂物。

④模具采用合理的浇注和排溢系统。如：内浇口尽量开在壁厚处，使在增压阶段时能够对厚壁处进行补缩，减少缩孔（松）的形成；在合金填充末端增设排溢系统，以减少气孔、夹杂及冷隔的产生。压铸过程中选择适当的涂料并注意控制好模温也可减少气孔的产生。

由于压铸件内部的缺陷，使其气密性、强度等物理性能有所降低，若其能满足使用要求，则其本质缺陷不作为报废的依据。如果不能满足使用要求，可采取一些补救措施来挽救。例如，因气孔、缩孔（松）等缺陷引起铸件在使用过程中出现漏气（或油、水）现象，可采用浸渗处理。其原理为在真空、压力条件下，使液态浸渗剂渗入压铸件的微小孔洞中，经过固化、封堵微孔，达到密封的目的。

1.2.5　压铸毛坯件的加工余量

当按照常规工艺生产，压铸件的尺寸精度或形位公差很难达到产品图的要求时，应首先考虑采用精整加工方法（如校正、拉光、挤压、整形等），以便保留其强度较高的致密层。必须采用机械加工时，应考虑选用较小的加工余量并尽量以不受分型面及活动成型影响的表面为毛坯基准。推荐采用的机械加工余量及其偏差值见表 1.13。当加工余量受脱模斜度影响时，一般应尽可能控制大端和小端的余量值都符合表 1.13 中的偏差范围。加工余量在毛坯图上的习惯画法，如图 1.11 所示。

表 1.13　推荐的机械加工余量及其偏差值/mm

基本尺寸	≤100	>100~250	>250~400	>400~630	>630~1 000
每面余量	$0.5^{+0.4}_{-0.1}$	$0.75^{+0.5}_{-0.2}$	$1.0^{+0.5}_{-0.3}$	$1.5^{+0.6}_{-0.4}$	$2.0^{+1.0}_{-0.4}$

注：1.待加工的内表面尺寸以大端为基准，外表面尺寸以小端为基准。

2.直径小于 18 mm 的孔，铰孔余量为孔径的 1%；大于 18 mm 的孔，铰孔余量为孔径的 0.4%~0.6%，并小于 0.3 mm。

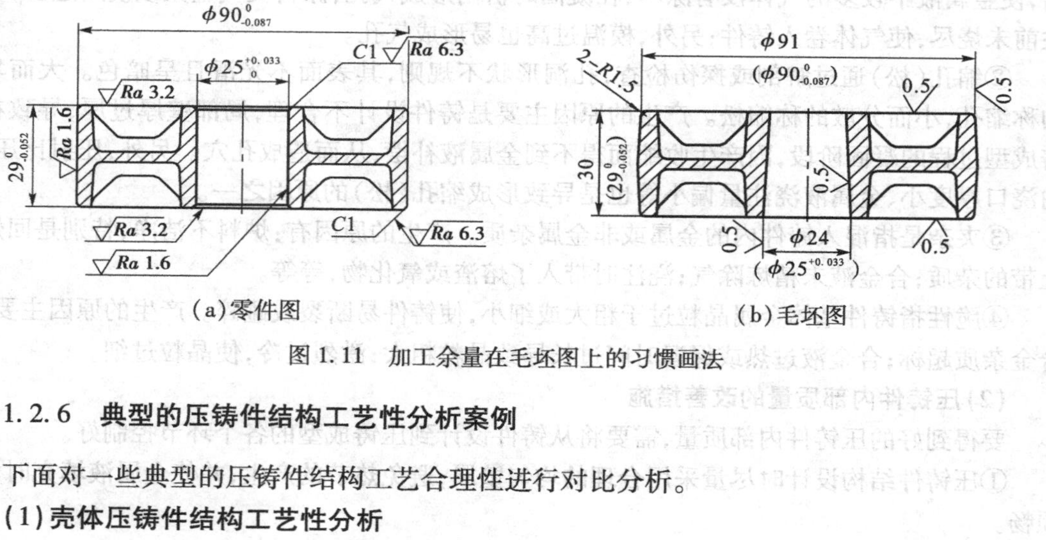

（a）零件图　　（b）毛坯图

图 1.11　加工余量在毛坯图上的习惯画法

1.2.6　典型的压铸件结构工艺性分析案例

下面对一些典型的压铸件结构工艺合理性进行对比分析。

（1）壳体压铸件结构工艺性分析

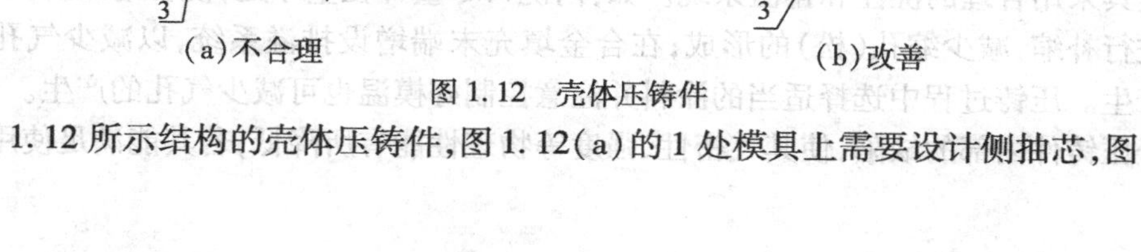

（a）不合理　　（b）改善

图 1.12　壳体压铸件

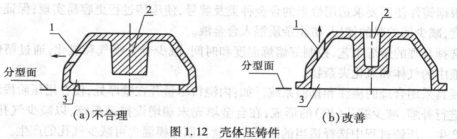

如图 1.12 所示结构的壳体压铸件，图 1.12（a）的 1 处模具上需要设计侧抽芯，图 1.12（b）

的 1 处改善后无须侧抽芯，简化了模具结构；图 1.12(a)的 2 处局部形状厚，压铸易产生缩孔(松)，图 1.12(b)的 2 处改善了压铸内部质量；图 1.12(a)的 3 处有内侧凹，抽芯困难，或需设置复杂的抽芯机构，或需设置可熔型芯，这既增加的模具制造难度，又降低了生产率，采用图 1.12(b)的 3 处结构可解决图 1.12(a)的 3 处的问题。

(2) 三通压铸件结构工艺性分析

如图 1.13 所示结构的三通体压铸件，图 1.13(a)有相互交叉的盲孔，必须使用公差配合较高的相互交叉的型芯，这既增加了模具加工量，又要求严格控制抽芯的次序。压铸时一旦金属液窜入型芯交叉的间隙中，轻则发生抽芯困难、型芯拉伤，重则撞(拉)断型芯，造成经济损失。如果改成图 1.13(b)所示的结构，避免型芯交叉，即可消除上述缺点。

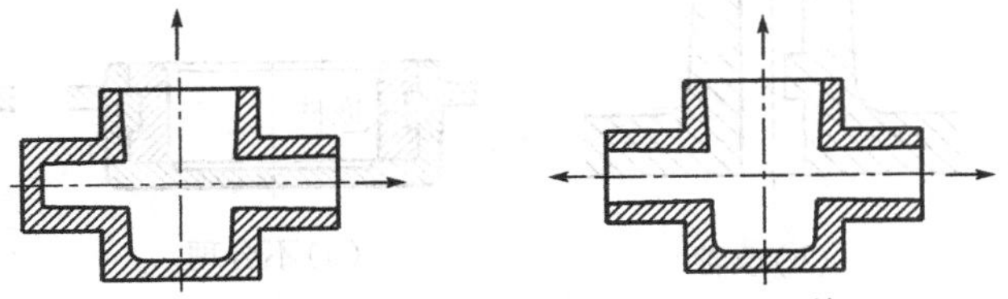

(a)不合理　　(b)改善

图 1.13　三通压铸件

(3) 支架压铸件结构工艺性分析

如图 1.14 所示结构的支架压铸件，图 1.14(a)有窄槽，模具在该处的成型部位薄弱，易较早产生龟裂甚至断裂，影响模具寿命。图 1.14(b)为改善方式，增加模具成型部位强度，从而提高模具寿命。

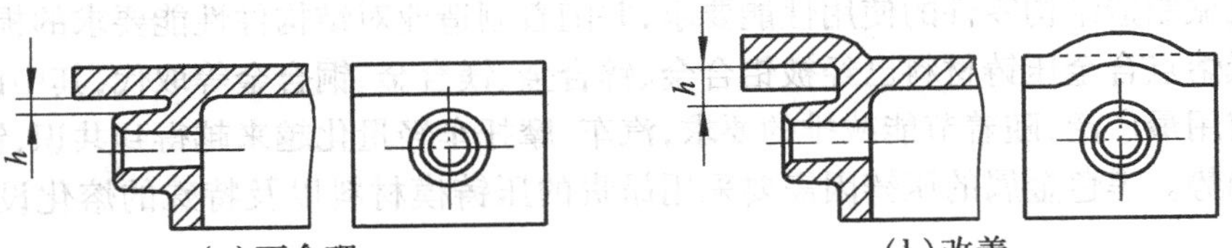

(a)不合理　　(b)改善

图 1.14　支架压铸件

(4) 箱体压铸件结构工艺性分析

如图 1.15 所示结构的支架压铸件，图 1.15(a)有内侧凹，因受阻无法抽芯或实现相当困难，如果采用图 1.15(b)的外侧凹结构，则可顺利抽芯；图 1.15(a)局部形状厚，压铸易产生缩孔(松)，图 1.15(b)则无此缺陷；图 1.15(b)增加了加强肋，可有效控制铸件变形，同时也改善了铸件填充条件，使中部凸台易于成型。

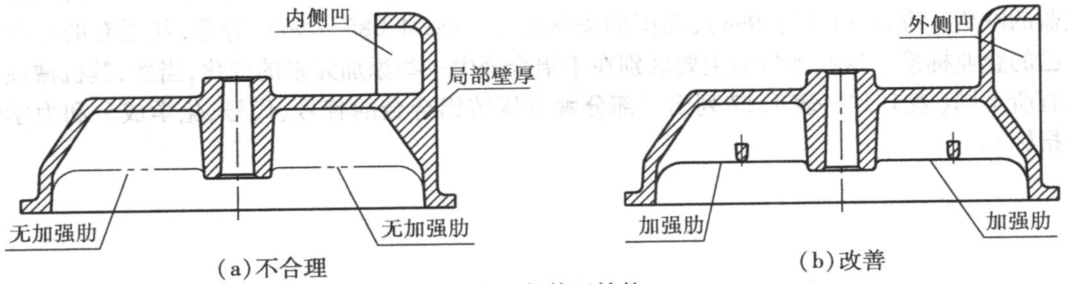

(a)不合理　　(b)改善

图 1.15　箱体压铸件

(5)带嵌件压铸件结构工艺性分析

如图 1.16 所示,嵌件上有螺纹时,无螺纹部分应在压铸件外面留出 5 mm 以上,如图 1.16(b)所示。否则在压铸时,螺纹部分易窜入金属液。

如图 1.17(a)所示嵌件在压铸时易轴向窜动,采用如图 1.17(b)所示结构增加小孔,利用凸台端面顶住以限位。

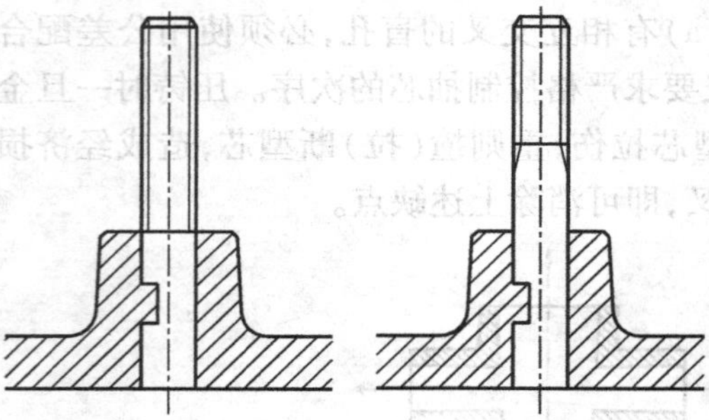

(a)不合理　　(b)改善

图 1.16　轴类嵌件压铸件

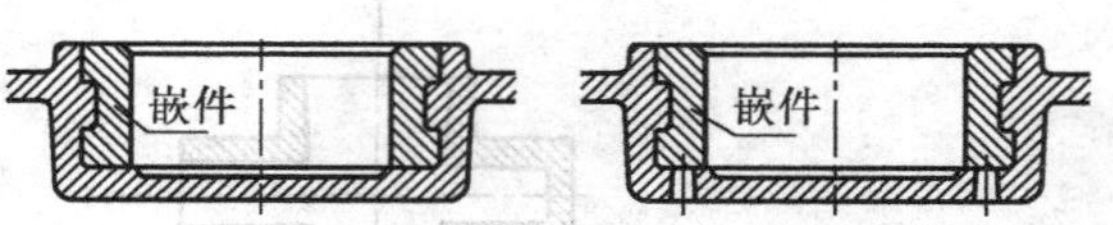

(a)不合理　　(b)改善

图 1.17　套类嵌件压铸件

1.3　常用压铸合金种类及其性能简介

根据机械制造结构零件的使用性能要求,并随着制造业对结构件性能要求的提高,早期的锡、铅、锑低熔点合金压铸材料已经被铝合金、锌合金、镁合金、铜合金等取代,其中以铝合金和锌合金的应用最广泛,随着节能减排的要求,汽车、摩托车轻量化越来越得到共识,镁合金压铸件呈增长趋势。黑色金属的压铸因需要采用昂贵的压铸模材料以及特殊的熔化设备等,目前很少使用。

1.3.1　压铸铝合金

(1)化学成分和力学性能指标

压铸铝合金是目前应用最广泛的压铸材料,大多使用高硅铝合金。因为它们允许有相当数量的杂质,旧铝可以回收利用,充分提高了原材料的利用率。目前,压铸铝合金使用的牌号比较多,如:我国的国家标准(GB/T 15115—2009),日本的日本工业标准(JIS H5302:2000),欧盟的欧盟标准(EN1706:1998),美国的美国标准(ASTM B85— 96),等等,甚至有的企业有自己的企业标准。这些牌号的主要区别在于铝合金中一些添加元素的变化,当然,其机械性能也有所不同(表 1.14—表 1.17 列出了部分牌号压铸铝合金的牌号、代号、化学成分和力学性能指标)。

表1.14 压铸铝合金的化学成分和力学性能(GB/T 15115—2009)

合金牌号	合金代号	化学成分/%											力学性能(不低于)		
		Si	Cu	Mn	Mg	Fe	Ni	Ti	Zn	Pb	Sn	Al	抗拉强度 σ_b/MPa	伸长率 δ/%(L_0=50)	硬度 HB5/250/30
YZAlSi12	YL102	10.0~13.0	≤0.6	≤0.6	≤0.05	≤1.2	—	—	≤0.3	—	—	余	220	2	60
YZAlSi10Mg	YL104	8.0~10.0	≤0.3	0.2~0.5	0.17~0.30	≤1.0	—	—	≤0.3	≤0.05	≤0.01	余	220	2	70
YZAlSi12Cu2	YL108	11.0~13.0	1.0~2.0	0.3~0.9	0.4~1.0	≤1.0	≤0.05	—	≤1.0	≤0.05	≤0.01	余	240	1	90
YZAlSi9Cu4	YL112	7.5~9.5	3.0~4.0	≤0.5	≤0.3	≤1.2	≤0.5	—	≤1.2	≤0.1	≤0.1	余	240	1	85
YZAlSi11Cu3	YL113	9.6~12.0	1.5~3.5	≤0.5	≤0.3	≤1.2	≤0.5	—	≤1.0	≤0.1	≤0.1	余	230	1	80
YZAlSi17Cu5Mg	YL117	16.0~18.0	4.0~5.0	≤0.5	0.45~0.65	≤1.2	≤0.1	≤0.1	≤1.2	—	—	余	220	1	—
YZAlMg5Si1	YL302	0.8~1.3	≤0.1	0.1~0.4	4.5~5.5	≤1.2	—	≤0.2	≤0.2	—	—	余	220	2	70

表1.15 日本标准压铸铝合金的化学成分和力学性能(JIS H5302:2000)

合金牌号	化学成分/%											力学性能			
	Si	Cu	Mn	Mg	Fe	Ni	Ti	Zn	Pb	Sn	Al	抗拉强度/MPa最小	屈服强度/MPa最小	伸长率δ/%最小	硬度HB最小
ADC1	11.0~13.0	≤1.0	≤0.3	≤0.3	≤1.3	≤0.5	—	≤0.5	—	≤0.1	余	250	172	1.7	71.2
ADC3	9.0~10.0	≤0.6	≤0.3	0.4~0.6	≤1.3	≤0.5	—	≤0.5	—	≤0.1	余	279	179	2.7	71.4
ADC5	≤0.3	≤0.2	≤0.3	4.0~8.5	≤1.8	≤0.1	—	≤0.1	—	≤0.1	余	215	145		66.4
ADC6	≤1.0	≤0.1	0.4~0.6	2.5~4.0	≤0.8	≤0.1	—	≤0.4	—	≤0.1	余	266	172	6.4	64.7
ADC10	7.5~9.5	2.0~4.0	≤0.5	≤0.3	≤1.3	≤0.5	—	≤1.0	—	≤0.2	余	241	157	1.5	73.6
ADC12	9.6~12.0	1.5~3.5	≤0.5	≤0.3	≤1.3	≤0.5	—	≤1.0	—	≤0.2	余	228	154	1.4	74.1

表 1.16　欧盟标准压铸铝合金的化学成分和力学性能(EN1706:1998)

合金牌号	化学成分/%										力学性能			
	Si	Cu	Mn	Mg	Fe	Ni	Ti	Zn	Pb	Sn	抗拉强度/MPa最小	屈服强度/MPa最小	伸长率δ/%最小	硬度HB最小
EN AC~43400	9.0~11.0	0.08	0.55	0.20~0.50	0.45~0.9	0.15	0.15	0.15	0.15	0.05	240	140	1	70
EN AC~44300	10.5~13.5	0.08	0.55	—	0.45~0.9	—	0.15	0.15	—	—	240	130	1	60
EN AC~44400	8.0~11.0	0.08	0.50	0.10	0.55	0.05	0.15	0.15	0.05	0.05	220	120	2	55
EN AC~46000	8.0~11.0	2.0~4.0	0.55	0.15~0.55	0.6~1.1	0.55	0.2	1.2	0.35	0.25	240	140	<1	80
EN AC~46100	10.0~12.0	1.5~2.5	0.55	0.30	0.45~1.0	0.45	0.2	1.7	0.25	0.25	240	140	<1	80
EN AC~46200	7.5~9.5	2.0~3.5	0.15~0.65	0.15~0.55	0.8	0.35	0.2	1.2	0.25	0.15	240	140	1	80
EN AC~46500	8.0~11.0	2.0~4.0	0.55	0.15~0.55	0.6~1.2	0.55	0.2	3.0	0.35	0.25	240	140	<1	80
EN AC~47100	10.5~13.5	0.7~1.2	0.55	0.35	0.6~1.1	0.30	0.15	0.55	0.20	0.10	240	140	1	70
EN AC~51200	2.5	0.10	0.55	8.0~10.5	0.45~0.9	0.10	0.15	0.25	0.10	0.10	200	130	1	70

表 1.17　美国标准压铸铝合金的化学成分(ASTM B85—96)

合金牌号			化学成分/%										
ANSI	ASTM	UNS	Si	Cu	Mn	Mg	Fe	Ni	Ti	Zn	Sn	除铝以外的其他成分(总量)	铝 Al
360.0	SG100B	A03600	9.0~10.0	0.6	0.35	0.40~0.60	2.0	0.5		0.50	0.15	0.25	余
A360.0	SG100A	A13600	9.0~10.0	0.6	0.35	0.40~0.60	1.3	0.5		0.50	0.15	0.25	余
380.0	SC84B	A03800	7.5~9.5	3.0~4.0	0.50	0.10	2.0	0.5		3.0	0.35	0.50	余
A380.0E	SC84A	A13800	7.5~9.5	3.0~4.0	0.50	0.10	1.3	0.5		3.0	0.35	0.50	余
383.0E	SC102A	A03830	9.5~11.5	2.0~3.0	0.50	0.10	1.3	0.3		3.0	0.15	0.50	余
384.0E	SC114A	A03840	10.5~12.0	3.0~4.5	0.50	0.10	1.3	0.5		3.0	0.35	0.50	余
390.0	SC174A	A03900	16.0~18.0	4.0~5.0	0.10	0.45~0.65	1.3		0.20	0.10		0.20	余
B393.0	SC174B	A23900	16.0~18.0	4.0~5.0	0.50	0.45~0.65	1.3	0.1	0.10	1.5		0.20	余
392.0	S19	A03920	18.0~20.0	0.4~0.8	0.2~0.6	0.80~1.20	1.5	0.5	0.20	0.50	0.30	0.50	余
413.0	S12B	A04130	11.0~13.0	1.0	0.35	0.10	2.0	0.5		0.50	0.15	0.25	余
A413.0	S12A	A14130	11.0~13.0	1.0	0.35	0.10	1.3	0.5		0.50	0.15	0.25	余
C433.0	S5C	A34430	4.5~6.0	0.6	0.35	0.10	2.0	0.5		0.50	0.15	0.25	余
518.0	G8A	A05180	0.35	0.25	0.35	7.5~8.5	1.8	0.15		0.15	0.25	0.25	余

(2)特点

压铸铝合金有以下 5 个方面的主要特点：

①密度小($\rho \approx 2.7g/cm^3$，液态 $\rho \approx 2.4g/cm^3$)，比强度高。

②在高温和常温下都具有良好的力学性能，尤其是冲击韧性好。

③有较好的导电性和导热性，有良好的机械切削性能。

④表面有一层化学稳定、组织致密的氧化铝膜，故大部分铝合金在淡水、海水、硝酸盐以及各种有机物中均有良好的耐蚀性。但这层氧化铝膜能被氯离子及碱离子所破坏。

⑤具有良好的压铸性能及较小的热裂性。

但是，铝合金的体积收缩率较大，在压铸件冷却凝固时易在最后凝固处形成缩孔。同时，铝合金对模具具有较强的黏附性，压铸件在脱模时易产生黏模现象，因此，必须使用脱模剂(涂料)。

1.3.2　压铸锌合金

(1)化学成分和力学性能指标

压铸锌合金的种类、牌号很多，如国家标准(GB/T 13818—2009)，美国标准(ASTM B669—84、B86—B83、B240—79)，英国标准(BS1004)，德国标准(DIN1743—2)，等等。传统的压铸锌合金有 3,5,7 号合金，目前应用最广泛的是 3 号锌合金。20 世纪 70 年代发展了高铝锌基合金 ZA-8,ZA-12,ZA-27(表 1.18、表 1.19 列出了国家标准和美国标准的压铸锌合金的牌号、代号、化学成分和力学性能指标)。

表 1.18　压铸锌合金的化学成分和力学性能(GB/T 13818—2009)

合金牌号	合金代号	化学成分/%									力学性能(不低于)		
		Al	Cu	Mg	Fe	Pb	Ni	Cd	Sn	Zn	σ_b/MPa	σ_5/%	HB
ZznAl4Y	YX040	3.5~4.3	0.25	0.02~0.06	≤0.1	≤0.005		≤0.004	≤0.003	其余	250	1	80
ZznAl4Cu1Y	YX041	3.5~4.3	0.75~1.25	0.03~0.08	≤0.1	≤0.005		≤0.004	≤0.003	其余	270	2	90
ZznAl4Cu3Y	YX043	3.5~4.3	2.5~3.0	0.02~0.06	≤0.1	≤0.005		≤0.004	≤0.003	其余	320	2	95

表 1.19　压铸锌合金的化学成分和力学性能(ASTM B669—84,B86—B83,B240—79)

UNS 编号	合金代号	化学成分/%									力学性能(不低于)		
		Al	Cu	Mg	Fe	Pb	Ni	Cd	Sn	Zn	σ_b/MPa	σ_5/%	HB
Z33521	No. 3	3.5~4.3	≤0.25	0.02~0.05	≤0.100	≤0.005		≤0.004	≤0.003	余量	282	10	82
Z35530	No. 5	3.5~4.3	0.75~1.25	0.03~0.08	≤0.100	≤0.005		≤0.004	≤0.003	余量	331	7	91
Z33522	No. 7	3.5~4.3	≤0.25	0.005~0.020	≤0.075	≤0.003	0.005~0.020	≤0.002	≤0.001	余量	282	13	80

续表

UNS 编号	合金代号	化学成分/%									力学性能(不低于)		
		Al	Cu	Mg	Fe	Pb	Ni	Cd	Sn	Zn	σ_b/MPa	σ_5/%	HB
Z25630	ZA-8	8.0~8.8	0.8~1.3	0.015~0.030	≤0.100	0.004		≤0.003	≤0.002	余量	372	6~10	95~110
Z35630	ZA-12	10.5~11.5	0.5~1.25	0.015~0.030	≤0.075	0.004		0.003	0.002	余量	400	4~7	95~115
Z35480	ZA-27	25.0~28.0	2.0~2.5	0.010~0.020	≤0.100	0.004		≤0.003	0.002	余量	420	1~3	105~125

(2)特点

压铸锌合金也是目前应用较广的压铸合金。它的主要特点如下:

①密度大,$\rho \approx 6.8\ g/cm^3$。

②铸造性能好,有良好的流动性能,可以生产形状复杂、薄壁的精密铸件,铸件表面光滑,尺寸精度高。

③可进行表面处理:电镀、喷漆、喷涂等。

④熔点(385 ℃)低,浇注温度低,对模具型腔、型芯无腐蚀作用,故压铸模的使用寿命长。

⑤有很好的常温机械性能和耐磨性能。

压铸锌合金也有它的缺点:锌合金的抗蚀性能差,导致锌合金压铸件容易老化而发生变形或尺寸精度的变化,并使得强度和塑性显著降低。同时,当工作温度发生变化时,它的力学性能也发生变化。如工作温度低于-10 ℃,其冲击韧性会急剧降低;而在100 ℃以上时,其强度也会明显下降,并易发生蠕变现象。因此,锌合金压铸件在使用时的环境温度很窄。

1.3.3 压铸镁合金

在各种压铸合金中,镁合金的密度最小($1.7\sim1.83\ g/cm^3$),它是目前最轻的压铸合金。它只相当于钢的1/4、铝合金的2/3左右。而镁合金的力学性能又很好,是一种优良的轻质结构材料。随着全球对节能、环保认识的提高,在汽车工业、摩托车业,必将有越来越多的压铸镁合金压铸件取代原有的黑色铸件或铝合金铸件结构件,如现在汽车方向盘已经用压铸镁合金AM60B所取代。另外,镁合金又具有熔点低、凝固快、凝固收缩小等特点,这决定了其良好的压铸性能,故镁合金压铸件的应用正逐步扩大。国家标准(GB/T 25748—2010)规定了压铸镁合金的牌号、代号、化学成分、力学性能指标、技术要求,检验方法和检验规则,包装、运输和储存等要求。

(1)化学成分和物理力学性能指标

根据国际镁合金的资料记载,压铸镁合金的化学成分见表1.20,压铸镁合金的物理和力学性能见表1.21。

表 1.20　压铸镁合金化学成分

化学成分/% \ 合金牌号	AZ91D	AZ81	AM60B	AM50A	AM20	AE42	AS41
Al	8.3~9.7	7.0~8.5	5.5~6.5	4.4~5.4	1.7~2.2	3.4~4.6	3.5~5.0
Zn	0.35~1.0	0.3~1.0	0.22_{max}	0.22_{max}	0.1_{max}	0.22_{max}	0.12_{max}
Mn	0.15~0.50	0.17_{max}	0.24~0.6	0.26~0.6	0.5_{max}	0.25	0.35~0.7
Si	0.10_{max}	0.05_{max}	0.10_{max}	0.10_{max}	0.1_{max}		0.5~1.5
Fe	0.005	0.004_{max}	0.005	0.004	0.004_{max}	0.005	0.003 5
Cu_{max}	0.030	0.015	0.010	0.010	0.008	0.05	0.02
Ni_{max}	0.002	0.001	0.002	0.002	0.001	0.005	0.002
RE 总量						1.8~3.0	
其余总量	0.02	0.01	0.02	0.02	0.01	0.02	0.02
Mg	余量	余量	余量	余量	余量	余量	余量

表 1.21　压铸镁合金的物理和力学性能

牌　号	AZ91D	AZ81	AM60B	AM50A	AM20	AE42	AS41B
力学性能							
抗拉强度 σ_b/MPa	230	220	220	220	185	225	215
屈服强度 $\sigma_{0.2}$/MPa	160	150	130	120	105	140	140
伸长率 σ/%	3	3	6~8	6~10	8~12	8~10	6
硬度 HB	75	72	62	57	47	57	75
剪切强度 C/MPa	140	140					
冲击强度 a_k/J	2.2		6.1	9.5		5.8	4.1
疲劳强度 σ_{-1}/MPa	70	70	70	70	70		
熔化潜热 Q/(kJ·kg^{-1})	373	373	373	373	373	373	373
杨氏模量 ε/GPa	45	45	45	45	45	45	45
物理性能							
密度 γ/(g·cm^{-3})	1.81	1.80	1.79	1.78	1.76	1.79	1.77
熔化范围 T/℃	470~595	490~610	540~615	543~620	618~643	565~620	565~620
比热 c/(J·kg^{-1}·℃$^{-1}$)	1 050	1 050	1 050	1 050	1 000	1 000	1 020
热胀系数 α/(μm·m^{-1}·K^{-1})	25.0	25.0	25.6	26.0	26.0	26.1	26.1

续表

牌号	AZ91D	AZ81	AM60B	AM50A	AM20	AE42	AS41B
热导率 $\lambda/(W \cdot m^{-1} \cdot K^{-1})$	72	51	62	62	60	68	68
电阻 $\rho/(\mu\Omega \cdot cm^{-1})$	14.1	13.0	12.5	12.5			
泊松比 μ	0.35	0.35	0.35	0.35	0.35	0.35	0.35

(2)特点

压铸镁合金归纳起来有如下特点：

①质轻、比强度和比刚度高，是一种优良的轻质结构材料，镁合金的密度相当于铝合金的2/3，钢的1/4，但比强度和比刚度均优于铝合金和钢铁，远远高于工程塑料。

②减振性能好。镁合金有较高振动吸收性及降低噪声的作用，用作产品外壳可减少噪声传递，用于运动零部件，可吸收振动，延长零件使用寿命。

③无磁性，具有良好的电磁波屏蔽性能，因此被广泛用于电子产品。

④尺寸稳定性好，因环境温度和时间变化造成尺寸变化小，特别是在低温下，仍有良好的力学性能，可以制造在低温环境下使用的零件。

⑤有良好的散热性，仅次于铝合金。

⑥压铸性好，铸件最小壁厚可达0.6 mm。

⑦良好的切削性能，具有低切削力、高的切削效果，长的刀具寿命。

⑧可全部回收，是一种优良的可再生利用金属材料。

⑨与钢的亲和力较小，不易黏模，易于压铸件的脱模。

但是，压铸镁合金也有如下缺点：

①耐蚀性差，暴露在空气环境中，会发生氧化造成腐蚀。须对铸件进行表面处理。

②镁元素是易燃物质，镁的粉尘会自行燃烧，而镁液遇水后，也会产生剧烈反应而导致爆炸。因此，镁合金在压铸生产时，须采取必要的安全防护措施。

1.3.4 压铸铜合金

压铸铜合金主要是压铸黄铜合金，虽然它的熔点较高，压铸模具使用寿命短，但因为铜合金所具有的许多优越性能，所以铜合金压铸件的使用还比较广泛。国家标准(GB/T 15116—1994)规定了压铸铜合金的牌号、代号、化学成分、力学性能指标的表示方法、技术要求及检验方法等。

(1)压铸铜合金的化学成分和力学性能指标

表1.22列出了国家标准(GB/T 15116—1994)规定的压铸铜合金的牌号、合金代号、化学成分和力学性能指标。

表 1.22　压铸铜合金的化学成分和力学性能(GB/T 15116—1994)

合金牌号	合金代号	主要成分/%						杂质含量(不大于)										力学性能(不低于)		
		Cu	Pb	Al	Si	Mn	Fe	Zn	Fe	Si	Ni	Sn	Mn	Al	Pb	Sb	总和	Bb/MPa	δ/%	硬度 HB
YZCuZn40Pb	YT40-1	58.0~63.0	0.5~1.5	0.2~0.5	—	—	—	其余	0.8	0.5	—	—	0.5	—	—	1.0	1.5	300	6	85
YZCuZn16Si4	YT16-4	79.0~81.0	—	—	2.5~4.5	—	—	其余	0.6	—	—	0.3	0.5	0.1	0.5	0.1	2.0	345	25	85
YZCuZn30Al3	YT30-3	66.0~68.0	—	2.0~3.0	—	—	—	其余	0.8	—	—	1.0	0.5	—	1.0	—	3.0	400	15	110
YZCuZn35-Al2Mn2Fe	YT35-2-2-1	57.0~65.0	—	0.5~2.5	—	0.1~3.0	0.5~2.0	其余	—	0.1	3.0	1.0	—	—	0.5	0.4	2.0	475	3	130

(2)特点

压铸铜合金有以下主要特点:

①密度大,$\rho \approx 8.6\ g/cm^3$,熔点高。

②有较好的力学性能和较高的耐磨性能,其绝对值超过锌合金、铝合金、镁合金等压铸合金。

③有较好的抗腐蚀性能,铜合金在大气及海水中都有很强的耐蚀性能。

④铜合金有良好的导电性和导热性,并具有抗磁性能。常用来制造不允许受磁场干扰的仪器上的零件。

但铜合金的浇注温度较高,导致压铸模具的寿命较低,并且铜合金原材料的价格偏高,因此,压铸铜合金目前在压铸业的应用上还受到一定的限制。

1.4　压铸成型工艺参数

压铸成型工艺简称压铸工艺,它的作用是将压铸机、压铸模具和压铸合金这 3 大基本要素有机结合并加以综合运用,生产出合格的压铸件。压铸主要的工艺参数有压力、速度、时间、温度及余料柄厚度、压室充满度等,这些工艺参数的选择与合理匹配,是保证压铸件综合性能的关键,同时也直接影响压铸生产效率和压铸模具的使用寿命。

压铸模具设计者在设计压铸模具时,须首先了解压铸厂家(压铸车间)所使用压铸机的性能指标,根据压铸件使用的合金材料要求和质量要求,选择适应的工艺参数,在综合这几方面因素的基础上再进行压铸模具设计。

1.4.1　压射过程的阶段分析

在压铸成型过程中,压射填充是在一个极短的时间内完成的,在压铸压射(金属液的流动填充)和金属液凝固成型的整个过程中,始终有压力的存在,这是压铸方法区别于其他铸造方法的主要特征,因此,压铸成型又称为压力铸造,简称压铸。

在压铸压射过程中,随着压射冲头的移动速度和位移的变化,压力也随之发生变化。如图 1.18 所示为在一个压射循环周期内,压射冲头的位移量 s、移动速度 v 与压射压力 p 的变化关系示意图。

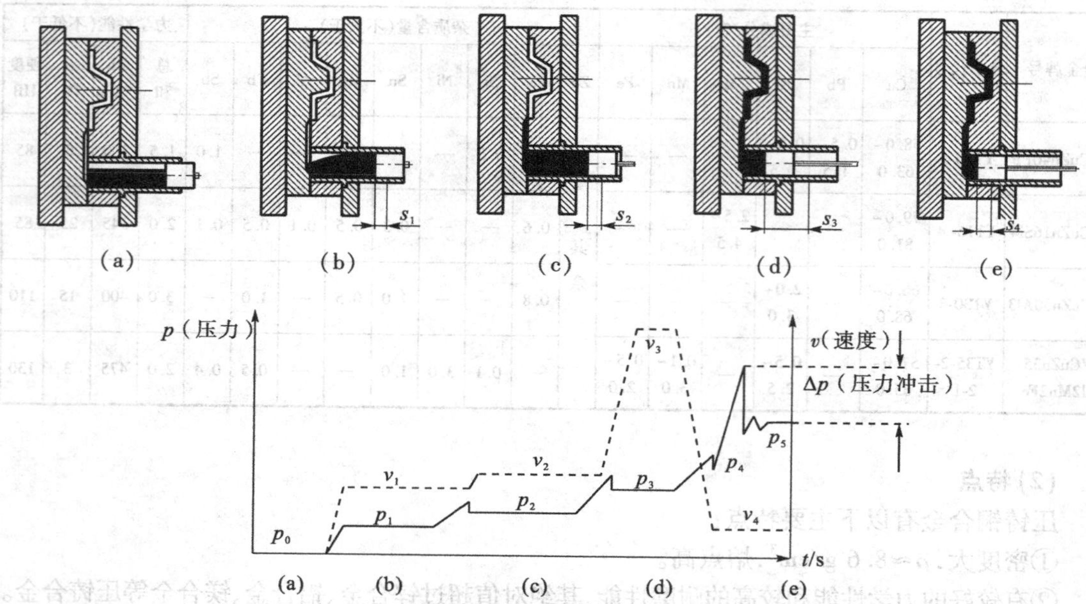

图 1.18　压铸压射过程有关参数变化关系示意图

s—冲头位移；v—冲头移动速度；p—压射压力；t—时间

根据压铸填充的过程，现将压射过程分以下 5 个阶段加以分析：

(1) 准备阶段

将熔融的金属液注入压铸机的压室内，准备压射。这时，压射冲头的位移量 $s_0=0, v_0=0$，压射力 $p_0=0$，即金属液静止在压室内，如图 1.18(a) 所示。

(2) 慢速封口阶段

压射冲头以低速 v_1 移动 s_1，并封住浇注口，熔融的金属液受到推动，以较慢的速度向前堆集。这时推动金属液的压力为 p_1，它的作用仅仅是为克服压射缸内活塞移动时的总摩擦力以及压射冲头与压室内表面之间的摩擦力，其值很小。如图 1.18(b) 所示。

在这个阶段，采用较低的冲头速度是为了在推动状态中，金属液保持一个稳定的液面，防止金属液在推进时产生冲击而出现液面波动，使其越过压室浇口而溅出。同时使压室中的气体在平稳状态下顺利排出，以减少气体卷入金属液的概率。

(3) 堆集阶段

压射冲头以略高于 v_1 的速度 v_2 向前移动。当冲头移动距离为 s_2 时，由于内浇口截面积最小，即阻力最大，所以熔融金属在压室、横浇道和内浇口前沿堆集，压力升高，达到足以能突破内浇口处的阻力 p_2 为止，如图 1.18(c) 所示。由于在这个阶段，压射冲头的速度不大，故金属液在向前移动时，所包卷的气体量不大。

(4) 填充阶段

压射冲头以最大的速度 v_3 向前移动，在内浇口的阻力作用下，使压射力升到 p_3，它推动金属液突破内浇口而以高速度（即内浇口速度）填充到模具型腔。在充满型腔时，压射冲头移动的距离为 s_3，如图 1.18(d) 所示。

(5)增压保压阶段

在填充阶段,虽然金属液已充满型腔,液态金属已停止流动,但还存在疏散和不实的组织状态。特别是当液态金属在冷却过程中,由于收缩会在局部区域产生气孔、缩孔及缺料等现象。为提高压铸件的力学性能,获得致密的组织结构,在金属液填充之后,再增大压射力 p_4,并在增压机构的作用下,压射压力由 p_4 升至 p_5,p_5 即为压射过程的最终压力(增压力)。增压保压过程是个补缩的过程,补充因金属液冷却收缩出现的空间。在一定的保压时间内,金属液在最终压力下边补缩、边固化,把可能产生的压铸缺陷减小到最低程度,得到组织致密的压铸件。在这个过程中,压射冲头的位移 s_4 的实际距离是很小的,如图1.18(e)所示。

保压时间的长短直接影响着压铸件最后凝固部位的补缩效果。它是由压铸件的凝固时间确定的。如果保压时间小于压铸件的凝固时间,则压铸件在尚未完全凝固时,就失去了保压补缩的作用,影响收缩所需的补缩。显然,这样整体的补缩效果较差;而保压时间过长,则会产生较大的塑性变形,加大压铸件对压铸模成型零件的包紧力,同时还消耗了不必要的能源。因此,适当的保压时间是非常重要的。

1.4.2 压力参数

压力来源是压铸机的液压泵,它是获得组织致密、轮廓清晰的压铸件的重要因素。在压铸过程中,压力不是一个常数。通常用压射力和比压来表示。

(1)压射力

压射力是指压铸机压射机构中推动压射活塞(压射冲头)运动的力,即压射冲头作用于压室中金属液面的力。压射力来源于液压泵,压力油通过蓄压罐,在压射缸内传递给压射活塞,再由压射活塞传递给压射冲头,进而推动金属液前进填入压铸模具型腔中。在压铸过程中,压射力又分为压射压力和增压压力。

1)压射压力

$$F_Y = p_g A_D \tag{1.1}$$

由于

$$A_D = \frac{\pi D^2}{4}$$

故

$$F_Y = \frac{\pi D^2 p_g}{4} \tag{1.2}$$

式中 F_Y——压射压力,N;

p_g——液压系统管路工作压力,MPa;

A_D——压铸机压射缸活塞的面积,mm^2;

D——铸机压射活塞缸活塞的直径,mm。

2)增压压射力(无增压机构时,不必计算)

$$F_{YZ} = p_{gz} A_D \tag{1.3}$$

由于

$$A_D = \frac{\pi D^2}{4}$$

故

$$F_{YZ} = \frac{\pi D^2 p_{gz}}{4} \tag{1.4}$$

式中 F_{YZ}——增压压射力，N；

p_{gz}——压射缸内增压后的液压压力，MPa；

A_D——压铸机压射缸活塞的面积，cm^2；

D——压铸机压射活塞缸活塞的直径，cm。

3）影响压力的因素

影响压力的因素很多，主要有以下6点：

①液压泵的性能和密封性能。

②电磁阀的性能和密封性能（主要是电磁阀是否内泄）。

③管道压力的损失。

④蓄能器中工作气体（氮气）与工作液的比例变化。

⑤工作液因温度变化引起的黏度变化对压力的影响。

⑥压射冲头与压室的配合间隙和摩擦程度。

（2）比压

比压是压室内金属液单位面积上所受的压力。比压又分为压射比压和增压比压，填充时的比压称为压射比压；压射后的比压称为增压比压，它决定了压铸件最终所受的压力和压铸模具的胀型力。

1）压射比压

$$p_b = \frac{F_Y}{A_d} \tag{1.5}$$

由于

$$A_d = \frac{\pi d^2}{4}$$

故

$$p_b = \frac{4F_Y}{\pi d^2} \tag{1.6}$$

式中 p_b——压射比压，MPa；

F_Y——压射压射力，N；

A_d——压射冲头面积，cm^2；

d——压射冲头直径，cm。

2）增压比压（无增压机构时，不必计算）

$$p_{bz} = \frac{F_{YZ}}{A_d} \tag{1.7}$$

由于

$$A_d = \frac{\pi d^2}{4}$$

故

$$p_{bz}=\frac{4F_{YZ}}{\pi d^2} \tag{1.8}$$

式中　p_{bz}——增压比压，MPa；

F_{YZ}——增压压射力，N；

A_d——压射冲头的面积，cm^2；

d——压射冲头直径，cm。

从式(1.6)和式(1.8)可知，比压的大小是由压力(压射压力、增压压力)和冲头的大小共同决定的，比压与压力成正比，与冲头直径(压室直径)的平方成反比。这个概念在以后的实践和压铸模具的设计中很重要。例如，模具设计好了后，压射冲头(压室)的大小就确定了，在压铸生产过程中，可通过使用不同大小的压铸机或者调整压力的大小来控制比压的大小；同样，在压铸机设备已定(压铸机能满足该压铸件的生产条件)的情况下，即压力的大小已定，可通过改变压铸模具的冲头直径来调整比压大小。

3)比压的作用

比压是压铸工艺中的重要参数，它对压铸过程的填充和压铸件的力学性能等影响很大。

①对填充的影响

金属液在高的压射比压作用下填充型腔，填充能量加大，金属液流动速度加大，有利于克服浇注系统和充填薄壁铸件型腔的阻力，对压铸件的成型有利。

②对压铸件力学性能等的影响

比压大，合金结晶细小，细晶层增厚，内部组织好，压铸件表面质量提高，从而铸件的抗拉强度得到提高。但铸件的伸长率有所降低。

4)比压的选择

当压铸模具的压射冲头大小确定后，比压的大小是根据压力来确定的。当压铸机上的压射系统没有增压机构时，压铸过程中金属液的填充阶段和增压保压阶段(铸件的凝固阶段)的压射力是相同的。当压铸机上的压射系统有增压机构时，这两个阶段的压射力不同，因而比压也不同。这时，压射比压的作用是用来克服型腔中金属液流动的阻力和浇注系统(特别是内浇口处)的阻力，以保证所需的内浇口速度；而增压比压则是保证正在凝固的金属液有一定的压力，让铸件在凝固收缩过程中能得到金属液的补充，使铸件的外形轮廓更为清晰，铸件的内部组织更为致密。当然，此时的压力也形成压铸模具的胀型力。因此，对比压的选择十分重要。

在选择比压时，应从以下 6 个方面考虑：

①根据压铸合金的流动性选择。流动性好的压铸合金应选择较低的压射比压。如锌合金可选取较低的压射比压，而铜合金应选取较高的压射比压。

②根据压铸件的结构特征选择。在一般情况下，在压铸薄壁或形状复杂的压铸件时，由于型腔中的流动阻力较大，为了克服这些阻力，获得需要的内浇口速度，必须选用较大的压射比压。对于厚壁的压铸件，为增大填充量，可使内浇口的截面积增大，降低内浇口速度，可选用较小的压射比压；为了获得内部组织致密的压铸件，增压比压可选高些。

③根据压铸件的质量要求选择。对于强度和气密性要求高的压铸件，它的组织应有良好的致密结构，应选取较高的压射比压，同时还应有足够高的增压比压，才能更好地满足强度和气密性的要求。

④根据浇注系统选择。对于浇道长、转向多等流动阻力大的浇注系统，压射比压和增压比压

都应选择高些;对于散热快(如浇注系统上开有冷却系统的)的浇注系统,压射比压应选择高些。

⑤根据温差选择。合金的浇注温度与模具温度之差大,压射比压可选高些。

⑥其他应该考虑的因素。如压铸机的结构形式、功率、性能以及压铸模具的强度等。

通常在压铸生产过程中,从生产安全、压铸机的使用寿命和压铸模具的使用寿命等因素考虑,应该坚持的原则是在保证压铸件成型和满足压铸件质量的前提下,宜选择较低的压射比压和增压比压。因高的比压易造成模具出现"跑水"现象,造成安全隐患;压铸机的锁模机构、型板、电磁阀等容易造成损伤,对压铸模具的冲蚀严重,影响压铸机、压铸模具的使用寿命等。表1.23列出了各种压铸合金常用增压比压的推荐值范围,当然,这些值并不是一成不变的,需根据铸件的质量要求,结合压铸模具的状况和压铸机的提供性能等综合因素进行选定。

表1.23 各种压铸合金常用增压比压推荐值/MPa

合金种类	锌合金	铝合金	镁合金	铜合金
一般件	13~20	30~50	30~50	40~50
承载件	20~30	50~80	50~80	50~80
耐气密性件或大平面薄壁件	25~40	80~120	80~120	60~100
电镀件	20~30			

1.4.3 速度参数

速度是压铸填充过程中能获得轮廓清晰、表面光洁的压铸件的重要因素。压铸过程中,速度通常用压射速度和充填速度来表示。

(1)压射速度

压室内压射冲头推动金属液的移动速度称为压射速度,也称为冲头速度。根据压铸过程填充阶段的划分,将慢速封口阶段和堆集阶段称为慢压射阶段,将填充阶段和增压保压阶段称为快压射阶段,压射速度相应的划分为慢压射速度和快压射速度。压射速度由压铸机的特性所决定,通常压铸机所给定压射速度一般为0.1~7 m/s。但随着现在压铸业的发展和压铸技术的进步,压铸机的压射速度可达到0.05~10 m/s。

1)影响压射速度的因素

压射速度的影响因素较多,概括有以下4点:

①压射力的变化。

②冲头与压室的配合间隙。

③活塞与压射缸的配合状态。

④蓄能器内工作气体(氮气)与工作液的体积比的变化。

2)慢压射速度

当金属液浇注入压室后,由于压室内金属液的充满度一般控制在45%~70%,其余的空间被空气充填着。压射冲头以较慢的速度推动金属液,使金属液充满压室前端并堆集在内浇口前沿。在慢速推进中,使金属液平稳流动,压室内空气有充分的时间排出,并防止金属液从浇口中溅出。如图1.19所示,图1.19(a)为合理的慢压射速度使金属液保持了一个稳定的液面,不发生飞溅,气体聚集在前部金属液自由表面的上方,被后部充满整个压室的金属液有序地推着前进，使气体顺利排出；图1.19(b)为慢压射速度设置得过快，冲头推动金属液前进时产生液面波动，结果气体被波动液面卷住，包卷在金属液中的气体在后续的充填中，最终留在铸件中，形成气孔；图1.19(c)为慢压室速度设置得过慢，金属液到达最前端（通常为动模面上）而折回，并且与后部还在向前的金属液碰撞产生飞溅，于是，在金属液的后部（靠近冲头端面）出现空间或间断空间，而使气体卷入后部的金属液内。

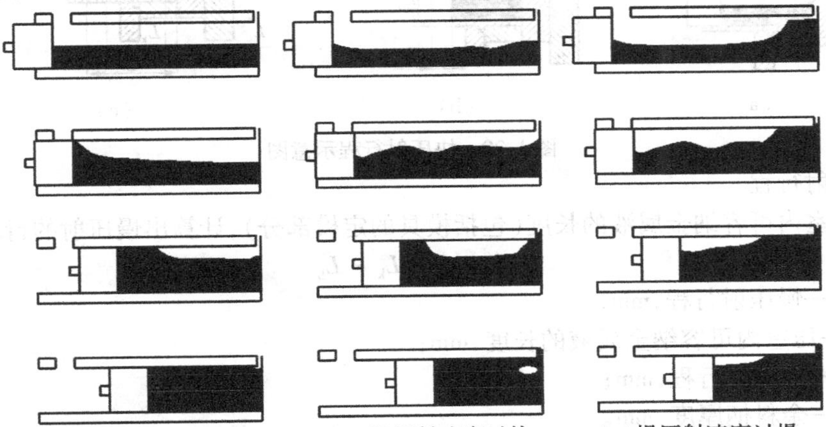

(a)合理的慢压射速度　(b)慢压射速度过快　(c)慢压射速度过慢

图1.19　慢压射速度对卷气的影响

慢压射速度的选择：对于薄壁件和外表装饰铸件，通常选择0.25~0.35 mm/s；对于耐压、强度高的铸件，通常选择0.15~0.25 mm/s。在实际压铸生产过程中，可通过充填试验来观察选择合适的慢压射速度，手动压射让金属液百分之百充满压室时停止，冷却后顶出凝固在压室中的料柄，观察料柄内是否有卷气现象，重复试验，得到料柄无卷气现象，此时的速度就是比较合理的慢压射速度。

3)快压射速度

快压射速度是为了让金属液以一定的速度向前推进，突破内浇口阻力，以达到需要的充填速度（内浇口速度），在较短的时间内充填满压铸模具型腔。快压射速度大小的选择需根据压铸合金的流动性、压铸件的结构、模具设计者对浇注系统和排溢系统的布局等综合因素进行选择，通常选择在0.2~4.5 m/s及以上。

在压铸过程中，从慢压射速度到快压射速度转换的位置点，也就是通常称为快压射的起点，是一个很重要的参数，其选择是否合理对压铸件的气孔产生的部位和压铸件的致密性特别重要。通常在金属液到达内浇口时，可进行快压射切换。如图1.20所示为压射过程中快压射行程、快压射起点及慢压射行程示意图。冷压室压铸机一般都有慢压射和快压射转换装置，它是通过调整行程开关或计算机人机对话界面进行调整。可按以下公式进行计算：

①快压射行程

$$L_k = \frac{V}{A_c} \tag{1.9}$$

式中　L_k——快压射行程，mm；

V——通过内浇口的金属液的体积，mm^3；

A_c——压射冲头截面积，mm^2。

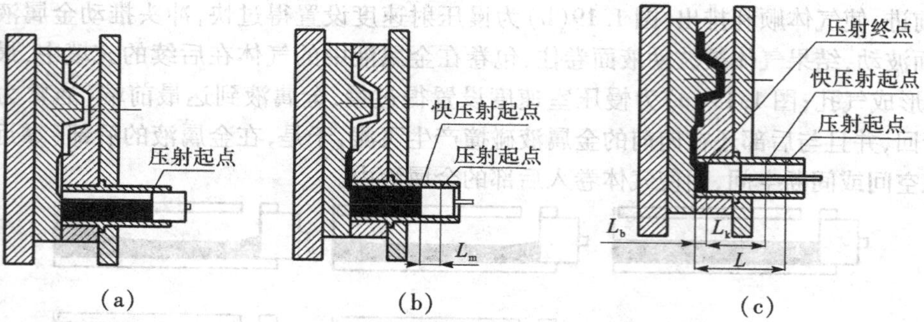

图 1.20　快压射行程示意图

②慢压射行程

根据压室内可容纳金属液的长度(包括模具的定模部分),计算出慢压射的行程为

$$L_m = L - L_k - L_b \tag{1.10}$$

式中　L_m——慢压射行程,mm;

L——压室内可容纳金属液的长度,mm;

L_k——快压射行程,mm;

L_b——余料柄厚度,mm。

由于压铸的基本特点之一是快速充型,在整个快速压射阶段,金属液以 30~60 m/s 或更高的速度、以射流的形式进入模具型腔,金属液不包卷气体是绝对不可能的,在这种情况下,能够做的就是只有让气孔分布在何处而不影响铸件质量。由于成型部位型腔的截面积远大于内浇口截面积,当压射速度不大于 0.8 m/s 时,金属液在型腔内以近似于层流的方式流动,这一阶段不会产生卷气。从快速开始点开始直到充型结束,金属液都以射流的形式运动,这一阶段是包卷气体的过程,也就是铸件会产生气孔的原因。

在实际压铸生产过程中,快压射起点位置的确定,可根据式(1.9)、式(1.10)计算得出的理论快压射行程作为基础,在此基础上进行微量调整。因为对于不同的压铸件,其内部组织致密性的要求不同;同一铸件易产生气孔的部位及对致密性的要求也不一样。快压射的起点可选择在不允许有气孔的部位之后。如图 1.21 所示为某通机缸头压铸件,A 处火花塞孔要求致密性好,不允许有气孔。快压射起点设在位置 2,比理论上快压射起点位置 1(内浇口处)效果好,从而保证了铸件的内部质量。

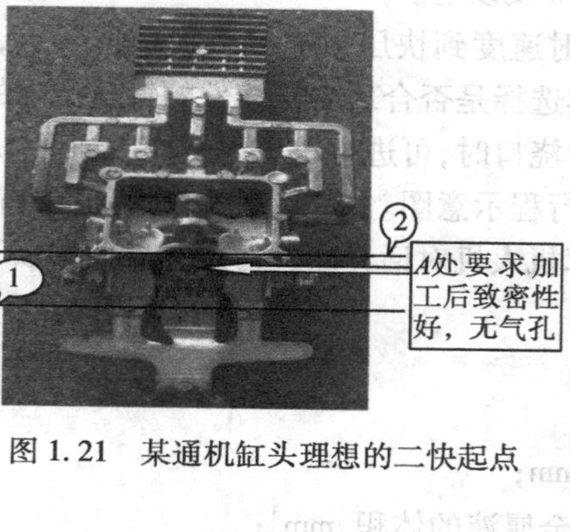

图 1.21　某通机缸头理想的二快起点

(2)充填速度

充填速度是指金属液在压射冲头的推动下通过内浇口进入型腔时的线速度(通常称为内

浇口速度)。它是与比压密切相关的一个重要工艺参数。正确选用充填速度对模具设计者设计压铸模具和获得合格的压铸件十分重要。

1) 充填速度的影响因素

如图 1.22 所示为压射系统示意图。压射活塞 2 在压铸机管路工作压力 1 的压力作用下，通过压射冲头 5 以冲头速度 v_c 推动金属液通过横浇道 6、内浇口 7 压入模具型腔。冲头速度 v_c 是由压铸机所给定的数据决定的，其大小也是可以通过压铸机上的调节手轮或计算机人机对话界面调节的。

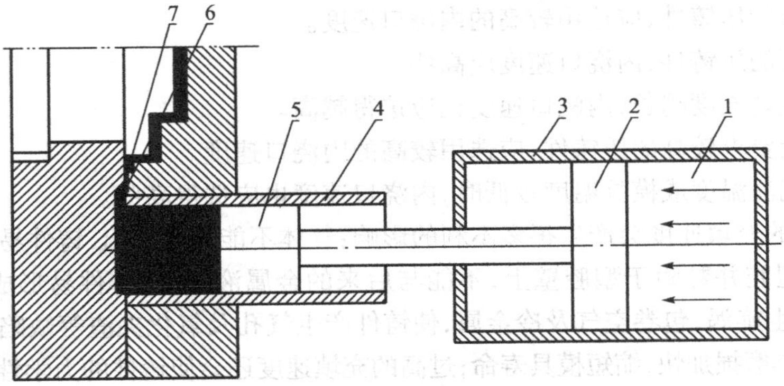

图 1.22　压射系统示意图

1—管路工作压力；2—压射活塞；3—压射缸；4—压室；5—压射冲头；6—横浇道；7—内浇口

根据帕斯卡原理及连续性原理，金属液以冲头速度 v_c 流过冲头截面积为 A_c 的体积，应等于以内浇口速度 v_n 流过内浇口截面积为 A_n 的体积，即

$$v_c A_c = v_g A_g$$

因此

$$v_n = \frac{v_c A_c}{A_n} = \frac{\pi D^2 v_c}{4A_n} \tag{1.11}$$

式中　v_n——内浇口速度(充填速度)，mm/s；

v_c——冲头速度，mm/s；

A_c——冲头截面积，mm^2；

A_n——内浇口截面积，mm^2；

D——压室(冲头)的直径，mm。

从式(1.11)可知，金属液的内浇口速度(充填速度)与冲头速度(压射速度)、冲头(压室)直径的平方成正比，与内浇口的截面积成反比。调整冲头速度、改变压室直径、改变内浇口截面积均能改变内浇口速度。在一般情况下，内浇口的截面积比压射冲头的截面积小很多，因此内浇口速度比冲头速度大得多。

在设计压铸模具和实际压铸生产过程中，要获得理想的内浇口速度，需将冲头速度、冲头(压室)大小、内浇口截面积三者有机结合起来。例如，对于大型压铸件，需要增大内浇口的截面积来获得足够大的填充量。但是带来的问题是内浇口截面积的增大，必然导致内浇口速度的降低。在这种情况下，往往采取在增大内浇口截面积的同时，也适当增大压射冲头的截面积，并同步增大压射比压的方法，以获得理想的内浇口速度，同时还提高了压铸件的压射效率。因此，这种方法在实践中有一定的实用意义。

另外需要注意的是,通过减小内浇口截面积的方法来提高内浇口速度,在实践中证明,在填充过程中,金属液在截面积较小的内浇口处,将受到很大的流动阻力,其压力损失很大,同时对模具型腔冲刷严重,易产生黏模现象,甚至影响模具寿命。因此,内浇口截面积不能无限制地减小。目前,"大浇口,多流道"在很多压铸企业流行。

2)充填速度的选择

充填速度(内浇口速度)对压铸件的表面粗糙度和内部组织的致密度影响很大。内浇口速度(充填速度)的选择主要从以下5个方面考虑:

①形状复杂的压铸件,应选用较高的内浇口速度。

②壁厚较薄的压铸件,内浇口速度应高些。

③金属液流动长度越长,内浇口速度也应选得越高。

④表面质量要求较高的压铸件,应选用较高的内浇口速度。

⑤合金的浇注温度或模具温度较低时,内浇口速度也应选得高些。

但是,过高的充填速度会产生很多不利的影响:气体不能充分排出,铸件易产生气孔;金属液成雾状进入型腔并黏附于型腔壁上,不能与后来的金属液融合,铸件易形成夹渣等表面缺陷;充填时易产生旋涡,包卷空气及冷金属,使铸件产生气孔及氧化夹渣等缺陷;加重对模具型腔的冲刷,使模具磨损加快,缩短模具寿命;过高的充填速度还会使铸件的力学性能降低。因此,在实际生产过程中,应该坚持的原则是在满足压铸件质量的前提下尽可能地选用低的充填速度。

由于各种压铸合金的浇注性能不同,它们的充填速度也不一样,应根据具体情况综合考虑,生产时可以参考表1.24列出的推荐的常用合金充填速度选择。

表1.24　常用合金充填速度的推荐值/($m \cdot s^{-1}$)

合金种类	简单厚壁压铸件	一般壁厚压铸件	复杂薄壁压铸件
锌合金	10~15	15	15~20
铝合金	10~15	15~25	25~30
镁合金	20~25	25~35	35~40
铜合金	10~15	15	15~20

1.4.4　时间参数

压铸时间包括充填时间、持压时间及留模时间。

(1)充填时间

充填时间是指金属液从内浇口开始进入型腔到充满型腔所需的时间。它是压力、速度、温度、内浇口截面积、合金性质以及压铸件的结构特点(如形状、壁厚)等多种因素,在充填过程中相互协调的综合反映。

压铸时,不论合金的性质和压铸件的结构特点如何,金属液一般充填型腔的时间都很短。中小型压铸件仅仅为0.02~0.03 s,甚至更短。因此,很难找到一种确定合适充填时间的方法。但在压铸过程中,充填时间对压铸件质量的影响又很明显。充填时间长,充填速度就低,有利于型腔排气,对减少铸件气孔有利,但铸件表面质量差;充填时间短,充填速度就高,铸件表面质量较好,但容易卷气,铸件内部易出现气孔,致密性差。因此,需要确定最佳的充填时间。

设充填时间为 t，单位时间内的充填流量为 Q，充填总容量的体积为 V（包括压铸件和排溢系统的体积），则

$$t = \frac{V}{Q} \tag{1.12}$$

又设金属液的密度为 ρ，则铸造总质量（含浇排系统余料）G 为

$$G = \rho V$$

即

$$V = \frac{G}{\rho}$$

那么

$$t = \frac{G}{\rho Q} \tag{1.13}$$

按照水力学的观点，在单位时间内，金属液经内浇口流入型腔的体积是内浇口速度和内浇口截面积的乘积，即

$$Q = v_n A_n$$

那么

$$t = \frac{G}{\rho v_n A_n} \tag{1.14}$$

式中　t——充填时间，s；

G——金属液总质量，g；

ρ——金属液的密度，g/cm^3；

v_n——内浇口速度，cm/s；

A_n——内浇口截面积，cm^2。

在实践中，有人根据铸件的平均壁厚，提出了一个较为简便的计算填充时间的经验公式，即

$$t = 35(b - 1) \tag{1.15}$$

式中　t——充填时间，ms；

b——压铸件的平均壁厚，mm。

与实际压铸结果比较，式（1.15）的计算结果较为接近最佳充填时间，并被瑞士的压铸机制造厂加以推荐和使用。表 1.25 为压铸件的平均壁厚与充填时间的推荐值，供实践中参考。

表 1.25　压铸件的平均壁厚与充填时间的推荐值

压铸件平均壁厚/mm	充填时间/s	压铸件平均壁厚/mm	充填时间/s
1	0.010~0.014	5	0.048~0.072
1.5	0.014~0.020	6	0.055~0.064
2	0.018~0.026	7	0.066~0.100
2.5	0.022~0.032	8	0.076~0.116
3	0.028~0.040	9	0.088~0.0138
3.5	0.034~0.050	10	0.100~0.160
4	0.040~0.060		

注：1.表中所推荐的数值是压铸前的预选值，应在试模或试生产时加以修正。

2.推荐值中，铝合金宜选较大的值，锌合金宜选中间值，镁合金宜选较小值。

(2)持压时间

金属液充满型腔后,压射力继续作用(有增压机构的压铸机是在增压压力下继续作用),直到金属液完全凝固为止的这段时间,称为持压时间。持压时间的作用是使正在凝固的金属液在压力下结晶,从而获得内部组织致密的压铸件。

持压时间的长短主要取决于压铸件合金的种类、压铸件的壁厚和内浇口厚度等,压铸合金结晶温度范围大、铸件平均壁厚大、内浇口厚、压室直径大,持压时间应选长些;反之,持压时间选短些。

根据压铸生产长期的经验总结,表1.26列出了生产中常用压铸合金的持压时间,供参考。

表1.26 生产中常用压铸合金的持压时间/s

压铸合金	铸件壁厚/mm		压铸合金	铸件壁厚/mm	
	<2.5	2.5~6		<2.5	2.5~6
锌合金	1~2	3~6	镁合金	1~2	3~6
铝合金	1~2	3~8	铜合金	2~3	5~8

(3)留模时间

从持压终了到开模顶出铸件的这段时间,称为留模时间(有的又称为冷却时间)。

留模时间是为了保证铸件在模具中充分凝固、冷却并具有一定的强度,使压铸件在开模和顶出时不产生变形或拉裂。留模时间不宜过长或过短,以顶出铸件不变形、不开裂为宜。留模时间过长,则顶出困难,甚至铸件因收缩包紧力过大导致铸件开裂;留模时间过短,铸件易变形,局部会因未充分凝固而黏模。留模时间应根据压铸合金的不同、铸件壁厚的差异进行选定。通常,合金收缩率大、热强度高、壁薄而结构较复杂的压铸件、模具散热快(如有模具冷却系统)的,留模时间应选短些;反之,留模时间选长些。各种合金根据铸件不同壁厚常用的留模时间可参考表1.27。对于使用冷却系统的压铸模具和热室压铸机,并且是薄壁铸件时,留模时间还应更短些。

表1.27 各种合金根据不同壁厚常用的留模时间/s

合金种类	壁厚<3 mm	壁厚 3~4 mm	壁厚>5 mm
锌合金	5~10	7~12	20~25
铝合金	7~12	10~15	25~30
镁合金	7~12	10~15	15~25
铜合金	8~15	15~20	25~30

持压时间和留模时间在试模或试生产时,应仔细摸索,以使在批量生产过程中确定合理的持压时间和留模时间,因为它们还直接影响压铸生产的效率,特别是对于大型压铸件尤其显著。

1.4.5 温度参数

压铸过程的热因素是提高良好的充填条件的基本因素之一,为控制和保持热因素的稳定性,在压铸生产过程中需将热因素的相应温度规范作为一个重要的工艺参数加以控制。通常,热因素是用金属液的浇注温度和模具温度来表示。

(1)金属液的浇注温度

广义来说,金属液的浇注温度包括金属液注入压室前的温度、在压室内停留时的温度、通过内浇口时的温度以及在充填型腔时的温度。在实践中,为了便于测量和直接判别,通常以金属液注入压室前的温度来表示金属液的浇注温度,一般用保温炉中金属液的温度来表示。

1)浇注温度的影响

在压铸成型过程中,金属液的浇注温度是重要的工艺因素。它对充填状态、成型效果、压铸件的强度、压铸件尺寸的精度、模具的热平衡以及模具使用寿命等都起着重要作用。

①较高的浇注温度

较高的浇注温度,金属液流动性好,压铸件成型性好、表面质量好;气体在高温的金属液中的溶解度增大,金属液在冷却凝固过程中收缩量增大,压铸件易产生气孔、缩孔、表面起泡等缺陷;高温的金属液氧化现象加剧,压铸模具的热疲劳加剧,对模具的冲蚀加剧,模具寿命降低,铝合金容易黏模;高温的金属液在压铸生产过程中铸件易产生飞边、毛刺,甚至模具“跑水”现象。另外,合金中含铁量也会随着温度升高而增加(特别是铸铁坩埚尤其明显),从而降低合金的力学性能、切削性能、耐蚀性能,增大热裂性。

②较低的浇注温度

较低的浇注温度可增加金属液的黏度,可减少压铸件飞边、毛刺的产生;低温的金属液在压射过程中产生涡流、包卷气体的可能性减小,可减少铸件气孔、缩孔的可能性,铸件内部质量得到提高;低温的金属液减少了对模具型腔的冲蚀,从而延长压铸模具的使用寿命。

但是过低的浇注温度会降低金属液的流动性,使金属液充填模具型腔的能力降低,压铸件易产生冷隔、流痕、欠铸等缺陷。

2)浇注温度的选择

综合上述对浇注温度影响的分析,在压铸生产过程中,选择浇注温度的原则是在保证铸件质量的前提下,尽可能采用较低的浇注温度。通常以不超过该压铸合金液相线以上 20~30 ℃为宜。

推荐的各种合金常用的浇注温度见表 1.28,供实践中参考。

表 1.28　各种合金常用的浇注温度/℃

压铸合金		铸件壁厚≤3 mm		铸件壁厚>3 mm	
		结构简单	结构复杂	结构简单	结构复杂
锌合金	含铝的	420~440	430~450	410~430	420~440
	含铜的	520~540	530~550	510~530	520~540
铝合金	含硅的	610~630	640~680	590~630	610~630
	含铜的	620~650	640~700	600~640	620~650
	含镁的	640~660	660~700	620~660	640~670
镁合金		640~680	660~700	620~660	640~680
铜合金	普通黄铜	850~900	870~920	820~860	850~900
	硅黄铜	870~910	880~920	850~900	870~910

在压铸生产过程中,保持金属液温度均匀性也十分重要。金属液在充分熔化后,在浇注生产时,还应有一定的静置时间(一般要静置10~15 min),以使金属液温度均匀(同时浮渣还可充分溢出),然后再进行浇注。

对于冷室压铸机,在压铸生产过程中,金属液一舀进料勺就开始降温,注入压室后,温度降得更快,尤其是生产较小的压铸件,金属液很少时,它的温度损失就更多。因此,金属液在注入压室浇料口后,要立刻进行压射,不能等待,否则,在压室内的金属液温度急剧下降,影响充填性能。甚至金属液前端出现凝固体,压射后包裹在铸件中,影响铸件质量。

(2)模具温度

在压铸过程中,模具温度特别是成型区域的温度也是一个很重要的工艺参数,它对于金属液的充填效果、压铸件的质量状况以及压铸模具的使用寿命都有直接影响。根据压铸模在压铸过程中的工作方式,通常将模具温度分为模具预热温度和工作温度。

1)模具的预热温度

压铸模具在使用前,要预热达到一定的温度,即预热温度。模具预热的作用有以下两方面:

①避免高温金属液对冷模具的"热冲击",以延长压铸模的使用寿命。在压铸过程中,高温金属液直接冲击型腔,使温度产生周期性变化,如果模具温度变化过大,会因热应力的变化而使压铸模过早疲劳。

②避免金属液在模具中因激冷而很快失去流动性,使铸件不能顺利充型,造成欠铸、冷隔等缺陷。或即使成型也因激冷造成线收缩增大,从而引起铸件产生裂纹或表面粗糙等缺陷。

在对模具预热时,需要注意的事项如下:

①要尽量使模具各部位慢慢地均匀升温,特别是对细长的凸出部位、尖角部位,这些部位很容易过热,必须注意。

②模具预热前应将模具(特别是型腔)清理干净,清除油污。在成型部位、顶杆上、滑块上不能涂润滑剂等,因为这些油脂在过热时,不但会结垢,而且对模具表面有腐蚀作用。在这一点上,往往容易被操作者忽视。

③模具预热后要检查各活动部位的情况,注意活动型芯、顶杆、滑块等不得有卡模现象,同时要对活动部位涂抹润滑油才压铸生产。

压铸模具预热的方法很多,一般多用煤气喷烧加热、喷灯、电加热器或感应加热等。

2)模具的工作温度

模具的工作温度是连续工作时模具需要保持的温度。在连续生产中,压铸模的温度往往会不断地升高,尤其是压铸高熔点的合金时,型腔的温度升高得很快。模具温度过高除会产生黏模(特别是铝合金)外,还可能出现铸件因来不及完全凝固、顶出温度过高而导致铸件变形、模具运动部件卡死等问题。过高的压铸模温度使铸件冷却缓慢,造成晶粒粗大降低其力学性能。同时,延长成型周期,降低压铸生产效率。模具温度过低,铸件容易产生欠铸、冷隔、花纹、收缩裂纹等缺陷。

流经型腔的金属液,首先加热内浇口附近的型腔表面,使其温度升高。金属液继续向前流动时,金属液的温度则逐渐降低,使模具温度也出现差异。在内浇口附近的温度最高,在远离内浇口处,模温低。因此,要控制好模具的热平衡,在设计压铸模具的冷却系统时,要充分考虑压铸生产过程中模具不同部位的温度差异。靠近内浇口处的冷却点要充分些,远离内浇口部位除了布局恰当而且足够的溢流系统（渣包、排气槽）外，冷却点可以适当少些。

在生产过程中，要根据所生产铸件的表面质量来判别模具的温度场分布情况，适时调节模具冷却水通道的通水量大小，使之符合生产优质铸件的模具温度。必要时还应进行局部加热。

各种合金在压铸时压铸模的预热温度和工作温度可参考表1.29。

表1.29　压铸模具的预热温度和工作温度/℃

合金种类	温度种类	铸件壁厚≤3 mm		铸件壁厚>3 mm	
		结构简单	结构复杂	结构简单	结构复杂
铝合金	模具预热温度	150~180	200~230	120~150	150~180
	模具工作温度	180~240	250~280	150~180	180~200
锌合金	模具预热温度	130~180	150~200	110~140	120~150
	模具工作温度	180~200	190~220	140~170	150~200
镁合金	模具预热温度	150~180	200~230	120~150	150~180
	模具工作温度	180~240	250~280	150~180	180~220
铜合金	模具预热温度	200~230	230~250	170~200	200~230
	模具工作温度	300~330	330~350	250~300	300~350

1.4.6　余料柄厚度

对于冷室压铸机，在压射过程完成时，需要留有一定厚度的金属余料在压室内，这一金属余料便称为余料柄。余料柄的厚度对金属液在凝固收缩阶段的压力传递和金属液的补缩起着决定性的作用。余料柄过薄，金属液过早凝固，铸件凝固收缩时得不到金属液的补充，增压压力也无法传递到型腔内；余料柄过厚，则增压压力消耗在压室内尚未凝固的金属上，以致型腔内的金属同样得不到压力的传递，甚至造成开模时没有来得及凝固的余料柄产生爆裂飞溅，造成安全隐患；余料柄过厚，需要更长的时间让余料柄凝固，影响生产效率。总之，余料柄过薄、过厚，均易造成铸件产生缩孔和内部组织疏松等缺陷。适宜的余料柄厚度一般以小于压室直径（冲头直径）的一半为宜。生产中一般余料柄厚度控制在15~25 mm。大吨位压铸机可以还厚一些。

1.4.7　压室充满度

压铸时，注入压室的金属液的体积占压室容积的百分数，称为压室充满度，简称充满度。充满度的大小直接影响压铸件的气孔率，也影响合金液的浇注温度。对于较小充满度的压铸件，由于压室内大部分空间被空气充填着，压铸件很容易产生气孔，因此，需要模具开设合理的排气槽和设置合理的慢压射速度，以改善压射时的排气效果，减少产生铸件气孔的机会。同时，金属液注入压室后，金属液的温度下降速度加快，需要提高合金液的浇注温度。压铸生产中，理想的充满度为40%~60%。实际上，充满度小于45%，甚至只有30%，这是常有的事。这就需要从压铸模具和压铸工艺上进行优化设计。充满度的计算式为

$$Q = \frac{V}{V_0} \times 100\% \qquad (1.16)$$

式中　Q——充满度,%;

V——注入压室的金属液的体积,mm^3;

V_0——压室(包括定模浇口套)内的有效容积,mm^3。

1.5　压铸涂料

在压铸过程中,对压铸模具型腔表面、型芯表面、模具和压铸机的滑动摩擦部位(如滑块、顶出元件、冲头及压室)等喷涂的润滑材料、稀释剂的混合物,统称为压铸涂料。

1.5.1　压铸涂料的作用

涂料是生产优质压铸件和高效生产的不可缺少的辅助材料,其作用体现在以下几方面:

(1)有利于压铸件成型和提高质量

喷涂的涂料在压铸件和模具成型表面之间形成一层极薄润滑的保护膜,保持金属液的流动性,改善合金的成型性能,并防止黏模,从而获得表面光亮、光滑平整的压铸件。

(2)延长模具的使用寿命

避免了高温金属液对模具型腔表面的直接冲击,降低模具的导热率和模温。

(3)有利于压铸件的顺利脱模

由于涂料的作用,减少了压铸件与成型零件之间的摩擦及铸件的黏模,使压铸件脱模顺利。

(4)减少活动零部件之间的摩擦和磨损

由于涂料的作用,减少了压射冲头、滑块、顶出元件等活动部件之间的摩擦和磨损。

(5)在喷涂过程中还可以清除碎屑及异物

防止模具合模时被碎屑、异物损伤,起到安全保护的作用。

1.5.2　压铸涂料满足压铸生产的要求

①挥发点低,在100~150 ℃时,稀释剂能很快地挥发。

②涂覆性能好。

③对压铸模具及合金材料无腐蚀作用。

④润滑性好。

⑤性能稳定。

⑥无特殊气味,高温时不析出或分解有害气体,喷涂压铸后,在模具上不留有残余物质。

⑦配制工艺简单。

⑧来源丰富,价格低廉。

1.5.3　常用的压铸涂料

传统的压铸涂料的种类很多,表1.30列出了部分早期常用的压铸涂料,作简单介绍。

表1.30　常用的压铸涂料

原材料名称	配比/%	配制方法	使用范围和效果
胶体石墨（油剂）	市场有售	—	锌、铝合金压铸及易黏模部位，压室、压射冲头等
蜂蜡	市场有售	块状或保持在温度不高于85 ℃的熔融状态	锌合金成型部分或中小型铝合金压铸件。表面光滑，效果好
氟化钠 水	3~10 90~97	将水加热到70~80 ℃，再加入氟化钠，搅拌均匀	压铸模成型部位、分流锥等，防止铝合金黏模有特效
机油 蜂蜡（地蜡）	40 60	加热并搅拌使机油与蜡混合均匀，浇注成条状或笔状，或熔融状态使用	压铸模成型部位，预防铝合金黏模或其他摩擦部位
石油 沥青	85 15	将沥青加热到80 ℃左右熔化后，加入石油搅拌均匀	防止铝合金黏模，对斜度小或不易脱模部位有好效果
二硫化钼 凡士林	5 95	将二硫化钼加入熔融的凡士林中，搅拌均匀	对带螺纹的铝合金压铸件有特效
水剂石墨	市场有售	要用10~15倍的水稀释使用	用于深腔型压铸件，防黏模性好，但易堆集，需要用煤油定期或不定期清洗
铝粉 猪油（工业用） 石墨粉（银色） 煤油 樟脑（结晶）	12 80 1.5 2.5 4	将猪油熔化，加入煤油，然后依次加入铝粉、樟脑、石墨粉，充分搅拌均匀、冷却。使用时要加热至40 ℃左右，成流体状态	铝合金压铸件螺孔、螺纹部分及成型部位
聚乙烯 煤油	3~5 95~97	将聚乙烯小块泡在煤油中，加热至80 ℃左右熔化而成	镁合金及铝合金成型部位效果好
蜂蜡 二硫化钼	70 30	将蜂蜡加热至熔化，加入二硫化钼，搅拌均匀，制成块状或笔状	铜合金成型部分效果良好
机油	L_1-AN15	—	锌合金、铜合金成型部分效果良好，滑块等活动部位
原材料名称	配比/%	配制方法	使用范围和效果
锭子油	市场有售	30#，50#	锌合金压铸，起润滑作用，滑块、顶杆等活动部位
石墨 机油	5,10,50 95,90,50	将石墨研磨后，过200#~300#筛，加入40 ℃左右的机油中，搅拌均匀	用于铝、铜合金压铸及压室、压射冲头效果良好
石油 松香	84 16	将石油隔水加热至80~90 ℃，将研磨成粉状的松香加入，搅拌均匀	最适宜锌合金压铸

1.5.4 水基涂料

在压铸工业发展初期，由于压铸机的压射力小、速度低，用一般单一石油类矿物油即可满足生产要求。但是，随着压铸产业规模的扩大，水基乳化系列压铸涂料得到迅速发展。压铸涂料的基本性能要求是成膜性好，即压铸涂料应与光滑的高温模具型腔表面有良好的黏附。液体涂料内分子间的作用力产生的表面张力是影响涂料成膜性的重要因素。水基涂料按基本成分分为3类：

①蜡系材料为主体，分别加以油性或其他润滑剂乳化而成。

②以含硅有机物为主体。

③含有上述两种成分。

表1.31列出了水基涂料常用材料的特征。

表1.31 水基涂料常用材料的特征

种类	基础成分		脱模成分			辅助材料		
	矿物油	生物油	硅有机物	石蜡	蜂蜡	乳化剂	耐压剂	防腐剂
优点	成膜性好	耐热润滑	耐热抗黏合	润滑	润滑	水溶化	提高抗压性	防腐
缺点	耐热不良	稳定性差	成本高	发气大	成本高			

1.5.5 脱模剂、润滑剂、冲头油的使用

随着压铸工业的发展和压铸规模的不断扩大，对压铸件的质量要求、环保要求也越来越严格，传统的涂料有的已不能满足压铸件质量和环保的要求。例如，含石墨类的涂料，石墨容易残存于铸件基体中，影响铸件性能，也影响压铸生产作业环境（黑污）。其他很多传统的涂料或多或少在使用过程中都会产生一些烟雾或残留物之类的污渍。促使研制、生产脱模剂（水基涂料）、润滑剂、冲头油、防黏剂等压铸辅料的专业化生产厂应运而生。压铸企业可以根据自身企业的特点和对铸件质量的要求，在市场上选用不同的压铸涂料。

使用脱模剂（水基涂料）的目的在于在模具型腔、型芯表面形成一层极薄的非金属膜而有利于铸件脱模，而这层薄膜的形成是有一定条件的。这个条件是模具表面须有适当的温度（150~300 ℃），而且喷涂的脱模剂必须是细雾状的，如果脱模剂是液滴或是水珠，那么它们接触模具表面后就会形成高压气泡而反弹，不能黏附在模具表面上。为了达到理想的雾化效果，必须有合适的喷涂压力，合理的喷射角。脱模剂的使用量及其浓度要根据铸件的要求和条件来选择，总的原则是喷涂量尽量少而且要均匀，铸件能顺利脱模即可。生产过程中，把脱模剂用于冷却模具是不合理的，用量太多，铸件会产生疏松、夹渣、气泡、气孔等缺陷，还会造成浪费。

润滑剂是用于滑动机构的零件上，如活动型芯、滑块、顶杆、导柱等，以减少它们与相配件的机械摩擦，它只需在每天上班前涂抹一次或出现卡模现象时涂抹。防黏剂只能用于铸件容易黏模部位，它也只能在出现黏模时才使用，若用量太多，铸件会留下明显的花斑，表面发黑。

冲头油对于冲头的寿命、铸件的质量都至关重要。使用冲头油的目的在于减少冲头与压室的机械摩擦，因为冲头和压室是压铸生产中热量最集中，条件最恶劣，又直接影响压铸效能

的关键部位。冲头油的用量既不能太少,否则会出现冲头阻塞和卡滞现象,影响压射力和压射速度;又不能使用太多,过量的冲头油会污染合金,产生大量的气体而导致铸件产生气孔、夹渣等缺陷,也造成物料浪费。每次压射后只需在冲头表面均匀涂上冲头油,压室中不需要涂抹冲头油。

1.6 特殊压铸成型工艺简介

气孔、疏松、缩孔和夹渣是压铸件最常见的压铸缺陷,产生的原因是高速充填时型腔和浇注系统的气体没有完全排出及压铸件在凝固收缩时没有得到足够金属液的补缩。这些缺陷的存在降低了铸件的力学性能、耐蚀性能,同时还影响铸件的气密性、热处理性及焊接性。为了解决气孔、疏松、缩孔、夹渣等铸造缺陷,近年来国内外采用了一些新的压铸工艺技术,如真空压铸、半固态压铸、充氧压铸、双冲头压铸等。下面分别对它们作简单介绍。

1.6.1 真空压铸

压铸过程中,如何排除模具型腔中的气体是一个很重要课题,甚至有人认为,把熔融金属填充入型腔很难,而将型腔中的气体排除更难。因此,是否可以在金属液进入型腔前将型腔抽成真空或部分真空,于是就研究开发出了真空压铸。

真空压铸的基本原理是在金属液充满模具型腔之前,将模具型腔和压室中的空气抽空或部分抽空,形成“真空”,以获得组织致密的压铸件。所谓的真空,一般要求其真空度在-82~-52 kPa(-600~-380 mmHg),这样的真空度可以用一般的机械泵获得。真空压铸在20世纪50年代曾普遍使用,后来应用不多。目前,真空压铸只用于生产耐压、强度要求高或要求热处理的高质量的压铸件。真空压铸在所有特殊压铸工艺技术中使用较多。

(1)真空压铸的特点

①真空压铸消除或减少了铸件中的气孔,增加了铸件内部组织的致密度,铸件可进行热处理,提高了铸件的力学性能。例如,采用真空压铸的锌合金铸件,其强度较一般压铸提高19%,铸件的细晶层厚度增加0.5 mm。

②消除了因气孔造成的铸件表面缺陷,改善了铸件的表面质量。

③真空压铸极大地减少了型腔内的反压力,可在提高铸件强度的基础上用较低的比压(可较常用比压低10%~15%)生产压铸件;用较低的比压生产较薄的压铸件,可使压铸件的壁厚减小25%~50%,而铸件性能不降低。如真空压铸锌合金的最小壁厚可达0.5 mm,一般压铸锌合金的最小壁厚为0.6 mm。真空压铸可压铸铸造性能较差的压铸合金,甚至可用小的压铸机生产较大的压铸件。

④可减少浇注系统和排溢系统的尺寸,减少压铸回炉料。

⑤真空压铸由于减少了型腔内的反压力,增大了铸件的结晶速度,可以缩短压铸周期,从而提高生产效率。采用真空压铸的生产效率较一般压铸可提高10%~20%。

⑥真空压铸的缺点是密封结构复杂,制造及安装困难,成本较高,如控制不当,效果不明显。

(2)真空压铸装置及抽真空工作过程

真空压铸需要在极短的时间内保证模具型腔内达到所需要的真空度,因此必须先设计好抽真空系统,如图1.23所示。然后再根据型腔的容积,选用足够大的真空泵。

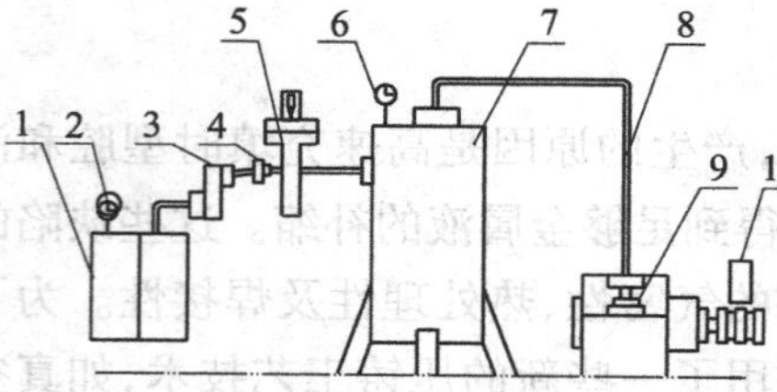

图1.23 真空系统示意图
1—压铸模;2—真空表;3—过滤器;
4—接头;5—真空阀;6—真空电表;7—真空罐;
8—管道;9—真空泵;10—电机

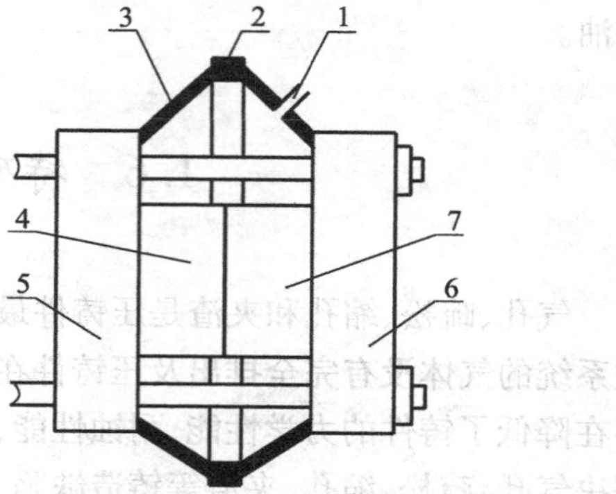

图1.24 真空罩密封压铸模抽真空示意图
1—通用真空阀;2—密封弹性垫;3—真空罩;
4—动模;5—动模座板;6—定模座板;7—定模

真空压铸抽真空形式主要有两种:一种是将整副模具置于真空罩中抽气;另一种是借助模具分型面密封,从模具中直接抽气。

如图1.24所示为用真空罩密封整副压铸模具抽真空示意图。它的真空罩有通用型和专用型两种;通用型用于不同厚度的压铸模具,专用型只适用于某种压铸模。这种抽真空抽出的空气量大,但不适用于有液压抽芯的压铸模具,很少使用。其抽真空过程如下:合模时,真空罩将整副压铸模密封;金属液注入压室后,慢压射启动,开始压射,当压射冲头封住压室浇料口,抽真空系统启动工作,将真空罩内空气抽出。

如图1.25所示为借助模具分型面密封,直接从模具中抽真空示意图。它适用于各种压铸模具。这种抽真空抽出的空气量少,压铸模的制作和维修方便,使用得较多。其抽真空的过程如下:

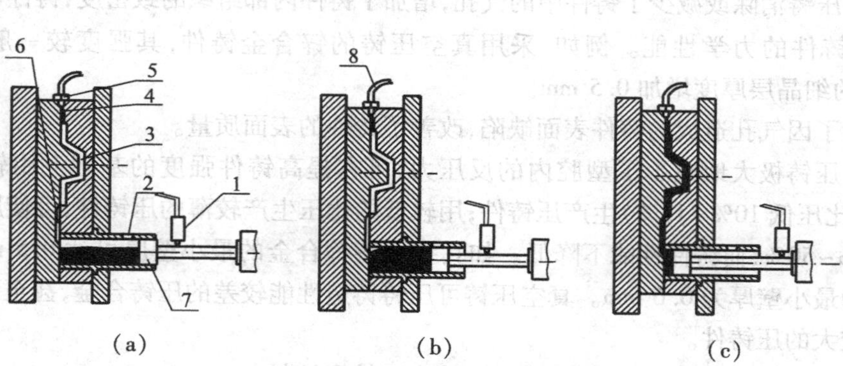

图1.25 直接从压铸模具中抽真空工作过程示意图
1—抽气信号开关;2—压室浇料口;3—模具型腔;
4—总排气槽;5—抽气阀;6—浇道;7—冲头;8—管道

①金属液通过压室浇料口2注入压室内,慢压射启动,开始压射,如图1.25(a)所示。

②压射冲头7封住压室浇料口2,抽气信号开关1接收信号,真空泵启动工作,抽气阀5打

开，使模具型腔3、总排气槽4、浇道6及压室内保持“真空”状态。如用延时计时器启动，其工作过程是慢压射开始启动时，抽真空延时计时器开始计时，当延时计时时间到后（此时冲头7封住压室浇料口），真空泵启动工作，如图1.25(b)所示。

③压射过程结束，型腔充填完毕，金属液到达总排气槽近端，带动远端的抽气阀5关闭，真空泵停止工作，完成一个工作循环。如用延时计时器，其工作过程是当抽真空启动开关1启动，抽气阀5打开后，延时计时器开始计时，当延时计时器的时间达到设定的时间后，抽气阀5关闭，真空泵停止工作。如图1.25(c)所示。

④开模顶出铸件，自动吹气清理阀打开，压缩空气通过管道8，将模具接口部位的铝屑、渣质等清吹掉（带有吹屑的设备）。

1.6.2 半固态压铸

半固态压铸是将液态金属在凝固时进行搅拌，在一定的冷却速度下获得50%左右甚至更高比例固相组分的浆料，然后用这种浆料进行压铸的技术。

(1)半固态压铸特点

半固态压铸与全液态金属压铸相比有以下特点：

①由于降低了浇注温度，而且半固态金属在搅拌时已有约50%的熔化潜热散失掉，因此，压铸时大大减少了浆料对压室、压铸模型腔的热冲击，因而可提高压铸模具的寿命。

②由于半固态金属黏度比全液态金属大，内浇口处流速低因而充填时喷溅少，卷入的气体少，浆料本身温度低，吸气少或不吸气，易获得无气孔或少气孔压铸件。另外，半固态金属收缩小，所以铸件不易出现缩孔、疏松等缺陷，能显著提高压铸件力学性能。压铸件还可以进行热处理和焊接，扩大了铸件的应用范围。

③半固态金属浆料像软固体一样输送到压室，但压射到内浇口处或薄壁处，由于流动速度提高，使黏度降低，充填性能提高。因此，半固态压铸也适宜薄壁件的压铸生产，并且可改善铸件的表面质量。

④可精确计量压射金属的质量，取消常用的保温炉，从而节约金属及能量，并且又改善了工作环境。同时，凝固速度加快，可以提高压铸生产效率。

(2)半固态压铸成型方法

半固态压铸成型的方法主要有流变压铸和触变压铸（也称为搅溶铸造法）。如图1.26所示为半固态压铸装置工作原理示意图。

1)流变压铸

将金属液从液相到固相的过程中进行强烈搅拌，在一定固相率下直接将所得的半固态金属浆料压铸成型的方法，称为流变压铸。由于直接获得的半固态金属浆料的保存和输送很不方便，故实际投入使用的很少。

2)触变压铸

将制取的半固态金属浆料凝固成铸锭，再按需要将金属铸锭切割成一定大小，并使其重新加热（坯料的二次加热）至金属的半固态区，这时的金属铸锭一般称为半固态合金坯料。利用半固态合金坯料压铸成型，这种压铸方法称为触变压铸。由于半固态合金坯料的加热和输送都比较方便，并易实现自动化操作，因此，触变压铸是当今半固态压铸主要采用的方法。

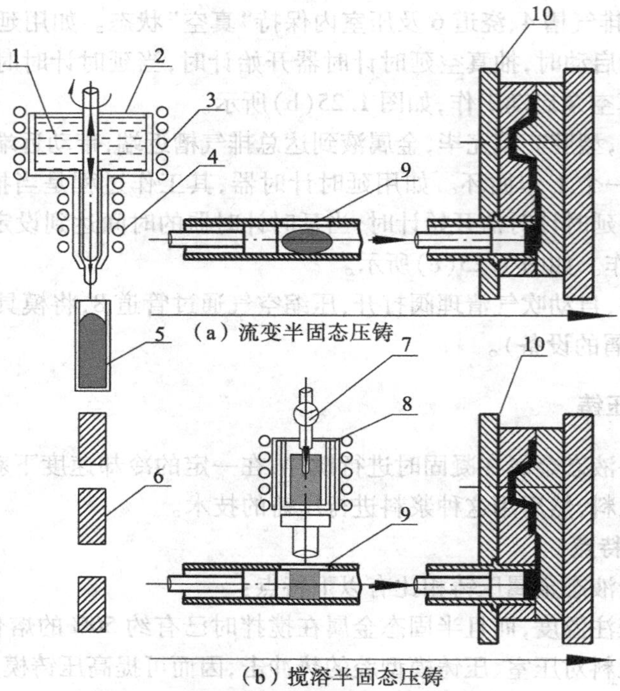

(a) 流变半固态压铸

(b) 搅溶半固态压铸

图 1.26　半固态压铸装置工作原理示意图

1—压铸合金；2—连续供给合金液；3—感应加热器；4—冷却器；5—流变铸锭；6—坯料；
7—软度指示计；8—坯料重新加热装置；9—压室；10—压铸模

1.6.3　充氧压铸

在压铸充填以前，压铸模型腔和压室中主要被空气充满着，而空气中氮气约占 80%，氧气约占 20%。经对一般压铸生产的压铸件气孔分析，国外由此开发出充氧压铸新技术。充氧压铸的原理就是将干燥的氧气充入压室和压铸模具型腔中，以置换其中的空气和其他气体。当铝合金液浇入压室以及压入压铸模型腔的过程中与氧气发生化学反应，即 $4Al+3O_2=2Al_2O_3$。反应形成的 Al_2O_3，这种 Al_2O_3 质点颗粒细小（小于 1 μm），分散在压铸件中，约占铸件总质量的 0.1%~0.2%，不影响机械加工性能。从而减少或消除不充氧气时铸件内部形成的气孔，提高了铸件的致密性，充氧压铸生产的压铸件可进行热处理不鼓泡。充氧压铸只适用于铝合金压铸。

(1) 充氧压铸的特点

①消除或减少了铸件内部气孔，提高压铸件质量。充氧压铸的铝合金压铸件机械强度较一般压铸的压铸件可提高 10%左右，伸长率增加 0.5~1 倍。

②充氧压铸的压铸件可进行热处理，提高力学性能。热处理后强度可提高 30%以上，屈服强度可提高 100%，冲击韧性也有显著提高。

③由于铸件内部气孔少，铸件可在 200~300 ℃的高温环境下工作。

④充氧压铸对合金的烧损很少。

⑤充氧压铸与真空压铸相比较，结构简单，操作方便，投资较少。

⑥充氧压铸需要耗用大量氧气，增大压铸循环时间，影响生产效率，这导致压铸件的生产成本的提高。但因其具有优越的性能指标，对于需要热处理或焊接、气密性要求高和在高温条件下使用的铝合金压铸件，采用充氧压铸是最理想的选择。

(2)充氧压铸装置及工艺参数

充氧压铸系统装置如图 1.27 所示。充氧方法很多，一般有压室加氧和模具加氧两种方式，最基本的要求是让模具型腔和压室中的空气最快、最彻底地由氧气取代。采用充氧压铸，最好使用立式压铸机，因为在卧式压铸机充氧后，在压室中的铝液与氧气的接触面很大，铝液很容易氧化。

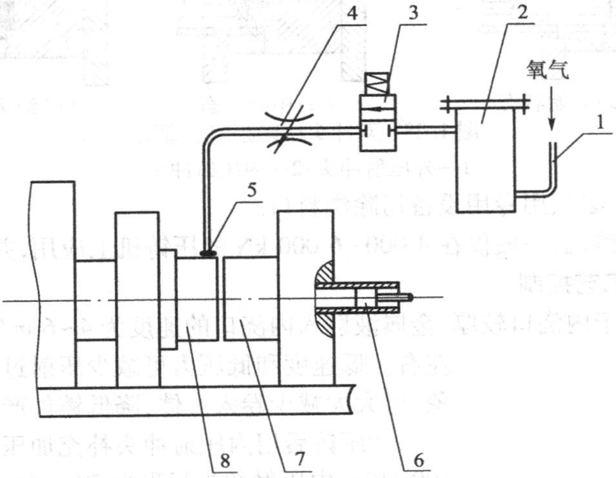

图 1.27　充氧压铸装置示意图

1—通氧气管道；2—干燥器；3—电磁阀；4—节流阀；5—管接头；6—压射冲头；7—定模；8—动模

充氧压铸时，相关的工艺参数控制十分重要，主要控制以下 4 个方面因素：

①充氧时间。充氧开始时间视铸件大小及复杂程度而定，一般在动、定模合模时相距 3~5 mm开始充氧，略停留 1~2 s 再合模，合模后要继续充氧 1~4 s。

②充氧压力。冲氧压力一般选用 0.4~0.7 MPa，以保证足够的氧气流量。充氧结束时要立即压铸。

③压射速度和压射比压。压射速度和压射比压与一般压铸基本相同，压铸模具预热温度略高，一般预热温度为 250 ℃左右，以使涂料中的气体尽快挥发排出。

④合理设计浇注系统和排溢系统，否则会产生氧气孔。

充氧压铸的压铸涂料，国外型腔一般用氟化钠溶液，压室和冲头一般用甘油银色石墨；国内一般用水剂石墨。

1.6.4　双冲头压铸

双冲头压铸也称为精速密压铸，是精密、快速、密实压铸的总称。其结构是由采用两个套在一起的内外压射冲头所组成，在压射开始时，两个冲头同时前进，当充填完毕，型腔达到一定压力后，限时开关启动，内压射冲头继续前进，补充压实铸件。其工作原理如图 1.28 所示。

(1)双冲头压铸的特点

①内浇口厚度较一般压铸要厚，一般为 3~5 mm，与压铸件壁厚相当，以便内压射冲头前进时更好地传递压力，提高压铸件的致密性。

②厚壁压铸件各部位强度分布均匀，较一般压铸的铸件强度提高 20%以上，铸件内无气孔(或少气孔)和疏松，气密性提高，并可进行焊接和热处理。

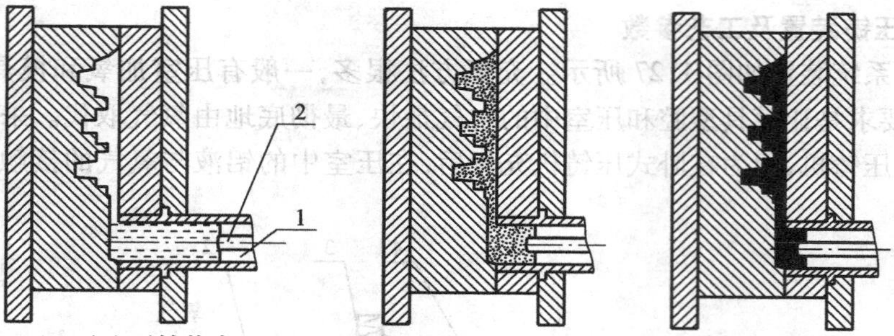

(a)开始状态　(b)中间状态　(c)结束状态

图 1.28　双冲头压铸原理示意图

1—外压射冲头;2—内压射冲头

③由于内浇口厚,必须用专用设备切除浇料口。

④不适于小型压铸机,一般仅在 4 000~6 000 kN 的压铸机上应用,并要改造压射机构。

(2)双冲头压铸工艺控制

①压射速度。由于内浇口较厚,金属液射入内浇口的速度为 4~6 m/s,为一般压铸的 20%左右。低速度和低压力可减少压射过程中的喷溅和涡流现象,可大大减少卷入气体,降低铸件产生气孔的几率。

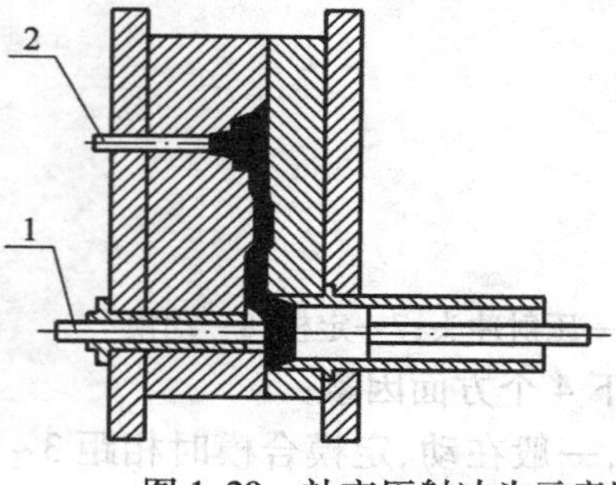

图 1.29　补充压射冲头示意图

1—补充压射冲头;2—顶杆

②压铸后用内压射冲头补充加压,此时的比压为 3.5~100 MPa,内压射冲头行程为 50~150 mm。

③控制压铸件的顺序凝固。由于金属液充填速度和压力低,故金属液可平衡地充填型腔,由远及近向内浇口处顺序凝固,使压射冲头更好地起到压实作用。

④可针对压铸件的厚大部位,在压铸模具相应部位另设补充压射冲头,对压铸件的厚大部位进行补充压实,以获得致密的内部组织。其结构如图 1.29 所示。

练　习　题

1.什么是压铸?

2.简述压力铸造过程。

3.简述压铸成型的工艺特点。

4.压铸件结构设计的意义是什么?它包括哪些内容?

5.影响压铸件精度的因素有哪些?

6.常用压铸合金有哪几种?并简述它们的特点。

7.简述压铸压射过程的几个阶段。

8.简述压铸过程中模具温度的作用。

9.压铸涂料对压铸生产有什么作用?

10.特殊压铸工艺有哪几种?特殊压铸工艺对压铸生产有什么作用?

11.简述真空压铸的工作原理及特点。

第2章 压铸机

学习目标：

通过本章的学习了解压铸机的类型及特点，掌握冷热压室压铸机的工作过程；掌握压铸机主要技术参数的含义和作用；掌握压铸机型号的选用。

能力目标：

通过本章的学习应具备在设计压铸模具时能正确选用压铸机型号的能力。

压铸机是压铸生产的主要设备，压铸生产过程中的各种特性都是通过压铸机来实现的，根据压铸工艺要求，它提供了选择压铸参数的有利条件。压铸模具是通过压铸机的运行而实现压铸成型的，因此，设计压铸模具与选用压铸机有密切联系，必须熟悉压铸机的特性、技术规格，通过设计计算，选用合适的压铸机，才能保证压铸生产的正常进行并获得优质的压铸件。

随着压铸工业生产技术的日益发展，压铸机在结构上有了很大的改进，更好地满足了压铸工艺的要求，从而有利于提高压铸件的尺寸精度、表面粗糙度和铸件组织的致密性要求。同时，也提高了压铸的生产效率。随着压铸技术的日益提高，压铸机正向自动化、大型化的方向发展。

2.1 压铸机的分类

压铸机的种类和型号很多。一般来说，根据压铸机压室的温度状态，压铸机分为热压室压铸机和冷压室压铸机两大类。冷压室压铸机根据其结构形式又分为立式压铸机、全立式压铸机和卧式压铸机。其中，以卧式压铸机的应用最多。常用压铸机的分类见表2.1。

表2.1 压铸机的分类

分类特征	基本结构方式
压室温度状态	热压室压铸机 冷压室压铸机
压室结构和布置方式	立式压铸机 全立式压铸机 卧式压铸机

续表

分类特征	基本结构方式
锁模力大小	小型压铸机(热室<630 kN,冷室<2 500 kN) 中型压铸机(热室 630~4 000 kN,冷室 2 500~6 300 kN) 大型压铸机(热室>4 000 kN,冷室>6 300 kN)

2.2 压铸机的压铸过程、结构形式及特点

2.2.1 热压室压铸机

(1)热压室压铸机压铸过程

热室压铸机的压铸过程在第1章图1.3已作介绍,不再重复。

(2)热压室压铸机结构形式及特点

热压室压铸机的结构如图2.1所示。热压室压铸机与冷压室压铸机的开合模机构、铸件顶出机构等是一样的,其区别在于压射、浇注机构不同。热压室压铸机的压室与熔炉连为一体,而冷压室压铸机的压室与熔炉是分开的。热压室压铸机的压室浸在保温炉坩埚的金属液中,压射部件在坩埚上面。

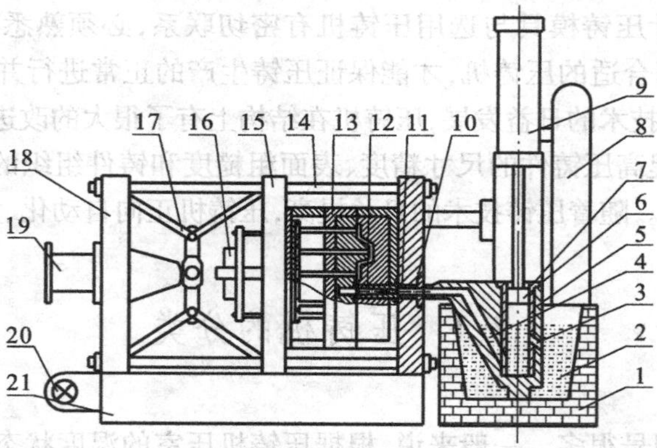

图2.1 热压室压铸机的结构

1—坩埚;2—金属液;3—进料口;4—通道;5—浇壶;6—压射冲头;7—压室;8—蓄压器;9—压射缸;10—定模座板;11—喷嘴;12—浇口套;13—压铸模;14—哥林柱;15—动模座板;16—顶出缸;17—开合模曲肘;18—压铸机尾板;19—开合模缸;20—电机、油泵;21—压铸机机座

其特点如下:

①压室和冲头总浸在熔融的金属液中,易受侵蚀,使用寿命短,长期使用会增加合金中的含铁量。但在压铸过程中,金属液直接进入型腔,其温度波动范围很小,热量损失小。

②操作程序简单,不必单独供料,容易实现自动化作业,生产效率高。

③金属液在密闭状态下从液面下直接进入压室,空气或杂质不容易带入,金属液也不易产生氧化。

④工艺参数稳定，压铸件质量较好。

⑤减少了浇料口等回炉料，合金的利用率高。

⑥可将坩埚密封，并通入保护性气体，防止金属液的氧化或燃烧。这种方法尤其对于易燃烧的镁合金压铸有特殊的意义。

⑦目前，热压室压铸机通常仅适用于铅、锡、锌等低熔点合金的压铸生产，国外正在研究铝、镁等高熔点合金的压铸技术，以扩大热压室压铸机的使用范围。

2.2.2 立式冷压室压铸机

(1)立式冷压室压铸机的压铸过程

如图2.2所示为立式冷压室压铸机的压铸过程。压室3呈垂直放置，压射冲头分为压射冲头5和返料冲头1(也称为上冲头和下冲头)。压铸模7合模后，压射冲头5处于压室3上方空间，返料冲头处于堵住喷嘴4的进料口位置(阻断浇注系统的通道)，将金属液2浇入压室3中。如图2.2(a)所示。当压射开始后，压射冲头5下移，并接触金属液2时，返料冲头1下移，打开喷嘴4的进料口，并停留在此位置。压射冲头5继续以设定的工艺速度快速下压，将金属液2经喷嘴4、浇口套6注入压铸模7的型腔中，填充完毕，压射冲头5继续施以设定的压力保压一定时间，压铸成型，如图2.2(b)所示。保压时间达到后，压射冲头5提起，返料冲头1则向上移动，切断浇注余料，并将余料饼8推至压室3上方脱出，如图2.2(c)所示。压铸件9经冷却凝固后，开启压铸模具7，并顶出压铸件，如图2.2(d)所示。

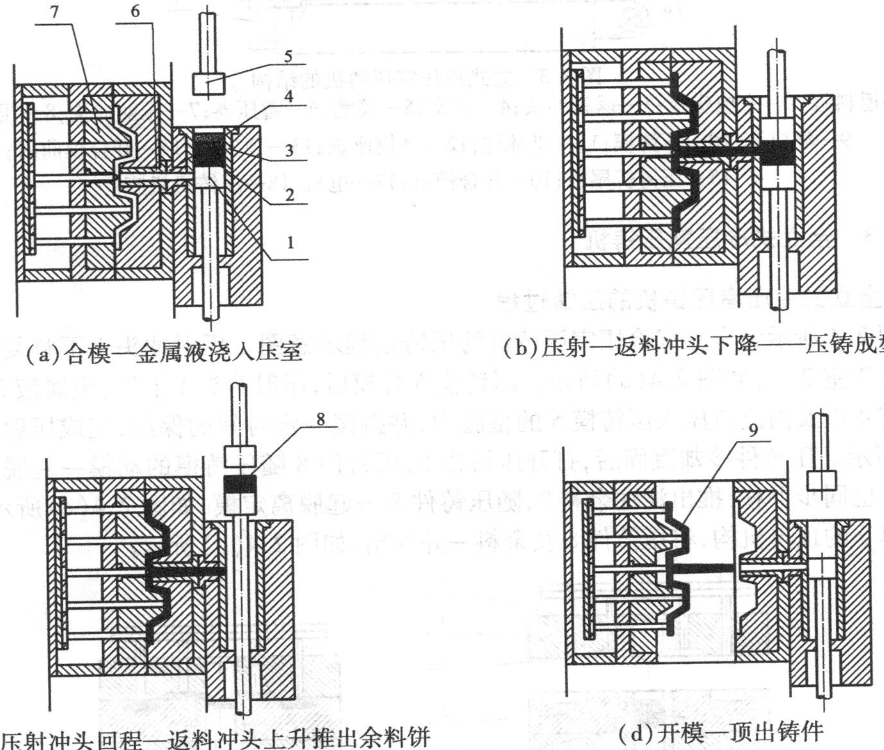

(a)合模—金属液浇入压室　(b)压射—返料冲头下降——压铸成型

(c)压射冲头回程—返料冲头上升推出余料饼　(d)开模—顶出铸件

图2.2 立式冷压室压铸机的压铸过程

1—返料冲头；2—金属液；3—压室；4—喷嘴；5—压射冲头；

6—浇口套；7—压铸模；8—余料饼；9—压铸件

(2)立式冷压室压铸机的结构形式及特点

立式冷压室压铸机压室的中心线平行于模具分型面,称为垂直侧压室。其结构如图 2.3 所示,具有以下特点:

①适宜于生产需要开设中心浇口的压铸件。

②压射系统呈直立状态,占地面积少。

③金属液注入直立的压室中,有利于防止杂质进入模具型腔。

④金属液经过 90°直角转折,压力损失大。

⑤在操作时,余料未切断前不能开模,影响压铸生产效率。

⑥增加返料切料机构,使压铸机结构复杂化,维修不便。

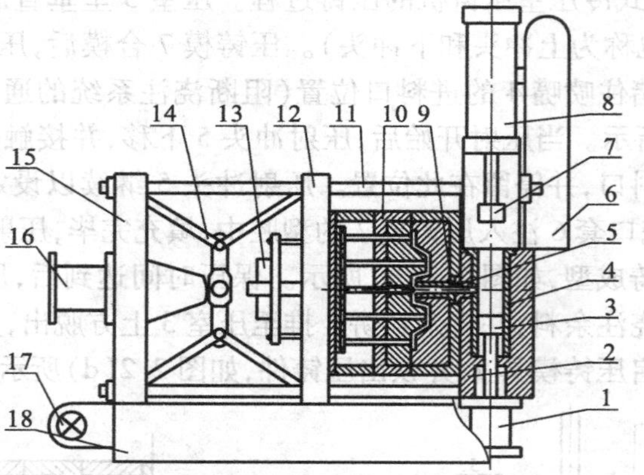

图 2.3　立式冷压室压铸机的结构

1—返料缸;2—定模座板;3—返料冲头;4—压室;5—喷嘴;6—蓄压器;7—压射冲头;8—压射缸;9—浇口套;10—压铸模;11—哥林柱;12—动模座板;13—顶出缸;14—开合模曲肘;15—压铸机尾板;16—开合模缸;17—电机;18—压铸机机座

2.2.3　全立式冷压室压铸机

(1)全立式冷压室压铸机的压铸过程

如图 2.4 所示为全立式冷压室压铸机的压铸过程示意图。压射冲头 1 下移复位后,金属液 3 浇入压室 2 中,如图 2.4(a)所示。压铸模 5 合模后,压射冲头 1 上压,金属液 3 经分流锥 6、横浇道 4 以及内浇口压入压铸模 5 的型腔中,并持续一定时间的保压,完成压射过程,如图 2.4(b)所示。压铸件冷却凝固后,打开压铸模 5,压铸件 8 随压铸模的动模一起脱离定模,压射冲头 1 也同步上移,推出浇注余料 7,随压铸件 8 一起脱离定模,如图 2.4(c)所示。最后通过压铸模 5 的顶出机构,将压铸件 8 及余料一并顶出,如图 2.4(d)所示。

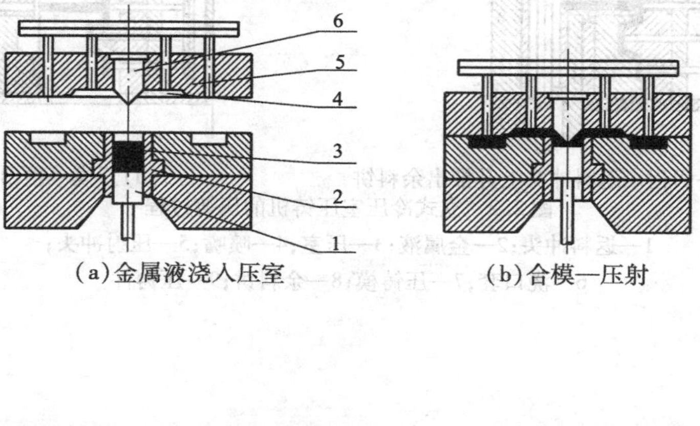

(a)金属液浇入压室　　(b)合模—压射

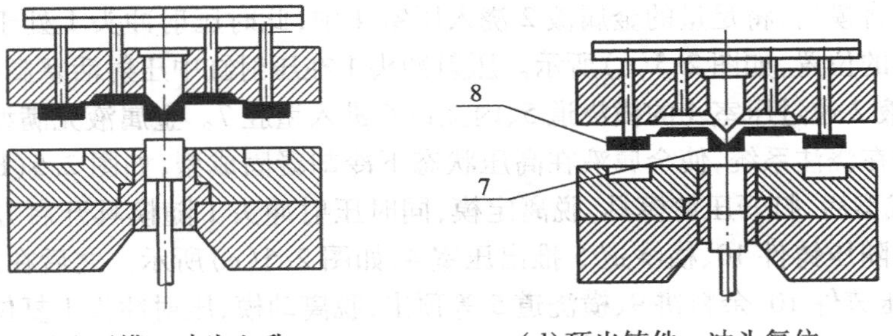

(c)开模—冲头上升　　(d)顶出铸件—冲头复位

图 2.4　全立式冷室压铸机压铸过程

1—压射冲头;2—压室;3—金属液;4—横浇道;5—压铸模;6—分流锥;7—余料;8—压铸件

(2)全立式冷压室压铸机结构形式及特点

全立式冷压室压铸机的合模机构和压射机构呈垂直分布。其压射系统在下部,合模机构在上部。压射过程中金属液由下向上填充,具有以下特点:

①压射冲头与直浇道方向相同,金属液进入型腔的流程短,压力损失和热量损失较小。

②模具水平放置,安装活动嵌件方便。广泛用于压铸电机转子类及带硅钢片的零件。

③带入型腔的空气少,压铸的铸件气孔较普通压铸件的气孔显著减少。

④占地面积少。

⑤压铸件顶出后需用人工取出,生产效率较低,不易实现自动化操作。

2.2.4　卧式冷压室压铸机

(1)卧式冷压室压铸机的压铸过程

卧式冷压室压铸机的压铸过程如图 2.5 所示。

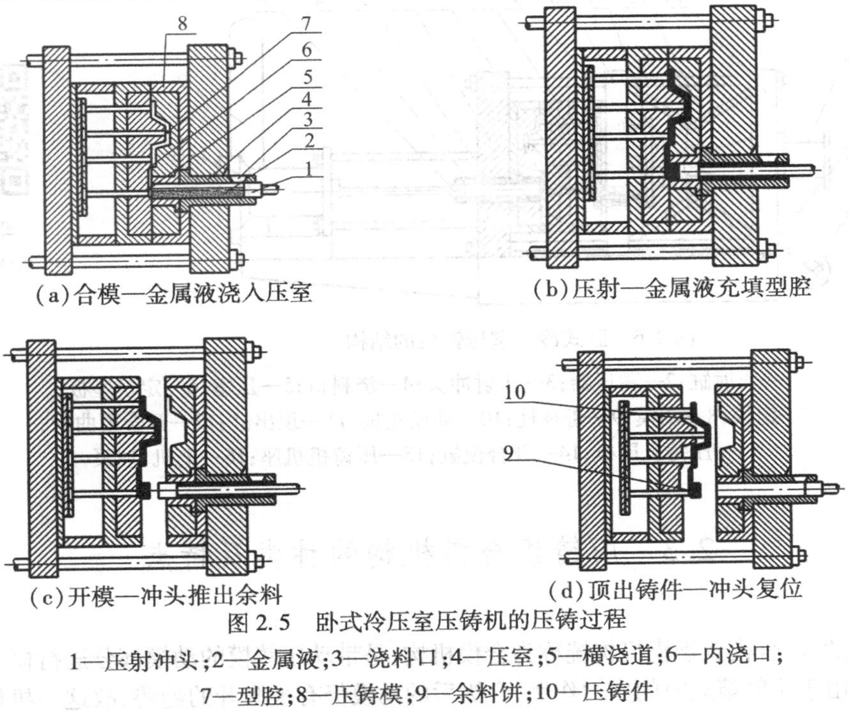

(a)合模—金属液浇入压室　　(b)压射—金属液充填型腔

(c)开模—冲头推出余料　　(d)顶出铸件—冲头复位

图 2.5　卧式冷压室压铸机的压铸过程

1—压射冲头;2—金属液;3—浇料口;4—压室;5—横浇道;6—内浇口;

7—型腔;8—压铸模;9—余料饼;10—压铸件

压铸模 8 合模后，将足量的金属液 2 浇入压室 4 中，此时压射冲头 1 处于压室 4 的端部，露出浇料口 3 的位置，如图 2.5(a)所示。压射冲头 1 在压射缸中压射活塞高压作用下向前推进，推动金属液 2 通过压室 4 的横浇道 5、内浇口 6 进入型腔 7。金属液充满型腔 7 后，压射冲头 1 继续作用在浇注系统，使金属液在高压状态下冷却凝固成型，如图 2.5(b)所示。压铸件 10 冷却凝固成型后，打开压铸模具，脱离定模，同时压射冲头 1 随模具开启方向继续前进，将浇注余料饼 9 随压铸件 10、横浇道 5 推出压室 4，如图 2.5(c)所示。之后在压铸机顶出机构的推动下，将压铸件 10、余料饼 9、横浇道 5 等顶出，脱离动模，压射冲头 1 复位至压室端部，如图 2.5(d)所示。

(2)卧式冷室压铸机结构形式及特点

卧式冷压室压铸机的结构如图 2.6 所示。卧式冷压室压铸机的压室水平放置，压射冲头也在水平方向移动。压室工作条件比热压室好，同时可以采用大压力的压射缸，适合中大型压铸机，也容易实现全自动的压铸生产，大大提高生产效率，而且也使卧式冷压室压铸机的应用更加广泛。卧式冷压室不仅普遍应用于压铸铝合金、镁合金、铜合金，而且还可以压铸高熔点的黑色金属。卧式冷压室压铸机具有以下特点：

①金属液进入型腔转折少，压力损失小，有利于发挥增压机构的作用。

②模具安装方便，卧式冷压室压铸机一般设有中心和偏心多个浇注位置，或在偏心和中心间设置可任意调节位置的扁孔。

③便于操作，维修方便，压铸效率高，容易实现自动化，是目前广泛应用的压铸设备。

④金属液在压室内暴露在大气的表面积较大，若工艺参数选择不当，压射时容易卷入空气、氧化物质以及其他杂质，引起压铸缺陷。

⑤设置中心浇口的模具结构复杂。

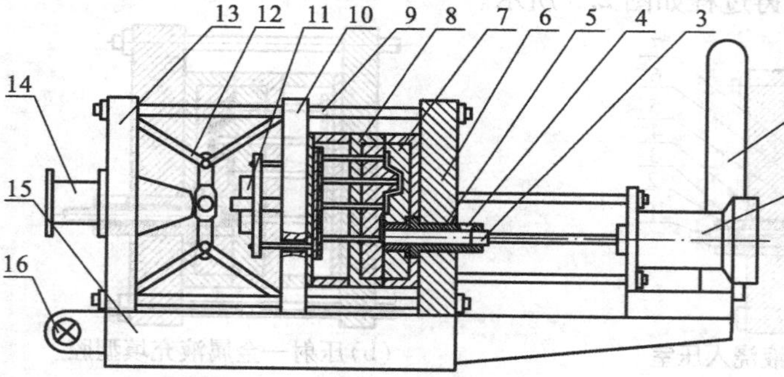

卧式冷压室
压铸机开模取件

图 2.6　卧式冷压室压铸机的结构

1—压射缸；2—蓄压器；3—压射冲头；4—浇料口；5—压室；6—定模座板；7—定模；8—动模；9—哥林柱；10—动模座板；11—顶出缸；12—开合模曲肘；13—压铸机尾板；14—开合模缸；15—压铸机机座；16—电机、油泵

2.3　压铸机合模机构的种类及特点

压铸机的开、合模及锁模机构统称为合模机构，是带动压铸模的动模部分进行模具分开或合拢的机构。由于压射填充时的压力作用，合拢后的动模仍有被胀开的趋势，故这一机构还要起锁

紧模具的作用。推动动模移动合拢并锁紧模具的力,称为锁模力,在压铸机标准中称为合型力。一般压铸机吨位大小是以合型力大小来衡量的,如 650 t 压铸机,其合型力大小为 650 t。压铸机合模机构必须准确可靠地动作,以保证安全生产,并保证压铸件尺寸精度的要求。压铸机合模机构一般可分为液压式和液压-机械组合式两种类型,后者也称为液压-曲肘式合模机构。

2.3.1　液压合模机构

液压合模机构的动力是由合模缸中的压力油产生的,压力油的压力推动合模活塞带动动模座板和动模进行合模,并锁紧动模。液压合模机构的优点是:结构简单,操作方便;在安装不同厚度的压铸模时,不用调整合模液压缸座的位置,从而省去了液压合模缸座的机械调整装置。生产过程中,在液压不变的情况下,锁模力(合型力)可以保持不变。但是,这种合模机构具有通常液压系统所具有的特点:首先,合模的刚性和可靠性不够,压射时胀型力稍大于锁模力时压力油就会被压缩,动模会立即发生退让,使金属液从分型面喷出,既降低了压铸件的尺寸精度,又极不安全;其次,对于大型压铸机而言,合模液压缸直径和液压泵较大,生产率低;最后,开合模速度较慢,并且液压密封元件容易磨损。这种机构一般用在小型压铸机上,目前已很少使用。液压合模机构的结构如图 2.7 所示。

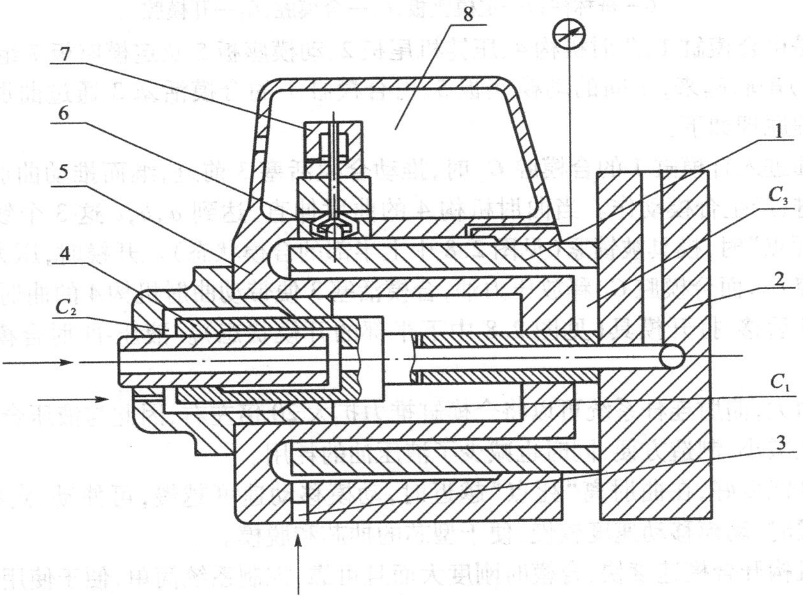

图 2.7　液压合模机构简图

1—外缸;2—动模座板;3—增压器口;4—内缸;5—合模缸座;6—充填阀塞;7—充填阀;8—充填油箱;C_1—开模腔;C_2—内合模腔;C_3—外合模腔

该机构由合模缸座 5、内缸 4、外缸 1 和动模座板 2 组成。合模缸座 5、内缸 4、外缸 1 组成开模腔 C_1、内合模腔 C_2 和外合模腔 C_3。

当向内合模腔 C_2 通入高压油时,内缸 4 向右运动,带动外缸 1 与动模座板向右移动,产生合模动作。随着外缸 1 的移动,外合模腔 C_3 内产生负压,充填阀塞 6 被吸开,充填油箱 8 中的常压油进入外缸 1。动模合拢后,增压装置通过增压器口 3 对外合模腔 C_3 中的常压油突然增压,使在压射时,合模力增大,压铸模锁紧不致胀开。

2.3.2　机械合模机构

机械合模机构可分为液压-曲肘合模机构、各种形式的偏心机构、斜锲式机构等。目前广泛采用的，尤其是大压铸机采用的是液压-曲肘合模机构，这种机构的结构如图 2.8 所示。

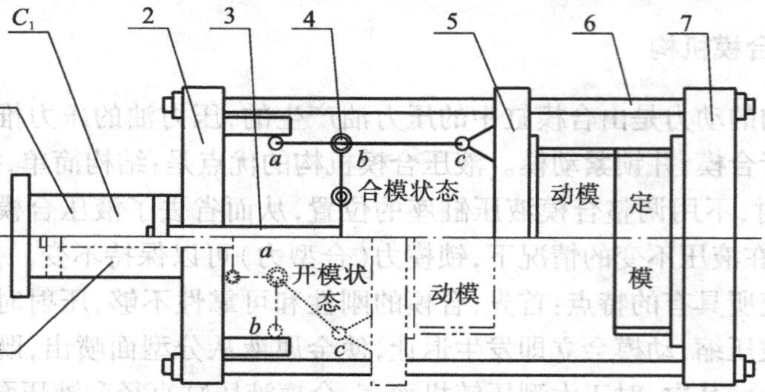

图 2.8　液压-曲肘合模机构

1—合模缸；2—压铸机尾板；3—合模活塞；4—曲肘机构；5—动模座板；6—哥林柱；7—定模座板；C_1—合模腔；C_2—开模腔

此机构是由合模缸 1、曲肘机构 4、压铸机尾板 2、动模座板 5 及定模座板 7 组成，并用 4 根哥林柱（导柱）串联起来，中间的动模座板 5，由合模缸 1 的合模活塞 3 通过曲肘机构 4 来带动。动作过程原理如下：

当压力油进入合模缸 1 的合模腔 C_1 时，推动合模活塞 3 前进，继而推动曲肘机构 4 和动模座板 5 前进，产生合模动作。当曲肘机构 4 的曲肘伸直，达到 a,b,c 这 3 个铰链在一条直线，也称为“死点”时，模具被锁紧（见图 2.8 中上半部的合模状态）。开模时，压力油进入合模缸 1 的开模腔 C_2，而合模腔 C_1 释放压力油，合模活塞 3 便带动曲肘机构 4 的曲肘后退，从而带动动模座板 5 后移，打开模具（见图 2.8 中下半部的开模状态）。液压-曲肘合模机构的优点如下：

①合模力大，曲肘连杆系统可以将合模缸推力扩大 20 倍左右，因此与液压合模机构相比，合模缸可大大减小，制造方便，同时也减少了液压油的耗用。

②机械性能良好，在曲肘离“死点”越近时，动模移动速度越慢，可使动、定模缓慢闭合。同时在刚开模时，动模移动速度较慢，便于型芯的抽芯和脱模。

③合模机构开合模速度快，合模时刚度大而且可靠，控制系统简单，便于使用维修。

④顶出力大小可以通过液压系统来调节，顶出距离可以通过行程开关来调节。

但是这种合模机构存在以下缺点：不同厚度模具要调整行程比较麻烦；曲肘机构在使用过程中，由于受热膨胀的影响，合模框架的预应力是变化的，这样容易引起压铸机的哥林柱过载；曲肘精度要求高，使用时铰链内会出现高的表面张力，有时因油膜破坏，产生强烈摩擦，导致曲肘铰链磨损。

综上所述，液压-曲肘合模机构是较好的合模机构，特别适用于大中型压铸机。现代的压铸机，对于不同厚度模具行程的调节，增加了齿轮调节驱动装置，更加方便。甚至实现了由计算机控制模具行程、开合模的工作，通过合理设置实现压铸生产的自动化。

2.4　压铸机压射机构的构成和作用

压铸机的压射机构是将金属液推送进压铸模具型腔，填充成型形成压铸件的机构。不同型号的压铸机有不同的压射机构，但主要组成部分都包括压室、压射冲头、压射活塞、压射缸及增压器等主要部件。它的结构特性决定了压铸过程中的压射速度、压射比压、压射时间等主要压铸工艺参数，直接影响金属液的填充形态及在型腔中的运动特性，从而影响压铸件的质量。具有优良性能压射机构的压铸机是获得优质压铸件的可靠保证。压射系统发展的总趋势是在于获得快的压射速度、压射终止阶段的高压力和低的压力峰。现代压铸机的压射机构的主要特点是三级压射，低速排出压室和模具型腔中的气体，即慢压射阶段；高速填充型腔以获取轮廓清晰的外观，即快压射阶段；以及金属液充满型腔后及时地对型腔施以稳定的高压，以获得组织致密的压铸件，即增压阶段。现代压铸机的快压射阶段又划分了若干小段，可以根据压铸件的结构特点，分阶段设定不同的快压射速度，以获得更加优质的铸件。总之，为了满足压铸工艺的基本要求，现代冷压室压铸机的压射机构应具备以下特点：

①作用在压室中合金液的比压应为40~200 MPa，增压压力建立的时间要小于0.03 s，以便在压铸合金凝固前压力能传递到模具型腔内。增压时压力冲击应尽可能小，以防止产生大的胀型力。

②应具有三级或四级及以上的压射速度，以满足各个压射阶段的需要。在各个压射阶段，压射速度均能独立调整。

如图2.9所示为三级压射机构的一种结构示意图。其三级压射过程如下。

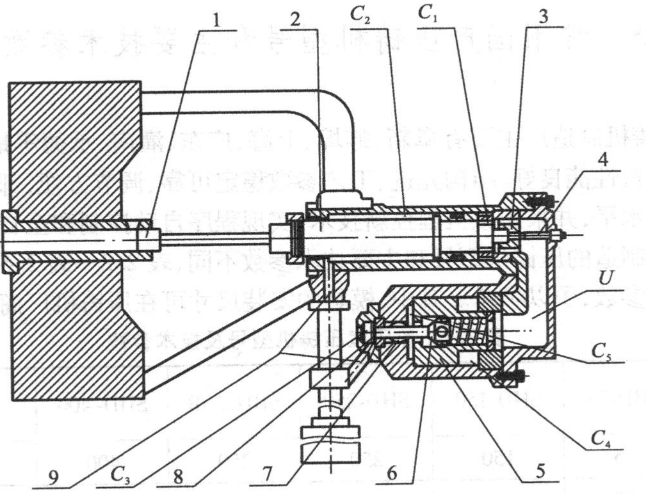

图2.9　三级压射机构示意图

1—压射冲头；2—压射活塞；3—油路器；4—调整螺杆；5—增压活塞；
6—单向阀；7—进油孔；8—回程活塞；9—回油管；
C_1—压射腔；C_2—回油腔；C_3—尾腔；C_4—背压腔；C_5—后腔；U—U形腔

2.4.1 慢压射(慢速)

当开始压射时,压力油从进油孔 7 进入后腔 C_5,推开单向阀 6,经过 U 形腔,通过油路器 3 的中间小孔,推开压射活塞 2,即为第一级压射(慢压射)。这一级压射活塞的行程一般为金属液封住压铸模具的浇料口,其行程可以根据工艺要求进行调节。其速度大小可通过调整螺杆 4 补充调节。

2.4.2 快压射(快速)

在填充过程中,当金属液越过压铸模内浇口时,或达到设定的工艺要求需要进行快压射时,压射活塞 2 尾端圆柱部分便脱出油路器 3,而使压力油得以从油路器蜂窝状孔进入压射腔 C_1,压力油迅速增多,压射速度猛然增快,即为快压射。

2.4.3 增压

当金属液即将充满型腔时,此时金属液正在凝固,填充阻力增大,压射冲头前进阻力相应增大,这个阻力反过来作用到压射腔 C_1和 U 形腔内,使腔内的油压增高足以闭合单向阀 6,从而使来自进油孔 7 的压力油无法进入压射腔 C_1和 U 形腔形成的封闭腔,而只在后腔 C_5作用在增压活塞 5 上,增压活塞便处于平衡状态,从而对封闭腔内的油压进行增压,压射活塞也就得到增压的效果。增压的大小,是通过调节背压腔 C_4的压力来得到的。

压射活塞的回程是在压力油进入回油腔 C_2的同时,另一路压力油进入尾腔 C_3推动回程活塞 8,顶开单向阀 6,U 形腔和压射腔 C_1便接通回路,压射活塞产生回程动作。

2.5 常用国产压铸机型号和主要技术参数简介

目前,国内压铸机制造厂主要有阜新、蚌埠、上海、广东、灌南、承德等地的压铸机厂等,它们所设计制造的压铸机性能良好、结构先进、工艺参数稳定可靠、调节方便,部分产品的主要性能参数已接近国际先进水平,并采用微机程控新技术,实现程序自动控制和全自动控制压铸生产。由于各生产厂商设计制造的压铸机型号和主要技术参数不同,表 2.2—表 2.6 列举的仅是部分压铸机型号和主要技术参数,予以参考。其中,模具的安装尺寸可在压铸机厂商提供的手册上查阅。

表 2.2 热压室压铸机型号及技术参数

型号 规格	SHD-75	SHD-150	SHD-250	SHD250B	SHD-400	J216	SHD-800
锁模力/kN	75	150	250	250	400	630	800
拉杠直径/mm	30	40	45	—	55	60	65
拉杠之间的内尺寸(水平×垂直)/(mm×mm)	196×175	278×232	300×250	240×240	235×285	320×300	355×305
移动模板行程/mm	100	125	160	200	195	250	218

续表

型号 规格	SHD-75	SHD-150	SHD-250	SHD250B	SHD-400	J216	SHD-800
模具厚度/mm	100～150	150～220	150～270	130～320	130～340	150～400	130～365
压射位置/mm	0	0	0	0～40	0～50	0～50	0～50
压射力/kN	9.5	19	32	30	42	70	55
压室直径/mm	32	38	42	45	45,50	55	50,55,60
液压顶出器顶出力/kN	—	—	—	—	25	50	50
液压顶出器顶出行程/mm	—	—	—	50	60	60	60
最大金属浇注量/kg	0.125（Zn）	0.28（Zn）	0.5（Zn）	0.6（Zn）	0.75,0.9（Zn）	1.4（Zn）	0.9,1.2,1.5（Zn）
一次空循环时间/s	2.5	3	3.5	3	2.5	≤4	6
坩埚有效容量（锌合金）/kg	70	70	160	160	250	320	280
系统工作压力/MPa	6	7	7	7	10	8	10
电机功率/kW	4	5.5	7.5	7.5	7.5	11	11
熔炉功率/kW	9	12	18	18	28	22	35
燃油消耗量/$(L\cdot h^{-1})$	1.3	1.5	2	—	4	2	4.5
鹅颈加热功率/kW	1	1.5	2	—	4	1.8	4.5
喷嘴加热功率/kW	1	1.5	2	—	4	1.8	4.5
外形尺寸（长×宽×高）/（mm×mm×mm）	1 600×700×1 500	2 650×980×1 700	3 000×1 000×1 800	2 800×1 350×1 800	3 200×1 300×1 700	4 800×1 700×2 500	3 600×1 400×1 850

注：字母SHD为广东顺德市桂州华大压铸机械厂代号。

表2.3　卧式冷室压铸机型号及技术参数

型号 规格	DM140	DM500	DM800	DM1250	DM2000	DM2500	DM3000
合型力/kN	1 400	5 000	8 000	12 500	20 000	25 000	30 000
拉杠直径/mm	80	140	180	230	280	310	340
拉杠内距/（mm×mm）	430×430	750×750	930×930	1 100×1 100	1 350×1 350	1 500×1 500	1 650×1 650

续表

型号 规格	DM140	DM500	DM800	DM1250	DM2000	DM2500	DM3000
合模行程/mm	350	580	760	1 000	1 400	1 500	1 500
模具厚度/mm	200~600	350~850	400~950	450~1 200	600~1 600	700~1 800	850~2 000
模板尺寸(水平×垂直)/(mm×mm)	650×650	1 150×1 150	1 420×1 420	1 730×1 730	2 150×2 150	2 350×2 350	2 620×2 620
压射位置/mm	0,-100	0,-220	0,250	-160,-320	-200,-400	-200,-400	-250,-450
冲头推出距离/mm	120	250	300	350	450	450	480
压射力/kN	200	450	645	1 100	1 510	1 800	1 950
压室直径/mm	40,50	70,80,90	80,90,100	100~140	120~160	140~180	140~180
压室法兰直径/mm	110	150	200	240	260	280	280
压室法兰凸出高度/mm	10	15	20	25	30	30	30
铸造压力(增压)/MPa	159,101	116,89,70	128,101,82	140~71	133~75	115~70	125~75
铸造面积/cm^2	87,137	427,555,704	620,784,963	885~1 735	1 400~2 630	2 150~3 500	2 360~3 920
最大铸造面积(40 MPa)/cm^2	350	1 250	2 000	3 125	5 000	6 250	7 500
顶出力/kN	90	240	360	550	650	750	900
顶出行程/mm	80	140	180	200	300	300	300
最大金属浇注量/kg	0.8 镁 1.1 铝	4.9 镁 6.9 铝	7.9 镁 11.1 铝	18.7 镁 26 铝	28 镁 39 铝	39.6 镁 55 铝	43.2 镁 60 铝
系统工作压力/MPa	14	16	16	16	16	16	16
电机功率/kW	15	37	45	74	110	135	150
油箱容量/L	400	1 000	1 200	2 000	2 800	3 000	3 200
机器质量/kg	5 500	25 000	40 000	95 000	130 000	165 000	210 000
外形尺寸(长×宽×高)/(mm×mm×mm)	5 200× 1 250× 2 200	7 460× 2 150× 2 980	8 500× 2 420× 3 220	11 000× 4 000× 4 250	12 700× 4 400× 4 400	14 000× 4 600× 4 500	15 000× 4 800× 4 600

注:“DM”为广东伊之密精密机械有限公司压铸机代号。

表 2.4 江苏淮南压铸机厂卧式冷压室压铸机主要产品型号与技术参数

技术参数 \ 型号	J116B	J1110A	J1113G	J1116G	J1118G	J1125G	J1128G	J1140G	J1150G
锁模力/kN	630	1 000	1 250	1 600	1 800	2 500	2 800	4 000	5 000
压射力/kN	85	70~150	85~170	85~200	90~220	140~280	130~300	180~400	210~450
压室直径/mm	35,40,45	40,50	40,50,60	40,50,60,70	40,50,60,70	50,60,70	50,60,70	60,70,80	70,80,90
压室位置/mm	0,60	0,60,120	0~140	0~140	0~140	0,80,160	160	0,100,200	0,110,220
压铸模厚度/mm	150~350	150~450	200~550	200~550	200~550	250~650	250~650	300~750	300~750
拉杆内间距/(mm×mm)	280×280	350×350	420×420	420×420	480×450	520×520	560×560	620×620	755×655
动模板行距/mm	250	300	340	350	350	400	400	450	450
一次金属浇入量/kg	0.7	1.0	2.0	2.0	2.2	3.0	3.0	4.5	6.0
最大压铸面积/cm^2	118	280	415	720	769	879	840	1 110	1 514
顶出力/kN	22	80	100	100	100	130	150	180	180
顶出行程/mm	—	60	80	80	80	100	105	120	120
系统工作压力/MPa	11	10.5	12	12	12	12	14	12	12
空循环周期/s	5	6	7	7	7.2	8	8	10	10
机器净质量/t	3.5	5	6	6	7	10	11	22	24
外形尺寸(长×宽×高)/(mm×mm×mm)	3 800×113×1 870	4 110×110×1 850	4 850×1 250×1 600	4 920×1 220×2 000	4 920×1 220×1 870	6 180×1 350×1 970	6 420×1 410×2 560	7 505×1 850×2 600	7 545×1 920×2 600

表 2.5　力劲牌 IMPRESS-M 系列冷压室镁合金压铸机主要技术参数

技术参数＼型号	DCC400	DCC630	DCC800	DCC1000	DCC1250	DCC1600	DCC2000
锁模力/kN	4 000	6 300	8 000	10 000	12 500	16 000	20 000
动模座板行程/mm	550	650	760	880	1 000	1 200	1 400
模具厚度(最小~最大)/mm	300~750	350~900	400~950	450~1 150	450~1 180	500~1 400	650~1 600
模板尺寸(水平×垂直)/(mm×mm)	970×960	1 200×1 200	1 400×1 395	1 620×1 620	1 730×1 740	2 010×1 960	2 150×2 150
拉杠内距/mm	620×620	750×750	910×910	1 030×1 030	1 100×1 100	1 180×1 180	1 350×1 350
拉杠直径/mm	130	160	180	200	230	250	280
压射力(增压)/kN	405	610	665	865	1 075	1 285	1 500
压射行程/mm	500	600	760	800	880	930	960
冲头直径/mm	60,70,80	70,80,90	80,90,100	90,100,110,120	100~140	110~150	130~170
压射质量(mg)/kg	1.9,2.55,3.35	2.9,3.7,4.8	4.9,6.3,7.8	6.8,8.4,10.2,12.2	9.3~18.2	11.9~22.1	17.1~29.4
铸造压力(增压)/MPa	144.4,106.1,81.2	158.7,121.5,96	132.8,104.9,85	136,110,91,76.5	70~137	73~137	66~113
铸造面积/cm^2	275,375,490	395,515,655	600,760,940	730,905,1 095,1 305	910~1 785	1 165~2 190	1 769~3 030
最大铸造面积(40 MPa)/cm^2	1 000	1 575	2 000	2 500	3 125	4 000	5 000
压射位置/mm	0　−175	0　−250	0　−250	0　−300	−160　−320	−175　−350	−175　−350
冲头推出距离/mm	200	250	297	300	320	360	400
压室法兰直径/mm	130	165	200	240	240	260	260
压室法兰凸出定板高度/mm	12	15	20	20	25	25	30
顶出力/kN	180	315	315	500	570	670	650
顶出行程/mm	125	150	180	200	200	250	300
系统工作压力/MPa	14	14	14	16	14	14	16
电动机功率/kW	22	37	37	45	2×37	2×45	2×55
油箱容积/L	800	1 000	1 200	1 500	2 500	2 600	2 800
机器质量/kg	16 000	31 500	43 000	70 000	90 000	105 000	135 000
机器外形尺寸(长×宽×高)/(mm×mm×mm)	6 820×1 650×2 810	8 200×1 900×2 880	9 000×2 170×3 170	10 560×3 500×3 800	10 800×3 250×4 200	11 500×4 000×4 200	12 710×4 370×4 380

表2.6 立式冷压室压铸机型号及技术参数

规格 \ 型号	J1512	J1513
锁模力/kN	1 150	1 250
开模力/kN	102	—
压射力/kN	55,220,340	135~340
压射回程力/kN	76	83
切断力/kN	80	135
动模行程/mm	450	350
压射行程/mm	270	260
压室直径/mm	80,100	60,80
铸件最大质量(AL)/kg	1.8	1.3
系统工作压力/MPa	12	12
工作循环次数/(次·h^{-1})	20~70	200

2.6 压铸机型号的选用

在压铸模设计过程中选择压铸机，首先要根据压铸件的品种、生产批量和压铸件的轮廓尺寸以及合金种类和质量大小而定，保证所选压铸机能够压铸合格铸件；其次还要考虑压铸机的性能、精度和经济性，避免出现大马拉小车的情况。

压铸件为多品种、小批量生产时，通常选用液压系统简单、适应性强和能快速进行调整的压铸机；在组织的产品为少品种、大批量生产时，要选用配备各种机械化和自动化程度高的机构、控制系统及装置的压铸机；对单一品种、大批量生产的压铸件，还可以选用专用的压铸机。

2.6.1 压铸机锁模力大小的选择

锁模力是选用压铸机时首先要确定的参数。压射时，在压射冲头作用下，液态合金以极高的速度充填压铸模的型腔，在充满型腔的瞬间，将产生动力冲击，达到最大的静压力。这一压力将作用到型腔的各个方向，力图使压铸模沿着分型面胀开，故称胀型力或称反压力。锁模力的作用主要是为了克服胀型力，以锁紧模具的分型面，防止金属液的飞溅，保证压铸件的尺寸精度。显然，为了防止压铸模沿着分型面胀开，压铸机的锁模力应大于或等于总的胀型力之和。即

$$F_{锁} \geqslant K(F_{主} + F_{分}) \tag{2.1}$$

式中 $F_{锁}$——压铸机应具有的锁模力，kN；

K——安全系数，一般取1.25；

$F_{主}$——主胀型力是铸件在分型面上的投影面积与比压的乘积；其中，铸件的投影面积包括浇注、溢流、排气系统的总和；

$F_{分}$——分胀型力是作用在滑块锁紧面上的法向分力引起的胀型力总和。

(1)确定主胀型力

$$F_{主} = \frac{Ap}{10} \tag{2.2}$$

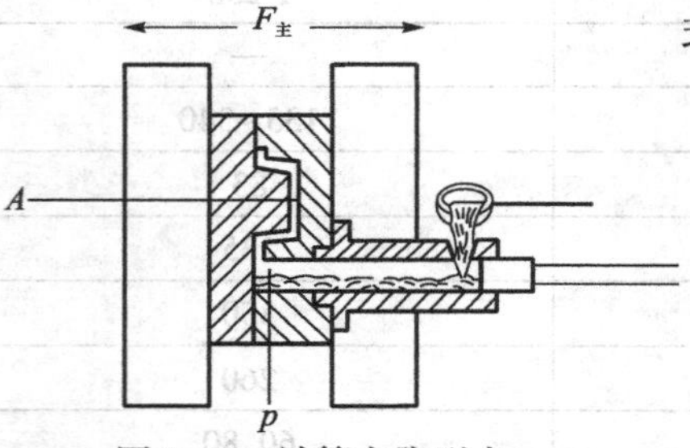

图 2.10 计算主胀型力

式中 $F_{主}$——主胀型力,kN;

A——铸件在分型面上的投影面积,包括各型腔的投影面积之和加上浇注及溢流与排气系统的面积(一般浇注及溢流与排气系统的面积按型腔面积的 30%取),cm^2;

p——比压,MPa,如图 2.10 所示。

(2)计算分胀型力(见图 2.11)

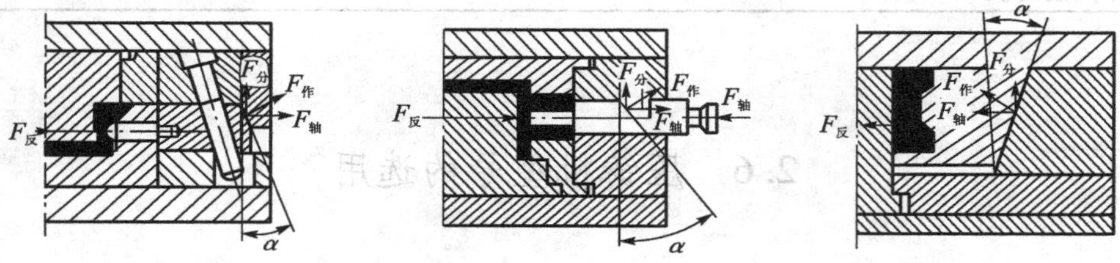

(a)斜销抽芯　(b)液压抽芯　(c)斜滑块抽芯

图 2.11 计算分胀型力

①斜销抽芯、斜滑块抽芯时,分胀型力计算为

$$F_{分} = \sum\left[\frac{A_{芯}\,p}{10}\tan\alpha\right] \tag{2.3}$$

式中 $F_{分}$——由法向分力引起的胀型力,为各个型芯所产生的法向分力之和,kN;

$A_{芯}$——侧向活动型芯成型端面的投影面积,cm^2;

p——比压,MPa;

α——楔紧块的楔紧角,(°)。

注意:如侧向活动型芯成型端面面积不大或者型芯是配穿的,分胀型力可以忽略不计。

②液压抽芯时,分胀型力计算为

$$F_{分} = \sum\left[\frac{A_{芯}\,p}{10}\tan\alpha - F_{插}\right] \tag{2.4}$$

式中 $F_{插}$——液压抽芯器的插芯力,kN;

$F_{分}$,$A_{芯}$,α 同式(2.3)

$F_{插}$未标明插芯力时,可按式(2.5)计算为

$$F_{插} = 0.078\,5D_{抽}^2 p_{管} \tag{2.5}$$

式中 $D_{抽}$——抽芯器液压缸活塞直径,cm;

$p_{管}$——压铸机管路压力,MPa。

(3)查图法确定胀型力

为了简化选用压铸机时的计算,在已知模具分型面上铸件的总投影面积 A 和选用的压射比压 p 后,可根据表直接查到所选用的压铸机和压室直径,也可根据比压和投影面积查得胀型力,如图2.12所示。

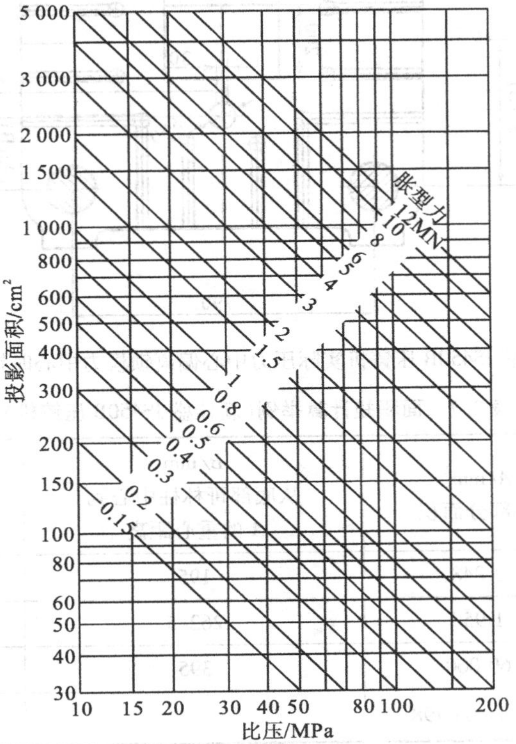

图2.12 国产压铸机压射比压投影面积对照表

(4)实际压力中心偏离锁模力中心时锁模力的计算

在设计压铸模的时候,实际上很少能够将实际压力中心同锁模力中心完全重合,这时一般采用取面积矩的方法计算锁模力,即

$$F_{偏} = F_{锁}(1 + 2e) \tag{2.6}$$

式中 $F_{偏}$——实际压力中心偏离锁模力中心时的锁模力,kN;

$F_{锁}$——同中心时的锁模力,kN;

e——型腔投影面积重心最大偏离率(水平或垂直)。

型腔投影面积重心最大偏离率可计算为

$$e = \left(\frac{\sum C}{\sum A} - \frac{L}{2}\right)\frac{1}{L} \tag{2.7}$$

式中 A——余料、浇道与铸件投影面积,mm²;

L——哥林柱中心距,mm。

$C=AB$(mm³),B 为从底部拉杠中心到各面积重心 A 的距离,如图2.13所示;C 是各 A 对底部哥林柱中心的面积矩。

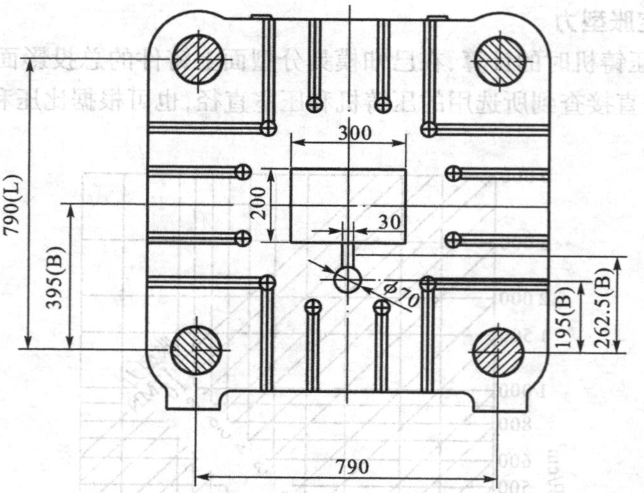

图 2.13　新佳盛 JS450B 压铸机实际压力中心偏离锁模力中心时锁模力的计算图

表 2.7　面积矩计算举例(新佳盛 JS450B 压铸机)

	A/mm² 各部分面积	B/mm 从底部哥林柱中心到 A 的重心距离	$C=AB$/mm³ 各 A 对底部哥林柱中心的面积矩
余料	3 848	195	750 360
浇道	1 950	262.5	511 875
铸件	60 000	395	23 700 000
	$\sum A=65\ 798$		$\sum C=24\ 962\ 235$

表 2.7 为面积矩计算举例。例子中水平偏离率为零,这样可通过式(2.7)计算出垂直偏离率为 0.02,例中压铸机的锁模力比同中心时的锁模力大 1.04 倍。

2.6.2　压室容量的估算

压铸机初步选定后,压射比压和压室的尺寸也相应得到初定,接下来需核算其容量能否满足每次金属浇注量的要求,即 $G_{室}>G_{浇}$,$G_{室}$ 为压室容量(kg);$G_{浇}$ 为每次浇注质量(kg)。注意浇注质量应为含浇注系统及溢流、排气系统的铸件质量,则

$$G_{室}=\frac{\frac{\pi}{4}D_{室}^{2}\ L\rho K}{1\ 000} \tag{2.8}$$

式中　$D_{室}$——压室直径,cm;

L——压室长度包括浇口套长度,cm;

ρ——液态合金密度,g/cm²;

K——压室充满率。

注意:压室充满率要在 75%以下,若超过 75%,浇注口在被冲头封住之前,金属液就会从

浇注口溢出。一般以60%为标准计算，在实际生产中，选取压室充满率既要考虑排除压室内的气体，避免卷气进入型腔内，铸件产生气孔缺陷，又要考虑金属液充填动能的损失；当压室充满率高时，高速充填段较长，由于金属液通过内浇口时会产生很大的阻力，冲头运动被减速，导致后充填部位能量不足，易产生流痕缺陷，所以实际的压室充满率一般为30%~50%。

2.6.3　模具安装尺寸及动模座板行程的核算

压铸模设计时，首先要保证模具能够安装进压铸机，需要对模具长宽尺寸进行核算，同时为了机器合模时能锁紧模具分型面，开模后能方便地从分型面间取出铸件，必须对模具厚度、动模座板行程进行核算。

(1)模具长宽尺寸核算

当模具的结构确定后，必须保证模具的长宽尺寸在安装上压铸机后，不会与压铸机的4根哥林柱发生干涉，由于模具一般是由压铸机上方吊入，而有的压铸机没有抽大杠(哥林柱)的功能，同时压铸车间一般尽量避免抽大杠，这就要求模具最大外形的对角线尺寸要小于压铸机提供的模具最大厚度与动模座板行程最大值的和。需要注意的是，模具最大外形要包括必须在安装模具之前安装在模具上的结构件，如滑块的导滑块、液压抽芯器的连接座等。

(2)模具厚度核算

虽然调整合模机构的位置可适应所设计的模具厚度，但调整范围不应超过压铸机说明书中所给出的最大和最小模具厚度。

根据分型面在合模时必须贴紧的要求，所设计的模具厚度($H_{设}$)，不得小于机器说明书所给定的最小模具厚度H_{min}，也不得大于所给定的最大模具厚度H_{max}。据此，设计模具时，按下式核算所设计的模具厚度$H_{设}$，即

$$H_{min} + 10\ \text{mm} \leqslant H_{设} \leqslant H_{max} - 10\ \text{mm} \tag{2.9}$$

(3)动模座板行程核算

动模座板行程实际上就是压铸机开模后，模具分型面之间的最大距离。设计模具时，根据铸件形状、浇注系统和模具结构核算是否能满足取出铸件的要求，即开模后分型面之间能取出铸件的最小距离$L_{取}$要小于等于压铸机给定的动模座板行程$L_{行}$，如图2.14所示。取出铸件时分型面间所需的最小距离见表2.8。

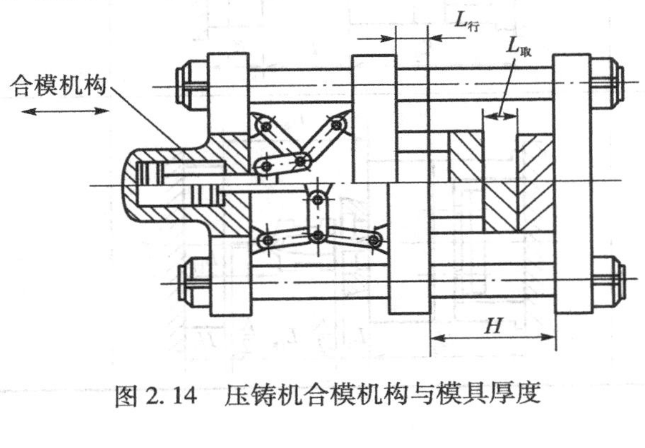

图2.14　压铸机合模机构与模具厚度

表 2.8 取出铸件时分型面间所需的最小距离

模具结构	简 图	计算公式
推杆推出	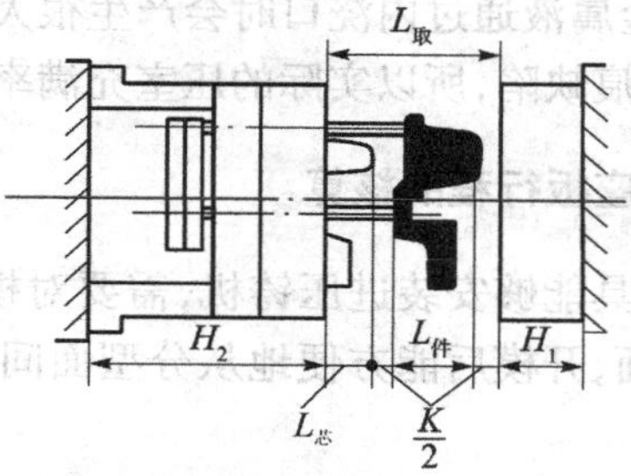	$L_{取} \geqslant L_{芯}+L_{件}+K$
曲折分型面	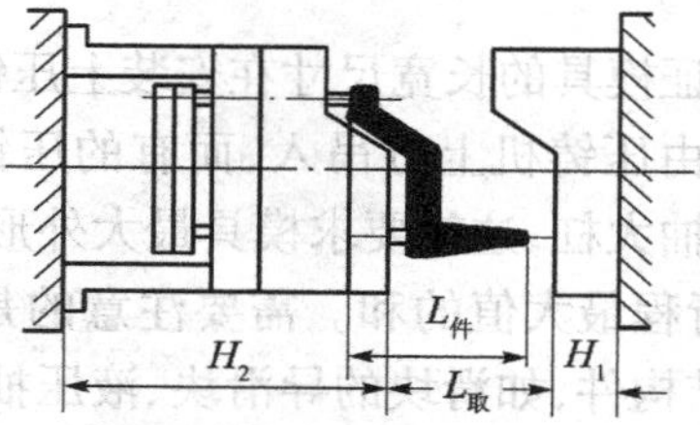	$L_{取} \geqslant L_{件}+K$
推板推出	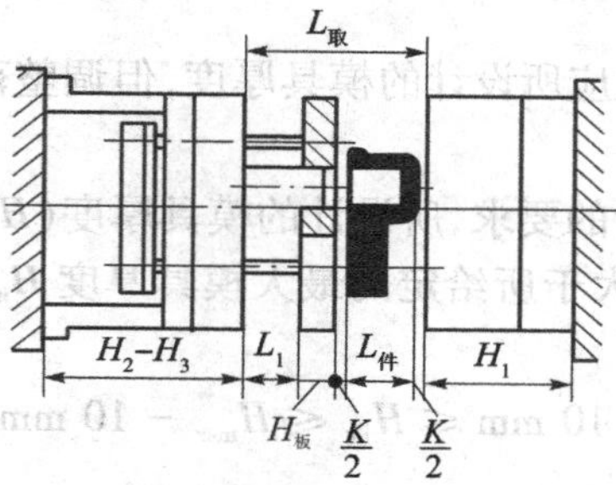	$L_{取} \geqslant L_1+H_{板}+L_{件}+K$
斜销抽芯	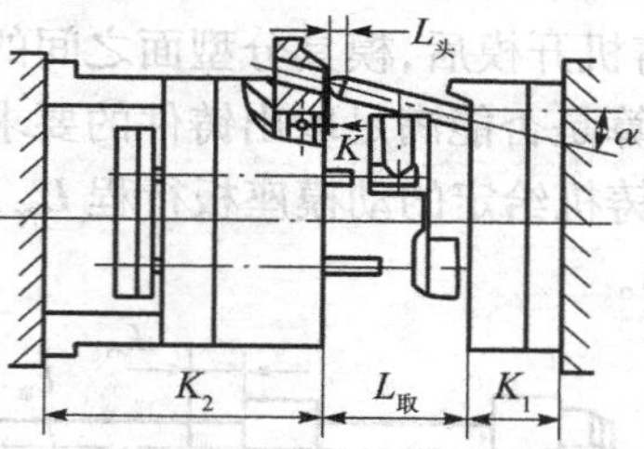	$L_{取} \geqslant \tan\alpha S_{抽}+L_{头}+K$
斜滑块立式压铸机中心浇口	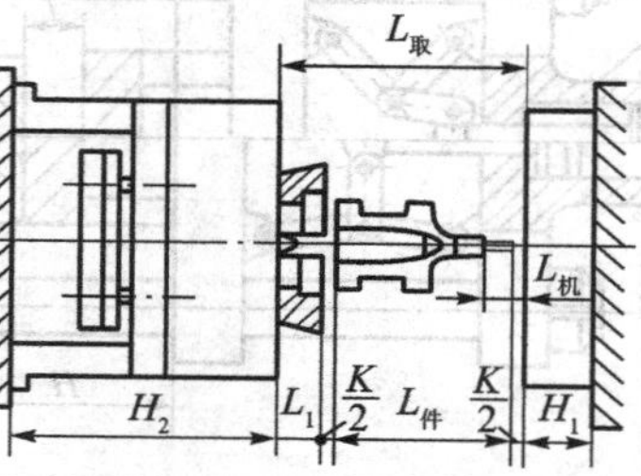	$L_{取} \geqslant L_1+L_{件}+K$

续表

模具结构	简　图	计算公式
卧式中心浇口	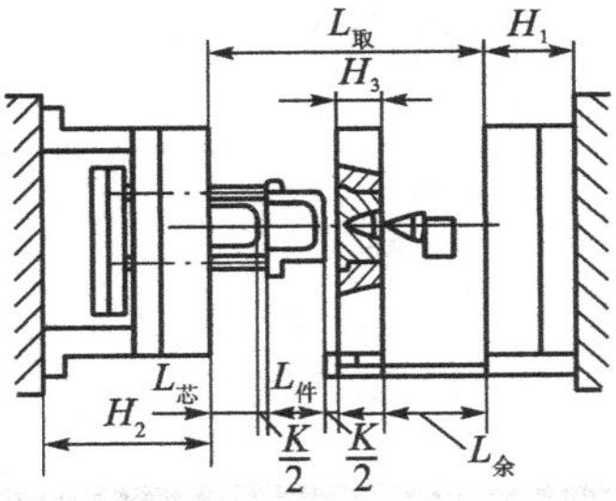	$L_{取} \geqslant L_{芯}+L_{件}+L_{余}+K$

注：$L_{取}$—取出铸件的分型面间的最小距离；L_1—最小推出距离；$L_{件}$—铸件高度（包括浇注系统）；$L_{芯}$—型芯高出分型面尺寸；$L_{余}$—取下余料的距离；$L_{头}$—斜销头部尺寸；$L_{机}$—立式压铸机喷嘴长度；α—斜销斜角，(°)；$S_{抽}$—抽芯距离；K—安全值（取10 mm）。

练 习 题

1.简述压铸机的种类及其结构特点。

2.冷压室压铸机和热压室压铸机有何区别？

3.简述热压室压铸机、卧式冷压室压铸机和立式冷压室压铸机的压铸过程。

4.简述压铸机合模机构的种类及其优缺点。

5.压铸机锁模力大小如何选择？

6.压铸机压室容量如何选择？一般以多少计算？

7.斜销抽芯铸件取出分型面的最小距离如何计算？

第 3 章 压铸模具设计

学习目标：

通过本章的学习了解压铸模具的种类及基本结构，掌握压铸模具的设计方法和步骤；掌握压铸件的使用和设计要求。

能力目标：

通过本章的学习应具备压铸件和压铸模具结构设计的能力。

3.1 压铸模具的种类

根据所压铸的合金种类，压铸模可分为锌合金压铸模、铝合金压铸模、镁合金压铸模及铜合金压铸模等。模具结构基本相同，但因所压铸的合金的物理特性(主要为熔融温度)和化学性质的不同，其压铸模工作环境也略有差异。因此，在局部设计、模具成型零件的选材、热处理和表面处理要求上会有细微差异。

根据所使用的压铸机类型，压铸模的结构形式也略有不同。大体上可分为以下几种形式：热压室压铸机用压铸模、立式冷压室压铸机用压铸模、全立式压铸机用压铸模、卧式冷压室压铸机用压铸模(又可分为偏心浇口和中心浇口的形式)。各类模具的基本结构形式如图 3.1—图 3.5 所示。

从以上各种类型的压铸模可知，其基本结构和各功能单元基本相同，只是随着压铸机压铸形式的不同，它们的浇注系统的形式随之也略有不同。此外，模具安装位置也不同，只有全立式压铸机用压铸模是垂直安装的，其他均为卧式安装。不同压铸机用压铸模具运用环境也有所差异，热压室压铸机用压铸模具大多用于压铸铅、锡、锌等低熔点合金铸件，但也有用于压铸小型铝、镁合金铸件；冷压室压铸机用压铸模运用范围更广，各类合金均可压铸，尤其是在压铸大型汽车类铝合金压铸件上更具有优势。

某些模具(见图 3.5 的形式)为了脱出浇注余料，还必须设置辅助分型面Ⅰ—Ⅰ，在脱出浇注余料后，再从主分型面Ⅱ—Ⅱ处开模。有时为了脱出压铸件，也往往需要设置多处分型面。这些形式的压铸模通常称为二次或几次分型的多板式压铸模。

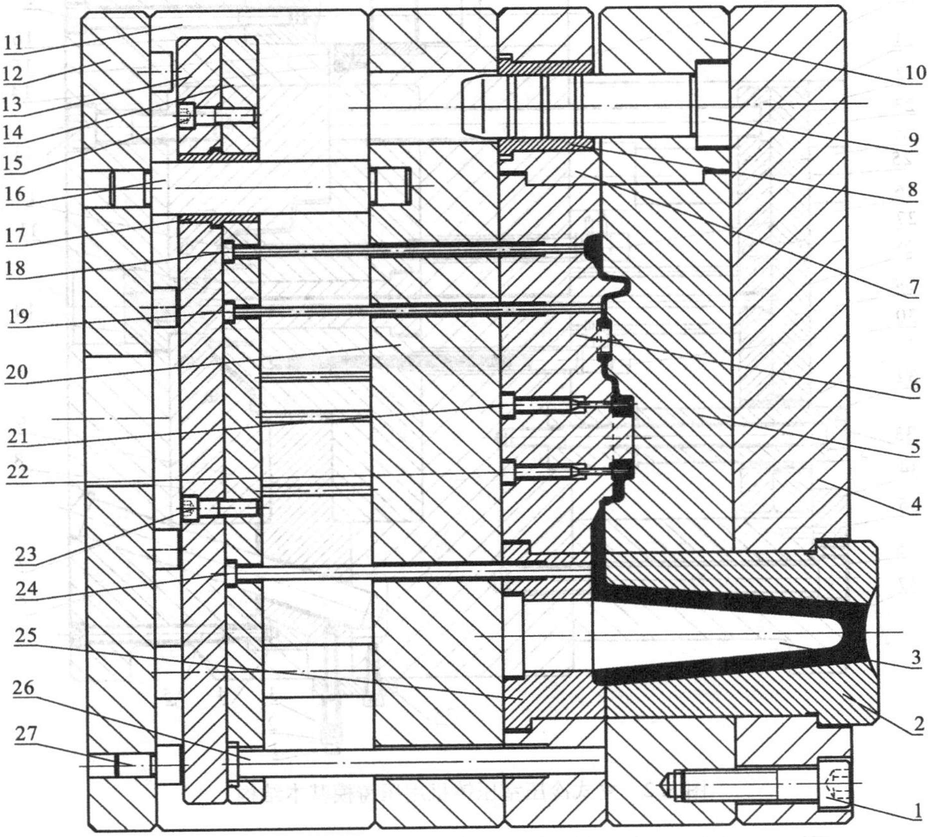

图 3.1　热压室压铸机用压铸模基本结构

1,15,23—螺钉;2—浇口套;3—分流锥;4—定模座板;5—定模镶块;
6—动模镶块;7—动模套板;8—导套;9—导柱;10—定模套板;11—垫块;12—动模座板;
13—推板;14—推杆固定板;16—推板导柱;17—推板导套;18,19,24—推杆;
20—支承板;21,22—型芯;25—分流锥固定板;26—复位杆;27—限位钉

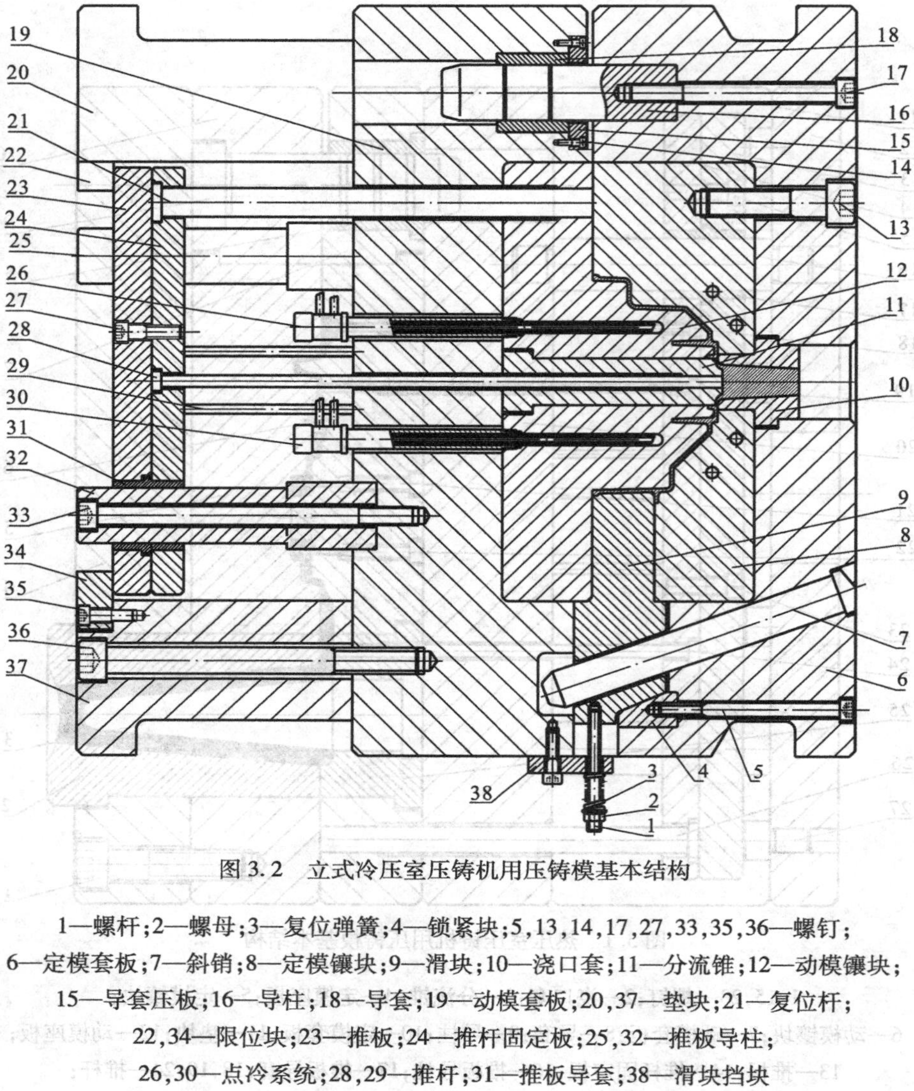

图 3.2　立式冷压室压铸机用压铸模基本结构

1—螺杆；2—螺母；3—复位弹簧；4—锁紧块；5，13，14，17，27，33，35，36—螺钉；6—定模套板；7—斜销；8—定模镶块；9—滑块；10—浇口套；11—分流锥；12—动模镶块；15—导套压板；16—导柱；18—导套；19—动模套板；20，37—垫块；21—复位杆；22，34—限位块；23—推板；24—推杆固定板；25，32—推板导柱；26，30—点冷系统；28，29—推杆；31—推板导套；38—滑块挡块

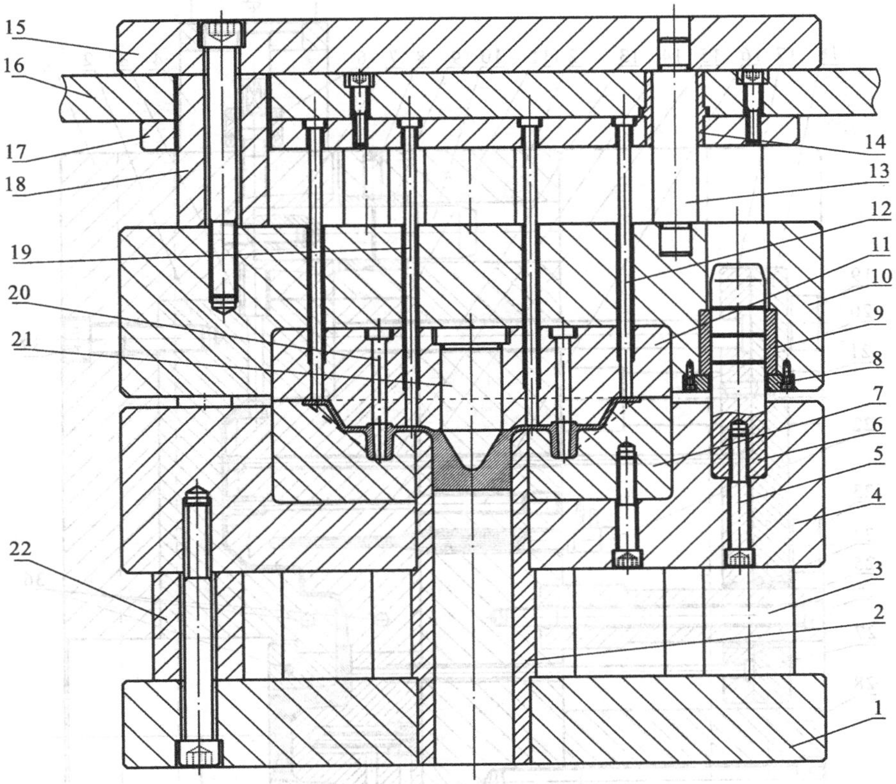

图 3.3　全立式压铸机用压铸模基本结构

1—座板；2—压室；3,22—支撑柱；4—定模套板；5—螺钉；6—导柱；
7—定模镶块；8—导套压板；9—导套；10—动模套板；11—动模镶块；12,19—推杆；
13—推板导柱；14—推板导套；15—动模座板；16—推板；
17—推杆压板；18—垫块；20—动模型芯；21—分流锥

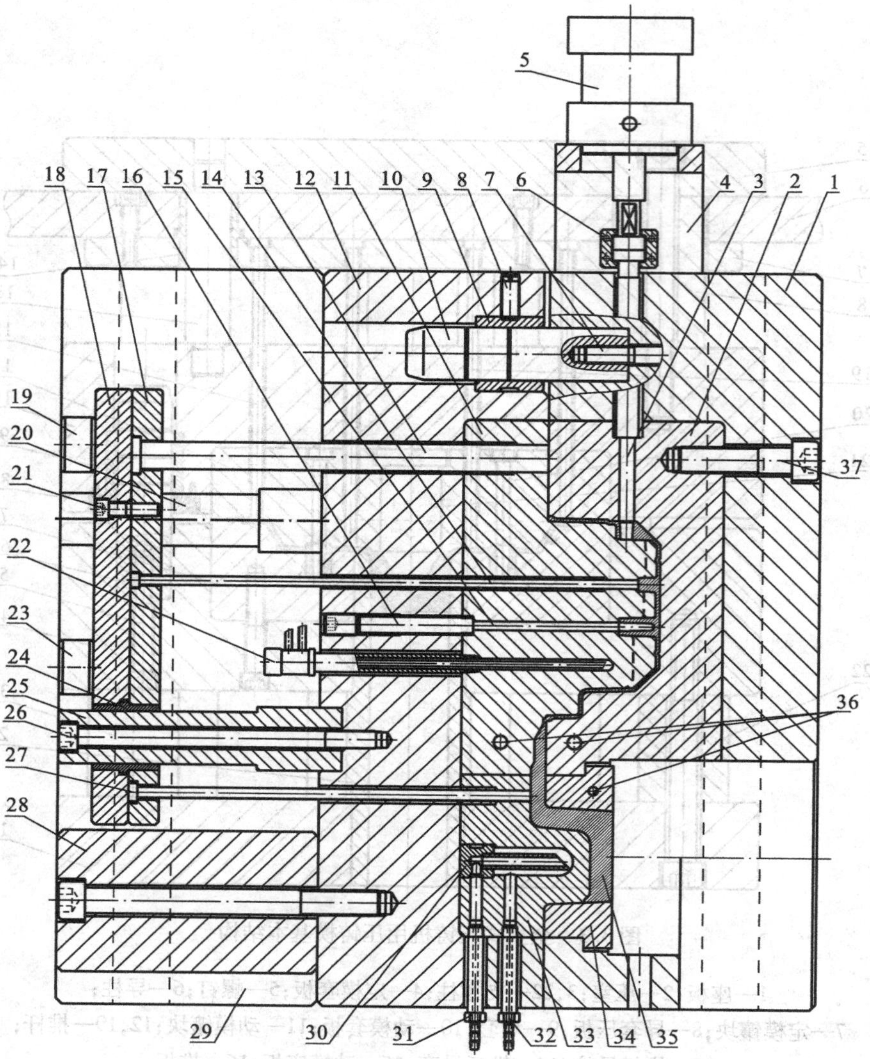

图 3.4　卧式冷压室压铸机用压铸模(偏心浇口)基本结构

1—定模套板;2—定模镶块;3—定模抽芯;4—抽芯器支架;5—抽芯油缸;
6—连接块;7,21,26,37—螺钉;8—紧定螺钉;9—导套;10—导柱;
11—动模镶块;12—动模套板;13—复位杆;14,27—推杆;15—动模型芯;
16—型芯快换螺钉;17—推杆固定板;18—推板;19,23—限位块;20,25—推板导柱;
22,30—点冷却系统;24—推板导套;28—支撑柱;29—垫块;31—进水管;
32—出水管;33—分流锥;34—浇口套;35—浇注系统;36—冷却水道

卧式冷压室压铸模具装配　　　　模具试模机试模

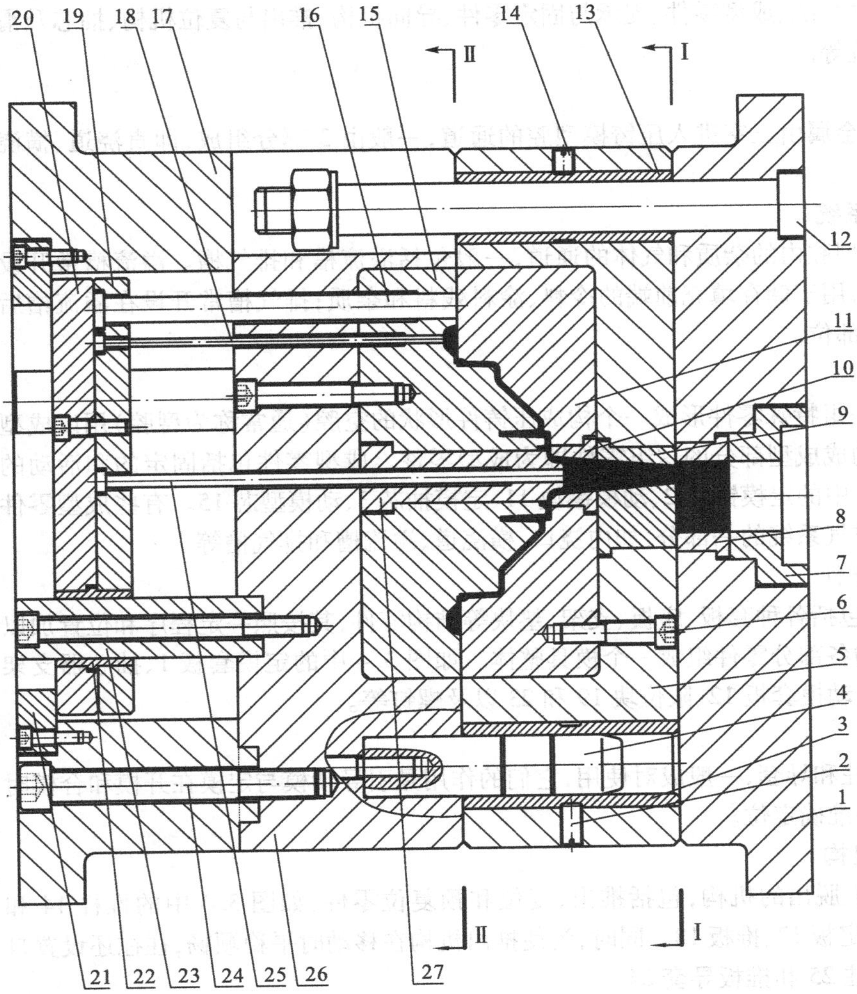

图 3.5　卧式冷压室压铸机用压铸模(中心浇口)基本结构

1—定模座板;2,14—紧定螺钉;3,13—导套;4—导柱;5—定模活动套板;6,24—螺钉;7—浇口套;8—螺旋槽浇口套;9—浇道镶块 A;10—浇道镶块 B;11—定模镶块;12—定模导柱;15—动模镶块;16—复位杆;17—垫块;18,25—推杆;19—推杆固定板;20—推板;21—限位块;22—推板导套;23—推板导柱;26—动模套板;27—分流锥

模具合模
机合模

模具试模
机开合模

3.2　卧式冷压室压铸机用压铸模具的基本结构

在 3.1 节中对各类模具类型以图示的方式作了简要的介绍,本节将以运用最为广泛的卧式冷压室压铸机用压铸模具为例,对压铸模具的基本结构和其作用进行介绍。

由图 3.4 可知,卧式冷压室压铸机用压铸模具主要由定模和动模两部分组成。定模与压铸机压射机构相连接,并固定在压铸机定模安装板上,浇注系统与压室相通;动模固定在压铸机动模安装板上,并随动模安装板移动而与定模合模或开模。从具体功能看,模具又可以分为浇注系统、溢流和排气系统、成型零件、支承与固定零件、导向机构、推出与复位机构、抽芯及滑块机构、模温调节系统等。

(1)浇注系统

浇注系统是熔融金属由压室进入压铸模型腔的通道，一般由3部分组成，即直浇道、横浇道和内浇口。

(2)溢流和排气系统

排溢系统是排除型腔内的杂质和气体的通道，一般包括溢流槽和排气槽。溢流槽常开设在金属液填充的末端，用于储存填充前端的冷料、涂料残料和杂质；排气槽常开设在溢流槽后面和填充时易卷气的部位。

(3)成型零件

模具合模后，由一组特殊零件形成一个构成压铸件形状的空腔（通常称为型腔）用以成型压铸件的内外表面，构成成型部分的这组零件即为成型零件。成型零件包括固定的和活动的镶块与型芯，如图3.4中的定模镶块2、动模镶块11、定模抽芯3、动模型芯15。有些成型零件还包括浇注、溢流和排气系统的一部分，如内浇口、横浇道、溢流槽和排气槽等。

(4)支承与固定零件

支承与固定零件包括各种套板、座板、支架、垫块等结构零件，其按照一定程序和位置加以组合和固定，将模具的各部分零件组成一个模具整体。如图3.4中的定模套板1、抽芯器支架4、垫块29、支撑柱28、动模套板12、限位块19和23以及螺钉等。

(5)导向机构

导向机构包括导柱和导套，一般成对使用，它们的作用是引导动模与定模在开模和合模时能沿导滑方向移动，并准确定位。

(6)推出与复位机构

将压铸件从模具上脱出的机构，包括推出、复位和预复位零件，如图3.4中的推杆14和27、复位杆13、推杆固定板17、推板18。同时，为使推出机构在移动时平稳顺畅，往往还设置自身的导向零件推板导柱25和推板导套24。

(7)抽芯及滑块机构

抽芯及滑块机构是抽动与开合模方向运动不一致的活动型芯或镶块的机构。金属液填充前完成插芯动作，在压铸件推出前完成抽芯动作。如图3.4中的抽芯机构包括定模抽芯3、抽芯器支架4、抽芯油缸5、连接块6；图3.2的滑块机构包括螺杆1、复位弹簧3、锁紧块4、斜销7、滑块9、滑块挡块38。

(8)模温调节系统

为了保持模具温度的热平衡，以适应压铸工艺的需要，模具还应设计温度调节装置，以实现良好的模温调节，确保压铸件质量的稳定。模温调节系统包括加热与冷却装置。模具压铸过程中容易过热的地方需设置冷却装置，如图3.4中的点冷却系统22和30、进水管31、出水管32、冷却水道36；压铸过程中模温过低的地方需设置加热装置以利于铸件的填充成型，大型或复杂模具在压铸前也需通过加热装置对模具预热。

(9)其他装置

除上述基本结构组成外，有些模具因需要还会设置一些特殊装置，如卧式冷压室压铸机用压铸模（中心浇口）设置的料柄扭断装置，解决铸件局部疏松的局部挤压机构，真空压铸采用的集中排气装置，防止开模后铸件黏留定模的定模推出机构，等等。

3.3　压铸模具设计方法和步骤

3.3.1　压铸模具设计方法

压铸模是进行压铸生产的主要工艺装备之一，是生产过程能够顺利进行的先决条件。它直接影响着压铸件的形状、尺寸精度、表面质量及物理性能等。压铸生产时，正确采用压铸工艺方面的各种工艺参数是获得优质铸件的决定因素，而压铸模则是正确地选择和调整有关工艺参数的基础。压铸模与压铸工艺、生产操作存在着相互制约、相互影响的密切关系。其中，压铸模的设计实质上是对生产过程中可能出现的各种因素的综合反映。因此，在设计压铸模的过程中，必须全面分析铸件结构，熟悉压铸机操作过程，了解压铸机及工艺参数可调节的范围，掌握在不同压铸条件下金属液的充填特性和流动行为，并考虑到加工性和经济性等因素。只有这样，才能设计出结构合理、运行可靠、满足生产要求的压铸模。

同时，由于金属压铸模结构一般较为复杂，制造精度要求和加工成本较高，因此应尽量减少试模后的修模量，避免出现原则性错误，在模具设计时应周密思考、分析和计算，或者借鉴类似模具的成功经验，或借助 CAD/CAE 系统，以达到最经济的设计目标。

具体来讲，压铸模具设计过程中，设计人员应做好以下工作：

(1)压铸件技术分析

模具设计前，根据产品图(或毛坯图)，对所选用的压铸材料、铸件形状、结构、尺寸精度和技术要求进行工艺分析；确定机加部位、加工余量和机加时所要采取的工艺措施以及定位基准等；还应充分了解压铸件的主要用途、与其他结构件的装配关系以及生产批量，以便于分清主次，突出模具结构的重点，以获得符合要求的压铸件和较佳的模具经济性。

(2)模具加工制造能力分析

了解现场模具实际制造加工能力，如现有的设备和协作单位的装备情况，以及操作人员的技术水平等，设计出符合现场生产的模具结构。对于较复杂的成型零件，更应该仔细考虑现有加工方法能否加工合格，如果加工不能(或很难)保证，则结构需要重新调整以适应现有加工方法和加工条件。

(3)尽量减少机加工部位和加工余量

设计的模具应能够充分体现压铸成型的优越性能。尽量压铸成型出符合压铸工艺的结构，如孔、槽、侧凹、侧凸等部位，要尽量减少机械加工部位和加工余量，满足图纸对一些特殊部位的高精度和高质量要求。

(4)正确设计浇排系统

选择符合压铸工艺要求的浇注系统，特别是内浇口位置和填充方向，应使金属液流动平稳、顺畅，并有序地排出型腔内的气体，以达到良好的填充效果和避免压铸缺陷的产生。

(5)采用合理的模具结构

在保证压铸件质量稳定和生产安全的前提下，应采用合理、先进、简单的结构，优化操作流程，使动作准确可靠，构件刚性良好，易损件拆换方便，便于维修，并有利于延长模具工作寿命。

(6)选材适当,配合精度合理

压铸模的各种零件选材适当,配合精度选用合理,能满足机械加工工艺和热处理工艺的要求,能达到各项技术要求。尤其是各成型零件和其他与金属液直接接触的零件,应选用优质热作模具钢,并进行淬硬处理,使其具有足够的抵抗热变形能力、疲劳强度和硬度等综合力学性能以及耐蚀性能。相对移动部位的配合精度,应考虑模具温度变化带来的影响,保证在较高的压铸温度下,仍能灵活可靠地移动。

(7)模具安装尺寸准确

根据压铸机的技术特性,准确选定安装尺寸,使压铸模与压铸机的连接安装既方便又准确可靠,能充分发挥压铸机的技术功能和生产能力。

(8)综合考虑模具的经济性和寿命

模具设计应在可行性的基础上,对经济性和模具使用寿命进行综合考虑。模具总体结构力求简单、实用,并且强度足够;受力较大的或相对移动的结构件,应具有足够的强度和刚性,保证耐磨耐用;对型腔易损部位采用镶拼结构并实现快换;尺寸精度、配合公差要求合理;尽量减小浇排系统所占型腔的体积比。

(9)模具热平衡系统设计

设置模温调节装置,使压铸生产过程模具整体温度保持平衡,以提高压铸生产的效率和铸件质量的稳定。

(10)留足修模空间

某些结构形式可能有几种设计方案,当对拟采用的形式把握不大时,在设计时应为其他方案留出可修空间,以免模具整体报废或出现大量的修改。重要部位的成型零件的尺寸,或压铸可能导致变形较大的区域,应考虑到试模以后的尺寸修正余量,以弥补理论上难以避免的影响。

(11)模具设计标准化

压铸模的零部件应尽可能实现标准化、通用化和系列化,以缩短设计和制造周期。

3.3.2 压铸模具设计的步骤

当接到模具设计任务后,其设计步骤可按照以下顺序进行(注:整个设计过程均在计算机上完成):

(1)研究、消化并预处理原始资料

如果客户只提供产品的2D纸质图纸,首先需要在计算机上通过绘图软件绘制出2D或者3D的产品图。然后对铸件产品图及其技术要求进行充分的研讨和消化,了解铸件的主要功能和与之相关零件的装配关系。从压铸成型工艺的角度分析压铸件的结构状况。对压铸件的合金材料、形状结构特点、尺寸精度等技术要求进行分析。对那些不适合压铸工艺的因素或没有必要采用特殊模具结构和特殊工艺措施的结构形式,应在征得产品设计者同意后,在不影响其使用性能的前提下,对产品图进行局部修改,以达到基本满足压铸成型工艺的需要和简化模具结构的目的。

(2)拟订模具总体设计的初步方案

确定型腔数量、铸件在模具内的放置位置和方向;确定压射比压,计算锁模力;估算压铸件所需的开模力、推出力以及开模距离;选定压铸机的型号和规格;进行分型面、浇注系统和排溢系统的设计;选用合理的抽芯方案;确定推出元件的位置,选择合理的推出方案;确定主要零件的结构和尺寸。

在逐步完成上述方案的同时，完成铸件毛坯状态图的绘制，包括机加余量的添加、分型面位置的确定、拔模方向和拔模角度大小的确定、浇注系统、排溢系统的绘制。铸件毛坯状态图尽量采用三维图（3D）方式绘制，以便于进行平均壁厚、体积/质量、投影面积的精确计算，作为选择压铸机的依据；又方便于进行 CAE 分析，并对浇注系统和排溢系统进行优化。

完成模具装配图的初步绘制。绘制内容要反映出模具的总体方案和主要系统的布局情况，可采用二维图（2D）方式绘制，便于方案评审时的快速修改。

（3）对初步方案的讨论与论证

设计者在拟订了初步方案后，应组织各相关部门（压铸工艺、模具制造、项目管理等）的技术专家进行模具方案评审。对设计方案加以补充和修正，以设计出结构合理、经济实用的压铸模。

（4）绘制模具装配图和零件工程图

方案敲定后，便可精心绘制模具装配图和零件工程图。采用不同的设计手段，图纸绘制程序会有所变化。

当采用 2D 方式绘图时，可先对主要零件（包括各成型零件及主要模板，如动模套板、定模套板等）绘制工程图，选择合理、简练的投影视图，标注各部尺寸，选择并标注经济实用的制造公差、形位精度、表面粗糙度以及热处理等各项技术要求。在主要零件的详细设计过程中，同时不断完善装配草图。然后在装配草图的基础上绘制装配图，对各个零件正式编号，并列出完整的零件明细表、技术要求和标题栏，以及其他装配图应该反映出的信息（包括模具外形尺寸以及定位安装尺寸；压铸件所选用的压铸合金种类和质量；所选用压铸机的型号、压室的内径及喷嘴直径；压射比压；推出机构的推出行程；冷却系统的进出口；模具制造的技术要求等）。最后绘制其余全部自制零件的工程图。所有图纸绘制完后，再全部校对一遍，防止差错和遗漏。

当采用 3D 方式绘图时，可直接在装配环境下对整个模具结构进行详细设计，各个零件之间相互关联，可最大限度地避免产生干涉和零件之间的不匹配，还可通过计算机快速校核模具整体强度和刚性。当 3D 装配图绘制完后，所有的零件 3D 图也就已经画好，最后通过绘图软件的 2D 制图模块自动完成工程图的绘制。

（5）编写设计说明书

设计说明书包括以下内容：对压铸件结构特点的分析；预测可能出现的压铸缺陷及处理方法；压铸件的成型条件和工艺参数；型腔侧壁厚度和支承板厚度的计算和强度校核；脱模力的计算，推出机构、复位机构、侧抽芯机构的强度、稳定性的校核；模具温度调节系统的设计与计算，等等。

3.4 压铸件的设计要求

压铸件的设计主要有以下几方面的要求：满足压铸件的使用要求、满足制造工艺要求、符合设计标准、数字化设计、绿色设计等。

3.4.1 满足压铸件的使用要求

在设计压铸件时，首先是要满足使用的要求。通过具体的几何形状、结构形式、轮廓尺寸等赋予其功能性要求；通过外观造型、尺寸比例、表面粗糙度、尺寸精度、表面处理、色彩选择等赋予其外观要求;通过选择适当的合金材料及牌号,满足其物理和力学性能要求。除了上述的要求外,还要满足美学要求,即设计的铸件要达到功能与美学的和谐,满足人的精神需求。

3.4.2　满足制造工艺要求

具体来讲,就是要符合压铸工艺的特点,简化模具制造、便于压铸成型、方便铸件清理、表面处理及后续加工等。

3.4.3　符合设计标准

设计时应尽量参考现有的国家标准,采用统一的标准可使铸件质量稳定、生产经济合理,并且使制造企业和用户之间有了共同的验收标准。在进行压铸件设计时可参照以下国家标准:铝合金压铸件参考 GB/T 15114—2009;锌合金压铸件参考 GB/T 13821—2009;铜合金压铸件参考 GB/T 15117—1994。

3.4.4　采用数字化设计

数字化技术包括计算机辅助设计(CAD)、计算机辅助分析(CAE)、计算机辅助制造(CAM)、计算机辅助工艺(CAPP)、快速成型技术(RPT)等,可实现产品设计手段与设计过程的数字化,介入从概念到实体样件的全过程,以达到加快新产品的开发周期,从而能快速响应市场需求。如图 3.6 所示为常用的压铸件数字化设计过程。

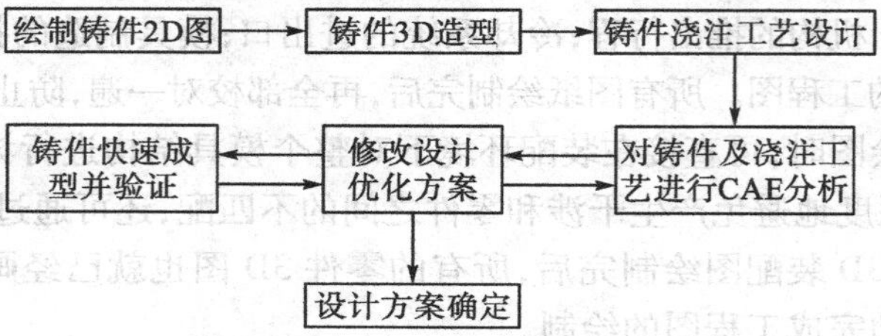

图 3.6　压铸件数字化设计过程

3.4.5　采用绿色设计

设计时应充分考虑环保要求,使产品从设计、制造、使用、报废回收处理的整个生命周期中对环境污染最小,资源利用率最高,兼顾企业经济效益与社会效益,最终实现可持续发展。设计时,可从以下途径考虑:在满足使用条件下尽量节省材料、减少能源消耗;从对资源利用有利的角度选择合金材料;设计满足压铸件使用的安全性、可靠性及长寿命;保证压铸件报废后能够回收再利用。

练　习　题

1.压铸模具设计应满足哪些条件?

2.压铸模具设计的步骤包括哪些内容?

3.卧式冷压室压铸机用压铸模具由哪些部分组成?各部分所起的作用分别是什么?

第 4 章 压铸件分型面选择

学习目标：

通过本章学习掌握常用分型面的类型以及选择压铸件分型面的原则。

能力目标：

通过本章学习应具备基础的压铸件分型面选择的能力。

压铸模为了将成型的压铸件从模具中取出，必须将模具的型腔分割成可以分离的两部分或几部分。在压铸时，各部分将合模形成压铸件的成型型腔，压铸成型后，通过开模将各部分分离，这些可以分离部分的相互接触的表面，称为分型面。一般情况下，动模与定模的接合表面通常称为主分型面。模具一般只有一个分型面，但有时由于铸件结构的特殊性，或者为满足压铸生产的工艺要求，往往需要再增设一个或两个辅助分型面。

4.1 常用分型面的类型

压铸模分型面的类型应根据压铸件的形状特点确定。还应考虑压铸工艺方面的诸多因素，有时可以同客户协商，改动零件的局部形状，力求分型面的简单，从而使模具制造尽量简便。

常用分型面的类型见表 4.1。

表 4.1 常用分型面的类型

类型		简图	说明
单分型面	直线分型面	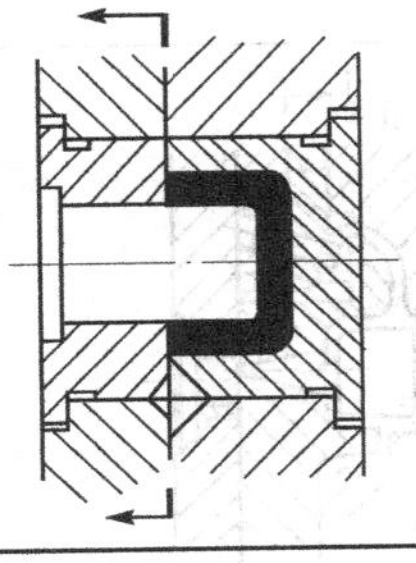	分型面平行于压铸机动、定模固定板平面

续表

类型		简图	说明
单分型面	倾斜分型面	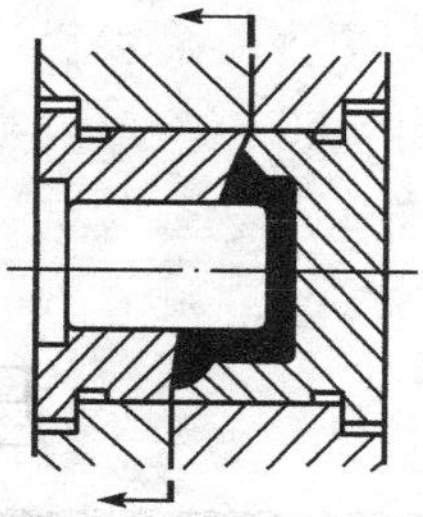	分型面与压铸机动、定模固定板成一角度
	折线分型面	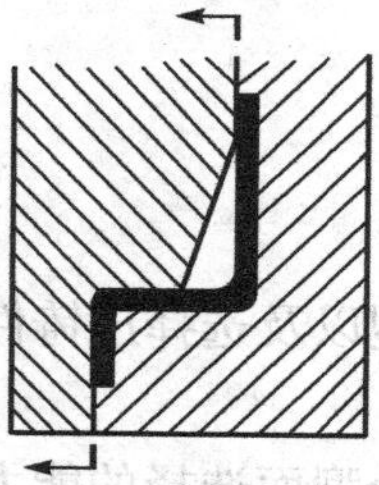	分型面不在同一平面上，由几个折线平面组成分型面
	曲线分型面	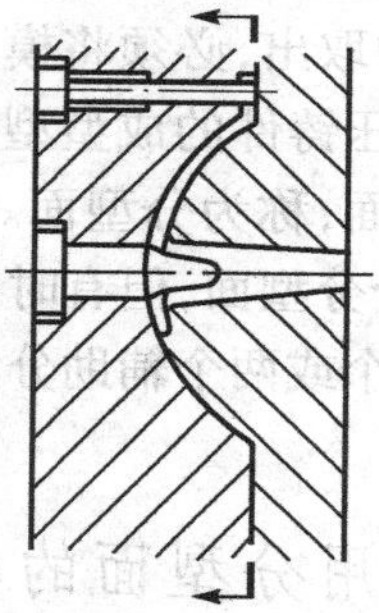	分型面按铸件结构特点形成曲面
多分型面	双分型面	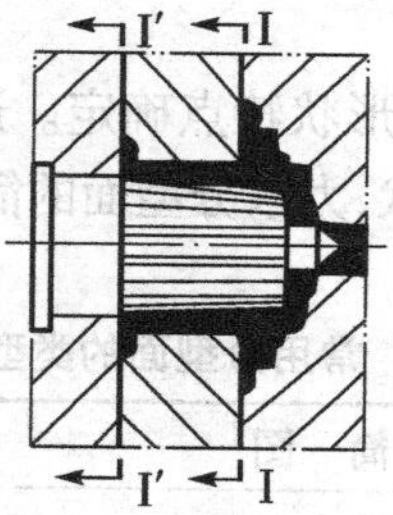	分型面由一个主分型面I—I和一个辅助分型面I′—I′构成
		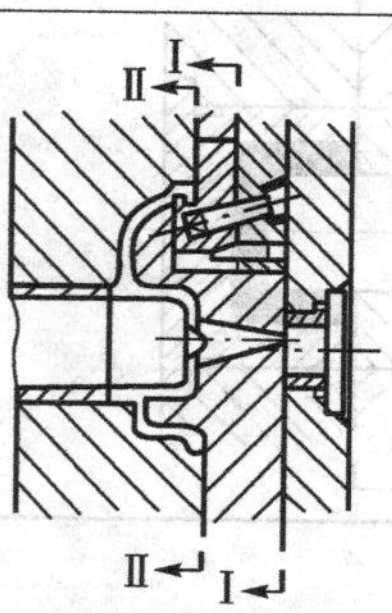	分型面由一个主分型面I—I和一个辅助分型面II—II构成

续表

类　型		简　图	说　明
多分型面	三分型面	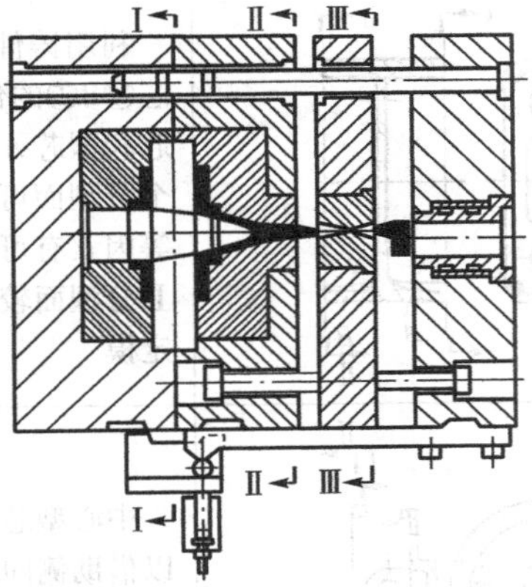	分型面由一个主分型面I—I和两个辅助分型面II—II及III—III构成
	组合分型面	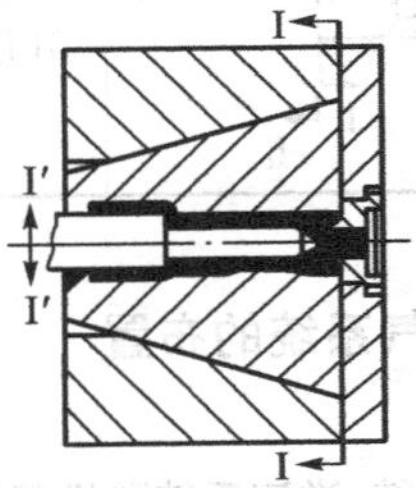	分型面由一个主分型面I—I和一个或数个辅助分型面I'—I'构成，或由上述分型面中的两种或数种所构成

4.2　选择压铸件分型面位置的原则

压铸模的分型面同时还是压铸制造时的基准面，因此在选择压铸件分型面部位时，首先要根据压铸件的结构特点及浇注系统进行分析，还要对压铸模的加工及装配工艺，压铸件的脱模条件等诸多因素进行统筹考虑，从而确定压铸件分型面的部位。

从分型面的定义可知，分型面是为了保证铸件从型腔脱出，因此选择分型面最基本的一个原则是分型面应选择在压铸件外形轮廓尺寸最大的截面处。注意：如最大截面处仍不能保证铸件取出时，就需要增加辅助分型面（斜销抽芯或液压抽芯的分型面）。

选择压铸件分型面的部位还应遵循以下原则：

(1) 开模时保持铸件包紧动模，随动模移动方向脱出定模

具体案例见表4.2。

表 4.2　开模时保持铸件包紧动模随动模移动方向脱出定模案例

选择原则	图　例	说　明
铸件对动模型芯的包紧力大于对定模型芯的包紧力	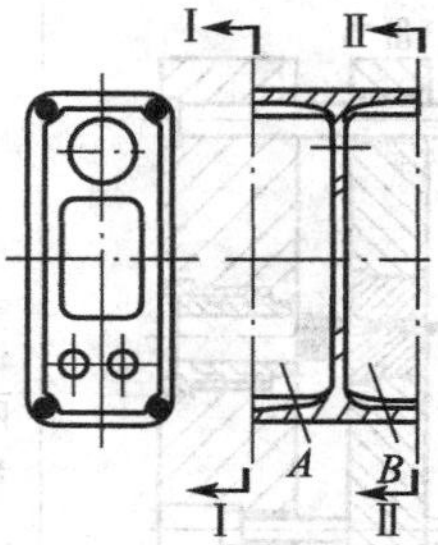	利用铸件对型芯 A 的包紧力略大于对型芯㊞B㊣的包紧力，中间小型芯及四角小型芯和型芯 A 设在一起，有Ⅰ—Ⅰ和Ⅱ—Ⅱ两个分型面可供选择，考虑到设备和生产操作等因素有可能增加定模脱模阻力，采用Ⅱ—Ⅱ分型面较能保持铸件随模具开模而脱离定模
借助设在动模上的侧向抽芯机构或定模脱模机构强制铸件在开模时脱离定模	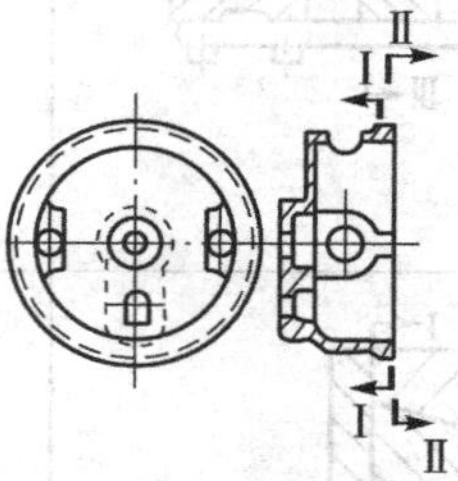	中心型芯包紧力大，采用Ⅰ—Ⅰ分型面可以借助侧向抽芯机构帮助铸件脱离定模，采用Ⅱ—Ⅱ分型面时要用定模抽芯。优先采用Ⅱ—Ⅱ分型面。

(2)有利于浇注系统、溢流系统和排气系统的布置

具体案例见表 4.3。

表 4.3　有利于浇注系统、溢流系统和排气系统布置的案例

选择原则	图　例	说　明
分型面应满足合理的浇注系统布置的需要	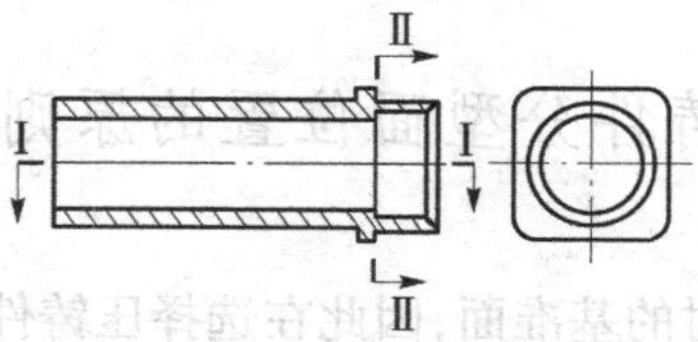	铸件适合于设置环形或半环形浇注系统，Ⅰ—Ⅰ分型面比Ⅱ—Ⅱ分型面更能满足铸件的铸造工艺要求
分型面应使模具型腔具有良好的溢流排气条件	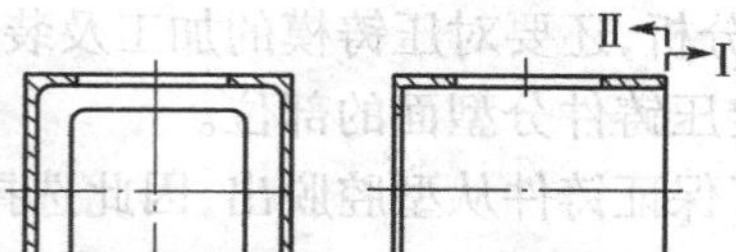	Ⅰ—Ⅰ分型面和Ⅱ—Ⅱ分型面都具有良好的溢流和排气条件，Ⅱ—Ⅱ分型面模具结构较简单，可避免定模抽芯
分型面设置在金属液最后充型的部位	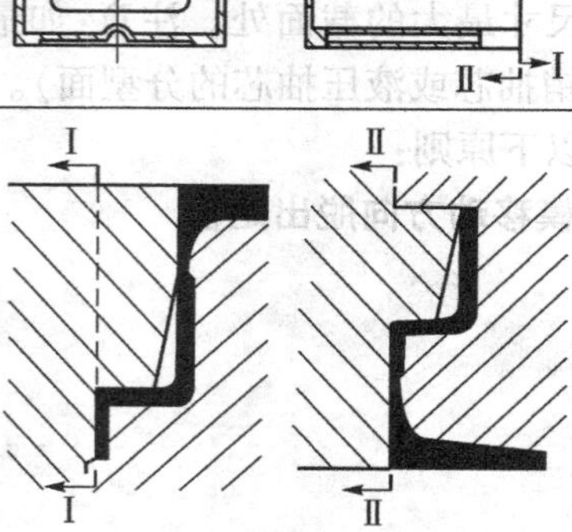	Ⅰ—Ⅰ分型面比Ⅱ—Ⅱ分型面更有利于溢流槽和排气槽的布置

(3)不影响铸件的尺寸精度

具体案例见表4.4。

表4.4　不影响铸件尺寸精度的案例

选择原则	图　例	说　明
避免分型面影响铸件尺寸精度	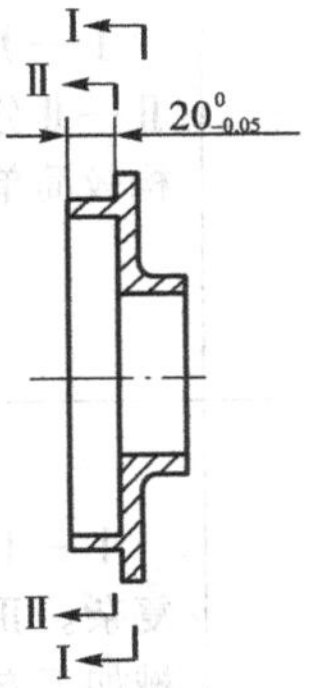	尺寸$20^{0}_{-0.05}$精度要求高，选用Ⅰ—Ⅰ分型面，易于保证精度。如选用Ⅱ—Ⅱ分型面，受分型面的影响，难以达到要求
避免活动型芯影响铸件尺寸精度	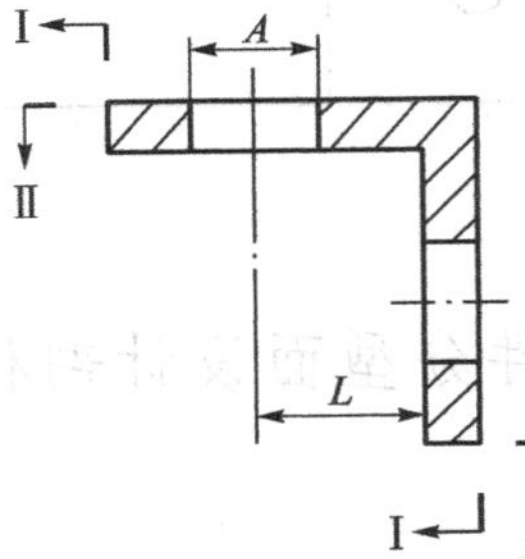	尺寸A的尺寸精度要求高，选用Ⅰ—Ⅰ分型面，要由抽芯机构形成孔A，影响尺寸精度，应选用Ⅱ—Ⅱ分型面，由固定型芯形成孔A
铸件尺寸精度要求高的部位应设置在同一半模内	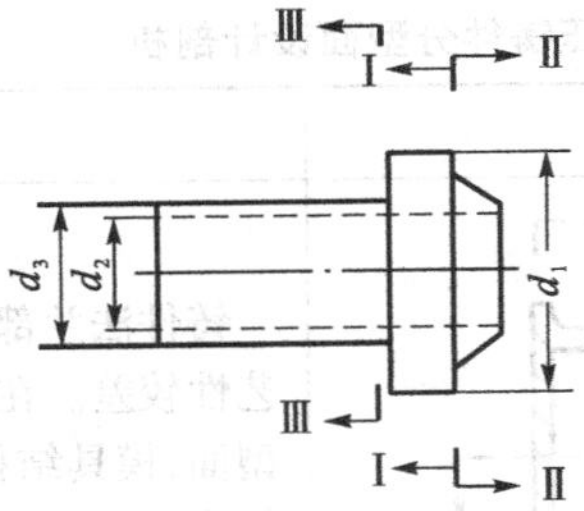	尺寸d_1和d_3，d_1和d_2有同轴度要求，应设法放置在同一半模内，Ⅰ—Ⅰ分型面能满足要求，Ⅱ—Ⅱ分型面和Ⅲ—Ⅲ分型面不能满足要求
考虑铸件的外观要求	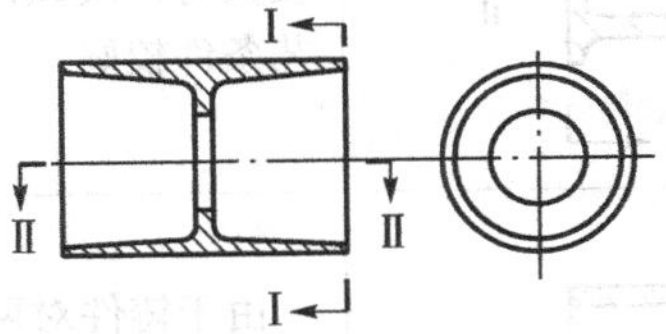	铸件外表面不允许留脱模斜度： 1.为减少铸件机加工量，应选Ⅱ—Ⅱ分型面。 2.铸件外表面不允许有分型面痕迹，应选择Ⅰ—Ⅰ作为分型面

(4)简化模具结构

具体案例见表4.5。

表 4.5　简化模具结构

选择原则	图　例	说　明
尽量减少抽芯机构和活动部分	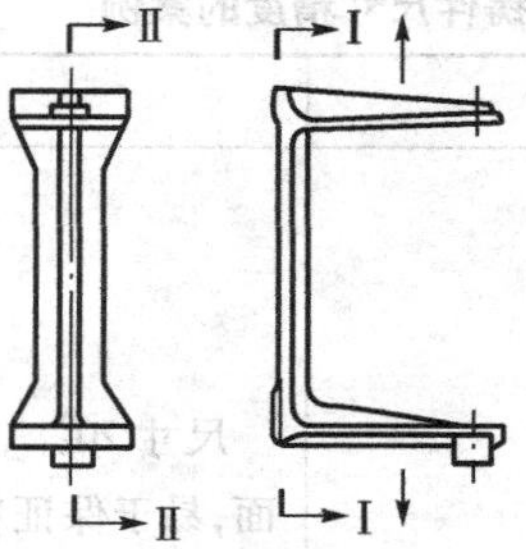	Ⅰ—Ⅰ分型面，需要两个侧向抽芯机构。Ⅱ—Ⅱ分型设置一个侧向抽芯机构，模具结构较简单
有利于成型零件机械加工工艺性	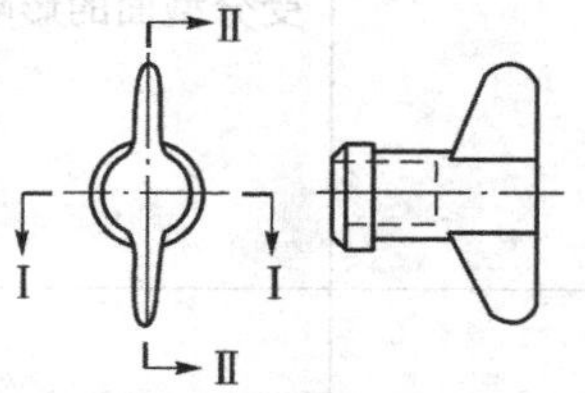	Ⅰ—Ⅰ分型面，用普通机械加工方法较为复杂。Ⅱ—Ⅱ分型面的型腔，采用一般的机械加工方法可完成

4.3　典型压铸件分型面设计剖析

典型零件选择分型面的要点剖析见表 4.6。

表 4.6　典型压铸件分型面设计剖析

零件结构特征	图　例	剖　析
带凸缘不通孔的桶形零件	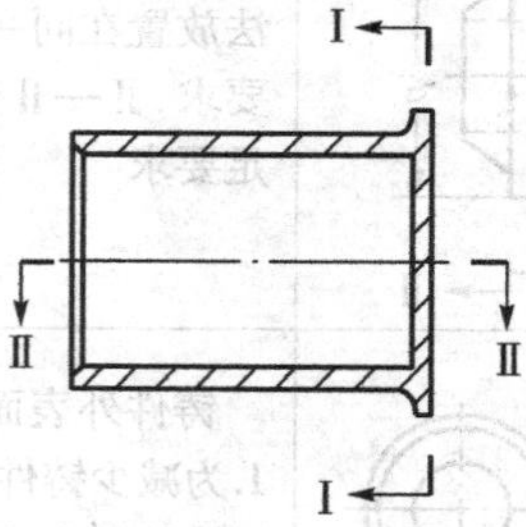	铸件法兰部位与一般零件不同，压铸工艺性较差。在零件外形较小时选Ⅰ—Ⅰ分型面，模具结构较简单。当零件轴向尺寸较大时，宜选取Ⅱ—Ⅱ作为分型面，压铸工艺条件较好
带凸缘的筒形零件	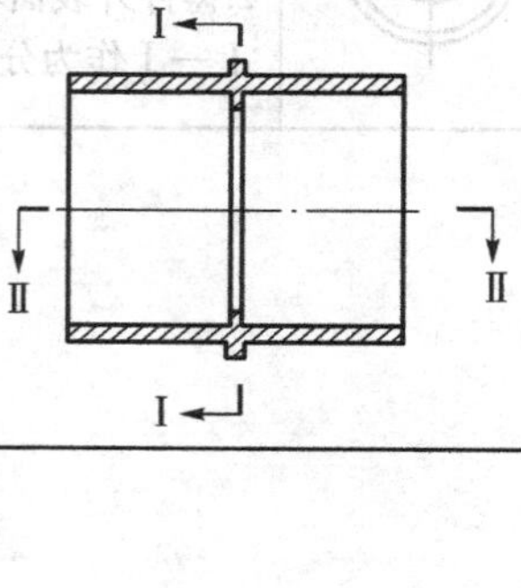	由于铸件对两端型芯的包紧力很接近，选择分型面应着重考虑铸件从定模中出模问题。Ⅰ—Ⅰ分型面需要设置定模出模辅助装置，适用于较大的铸件；Ⅱ—Ⅱ分型面用于小型铸件，铸件成型条件也较好

续表

零件结构特征	图　例	剖　析
有对应侧孔的壳体零件	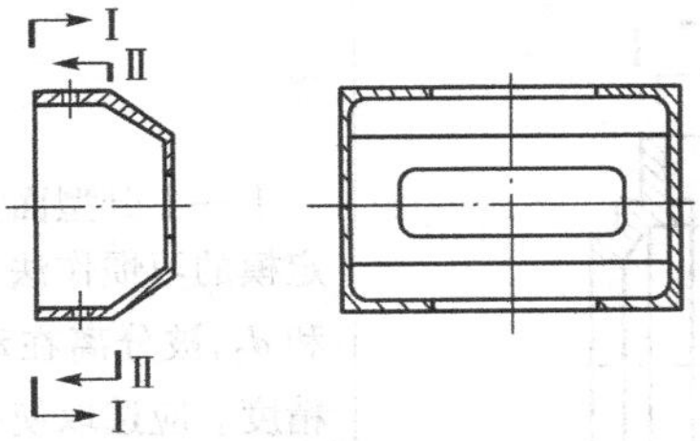	Ⅰ—Ⅰ分型面和Ⅱ—Ⅱ分型面都能满足要求。当选择Ⅱ—Ⅱ分型面，应考虑分型面痕迹对铸件质量的影响。Ⅰ—Ⅰ分型面利用模具对应侧抽芯机构强制铸件脱离定模，结构简单，同时成型条件也较好
单侧孔方形零件	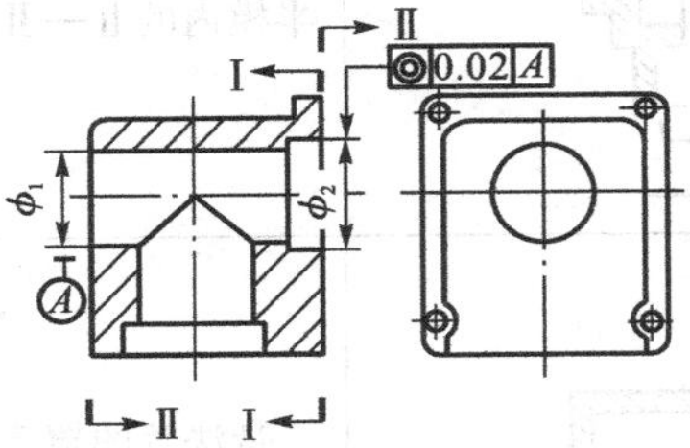	Ⅰ—Ⅰ分型面符合简化模具的要求，减少铸件变形，ϕ_1和ϕ_2势必分别放置在动、定模上，不易保证同轴度要求。选Ⅱ—Ⅱ折线分型，侧抽芯仍可设置在动模上，ϕ_1和ϕ_2也可达到同轴度要求，在铸件顶端开设浇口，更适应压铸工艺的要求
转盘形零件	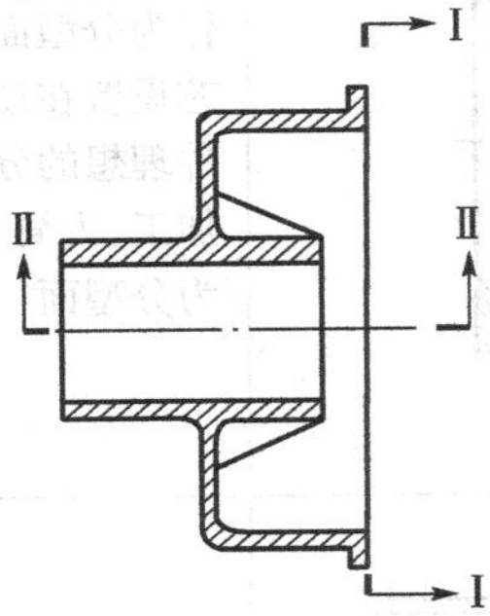	铸件形式与上例相似，其几何尺寸不同，分型面的选择也有所不同。Ⅱ—Ⅱ分型面需设两侧抽芯机构，增加模具的复杂性。Ⅰ—Ⅰ分型面采用推管推杆联合推出，结构简单
套管形零件	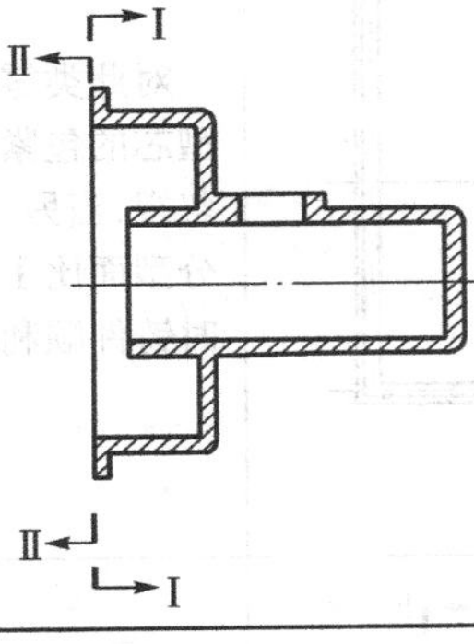	铸件大小两孔连接处，结构较薄弱，要考虑铸件脱出型芯时的变形问题：Ⅰ—Ⅰ分型面侧抽芯机构在动模上，符合一般设计要求，但型芯全在定模内，要设置动模延时抽芯机构，同时很难避免铸件变形。Ⅱ—Ⅱ分型面，用推管和卸料板复合推出机构来保证大小型芯同步出模，避免铸件变形，侧抽芯虽在定模上，因其反压力较小，易于采用开模前预抽芯机构

续表

零件结构特征	图例	剖析
法兰压环类零件	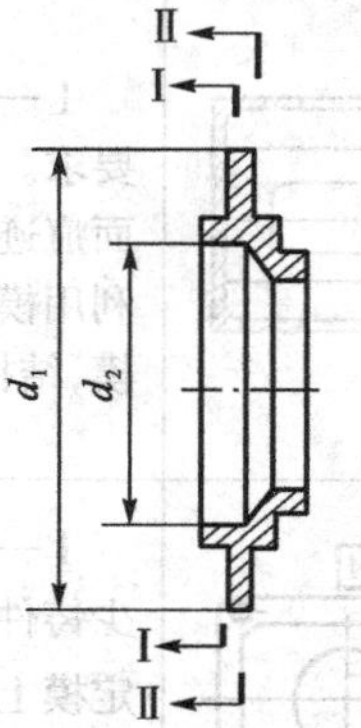	Ⅰ—Ⅰ分型面符合将大部分型腔分置在定模的习惯作法，有同轴度要求的两孔 d_1 和 d_2，被分离在动模和定模上，影响铸件精度。应选取使 d_1 和 d_2 两尺寸都在同一半模内的Ⅱ—Ⅱ分型面
罩壳类零件	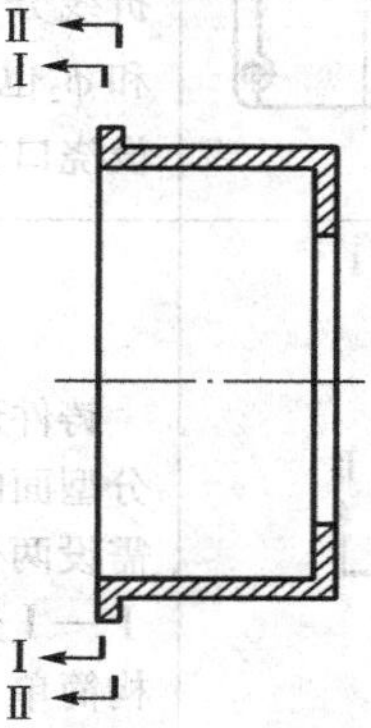	带法兰的罩壳类零件，一般选取Ⅰ—Ⅰ作为分型面，符合将型腔放置在定模上，型芯设置在动模上的习惯分型，也是同类零件理想的分型面。如果Ⅱ—Ⅱ面要求机械加工，为简化铸件修整工作应选Ⅱ—Ⅱ作为分型面
带密封槽板状零件	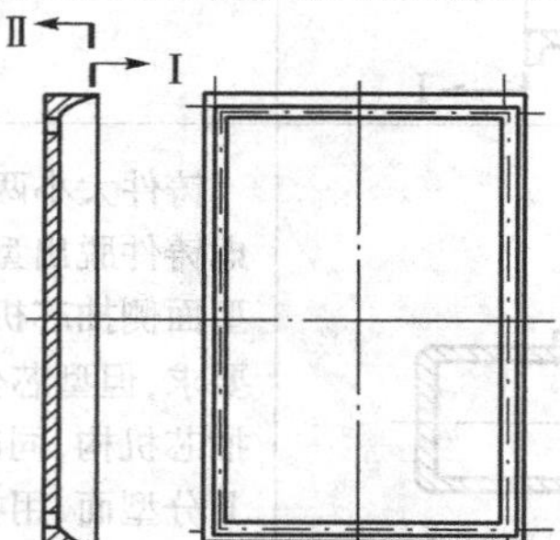	对此类零件要注意估算铸件对动、定模型芯的包紧力。常常因凹槽尺寸较小而被忽视，当另一端型芯出模斜度偏大时，Ⅱ—Ⅱ分型面比Ⅰ—Ⅰ分型面更能保证模具开模时铸件顺利地脱离定模
带爪形零件	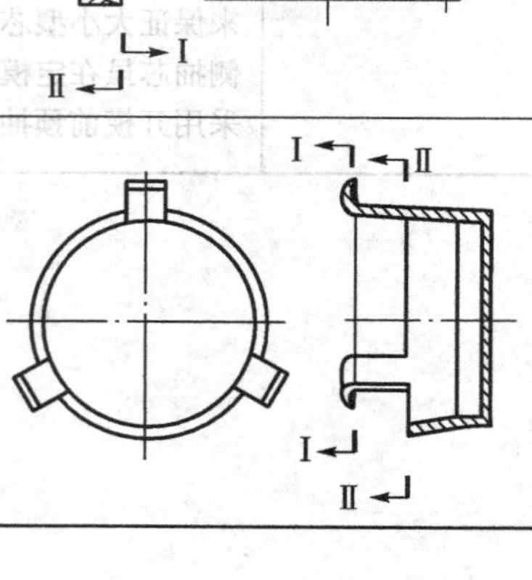	Ⅰ—Ⅰ分型面使爪端处在分型面上，有较多的余地供开设溢流槽，以提高爪端部分模具温度和溢出较冷的金属液，比Ⅱ—Ⅱ分型面更能保证铸件爪端的质量

续表

零件结构特征	图　例	剖　析
带散热片汽缸盖	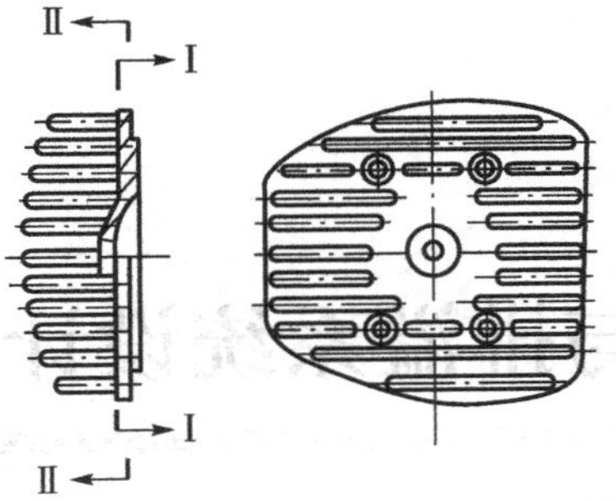	散热片虽然脱模斜度大,但片数较多,铸件收缩产生的包紧力还相当大;Ⅰ—Ⅰ分型面,铸件对动模上的球面型芯所产生的包紧力很小,开模时铸件将留在定模上,无法出模;Ⅱ—Ⅱ分型面,铸件可顺利脱出定模,推出元件的位置也能得到较合理的安排

练 习 题

1.单分型面分为哪4种类型?

2.选择分型面的原则主要有哪几方面?最基本的原则是什么?

3.设计带爪类零件分型面应注意哪些问题?

第5章 压铸模具浇注系统与排溢系统设计

学习目标：

通过本章学习熟练掌握压铸模浇注系统与排溢系统的设计基本原理。

能力目标：

通过本章学习应具备能够设计简单压铸模的浇注系统与排溢系统的能力。

浇注系统是金属液在压力作用下通过热室压铸机的喷嘴或冷室压铸机的压室引入模具型腔的通道，它是入口。

排溢系统由溢流槽和排气槽构成。溢流槽是储存混有气体和涂料的残渣、氧化夹杂等冷污金属液的槽穴。排气槽用于从型腔内排出空气及分型剂挥发产生的气体，溢流槽常常与排气槽配合使用，它们是出口。在整个金属液充填模具型腔的过程中，浇注系统和排溢系统是一个不可分割的整体，共同对充填过程起着控制作用，是决定压铸件质量的主要因素。因此，合理设计这两大系统是压铸模设计工作中的一个十分重要环节。

5.1 浇注系统

5.1.1 浇注系统的组成

浇注系统对金属液在模内流动的方向与状态、排气溢流条件、模具的压力传递等起到重要的控制作用，并且能调节充填速度、充填时间和模具温度分布等充填型腔的工艺条件。因此，浇注系统的设计是决定压铸件质量的重要因素，同时对生产效率、模具寿命等也有很大影响。设计时，不仅要分析压铸件的结构特点、尺寸精度、表面和内部质量要求，承受负荷情况，耐压要求，加工基准面，合金种类及其特性等技术要求，还要考虑压铸机的类型和特点。

浇注系统主要由直浇道、横浇道、内浇口和余料所组成。压铸机的类型不同，模具浇注系统的形式也有差异。表5.1是各类压铸机用模具浇注系统常用结构形式。

表 5.1　各类压铸机用模具浇注系统常用结构

压铸机类型	热压室压铸机	卧室冷压室压铸机
浇注系统结构	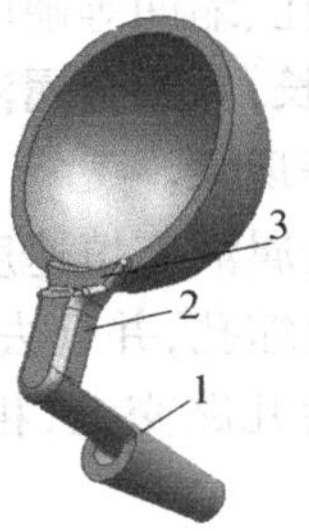	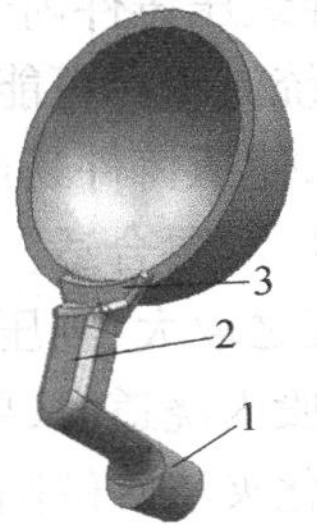
压铸机类型	立式冷压室压铸机	全立式冷压室压铸机
浇注系统结构	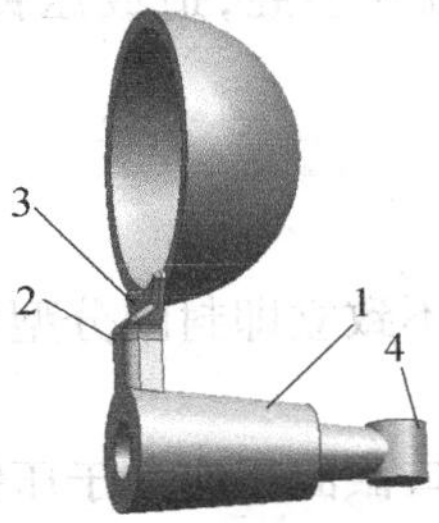	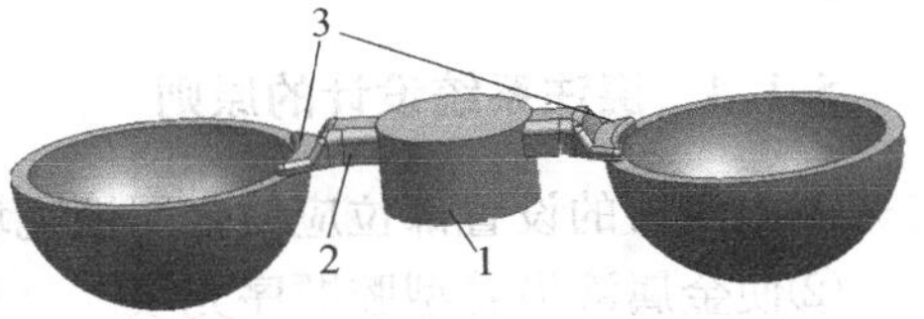

注:1—直浇道;2—横浇道;3—内浇口;4—余料(料柄)。

热室压铸机用模具浇注系统由直浇道 1、横浇道 2 和内浇口 3 组成,由于压铸机的喷嘴和压室与坩埚直接连通,所以没有余料。

立式冷室压铸机用模具浇注系统由直浇道 1、横浇道 2、内浇口 3 及余料 4 组成,在开模之前,余料必须由下面的反料冲头向上移动,先从压室中切断并顶出。

卧室冷室压铸机用模具浇注系统由直浇道 1、横浇道 2 和内浇口 3 组成,余料和直浇道合为一体,开模时浇注系统和压铸件随动模一起脱离定模。

全立式冷压室压铸机(冲头上压式)用模具浇注系统由直浇道 1、横浇道 2、内浇口 3 组成,余料也是与直浇道合为一体,余料的轴线与水平方向垂直。

5.1.2　浇注系统的类型

浇注系统的分类可以从以下 4 个方面划分:

①按金属液导入方向分类:切向浇口和径向浇口。

②按浇口位置分类:中心浇口、顶浇口和侧浇口。

③按浇口形状分类:环形浇口、缝浇口和点浇口。

④按横浇道过渡区形式分类:扇形浇道系统和锥形切线浇道系统。

5.1.3　浇注系统对压铸件成型的影响

浇注系统设计得好与坏,对铸件的成型及质量影响很大,它的影响直观体现在压铸件上,因此,压铸模设计的好与坏,主要看它浇注系统和模具结构设计的好与坏,故要熟练掌握浇注系统的设计要领。

①合理选择压室。压室小,浇不足,压铸件成型不了;压室选大,浪费。

②针对不同特性的压铸件正确选择内浇口位置。内浇口位置不正确,金属液在模内的流动方向紊乱,导致压铸件内部局部组织产生疏松、气孔、缩凹等缺陷。

③浇注系统流程尽可能短。浇注系统流程过分长,导致金属液还未进入型腔就已冷却,容易堵塞内浇口,使压铸件易产生浇不足、缺料、冷隔等现象。

④内浇口厚度要合适。内浇口厚度取小,会使金属液充填速度快、冲刷型腔,粘模,铸件表面质量下降;反之取大,则压铸件内部组织疏松、产生缩孔,并且去浇口缺料。

⑤采用多股内浇道时,要防止金属液进入型腔后几路交汇,相互冲击,产生涡流,裹气,使压铸件产生氧化夹渣等缺陷。

⑥顶浇口或中心浇口的直浇道小端进料口应设置在与压室连接的浇口套的内孔上方,防止压室中注入的金属液在冲头尚未工作之前就流入型腔,造成压铸件产生冷隔或充不满等缺陷。

5.1.4 浇注系统设计的原则

①内浇口的设置部位应使金属液充填型腔时不致立即封闭分型面,也不冲击型芯。

②使金属液沿着型腔顺序充填。

③热室压铸机及立式冷压室压铸机的喷嘴出口截面积应大于压铸模内浇口截面积。

④用于卧式压铸机的压铸模,在设置内浇口和横浇道时,要防止金属液在压射前进入型腔,以免倒灌。

⑤在满足充填、排气条件下,选择较短的流程。

⑥长的压铸件要设置盲流道,改善模具热平衡条件。

⑦内浇口较宽时,采用梳状内浇口,使整个宽度保持均匀的流速。

⑧管状压铸件最好在端部开设环形内浇口。

⑨金属液应顺着散热片方向充填,避免产生流痕和散热片不完整。

⑩尽量避免正面冲击型芯和型腔,以免产生黏附,减少金属液的流动阻力。

⑪以较厚的内浇口和横浇道,从铸件局部厚实处充填模具型腔,有利于静压力传递,消除缩孔。

⑫防止浇注系统收缩时导致铸件变形。

5.2 内浇口设计

内浇口是熔融合金进入模具型腔的通道及入口,它的作用是使横浇道输送出来的低速熔融合金加速,并形成理想的流态充填型腔,它直接影响熔融合金的充填形式和铸件质量,因此是一个关键的浇道。

5.2.1 内浇口的类型

根据内浇口截面积的大小,压铸机模具用浇注系统可以分成两大类,即内浇口截面积在浇注系统中最小的限制式浇注系统和内浇口截面积在浇注系统中最大的非限制式浇注系统。

在设计模具时,浇注系统通常是按照内浇口的不同形状进行分类的,一般可分为侧浇口、直接浇口、中心浇口、环形浇口、缝隙浇口及点浇口等。

(1)侧浇口

侧浇口是现实中用得最多的一种,据统计,约占 70%,它开设在模具的分型面上,一般选择在压铸件最大轮廓处的外侧或内侧,见表 5.2。

表 5.2 侧浇口浇注系统常用结构

端进浇(一出一)	端进浇(一出二)
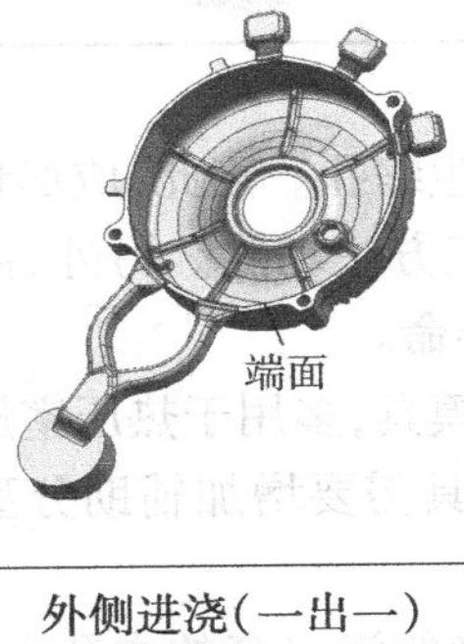	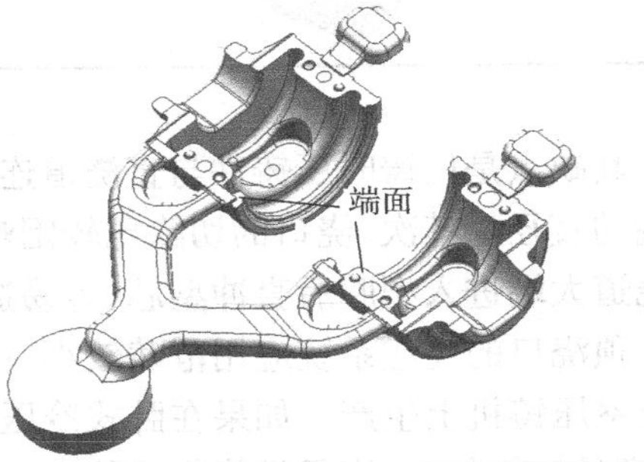
外侧进浇(一出一)	外侧进浇(一出二)
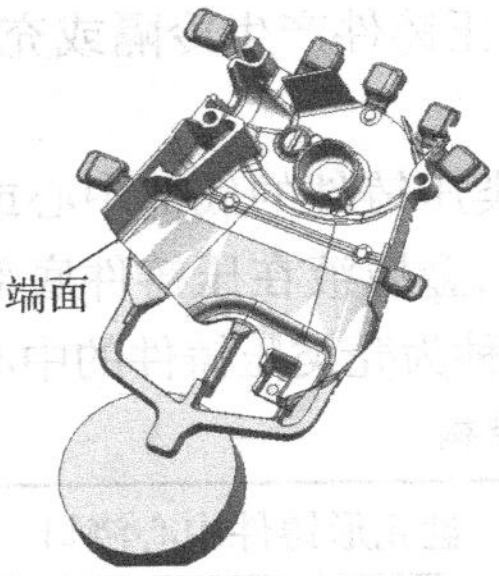	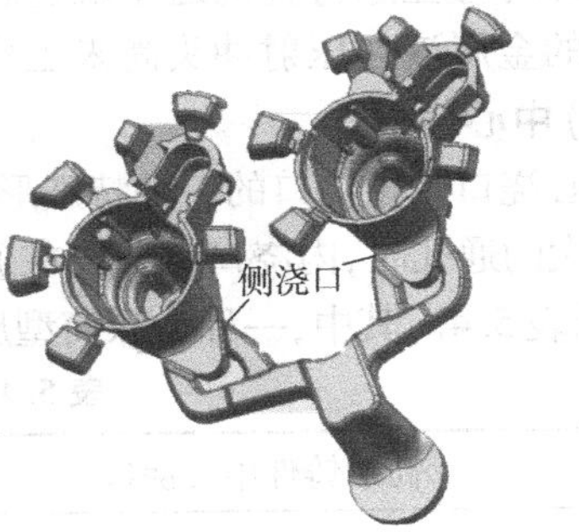

侧浇口可以在压铸件的侧面进料,也可以从压铸件的端面搭接进料,侧浇口适用于各类大小压铸件,可开设单型腔模具,也可以开设多型腔模具。外侧直接进料时,金属液容易首先封住分型面,从而造成型腔内的气体难以排出而形成气孔,因此仅适于板类和浅型腔压铸件。有一定深度的盘盖类和壳类压铸件,一般采用端面搭接进料。由于侧浇口设计与制造简单,浇口去除容易,适应性很强,故应用最为普遍。

(2)顶浇口

顶浇口(直接浇口)是直浇道直接开设在筒形或者壳形压铸件底部外侧中心部位的一种浇注系统形式,铸件顶部无孔,不能设置分流锥,见表 5.3。直浇道与压铸件的连接处即为内浇口,它是浇注系统中截面积最大的地方,便于压铸终了保压时的补缩。这种形式浇口的浇注系统,由于金属液从型腔底部的中心部分开始充填,最后流至分型面,流程短,流动状态好,排气通畅,有利于消除型腔深处气体不易排出的缺点。另外,浇注系统、溢流槽和压铸件在分型面上的投影面积之和最小,模具结构紧凑,浇注系统金属液的消耗量小,压铸机受力均匀。

表 5.3　顶浇口浇注系统常用结构

筒形铸件顶浇口	壳形铸件顶浇口
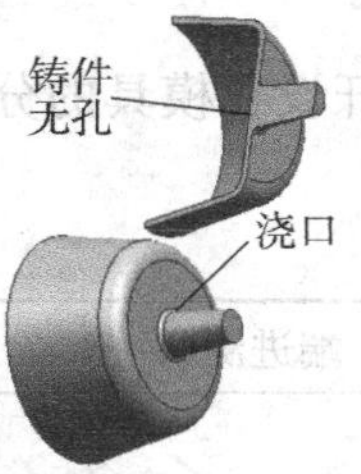	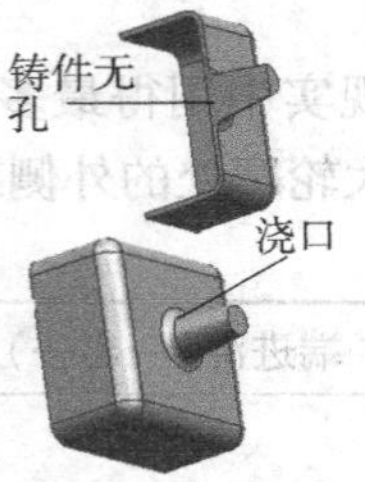

其缺点是压铸时压铸件与直浇道连接处形成热节，易产生缩孔。因此，应尽量减小直浇道大端的直径。其次，浇口的切除比较困难，一般采用机械加工方法切除。另外，由于金属液从直浇道大端进入型腔后直冲型芯，容易造成黏模，影响模具寿命。

顶浇口的浇注系统应用范畴较小，一般仅适用于单型腔模具，多用于热压室压铸机或立式冷压室压铸机上生产。如果在卧式冷压室压铸机上生产，模具需要增加辅助分型面来拉断余料，模具结构复杂，模具维修频率较高，一般不提倡。

设计时应注意将直浇道小端进料口应设置在与压室连接的浇口套的内孔上方，防止压室中注入的金属液在压射冲头尚未工作之前就流入型腔，造成压铸件产生冷隔或充不满的缺陷。

(3) 中心浇口

中心浇口是顶浇口的一种特殊形式，当有底的筒或盘壳类压铸件的底部中心或接近中心部位有不大的通孔时，内浇口就开设在通孔处，中间设置分流锥，金属液在压铸件底部以环状进入型腔，见表 5.4。其中，一种为深筒型压铸件的中心浇口，另一种为壳类压铸件的中心浇口。

表 5.4　中心浇口浇注系统常用结构

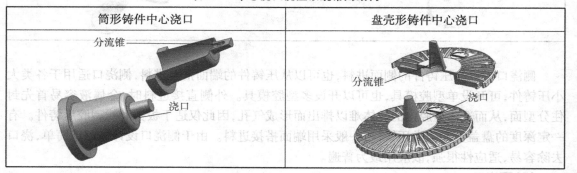

筒形铸件中心浇口	盘壳形铸件中心浇口
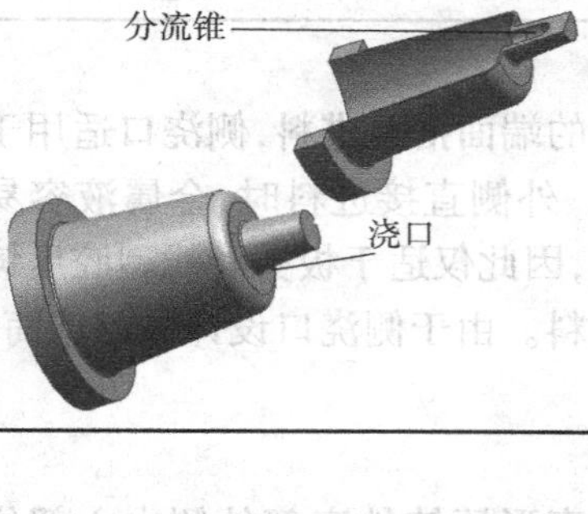	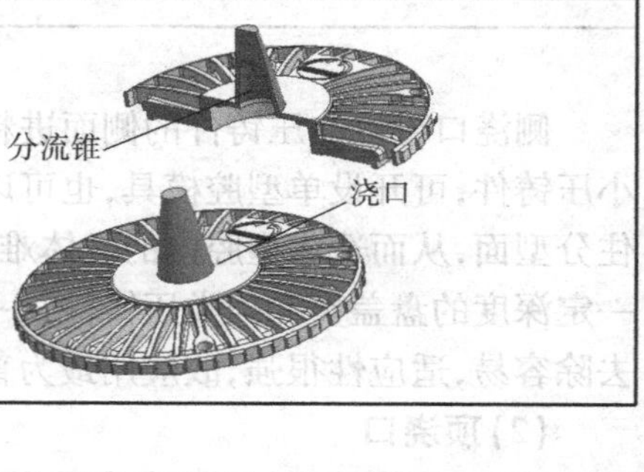

由于中心浇道是顶浇口的一种特殊形式，因此它既具有顶浇口的一系列优点，又克服了顶浇口进料处因热节产生缩孔的缺陷，但切除浇口仍然比较困难。

(4) 环形浇口

环形浇口主要应用于圆方筒形的压铸件，见表 5.5。金属液在充满环形浇道后，再沿着整个环形断面自压铸件的一端向另一端充填，这样可在整个圆周上取得大致相同的流速，具有十分理想的充填状态。金属液沿壁充填型腔，避免冲击抽芯，同时型腔中的气体容易排出。采用这样的浇注系统时，往往在与浇口相对的另一端设置环形溢流槽，在环形浇口和溢流槽处设置推杆,使压铸件上不留推杆痕迹。

表 5.5　环形浇口浇注系统常用结构

圆筒形环形浇口	方筒形环形浇口
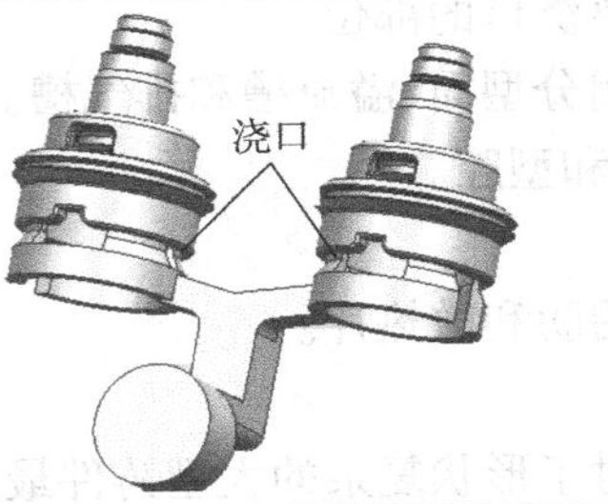	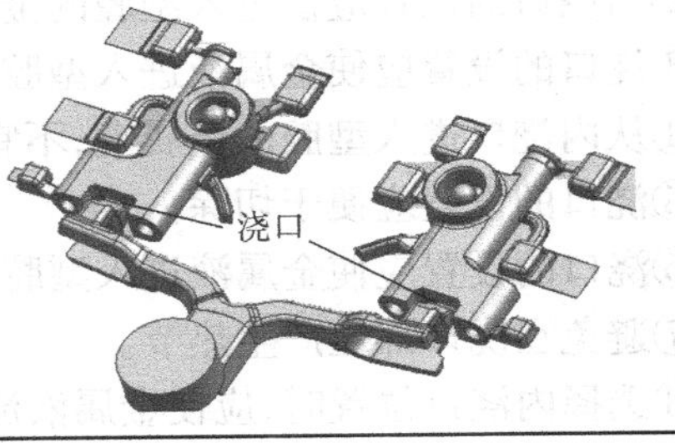

这种浇注系统的缺点是金属的消耗量较大,去除浇口也比较困难。同时,模具往往要对开式侧向分型,模具的结构设计比较复杂。

(5)缝隙浇口

缝隙浇口类似于侧面进料的侧浇口,所不同的是内浇口的深度方向的尺寸大大超过宽度方向的尺寸,如图 5.1 所示。这种形式的浇口从型腔深处引入金属液,形成长条缝隙从压铸件的一侧向另一侧顺序充填,在另一侧设有溢流排气系统。这种浇注系统充填状态也较好,且有利于压力传递。为了便于加工,开设这种浇注系统压铸件的模具也常常需要对开式侧向分型。

(6)点浇口

对于某些外形基本对称或中心对称、壁厚均匀且较薄、形状不大、高度较小且顶部中心处无孔的压铸件,可采用点浇口浇注系统,如图 5.2 所示。这种浇注系统克服了采用顶浇口时压铸件与浇口连接处易产生缩孔缺陷的缺点,同时具有流程短、压铸机受力状态好、型腔中气体易于从最晚充填的分型面处排出等优点。但由于浇口截面积小、金属液流速大、容易产生飞溅现象。并在内浇口附近会产生黏模现象。

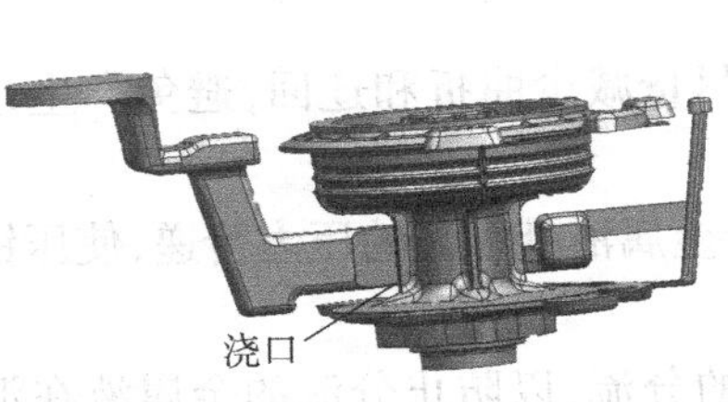

图 5.1　轮毂缝隙浇口

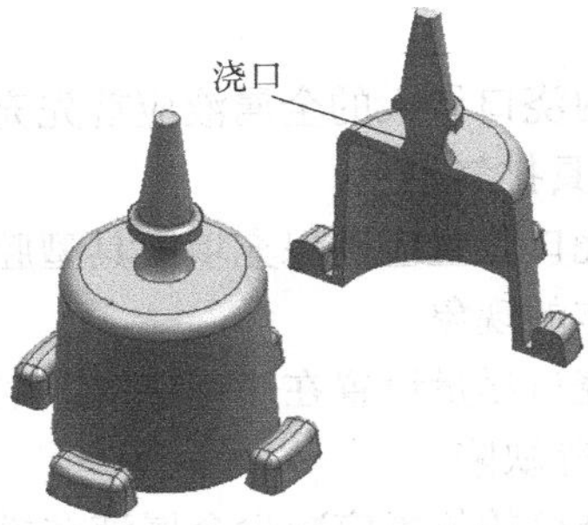

图 5.2　点浇口

这种结构形式的浇注系统,为了取出浇注系统的凝料,在定模部分必须增加一个分型面,采用顺序定距分型机构,模具的制造比较复杂,因此在实际生产中,这种浇口的应用受到一定的限制。

5.2.2　内浇口设计的原则

内浇口设计的主要任务是确定内浇口的位置、形状和尺寸。由于压铸件形状复杂多样,涉及的因素很多,设计时难以完全满足应遵循的原则,内浇口的截面积目前尚无切实可行的精确计算方法,因此进行内浇口设计时,经验是很重要的因素,但还是应遵循以下一些基本原则:

①内浇口的位置应使金属液从铸件厚壁处向薄壁处填充。

②内浇口的位置应使进入型腔的金属液先流向远离浇口的部位。

③浇口的设置应使金属液进入型腔后不宜立即封闭分型面、溢流槽和排气槽。

④从内浇口进入型腔的金属液,不宜正面冲击型芯和型腔。

⑤浇口的设置应便于切除。

⑥浇口的设置应使金属液进入型腔后流向铸件上的肋和散热片。

⑦避免在浇口部位产生热节。

⑧选择内浇口位置时,应使金属液流程尽可能短;对于形状复杂的大型铸件最好设置中心浇口。

⑨采用多股内浇道时,要注意防止金属液进入型腔后从几路汇合,相互冲击,产生涡流,造成金属液裹气,使压铸件产生气孔、氧化夹渣等缺陷。

⑩薄壁件内浇口的厚度要小一些,以保持必要的充填速度。

⑪根据铸件的技术要求,凡精度、表面粗糙度要求较高且不再加工的部位,不宜设置内浇口。

⑫管形铸件最好围绕型芯设置内浇口。

5.2.3 压铸件内浇口位置的选择

在设计压铸件浇注系统时,内浇口位置的设计极为重要,在确定内浇口的位置之前,要根据已经确定的压铸件型腔的基本情况和分型面类型、压铸件所用合金种类和预计的压铸件收缩变形情况、模具所用的压铸机设备以及压铸件使用性能等因素,应充分预计所选内浇口位置对金属液充填模具型腔时的流动状态的影响,并全面分析金属液充填过程中可能出现的死角区和裹气部位。据此,布置适当的内浇口位置,并设计合理的排溢系统。选择内浇口位置的原则如下:

①从内浇口导入的金属液应首先充填模具型腔深处难以排气的部位,不宜立即封住分型面,造成模具排气不良。

②内浇口位置应确保充填模具型腔的金属液尽量减少曲折和迂回,避免产生过多的涡流和包卷气体的现象。

③内浇口尽量设置在压铸件的厚壁处,有利于金属液补缩流的压力传递,使压铸件减少缩孔、浇不足等缺陷。

④内浇口的位置应减少金属液在模具型腔中的分流,以防止分流的金属液在汇合处产生冷接痕或冷隔的压铸缺陷。

⑤内浇口的位置应尽量避免金属液冲击型芯,减少金属液的动能损失,防止模具冲蚀和产生金属液黏模现象,尤其要避免冲击细小型芯或螺纹型芯,防止小型芯弯曲变形。

⑥凡压铸件精度要求高、表面粗糙度值低且不加工的部位,不宜布置内浇口,以防止压铸件表面在浇口去除后留下痕迹。

⑦内浇口的设置应注意模具温度场的分布,确保金属液在模具型腔远端充填良好。

⑧在设计内浇口位置时,应考虑压铸件成型后浇口的切除方法。

对于形状特殊的压铸件，更应考虑内浇口位置对压铸件成型质量的影响。例如，长而窄的压铸件，内浇口应开设在压铸件的端部而不应从中间引入金属液，防止金属液产生漩涡，卷入气体；长管状及复杂的筒状压铸件，最好在压铸件端部设置环形浇口，以便使金属液有良好的充填状态和排气条件；带有大肋片的压铸件，设置的内浇口应使金属液沿肋的方向充填，避免压铸件产生流线和肋浇不足的现象。

上述原则在实际设计浇口时，很难完全满足，在设计浇注系统时，应抓主要矛盾，以解决压铸件最主要的问题为原则。上述原则的采用案例分析如下：

如图5.3所示为矩形板状压铸件内浇口的位置设计。图5.3(a)是在其长边中央设置内浇口，金属液先冲击其对面型腔，然后分两边折回，在折回过程中造成漩涡和卷入大量气体；图5.3(b)是在其长边上设置分支形内浇口，中间分流，充填型腔时金属液在中间形成两股漩流，把气体卷在中间；图5.3(c)是在长边靠近端部的一侧开设内浇口，在终端处设置溢流槽，排气效果较好，但总的流程加长；图5.3(d)是在其短边的一侧开设扇形内浇口，使液流分散推进，在终端设置溢流槽，排气溢流通畅，效果良好。

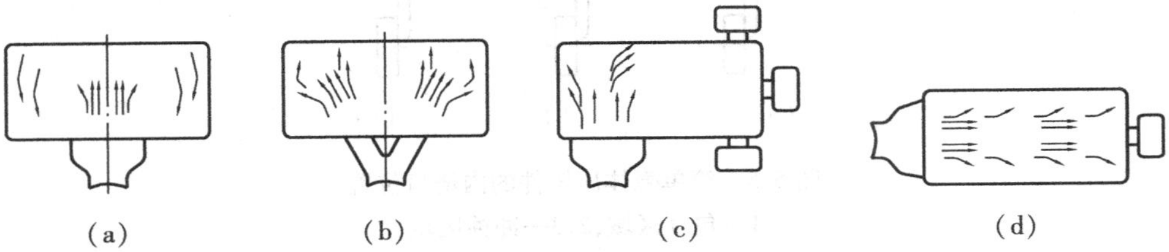

图5.3 矩形板状压铸件的内浇口位置

如图5.4所示为盘盖类压铸件内浇口的位置设计，该压铸件并不高，但在其顶部有一通孔。图5.4(a)采用扇形外侧浇口，内浇口接近压铸件顶部有孔的部位，由于型芯的阻碍，金属液充填时在其背后形成死角区，造成涡流和严重包气；图5.4(b)仍采用扇形外侧浇口，内浇口开设在远离压铸件顶部孔的一侧，且扇形宽度增大，几乎与外圆相切，充填时两侧金属液流进型腔后沿着型腔壁前进，但在中心部位形成涡流和包气区域；图5.4(c)还是采用扇形外侧浇口，内浇口也是开设在压铸件顶部远离孔的一侧，但扇形浇口的宽度为压铸件直径的60%左右，充填型腔时金属液首先被引向中心部位，内浇口对面一侧开设的溢流槽将汇合处的低温金属液及气体引入其中，同时内浇口两侧死角处开设溢流槽，以便让该处型腔顺利充填。

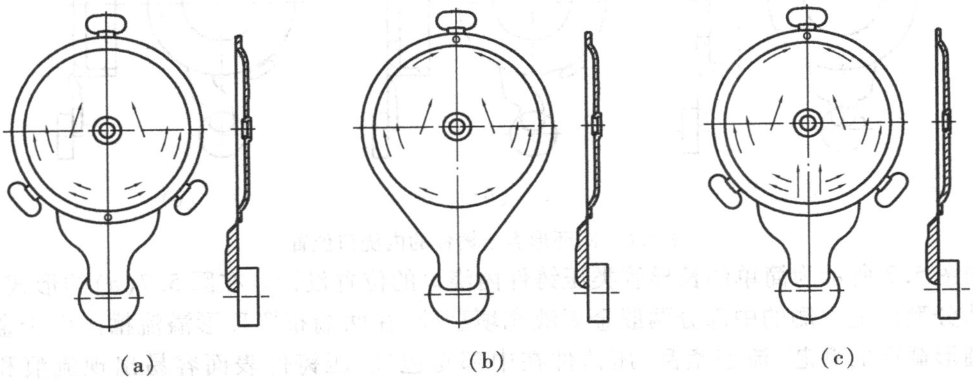

图5.4 盘盖类压铸件的内浇口位置

如图5.5所示为一种简单壳体压铸件内浇口的位置设计。图5.5(a)中分型面开设在压铸件的底部,内浇口开设在压铸件的底部同一侧,金属液进入型腔后先把分型面封住,造成左端型腔内的气体无法排除,压铸件在区域1处产生包气或充填不实的现象。图5.5(b)中内浇口开设在压铸件的端部外侧,但金属液在内浇口处冲击型芯,而后又折回冲击型壁,造成在2和3两处产生冲蚀区,同时也有可能导致先封住分型面排气不畅的现象产生。图5.5(c)中内浇口开设在压铸件的端面,以这种形式充填型腔,充填时间较长,不造成冲蚀,同时金属液进入型腔后先充填底部而并不立即把分型面封住,在内浇口对面设置溢流槽,金属液充填顺利,排气通畅,效果较好。

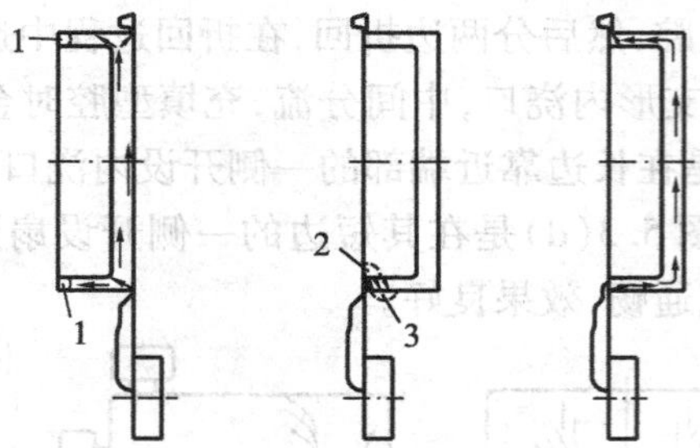

图5.5　简单壳体压铸件的内浇口位置

1—包气区域;2,3—冲蚀区域

如图5.6所示为圆环形类压铸件内浇口的位置设计。图5.6(a)为扇形外侧浇口,充填时金属液直冲型芯,造成冲蚀,形成黏模,降低了压铸件表面质量和模具使用寿命。另外,由于浇口与型腔开设在分型面的同一侧,金属液容易封住分型面产生包气现象。图5.6(b)为平面切线方向外侧进料内浇口,充填型腔时金属液按逆时针方向流动,金属液前端的冷污金属可引入浇口附近的溢流槽,但流动状态比图5.6(a)更容易先封住分型面,影响型腔中的气体顺利排出。图5.6(c)也是切线方向外侧进料的内浇口,但内浇口与型腔在分型面的两侧,金属液从端面进入先充填型腔深处,气体可从溢流槽和分型面排出,充填状态良好,压铸件的质量较高。如果圆环形类压铸件高度小,则图5.6(b)也是一种较好的充填形式。

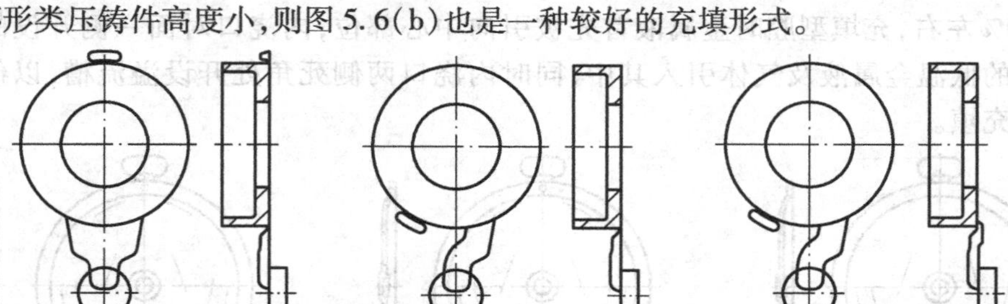

图5.6　圆环形类压铸件的内浇口位置

如图5.7所示为简单的长导管类压铸件内浇口的位置设计。在图5.7(a)的形式中,金属液从分型面上一侧的中部分两股金属液充填型腔,在两端布置环形溢流槽。由于金属液直冲圆形截面的型芯,流态紊乱,压铸件在中部易包气,压铸件表面容易出现流痕和花纹等。图5.7(b)是在压铸件一端开设侧浇口,在另一端布置环形溢流槽,并采用盲浇道以改善模具的热平衡状态的形式，充填及排气的条件均有了很大改善。图5.7(c)是采用环形内浇口的形式，金属液顺着型芯方向从一端向另一端充填，在另一端设置环形溢流槽，充填状态及排气条件良好，同时也采用盲浇道改善模具的热平衡状态，有利于提高压铸件的成型质量。

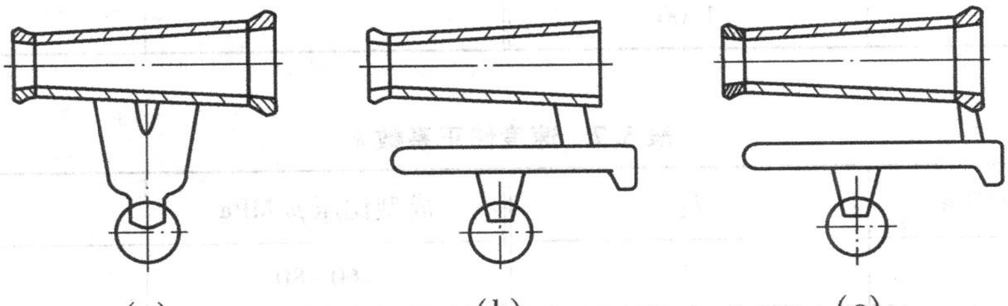

图5.7　长管状类压铸件的内浇口位置

5.2.4　内浇口尺寸的设计

(1)内浇口截面积计算

内浇口截面积的确定是内浇口设计过程中的重要环节之一。为了合理确定浇注系统的有关尺寸，压铸工作者通过理论推导，结合典型压铸件的试验结果，提出了浇注系统的各种计算方法，一般有进行理论计算和采用经验数据两种方法。

1)流量计算法(理论计算)

除了顶浇口之外，内浇口一般是浇注系统中截面积最小、阻力最大的部位，它的横截面积与该处的金属液流动速度的乘积和压室中横截面积与金属液流动速度的乘积相等，并且等于流经压室的金属液体积(型腔和溢流槽的体积之和)与所用时间之比，即

$$A_g v_g = A_1 v_1 = \frac{V}{\tau} \tag{5.1}$$

式中　A_g——内浇口横截面积，m^2；

v_g——内浇口处金属液充填模具型腔的充填速度，m/s；

A_1——压室横截面积，m^2；

v_1——压室内金属液的流动速度，m/s；

V——型腔和溢流槽的体积之和，m^3；

τ——充填时间，s。

从式(5.1)可知，则

$$A_g = \frac{V}{v_g \tau} \tag{5.2}$$

式(5.2)是建立在内浇口在其全面积内流速均等的前提下的。

理想的充填速度v_g可计算为

$$v_g = k_1 k_2 v_m \tag{5.3}$$

式中　v_m——额定充填速度，常取15 m/s；

k_1——与压铸件壁厚有关的速度修正系数(见表5.6)；

k_2——与作用于金属液上成型比压有关的速度修正系数(见表5.7)。

表 5.6　速度修正系数 k_1

压铸件壁厚 δ/mm	k_1	压铸件壁厚 δ/mm	k_1
1~4	1.25	>8	0.75
>4~8	1.00		

表 5.7　速度修正系数 k_2

成型比压 p/MPa	k_2	成型比压 p/MPa	k_2
~20	3	>60~80	0.8
>20~40	2	>80~100	0.7
>40~60	1	>100	0.4

最佳的充填时间 t 可计算为

$$\tau = k_3 k_4 \tau_m \tag{5.4}$$

式中　τ_m——额定充填时间，常取 0.06 s；

k_3——与压铸合金物理性能有关的时间修正系数(见表 5.8)；

k_4——与压铸件壁厚特征有关的时间修正系数(见表 5.9)。

表 5.8　时间修正系数 k_3

合金种类	k_3	合金种类	k_3
铅、锡合金	1.2	铝合金	0.9
锌合金	1.0	镁、铜合金	0.8

表 5.9　时间修正系数 k_4

压铸件壁厚特点	k_4	压铸件壁厚特点	k_4
均匀	1	不均匀	1.5

将式(5.3)和式(5.4)代入式(5.2)，就可得到内浇口横截面积的计算公式为

$$A_g = \frac{V}{k_1 k_2 k_3 k_4 v_m \tau_m} \tag{5.5}$$

如果将 $V = m/\rho$ 代入式(5.5)，则

$$A_g = \frac{m}{k_1 k_2 k_3 k_4 \rho v_m \tau_m} \tag{5.6}$$

式中　m——压铸件及溢流槽内金属的总量，kg；

ρ——液态金属的密度，kg/m^3。锌合金 ρ 为 $6.8\times10^3 kg/m^3$，铝合金 ρ 为 $2.7\times10^3 kg/m^3$，镁合金 ρ 为 $1.75\times10^3 kg/m^3$，铜合金 ρ 为 $8.6\times10^3 kg/m^3$。

不同壁厚的压铸件,其内浇口处金属液充填时间 τ 和充填速度 v_g 的经验数据可参考表5.10。在选择合适的充填速度和充填时间后,根据式(5.2)就可方便地计算出内浇口的横截面积。

表5.10　推荐的充填时间和充填速度

压铸件平均壁厚 δ/mm	充填时间 τ/s	充填速度 v_g/(m·s^{-1})	压铸件平均壁厚/mm	充填时间 τ/s	充填速度 v_g/(m·s^{-1})
1	0.010~0.014	46~55	5	0.048~0.072	32~40
1.5	0.014~0.020	44~53	6	0.056~0.084	30~37
2	0.018~0.026	42~50	7	0.066~0.100	28~34
2.5	0.022~0.032	40~48	8	0.076~0.116	26~32
3	0.028~0.040	38~46	9	0.088~0.136	24~29
3.5	0.034~0.050	36~44	10	0.100~0.160	22~27
4	0.040~0.060	34~42			

2)经验公式

①西方压铸公司提出的公式

$$W = 0.0268\frac{V^{0.745}}{T} \tag{5.7}$$

式中　W——内浇口宽度,cm;

T——内浇口厚度,cm;

V——压铸件和溢流槽体积,cm^3。

式(5.7)适用于所有压铸合金,只要在三维图形中点出压铸件和溢流槽体积,就可迅速算出内浇口截面积($L\times T$)。

②W.Davok 提出的公式

$$A = 0.18G \tag{5.8}$$

式中　A——内浇口截面积,mm^2;

G——铸件质量,g。

式(5.8)适用于质量不大于150 g的锌合金压铸件和中等壁厚的铝合金压铸件。

(2)内浇口的厚度

1)选用经验数据

内浇口的截面积形状除点浇口是圆形,中心浇口、环形浇口是圆环形外,其余基本上是扁平的矩形,且在同一截面积下可以有不同的深度与宽度,而深度与宽度的不同选择影响着型腔的充填效果,内浇口厚度的经验数据见表5.11。

表 5.11　内浇口厚度的经验数据

铸件壁厚 δ/mm	0.6~1.5		>1.5~3		>3~6		>6
合金种类	复杂件	简单件	复杂件	简单件	复杂件	简单件	为压铸件壁厚的百分比/%
	内浇口深度/mm						
铅、锡	0.4~0.8	0.4~1.0	0.6~1.2	0.8~1.5	1.0~2.0	1.5~2.0	20~40
锌	0.4~0.8	0.4~1.0	0.6~1.2	0.8~1.5	1.0~2.0	1.5~2.0	20~40
铝、镁	0.6~1.0	0.6~1.2	0.8~1.5	1.0~1.8	1.5~2.5	1.5~3.0	40~60
铜	—	0.8~1.2	1.0~1.8	1.0~2.0	1.8~3.0	2.0~4.0	40~60

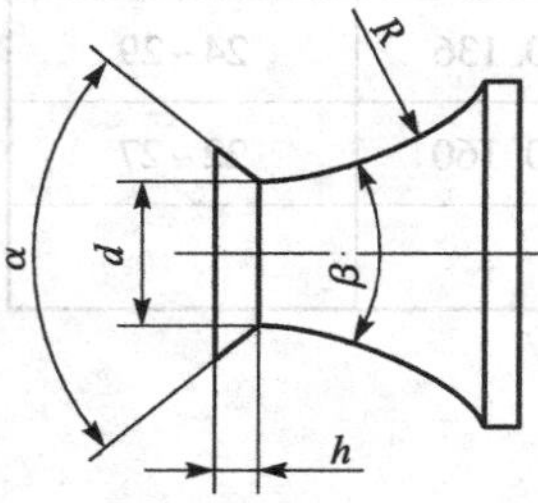

图 5.8　点浇口的结构

除顶浇口外，其余内浇口处的截面积在整个浇注系统中为最小，在金属液充填型腔时内浇口处的阻力最大。因此，为了减少金属液的压力损失，应尽量缩短内浇口的长度。内浇口的长度通常取 2~3 mm，一般不超过 3 mm。

点浇口是一种特殊形状的浇口，如图 5.8 所示为点浇口的结构形式。其典型尺寸为进口角 β 为 45°~60°，出口角 α 为60°~90°，圆弧半径 R 为 30 mm，内浇口的长度 h 为 2~3 mm，点浇口的直径 d 根据压铸件在分型面上的投影面积大小进行选择，见表 5.12。

表 5.12　点浇口直径的选择

压铸件投影面积 F/mm²		≤80	>80~150	>150~300	>300~500	>500~750	>750~1 000
直径 d/mm	简单铸件	2.8	3.0	3.2	3.5	4.0	5.0
	中等复杂铸件	3.0	3.2	3.5	4.0	5.0	6.5
	复杂铸件	3.2	3.5	4.0	5.0	6.0	7.5

注：表中数值适用于铸件壁厚在 2.0~3.5 mm 范围内的铸件。

2）用凝固模数计算

①计算凝固模数

凝固模数是压铸件体积与压铸件表面积的比值，可表示为

$$M=\frac{V}{A} \tag{5.9}$$

式中　M——凝固模数，cm；

V——压铸件体积，cm³；

A——压铸件表面积，cm²。

对于壁厚基本均匀的薄壁压铸件，凝固模数约等于壁厚的 1/2。

②计算内浇口厚度

为了使型腔填充后，金属液在压力作用凝固，要求在充型结束后内浇口仅有一半厚度已凝

固，在用式(5.9)求得凝固模数后，内浇口厚度再根据图5.9中公式求得。

当壁厚变化大于最小壁厚2倍时，当压铸件在分型面上的投影面积大于2 500 cm^2 或者铸件长度大于1 000 mm时，采用侧浇口在卧式冷压室压铸机上生产，建议将内浇口厚度增加25%。

(3)内浇口的宽度

内浇口的宽度可根据内浇口截面积和厚度求得，再与压铸件实际情况进行分配，保证总截面积变化不大，也可以根据经验选择，见表5.13。

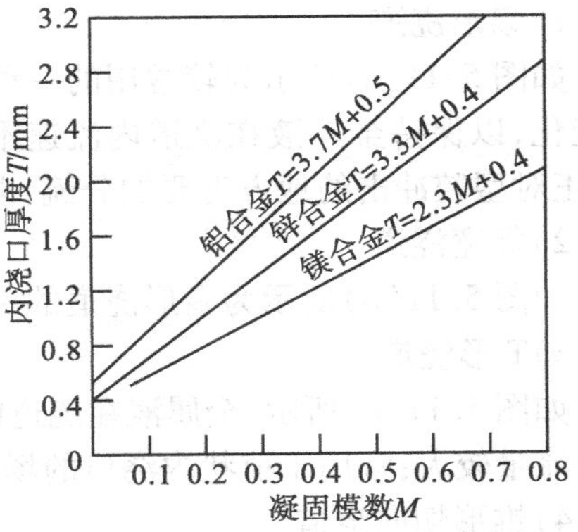

图5.9　内浇口厚度 b 与凝固模数 M 的关系

表5.13　内浇口宽度的经验数据

内浇口进浇部位形状	内浇口宽度	说　明
圆形板件	铸件外径的0.4~0.6倍	内浇口以割线注入
矩形板件	铸件边长的0.6~0.8倍	指从铸件中轴线处侧向注入，如离轴线一侧的端浇口或点浇口则不受限制
圆环件、圆筒件	铸件外径和内径的0.25~0.3倍	内浇口以切线注入
方框件	铸件边长的0.6~0.8倍	内浇口从侧壁注入

5.3　横浇道设计

模具横浇道是金属液从直浇道末端流向内浇口之间的一段通道，其作用是将金属液引入内浇口，同时当压铸件成型冷却时用来补缩和传递静压力，也可借助其中的大体积熔融合金来预热模具。横浇道根据设计需要，有时会分成主横浇道和过渡横浇道，如图5.10所示。

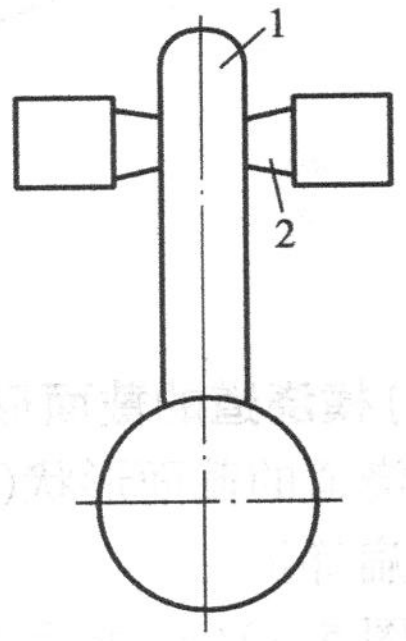

图5.10　主横浇道与过渡横浇道

1—主横浇道；2—过渡横浇道

5.3.1　横浇道的基本结构形式及截面形状

(1)横浇道的结构形式

横浇道的结构形式主要取决于压铸件的结构、形状、尺寸大小、内浇口的结构形式以及型腔的数量与分布等因素，与所选用的压铸机也有关系。横浇道的结构形式多种多样，但总的划分为以下5种基本结构形式(见图5.11)：

1)扇形浇道

如图 5.11(a)所示为较常用的一种,浇口中心部位流量较大,浇道截面积保持不变或收敛式变化,以保持金属液在浇道内流速不变或均匀地加速,扇形浇道有时为了减小对型腔的冲刷,正对型腔冲击的地方需要加分流,以免冲蚀型腔。

2)等宽浇道

如图 5.11(b)所示为扇形浇道的一种特殊形式。

3)T 形浇道

如图 5.11(c)所示,金属液在浇道内能得到稳定的流动;内浇口正对着主横浇道的部位金属液流量较大;常用于梳状内浇口的场合。

4)锥形切向浇道

如图 5.11(d)所示,过渡横浇道截面积沿金属液流动方向逐渐减小,金属液的流态可控,由于最大限度地减小金属液的流程,故有利于薄壁件的生产。

5)圆形浇道

如图 5.11(e)所示,立式冷室压铸机及热室压铸机采用中心浇口时,过渡横浇道呈圆形,从中心向周围内浇口过渡采用收敛形式。

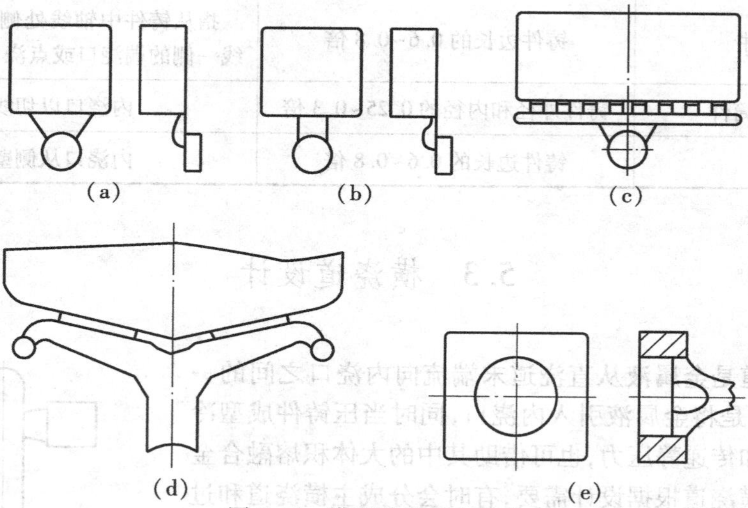

图 5.11　横浇道的基本形式

(2)横浇道的截面形状

横浇道的截面形状(见图 5.12)一般划分为以下 6 类:

1)扁梯形

如图 5.12(a)所示,很常用,加工方便,金属液热量损失小。

2)圆形或半圆形

如图 5.12(b)所示,在特殊情况下选用,加工不方便,金属液热量损失小。

3)长梯形

如图 5.12(c)所示,现在很流行,热量损失少,浇道流程可以加长,减少料废,提高收得率,特别适用多腔模。

4)双扁梯形

如图 5.12(d)所示,热量损失少,适用流程特别长的浇道。

5)窄梯形

如图5.12(e)所示,适用于缝隙浇口或浇道部位特别狭窄处。

6)环形

如图5.12(f)所示,适用于环形浇口连接内浇口的部位。

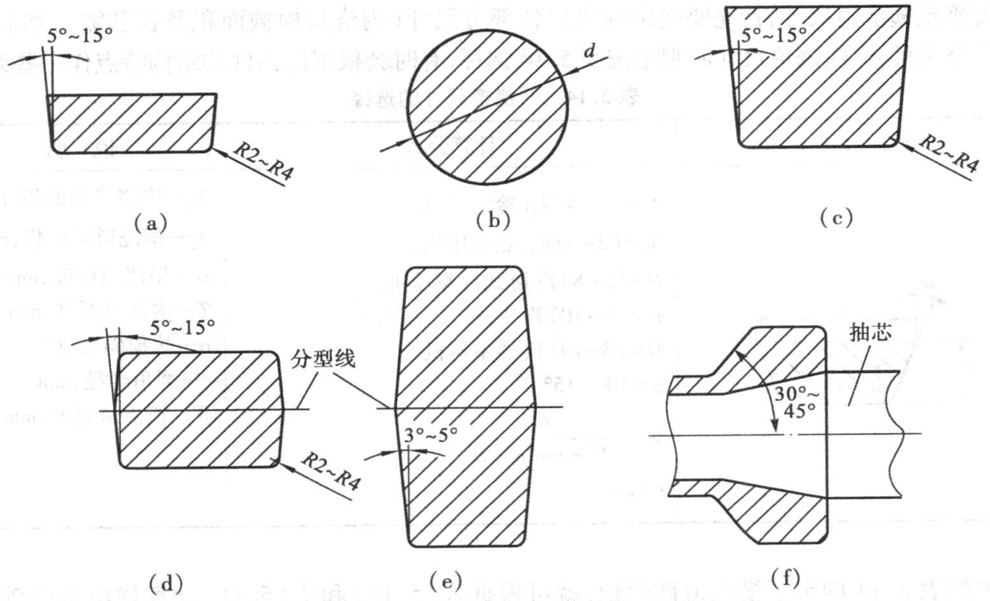

图5.12　横浇道的截面形状

5.3.2　横浇道的设计要点

横浇道主要的设计要点如下:

①横浇道的横截面积从直浇道的末端到内浇口,应逐渐缩小,否则会因横浇道横截面积的扩大而使流过该处的金属液出现负压,由此金属液必然会吸收分型面上的空气,并且金属液在流动过程中会产生旋涡。

②一模多腔的压铸模的一次横浇道截面积应大于各二次横浇道横截面积之和。

③横浇道截面积应大于内浇口的截面积。

④为了保证横浇道中的金属液达到均衡流速,减少金属流动阻力,横浇道不宜突然收缩与扩张。

⑤为了改善模具的热平衡状态,根据压铸成型工艺的需要可在模具适当位置设置盲浇道,盲浇道兼有容纳冷污金属液、涂料残渣和气体的作用。

⑥虽然圆弧形状的横浇道可以减少金属液的流动阻力,但截面积应逐渐缩小,防止涡流裹气。圆弧形横浇道出口处的截面积应比进口处减小10%~30%。

⑦横浇道应具有一定的厚度和长度,因为横浇道过薄,热量损失大;过厚时冷却速度缓慢,增加模具的热载荷,影响生产率,并增大金属消耗。保持一定长度的目的,主要对金属液起到稳流和导向的作用。

⑧对于卧式冷室压铸机,在一般情况下,横浇道入口处应位于直浇道(余料)的上方,防止压室中的金属液过早流入横浇道。

⑨横浇道截面积相对一定压铸件应维持一定范围，可以通过调整宽和厚来维持截面积，并注意收得率（即在料饼厚度 15~25 mm 时，毛坯质量与单模投料质量之比）的计算，一般大于 60%。

5.3.3 横浇道尺寸的设计计算

要确定横浇道尺寸，首先要确定内浇口各部分尺寸（内浇口横截面积及长和宽），然后逐步推算横浇道尺寸，横浇道尺寸原则上按表 5.14 选择，有时会根据压铸件的结构特点作一些调整。

表 5.14　横浇道尺寸的选择

截面形状	计算公式	说　明
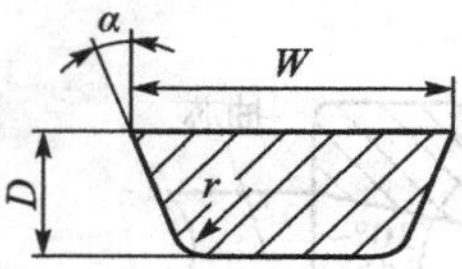	$A_r=(3\sim4)A_g$（冷室压机） $A_r=(2\sim3)A_g$（热室压机） $D=(5\sim8)T$（卧式冷室压机） $D=(8\sim10)T$（立式冷室压机） $D=(8\sim10)T$（热室压机） $\alpha=10°\sim15°$ $W=\dfrac{A_r}{D+\tan\alpha\cdot D}$ $r=2\sim3$	A_g—内浇口截面积，mm^2 A_r—横浇道截面积，mm^2 D—横浇道深度，mm T—内浇口厚度，mm α—拔模斜度，(°) r—圆角半径，mm W—横浇道宽度，mm

根据表 5.14 确定了横浇道截面积，就可根据式（5.10）和式（5.11）计算横浇道的深度和宽度，即

$$D=C_1\sqrt{A_r} \tag{5.10}$$

式中　D——横浇道深度或直径，mm；

A_r——横浇道截面积，mm^2；

C_1——系数（按表 5.15 查取）。

$$W=C_2\sqrt{A_r} \tag{5.11}$$

式中　W——横浇道宽度，mm；

A_r——横浇道截面积，mm^2；

C_2——系数（按表 5.15 查取）。

表 5.15　计算横浇道尺寸的系数

横浇道截面简图	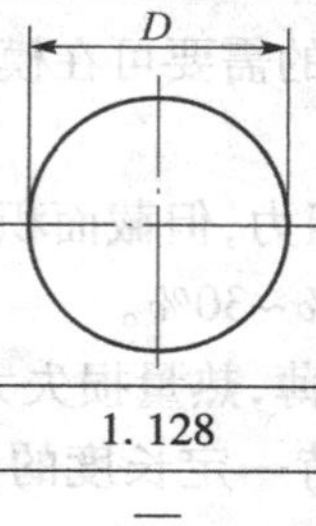	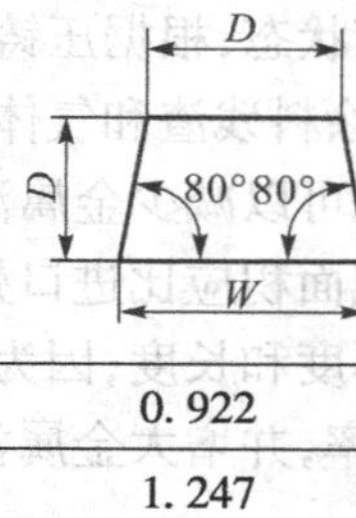	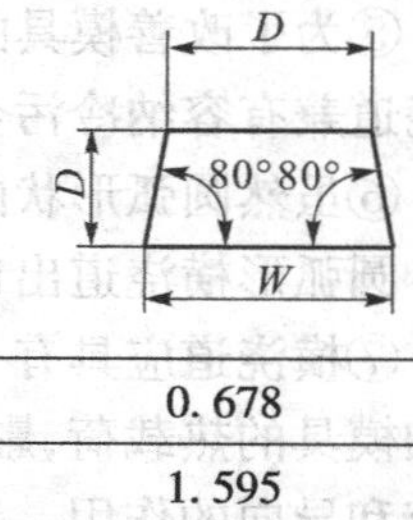
C_1	1.128	0.922	0.678
C_2	—	1.247	1.595

续表

横浇道截面简图	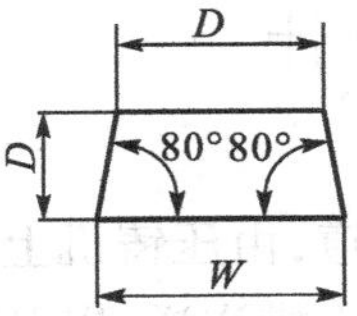	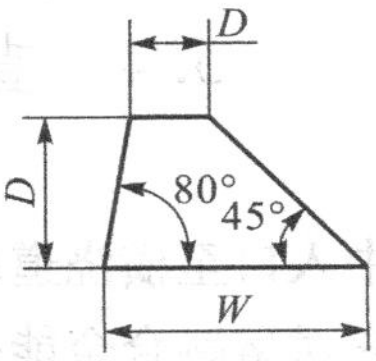	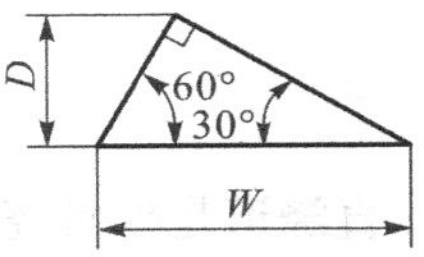
C_1	0.56	0.79	0.93
C_2	1.88	1.73	2.14

5.3.4　内浇口与压铸件及横浇道的连接方式

内浇口与压铸件及横浇道的连接方式(见图 5.13)按设置位置划分有以下 7 种:

①内浇口与压铸件及横浇道均设置在同一半模上,如图 5.13(a)所示。

②内浇口与压铸件及横浇道分别设置在动定模上,如图 5.13(b)所示。

③内浇口与压铸件及横浇道分别设置在动定模上,适用于薄壁铸件,如图 5.13(c)所示。

④沿金属液流动方向将内浇口开设在横浇道的侧面,适用于锥形切向浇道系统,如图 5.13(d)所示。

⑤铸件和横浇道分别设置在动定模上,内浇口在接合处,此结构去浇口困难,只有机加或锯断,如图 5.13(e)所示。

⑥金属液从铸件底部端面导入,很常用,特别适用于深腔铸件,如图 5.13(f)所示。

⑦横浇道与内浇口将金属液从切线方向导入型腔,适用于管状铸件,如图 5.13(g)所示。

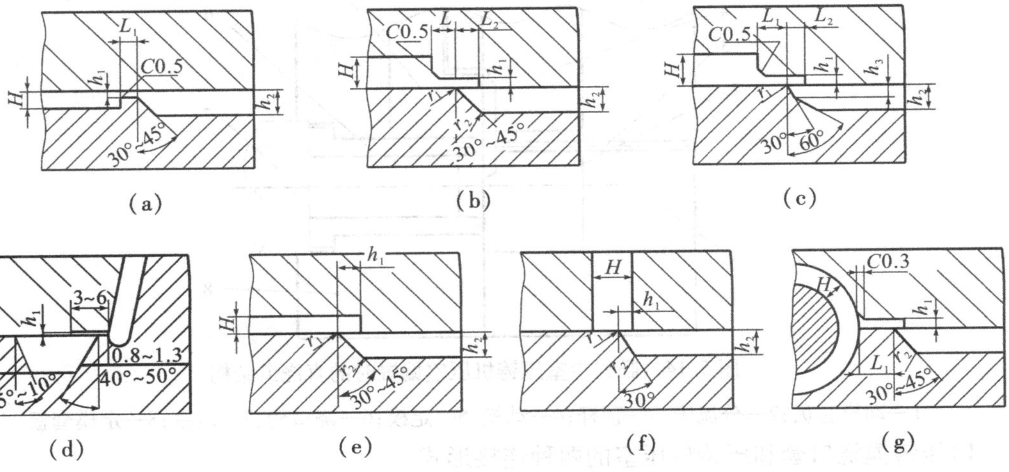

注:①图中符号:L_1—内浇口长度,mm;L_2—内浇口延伸长度,mm;h_1—内浇口厚度,mm;h_2—横浇道厚度,mm;h_3—横浇道过渡段厚度,mm;r_1—横浇道斜段圆角半径,mm;r_2—横浇道出口段与内浇口连接处的圆角半径,mm;H—铸件壁厚,mm

②各数据之间的相互关系式如下:

$$L_2 = 3L_1;h_2 > 2h_1;r_1 = h_1;r_2 = \frac{1}{2}h_2$$

$$L_1 + L_2 = 8 \sim 10\ \text{mm}(L_1\ 一般取\ 2 \sim 3\ \text{mm})$$

图 5.13　横浇道与内浇口和铸件之间的连接方式

5.4 直浇道设计

直浇道是模具浇注系统中入口至横浇道的一段通道，由压铸机上的压室或喷嘴和压铸模上的浇口套、分流锥等组成，它对熔融合金能否平稳引入横浇道，以及对熔融合金的充型条件起着控制和调节的作用。把在直浇道上的一段(15~25 mm)称为余料。

5.4.1 直浇道的类型

按压铸机的类型来区分，直浇道可分以下3类：

①热压室压铸机模具用直浇道。

②立式冷室压铸机模具用直浇道。

③卧式冷室压铸机模具用直浇道。

5.4.2 卧式冷压室压铸机模具用直浇道的设计

卧式冷室压铸机模具用直浇道可分为压室偏置时的直浇道和采用中心浇道口时的直浇道两种形式。

(1)压室偏置时的直浇道

压室偏置时的直浇道如图5.14所示。直浇道由压铸机上的压室7和压铸模上的浇口套6以及分流锥2组成，压射结束，留在浇口套中心一段的金属也称余料。

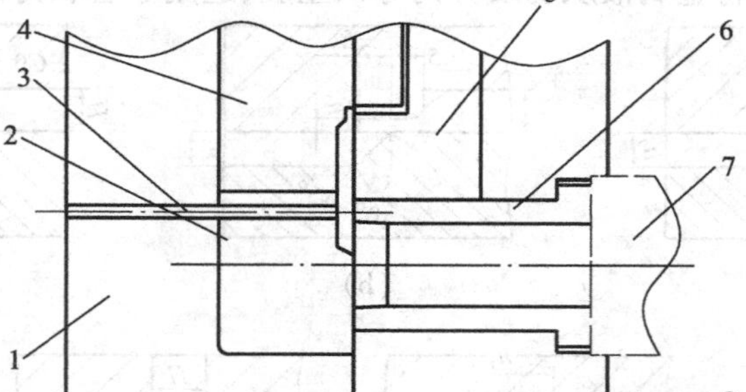

图5.14 卧式冷室压铸机压室偏置时的直浇道结构

1—动模套板；2—分流锥；3—顶杆；4—动模；5—定模；6—浇口套；7—压室；8—定模套板

1)压铸模浇口套和压铸机压室的两种连接形式

①分体式压室

分体式压室如图5.15所示。图5.15(a)为压室止口直接与定模套板或定模座板连接，压室与浇口套分别制造，易产生加工误差影响同轴度，卡冲头，在实际生产中，浇口套内径会放大制造。图5.15(b)为压室止口直接与浇口套连接，比图5.15(a)的形式减少一道加工误差，同轴度容易保证，分体式常用。

②整体式压室

整体式压室如图5.16所示。压室和浇口套制成整体,内孔精度容易保证,但伸入定模套板段长度不能调节,会加厚定模套板,成本增加。一般用在量大产品的模具上。

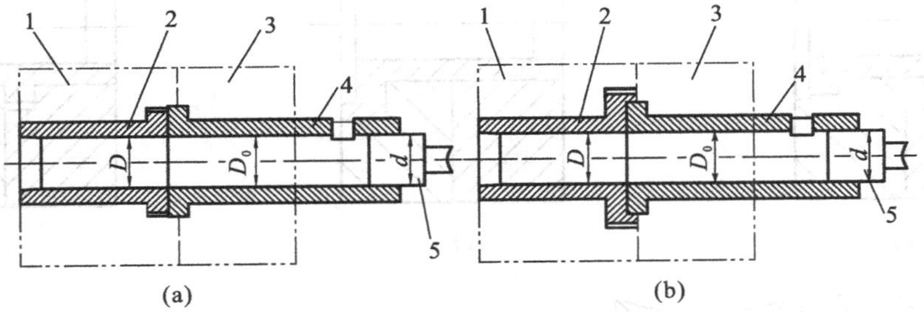

图5.15　分体式压室和浇口套连接形式

1—定模套板;2—浇口套;3—压机固定模板;4—分体压室;5—压射冲头

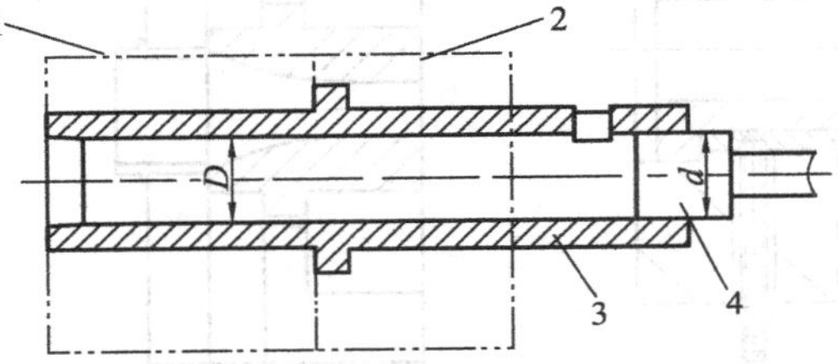

图5.16　整体式压室和浇口套连接形式

1—动模套板;2—压机固定模板;3—整体压室;4—压射冲头

2)直浇道浇口套的典型结构

直浇道浇口套的典型结构形式可以归纳为以下几种(见图5.17):

①图5.17(a)形式的浇口套装拆方便,压室用模板上的定位孔定位,压室与浇口套同轴度偏差较大,实际生产中,浇口套有后退现象。

②图5.17(b)的形式与图5.17(a)类似,只是压室用浇口套上的定位孔定位,同轴度偏差较小。

③图5.17(c)是浇口套的台阶固定在定模板上的形式,固定牢固,装拆不方便,压室与浇口套同轴度偏差较大。

④图5.17(d)所示浇口套的结构与图5.17(a)完全相同,只是在浇口套相对模具的另一侧采用了导流的分流锥,压铸时能节约许多金属液,浇口套的外侧通了冷却水,模具热平衡好,有利于提高生产率,在设计时,分流锥也需考虑冷却水。

⑤图5.17(e)形式的浇口套,主要用于采用整体压室时点浇口的浇口套,适用范围较窄,浇口套制造难度大。压室与浇口套的同轴度要求不高。

⑥图5.17(f)形式的浇口套,用于卧式冷室压铸机采用中心浇口的浇口套,同轴度偏差较小。

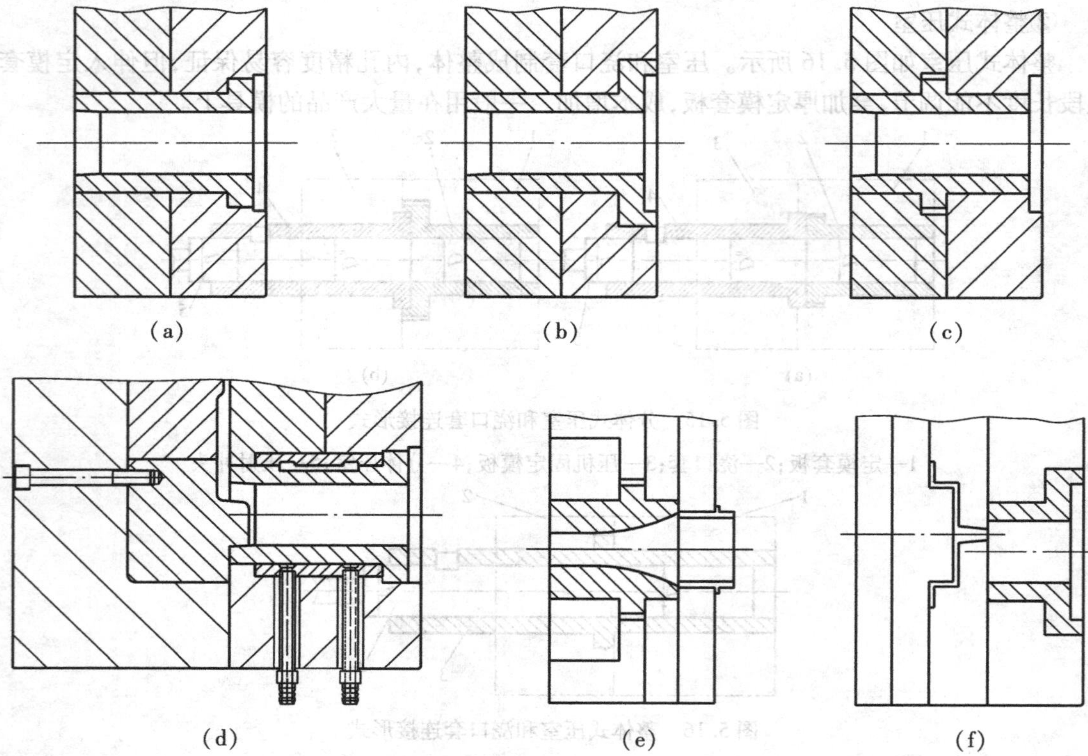

图 5.17　直浇道部分浇口套的结构形式

3)浇口套、压室和压射冲头的配合

浇口套、压室和压射冲头的配合尺寸参考表 5.16 进行选择。

表 5.16　浇口套、压室和压射冲头的配合尺寸/mm

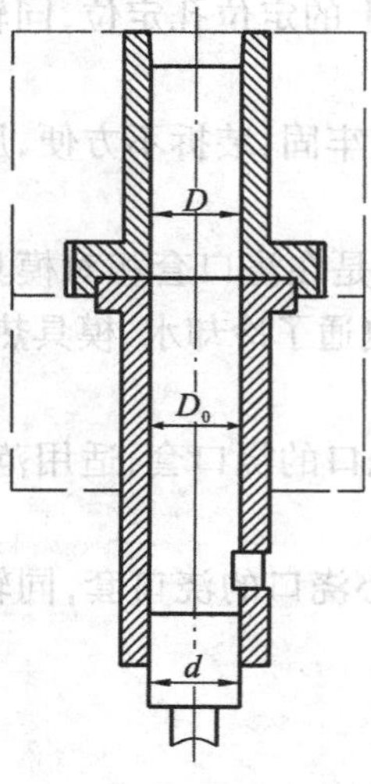

压室基本尺寸 D_0	尺寸偏差		
	浇口套 D (F8)	压室 D_0 (H7)	压射冲头 d (e8)
>18~30	+0.053 +0.020	+0.021 0	−0.040 −0.073
>30~50	+0.064 +0.025	+0.025 0	−0.050 −0.089
>50~80	+0.076 +0.030	+0.030 0	−0.060 −0.106
>80	+0.090 +0.036	+0.035 0	−0.072 −0.126

注:表中只列了配合尺寸,浇口套,分流锥常用尺寸可参见《压铸模设计手册》。

4)压室的充满度

一般压铸机配备有若干种(一般为2~4种)不同内径的压室。在设计直浇道时,首先要选用合适的压室和浇口套的内径D。压室和浇口套的内径D是根据所需压射比压和压室的充满度来选定。由于压室直径与压射比压的平方根成反比,因此要求压射比压大的可以选较小直径的压室,压射比压小的可选较大直径的压室。压室的充满度是指压铸时金属液注入压室后充满压室的程度,如图5.18所示。也就是压射冲头尚未工作时,金属液在压室和浇口套中的体积占压室和浇口套总容积的百分率,可用下式表示为

$$\Phi = \frac{V}{V_0} \times 100\% \qquad (5.12)$$

式中 Φ——压室的充满度,%;

V——注入压室和浇口套内金属液的体积;

V_0——压室和浇口套的总容积。

充满度高时,压室内的空气少,带入模具型腔内的气体也少,但也不能太高。否则在压室和浇口套内壁会形成较多的冷凝层,使合金液的温度降低,同时也增大了压射时的阻力,压力损失大,一般情况下充满度Φ取70%左右。

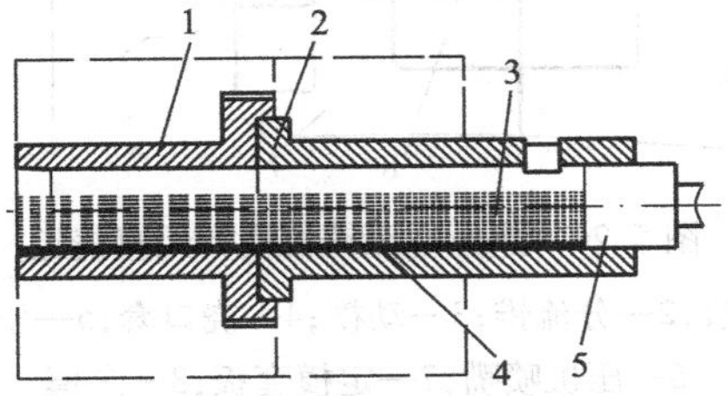

图5.18 压室的充满度

1—浇口套;2—压室;3—金属液;4—冷凝层;5—压射冲头

(2)采用中心浇口时的直浇道

卧式冷压室压铸机也可以采用中心浇口的形式。此时,要求直浇道偏于浇口套的内孔上方,以避免压射冲头还没有工作时金属液流入型腔,如图5.19所示。图5.19(a)为一般的设计形式,直浇道小端在浇口套内孔的上方,但还在孔内;图5.19(b)为浇口套内孔上方有一段横浇道,通过横浇道与中心浇口直浇道的小端相连通。这种形式的浇口套在模内要止转,图中并未画出。

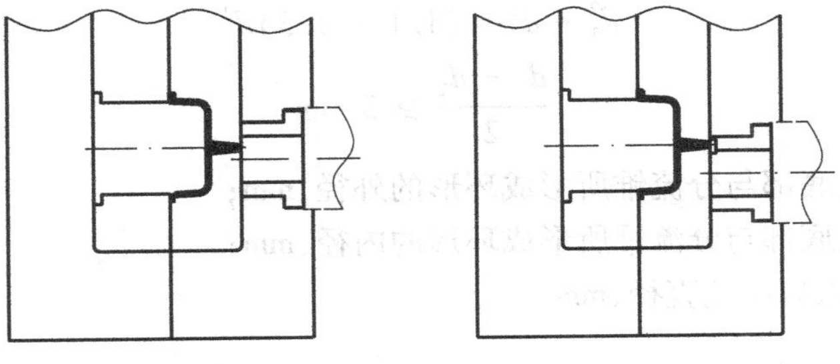

(a) (b)

图5.19 卧室压铸机采用中心浇口的形式

5.4.3　热压室压铸机模具用直浇道的设计

热压室压铸机用模具上的直浇道结构形式如图 5.20 所示。它是由压铸机上的喷嘴 6 和压铸模上的浇口套 4 以及分流锥 2 等组成。分流锥较长，用于调整直浇道的截面积，改变金属液的流向，也便于从定模中带出直浇道凝料。分流锥的圆角半径 R 常取 4~5 mm，直浇道锥角 α 通常取 4°~12°，分流锥的锥角 α' 取 4°~6°，分流锥顶部附近直浇道环形截面积为内浇口截面积的 2 倍，而分流锥根部直浇道环形截面积为内浇口截面积的 3~4 倍。直浇道小端直径 d 一般比压铸机喷嘴出口处的直径大 1 mm 左右，浇口套与喷嘴的连接形式按具体使用压铸机喷嘴的结构而定。为了适应热压室压铸机高效率生产需要，通常要求在浇口套及分流锥的内部设置冷却系统。

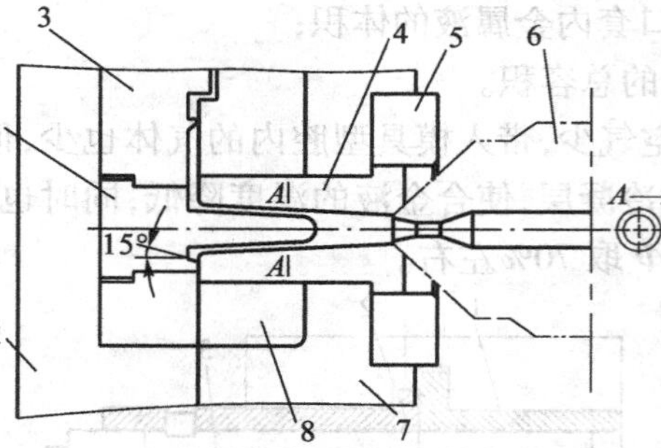

图 5.20　热压室压铸机模具用直浇道

1—动模套板；2—分流锥；3—动模；4—浇口套；5—压机止口圈；6—压机喷嘴；7—定模套板；8—定模

5.4.4　立式冷室压铸机模具用直浇道的设计

在立式冷室压铸机上压铸生产时，模具的直浇道是指从压铸机喷嘴起，通过模具的浇口套到横浇道为止的这一部分流道，如图 5.21 所示。同一压铸机上配有几种规格的喷嘴，设计时可以选用，喷嘴的结构与规格见有关手册。喷嘴的流道呈锥形，锥度为 3°，固定在定模座板上的浇口套 4 内，直浇道的小端直径应比喷嘴部分直浇道大端直径大 1 mm 左右。为了使金属流动通畅，减少能量损失，在直浇道与横浇道的连接处要求圆滑过渡，其圆角半径一般取 6~15 mm。分流锥对直浇道的截面积有影响，设计时应满足的条件为（见图 5.21）

$$d_1^2 - d_2^2 = (1.1 \sim 1.3)d^2 \tag{5.13}$$

$$\frac{d_1 - d_2}{2} \geqslant 3 \text{ mm} \tag{5.14}$$

式中　d_1——直浇道底部与分流锥所形成环形的外径，mm；

d_2——直浇道底部与分流锥所形成环形的内径，mm；

d——喷嘴导入口小端直径，mm。

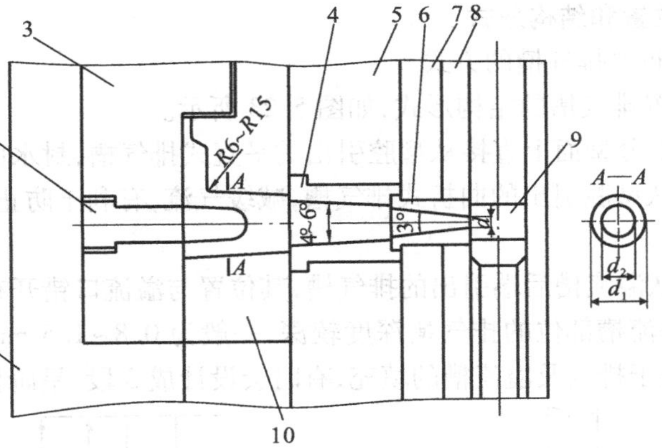

图5.21　立式冷室压铸机模具用直浇道

1—动模套板；2—分流锥；3—动模镶块；4—浇口套；5—定模座板；6—压机喷嘴；7—压机固定板；8—压机压室；9—余料；10—定模镶块

与热压室压铸机用模具的直浇道相似，立式冷压室压铸机用直浇道内常常要设置分流锥，其形式如图5.22所示。如图5.22(a)所示形式结构简单，导向效果好，应用较为广泛；图5.22(b)是适合于简单型腔单侧方向分流的形式；图5.22(c)的分流锥尾部为螺纹联接的形式，装拆更换方便；图5.22(d)为分流锥中心设置有推杆的形式，有利于推出直浇道，推杆与分流锥所形成的间隙还有利于排气。

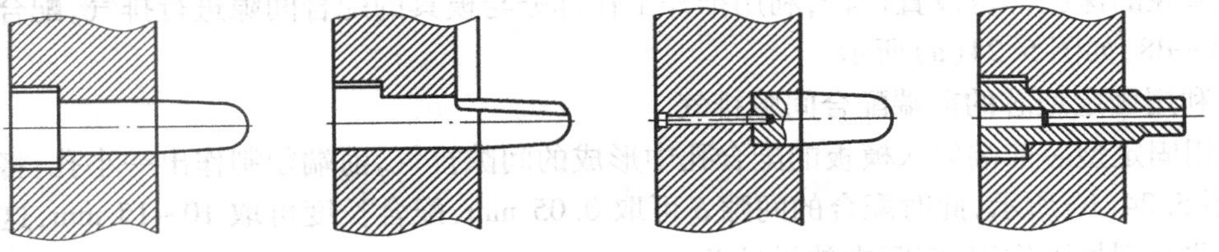

图5.22　立式冷室压铸机模具用分流锥的结构形式

5.5　排气系统与溢流系统的设计

为了提高压铸件质量，在金属液充填型腔的过程中，为了排除型腔中的气体和混有气体及被涂料残余物污染的金属液，设计排气槽和溢流槽是重要措施之一。

5.5.1　排气系统的设计

排气槽是用于排除型腔内空气和分型剂挥发产生的气体，而在模具上开设的气流沟槽，其设置位置与内浇口的位置以及金属液的流动状态有关。为使型腔内的气体在压射时尽可能被充填的金属液所排出，要将排气槽设置在金属液最后充填的部位。排气槽和溢流槽往往配合使用，分型面上排气槽常常设置在溢流槽的后端，以加强溢流和排气的效果。在有些情况下，在型腔某些部位需要单独设置排气槽。

(1)排气槽的位置和结构形式

1)在分型面上布置排气槽的方式

在分型面上布置排气槽的结构形式,如图5.23所示。

图5.23(a)是由分型面上直接从型腔引出的平直式排气槽,封水面窄易跑水。

图5.23(b)是从型腔引出的曲折式排气槽,减缓气流,有利于防止金属液从排气槽中喷射出来。

图5.23(c)是从溢流槽后端引出的排气槽,其位置与溢流口错开布置,以防止金属液过早堵塞排气槽,靠近溢流槽部位的排气槽深度较深,一般为0.8~1.5 mm,最后一段长度按总长的1/2取,这样有利于排气及溢流槽的填充,有时会设计成3段,呈阶梯形,效果更好。

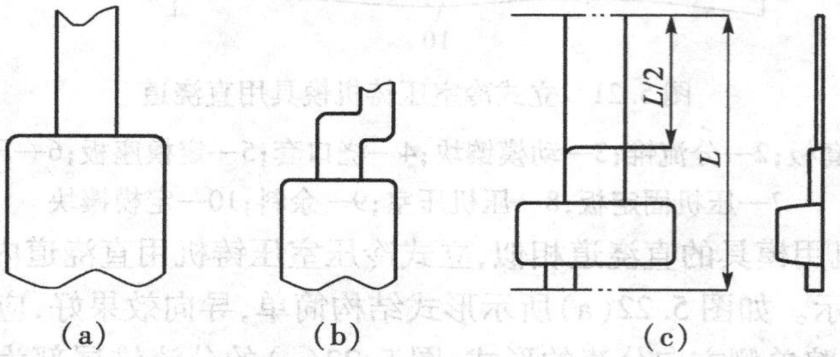

图5.23 分型面上布置排气槽的结构形式

2)推杆与模具的配合间隙排气方式

在型腔的深腔部位设置推杆,利用推杆工作部分与模具的配合间隙进行排气,配合间隙一般取e8—d8,如图5.24(a)所示。

3)利用固定型芯的前端配合间隙排气

利用固定型芯前端伸入模板的配合孔中形成的间隙排气,前端须制作出一小孔,将气引出去,如图5.24(b)所示,此时配合的间隙δ可取0.05 mm,配合长度可取10~15 mm,这种结构对长型芯起到加固作用,实际中效果较差。

4)利用型芯的固定部分制出排气沟槽排气

如图5.24(c)所示为在型芯固定部分制出排气沟槽进行排气的形式。在型腔底部的型芯长度L为6~10 mm内先制出δ为0.05 mm的间隙,然后在其后部开出深度在0.1 mm左右的数条沟槽进行排气。型芯的底部旁边须制作出一小孔,将气引出。

5)深型腔处利用镶入的排气塞排气

如图5.24(d)所示为深型腔处利用镶入的排气塞排气的形式。排气塞与型腔接触长度L为8~10 mm内先制出δ为0.04~0.06 mm的间隙,其后制出数条1.5 mm深沟槽,结构形式与固定型芯部分制出沟槽进行排气的形式相似,底部须制作出一小孔,将气引出。

6)利用集中排气块进行集中排气

如图5.24(e)所示为利用集中排气块进行集中排气的形式。这种排气方式目前广泛用在大、中型压铸模上,它比一般排气方式效果更理想,显著特点是有利于模具排气和冷却,保持模具热平衡,防止合金液喷溅,确保安全生产,还可以减振。它也可接在真空管道上,与抽气阀相通,压铸一些精密压铸件,有关设计参看《压铸模设计手册》。

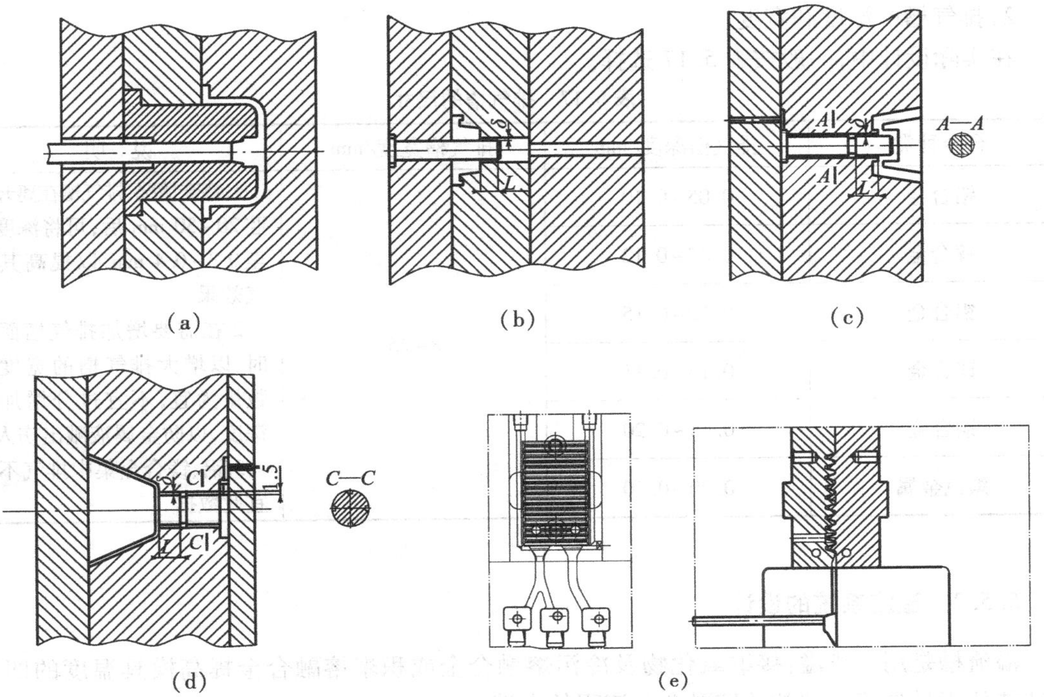

图 5.24　型腔深处和集中排气槽的结构形式

(2)排气槽的截面积与尺寸

1)排气槽的截面积

对于常用的锌合金和铝合金,在内浇口处充填速度、充填时间、压射比压及模具温度等有关工艺参数选定的情况下,可以有以下认为:

①排出气体的流速与气体压力、气体热状态的性质、气体的密度及气体在型腔内的比容等有关。

②气体通过排气槽逸出遵循连续流动原理。

③排气时间近似等于金属液充填时间。

④排出的气体包括型腔内、浇注系统内以及压室内流入金属液后尚未充满的部位。

⑤认为空气密度在温度 90~315 ℃不变。

⑥假定充填型腔过程中型腔内流动气体温度等于模具型腔温度。

⑦考虑在型腔充填过程中排气槽的开放度会影响排气。

根据上述情况,通过推导,排气槽面积的计算公式为

$$F_v = 0.002\,24\frac{V}{tK} \tag{5.15}$$

式中　F_v——排气槽截面积,mm^2;

V——型腔和溢流槽的容积,cm^3;

t——气体的排出时间,s,可近似地按充填时间选取;

K——充型过程中,排气槽的开放系数,K=0.1~1。选取时,应考虑下列因素:当压铸件小,金属液流速低,排气槽位于金属液最后充填处时,K 值取大些,相反 K 值取小些。

但排气槽的截面积通常估计,一般为内浇口截面积的 20%~50%,必要时才按式(5.15)计算。

2)排气槽的深度和宽度

在实际设计中,一般按表5.17选择。

表5.17 排气槽的尺寸

合金种类	排气槽深度/mm	排气槽宽度/mm	说 明
铅合金	0.05~0.10	8~25	1.特殊情况,排气槽在离开型腔20~30 mm后,可将深度加至0.3~0.4 mm,以提高其排气效果 2.在需要增加排气槽面积时,以增大排气槽的宽度和数量为宜,不宜过分增加其深度,以防金属液溅出伤人 3.铝、镁合金集中排气不适宜此数据
锌合金	0.05~0.12		
铝合金	0.10~0.15		
镁合金	0.10~0.15		
铜合金	0.15~0.20		
黑色金属	0.20~0.30		

5.5.2 溢流系统的设计

溢流槽是用于排溢:接纳氧化物及冷污熔融合金或积聚熔融合金提高模具温度的凹槽。它往往位于最先流入型腔的熔融合金流程的末端。

(1)溢流槽的作用

①排出型腔内的气体,储存混有气体与涂料残渣的冷污金属液,与排气槽配合,可迅速引出型腔内的气体,加强排气效果。

②控制金属液流动状态,防止局部产生涡流,造成有利于避免压铸件缺陷的充填条件。

③转移缩孔、缩松、气孔和冷接痕等缺陷,把缺陷引到铸件不重要部位。

④调节模具各部位的温度分布,改善模具的热平衡状态,尤其对薄壁或充填距离较长的压铸件,可减少压铸件表面流痕、冷隔和浇不足的现象。

⑤溢流槽可作为压铸件脱模时推杆推出的位置,防止压铸件变形及避免压铸件表面留有推杆痕迹。

⑥在压铸件对动、定模部分的包紧力接近相等时,为了防止压铸件留在定模内,在动模上布置溢流槽,增大压铸件对动模的摩擦力,在开模时压铸件确保留于动模,随推出机构一起脱模。

⑦对于真空压铸和定向抽气压铸,溢流槽常常作为引出气体的起始点。

⑧使用大容量的溢流槽,置换先期进入型腔的冷污金属液,以提高铸件内部质量。

(2)溢流槽的设计基本原则

①溢流槽的布置应有利于排除型腔内的气体,排除混有气体、氧化物、分型剂残渣的金属液,改善模具的热平衡状态。

②溢流口的截面积应大于连接在溢流槽后的排气槽截面积,否则排气槽的截面积将被削减。

③设计溢流槽时要注意便于从压铸件上去除,在去除后尽量不损坏铸件的外观。

④注意避免在溢流槽和铸件之间产生热节。

⑤在溢流槽上开设排气槽时,应合理设计溢流口,避免过早堵塞排气槽。

⑥不应在同一溢流槽上开几个溢流口或一个很宽的溢流口,以免金属液产生倒流,部分金

属液从溢流槽流回型腔。

(3)溢流槽的布置范例

①溢流槽应开设在金属液最先冲击的部位,排除金属液流前面的气体和冷污金属液,稳定流动状态,减少涡流,并将折回浇口两侧的气体、夹渣排除,如图 5.25(a)所示。

②溢流槽应开设在几股金属液汇合的地方,清除集中于该处的气体、冷污金属液和涂料残渣等,以改善此处充填、排气条件,如图 5.25(b)所示。

③溢流槽应开设在内浇口两侧或金属液不能顺利充填的死角区域,起到引流充填的作用,如图 5.25(c)所示两侧的溢流槽。

④溢流槽应开设在压铸件局部壁厚的地方,并且采用大容量的溢流槽和较厚的溢流口,充分排出气体和夹渣,转移缩松缺陷,改善压铸件厚壁处的内在质量,如图 5.25(d)所示。

⑤溢流槽应开设在金属液最晚充填的地方,此处合金温度和模温比较低,气体、夹渣较集中,用以改善模具的热平衡状态和充填排气条件,如图 5.25(e)所示。

⑥溢流槽应开设在主横浇道的端部,将前端冷污金属液、涂料残渣和气体贮藏在里面,对金属液的流态有一定的稳定作用,如图 5.25(f)所示。

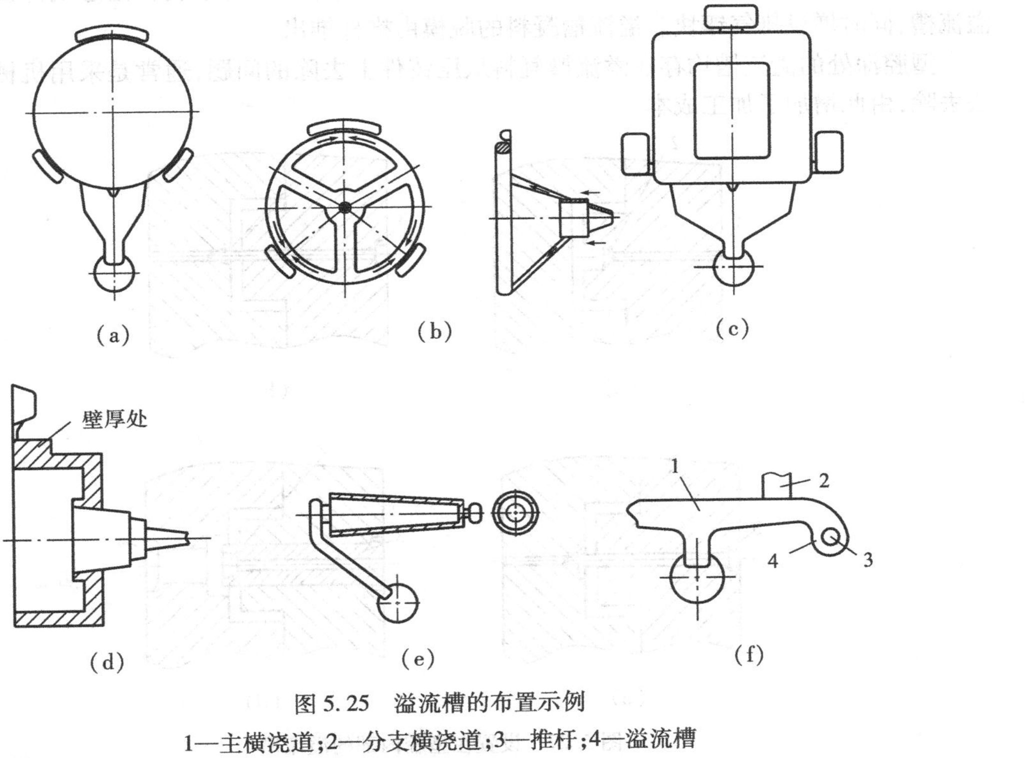

图 5.25　溢流槽的布置示例

1—主横浇道;2—分支横浇道;3—推杆;4—溢流槽

(4)溢流槽的结构形式

1)设置在分型面上的溢流槽

设置在分型面上的溢流槽结构形式最简单,应用最广泛,其基本形式如图 5.26 所示。

图 5.26(a)中的溢流槽截面呈半圆形,设计在动模一侧。

图 5.26(b)中的溢流槽截面呈梯形,也设计在动模一侧,在现实中应用最广泛。

图 5.26(c)中的梯形溢流槽开设在分型面的两侧,这种形式的溢流槽,要求溢流容量大时才

使用,为了溢流槽内凝料的脱模,一般溢流槽设在动模部分的为多,并在溢流槽的后面设置推杆。

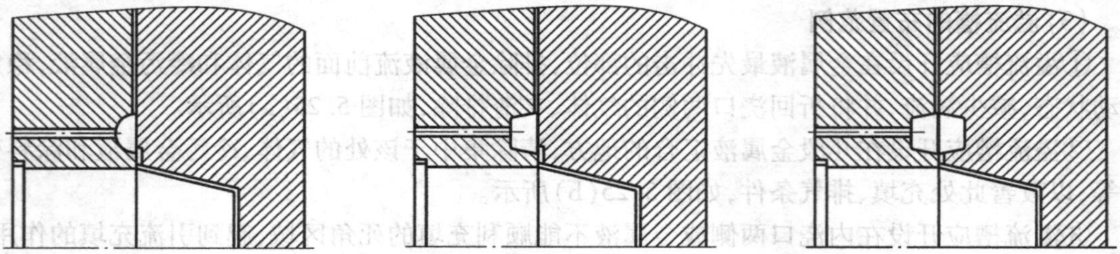

（a） （b） （c）

图 5.26 分型面上的溢流槽

2)设置在型腔深处的溢流槽

设置在型腔深处的溢流槽如图 5.27 所示。图 5.27(a)为设置与推杆端部的柱形溢流槽,深度一般为 15~30 mm;图 5.27(b)是设置在型腔内的管形溢流槽,并利用模板与型芯的配合间隙排气;图 5.27(c)是设置在型腔深处厚壁部位的环形溢流槽,同时也利用型芯与型腔模板的配合间隙排气;图 5.27(d)是为了排除型腔深处的气体和冷污金属在型芯端部设置的柱形溢流槽,同时增设排气镶块。溢流槽凝料的脱模由推杆推出。

型腔深处的溢流槽均存在溢流槽凝料从压铸件上去除的问题,通常是采用机械加工的方法去除,由此增加了加工成本。

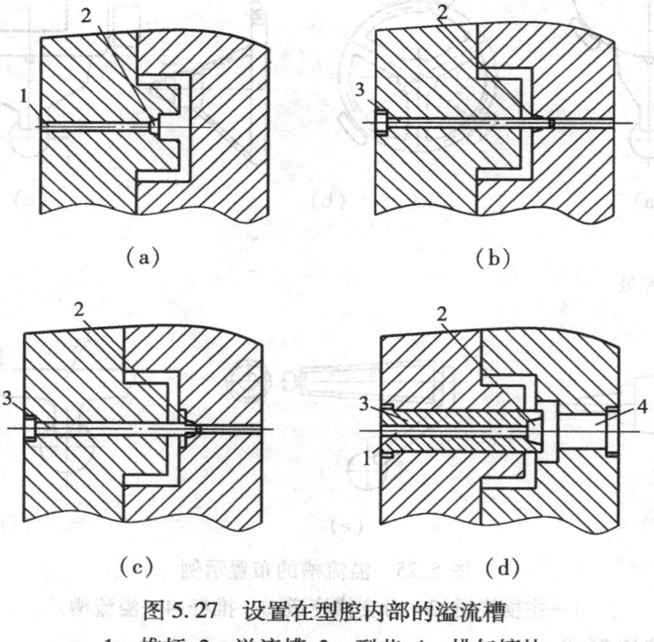

（a） （b）

（c） （d）

图 5.27 设置在型腔内部的溢流槽

1—推杆;2—溢流槽;3—型芯;4—排气镶块

(5)溢流槽的尺寸

①溢流槽的尺寸见表 5.18 及表 5.19。表 5.18 为半圆弧形截面溢流槽的尺寸,不常用。表 5.19 为梯形截面的溢流槽尺寸,最常用。

②溢流槽的经验数据,溢流槽体积不小于 20%~50%铸件体积,溢流口截面积总和等于 60%~75%内浇口截面积总和。

表 5.18　半圆弧形截面的溢流槽的尺寸

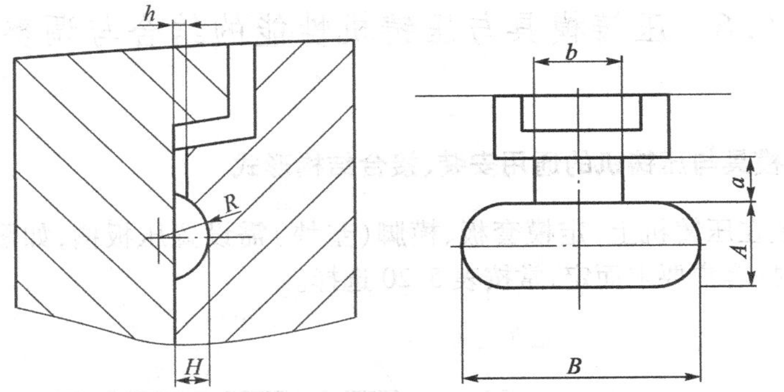

R/mm	H/mm	a/mm	h/mm			A/mm	B/mm	b/mm
			锌合金	铝合金镁合金	铜合金			
5	4	1.5~3	0.5	0.6	0.7	10	10~25	10
6	5	1.5~3	0.6	0.7	0.9	12	12~30	12
8	6.5	1.5~3	0.7	0.8	1	16	16~40	15
10	8	1.5~3	0.8	1	1.2	20	20~50	18

注:溢流口宽度 b 不超过压铸件线长的 80%。

表 5.19　梯形截面的溢流槽尺寸

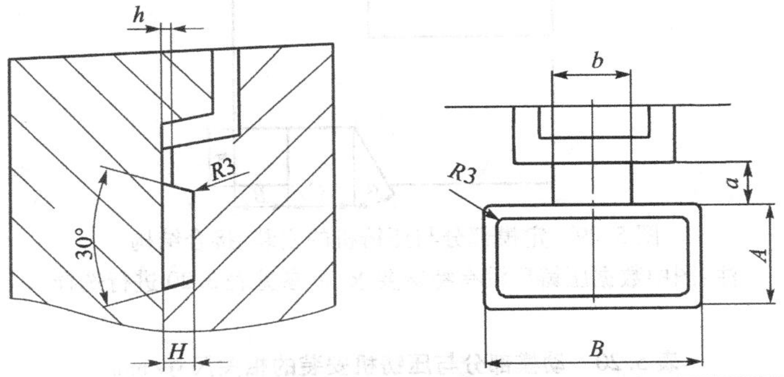

A/mm	a/mm	H/mm	h/mm			b/mm	B/mm
			锌合金	铝合金镁合金	铜合金		
12	1.5~3	6	0.6	0.7	0.9	8~12	12~20
16	1.5~3	7	0.7	0.8	1.1	10~14	16~25
20	1.5~3	8	0.8	1	1.3	12~18	20~30
25	1.5~3	10	1	1.2	1.5	15~22	25~35
30	1.5~3	12	1.1	1.3	1.6	18~26	30~45
35	1.5~3	14	1.3	1.5	1.8	20~30	35~50
40	1.5~3	16	1.5	1.8	2.2	25~35	40~60

注:溢流口宽度 b 不超过压铸件线长的 80%。

5.6 压铸模具与压铸机性能的结合与调整

5.6.1 压铸模具与压铸机的通用安装、接合结构形式

①压铸模具装在压铸机上，定模套板、模脚（垫块）需设置压板槽，如图 5.28、图 5.29 所示，压板尺寸需根据客户要求而定，常按表 5.20 选择。

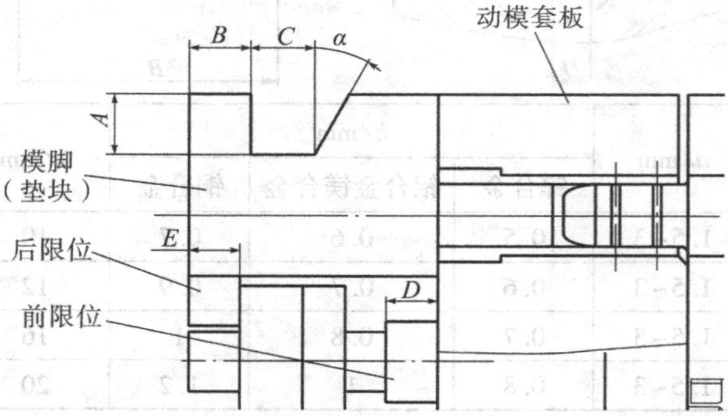

图 5.28 动模部分与压铸机的安装、接合结构

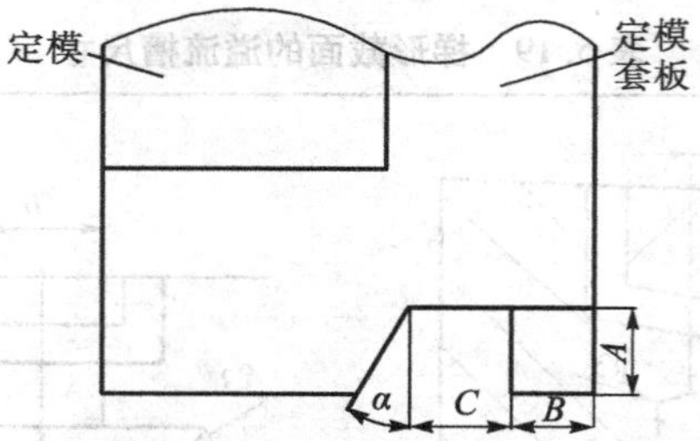

图 5.29 定模部分与压铸机的安装、接合结构

注：图中数据压铸厂没有特殊要求，可参见表 5.20 进行选择

表 5.20 动模部分与压铸机安装的相关尺寸/mm

压铸机型号 / 尺寸代号	≤250T	280~650T	800~1 000T	≥1 250T	备 注
A	30	40	50	70	
B	35	40	60	70	
C	40	50	60	80	
D	30	30	30	30	设置点冷却时为 50
E	30	30	40	40	
α	30°	30°	30°	30°	视模框厚度可<30°

注：表中 *B* 要视客户定，有些压铸厂使用专用压板，常固定为 50。

②通过机床压室的法兰与模具浇口套上的相应尺寸确保模具在机床上的正确位置，如图 5.30 所示。

③通过机床整体压室的伸出定模墙板的法兰与模具定模部分的相应位置、尺寸配合确保模具在机床上的正确位置，如图 5.31 所示。

④浇口套、压室和压射冲头的配合尺寸公差根据表 5.16 选择。

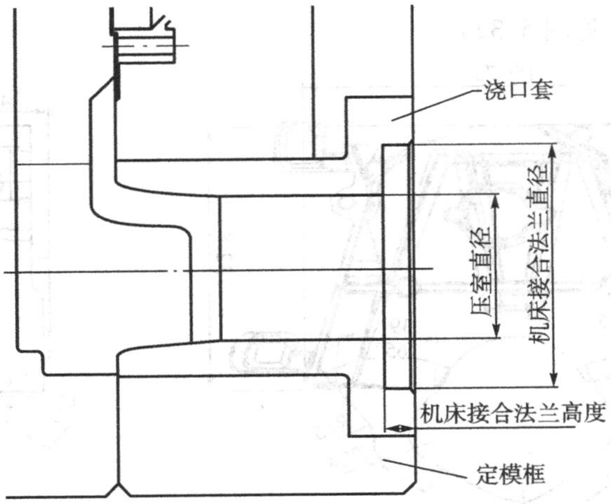

图 5.30　普通压室与模具浇口套的接合结构

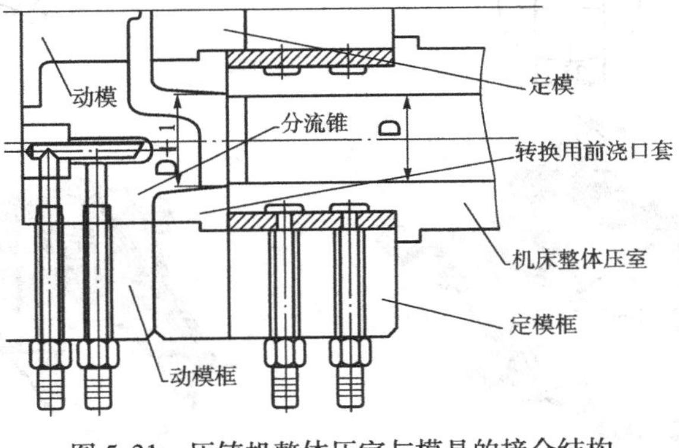

图 5.31　压铸机整体压室与模具的接合结构

5.6.2　压铸模具安装步骤

①检测模具浇口套止口是否与压机压室匹配。

②检测模具总高是否小于压机闭合高度。

③吊装起模具，用模具浇口套止口对准机床压室法兰盘，将模具固定。

④将模具位置调整好，选择好顶杆位置。

⑤搭压板，将模具固定住。

⑥将模具空合几次。

5.7 压铸件浇注系统和排溢系统设计案例

5.7.1 典型压铸件浇注系统设计案例

(1)摩托车左后盖(见图 5.32)

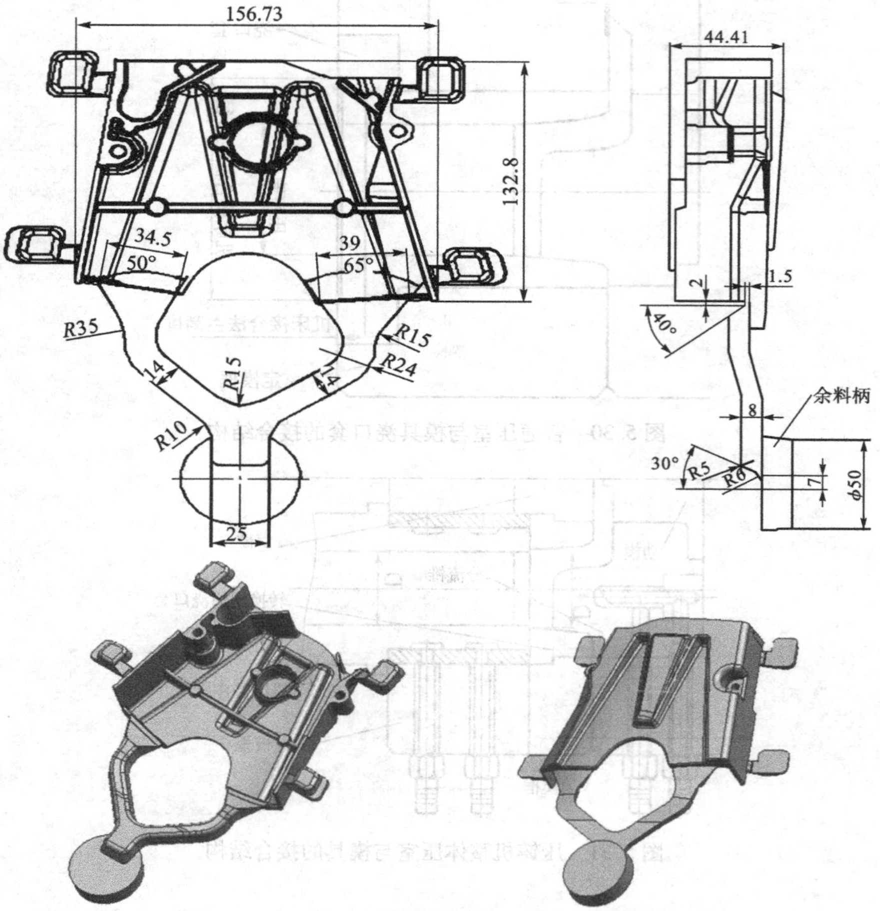

图 5.32 摩托车左后盖铸件及浇注系统图

1)铸件特征

铸件平均壁厚 2.5 mm,体积 80.6 cm^3,表面积 587 mm^2,根据式(5.9)计算出铸件的凝固模数 M=0.14 cm,空间对角线长 210.5 mm,毛坯质量 220 g,带溢流槽重 255 g,材料使用 ADC12,铸件有表面处理要求。

2)浇注系统

使用合模力为 1 600 kN 的卧式冷室压铸机,充填时间根据表 5.10 选 0.03 s,充填速度根据表 5.10 选 45 m/s,生产中充填速度(平均值)为 38 m/s,浇注系统采用了两个内浇口,内浇口截面积根据式(5.7)经验公式计算为 98 mm^2,实际为 105 mm^2,内浇口厚度为 1.5 mm,铸件达到使用要求。

(2)摩托车右盖(见图 5.33)

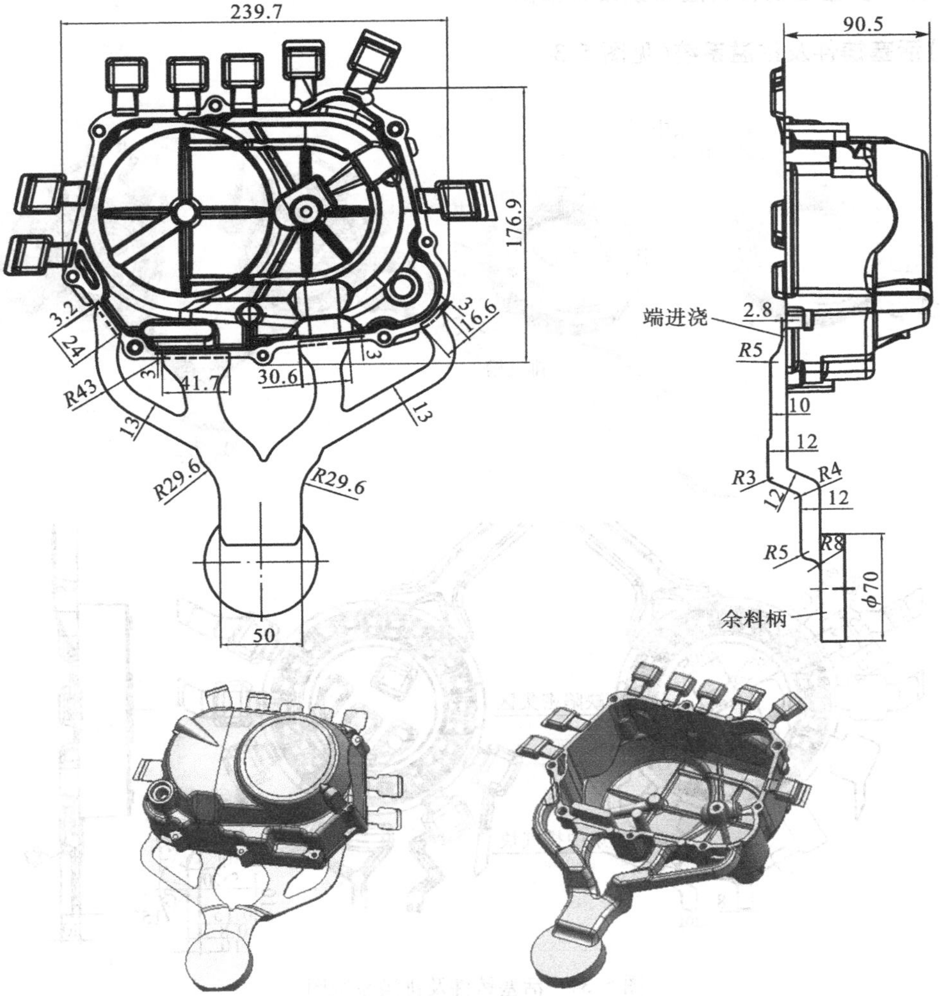

图 5.33　摩托车右盖铸件及浇注系统图

1)铸件特征

铸件平均壁厚 3 mm,体积 328 cm^3,表面积 1 751 mm^2,根据式(5.9)计算出铸件的凝固模数 M=0.19 cm,空间对角线长 311 mm,毛坯质量 902 g,带溢流槽重 996 g,材料使用 ADC12,铸件有表面处理要求。

2)浇注系统

使用合模力为 4 000 kN 的卧式冷室压铸机,充填时间根据表 5.10 选 0.03 s,充填速度根据表 5.10 选 45 m/s,生产中充填速度(平均值)为 38 m/s,浇注系统采用了 4 个内浇口,内浇口截面积根据式(5.7)经验公式计算为 250 mm^2,实际为 319 mm^2,内浇口厚度为 2.8 mm,铸件达到使用要求。

5.7.2 典型压铸件排溢系统设计案例

(1)活塞铸件及排溢系统(见图5.34)

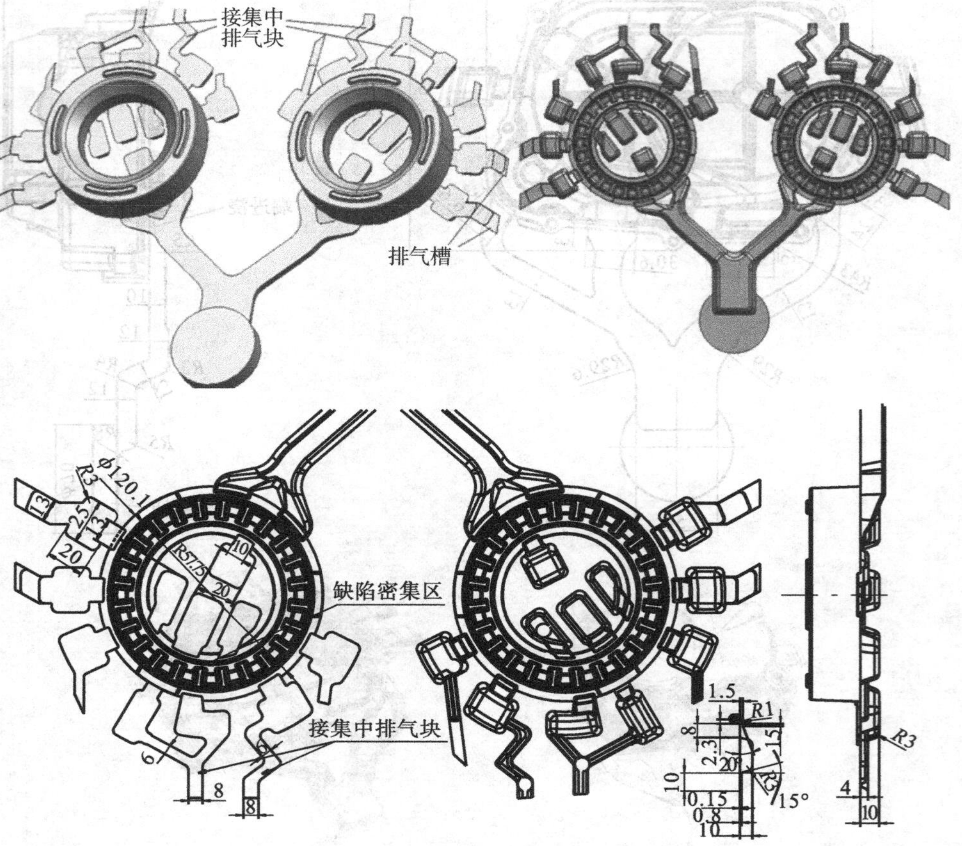

图5.34 活塞铸件及排溢系统图

1)铸件特征

铸件最厚的地方壁厚6.2 mm,最薄处3.5 mm,平均壁厚4.8 mm,体积97 cm^3,表面积396 mm^2,根据式(5.9)计算出铸件的凝固模数$M=0.24$ cm,空间对角线长174 mm,毛坯质量266 g(单件),带溢流槽重372 g(单件),材料使用ADC12,铸件有气密性要求即内外圆机加后无气孔。

2)排溢系统

使用合模力为5 000 kN的卧式冷室压铸机,充填时间根据表5.10选0.06 s,充填速度根据表5.10选35 m/s,生产中充填速度(平均值)为38 m/s,单个压铸件的排溢系统采用7个溢流槽,铸件最远端设置集中排气块,溢流槽加大,按表5.17及表5.19选择溢流槽形状和排气槽尺寸,溢流槽体积为32 cm^3,溢流口厚度为1.5 mm,排气槽体积3.5 cm^3,排气槽深度0.15 mm,铸件达到使用要求。

(2) **军用镜身铸件及排溢系统**(见图 5.35)

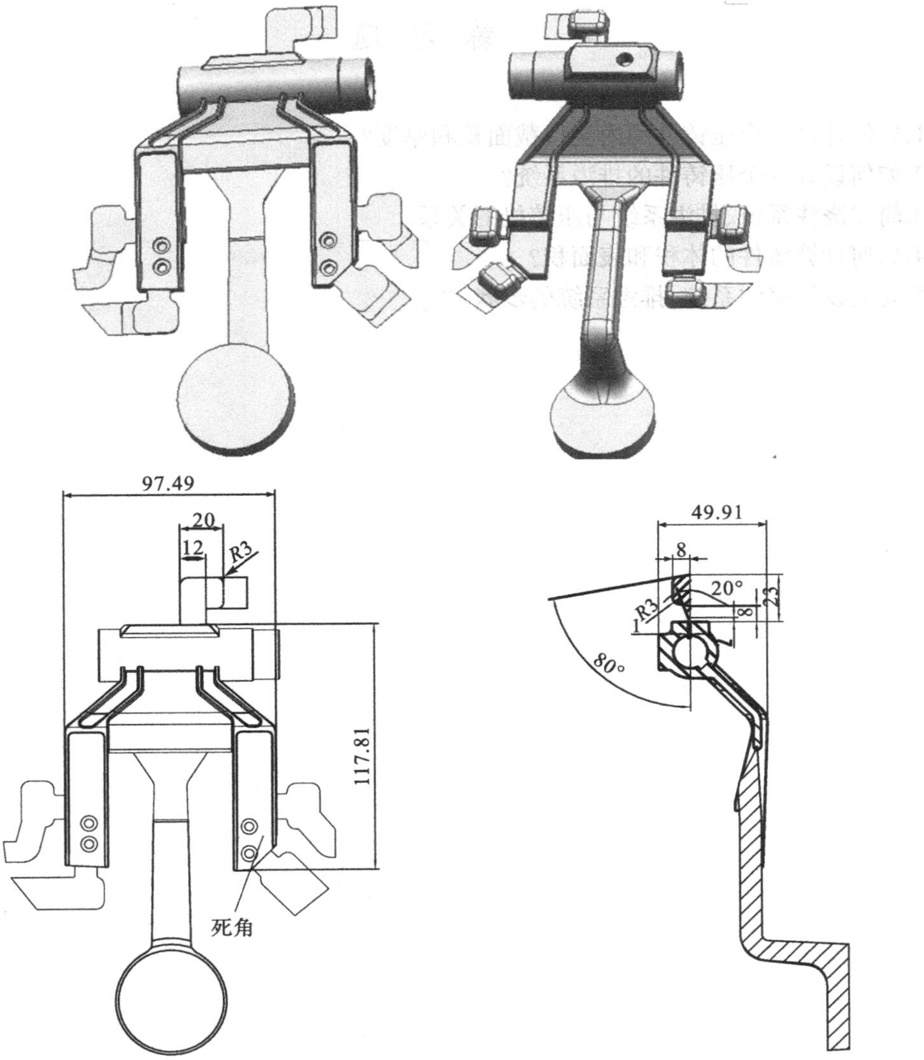

图 5.35　军用镜身铸件及排溢系统图

1) 铸件特征

铸件最厚处 6.5 mm,最薄处 4 mm,平均壁厚 5.5 mm,体积 52.3 cm^3,表面积 291 mm^2,根据式(5.9)计算出铸件的凝固模数 $M=0.18$ cm,空间对角线长 161 mm,毛坯质量 143 g(单件),带溢流槽重 173 g(单件),材料使用 ADC12,铸件有气密性及强度要求。

2) 排溢系统

使用合模力为 1 600 kN 的卧式冷室压铸机,充填时间根据表 5.10 选 0.06 s,充填速度根据表 5.10 选 35 m/s,生产中充填速度(平均值)为 38 m/s,排溢系统采用 5 个溢流槽,铸件死角布置密集溢流槽,增大溢流量,提高模温,按表 5.17 及表 5.19 选择溢流槽形状和排气槽尺寸,溢流槽体积为 10.4 cm^3,溢流口厚度为 1 mm,排气槽体积 2.3 cm^3,排气槽深度 0.15 mm,铸件达到使用要求。

练 习 题

1.如何计算一个压铸件的内浇口截面积和厚度？
2.如何设计一个压铸件的排溢系统？
3.简述浇注系统、排溢系统与压铸机的关系。
4.如何计算铸件的体积和表面积？
5.简述设计浇注系统、排溢系统的步骤。

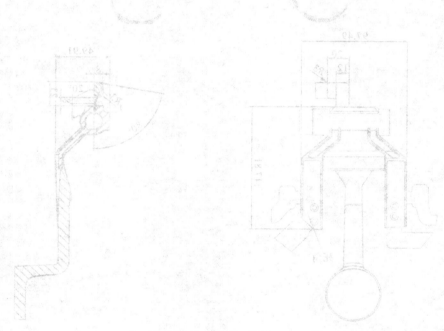

第6章 压铸模具的热平衡系统设计

学习目标：

通过本章学习掌握控制压铸模热平衡的方法及其设计基本原则。

能力目标：

通过本章学习具备设计压铸模水冷系统和加热系统的能力。

6.1 概　述

与其他模具相比，压铸模工作环境较为恶劣，是在高温高压下工作，为了改善工作环境，模具在压铸生产前应进行充分的预热，并在压铸生产过程中保持在一定温度范围内，力求达到模具的热平衡，降低模具热交变应力，延缓模具开裂，提高模具的使用寿命，提高铸件表面质量和压铸生产率，稳定铸件尺寸精度，改善铸件力学性能。

在压铸实际生产中，有一些铸件质量要求较高，例如，内部无气孔，表面质量达到2级，压力要求高，等等。因此，设计模具时，应该注意这一类模具与普通模具的区别，浇道和结构固然重要，模具的热平衡也是需要重点考虑的问题，压铸模离开一些附属条件是很难制作出高品质的压铸件。下面就来探讨压铸模的热平衡。

6.2 压铸模具热平衡的方法

6.2.1 模温机简介

利用模温机控制模温是目前应用最广最有效维持模具热平衡的一种方法，它可用来预热压铸模具，以及在压铸过程中将模具的温度保持在一定的范围内，以满足提高铸件质量及压铸生产自动化的需要。模温机是以高温导热油为载体，通过加热或冷却控制导热油的温度，再将导热油泵入压铸模中的通道，从而控制模具的温度。采用模温机不但可以有效地控制模具的温度，真正维持模具的热平衡，还能延长其使用寿命2~3倍。模温机外形图、控制装置结构图和控制系统图如图 6. 1、图 6. 2、图 6. 3 所示。

注:模温机类似于电脑的主机,前面是控制面板,后面是插座接头,通过压铸机的循环油一进一出控制模温,从而达到模具热平衡

图 6. 1　模温机控制装置外观图

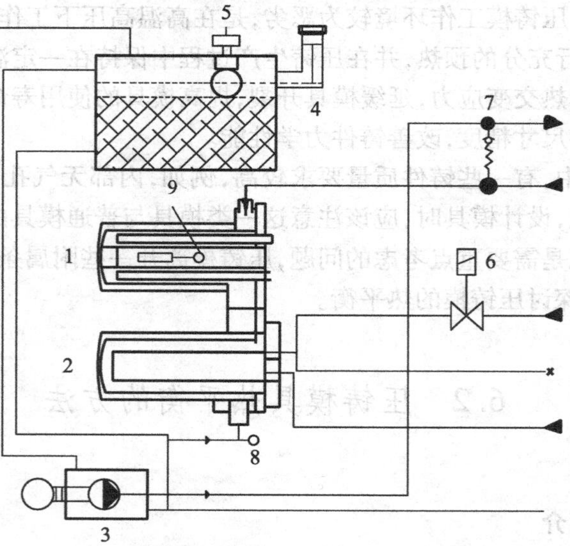

图 6. 2　模温机控制装置结构图

1—密封对流加热器;2—密封对流冷却器;3—具备存储器的输送泵;4—导热油储存箱;5—导热油液位控制器;6—冷却水控制电磁阀;7—旁路阀;8—温度传感器(导热油);9—温度传感器(加热油)

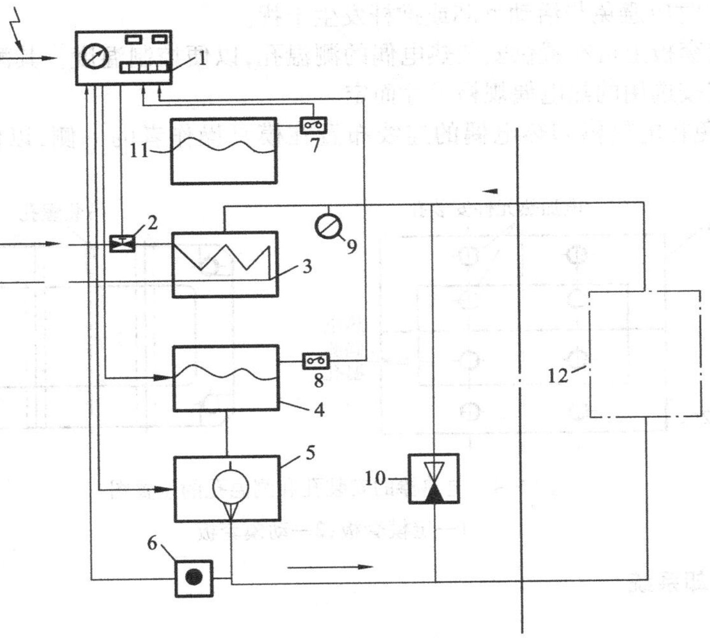

图 6.3　模温机控制装置控制系统图

1—控制面板;2—冷却用电磁阀;3—冷却器;4—加热器;5—泵;6—温度测头;7—液面控制;8—安全调温器;9—压力表;10—旁路阀;11—导热油储存箱;12—模具

6.2.2　加热系统

(1)加热方法

加热系统主要用于预热模具,目前常用加热方法如下:

①用燃气加热。

②用模温机加热。

③用电热棒加热。

用燃气加热最常见,凡是可以燃烧的物质都可作为加热介质。压铸最常用的加热介质是天然气、柴油、煤油、煤气等。此种加热方法优点就是见效快,但骤冷骤热模具容易引起早期龟裂和污染环境,一般不提倡使用。本节主要介绍电热棒加热方法,模具的预热规范见表 6.1。

表 6.1　模具的预热规范

合金种类	铅合金	锡合金	锌合金	铝合金	镁合金	铜合金
预热温度/℃	60~120	60~120	150~200	180~300	200~250	300~350

模温机不但用于加热,同时在压铸过程中也可起到冷却作用,其模具有关部分的设计将在本章 6.3 节阐述。

(2)电加热装置设计

①根据预热模具所需的功率,选择电加热棒的型号和数量。

②电热棒的安装孔和测温孔位置如图 6.4 所示。加热孔一般布置在动、定模套板(也通过

镶块)上。布置时应避免与活动型芯或推杆发生干扰。

③在动、定套板上可布置供安装热电偶的测温孔,以便控制温度。其配合尺寸包括螺纹、孔径和深度,应按选用的热电偶规格尺寸而定。

④尽量避免将电热棒和热电偶的连线布置在模具操作者的一侧,以便操作和安全门的启闭。

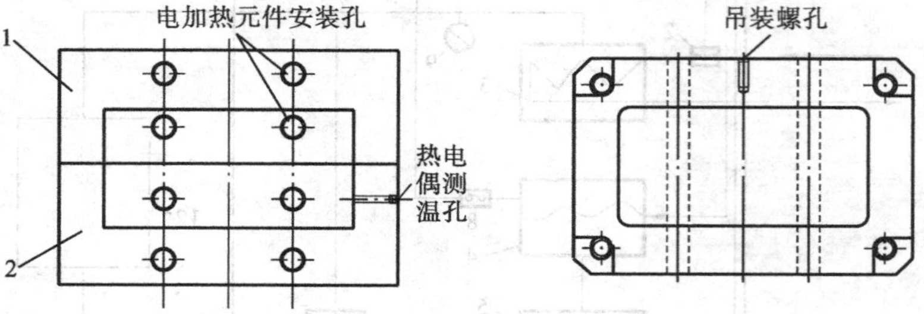

图 6.4　电热棒的安装孔和测温孔的位置图

1—定模套板;2—动模套板

6.2.3　冷却系统

(1)水冷

水冷是压铸模设计冷却系统最容易遇见的一种方法,它最容易实现,冷却介质为水。水冷效率高,成本低,易控制和掌握,模具设计者应熟练应用,本章 6.3 节将重点介绍水冷系统的设计。

(2)外冷喷涂

外冷喷涂有以下两种方法:

①手工喷涂。

②自动喷涂。

外冷喷涂是通过在模具分型面上喷涂水基分型剂,分型剂挥发时带走一部分热量,从而达到冷却效果。

(3)油冷

油冷是把压铸机上的循环油接到模具上,一般情况下,它和模温机连起来用,油散热慢,模温易控制。

(4)风冷

风冷是利用压缩空气反复喷吹压铸模动模镶块(型芯)和定模镶块(型芯)体型部分,使模具热量尽快散发到空气中,从而降低模具温度。风冷冷却速度慢,常采用人工方法进行,不能实现自动化,生产效率低。

6.3　冷却系统的设计

6.3.1　压铸模具冷却方法及结构形式

压铸过程中,金属液在压铸模中凝固并冷却到顶出温度,释放的热量被模具吸收,同时模具通过辐射、导热和对流，将热量传出；正常生产过程中传入模具的热量和从模具中传出的热量应达到平衡，热平衡对于提高压铸生产率、改善铸件质量以及延长模具使用寿命是十分重要的。模具常用的冷却方法如下：

(1)水冷

水冷是在模具内设置冷却水通道，使冷却水通入模具带走热量。水冷的效率高、易控制，是最常用的压铸模冷却的方法。

(2)风冷

对于压铸模中难以用水冷却的部位，可采用风冷的方式。如图6.5所示，开模后，滑块开启镶块内的压缩空气通道，冷却薄片状型芯。

(3)油冷

用模温机对模具进行冷却。

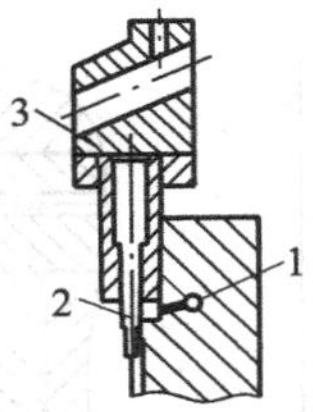

图6.5 用压缩空气直接冷却型芯图

1—压缩空气通道；2—薄片状型芯；3—滑块

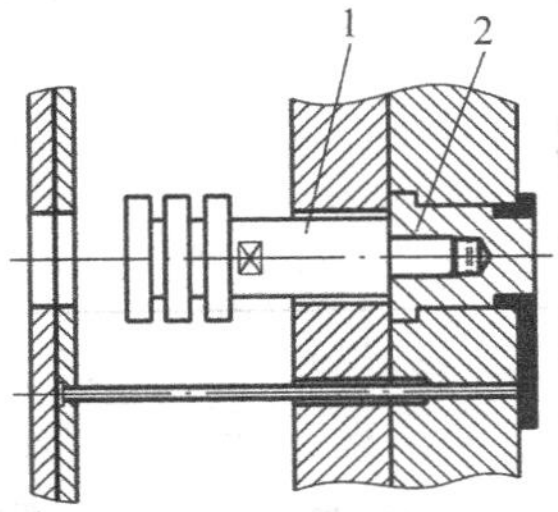

图6.6 用铍青铜销间接冷却型芯图

1—铍青铜销；2—型芯

(4)间接冷却

在模具形成热节的部位，用传热系数高的合金(铍青铜、钨基合金等)间接冷却。如图6.6所示，将铍青铜销旋入固定型芯，铜销的末端带有散热片以加强冷却效果。

(5)用热管冷却

热管是装有传热介质(通常为水)的密封金属管，管内壁敷有毛细层。其工作原理如图6.7所示，传热介质从热管的高温端(蒸发区)吸收热量后蒸发，蒸汽在低温端(冷凝区)冷凝，再通过管内的毛细层回到高温端。热管垂直设置，冷凝区在上部时换热效率最高，冷凝区一般可采取水冷和风冷。热管在压铸模中的应用实例如图6.8所示。

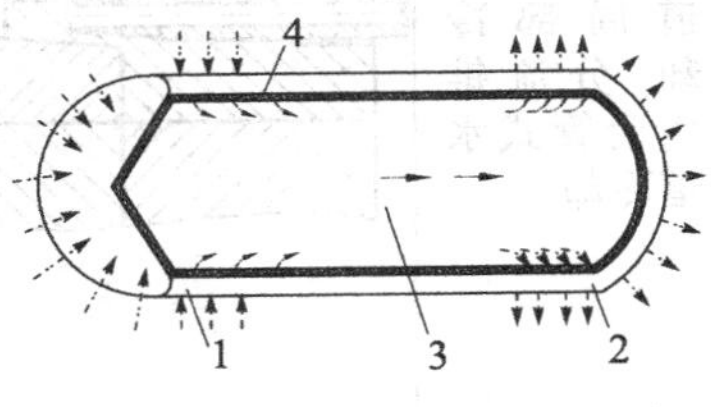

图6.7 热管工作原理示意图

1—蒸发区；2—冷凝区；3—蒸汽；4—毛细层

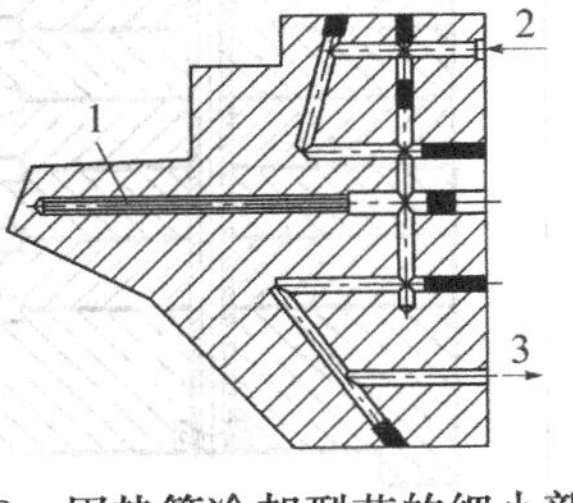

图6.8 用热管冷却型芯的细小部位图

1—热管；2—冷却水入口；3—冷却水出口

6.3.2 冷却水道的布置形式

模具的冷却水道的布置形式见表6.2。

表 6.2 冷却水道的布置形式

说　明	图　例	说　明	图　例
冷室压铸机压铸模浇口套用环形水套冷却，水套过盈热套到浇口套上，或两件压焊到一起，以防漏水。浇口套设置双环形水道，水道之间开通或用螺旋式一进一出水口。 分流锥采用套管式水道冷却	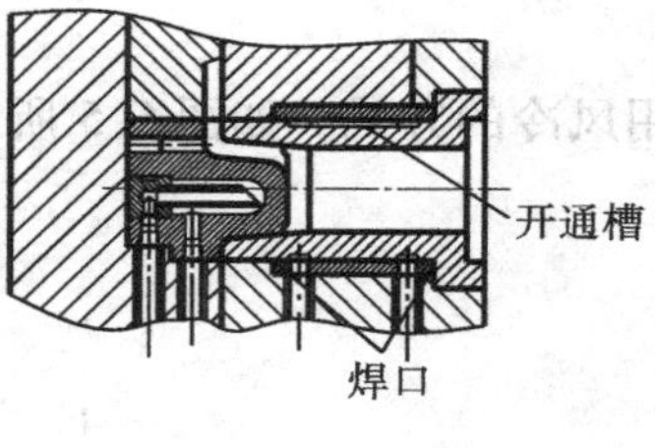	型芯用螺旋式水道冷却，图(a)为单头螺旋图(b)为双头螺旋	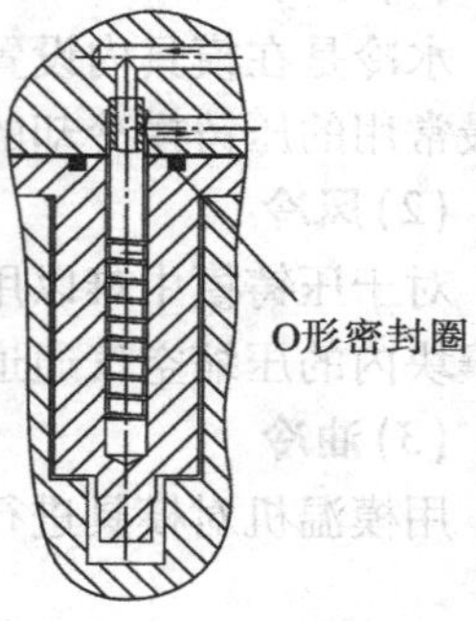 (a) 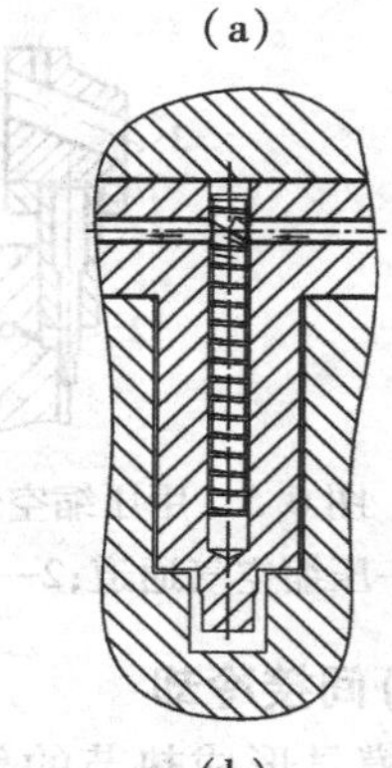 (b)
冷室压铸机整体料筒压铸模浇口套用循环水冷却，接头用锥管螺纹联接 分流锥采用套管式水道冷却，后面用堵头焊接密封	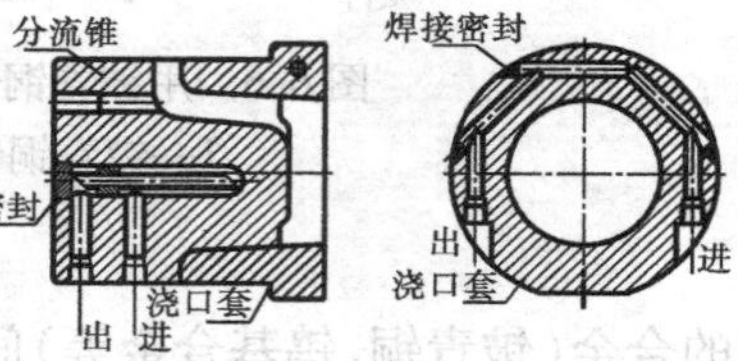		
组合式薄片镶块冷却水道可采用铜管或钢管，装配在镶块中。铜管或钢管可兼作镶块的定位销	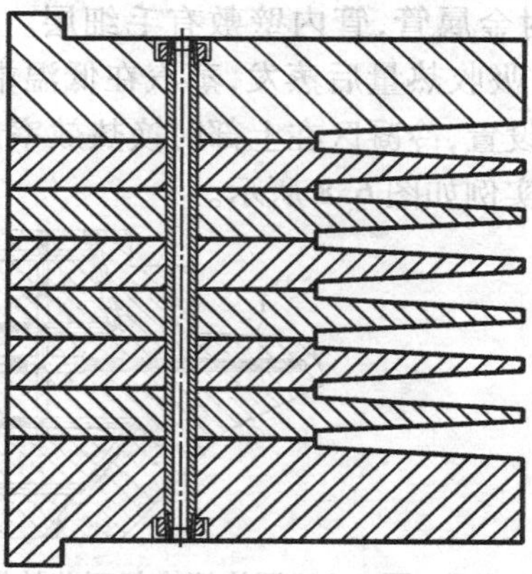	通道式直浇道浇口套用套管式水道局部冷却，分流锥用套管式水道冷却	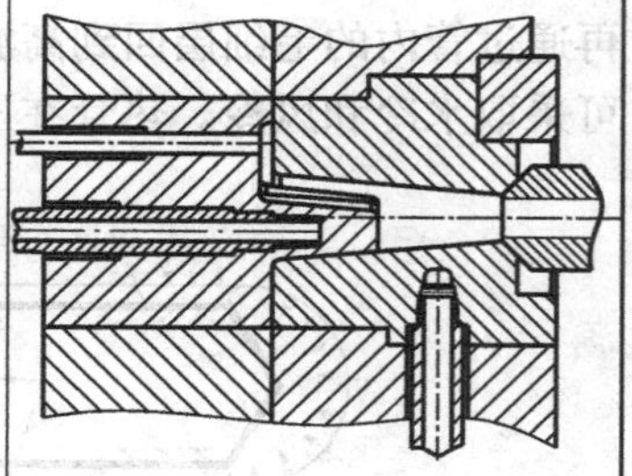

续表

说　明	图　例	说　明	图　例
复杂型芯在难以用冷却水直接冷却的细小部位,用热管将热量导出热节部位,再用冷却水冷却热管	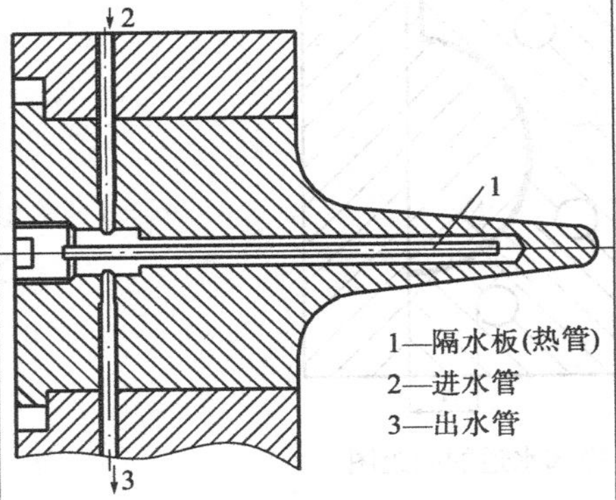	一般情况下,冷却水道尽量开设在型腔的下方,尽量少开设在型腔的周围	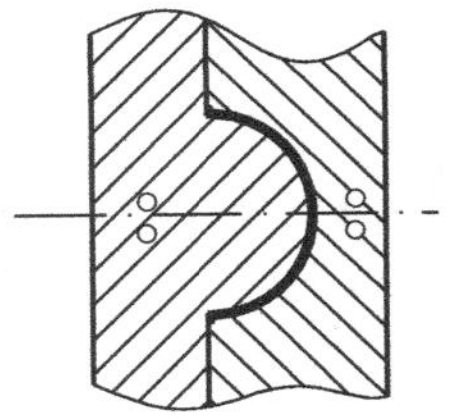
在较大的型芯下在动模套板开设水道,用以带走型芯的热量。如型芯的热量较大,则应在型芯内设置套管	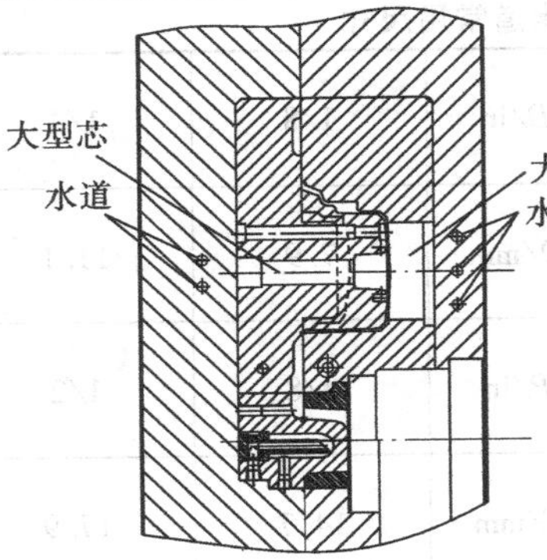	复杂滑块型芯在难以用冷却水直接冷却的细小部位,用热管将热量导出热节部位,再用冷却水冷却热管	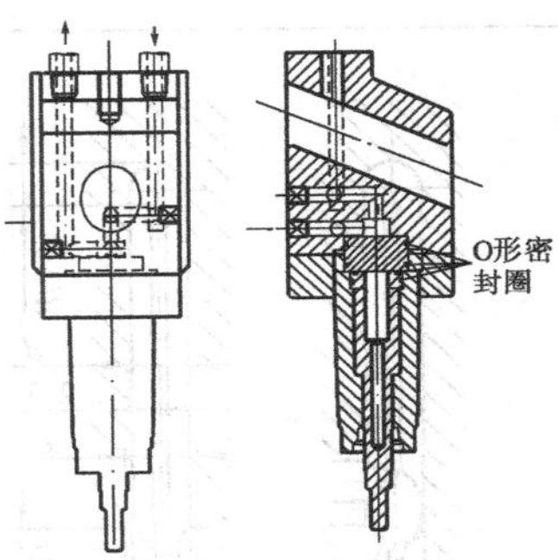

6.3.3　冷却水道设计的基本原则

①尽量在模具的热节处布置冷却水道,以免造成模具成本的增加,模具热节处往往是集中在浇注系统、铸件厚大、浇道冲刷处和型芯等地方。

②同一模具尽量采用较少的冷却水道和水嘴的规格,以免增加设计和制造的复杂性。

③冷却水道的直径一般为 6~14 mm。采用数条直径小的水道,冷却效果要比采用一条大直径的水道好。

④水道之间的距离和水道与型腔之间距离的关系如图 6.9 所示,锌合金 *A* 值取 15~20 mm,铝合金和镁合金 *A* 值取 20~30 mm。

⑤采用隔板式水道时,应在隔板螺栓上作出隔板位置标记,以便在安装时保持其正确的位置。隔板式水道常用尺寸见表 6.3。

⑥水道与模具其他结构之间的距离应大于表 6.4 所列的最小距离。

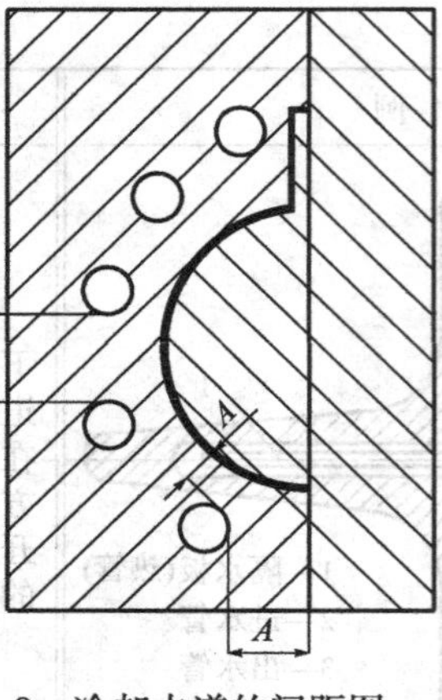

图 6.9　冷却水道的间距图

表 6.3　隔板式水道常用尺寸

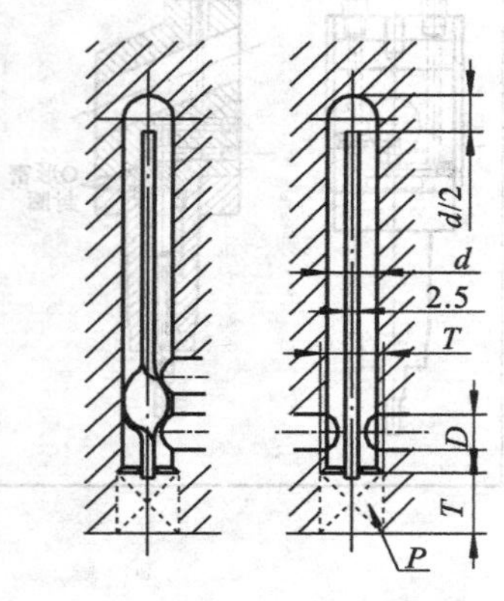	水道公称直径 D/in	1/8	1/4	3/8
	水道实际直径 D/mm	7.9	11.1	14.7
	螺塞锥管螺纹 P/in	3/8	1/2	3/4
	螺纹底孔深度 T/mm	14.7	17.9	23.4
	隔板水道直径 d/mm	12.7	17.5	22.2

表 6.4　冷却水道与模具其他结构之间的最小距离

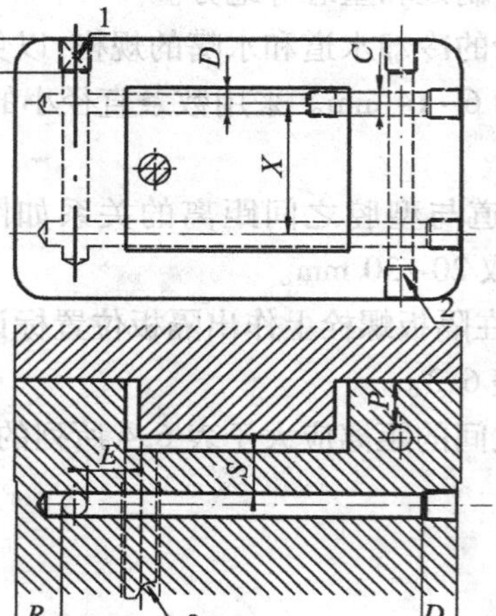

1—水道堵头；2—管螺纹；3—推杆

续表

项　目		最小距离/mm		
		(1/8)in 管	(1/4)in 管	(3/8)in 管
水道直径 D/mm		7.9	11.1	14.7
堵头螺纹长度 L/mm		8.0	12.0	15.0
水嘴过孔直径 C/mm		12.0	15.0	18.0
水道中心距离 X/mm		14.0	17.0	22.0
水道与型腔表面的距离 S/mm	锌合金压铸模	15.0	15.0	15.0
	铝合金压铸模	19.0	19.0	19.0
	镁合金压铸模	19.0	19.0	19.0
	黄铜压铸模	25.0	25.0	25.0
水道与分型面的距离 P/mm		16.0	16.0	16.0
水道与镶块边缘的距离 R/mm	锌合金压铸模	6.5	6.5	6.5
	铝合金、镁合金、黄铜压铸模	13.0	13.0	13.0
水道与推杆孔的距离 E/mm	锌合金压铸模	6.5	6.5	6.5
	铝合金、镁合金、黄铜压铸模	13.0	13.0	13.0

6.4　模温机的选用

采用模温机预热压铸模具并在压铸过程中保持模具热平衡，选用模温机时应核算模温机的加热和冷却功率。如动模和定模的预热规范或工作温度要求不相同，应选用双回路或多回路模温机，并分别核算每个回路的加热和冷却功率是否满足需要。

(1)核算模温机的加热功率

根据计算压铸模预热所需要的加热功率选择模温机的加热功率，所选择的模温机加热功率应大于压铸模预热所需要的加热功率。

(2)核算模温机的冷却功率

模温机的冷却功率应大于计算所需要的冷却功率。

(3)控温通道设计要点

①布置控温通道(见图6.10)，距离 c 约为冷却水道相应距离的1/2。对于合模力为600 kN以下压铸机的压铸模 $c\approx15\sim25$ mm；大型模具 $c\approx30\sim35$ mm。导热油控温通道由于距离 c 较小，不宜用于水冷系统，以免引起模具裂纹。

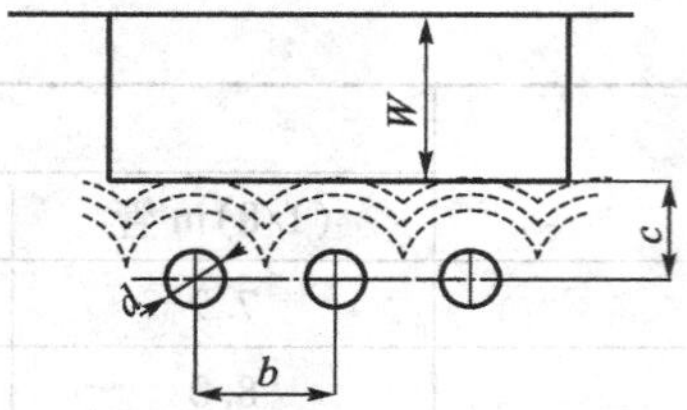

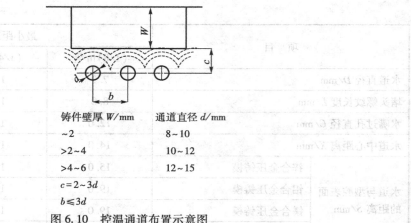

铸件壁厚 W/mm	通道直径 d/mm
~2	8~10
>2~4	10~12
>4~6	12~15

$c=2\sim3d$

$b\leqslant3d$

图 6.10　控温通道布置示意图

②采用数条小直径通道的控温效果要比较少的大直径通道好，但直径过小会增加导热油的流动阻力。一般导热油控温通道的直径为 12 mm 左右。

③导热油的传热系数约为水的传热系数的 1/2，因此，在同样的条件下，控温通道的传热面积是冷却水道的 2~3 倍。控温通道传热面积与型腔表面积之比一般为 1∶1。

④导热油控温通道的形式与冷却水道相仿，设计时可参考冷却水道的设计。采用螺旋式通道导热油的流态为紊流，可提高传热效率（见图 6.11）。

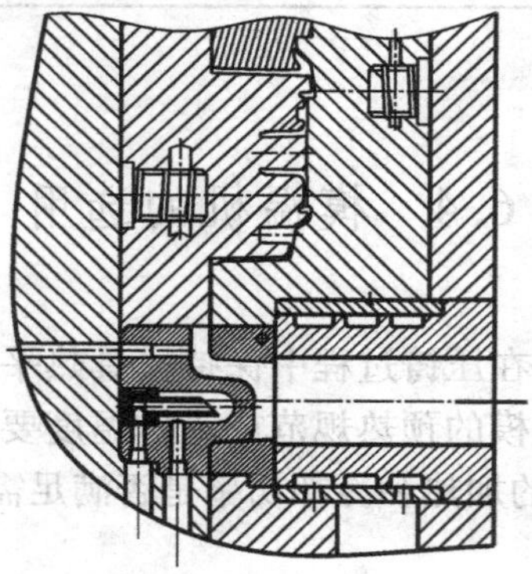

图 6.11　双螺旋控温通道的应用

6.5　压铸模高压水冷

压铸模温度是压铸工艺中重要的参数之一，直接影响压铸件的质量和经济效益，充分认识模温控制的作用和影响模具温度的各项因素，将模具热平衡计算的应用纳入生产过程，是科学化提高压铸生产水平不可缺少的条件。

压铸模具中的型芯由于被合金液所包围，温度较高，生产时不仅容易形成黏模，而且由于温度上升得快，型芯局部硬度下降，造成铸件尺寸偏差；型芯温度过高还易引起疏松、缩孔，如图 6.12 至图 6.15 所示。

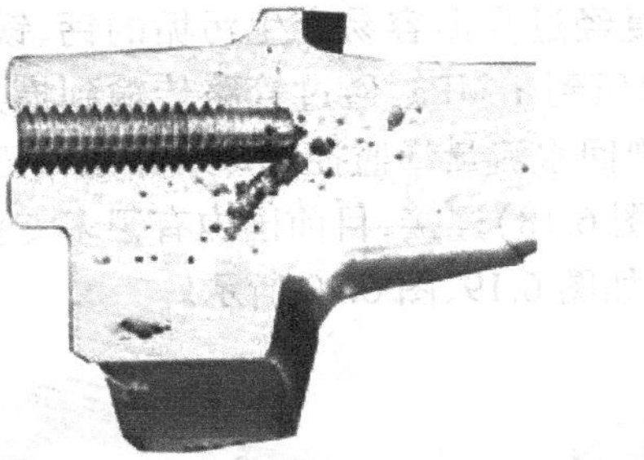

图 6.12　型芯未使用水冷，周围容易出现缩孔

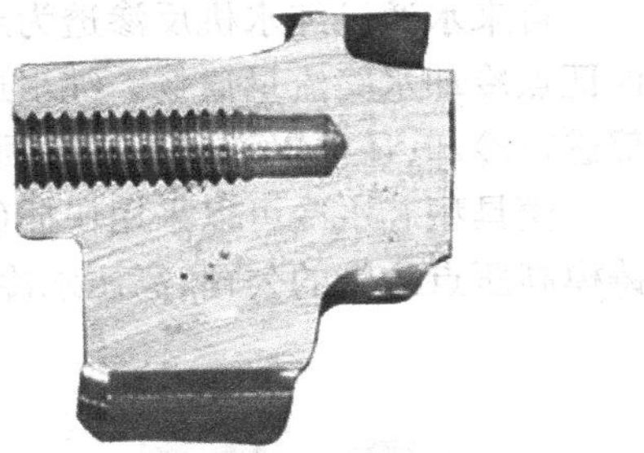

图 6.13　型芯使用水冷，周围缩孔明显减少

图 6.14　未使用水冷铸件硬化层状态

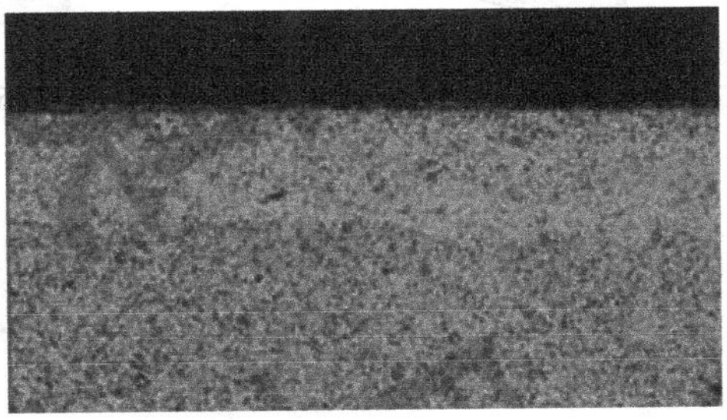

图 6.15　使用水冷后铸件硬化层状态

为了避免上述缺陷的发生，针对直径比较小的型芯，国外开发了一种带细孔冷却的模芯喷射冷却器，采用高压点冷机，通常在 1 MPa 的压强下，维持排水量，通入大量的冷却水，并能瞬间停止排水，即使模芯温度为 200 ℃，冷却水也不会沸腾，冷却结束时还可向冷却回路充入高压气流，排出残留的冷却水，该装置不仅提高型芯的寿命，带高压水冷的型芯、模芯还可对其周边部位进行急剧冷却，形成强有力的冷却层，有效提高铸件的气密性，降低铸件的泄露率。图 6.16 所示为高压点冷机示意图。

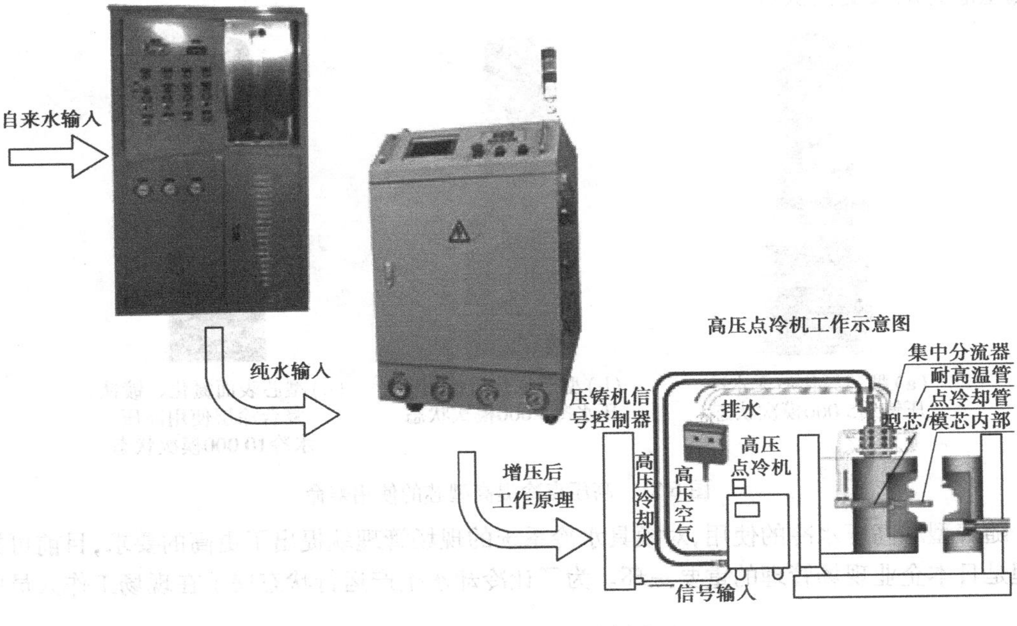

图 6.16　高压点冷机示意图

自来水通过纯水机反渗透为纯水,有效去除反复经过高温容易产生污垢的钙、镁等物质,保证点冷却水路流量通畅。纯水通过高压点冷机增压到 1 MPa,通过管路传输到模具型芯内部进行冷却,还可以通过可视化回水收集装置及可视回水流量计监控冷却水路是否正常。

模具型芯水冷可以采用快插(图 6.17)及螺纹(图 6.18)连接,目前国内有很多专业制作压铸模高压点冷管的公司,高压水冷型芯、高压水冷管如图 6.19、图 6.20 所示。

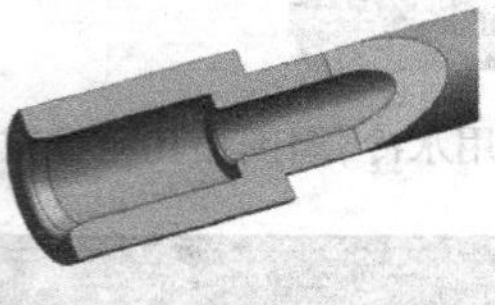

图 6.17　快插点冷

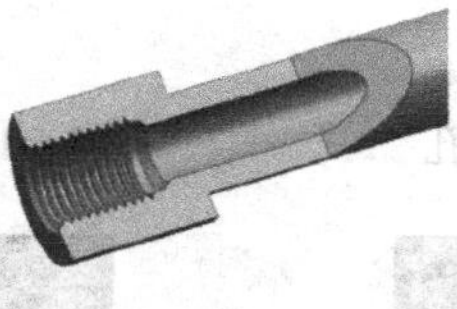

图 6.18　螺纹点冷

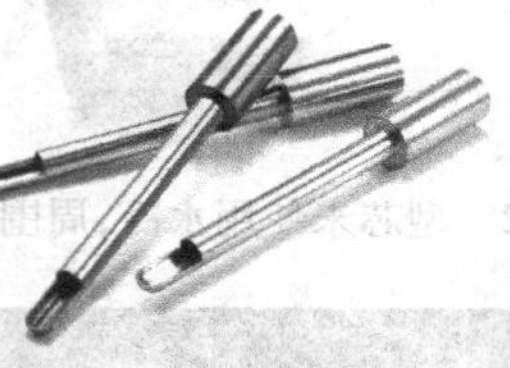

图 6.19　高压水冷型芯

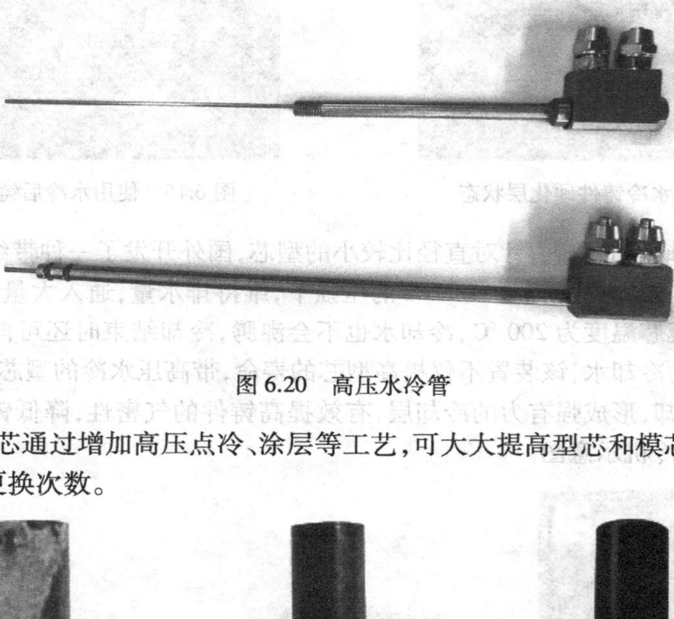

图 6.20　高压水冷管

模具型芯、模芯通过增加高压点冷、涂层等工艺,可大大提高型芯和模芯的使用率及寿命,降低型芯打磨及更换次数。

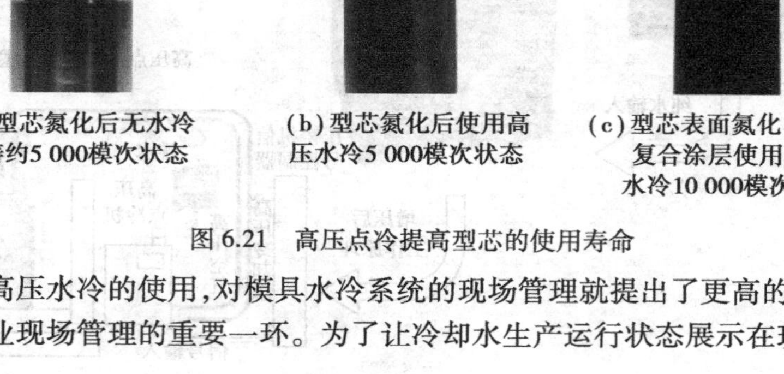

(a)型芯氮化后无水冷压铸约5 000模次状态

(b)型芯氮化后使用高压水冷5 000模次状态

(c)型芯表面氮化、镀钛、复合涂层使用高压水冷10 000模次状态

图 6.21　高压点冷提高型芯的使用寿命

随着型芯高压水冷的使用,对模具水冷系统的现场管理就提出了更高的要求,目前可视化管理是日本企业现场管理的重要一环。为了让冷却水生产运行状态展示在现场工作人员的面

前,日本人发明了可视化的冷却水结构——将一根根管子接到一个开放的盛水器里,就能观察到每个冷却水的运行状态,哪根水流正常,哪根水流缓慢一眼就能识别出来。

练　习　题

1.压铸模冷却水道设计的原则是什么?

2.怎样选择模温机?

3.举例说明,针对压铸模具不同的型腔型芯,如何考虑冷却水道的布置形式。

第7章 压铸模具零部件的设计

学习目标：

通过本章学习，掌握成型零件设计的方法；掌握结构零件设计的方法；掌握推出机构设计的方法；掌握抽芯结构设计的方法；掌握局部挤压机构设计的方法。

能力目标：

通过本章学习，具备设计成型零件的能力；具备设计结构零件的能力；具备设计推出机构的能力；具备设计抽芯结构的能力；具备设计局部挤压机构的能力。

7.1 压铸模具成型零件的设计

压铸模的成型零件主要是指活动型芯（包括侧型芯）和镶块等。成型零件的结构形式分为整体式和镶拼式。

7.1.1 成型零件的结构形式

(1)整体式结构

整体式结构中成型部分的型腔直接在模块上加工成型，如图7.1所示。

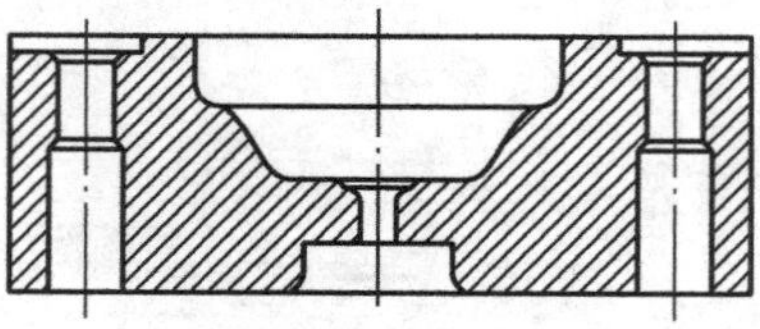

图7.1 整体式结构

1)整体式结构模具的特点

①强度高，刚性好。

②与组合镶拼式结构相比，压铸件表面光滑平整。

③减少模具的装配工作量，缩小模具外形尺寸。

④易于设置冷却水道。

⑤对于压铸高熔点金属可提高模具寿命。

2)整体式结构模具的使用场合

①型腔较浅的小型单腔模具或型腔加工比较简单的模具。

②压铸件形状简单、精度要求不高和熔点较低的合金(锡、铅、锌)的模具。

③铸件生产批量小,可不需进行热处理的模具。

④受压铸机拉杠位置的限制,模具外形尺寸不能过大,不能采用镶拼结构。

(2)镶拼式结构

镶拼式结构成型部分的型腔和型芯由镶块构成,然后装入模具的套板内加以固定。这种结构形式在压铸模中广泛采用,如图7.2所示。

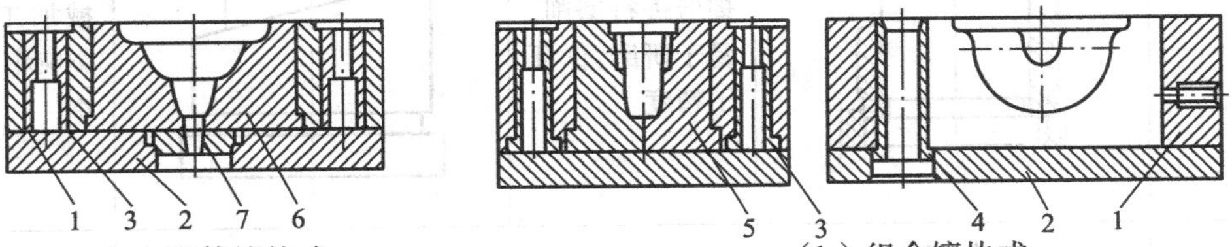

(a)整体镶块式　(b)组合镶块式

图7.2　镶拼式结构

1—定模套板;2—定模座板;3—导套;4—浇口套;5—组合镶块;6—整体镶块;7—浇道镶块

1)镶拼式结构的特点

①对于复杂的成型表面可用机械加工代替钳工操作,简化加工工艺,提高模具制造质量,容易满足组合镶块成型部位的精度要求。

②合理使用热作模具钢,降低成本。

③易损件有利于更换和修理。

④压铸件的局部结构改变时,不致使整套模具报废。

⑤可按铸件的几何形状在镶块上构成复杂的分型面,而在套板上仍为平直分型面。

⑥拼合处的适当间隙有利于排出型腔内的气体。

⑦采用合理的镶块结构可以减少热处理时的变形,也便于在热处理后进行修整。

⑧镶块的坯料比较容易锻造,组织均匀,质量较高。

⑨过多的镶块拼合面会产生以下缺点:

a.增加装配时的困难,且难以满足较高的组合尺寸精度。

b.模具的热扩散条件变差。

c.镶拼处的缝隙易产生飞边,既影响模具使用寿命,又会增加铸件去毛刺的工作量。

随着电加工、冷挤压、陶瓷型精密铸造等新工艺的不断发展,在加工条件许可的情况下,除为了满足压铸工艺要求排除深腔内的气体或便于更换易损部分而采用组合镶块外,其余成型部分应尽可能采用整体镶块。

2)镶拼式结构模具的使用场合

①型腔较深或较大型的模具。

②多型腔模具。

③成型表面比较复杂的模具。

(3)镶拼式结构的设计要点

①便于机械加工,以达到成型部位的尺寸精度和组合部位的配合精度。其镶拼结构形式

见表7.1。

表7.1 便于机械加工的镶拼结构形式

镶块类型	推荐结构		不合理结构	
	图例	说明	图例	说明
有环形斜面台阶的圆形型芯	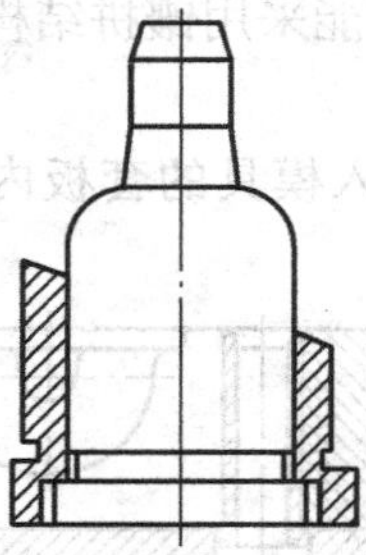	型芯和镶套的内、外径及斜面均可在热处理后进行磨削，易于研磨，保证了精度	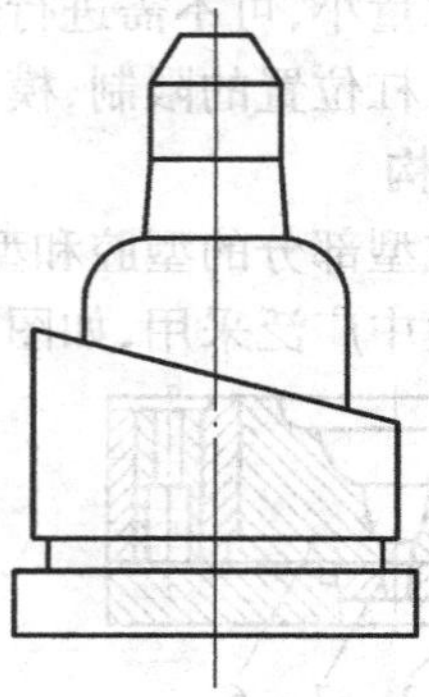	环形斜面台阶及相关型芯的外径难以机械加工成形，影响精度及成本
直角较深的型腔	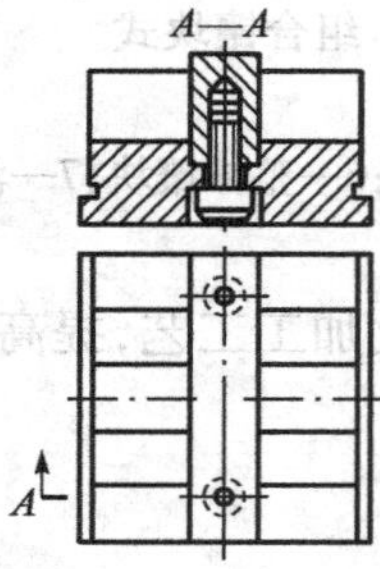	穿通的凹槽可在热处理后进行磨削，易于研磨	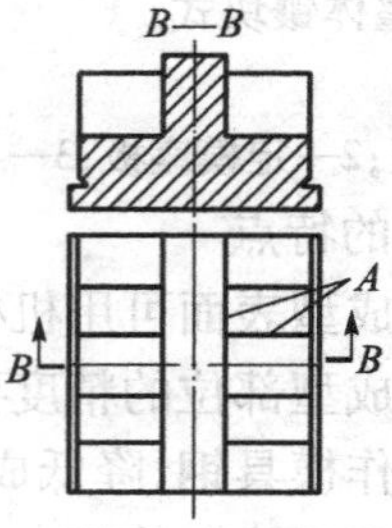	A面形成的直角处深腔需用电加工方可成形，工作量大，成本较高
两端小，中间大的半圆形型腔	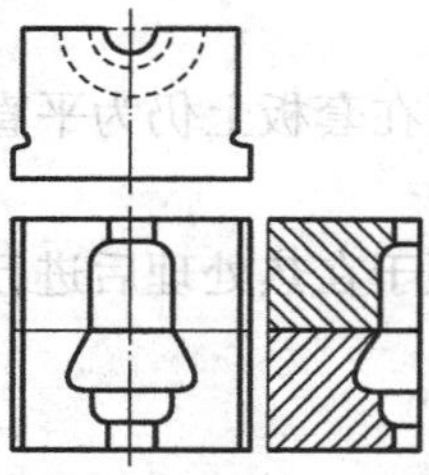	分两件加工后组合，便于加工	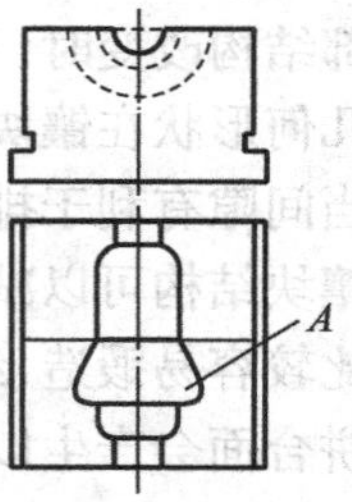	型腔A处，不易于加工
半圆形不通孔的型腔	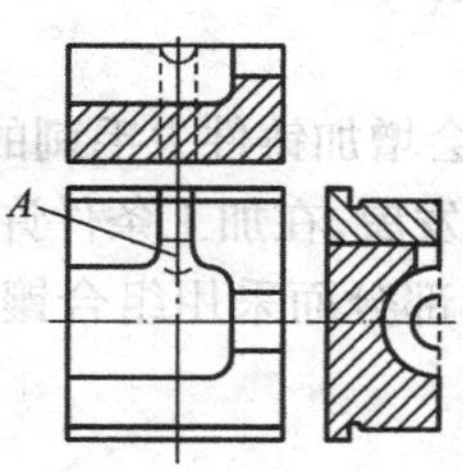	A处的半圆形型腔挖镶后可直接机械加工合格，再用镶块堵塞，生产效率高	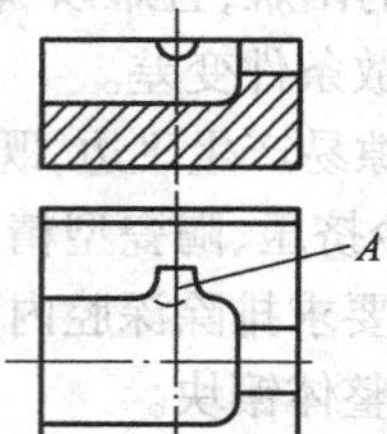	A处形状不易机械加工

双头火花机放电加工

续表

镶块类型	推荐结构		不合理结构	
	图　例	说　明	图　例	说　明
凹槽与圆柱相交的型芯	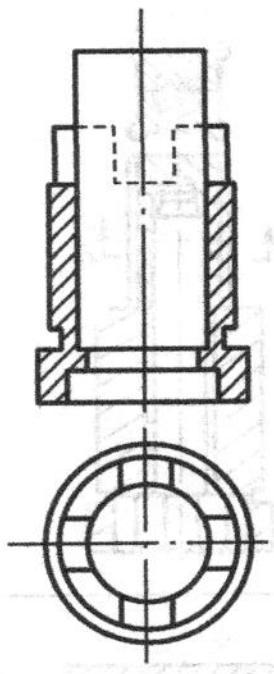	凹槽由嵌套构成,型芯和镶套的内、外圆及凹槽均可在热处理后进行磨削,易于研磨,保证了精度	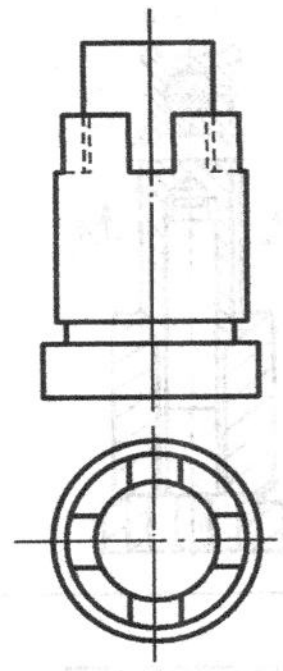	凹槽处不易加工
六角螺母锥底的型腔	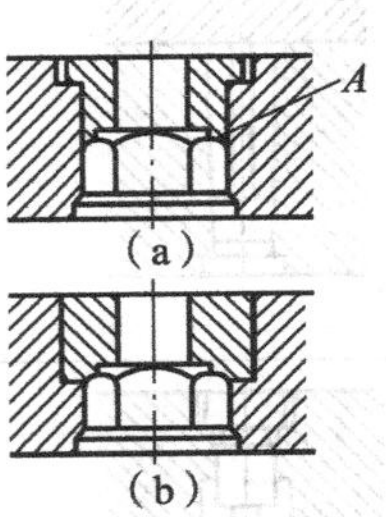	图(a)型腔为六角形通孔,圆锥底由镶块构成,但 *A* 处形成尖角,易塌角 图(b)圆形锥底由圆形镶块形成靠锥面密封加工方便	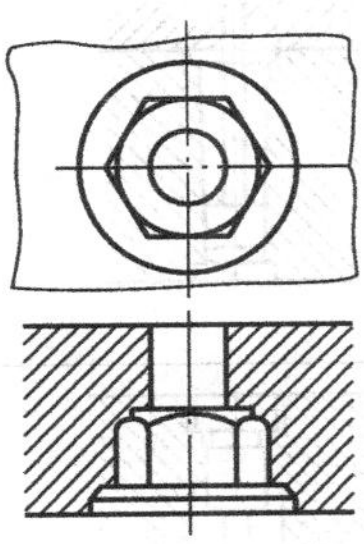	六角形锥底的型腔,不易机械加工
异形圆弧槽型腔	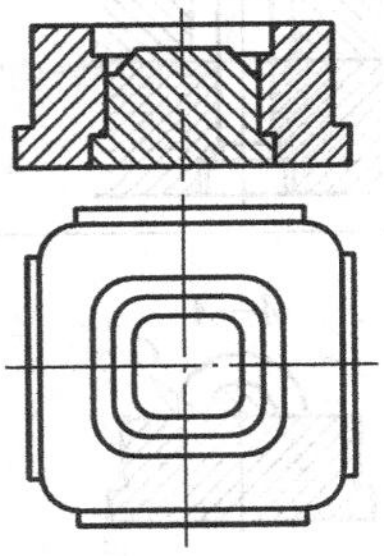	圆弧形环槽由镶块构成,可在热处理后磨削	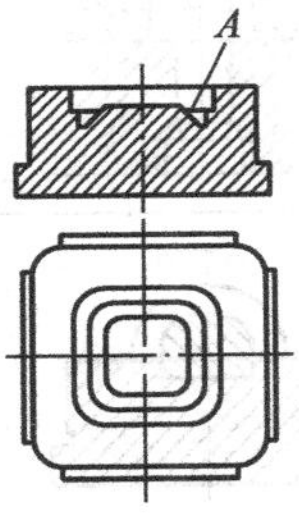	*A* 处圆弧形环槽,机械加工困难
两个不同节距的内齿轮的型腔镶块	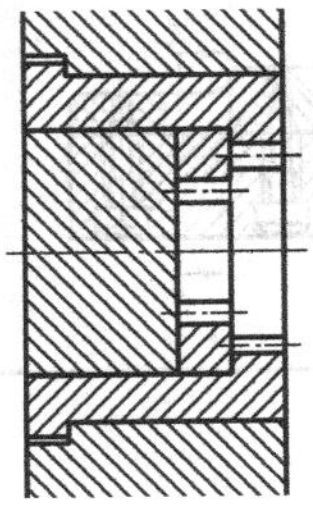	内齿轮型腔由 3 件镶块所组成,机械加工方便,且有利于型腔的排气	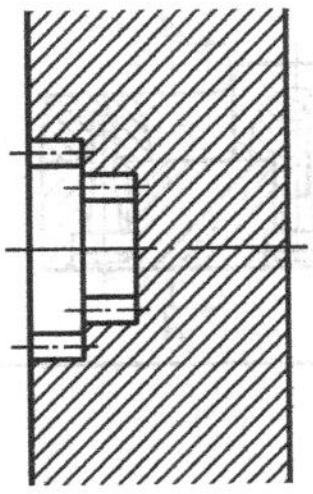	齿轮型腔不易机械加工

②保证镶块和型芯强度和提高相对位置的稳定性。由于细长的型芯和组合镶块本身强度不够,为了防止在高压、高速金属液的冲击下弯曲变形,其固定部分应加固,以提高相对位置的稳定性。其结构形式见表 7.2。

表 7.2　提高强度和相对位置稳定性的结构形式

镶块类型	推荐结构		不合理结构	
	图　例	说　明	图　例	说　明
非圆形有台阶的型芯	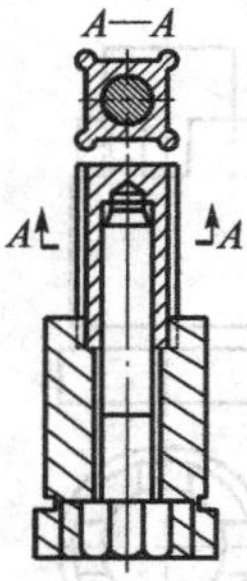	型芯嵌入沉孔内，能承受金属液压力与冲击，型芯固定方式稳定可靠	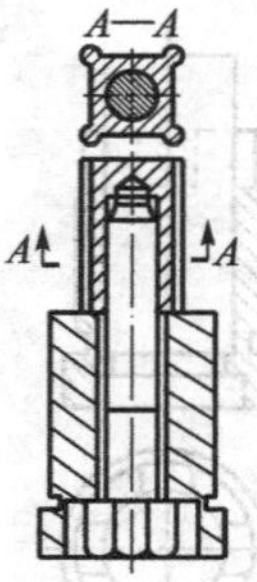	仅螺钉固定，型芯的固定方式不牢靠，C 处容易产生飞边，增加铸件推出时的阻力
长型芯	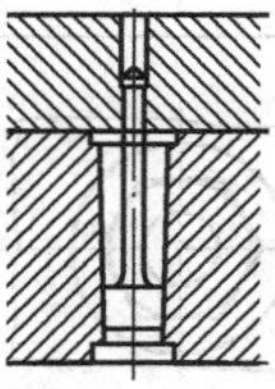	型芯的一端固定，另一端插入另一半模，增加了型芯的刚度，既可防止弯曲，也有利于排气	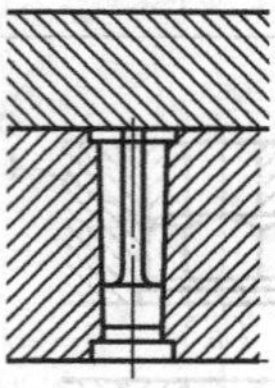	型芯的刚度差，易弯曲及断裂
不同直径的细长型芯	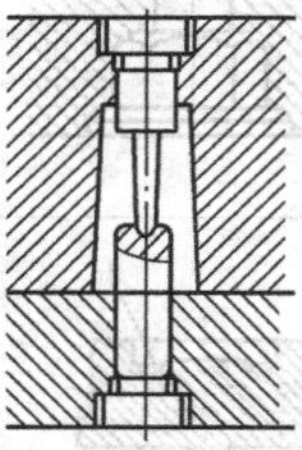	小型芯的前端与大型芯锥度配合，既增加了型芯的刚度，又保证了铸件的同轴度	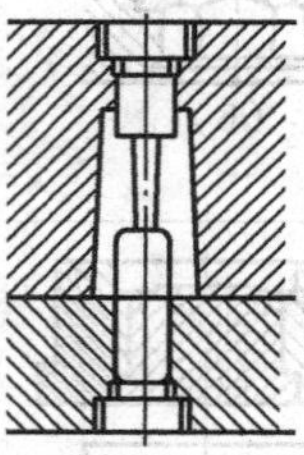	细长型芯易受金属液的压力及冲击发生弯曲变形，影响同轴度
半圆形有台阶的镶块	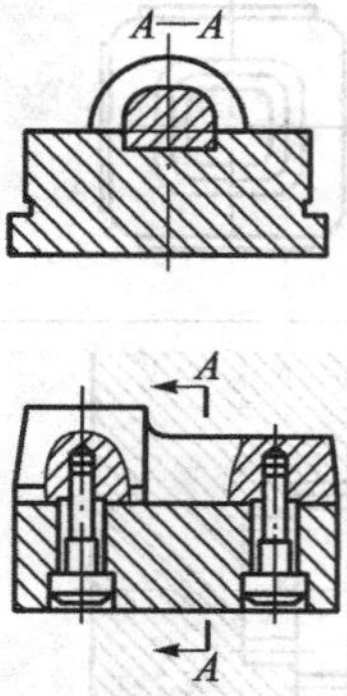	半圆形镶块嵌入沉孔内，固定牢固可靠，有利于磨削，保证了精度	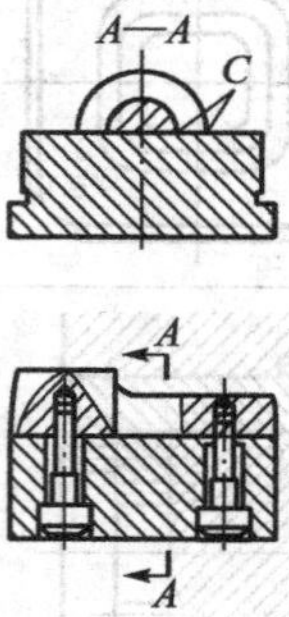	仅螺钉固定，固定方式不牢靠，易移位且 C 处容易产生飞边

续表

镶块类型	推荐结构		不合理结构	
	图　例	说　明	图　例	说　明
型芯的侧面承受金属液压力较大的镶块	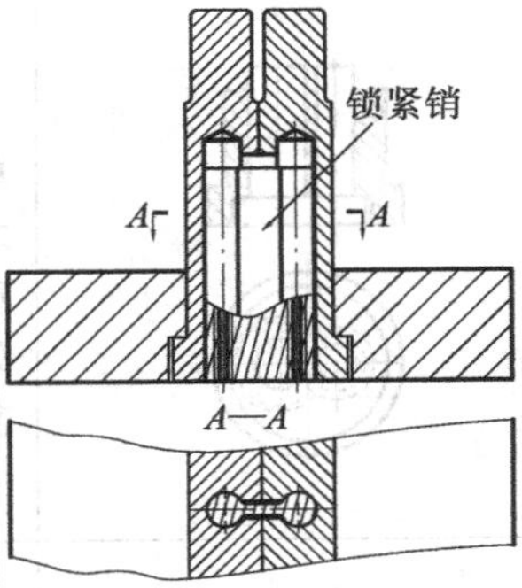	增加锁紧销，将两件镶块固定在一起，防止上端受金属液的压力断开，保证固定可靠	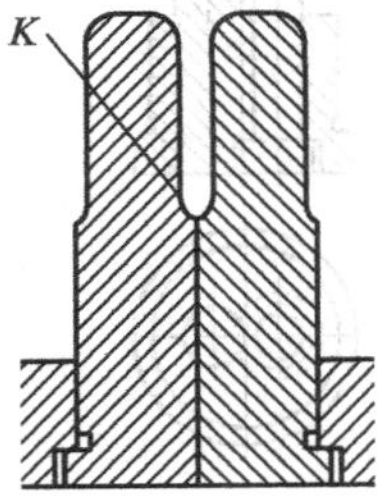	仅靠型芯下端的固定板紧固，强度低，刚性差，K 处易胀开

③不应产生锐边和薄壁。为了防止型芯和镶块在压铸生产及热处理时产生变形或裂纹，设计时应尽可能避免锐角和薄壁。凸出分型面上的镶块与相对的孔配合时，其插入端部不应产生尖角，以免在合模过程中受到导向零件间隙的影响而切坏，应在型芯的端部制成斜度或圆角，其结构形式见表 7.3。

表 7.3　避免锐角和薄壁的结构形式

镶块类型	推荐结构		不合理结构	
	图　例	说　明	图　例	说　明
半圆形型腔局部有平面	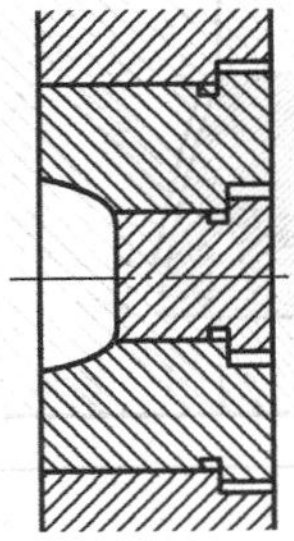	机械加工虽较复杂，但保证了镶块的强度，且使镶拼方向与脱模方向一致	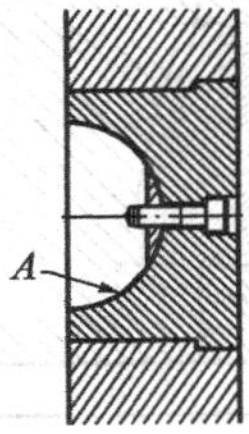	镶块边缘 A 处有锐角，影响模具寿命，易产生与出模方向不一致的飞边
非圆筒形底部有圆角的深型腔	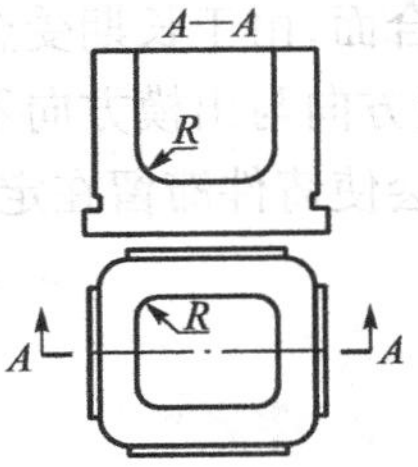	型腔的中心分割面虽会在表面逐渐形成镶拼痕迹，但避免了底部圆角处的锐边（需保证套板强度）	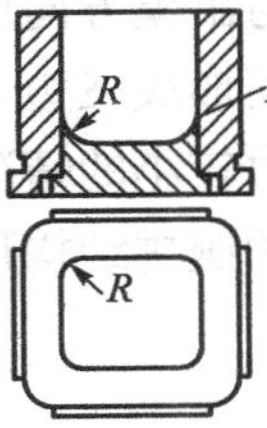	镶块圆角部分 A 处锐边，影响模具使用寿命及铸件外观

续表

镶块类型	推荐结构		不合理结构	
	图　例	说　明	图　例	说　明
两个距离较近、直径不同的型芯	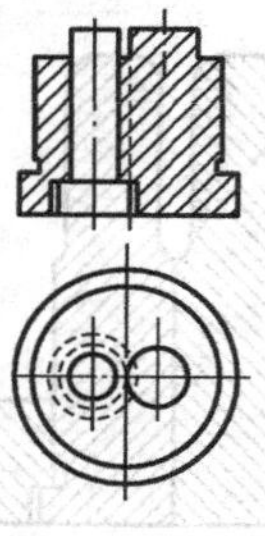	一个型芯在镶块上直接成形，另一个用小型芯单独嵌入，机加虽复杂，但消除了薄壁现象，强度高，寿命长	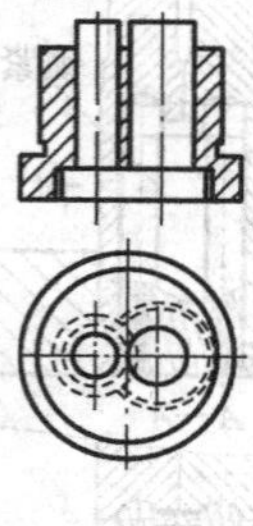	机械加工简单，但两型芯之间产生薄壁，强度差，热处理后易变形甚至产生裂纹
两个距离较近、直径相同的型芯	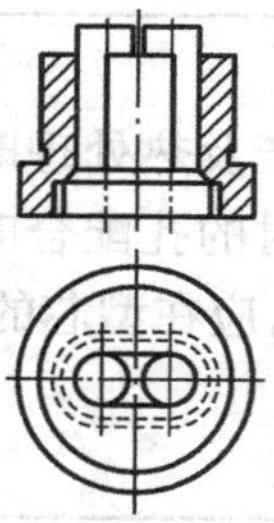	机械加工虽复杂，但消除了薄壁现象，强度高，寿命长	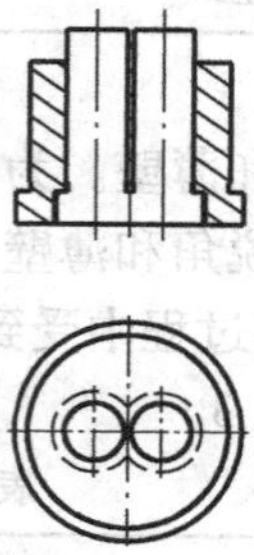	机械加工简单，但两型芯之间产生薄壁，强度差，热处理后易变形甚至产生裂纹
高出分型面的镶块	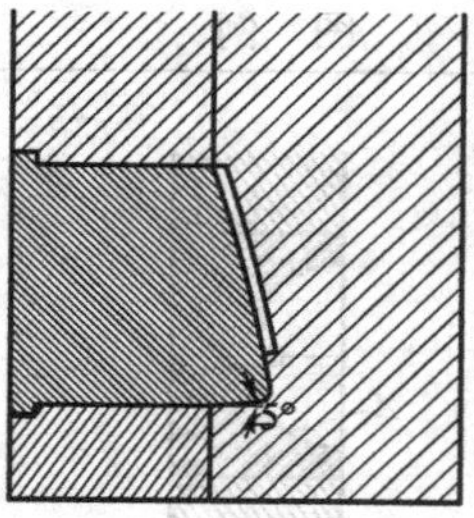	在镶块和型腔配合的凸出部分，制成5°的斜度或圆角，避免合模时切坏现象	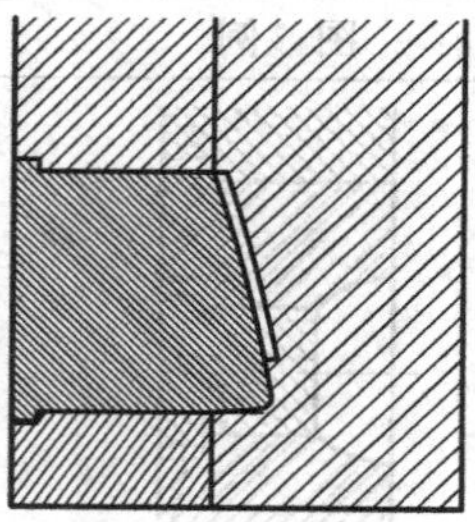	插入型腔内的镶块的凸出部分为直壁且是尖角，合模时会切坏镶块及型腔

④镶拼间隙方向与出模方向应一致。镶块或型芯的配合面，由于长期受金属液的冲蚀，使组合的边缘产生塌角而形成飞边，并逐渐扩大。若铸件飞边方向与出模方向不一致，影响铸件的取出。在动模包紧力较小的情况下，如果产生横向飞边，会使铸件滞留在定模内或使铸件变形。有利于铸件出模的镶拼结构形式见表7.4。

高速啄钻

（模具钻孔）

表7.4 有利于铸件出模的镶拼结构形式

镶块类型	推荐结构		不合理结构	
	图 例	说 明	图 例	说 明
较狭窄的平底面深型腔	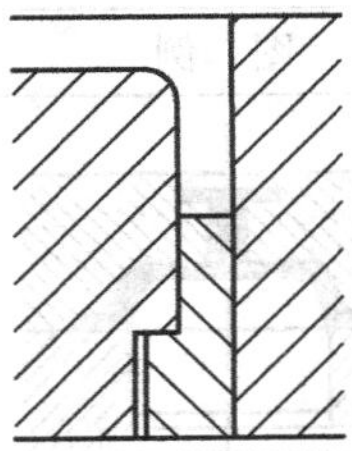	镶拼的间隙方向与铸件出模方向一致,有利铸件出模,型腔的深度尺寸便于修正。在镶块上可设置排气槽,有利于排除型腔气体	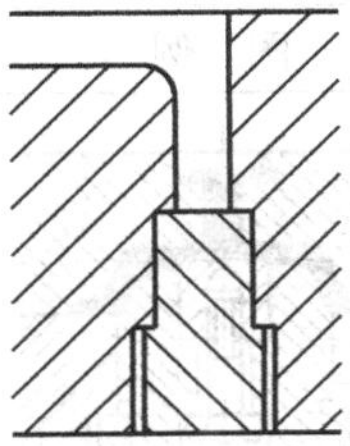	镶拼间隙方向与铸件出模方向垂直,易产生横向飞边,致使铸件滞留在定模内
深型腔底部有窄槽	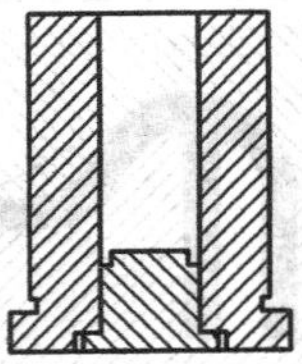	镶拼的间隙方向与铸件出模方向一致,有利铸件出模,型腔的深度尺寸便于修正。在镶块上可设置排气槽,有利于排除型腔气体	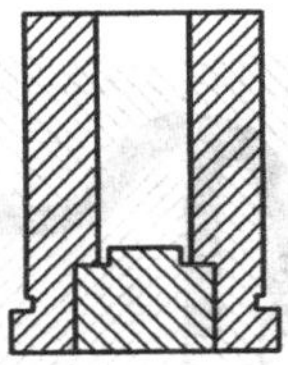	镶拼间隙方向与铸件出模方向垂直,易产生横向飞边,致使铸件滞留在定模内

⑤有利于热处理。镶块和型芯的结构应考虑热处理过程中尺寸的稳定性,尽量避免截面相差悬殊,产生锐角或锐边。对于要求清角的型腔,其镶块应从清角的分界线上进行分割,以防止热处理时变形。其结构形式见表7.5。

表7.5 防止热处理变形和开裂的结构形式

镶块类型	推荐结构		不合理结构	
	图 例	说 明	图 例	说 明
截面相差悬殊的型腔	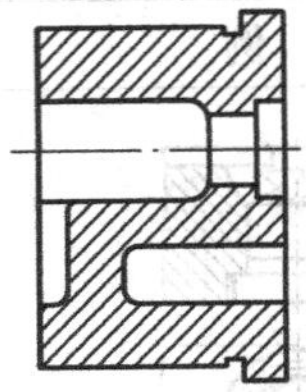	在镶块背面厚壁处适当增加工艺孔,使截面均匀,减少热处理时的变形	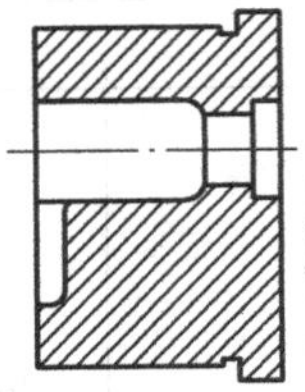	镶块截面厚薄相差悬殊,热处理时易引起变形
间距较小的深槽型腔	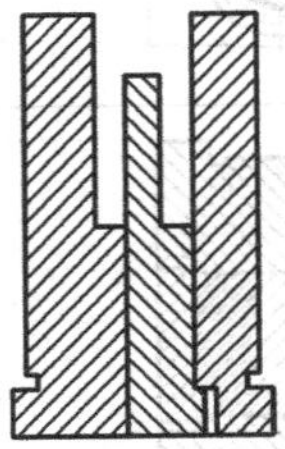	整个型腔由3件镶块拼合而成,简化热处理工艺,减少变形,热处理后便于磨削	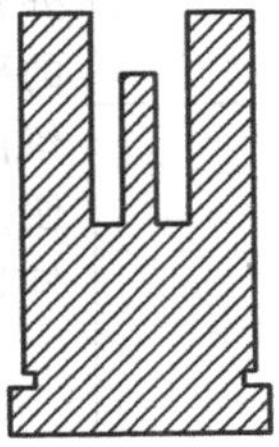	镶块中厚薄相差悬殊的薄边尖角部位在淬火冷却过程中冷却较快,在厚薄过渡区产生应力集中,易引起变形或裂纹

⑥便于维修和调换。镶块和型芯的个别凸凹易损部分、圆弧部分和局部尺寸精度要求高

的成型零件，以及受金属液冲击较大的部位，设计时应单独制成镶块，以便在折断、弯曲或磨损超差后能及时更换。其结构形式见表 7.6。

表 7.6 便于维修和调换的结构形式

镶块类型	推荐结构		不合理结构	
	图例	说明	图例	说明
局部受冲击力较大的型芯		在无法避免直接冲击的部位，可采用局部镶块，便于制造和更换	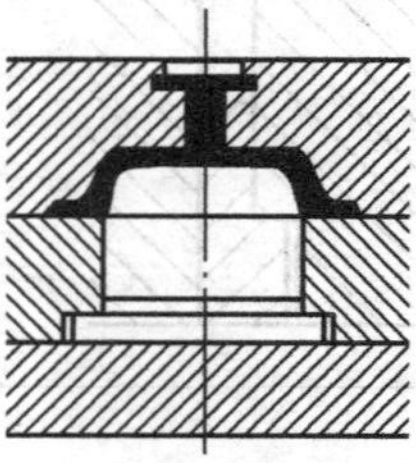	在金属液长期冲击下的型芯极易损坏，若更换整个型芯，浪费工时和材料
局部易弯曲或折断的型芯		对于凸出的易损部位采用镶块组合，有利于机械加工和热处理，弯曲、折断时更换方便	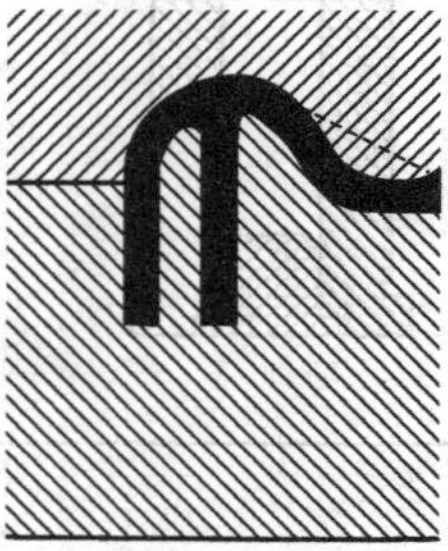	在整体型芯上局部有细长的凸出成型部分，很容易折断和弯曲，损坏后不易修复

⑦不妨碍铸件外观，有利飞边去除。设计镶块和型芯时，应尽可能减少在铸件上留有镶拼痕迹，以免影响铸件外观和减少修整工作量。镶块的拼接位置应选择在铸件的外角上，便于清除飞边，保持铸件表面平整。其结构形式见表 7.7。

表 7.7 保持铸件表面平整，便于清除飞边的结构形式

推荐结构		不合理结构	
图例	说明	图例	说明
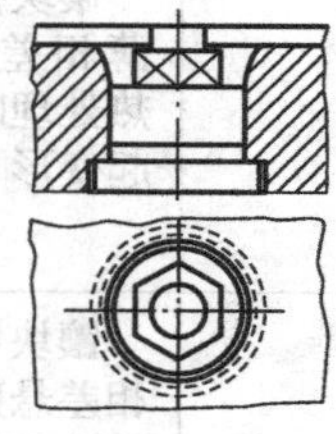	镶块拼接在铸件外角处，保持铸件的平面平整。飞边留在边缘上去除方便，不影响铸件外观	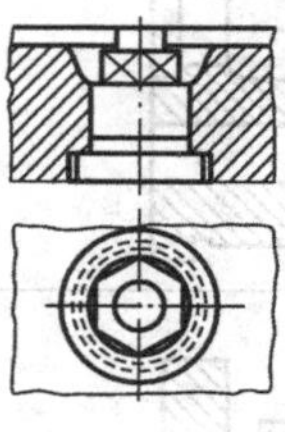	铸件的平面上残留镶块痕迹，去除飞边时破坏光滑表面，影响铸件外观
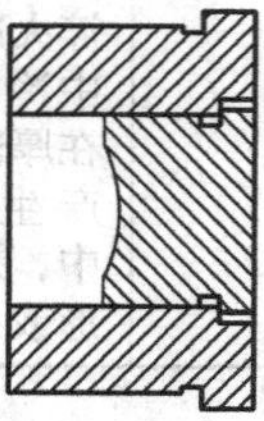		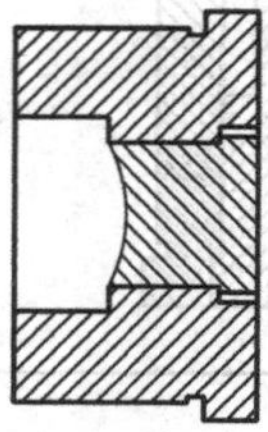	镶块拼接在圆弧和直线相交的铸件内角处，飞边去除困难，影响铸件外观

(4)镶块的固定形式

摇臂钻钻孔

镶块固定时必须保持与相关的构件有足够的稳定性，还要求便于加工和装卸。镶块一般均安装在套板或卸料板内，其安装形式有不通孔和通孔两种。

不通孔的套板结构简单，强度较高，镶块用螺钉和套板直接紧固，不用座板或支承板，节约钢材，减轻模具质量。当动、定模均为不通孔时，尤其对于一模多腔的模具要保持动、定模镶块安装孔的同轴度以及深度尺寸全部一致比较困难。

通孔的套板用台阶固定或用螺钉和座板紧固，在动、定模上镶块的安装孔其形状和大小都应该一致，便于组合加工，容易保证同轴度。镶块的固定形式很多，常用的见表7.8。

表7.8　常用镶块的固定形式

镶块安装孔形式	图　例	说　明
不通孔式	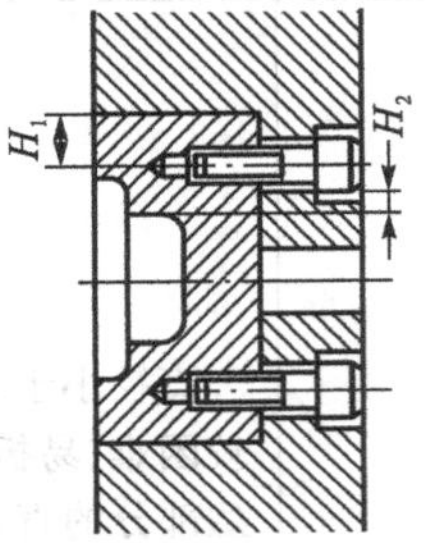	用于圆柱形镶块或型腔较浅的模具，非圆形镶块只适用于单腔模具。紧固螺钉直径和数量，应根据镶块受力情况而定，螺孔中心离镶块边缘的距离 H_1 不小于螺孔直径，螺孔边缘距型腔壁面 H_2 不小于5 mm，否则易使型腔碎裂
通孔台阶式	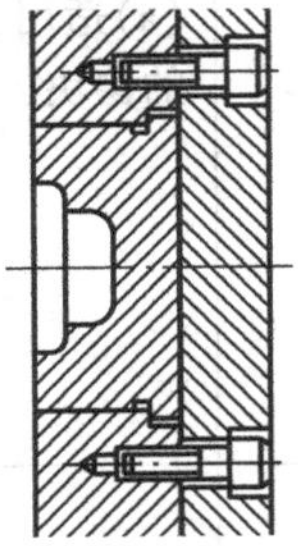	用于型腔较深或一模多腔的模具，以及对于狭小的镶块不便用螺钉紧固的模具，为了保持镶块稳定性，在接近镶块的台阶边缘处需用螺钉将套板和支承板（或座板）紧固
通孔无台阶式	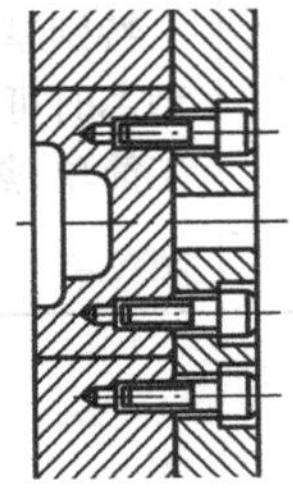	用于镶块与支承板（或座板）直接用螺钉紧固的情况，在调整镶块的厚度时，不受台阶的影响，加工更为简便
斜楔式	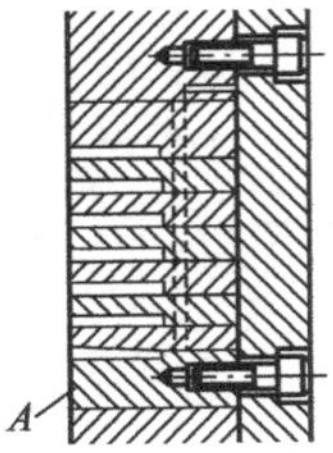	镶块采用斜楔 A 压入后用螺钉紧固，保持镶块和套板在侧壁面上配合紧密，防止产生飞边。适用于多件镶块的一种固定形式

(5)型芯的固定形式

型芯固定时必须保持与相关构件之间有足够的强度、稳定性以及便于机械加工和装卸，在金属液的冲击下或铸件卸除包紧力时不发生位移、弹性变形和弯曲断裂现象。

型芯的固定形式按模具的结构需要进行设计。其基本形式见表 7.9 及表 7.10。

表 7.9 圆形型芯的固定形式

形　式	图　例	说　明
台阶式	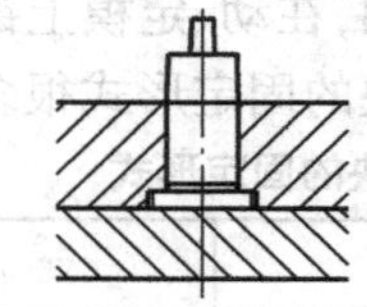	型芯靠台阶的支撑固定在镶块、滑块或动模套板内，制造和装配简便，应用广泛，但台阶必须用座板压紧，也适用于卸料板结构模具中的活动型芯
加强式	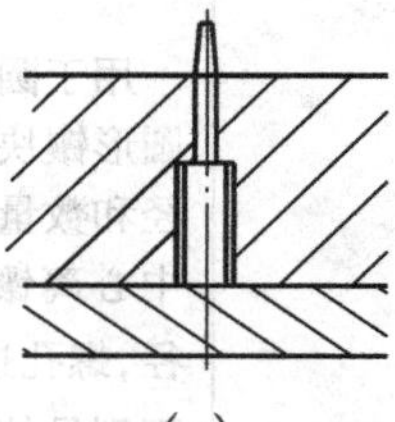 (a) 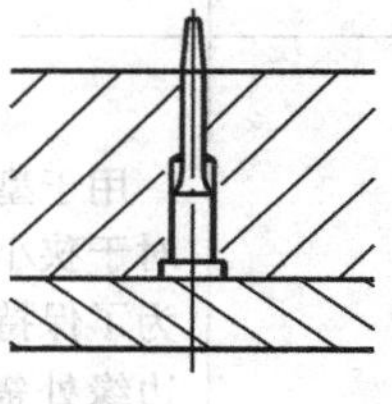 (b)	直径小于 6 mm 左右的细长型芯，加工比较困难，易折断和弯曲，为增加强度将非成型部分的直径放大，适当增加台阶高度。图(a)适用于较薄的镶块；图(b)适用于较厚的镶块
接长式	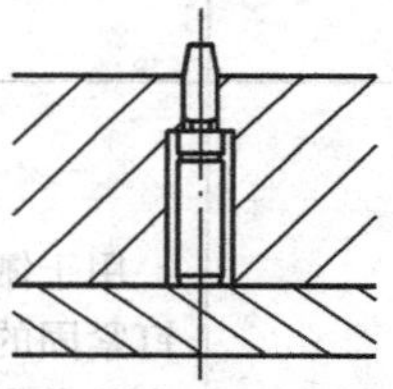	特别厚的镶块在较长的大型芯内固定小型芯时可采用此形式。节省耐热合金钢，加工简单，热处理不易变形

续表

形　式	图　例	说　明
螺塞式	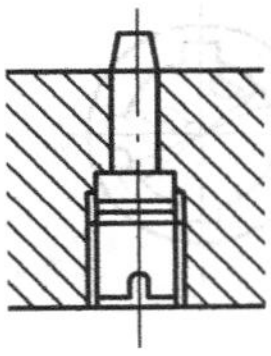	当型芯后面无座板时，采用螺塞固定型芯。带槽的螺塞加工简单，适用于在较薄的镶块或固定板上小型芯的固定。螺塞也可采用内六角平端紧固螺钉
	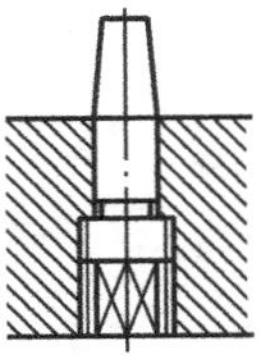	带有方扳手孔的螺塞，拧紧力较大，适用在较高的镶块、固定板滑块或斜滑块上型芯的固定。适用于型芯固定部位直径≥12 mm
	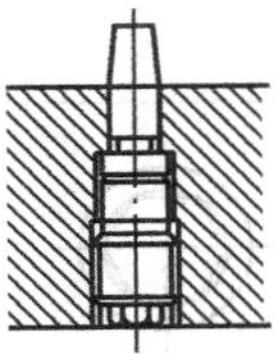	带有外六角的螺塞，拧紧力较大，适用在厚度大的镶块、固定板滑块或斜滑块上型芯的固定。适用于型芯固定部位的直径≥10 mm
压配式	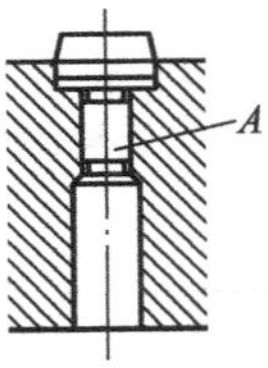	适用于包紧力很小的型芯，或由于固定的相关构件很高，型芯太长，加工困难的场合。非成型部分 *A* 采用静配合
螺栓式	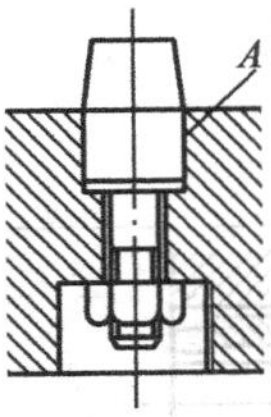	型芯的尾端用六角螺母固定，非成型 *A* 段配入镶块内，防止型芯受金属液冲击产生位移。加工方便，适用于固定在较厚镶块内的圆形型芯，装配后不需座板压紧
螺钉式	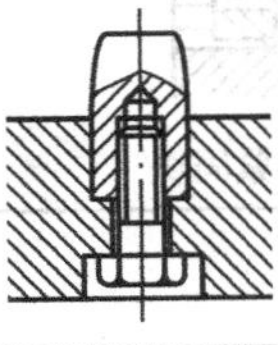	适用于固定在较厚镶块内较大的圆柱形型芯或矩形型芯

表 7.10　异形型芯的固定形式

形式		图例	说明
带凸筋的异形型芯	型芯固定部位	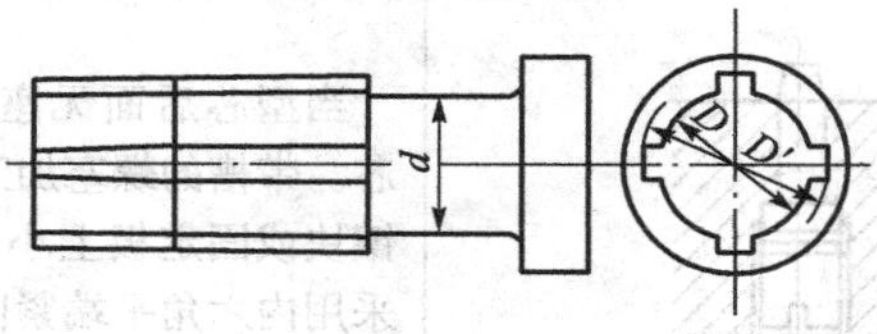(a)	型芯固定部位直径应小于型芯最小轮廓的圆柱体，即 $d<D$（图(a)），使磨削方便
	型芯固定形式	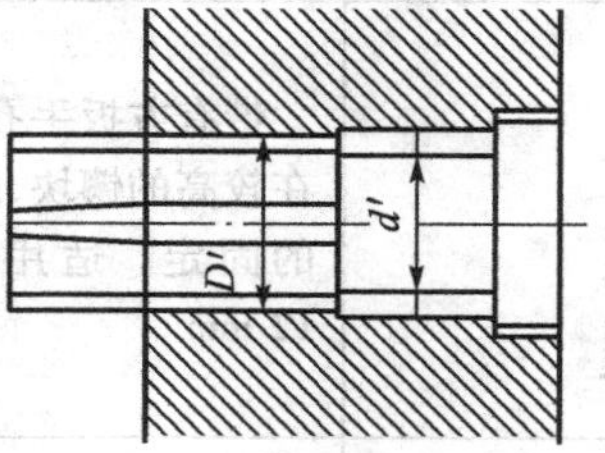(b)	型芯固定孔后部应扩大，即 $d'>D'$（图(b)），以缩短型芯固定孔后的配合长度，加工方便
加强式异形型芯	型芯固定部位	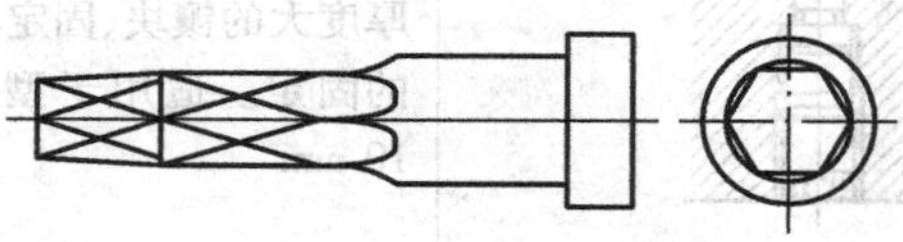(a)	对于细而长的型芯，型芯非成型部位应大于型芯最大轮廓的圆柱体，便于机械加工时，过渡处有圆弧增强（图(a)）
	型芯固定形式	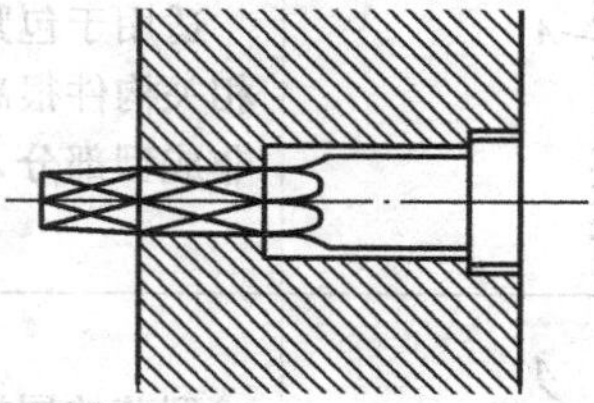(b)	型芯固定孔后部应扩大，以缩短型芯固定孔后的配合长度，加工方便（图(b)）
带凹槽异形型芯		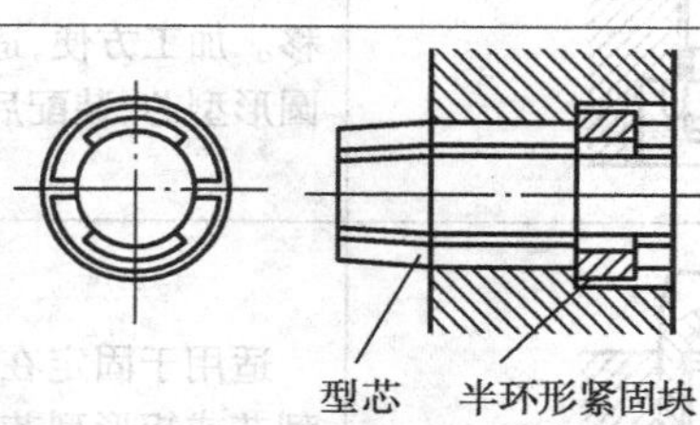	型芯外形便于磨削。固定部位的凹槽配入一对半环形紧固块，定位可靠

(6) 镶块和型芯的止转形式

圆柱形镶块或型芯，成型部分为非回转体时，为了保持动、定模镶块和其他零件的相关位置，必须采用止转措施。

常用的镶块（或型芯）止转形式见表 7.11。

表 7.11　常用的镶块(或型芯)止转形式

形　式	图　例	说　明
销钉式	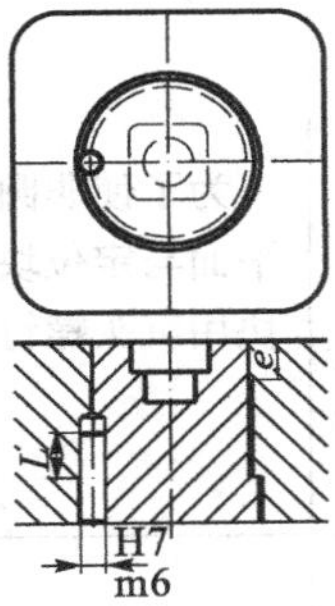	加工简便,应用范围较广,但由于销钉的接触面小,经多次拆卸后,容易磨损而影响装配精度。为便于装配,必须使 $L>e$
平键式	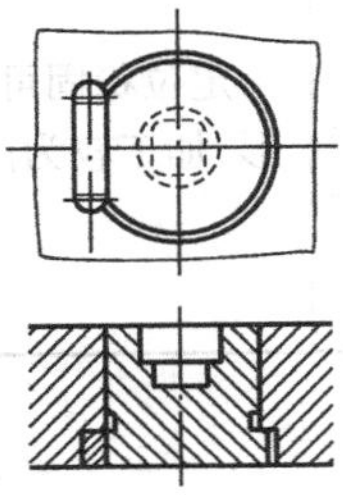	在镶块局部台阶上磨一直边与设在套板内的方头子键定位。此形式接触面积较大,精度较高
	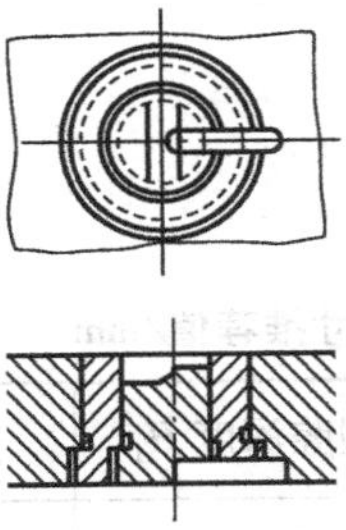	组合镶块装在套板内位置对准后再加工键槽,用圆头子键固定,定位可靠,精度较高
半圆键式	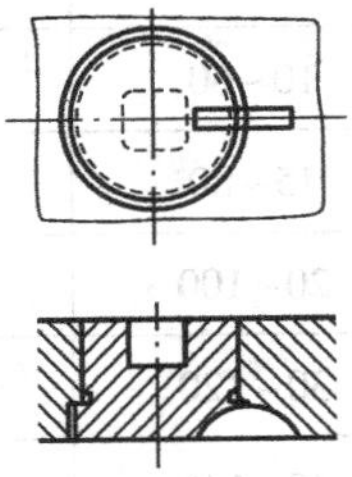	加工方便,定位可靠,精度较高

续表

形　式	图　例	说　明
平面式	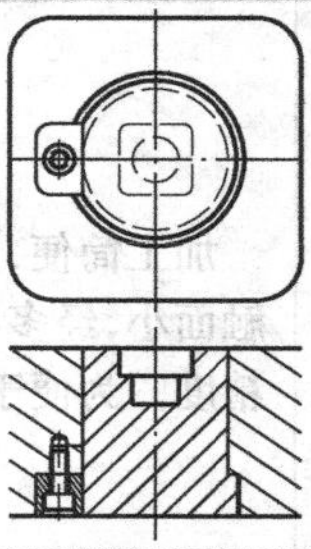	为了使非圆形沉孔机械加工方便，镶块台阶平面与定位块接合，易达到较高的精度。定位块用沉头螺钉固定
	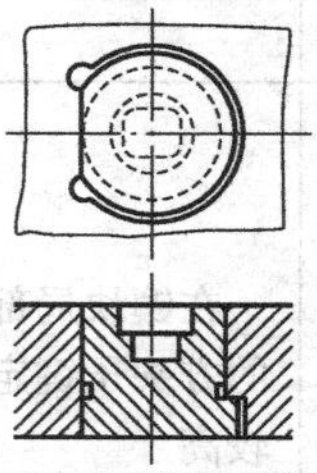	定位稳固可靠，模具拆卸简便。沉孔为非圆形，加工较为困难

7.1.2　成型零件尺寸的设计计算

模具胚料下料

(1)成型零件的主要结构尺寸

1)镶块的主要尺寸

①镶块壁厚尺寸见表7.12。

表7.12　镶块壁厚尺寸推荐值/mm

	型腔长边尺寸 L	型腔深度 H_1	镶块壁厚 h	镶块底厚 H
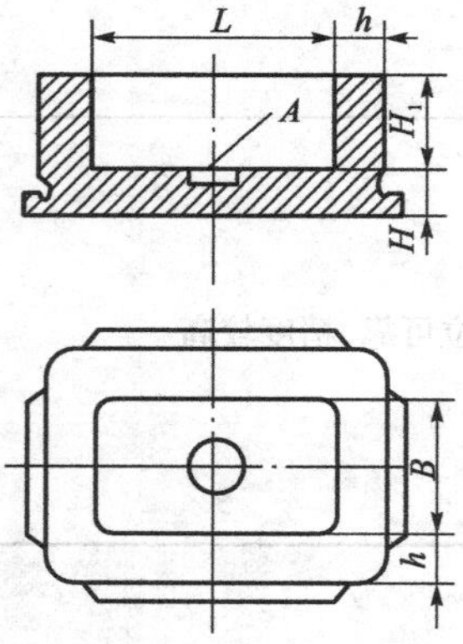	≤80	5~50	15~30	≥15
	>80~120	10~60	20~35	≥20
	>120~160	15~80	25~40	≥25
	>160~220	20~100	30~45	≥30
	>220~300	30~120	35~50	≥35
	>300~400	40~140	40~60	≥40
	>400~500	50~160	45~80	≥45

注：1.型腔长边尺寸 L 及深度尺寸 H_1 是指整个型腔侧面的大部分面积，对局部较小的凹坑 A，在查表时不应计算在型腔尺寸范围内。

2.镶块壁厚尺寸 h 与型腔的侧面积($L \times H_1$)成正比，凡深度 H_1 较大，几何形状复杂易变形者 h 应取较大值。

3.镶块底部壁厚尺寸 H 与型腔底部投影面积和深度 H_1 成正比，当型腔短边尺寸 B 小于 $\frac{1}{3}L$ 时，表中 H 值应适当减小。

4.当套板中的镶块安装孔为通孔结构时，深度 H_1 较小的型腔应保持镶块高度与套板厚度一致，H 值可相应增加，不受限制。

5.在镶块内设有水冷或电加热装置时，其壁厚根据实际需要，适当增加。

②整体镶块台阶尺寸见表 7.13。

表 7.13　整体镶块台阶尺寸推荐值/mm

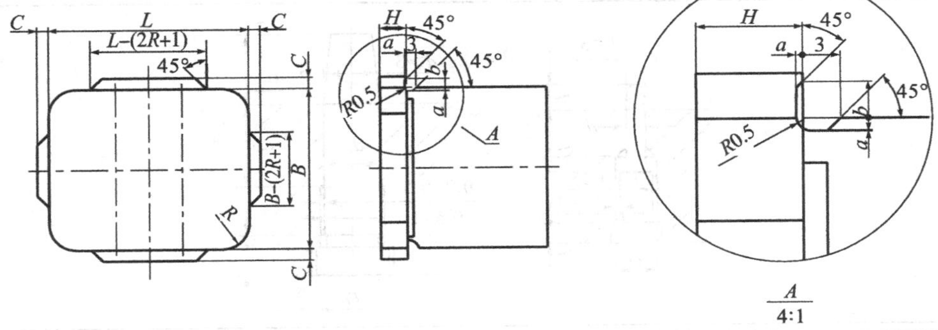

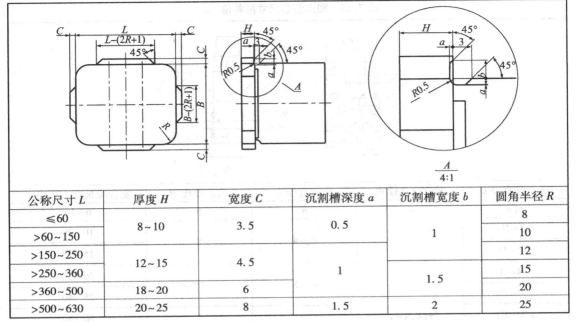

公称尺寸 L	厚度 H	宽度 C	沉割槽深度 a	沉割槽宽度 b	圆角半径 R
≤60	8~10	3.5	0.5	1	8
>60~150					10
>150~250	12~15	4.5	1		12
>250~360				1.5	15
>360~500	18~20	6			20
>500~630	20~25	8	1.5	2	25

注：1.根据受力状态台阶可设在 4 个侧面或长边的两侧。

2.组合镶块的台阶 H 和 C，根据需要也可选取表内尺寸系列。如在同一套板安装孔内的组合镶块，其公称尺寸 L 系指装配后全部组合镶块的总外形尺寸。

3.对薄片状的组合镶块，为提高强度，可取 $H \geqslant 15$ mm，但不应大于套板高度的 $\frac{1}{3}$。

加工中心精铣模芯

③组合式成型镶块固定部分长度见表 7.14。

表 7.14　组合式成型镶块固定部分长度推荐值/mm

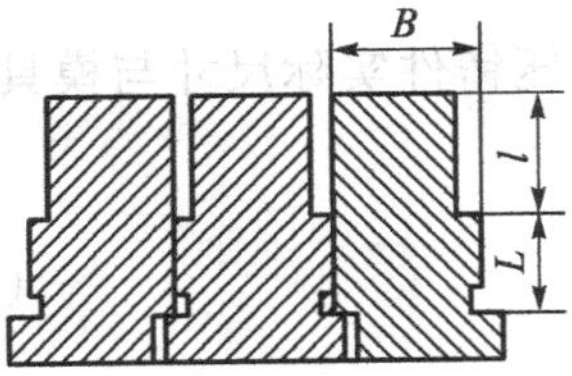

简　图	成型部分长度 l	固定部分短边尺寸 B	固定部分长度 L
（见上图）	≤20	≤20	>20
		>20	>15
	>20~30	≤20	>25
		20~40	>25
		>40	>20
	>30~50	≤20	>30
		20~40	>25
		>40	>20
	>50~80	≤20	>40
		20~40	>35
		>40	>30
	>80~120	≤20	>45
		20~50	>40
		>50	>35

2)型芯的主要尺寸

①圆形型芯尺寸见表 7.15。

表 7.15　圆形型芯尺寸推荐值/mm

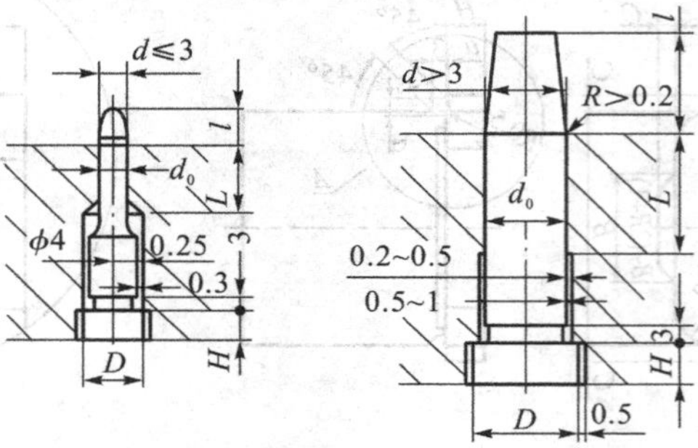

成型段直径 d	配合段直径 d_0	台阶直径 D	台阶厚度 H	配合段长度 L 不小于
≤3	4	8	5	6~10
>3~10	d+(0.4~1)	d_0+4	8	10~20
>10~18				15~25
>18~30		d_0+5	10	20~30
>30~50				25~40
>50~80		d_0+6	12	30~50
>80~120				40~60
>120~180		d_0+8	15	50~80
>180~260				70~100
>260~360		d_0+10	20	90~120

注:1.为了便于应用标准工具加工孔径 d_0,公称尺寸应取整数或取标准铰刀的尺寸规格。
2.为了防止型芯表面与相应配合件的孔之间的擦伤,d_0 部位应大于 d。
3.d 和 d_0 两段不同直径的交界处采用圆角或 45°倒角过渡。
4.配合段长度 L 的具体数值,可按成型部分长度 l 选定,如 l 段为较长($l \geqslant 2 \sim 3d$)的型芯,L 值应取较大值。

②带螺纹孔圆形型芯成型部分的长度、固定部分的长度和螺孔直径见表 7.16。

(2)成型部分尺寸的计算、公差选用及标注方法

1)压铸件的收缩率

①压铸件的实际收缩率 $\varphi_{实}$ 是指室温时的模具成型尺寸减去压铸件实际尺寸与模具成型尺寸之比,即

$$\varphi_{实} = \frac{A_{型} - A_{实}}{A_{型}} \times 100\% \tag{7.1}$$

式中　$A_{型}$——室温下模具成型尺寸,mm;

$A_{实}$——室温下压铸件实际尺寸,mm。

表 7.16　圆形型芯成型部分的长度、固定部分的长度和螺孔直径推荐值/mm

成型段直径 d	成型部分长度 l	固定部分长度 L（不小于）	螺孔数量和直径 d_0 *	
10~20	≈15	15	M8	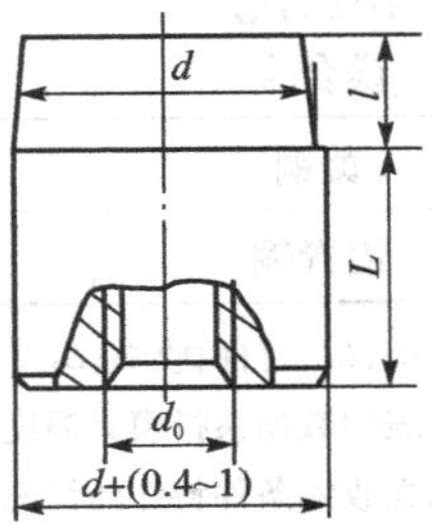
>20~25	≈10	20	M8	
	>10~20	25	M10	
>25~30	≈10	20	M10	
	>10~20	25	M12	
>30~40	≈10	25	M12 或 3-M6	
	>10~20	30	M12 或 3-M6	
>40~55	<10	25	M16 或 3-M8	
	>10~15	30	M16 或 3-M8	
	>15~20	35	M16 或 3-M8	
>55~70	<15	30	M16 或 3-M10	
	>15~20	35	M16 或 3-M10	
	>20~25	40	M16 或 3-M10	
>70~90	<15	40	M20 或 3-M12	
	>15~20	45	M20 或 3-M12	
	>20~30	50	M24 或 3-M16	

注：采用这种固定形式的型芯其成型部分长度 l 不宜太长。

＊栏内的代号说明示例如下：

M12 或 3-M6 表示选用一个螺钉紧固时螺纹直径为 M12；若选用 3 个螺钉紧固时，螺纹直径为 M6。

②设计模具时计算成型零件所采用的收缩率为计算收缩率 φ，它包括了铸件收缩值及模具成型零件在工作温度时的体积膨胀值。其值可确定为

$$\varphi = \frac{A' - A}{A} \times 100\% \tag{7.2}$$

式中　A'——通过计算模具成型零件的尺寸，mm；

A——铸件的基本尺寸，mm。

常见的各种合金在计算模具成型尺寸时的计算收缩率见表 7.17。

表 7.17　各种合金压铸件计算收缩率推荐值/mm

合金种类	收缩条件		
	阻碍收缩	混合收缩	自由收缩
	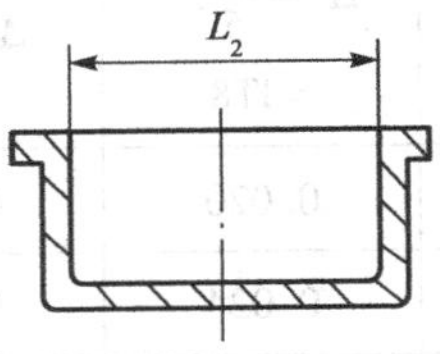	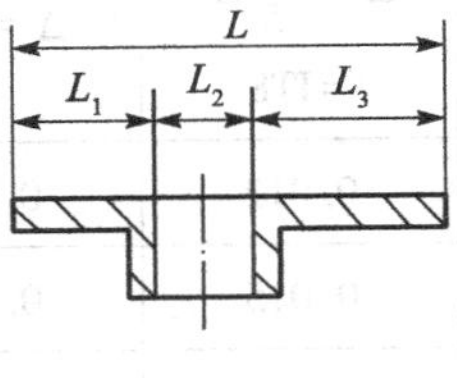	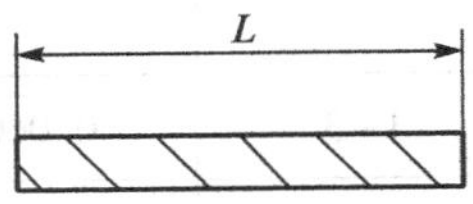
	计算收缩率/%		

续表

铅锡合金	0.2~0.3	0.3~0.4	0.4~0.5
锌合金	0.3~0.4	0.4~0.6	0.6~0.8
铝硅合金	0.3~0.5	0.5~0.7	0.7~0.9
铝硅铜合金 铝镁合金 镁合金	0.4~0.6	0.6~0.8	0.8~1.0
黄铜	0.5~0.7	0.7~0.9	0.9~1.1
铝青铜	0.6~0.8	0.8~1.0	1.0~1.2

注：1.L_1，L_3—自由收缩；L_2—阻碍收缩。

2.表中数据系指模具温度、浇注温度等工艺参数为正常时的收缩率。

3.在收缩条件特殊的情况下，可按表中推荐值适当增减。

③压铸件的收缩率应根据铸件结构特点，阻碍收缩的条件，收缩方向，铸件壁厚，合金成分以及有关工艺因素等确定。其一般规律如下：

a.铸件结构复杂，型芯多，阻碍收缩大时则收缩率较小；反之收缩率较大。

b.铸件包住型芯的径向尺寸处在受阻碍方向，收缩率较小；与型芯轴线平行方向的尺寸处在自由收缩方向，收缩率较大。

c.薄壁铸件收缩率较小，厚壁铸件收缩率较大。

d.铸件出模时温度越高，铸件同室温的温差越大，则收缩率也大。

e.包容嵌件部分的铸件尺寸在收缩时由于受到嵌件的阻碍，收缩率小。

f.铸件的收缩率也受模具热平衡的影响。同一铸件的不同部位，即使收缩受阻的条件相同，由于温度的不均衡，收缩率也不一致，近浇口端铸件温度高，收缩率较大，离浇口远的一端，温度低，则收缩率较小。对于尺寸较大的铸件尤为显著。

2）模具制造公差

模具制造公差是成型部分在进行机械加工过程中允许的误差，以Δ'表示。在通常情况下，Δ'值取压铸件公差Δ值的$\frac{1}{5}$~$\frac{1}{4}$，一般不高于GB 1800—1979中IT9级精度，个别尺寸必要时Δ'可取IT8或IT7，按铸件公差所推荐的模具制造公差确定，见表7.18。

表7.18 按铸件公差所推荐的模具制造公差/mm

基本尺寸	Δ=IT11	$\Delta'=\frac{1}{5}\Delta$=IT8	Δ=IT12	$\Delta'=\frac{1}{5}\Delta$=IT8	Δ=IT14	$\Delta'=\frac{1}{4}\Delta$=IT11
1~3	0.060	0.012	0.100	0.020	0.250	0.063
3~6	0.075	0.015	0.120	0.024	0.300	0.075
6~10	0.090	0.018	0.150	0.030	0.360	0.090
10~18	0.110	0.022	0.180	0.036	0.430	0.108

续表

基本尺寸	Δ =IT11	$\Delta'=\frac{1}{5}\Delta$ =IT8	Δ =IT12	$\Delta'=\frac{1}{5}\Delta$ =IT8	Δ =IT14	$\Delta'=\frac{1}{4}\Delta$ =IT11
18~30	0.130	0.026	0.210	0.042	0.520	0.130
30~50	0.160	0.032	0.350	0.050	0.620	0.155
50~80	0.190	0.038	0.300	0.060	0.740	0.185
80~120	0.220	0.044	0.350	0.070	0.870	0.218
120~180	—	—	0.400	0.080	1.000	0.250
180~250	—	—	0.460	0.092	1.150	0.288
250~315	—	—	—	—	1.300	0.325
315~400	—	—	—	—	1.400	0.350

注：1.表内偏差适用于型腔、型芯尺寸。

2.中心距离、位置尺寸的模具制造偏差应按下列原则确定，铸件公差为 CT4—CT8 级精度时Δ'取 1/5Δ，铸件公差大于或等于 CT9 时Δ'取 1/4Δ。

3）成型部分尺寸计算要点

①影响铸件尺寸精度的因素

影响压铸件尺寸精度的主要因素如 1.2.2 中所述。因此，要对成型尺寸进行精确计算是较困难的，为了保证铸件的尺寸精度在所规定的公差范围内，在计算成型部分制造尺寸时，主要以铸件的偏差值以及偏差方向作为计算的调整值，以补偿因收缩率变化而引起的尺寸误差，并考虑试模时有修正的余地以及正常生产过程中的模具磨损。

②模具成型尺寸的基本计算公式

模具成型尺寸可按下式计算为

$$A'^{+\Delta'}_{0} = (A + A\varphi - n\Delta)^{+\Delta'}_{0} \tag{7.3}$$

$$A'^{0}_{-\Delta'} = (A + A\varphi + n\Delta)^{0}_{-\Delta'} \tag{7.4}$$

$$A' \pm \frac{\Delta'}{2} = (A + A\varphi) \pm \frac{\Delta'}{2} \tag{7.5}$$

$$A' \pm \frac{\Delta'}{2} = \left(A + A\varphi - \frac{\Delta}{24}\right) \pm \frac{\Delta'}{2} \tag{7.6}$$

$$A' \pm \frac{\Delta'}{2} = \left(A + A\varphi + \frac{\Delta}{24}\right) \pm \frac{\Delta'}{2} \tag{7.7}$$

式中　A'——通过计算模具成型零件的尺寸，mm；

A——铸件的基本尺寸，mm；

φ——压铸件的计算收缩率，%；

n——补偿和磨损系数；当铸件尺寸为 GB/T 6414—1999 中的 CT9—CT6 级精度，压铸工艺不易稳定控制或其他因素难以估计时，取 $n=0.5\sim0.7$；当铸件尺寸精度为 CT5—CT2 时，取 $n=0.45$；

Δ ——铸件的公差,mm;

Δ'——模具成型部分的制造偏差,mm。

型腔和型芯尺寸的制造偏差Δ'规定如下:

当铸件尺寸精度为 CT5—CT2 时,Δ'取 $1/5\Delta$ 。

当铸件尺寸精度为 CT9—CT6 时,Δ'取 $1/4\Delta$ 。

中心距离、位置尺寸的制造偏差Δ'规定如下:

当铸件尺寸精度为 CT6—CT2 时,Δ'取 $1/5\Delta$ 。

当铸件尺寸精度为 CT9—CT7 时,Δ'取 $1/4\Delta$ 。

型腔径向尺寸和深度尺寸按式(7.3)计算;型芯径向尺寸和高度尺寸按式(7.4)计算;中心距离或位置尺寸按式(7.5)计算;凹槽或型芯中心线到凹模侧壁的尺寸按式(7.6)计算;凹槽或型芯中心线到凸模侧壁的尺寸按式(7.7)计算。

③成型尺寸的分类及注意事项

成型尺寸主要可分为型腔尺寸(包括型腔深度尺寸),型芯尺寸(包括型芯高度尺寸),成型部分的中心距离和位置尺寸,螺纹型环尺寸及螺纹型芯尺寸等5类。

计算各类成型尺寸时,应注意事项如下:

a.型腔磨损后,尺寸增大。因此,计算型腔尺寸时,应保持铸件外形尺寸接近最小极限尺寸。

b.型芯磨损后,尺寸减小。因此,计算型芯尺寸时,应保持铸件内形尺寸接近于最大极限尺寸。

c.两个型芯或型腔之间的中心距离和位置尺寸,与磨损量无关,应保持铸件尺寸接近于最大和最小两个极限尺寸的平均值。

d.受模具的分型面和滑动部分(如抽芯机构等)影响的尺寸应另行修正,见表7.19。

表7.19　受分型面和滑动部分影响的尺寸修正量

尺寸部位	简　图	计算注意事项	备　注
受分型面影响的尺寸	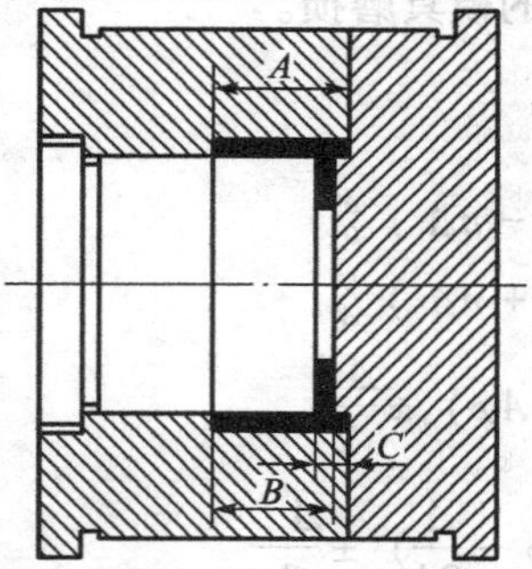	A,B,C 尺寸按表7.20中公式计算数值一般应再减小0.05~0.2 mm(按设备条件、铸件结构和模具结构等情况确定)	因操作中清理工作不当而影响铸件尺寸,不计在内
受滑动部分影响的尺寸	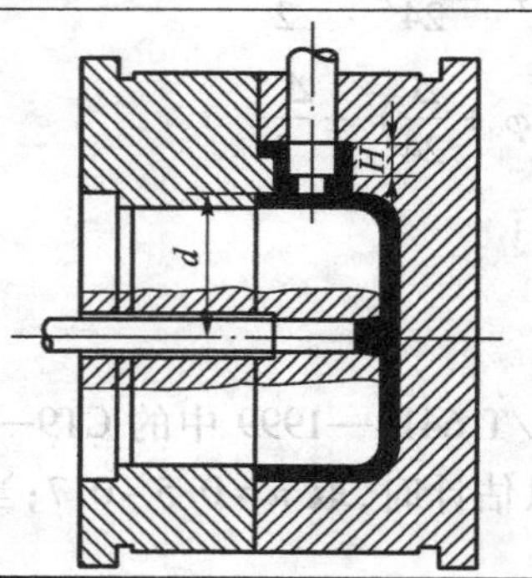	d尺寸按表7.20中公式计算数值,一般不应再减小0.05~0.2 mm;H尺寸按表7.21中公式计算数值一般应再增加0.05~0.2 mm(按滑动型芯端面的投影面积大小和模具结构而定)	

e.螺纹型环和螺纹型芯尺寸的计算，应按照 GB 192—1981 中的规定。为保证铸件的外螺纹内径在旋合后与内螺纹最小内径有间隙，因此，计算螺纹型环的螺纹内径时，应考虑最小配合间隙 x 最小，一般 x 最小值为 0.02～0.04 螺距。为便于在普通机床上加工型环和型芯的螺纹，一般不考虑螺距的收缩值，而采取增大螺纹型芯的螺纹中径尺寸和减小螺纹型环的螺纹中径尺寸的办法，以弥补因螺距收缩而引起螺纹旋合误差。成型部分的螺距制造偏差可取 ±0.02 mm。螺纹型芯和型环必须有适当的脱模斜度，一般取 30′。

f.凡是有脱模斜度的各类成型尺寸，首先应保证与铸件图上所规定尺寸的大小端部位一致，一般在铸件图上未明确规定尺寸的大小端部位时，需要按照铸件的尺寸是否留有加工余量考虑。对无加工余量的铸件尺寸，应保证铸件在装配时不受阻碍为原则，对留有加工余量的铸件尺寸（铸件单面的加工余量一般在 0.3～0.8 mm 范围内选取，如有特殊原因可适当增加，但不能超过 1.2 mm）应保证切削加工时有足够的余量为原则，故作如下规定，如图 7.3 所示。

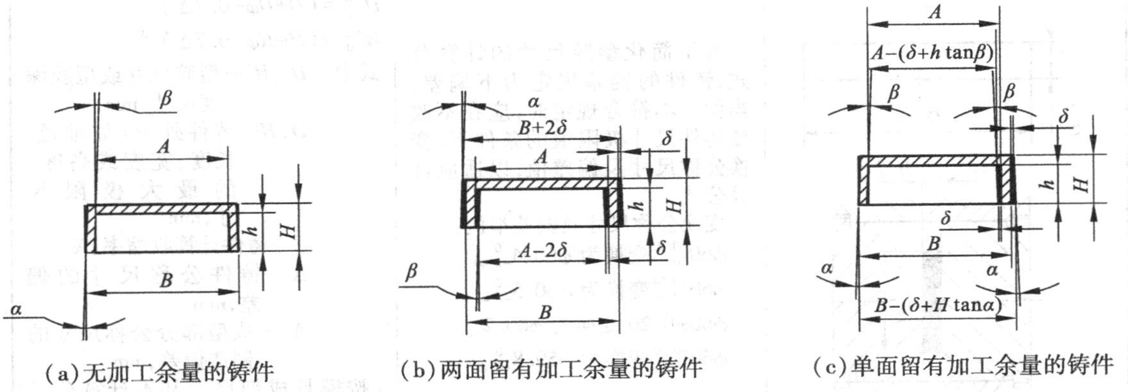

图 7.3　有脱模斜度的各类成型尺寸检验时的测量点位置

A—铸件孔尺寸；B—铸件轴的尺寸；h—铸件内孔深度；H—铸件外形高度；

α—外表面脱模斜度；β—内表面脱模斜度；δ—机械加工余量

图 7.3(a)为无加工余量的铸件，其尺寸参照以下规定：

ⅰ.型腔尺寸以大端为基准，另一端按脱模斜度相应减小。

ⅱ.型芯尺寸以小端为基准，另一端按脱模斜度相应增大。

ⅲ.螺纹型环、螺纹型芯尺寸，成型部分的螺纹外径、中径及内径各尺寸均以大端为基准。

图 7.3(b)为双面留有加工余量的铸件，其尺寸参照以下规定：

ⅰ.型腔尺寸以小端为基准。

ⅱ.型芯尺寸以大端为基准。

ⅲ.螺纹型环，按铸件的结构需采用两半分型的螺纹型环的结构时为了消除螺纹的接缝、椭圆度、轴向错位（两半型的牙型不重合）以及径向偏移等缺陷，可将铸件的螺纹中径尺寸增加 0.2～0.3 mm 的加工余量，以便采用板牙套丝。

图 7.3(c)为单面留有加工余量的铸件，其尺寸参照以下规定：

ⅰ.型腔尺寸以非加工面的大端为基准，加上斜度值及加工余量，另一端以脱模斜度值相应减小。

ⅱ.型芯尺寸以非加工面的小端为基准，减去斜度值及加工余量，另一端按脱模斜度值相应放大。

g.一般铸件的尺寸公差应不包括脱模斜度而造成的尺寸误差，凡是在铸件图上特别注明要求脱模斜度在铸件公差范围内的尺寸，则应先进行验证，即

$$\Delta_1 = 2.7H\tan\alpha \tag{7.8}$$

式中 Δ_1——铸件公差，mm；

H——脱模斜度处的深度或高度，mm；

α——压铸工艺所允许的最小脱模斜度。

当验证结果不能满足时，则应留有加工余量，待压铸后再进行机械加工来保证。

④各种类型成型尺寸的计算（见表7.20—表7.24）

7.20 型腔尺寸计算

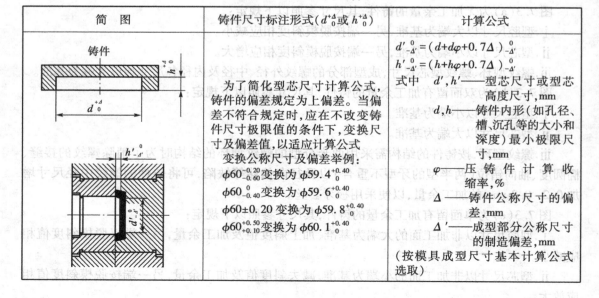

简　图	铸件尺寸标注形式（$D^{0}_{-\Delta}$或$H^{0}_{-\Delta}$）	计算公式
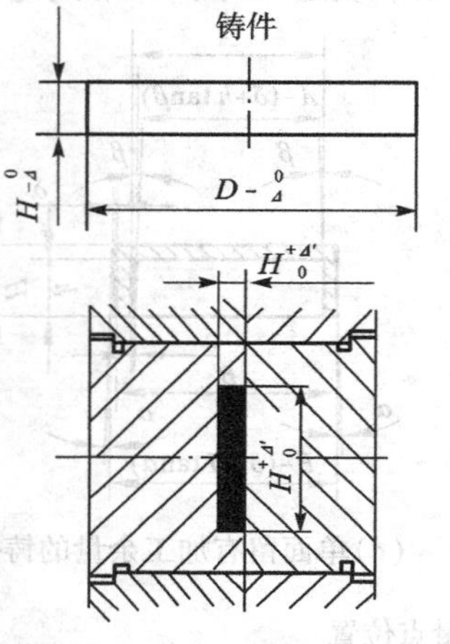	为了简化型腔尺寸的计算公式，铸件的偏差规定为下偏差。当偏差不符合规定时，应在不改变铸件尺寸极限值的条件下，变换公称尺寸及偏差值，以适应计算公式 变换公称尺寸及偏差举例： $\phi60^{+0.40}_{0}$变换为$\phi60.4^{0}_{-0.40}$ $\phi60^{+0.50}_{+0.10}$变换为$\phi60.5^{0}_{-0.40}$ $\phi60\pm0.20$变换为$\phi60.2^{0}_{-0.40}$ $\phi60^{-0.20}_{-0.60}$变换为$\phi59.8^{0}_{-0.40}$	$D'^{+\Delta'}_{0}=(D+D\varphi-0.7\Delta)^{+\Delta'}_{0}$ $H'^{+\Delta'}_{0}=(H+H\varphi-0.7\Delta)^{+\Delta'}_{0}$ 式中　D'，H'—型腔尺寸或型腔深度尺寸，mm D，H—铸件外形（如轴径、长度、宽度或高度）的最大极限尺寸，mm φ—铸件计算收缩率，% Δ—铸件公称尺寸的偏差，mm Δ'—成型部分公称尺寸的制造偏差，mm （按模具成型尺寸基本计算公式选取）

表7.21 型芯尺寸计算

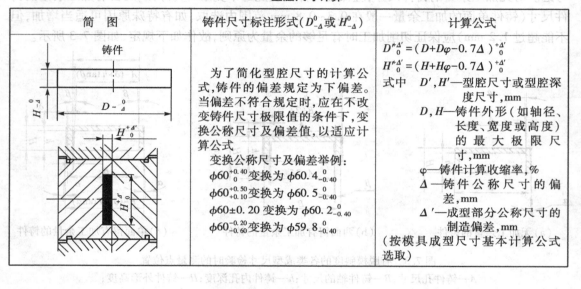

简　图	铸件尺寸标注形式（$d^{+\Delta}_{0}$或$h^{+\Delta}_{0}$）	计算公式
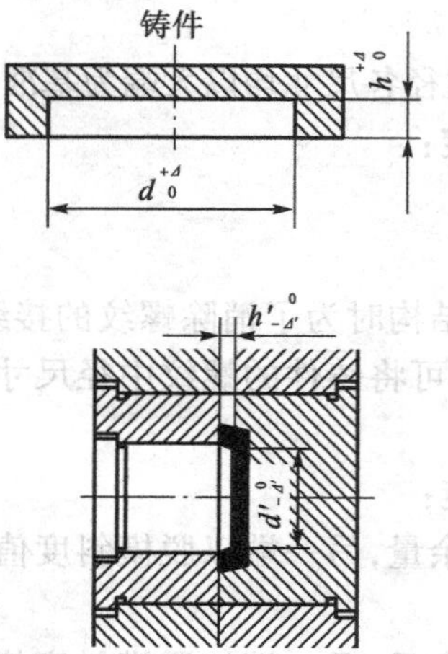	为了简化型芯尺寸计算公式，铸件的偏差规定为上偏差。当偏差不符合规定时，应在不改变铸件尺寸极限值的条件下，变换尺寸及偏差值，以适应计算公式 变换公称尺寸及偏差举例： $\phi60^{-0.20}_{-0.60}$变换为$\phi59.4^{+0.40}_{0}$ $\phi60^{0}_{-0.40}$变换为$\phi59.6^{+0.40}_{0}$ $\phi60\pm0.20$变换为$\phi59.8^{+0.40}_{0}$ $\phi60^{+0.50}_{+0.10}$变换为$\phi60.1^{+0.40}_{0}$	$d'^{0}_{-\Delta'}=(d+d\varphi+0.7\Delta)^{0}_{-\Delta'}$ $h'^{0}_{-\Delta'}=(h+h\varphi+0.7\Delta)^{0}_{-\Delta'}$ 式中　d'，h'——型芯尺寸或型芯高度尺寸，mm d，h——铸件内形（如孔径、槽、沉孔等的大小和深度）最小极限尺寸，mm φ——压铸件计算收缩率，% Δ——铸件公称尺寸的偏差，mm Δ'——成型部分公称尺寸的制造偏差，mm （按模具成型尺寸基本计算公式选取）

表 7.22　中心距离、位置尺寸计算

简　图	铸件尺寸标注形式（$L\pm\Delta$）	计算公式
铸件 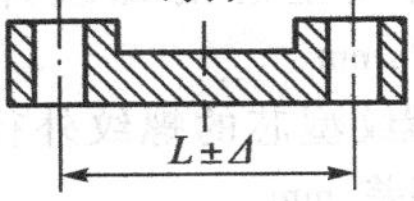 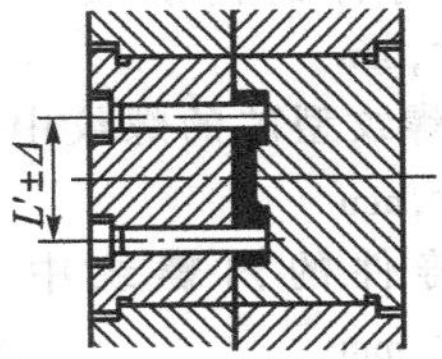	为了简化中心距离、位置尺寸计算公式，铸件中心距离、位置尺寸的偏差规定为双向等值。当偏差值不符合规定时，应在不改变铸件尺寸极限值的条件下，变换公称尺寸及偏差值，以适应计算公式 变换公称尺寸及偏差举例： $60^{-0.20}_{-0.60}$变换为 59.6±0.20 $60^{\ 0}_{-0.40}$变换为 59.8±0.20 $60^{+0.30}_{-0.10}$变换为 60.1±0.20 $60^{+0.40}_{\ 0}$变换为 60.2±0.20 $60^{+0.50}_{+0.10}$变换为 60.3±0.20	$L'\pm\Delta'=(L+L\varphi)\pm\Delta'$ 式中　L'—成型部分的中心距离、位置的平均尺寸，mm L—铸件中心距离、位置的平均尺寸，mm φ—压铸件计算收缩率，% Δ—铸件中心距离、位置尺寸的偏差，mm Δ'—成型部分中心距离、位置尺寸的偏差，mm （按模具成型尺寸基本计算公式选取）

表 7.23　螺纹型环尺寸计算

简　图	计算公式	说　明	备　注
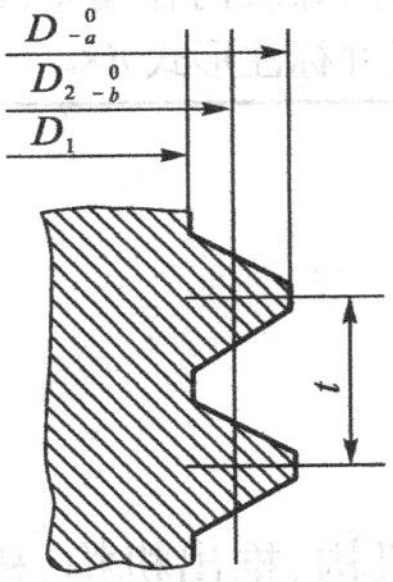 铸件（外螺纹） 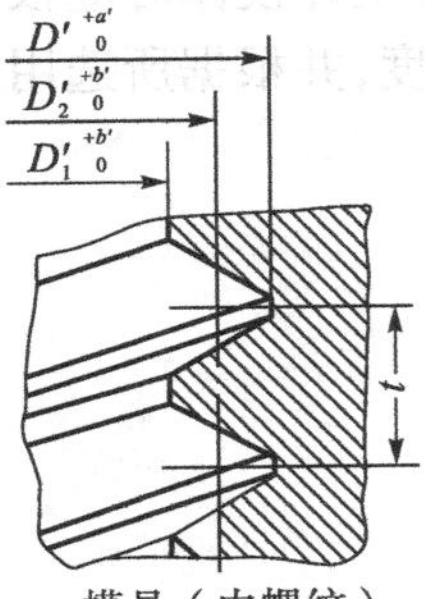 模具（内螺纹）	为了简化螺纹型环尺寸计算公式，外螺纹的偏差规定为下偏差。当偏差不符合规定时，应在不改变铸件尺寸权限值的条件下，变换基本尺寸及偏差值，以适应计算公式 $D'^{+a'}_{\ 0}=(D+D\varphi-0.75a)+\left(\frac{1}{4}a\right)$ $D'^{+b'}_{2\ 0}=(D_2+D_2\varphi-0.75b)+\left(\frac{1}{4}b\right)$ $=[(D-0.6495t)(1+\varphi)-0.75b]+\left(\frac{1}{4}b\right)$ $D'^{+b'}_{1\ 0}=[(D_1-X_{最小})\times(1+\varphi)-0.75b]+\left(\frac{1}{4}b\right)$ $=[(D-1.0825t-X_{最小})\times(1+\varphi)-0.75b]+\left(\frac{1}{4}b\right)$	式中　φ—压铸件计算收缩率，% D'—螺纹型环的螺纹外径尺寸，mm a'—螺纹型环的螺纹外径制造偏差，mm D—铸件的外螺纹外径尺寸，mm a—铸件的外螺纹外径偏差，mm D'_2—螺纹型环的螺纹中径尺寸，mm b'—螺纹型环的螺纹中径和内径的制造偏差，mm D_2—铸件的外螺纹中径尺寸，mm b—铸件的外螺纹中径偏差，mm D'_1—螺纹型环的螺纹内径尺寸，mm D_1—铸件的外螺纹内径尺寸，mm $X_{最小}$—螺纹内径的最小配合间隙，可取（0.02~0.04），mm t—螺距尺寸，mm	螺纹型环和螺纹型芯和螺距 t 不加收缩量，其制造偏差取 ±0.02 mm 普通螺纹的基本尺寸及偏差见 GB 196—1981 及 GB 2516—1981 铸件尺寸标注形式 $D\times t$

表 7.24　螺纹型芯尺寸计算

<table>
<tr><th>简　图</th><th>计算公式</th><th>说　明</th></tr>
<tr>
<td>
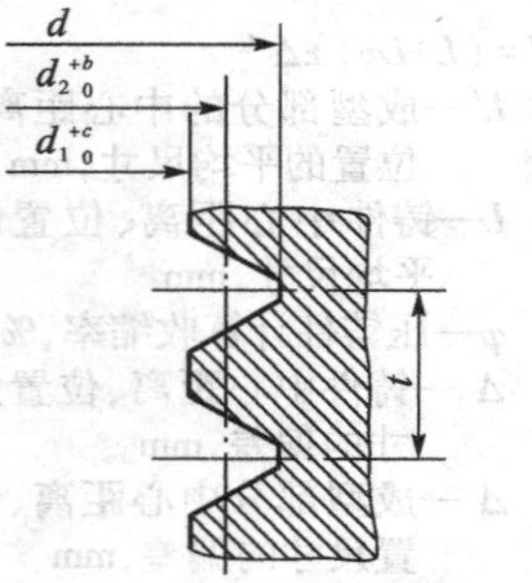

铸件（内螺纹）
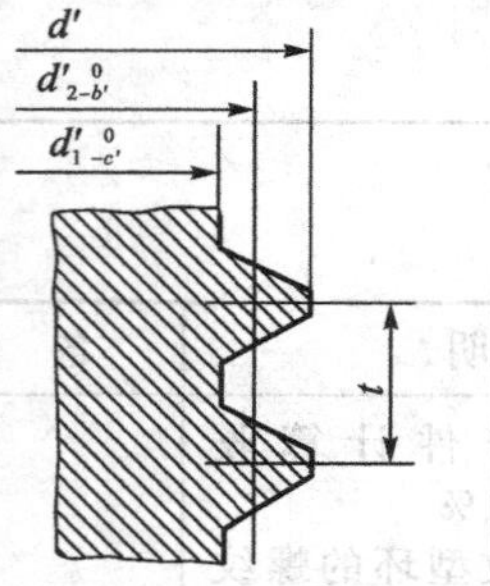

模具（外螺纹）
</td>
<td>
为了简化螺纹型芯尺寸计算公式,内螺纹的偏差规定为上偏差。当偏差不符合规定时,应在不改变铸件尺寸极限值的条件下,变换基本尺寸及偏差值,以适应计算公式

$d'^{\ 0}_{-b'}=(d+d\varphi+0.75b)-\left(\frac{1}{4}b\right)$

$d'^{\ 0}_{2-b'}=(d_2+d_2\varphi+0.75b)-\left(\frac{1}{4}b\right)$
$=[(d-0.649\,5t)(1+\varphi)+0.75b]-\left(\frac{1}{4}b\right)$

$d'^{\ 0}_{1-c'}=(d_1+d_1\varphi+0.75c)-\left(\frac{1}{4}c\right)$
$=[d-1.082\,5t)\times(1+\varphi)+0.75c]-\left(\frac{1}{4}c\right)$
</td>
<td>
式中　φ—压铸件计算收缩率,%
d'—螺纹型芯的螺纹外径尺寸,mm
b'—螺纹型芯的螺纹外径制造偏差,mm
d——铸件的内螺纹外径尺寸,mm
d'_2—螺纹型芯的螺纹中径尺寸,mm
d_2—铸件的内螺纹中径尺寸,mm
t—螺距尺寸,mm
d'_1—螺纹型芯的螺纹内径尺寸,mm
c'—螺纹型芯的螺纹内径制造偏差,mm
d_1—铸件的内螺纹内径尺寸,mm
c—铸件的内螺纹内径偏差,mm
铸件尺寸标注形式 $d\times t$
</td>
</tr>
</table>

7.2　模体结构零件的设计

压铸模模体是设置、安装和固定浇注系统、成型零件、导向零件、抽芯机构、推出机构、模温调节系统的装配载体以及安装在压铸机上进行正常运作的基体。因此,在设计模体时应根据已确定的设计方案,对其结构件进行合理的布局(排模),校核结构件的强度,并根据所选用的压铸机的技术规格确定模体的安装尺寸。

7.2.1　模体的基本类型及设计要点

(1)模体的基本类型

根据压铸模的结构特点,模体结构的基本类型见表 7.25。

表 7.25　模体结构的基本类型

类别	图　例	说　明
不通孔的二板式模体	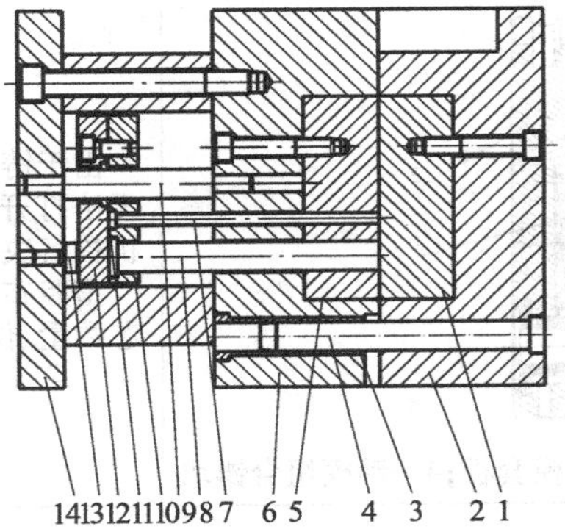 1—定模镶块；2—定模板；3—导套；4—导柱；5—动模镶块；6—动模板；7—推杆；8—复位杆；9—推板导柱；10—推杆固定板；11—推板导套；12—推板；13—限位钉；14—动模座板	定模板 2 和动模板 6 由整体形成，成型的定模镶块 1 和动模镶块 5 用螺钉紧固 结构紧凑，组成零件少，模体强度较高，模体闭合高度较小，是中、小模具广泛采用的结构形式
通孔的二板式模体	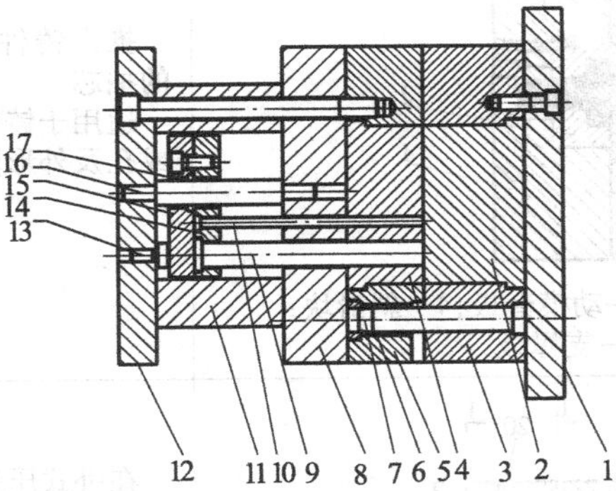 1—定模座板；2—定模镶块；3—定模板；4—动模镶块；5—动模板；6—导套；7—导柱；8—支承板；9—复位杆；10—推杆；11—垫块；12—动模座板；13—限位钉；14—推杆固定板；15—推板；16—推板导柱；17—推板导套	定模部分和动模部分分别由定模座板 1、定模板 3 和动模板 5、支承板 8 组成 加工工艺性好，设计时要注意保证支撑板的强度，防止镶块受反压力变形，影响铸件尺寸和精度。常在组合式结构和多腔模具中采用
带卸料板的模体	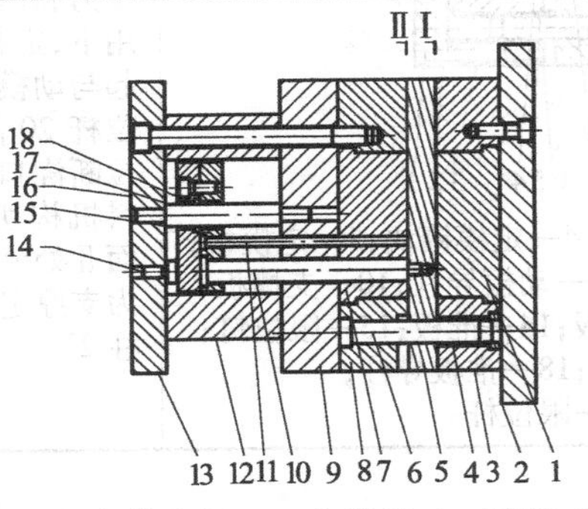 1—定模镶块；2—定模座板；3—定模板；4—导套；5—卸料板；6—导柱；7—动模镶块；8—动模板；9—支承板；10—卸料推杆；11—推杆；12—垫块；13—动模座板；14—限位钉；15—推杆固定板；16—推板；17—推板导柱；18—推板导套	开模时，首先从主分型面分型，使压铸件脱离型腔后，推板 16 推动卸料推杆 10、卸料板 5 以及推杆 11 共同作用完成脱模 推出均衡，压铸件脱模时不易变形，是薄壁件常用的脱模方式

续表

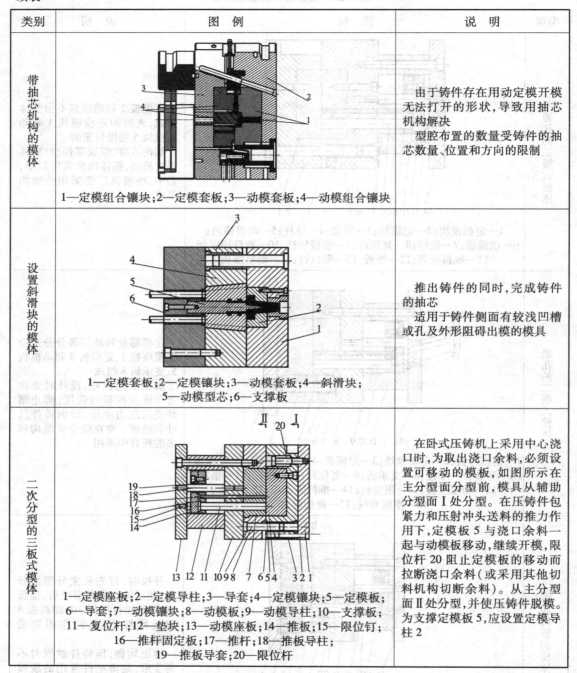

类别	图例	说明
带抽芯机构的模体	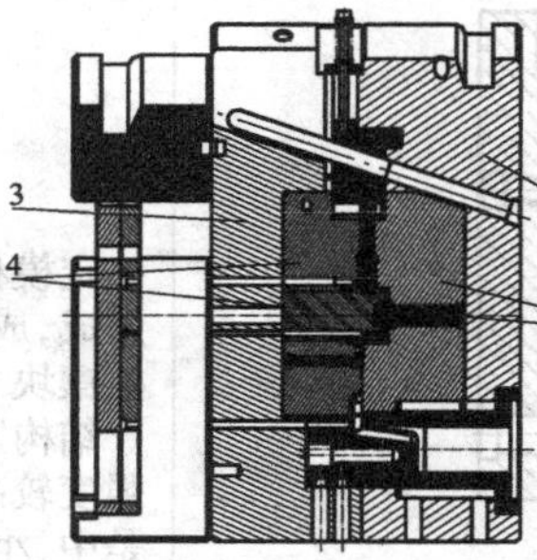 1—定模组合镶块；2—定模套板；3—动模套板；4—动模组合镶块	由于铸件存在用动定模开模无法打开的形状，导致用抽芯机构解决 型腔布置的数量受铸件的抽芯数量、位置和方向的限制
设置斜滑块的模体	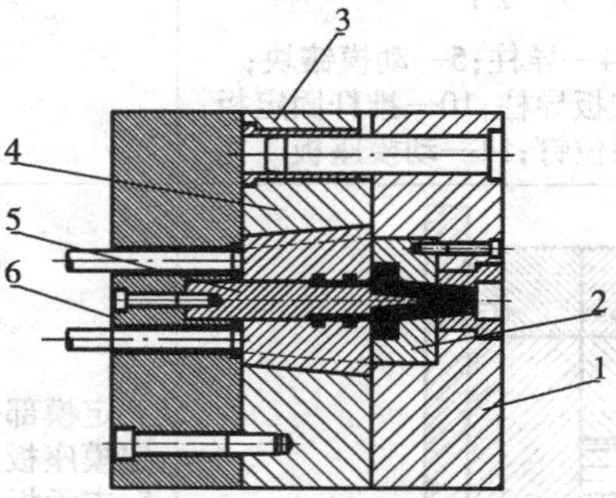 1—定模套板；2—定模镶块；3—动模套板；4—斜滑块；5—动模型芯；6—支撑板	推出铸件的同时，完成铸件的抽芯 适用于铸件侧面有较浅凹槽或孔及外形阻碍出模的模具
二次分型的三板式模体	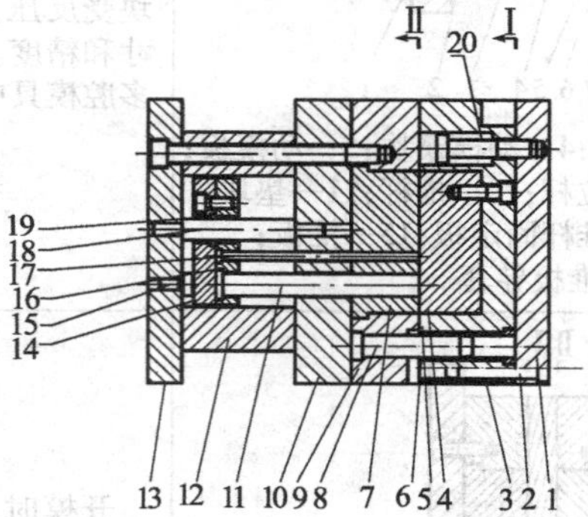 1—定模座板；2—定模导柱；3—导套；4—定模镶块；5—定模板；6—导套；7—动模镶块；8—动模板；9—动模导柱；10—支撑板；11—复位杆；12—垫块；13—动模座板；14—推板；15—限位钉；16—推杆固定板；17—推杆；18—推板导柱；19—推板导套；20—限位杆	在卧式压铸机上采用中心浇口时，为取出浇口余料，必须设置可移动的模板，如图所示在主分型面分型前，模具从辅助分型面Ⅰ处分型。在压铸件包紧力和压射冲头送料的推力作用下，定模板5与浇口余料一起与动模板移动，继续开模，限位杆20阻止定模板的移动而拉断浇口余料（或采用其他切料机构切断余料）。从主分型面Ⅱ处分型，并使压铸件脱模。为支撑定模板5，应设置定模导柱2

(2)模体的设计要点

①模体应有足够的强度和刚性。在合模时或受到金属液填充压力时，不产生变形。

②模腔的成型压力中心应尽可能接近压铸机锁模力的中心，以防止压铸模的受力偏移，造成局部锁模不严而影响压铸件质量，同时对压铸机也有很大的损坏。

③模体不易过于笨重，以便于装卸、修理和搬运，并减轻压铸机负荷。

④模体在压铸机上的安装位置，应与压铸机规格或通用模座规格一致。安装要求牢固可靠，推出机构的受力中心，原则上应与压铸机推出装置相吻合。当推出机构必须偏心时，应加强推板导柱的刚性，以保持推板移动时的稳定性。

⑤成型镶块边缘的模面上，需留有足够的位置，以设置导柱、导套、紧固螺钉等零件的安装位置以及侧抽芯机构足够的移动空间。

⑥连接模板用的紧固螺钉，特别是连接动模部分的紧固螺钉，应有均匀的布局和足够的强度。

⑦为便于模体的加工、组装及安装，在动模部分和定模部分的侧面适宜位置应设置吊环螺钉孔。

7.2.2　开合模导柱、导套的设计

(1) 导柱和导套设计的基本要求

①应具有一定的刚度引导动模按一定的方向移动，保证动、定模在安装和合模时的正确位置。在合模过程中保持导柱、导套首先起定向作用，防止型腔、型芯错位。

②导柱应高出型芯高度，以避免模具装配、搬运时型芯受到损坏。

③为了便于取出铸件，导柱一般装置在定模上。

④如模具采用卸料板卸料时，导柱必须安装在动模上。

⑤在卧式压铸机上采用中心浇口的模具，则导柱必须安装在定模座板上。

(2) 导柱的主要尺寸

导柱的主要尺寸参见表7.26。

表7.26　导柱的主要尺寸/mm

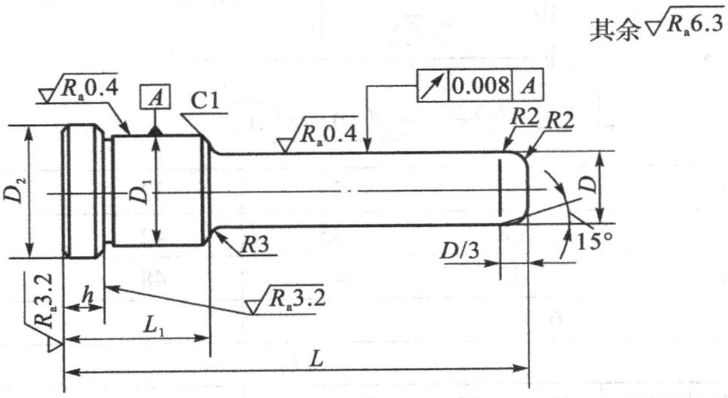

$De7$	16					20					25					32				40			50		
D_1m6	24					28					35					42				50			63		
D_2	28					32					40					48				56			71		
$h_{-0.1}^{0}$	6															8									
L	L_1																								
	25	32	40	50	63	32	40	50	63	80	32	40	50	63	80	40	50	63	80	63	80	100	80	100	125
63	×	×																							
80	×	×	×	×		×	×				×														
100		×	×	×	×	×	×	×	×		×	×	×			×									

续表

L	L_1																								
	25	32	40	50	63	32	40	50	63	80	32	40	50	63	80	40	50	63	80	63	80	100	80	100	125
125		×	×	×	×	×	×	×	×	×	×	×	×	×		×	×	×		×					
140		×	×	×	×	×	×	×	×	×	×	×	×	×	×	×	×	×	×	×	×				
160			×	×	×		×	×	×	×		×	×	×	×	×	×	×	×	×	×	×	×		
180			×	×	×		×	×	×	×		×	×	×	×	×	×	×	×	×	×	×	×	×	
200					×				×	×				×	×	×	×	×	×	×	×	×	×	×	×
224																				×	×	×	×	×	×
250																						×	×	×	×
280																						×		×	×
300																									×

(3) 导套的主要尺寸

导套的主要尺寸参见表 7.27。

表 7.27　导套的主要尺寸/mm

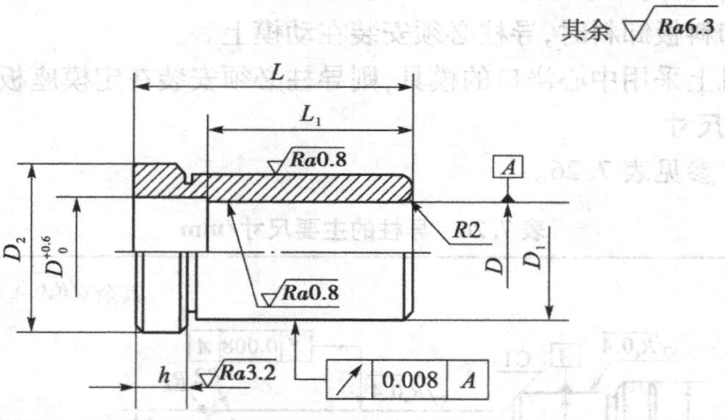

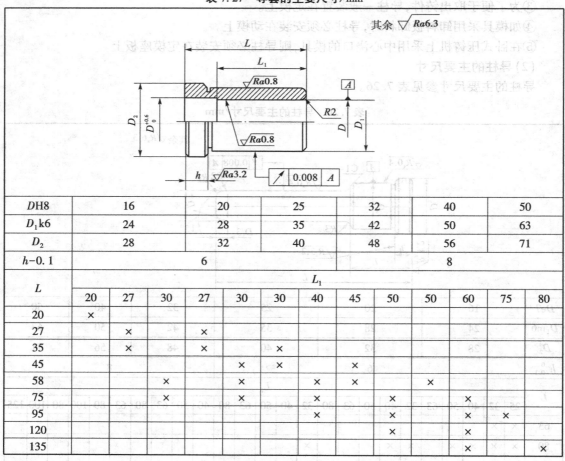

DH8	16			20		25		32		40		50	
D_1k6	24			28		35		42		50		63	
D_2	28			32		40		48		56		71	
h−0.1	6							8					
L	L_1												
	20	27	30	27	30	30	40	45	50	50	60	75	80
20	×												
27		×		×									
35		×		×		×							
45					×	×		×					
58			×		×		×	×		×			
75			×		×		×		×		×		
95							×		×		×	×	
120									×		×		
135											×		×

(4)导柱的导滑段直径及导滑长度的确定

导柱、导套须有足够的刚性，当导柱为 4 根时，选取导柱导滑段直径的经验公式为

$$D = K\sqrt{F} \tag{7.9}$$

式中　D——导柱导滑段直径，cm；

F——模具套板分型面上的表面积，cm^2；

K——比例系数，一般为 0.07~0.09。当 $F>2\,000\ cm^2$ 时，K 取 0.07；$F=400\sim2\,000\ cm^2$ 时，K 取 0.08；当 $F<400\ cm^2$ 时，K 取 0.09。

举例：模板外形尺寸长 54 cm，宽 48 cm，为 4 根导柱，试确定导柱的导滑段直径。

导柱的导滑段直径 D 按式(7.9)确定，K 取 0.07，则

$$D = 0.07\sqrt{54 \times 48}\ cm \approx 3.6\ cm \tag{7.10}$$

按表 7.26 取推荐的尺寸系列 D 为 40 mm。

导柱的导滑段长度应大于高出分型面的型芯及镶块的高度与导柱的导滑段直径 D 之和(见图 7.4)。对于卸料板及卧式中心浇口用的导柱的导滑段长度要按实际需要确定。

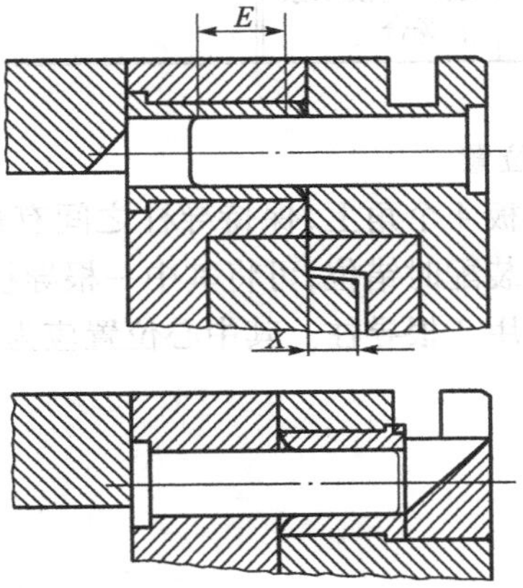

图 7.4　导柱导滑段的确定

(5)导柱、导套的结构形式和公差配合

导柱、导套的结构形式和公差配合见表 7.28。

表 7.28　导柱、导套的结构形式和公差配合

装配简图	说　明	装配简图	说　明
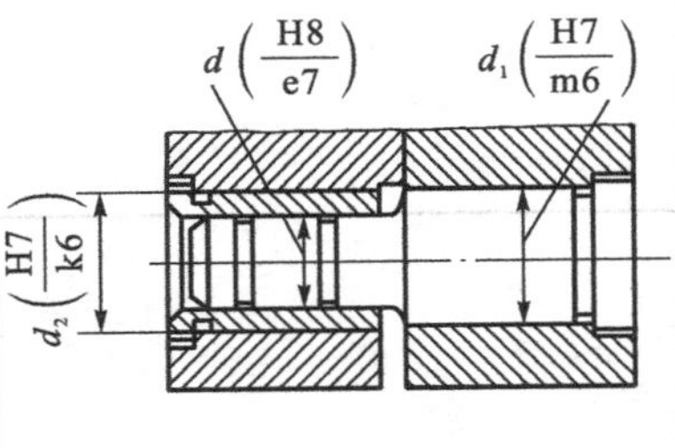	导柱、导套经过淬火，不易磨损，寿命长。导柱、导套的固定部位外径一致，便于加工，保证精度	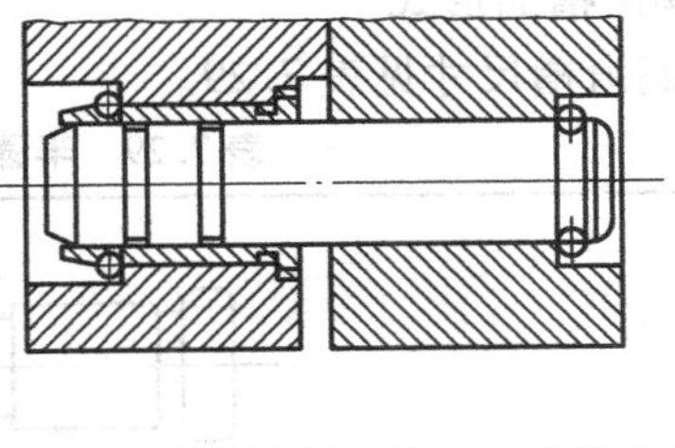	采用锁圈或弹性卡环固定导柱，制造简单，用料省。孔的加工要保证同轴度

续表

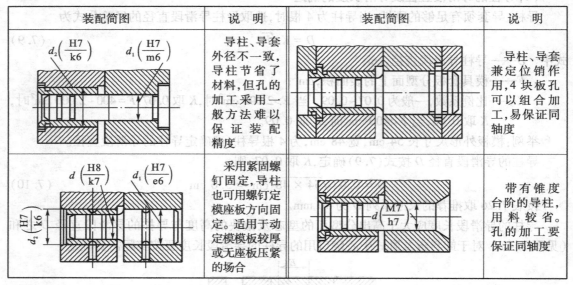

装配简图	说　明	装配简图	说　明
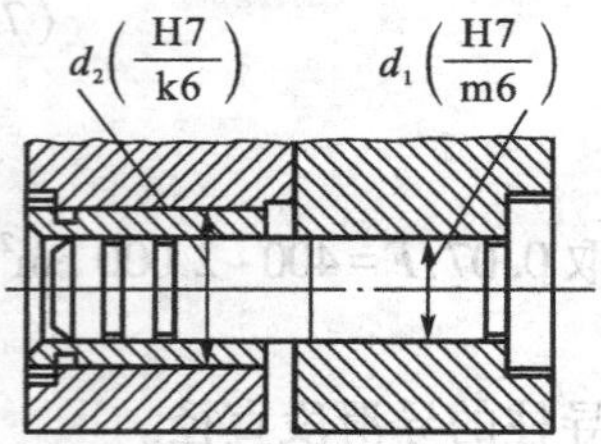	导柱、导套外径不一致，导柱节省了材料，但孔的加工采用一般方法难以保证装配精度	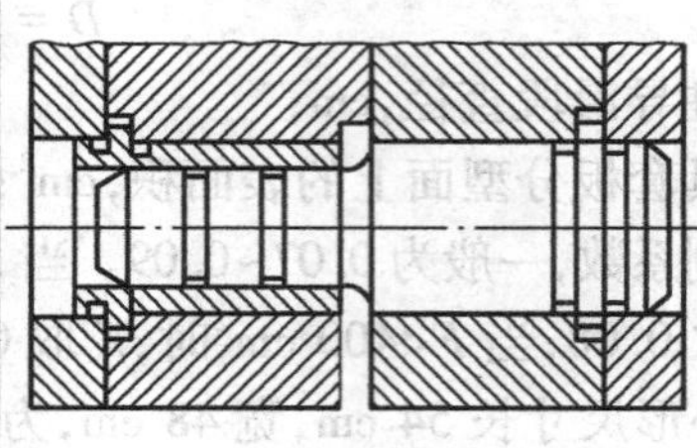	导柱、导套兼定位销作用，4 块板孔可以组合加工，易保证同轴度
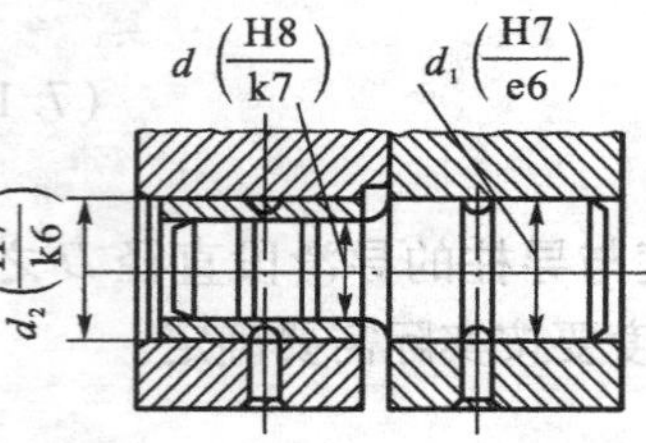	采用紧固螺钉固定，导柱也可用螺钉定模座板方向固定。适用于动定模模板较厚或无座板压紧的场合	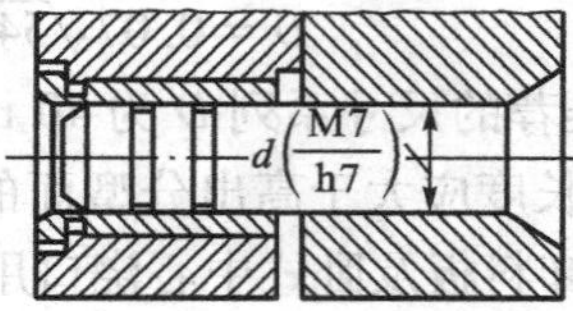	带有锥度台阶的导柱，用料较省。孔的加工要保证同轴度

(6) 导柱、导套在模板中的位置

导柱、导套一般都布置在模板 4 个角上，保持导柱之间有最大开档尺寸（见图 7.5），便于取出铸件。为了防止动、定模在装配时错位，可将其中一根导柱，取不等分分布。

对于圆形的模具，一般可采用 3 根导柱。其中心位置应为不等分分布（见图 7.6）。

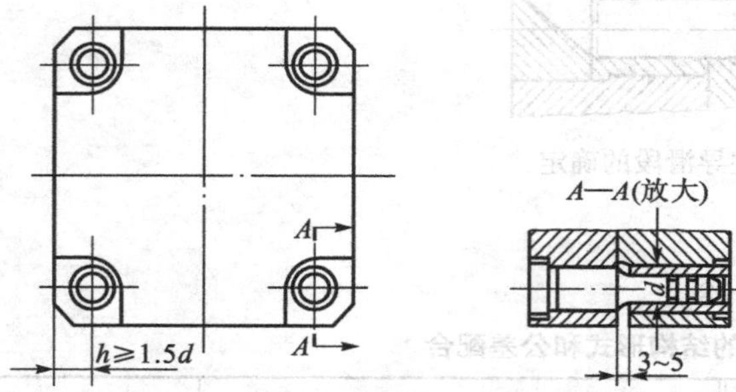

图 7.5　方形模具导柱的布置

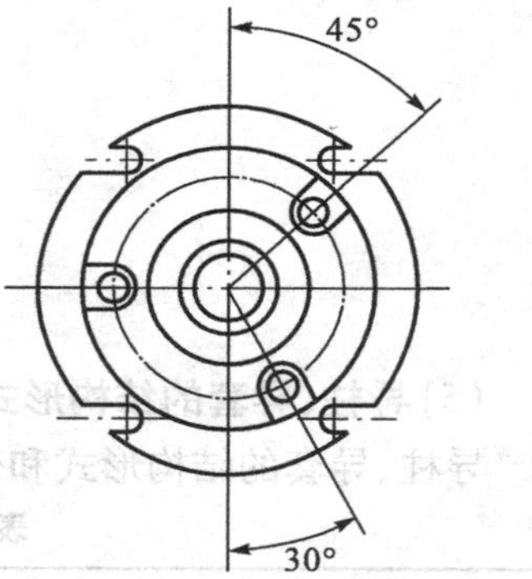

图 7.6　圆形模具导柱的布置

(7) 导柱润滑槽的形式

①半圆形润滑槽尺寸见表 7.29。

表 7.29　半圆形润滑槽尺寸/mm

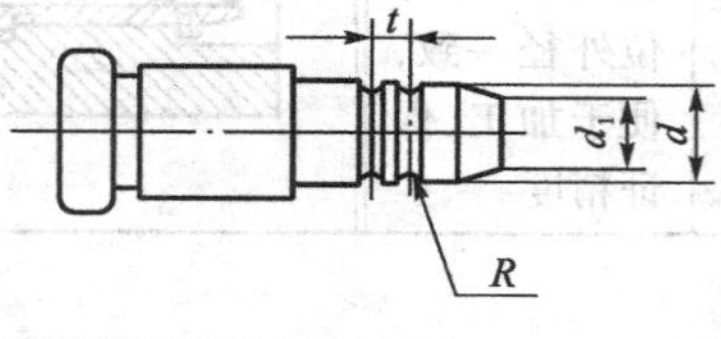

续表

代　号	尺　寸										
d	12	16	20	25	28	32	36	40	45	50	60
d_1	10.8	14	18	22	25	30	34	38	47	52	57
R	0.6	1	1	1.5	1.5	2	2	2	3	3	3
t	12	16	16	16	16	20	20	20	20	20	20

②螺旋形润滑槽尺寸见表 7.30。

表 7.30　螺旋形润滑槽尺寸/mm

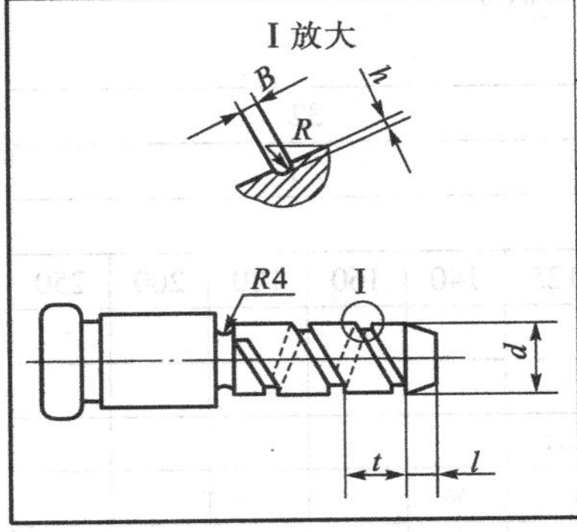

代号	尺　寸										
d	12	16	20	25	28	32	36	40	45	50	60
t	12	16	16	16	20	20	20	20	20	20	20
l	6	6	8	8	10	10	10	10	10	10	12
B	3	3	4	4	4	4	4	4	5	5	5
h	0.6	0.6	1	1	1	1	1	1	1.2	1.2	1.2

7.2.3　推出机构导柱、导套的设计

(1) 推板导柱和导套设计的注意事项

将推板导柱安装在动模座板上(见图 7.7(a)),与动模支承板采用间隙配合或不伸入支承板内,可以避免或减少因支承板与推板温度差造成膨胀不一致的影响。推板导柱安装在动模支承上(见图 7.7(b)),不宜用于合模力大于 6 000 kN 的压铸机。

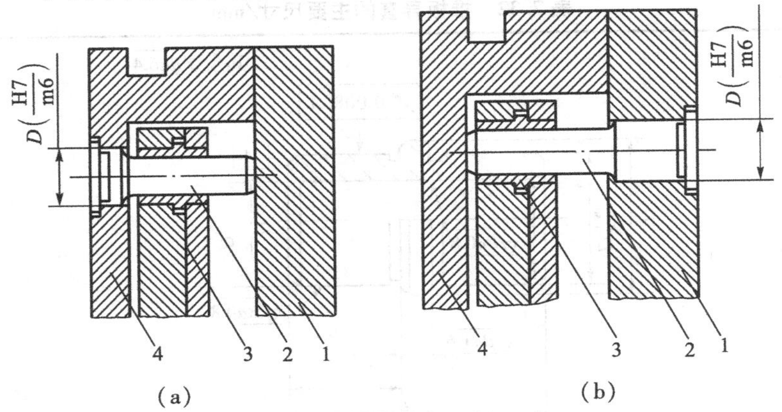

图 7.7　推板导柱和导套的安装

1—动模支承板;2—推板导柱;3—推板导套;4—动模座板

推板导柱之间的距离大于 1 500 mm 的大型压铸模,为避免热膨胀不同对导向精度的影响,最好采用方导柱和导块,并布置在推板对称轴线上。

(2)推板导柱的主要尺寸

推板导柱的主要尺寸见表7.31。

表7.31　推板导柱的主要尺寸/mm

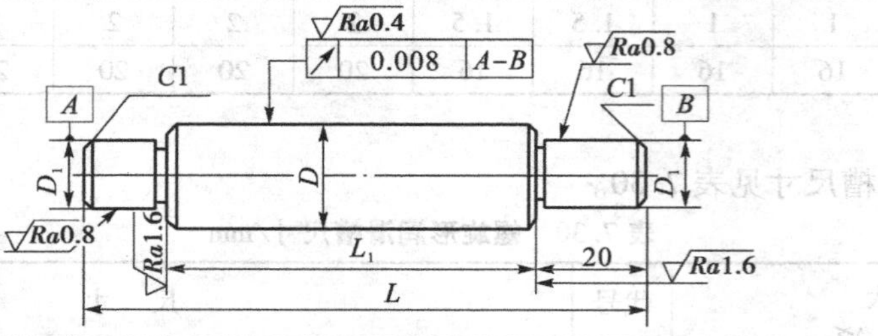

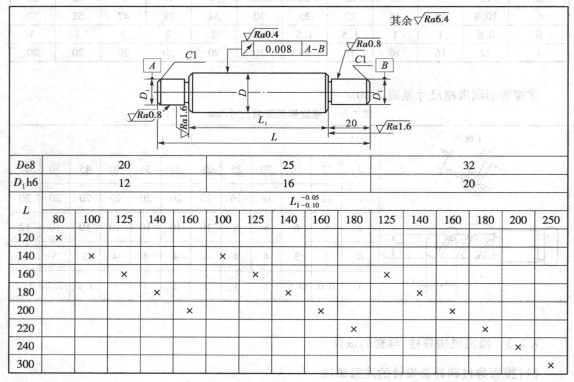

De8	20					25					32					
D_1h6	12					16					20					
L	$L_{1\,-0.10}^{\,-0.05}$															
	80	100	125	140	160	100	125	140	160	180	125	140	160	180	200	250
120	×															
140		×				×										
160			×				×				×					
180				×				×				×				
200					×				×				×			
220										×				×		
240															×	
300																×

(3)推板导套的主要尺寸

推板导套的主要尺寸见表7.32。

表7.32　推板导套的主要尺寸/mm

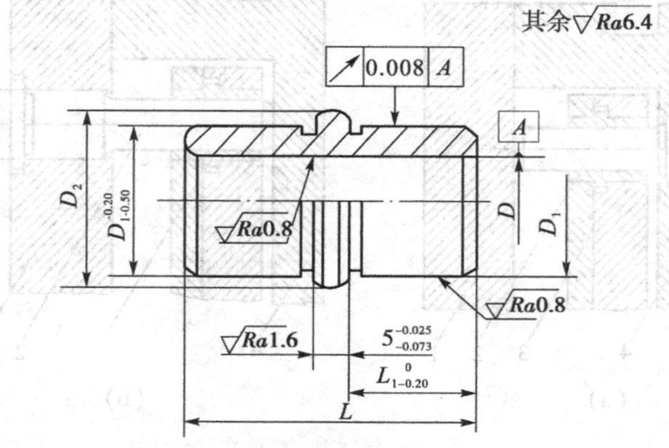

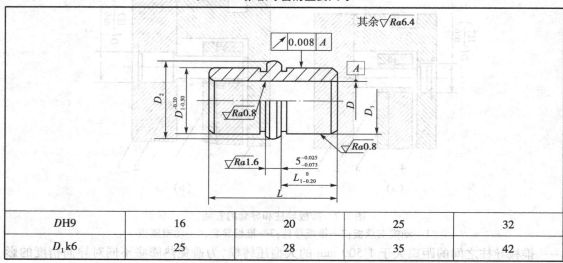

DH9	16	20	25	32
D_1k6	25	28	35	42

续表

D_2	28	32	40	48
L	L_1			
	16	20	25	
32	×			
40		×		
50			×	
63			×	

7.2.4　定模座板的设计

定模座板一般不作强度计算，设计时应考虑以下 3 点：

①定模座板上要留出紧固螺钉或安装压板的位置，借此使定模固定在压铸机定模安装板上。使用紧固螺钉时，应在定模座板上设置 U 形槽（见图 7.8），U 形槽的尺寸要视压铸机定模安装板上的 T 形槽尺寸而定。使用压板固定模具时，安装槽的推荐尺寸见表 7.33。

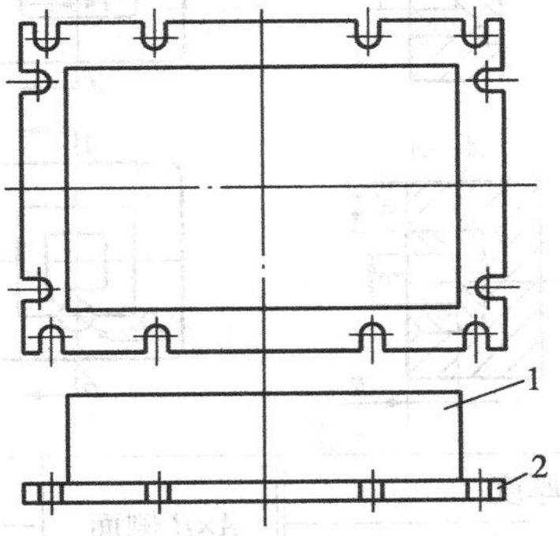

图 7.8　定模座板上设置的 U 形槽

1—定模套板；2—定模座板

②浇口套安装孔的位置与尺寸要与所用压铸机精确配合。

③当定模套板为不通孔时，要在定模套板上设置安装槽，具体尺寸可参考表 7.33。

表 7.33　压铸模安装槽的推荐尺寸

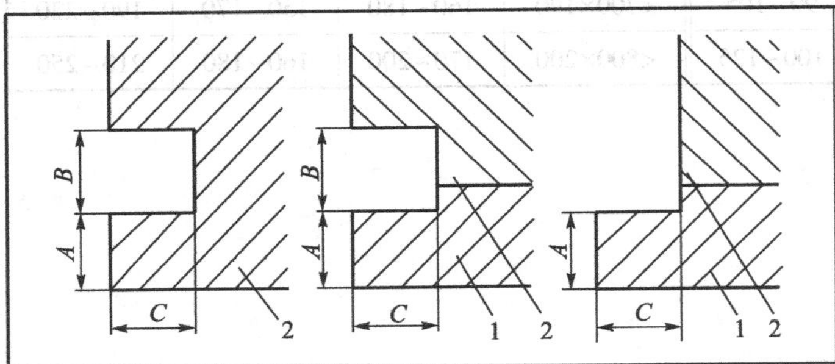

压铸机合模力/kN	≤2 000	4 000~11 000	≥15 000
A/mm	20	25	35
B/mm	20	25	35
C/mm	16	25	35

注：1—定模座板；2—定模套板。

7.2.5　动、定模套板尺寸的设计计算

(1)动、定模套板尺寸的设计原则

套板一般受拉伸、弯曲、压缩3种应力,变形后会影响型腔的尺寸精度。因此,在考虑套板尺寸时,应兼顾模具结构与压铸生产中的工艺因素。

(2)动、定模套板边框厚度的推荐尺寸(见表7.34)

当采用滑块时,动、定模套板边缘厚度应增加到 h(见图7.9),即

$$h \geqslant \frac{2}{3}L + S_{抽} \tag{7.11}$$

式中　$S_{抽}$——抽芯距离,mm;

L——包括端面镶块中T形槽成型部分在内的滑块总长度,mm。

表7.34　套板边框厚度推荐尺寸/mm

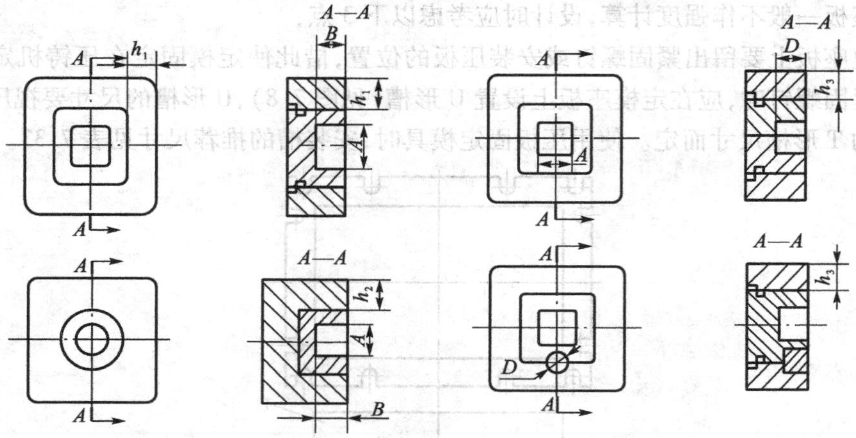

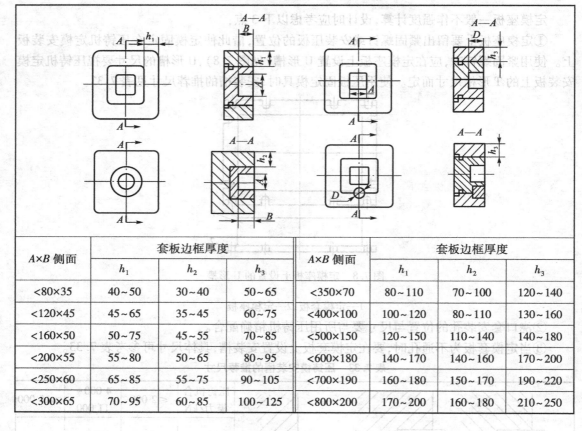

A×B 侧面	套板边框厚度			A×B 侧面	套板边框厚度		
	h_1	h_2	h_3		h_1	h_2	h_3
<80×35	40~50	30~40	50~65	<350×70	80~110	70~100	120~140
<120×45	45~65	35~45	60~75	<400×100	100~120	80~110	130~160
<160×50	50~75	45~55	70~85	<500×150	120~150	110~140	140~180
<200×55	55~80	50~65	80~95	<600×180	140~170	140~160	170~200
<250×60	65~85	55~75	90~105	<700×190	160~180	150~170	190~220
<300×65	70~95	60~85	100~125	<800×200	170~200	160~180	210~250

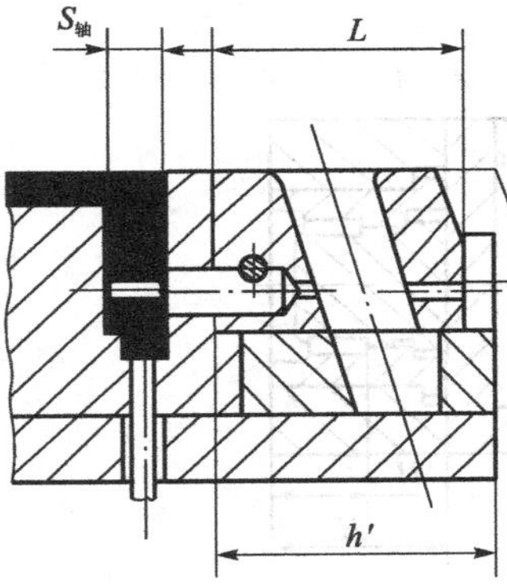

图7.9　带滑块的动定模套板

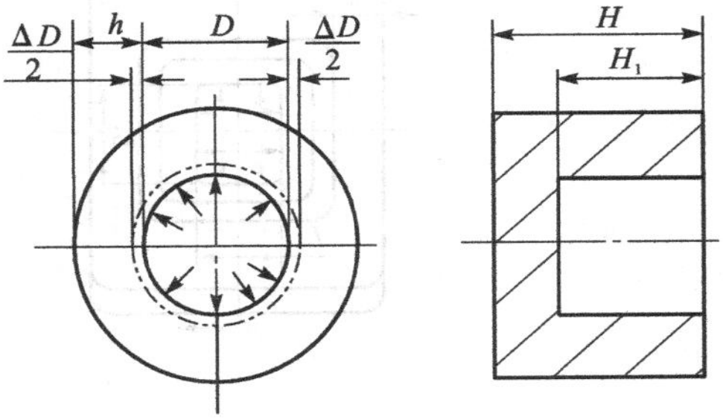

图7.10　圆形套板边框厚度计算图例

(3)动、定模套板边框厚度的计算

1)圆形套板边框厚度 h 的计算(见图7.10)

型腔为不穿通式,可计算为

$$h \geqslant \frac{DpH_1}{2[\sigma]H} \tag{7.12}$$

型腔为穿通式,可计算为

$$h \geqslant \frac{Dp}{2[\sigma]} \tag{7.13}$$

受力时,变形值 $\frac{\Delta D}{2}$ 可计算为

$$\frac{\Delta D}{2} = \frac{D^2 p}{4hE} \tag{7.14}$$

各式中　p——压射比压,MPa;

$[\sigma]$——许用抗拉强度,$[\sigma]=82\sim100$ MPa;

E——弹性模量,$E=2\times10^5$ MPa;

h——套板边框厚度,mm;

D——型腔直径,mm;

H_1——型腔深度,mm;

H——套板厚度工,mm;

ΔD——弹性变形量,mm。

举例:已知圆形型腔内径 $D=500$ mm,型腔穿通,比压 $p=50$ MPa。求套板壁厚 h。

按式(7.9),取 $[\sigma]=100$ MPa,则

$$h=\frac{500\times50}{2\times100}\text{ mm}=125\text{ mm}$$

2)矩形套板边框厚度的计算(见图7.11)

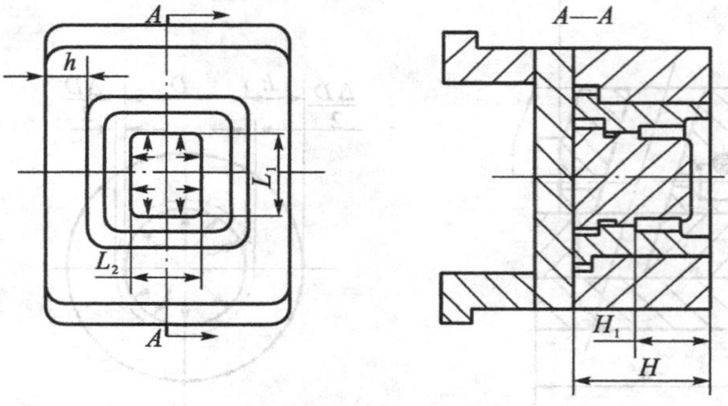

图7.11　矩形套边框厚度计算图例

矩形套板的边框厚度 h 可计算为

$$h=\frac{p_2\sqrt{p_2^2+8H[\sigma]p_1L_1}}{4H[\sigma]} \tag{7.15}$$

$$p_1=pL_1H_1$$

$$p_2=pL_2H_1$$

式中　h——套板边框厚度,mm;

H,H_1,L_1,L_2——按铸件大小确定;

p_1,p_2——边框侧面承受的总压力,N;

$[\sigma]$——材料的许用强度,MPa;对45号钢,调质后$[\sigma]$可取80~100 MPa;

p——压射比压,MPa。

举例:已知型腔 $L_1=270$ mm,宽 $L_2=22$ mm,深 $H_1=15$ mm,比压 p 取56 MPa,套板深度 $H=45$ mm,套板材料用45号钢取$[\sigma]=80$ MPa。求套板厚度 h。

按式(7.15)可知,$p_1=226\ 800$;$p_2=18\ 480$;$h=93.5$ mm。

7.2.6　型腔、型芯镶块在套板内的布置形式

(1)镶块的设计原则

镶块是型腔的基体。在一般情况下凡金属液冲刷或流经的部位均采用热作模具钢制成,以提高模具使用寿命。在成形零件加工结束经热处理后镶入套板内。设计镶块时,应考虑以下6点:

①镶块在套板内必须稳固,其外形应根据型腔的几何形状来确定,除了复杂镶块和一模多腔的镶块外,一般均为圆形、方形和矩形。

②根据铸件的生产批量、复杂程度、抽芯数量和方向以及在压铸机锁模力的许可条件下,确定成型镶块的数量和位置。

③在一模多腔生产同一种铸件的模具上,一个镶块上只宜布置一个型腔,以利于机械加工和减少热处理变形的影响,也便于镶块在制造和压铸生产中损坏时的更换。

④在一模多腔生产不同种类铸件的模具上,不应将壁厚、体积和复杂程度相差很多的各种铸件布置在一副模具内(尤其是铸件质量要求较高的条件下),以避免同一工艺参数不适应各类不同特性铸件的要求。

⑤成型镶块的排列应为模体各部位创造热平衡条件,并留有调整的余地。

⑥凡金属液流经的部位(如浇道、溢流槽处)均应在镶块范围内。凡受金属液强烈冲刷的部位,宜设置单独组合镶块,以备更换。

(2)镶块在套板内的基本布置形式

镶块在套板内的基本布置形式见表7.35。

表7.35　镶块在套板内的基本布置形式

压铸机类型	图　例	说　明	压铸机类型	图　例	说　明
热室压铸机或冷室立式压铸机	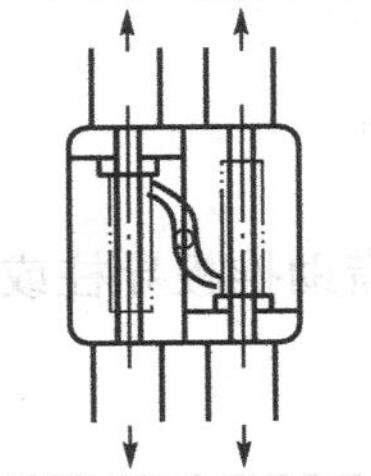	一模两腔,两侧抽芯,组合镶拼形式	热室压铸机或冷室立式压铸机	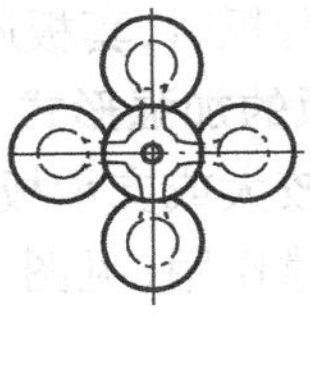	一模四腔,圆形镶块镶拼形式(内设浇道镶块)
	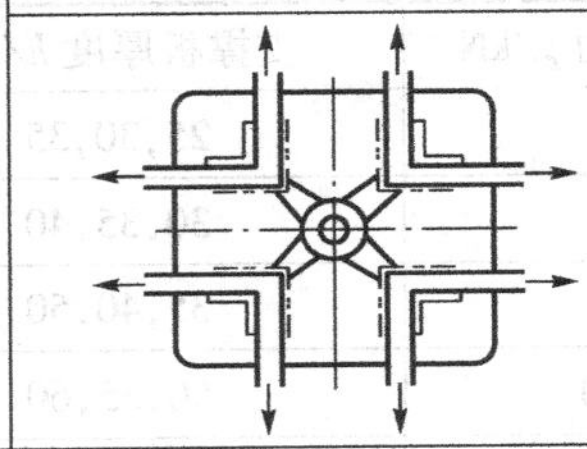	一模四腔,四侧抽芯镶拼形式(内设浇道镶块)		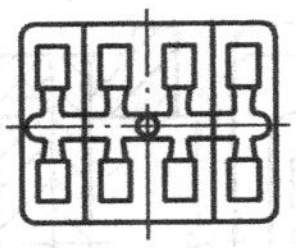	多型腔模镶拼形式
冷室卧式压铸机	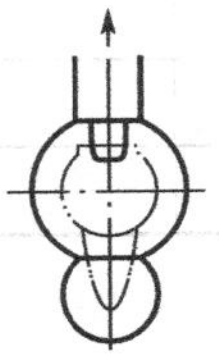	一模一腔,一侧抽芯,圆形镶块(设置浇道镶块)	冷室卧式压铸机	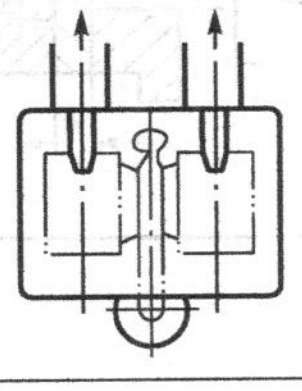	一模两腔,一侧抽芯,矩形镶块镶拼形式(设置浇道镶块)
	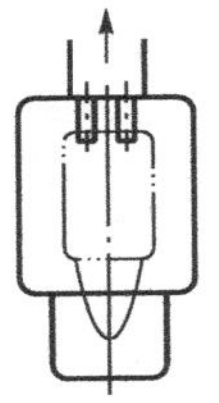	一模一腔,一侧抽芯,矩形镶块(设置浇道镶块)		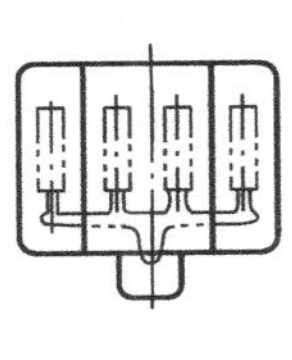	一模四腔镶拼形式(设置浇道镶块)
	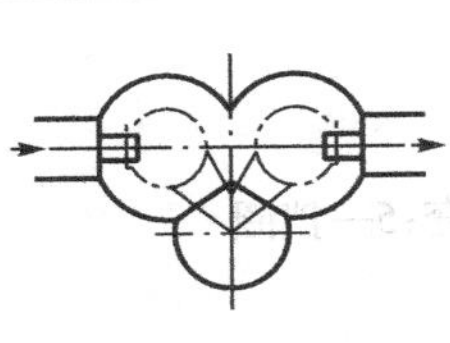	一模两腔,两侧抽芯,圆形镶块镶拼形式(设置浇道镶块)		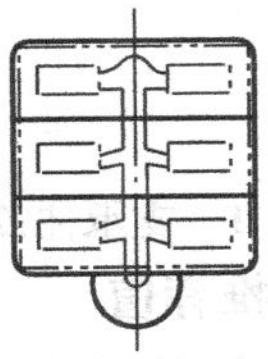	多型腔模镶拼形式(设置浇道镶块)
	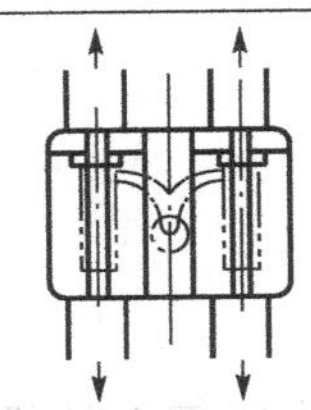	一模两腔,两侧抽芯,组合镶拼形式(设置浇道镶块)			多型腔模圆形镶块镶拼形式(设置浇道镶块)

7.2.7 动模支承板的设计

(1)选择支承板厚度的原则

①铸件在分型面投影面积大则支承板厚度取较大值,反之取较小值。

②在投影面积相同的情况下,压射比压大,支承板厚度取较大值;压射比压小时,支承板厚度取较小值。

③当模座上的垫块设置在支承板长边两端时,则支承板厚度取较大值,设置在支承板的短边两端时取较小值。

④当采用不通套板时,套板底部厚度为支承板厚度的 0.8 倍。

(2)动模支承板的加强形式

当垫块间距 L 较大或支承板厚度 h 较小时(见表 7.36),可借助推板导柱或采用支撑柱,增强对支承板的支撑作用(见图 7.12)。

表 7.36 动模支承板厚度推荐值

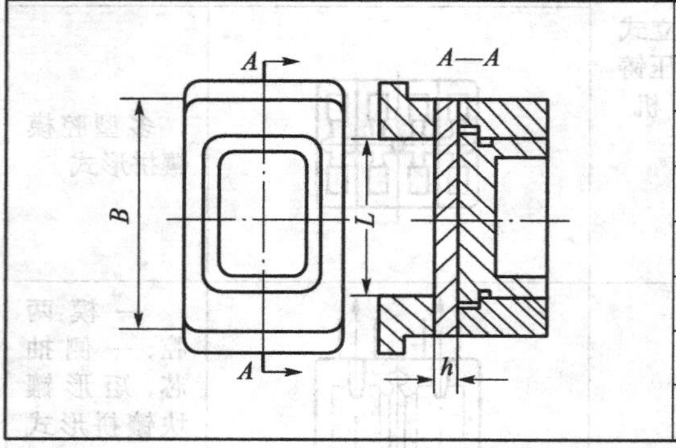

支撑板所受总压力 p/kN	支撑板厚度 h/mm
160~250	25,30,35
250~630	30,35,40
630~1 000	35,40,50
1 000~1 250	50,55,60
1 250~2 500	60,65,70
2 500~4 000	75,85,90
4 000~6 300	85,90,100

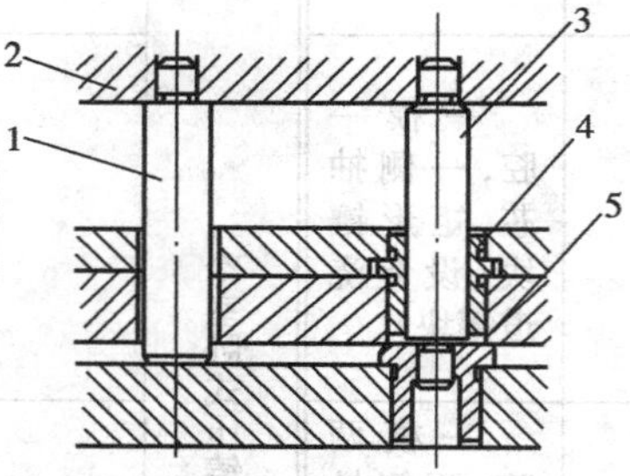

图 7.12 动模支承板的加强形式

1—支承柱;2—支承板;3—推板导柱;4—推板导套;5—挡圈

(3)支承板厚度推荐值

支承板厚度推荐值见表 7.36。

(4)支承板厚度的计算

动模支承板厚度 h 可计算为

$$h = \sqrt{\frac{PL}{2B[\sigma]_{弯}}} \tag{7.16}$$

式中 P——动模支承板所受总压力,N;$P=pF$,其中,F 为铸件在分型面上的投影面积(包括

浇注系统及溢流槽的面积),mm^2,p 为压射比压,MPa;

B——动模支承板长度,mm;

L——垫块间距,mm;

$[\sigma]_{弯}$——钢材的许用弯曲强度,MPa。

动模支承板材料一般为45号钢,调质状态,静载弯曲时可根据支承板结构情况,$[\sigma]_{弯}$分别按90,100,135 MPa这3种情况选取。

举例:已知铸件投影面积为48 000 mm^2,压室投影面积与浇口系统投影面积分别为5 800 mm^2和7 060 mm^2,垫块间距450 mm,动模支承板长度 B 为750 mm,压射比压为88 MPa。求动模支承板厚度 h。

取$[\sigma]_{弯}$=135 MPa,按式(7.16)得

$$h=\sqrt{\frac{60\ 860\times 88\times 450}{2\times 750\times 135}}\ \text{mm}\approx 109\ \text{mm}$$

7.2.8　推板、推杆固定板的设计

(1)推板与推杆固定板厚度推荐尺寸

推板与推杆固定板厚度的推荐尺寸见表7.37。

表7.37　推板与推杆固定板厚度推荐尺寸

推板的平面面积/(mm×mm)	推板的厚度/mm	推杆固定板的厚度/mm
≤200×200	16~20	12~16
>200×200~250×630	25~32	12~16
>250×630~630×900	32~40	16~20
>630×900~900×1 600	40~50	16~20
>900×1 600	50~63	25~32

(2)推板的厚度计算(见图7.13)

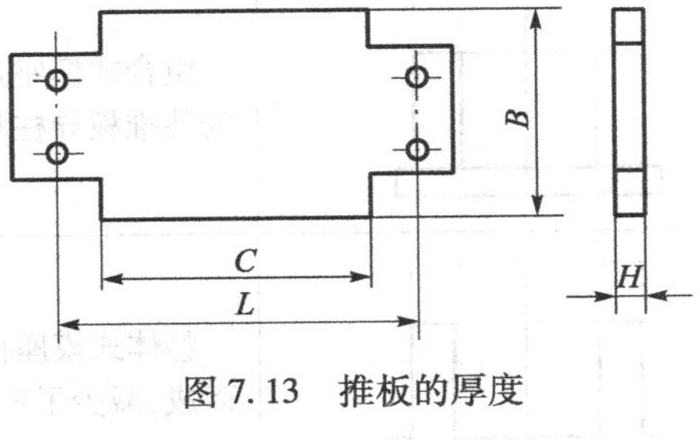

图7.13　推板的厚度

推板的厚度按式(7.17)计算为

$$H\geqslant\sqrt[3]{\frac{PCK}{12.24B}\times 10^{-7}} \tag{7.17}$$

式中　H——推板厚度,cm;

P——推板负荷,N;

C——推杆孔在推板上分布的最大跨距，cm；

B——推板宽度，cm；

K——系数，$K=L^3-\frac{1}{2}C^2L+\frac{1}{8}C^3$。其中，$L$ 为压铸机推杆跨距，cm。

举例：已知 $P=8\times10^4$ N，$C=20$ cm，$B=39$ cm，$L=90$ cm，$K=712\times10^3$。求推板厚度 H。

将已知条件代入式(7.17)，则

$$H=6.2\ \text{cm}$$

7.2.9 动模模座的设计

模座是支承模体承受机器压力的构件，其一端与动模体接合组成动模部分，另一端则紧固在压铸机的动模安装板上。模座的两端面在合模时承受压铸机的合模力，所以两端面应有足够的受压面积。推出铸件时模座又受较大的推出反力，因此模座与压铸机动模安装板及模具动模支承板或套板的紧固必须可靠。

模座的垫块（或整体模座的相应部位）应沿动模支承板或套板的长边设置，必要时沿四周设置，以提高动模支承板或套板的刚度。

模座的设计应满足推出距离的要求，必要时还可用以调整模具的总高度，满足压铸机对模具最小高度的要求。

(1)模座的基本形式

模座的基本形式见表 7.38。

表 7.38 模座的基本形式

类型	图 例	说 明
角架式	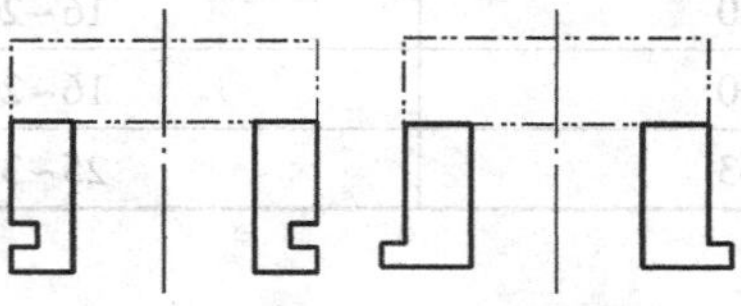	角架式模座是模座中最简单的结构，制造方便，质量轻，节省材料。推板导柱固定在动模支撑板或套板上，由于压铸过程中动模支承板及套板与推板的温差较大，对于大型模具易导致推出导向不良
组合式	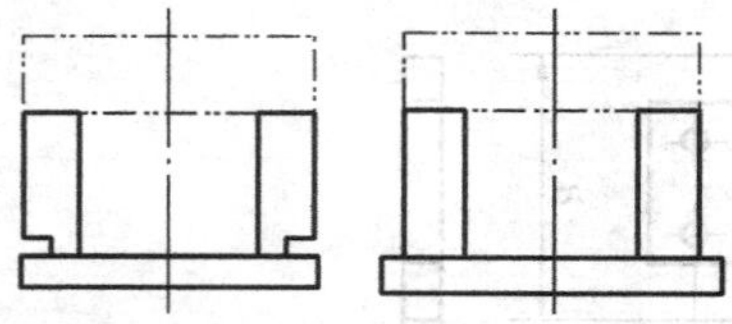	组合式模座是由垫块和动模座板组合而成，安装推板导柱和限位钉较方便
整体式	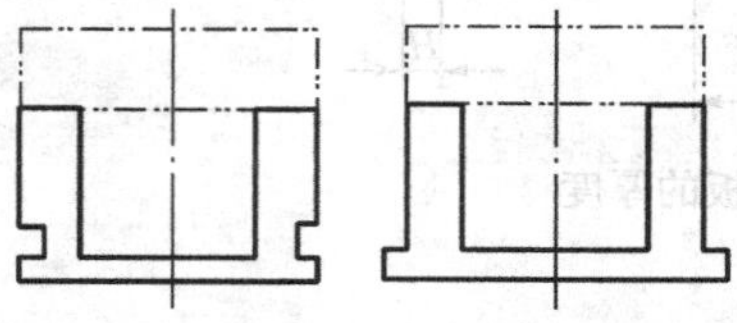	整体式模座由整体铸出或用整块材料机加而成，减少了零件数量，提高了模具刚性

(2)垫块承压面积的核算

垫块在压铸机合模时承受合模力而产生压缩变形，变形量可通过式(7.18)计算。一般情况下变形量应小于 0.05 mm，如垫块的变形量过大应增大其受压面积，即

$$\Delta B = \frac{PB}{EF} \times 10^3 \tag{7.18}$$

式中　ΔB——垫块高度的变形量，mm；

P——压铸机的合模力，kN；

B——垫块的高度，mm；

E——弹性模量，$E=2\times10^5$ MPa；

F——垫块的受压面积，mm^2；$F=LH$，其中，L 为垫块受压面的总长度，mm；H 为垫块受压面的宽度，mm。

举例：用于合模力为 4 000 kN 压铸机的压铸模，采用两块垫块，每块垫块高度为 150 mm，受压面长度为 500 mm，宽度为 65 mm。核算其受压面积是否满足要求。

将已知条件代入公式(7.18)，则

$$\Delta B = \frac{4\,000 \times 150}{2 \times 10^5 \times 2 \times 500 \times 65} \times 10^3 \text{ mm} = 0.046 \text{ mm} < 0.05 \text{ mm}$$

垫块的压缩变形量小于 0.05 mm，可以满足要求。

(3)安装槽的设置

动模应能可靠地固定于压铸机的动模安装板上，如使用紧固螺钉，可在模座上设置 U 形槽；如使用压板固定，则可在模座上设置安装槽，安装槽可参照定模座板具体尺寸，见表 7.33。

7.3　推出机构的设计

压铸模开模后，铸件一般留在动模方向的成型零件上，要取出铸件就需要用机构使铸件从模具的成型零件中脱出，这样的机构称为推出机构。

7.3.1　推出机构的组成与设计要点

(1)推出机构的组成

推出机构一般由推出元件(如推杆、推管、卸料板、成型推块及斜滑块等)、复位元件、限位元件、导向元件及结构元件组成，如图 7.14 所示。

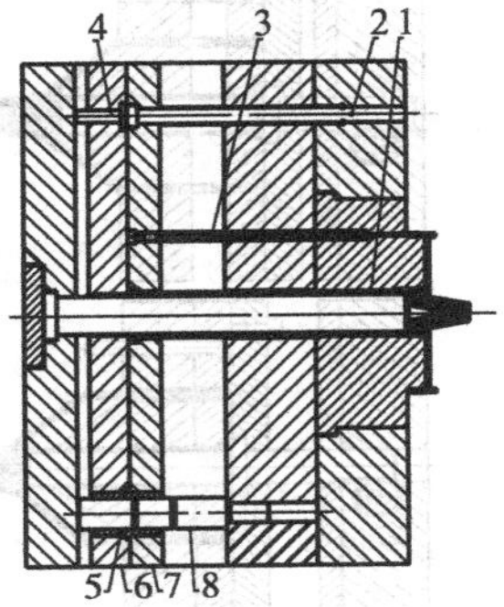

图 7.14　推出机构的组成

1—推管；2—复位杆；3—推杆；4—挡钉；5—推板导套；6—推板；7—推杆固定板；8—推板导柱

(2)推出机构的分类

①按推出机构的基本传动形式分为机动推出机构、液压推出器推出机构和手动推出机构3种。表7.39为推出机构的基本传动形式。

表7.39 推出机构的基本传动形式

形式	特 点	图 例	说 明
机动推出	1.利用开模动作,由压铸机上推杆推动推出机构 2.推出时,对铸件有一定冲击,在正常情况下,对铸件无影响	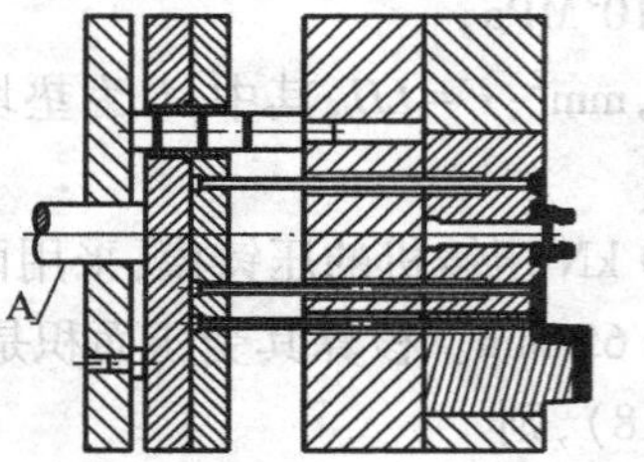 (a) 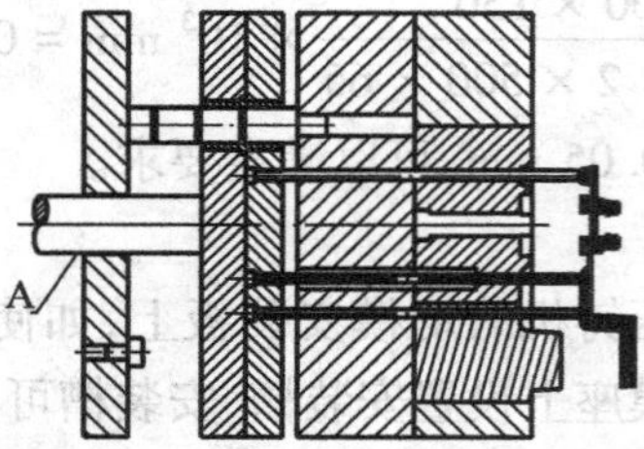 (b)	开模、铸件随动模移动(图(a)) 压铸机推杆A与推板接触,动模继续后移,铸件被推出(图(b))
液压推出器推出	1.压铸机或液压模座上的液压推出器推动推出机构 2.按照推出程序,推出时间及行程可调节 3.推出平稳	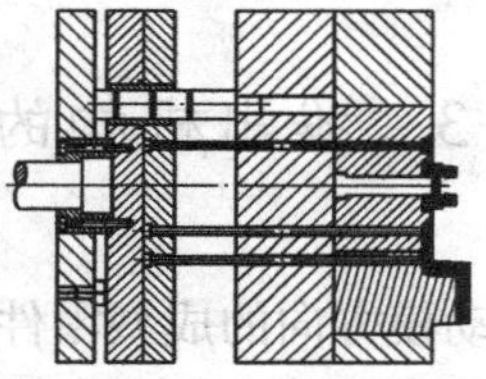 (a) 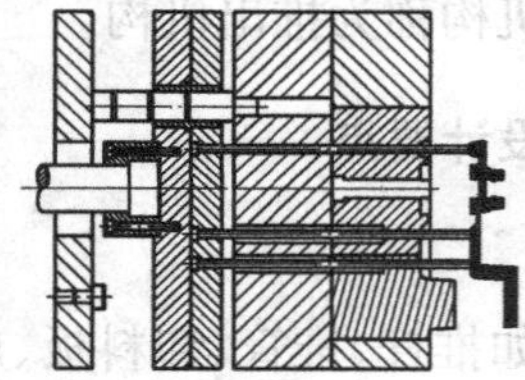 (b)	开模、铸件随动模移动至压铸机开模极限位置(图(a)) 液压推出器推动推板,铸件被推出(图(b))
手动推出	手工操作出模	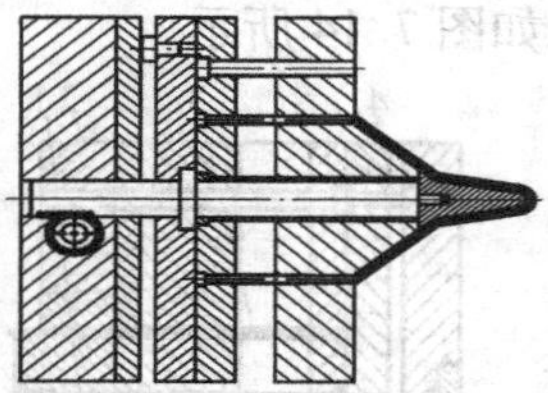 (a) 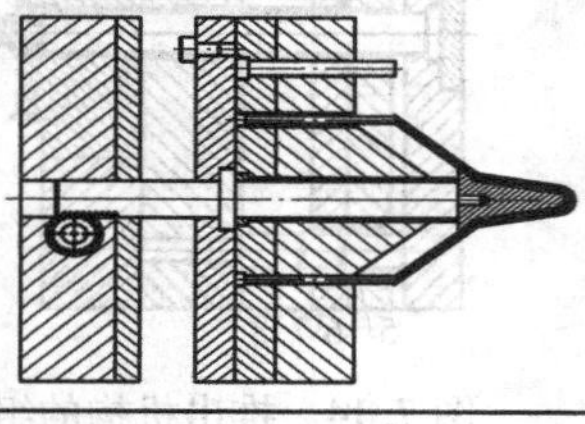 (b)	开模时铸件随动模移动至压铸机开模极限位置(图(a)) 手动旋转齿轴、齿条平移推动推板,铸件被推出(图(b))

②按推出机构的动作分为直线推出机构、旋转推出机构、摆动推出机构。

③按机构形式分为推杆推出机构、推管与推叉推出机构、卸料板推出机构、斜滑块推出机构以及其他推出机构。

(3)推出机构的设计要点

1)推出距离的确定

在推出元件作用下，铸件与其相应成型零件表面的直线位移或角位移称为推出距离。推出距离的计算见表 7.40。

表 7.40　推出距离的计算

形式	图　例	公　式	说　明
直线推出	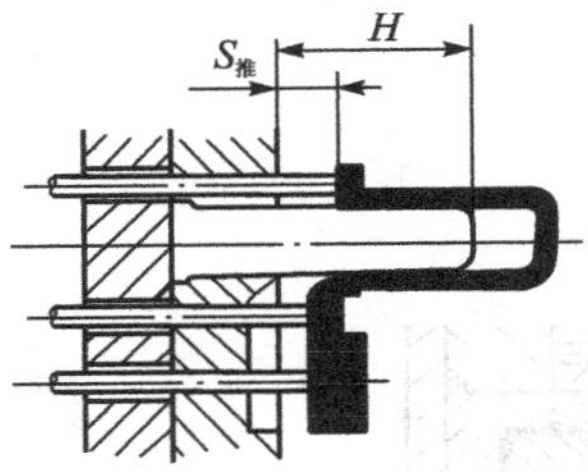	1.$H \leqslant 20$ mm 时，则 $S_推 \geqslant H+K$ 2.$H>20$ mm 时，则 $\frac{1}{3}H \leqslant S_推 \leqslant H$ 3.使用斜钩推杆时，则 $S_推 \geqslant H+10$	H—滞留铸件的最大成型长度，mm。当成型部位为阶梯形时，以阶梯值中最长一段计算 $S_推$—直线推出距离，mm。当脱模斜度小，成型长度较大时，取偏大值 K—安全值(一般取 3~5mm)
旋转推出	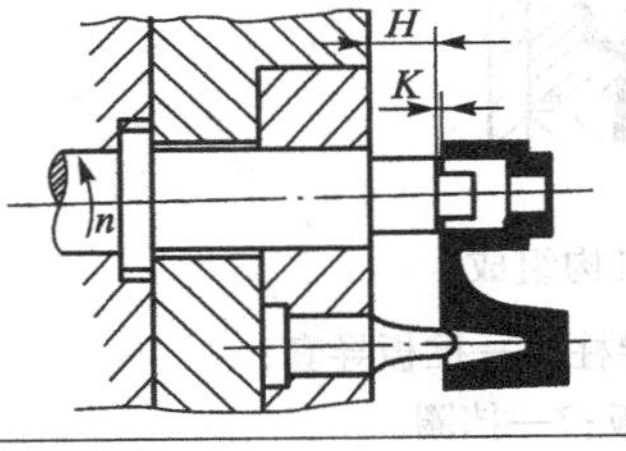	$n_推 \geqslant \frac{H+K}{T}$	$n_推$—旋转推出转数，转 H—成型螺纹长度，mm T—螺纹导程，mm K—安全值(一般取 3~5 mm)
摆动推出	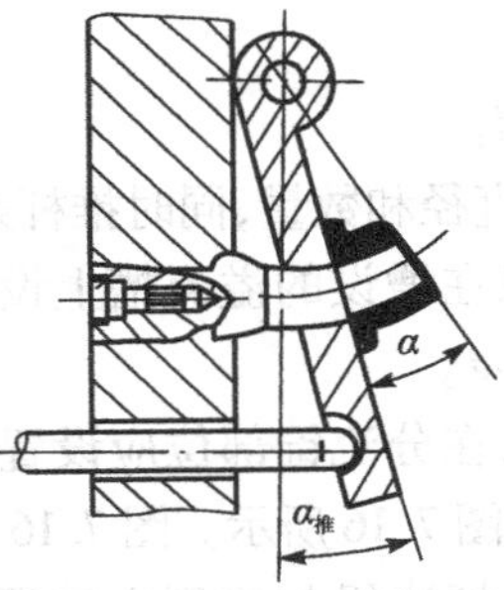	$\alpha_推=\alpha+\alpha_K$	$\alpha_推$—摆动推出角，(°) α—铸件旋转面夹角，(°) α_K—安全值(一般取 3°~5°)

注：当抽芯或模具结构等方面需要增大推出距离时，允许推出距离相应增大。

2)推出力的确定

推出过程中，使铸件脱出成型零件时所需要的力，称为推出力。推出力可核算为

$$F_推>KF_包 \tag{7.19}$$

式中　$F_推$——推出力，N；机动推出时为压铸机的开模力，液压推出器推出时为液压推出的推出力；

$F_包$——铸件(包括浇注系统)对模具成型零件的包紧力及推出时铸件外形与型腔壁摩擦阻力，N；

K——安全值，一般取 $K=1.2$。

3)受推面积和受推力

在推出力的推动下,铸件受推出零件所作用的面积,称为受推面积 A。而单位面积上的压力称为受推力 p。表 7.41 为不同合金铸件所能承受的许用受推力。

表 7.41 推荐的铸件许用受推力[p]/MPa

合 金	许用受推力 p	合 金	许用受推力 p
锌合金	40	镁合金	30
铝合金	50	铜合金	50

7.3.2 推杆推出机构的设计

(1)推杆推出机构的组成

推杆推出机构组成及其元件如图 7.15 所示。

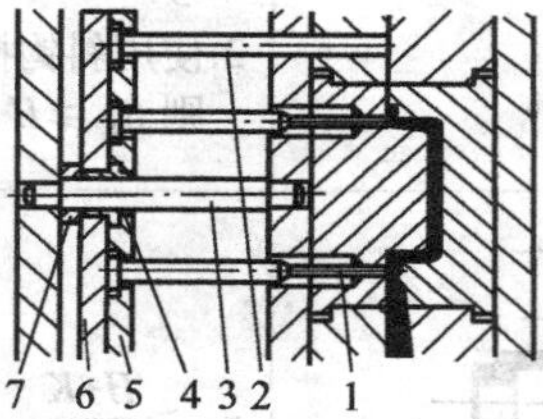

图 7.15 推杆推出机构组成

1—推杆;2—复位杆;3—推板导柱;4—推板导套;5—推杆固定板;6—推板;7—挡圈

(2)推杆推出部位设置要点

①推杆应合理分布,使铸件各部位的受推压力均衡。

②铸件有深腔和包紧力大的部位,要选择好推杆的直径和数量,同时推杆兼排气、溢流作用。

③避免在铸件重要表面和基准表面设置推杆,可以在增设的溢流槽上设置推杆。

④推杆的推出位置尽可能避免与活动型芯发生干涉。

⑤必要时,在浇道上应合理布置推杆;有分流锥时,在分流锥部位应设置推杆。

⑥推杆的布置应考虑模具成型零件有足够的强度,如图 7.16 所示。图 7.16 中 s 应大于 3 mm。

⑦推杆直径 d 应比成型尺寸 d_0 小 0.4~0.6 mm;推杆边缘与成型立壁保持一个小距离 δ;形成一个小台阶,可以避免窜入金属,见图 7.16。

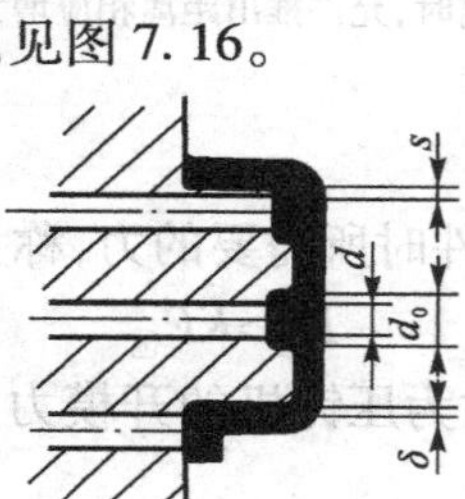

图 7.16 保证模具强度和防止配合间隙窜入金属推杆位置的设置

⑧推杆应用示例，见表 7.42。

表 7.42　推出元件的作用部位

设计要求	图　例	说　明
受铸件包紧的成型部位周围应设置推出元件	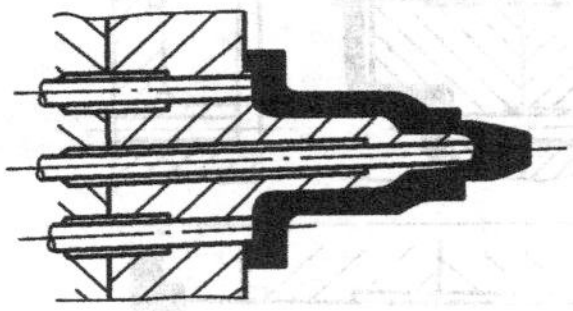	型芯周围及分流锥头部设置推杆
	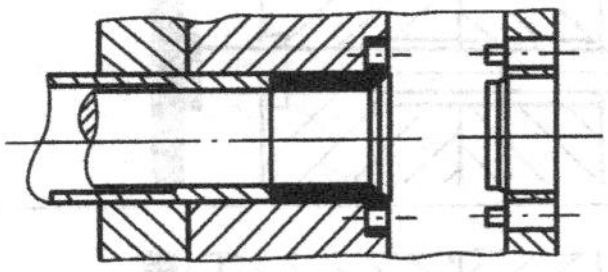	铸件底面设置推管
	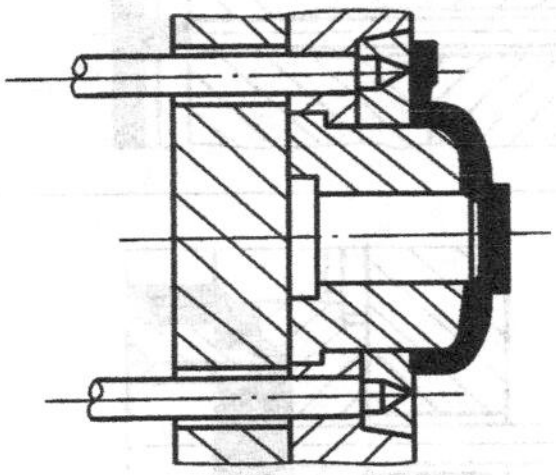	铸件底面设置推板
受铸件包紧的成型部位周围应设置推出元件	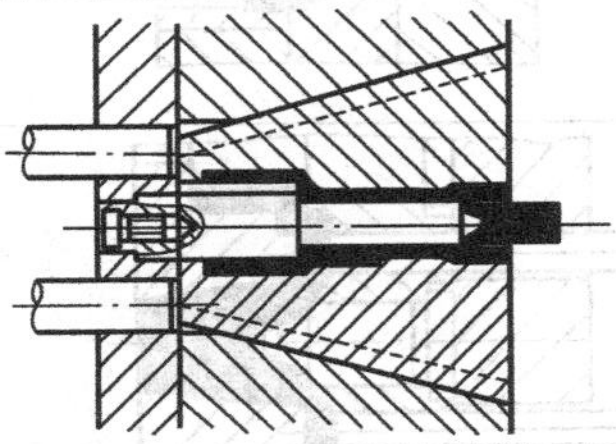	带有外侧凹薄壁铸件设置斜滑块推出机构
脱模斜度较小或垂直于分型面方向的长度较大的成型表面附近，设置推出元件	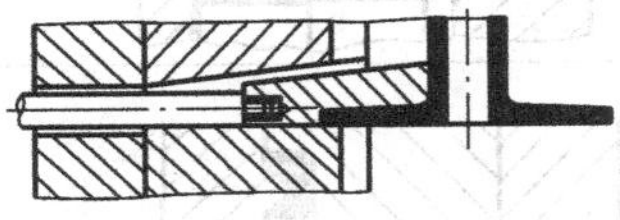	在垂直于分型面方向长度较大的成型表面附近设置成型推块
	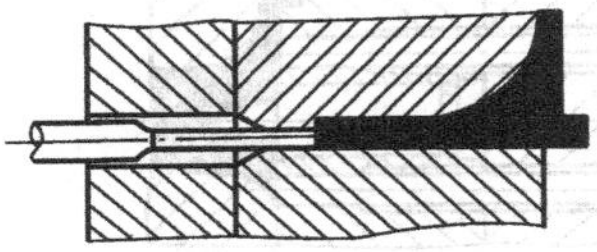	在脱模斜度小且深度较深的成型表面附近设置矩形推杆

续表

设计要求	图例	说明
尽量在铸件凸缘、加强筋以及强度较好的部位设置推出元件	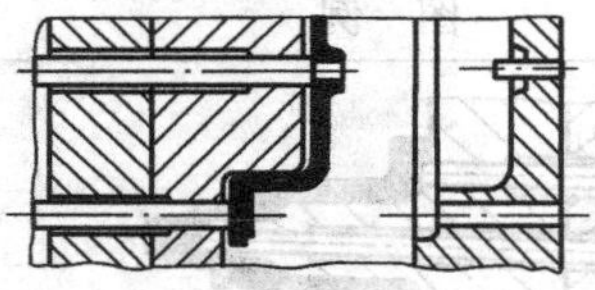	在铸件凸缘处设置推杆，铸件凸缘处在定模
	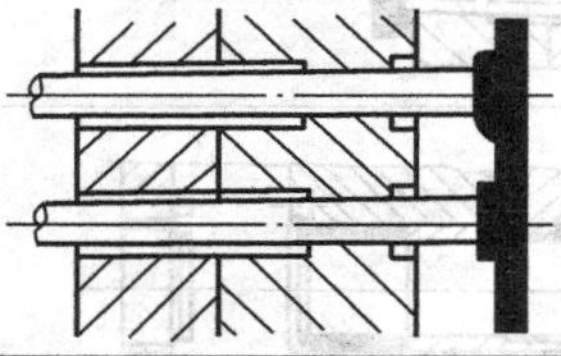	在铸件凸缘处设置推杆，铸件凸缘处在动模
	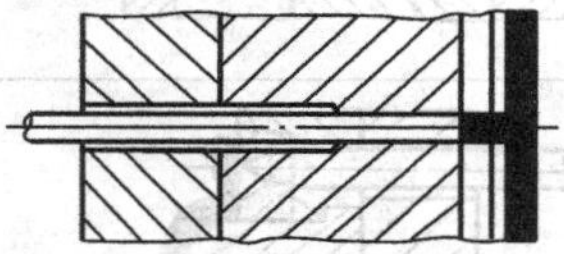	在铸件筋部设置凹面推杆，筋处在动模
在动模的浇道上设置推出元件	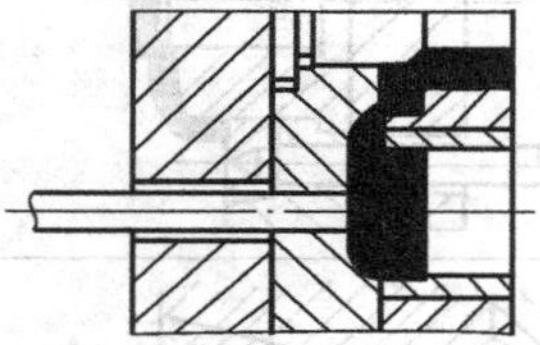	在卧式压铸机模具的浇道上设置推杆
	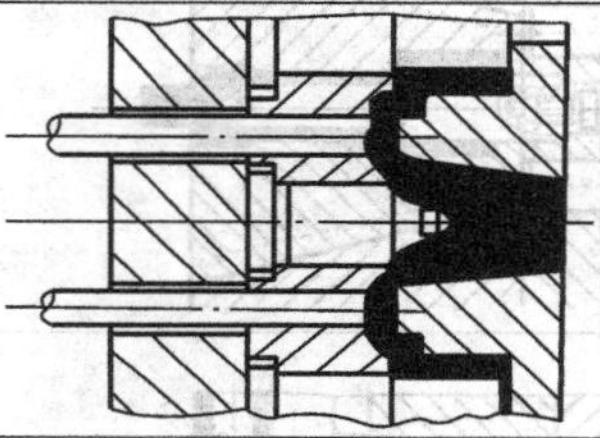	在立式压铸机模具的浇道上设置推杆
在铸件包紧力较大的分流锥或内孔周围，应设置推出元件	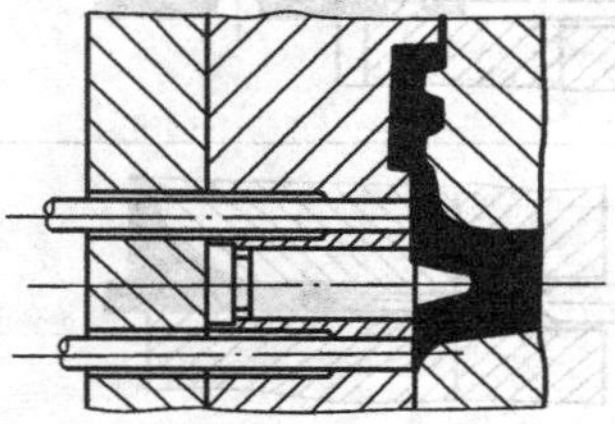	在铸件包紧力较大的分流锥周围设置推杆
	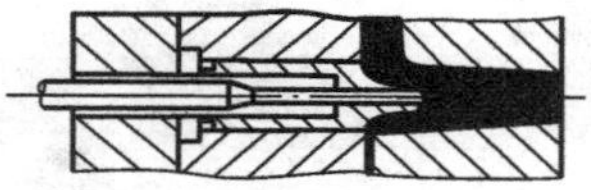	在铸件包紧力较大的分流锥内孔设置推杆

续表

设计要求	图　例	说　明
推出元件在铸件的作用部位应对称均匀，防止铸件在推出时变形	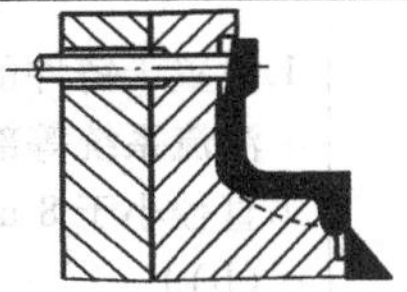 (a) 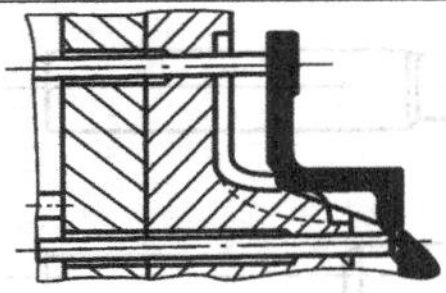 (b)	铸件推出时歪斜，造成变形(图(a)) 增设推杆，铸件受力均匀(图(b))
推出元件的设置应注意防止铸件开口处不相连部位的变形	 (a) 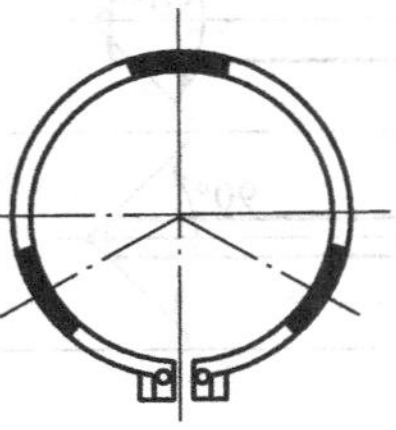 (b)	铸件开口部位推出时易变形(图(a)) 将铸件开口处作工艺上的连接，并增推杆，避免开口处变形(图(b))
避免在铸件重要表面或基准表面设置会留下印痕的推出元件	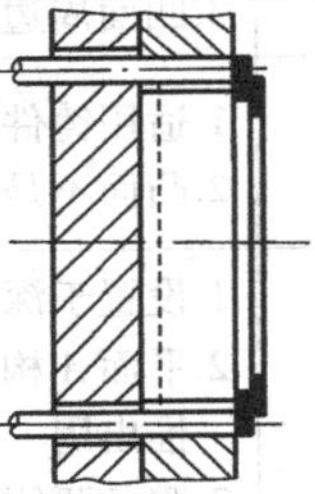 (a) 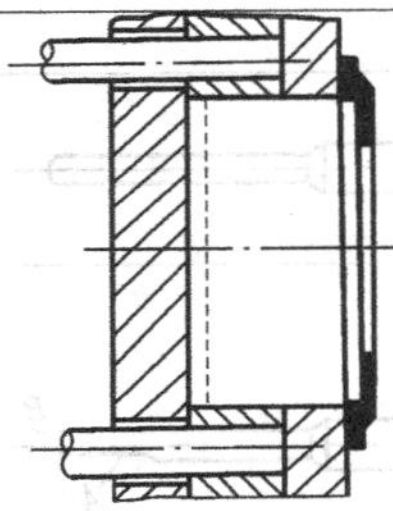 (b)	铸件的安装基准表面设置推杆，会因推杆痕迹影响铸件的基准精度(图(a)) 采用卸料板推出，消除了推出痕迹(图(b))
推出元件的设置应避免与活动型芯发生干涉	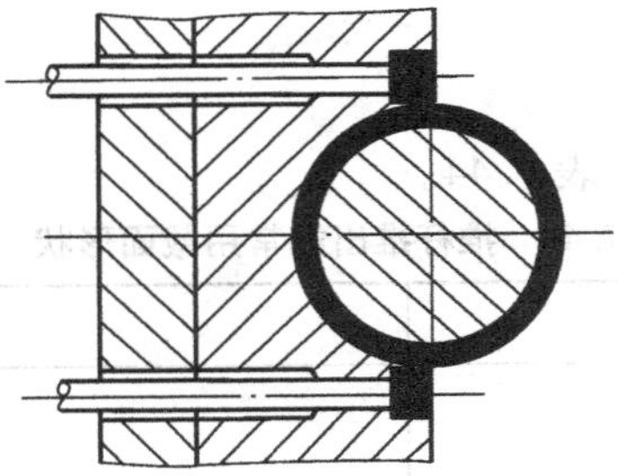	中间型芯为抽芯机构抽出，为避免推出元件与活动抽芯在合模时发生干涉，推出元件作用部位应设置在铸件外部工艺凸台上
	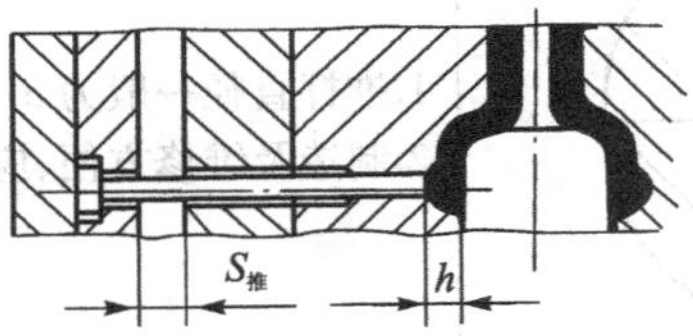	控制推出距离，使 $S_{推} < h$，形成安全距离，避免与液压抽芯的活动型芯发生干涉

(3) 推杆的推出端形状

根据铸件被推出时所作用的部位不同，推杆推出端形状也各异。常用的推杆推出端形状及设置要求见表 7.43。

表 7.43　常用推杆推出端形状及设置要求

名称	图　例	要　求
平面形	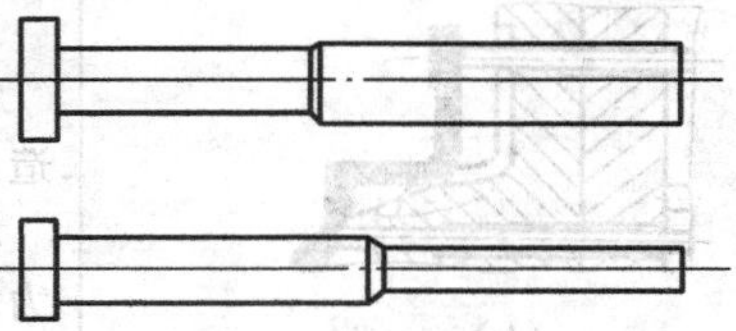	1.设置于铸件的平面、凸台、筋部、浇注和溢流系统等部位,适用性广泛 2.直径小于 8 mm 时,后部应考虑加强(图(b))
圆锥形	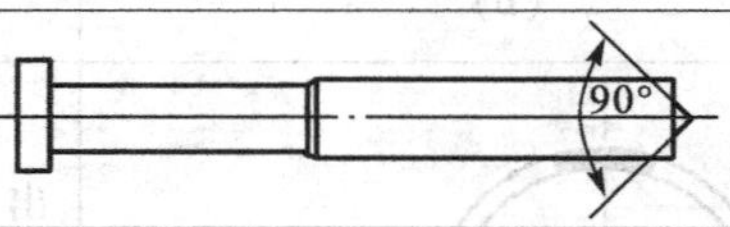	1.铸件要求有供钻孔的定位锥坑 2.直径一般大于 8 mm
	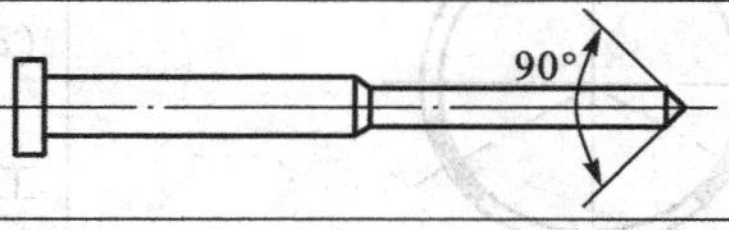	1.设置于分流锥中心孔内,兼分流和推出作用 2.直径一般小于 10 mm
凹面形	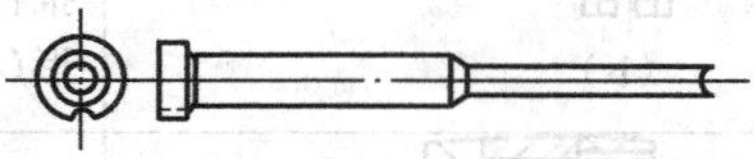	1.适用铸件特殊部位表面形状 2.凹面不是回转体时,需止转 3.凹面周边锐角需倒钝
凸面形	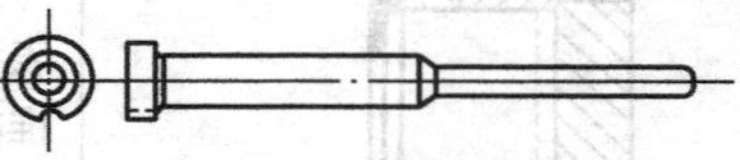	1.适用铸件特殊部位表面形状 2.凸面不是回转体时,需止转
削扁形	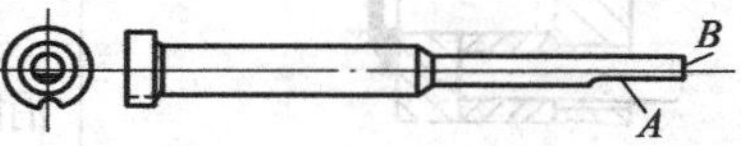	1.设置于深而薄带筋的铸件 2.平面 *A* 构成筋的一侧面形状,平面 *B* 作推出用 3.避免两侧削扁,特殊时允许两削扁平面垂直相交

(4)推杆推出端截面形状

常见的推杆推出端截面形状见表 7.44。

表 7.44　推杆推出端常用截面形状

名称	图　例	说　明
圆形	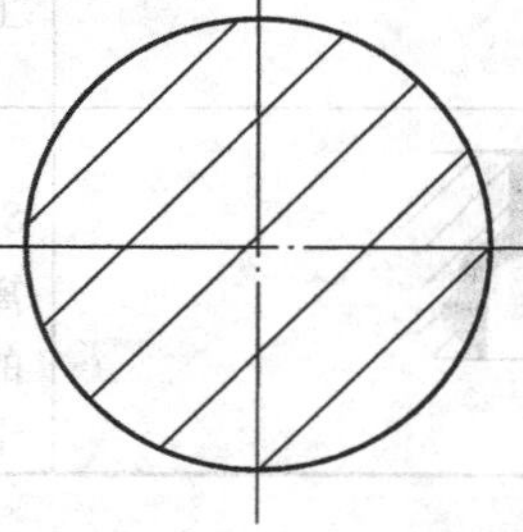	1.推杆直径一般为 3~16 mm,大的直径可达 40 mm 2.制造及维修方便,应用广泛

续表

名称	图　例	说　明
方形	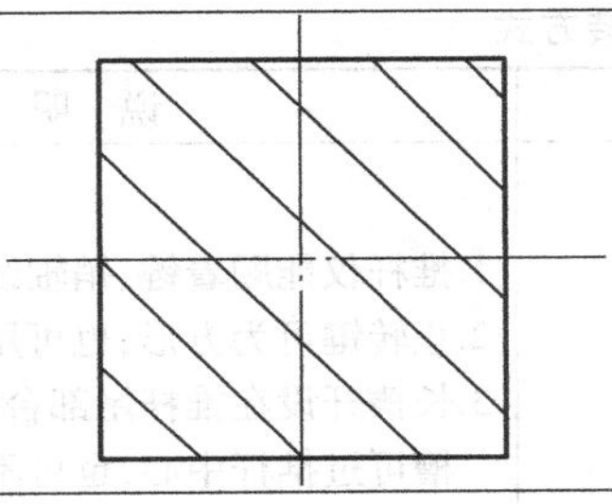	1.推杆方孔整体制作出时、四角避免锐角，防止应力集中，出现裂纹，如设置在镶拼线上，则可不倒角 2.推杆推出截面为长方形时，一般长短边之比不大于6，短边不小于2 mm 3.用于推出铸件的凸台、筋等
矩形	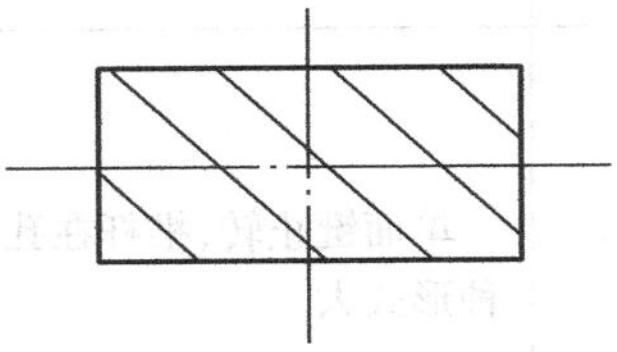	
半圆形	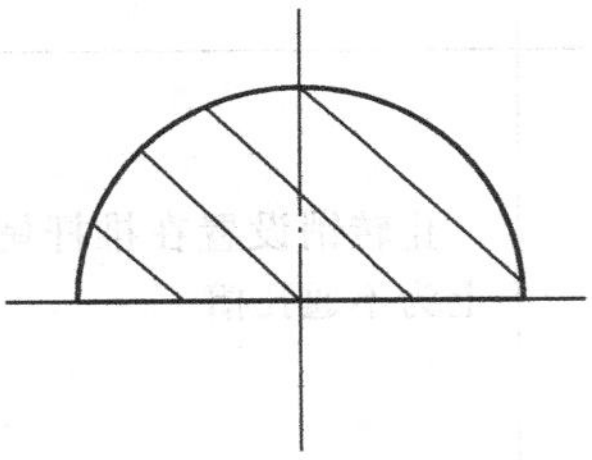	1.推出力与推出中心略成偏心 2.用于推杆位置受到局限的场合
扇形	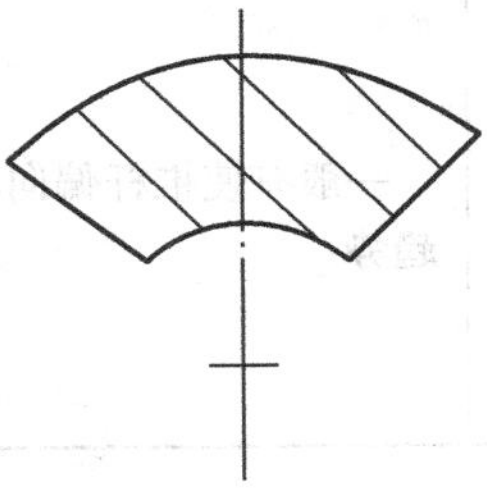	1.内半径处避免锐角 2.加工较困难 3.可取代部分推管推出，避免与分型面上横向型芯发生干涉
长圆形	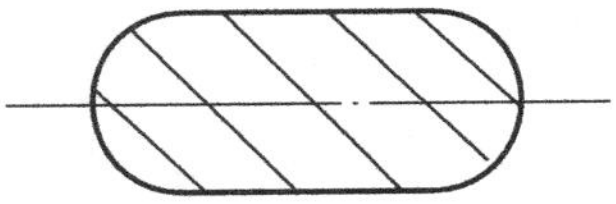	1.对动模镶块上的推杆孔要求较低 2.强度高 3.如采用长方形推杆而长方形孔整体制作时，可用其代替，加工较容易
平圆形	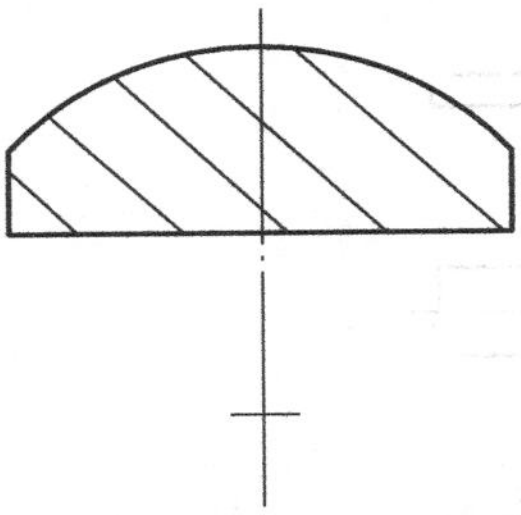	用于厚壁筒形铸件，可替代扇形推杆，简化加工工艺，消除应力集中现象

(5)推杆的止转

推杆常见的止转方式见表 7.45。

表 7.45　推杆止转方式

序号	图　例	说　明
1	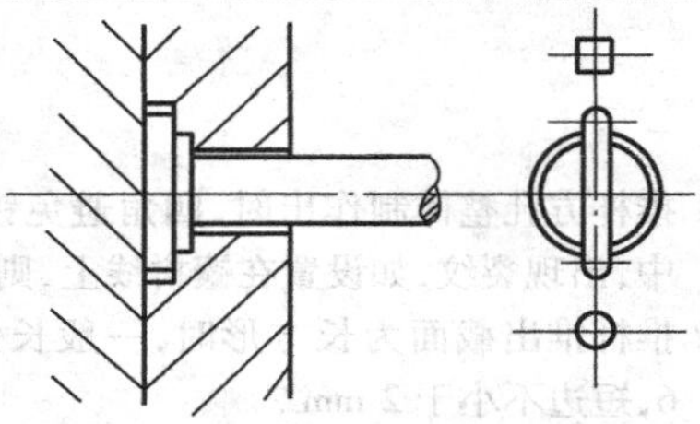	1.推杆仅能顺着键、销轴线方向活动 2.止转键可为方形,也可用圆柱销 3.长槽开设在推杆尾部台阶的断面上,长槽可过推杆中心,也可不过
2	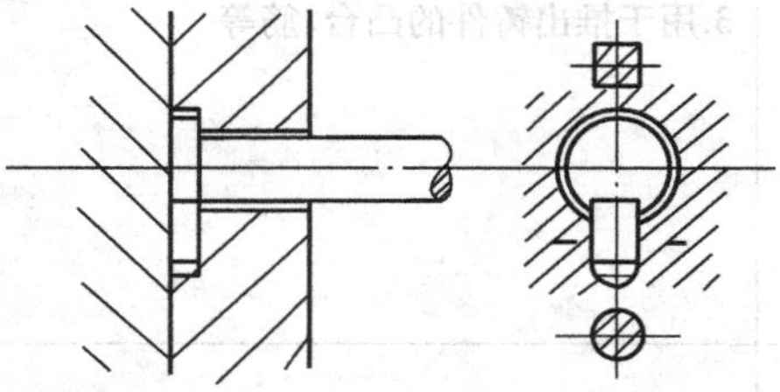	单面键止转,推杆在孔内活动度比第 1 种形式大
3	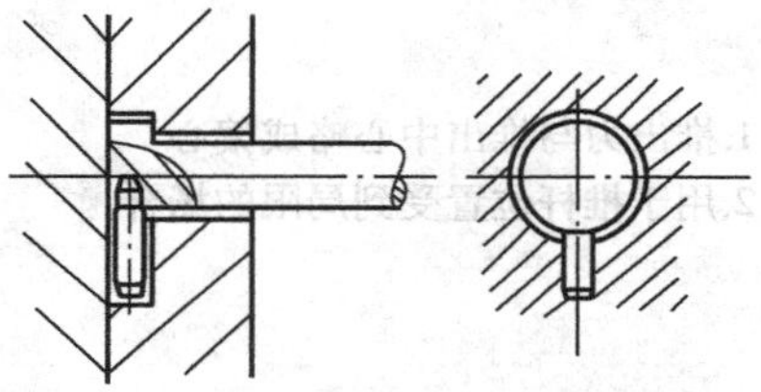	止转销设置在推杆尾端,推杆固定板上为不通孔槽
4	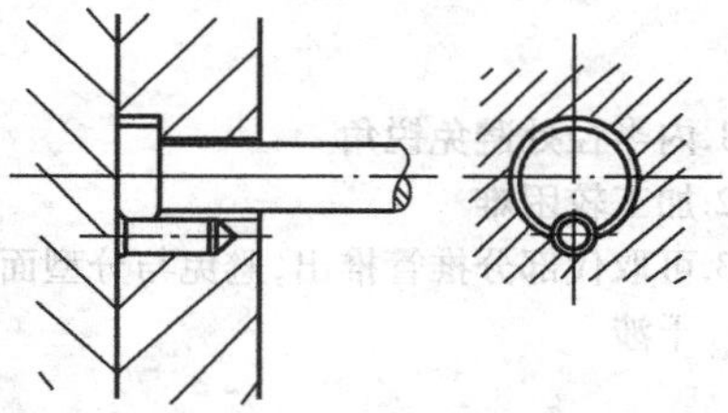	一般有使推杆偏向骑缝销相对方向的趋势

(6)推杆的固定方式

常用的推杆固定方式如图 7.17 所示。

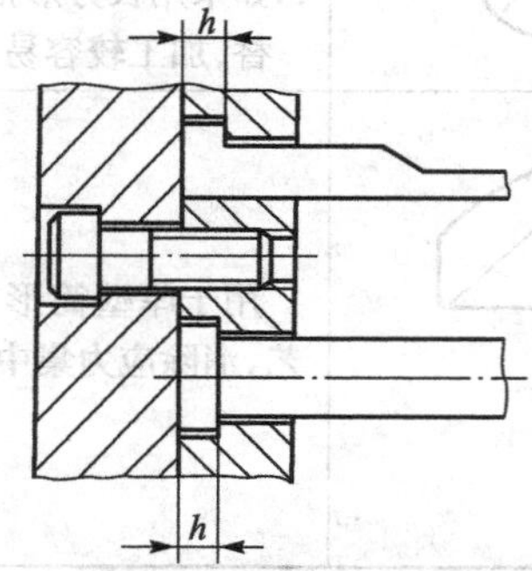

图 7.17　常用的推杆固定方式

(7)推杆的尺寸

推杆直径是按推杆端面在铸件上允许承受的受推力 p 决定的,不同合金铸件的许用受推力大小,见表 7.41。推杆在推出铸件的过程中,受到轴向压力,因此必须计算推杆直径,同时校核推杆的稳定性。

1)推杆截面积计算

推杆截面积可计算为

$$A=\frac{F_{推}}{n[p]} \tag{7.20}$$

式中　A——推杆前端截面积,mm^2;

$F_{推}$——推杆承受的总推力,N;

n——推杆数量;

$[p]$——许用受推力,见表 7.41。

根据式(7.20),当 $n=1$ 时,绘制如图 7.18 所示的推杆直径与推出力关系图,供设计时查用。

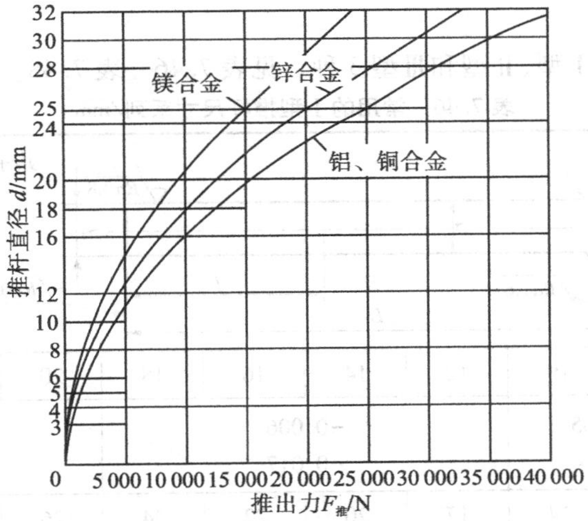

图 7.18　推杆直径与推出力关系图

举例:已知 $F_{推}=20\ 000$ N,$n=4$,铝合金铸件。求推杆直径。

先求出一根推杆的受力,即 $F_{推}=\frac{20\ 000}{4}=5\ 000$ N,查图 7.18 纵坐标 5 000 处,向上交于铝合金曲线一点,再在纵坐标上查得推杆直径约 $\phi 11$ mm,取 $\phi 12$ mm。

2)推杆稳定性

为了保证推杆的稳定性,需根据单个推杆的细长比调整推杆的截面积。推杆承受静压下的稳定性可计算为

$$K_{稳}=\eta\frac{EJ}{F_{推}l^2} \tag{7.21}$$

式中　$K_{稳}$——稳定安全系数,钢取 1.5~3;

η——稳定系数,其值取 20.19;

E——弹性模数,N/cm^2;钢取 $E=2\times10^7(N/cm^2)$;

$F_推$——推杆承受的实际推力，N；

l——推杆全长，mm；

J——推杆最小截面处之抗弯截面矩量，cm^4。

J的计算参照如下：

圆截面为 $J=\dfrac{\pi d^4}{64}$

式中 d——直径，cm^2。

方截面为 $J=\dfrac{a^4}{12}$

式中 a——边长，cm。

矩形截面为 $J=\dfrac{a^3 b}{12}$

式中 a——短边长，cm；

b——长边长，cm。

3）常用推杆的尺寸

常用的推杆形式有Ⅰ型、Ⅱ型和Ⅲ型3种。见表7.46—表7.48。

表7.46 常用的Ⅰ型推杆尺寸系列/mm

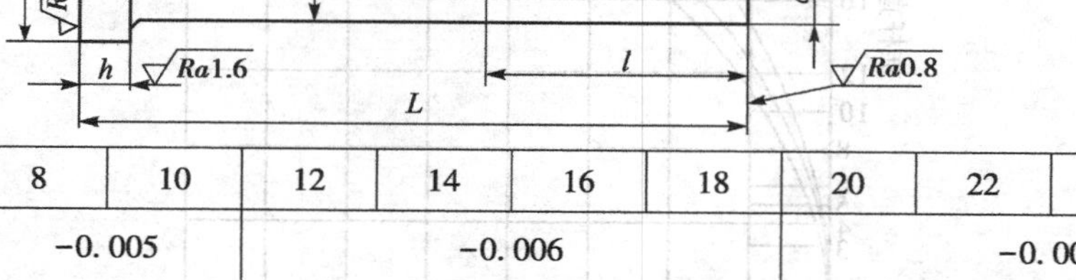

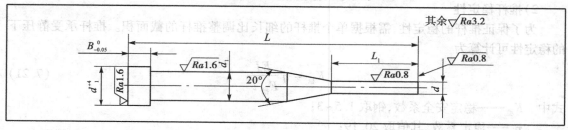

d g6	公称尺寸	8	10	12	14	16	18	20	22	24	26
	偏差	−0.005 −0.014		−0.006 −0.017				−0.007 −0.020			
D		12	14	17	20	22	24	26	28	30	32
h		$6_{-0.05}^{0}$									
r		0.4					0.5				
l、L		按需要确定									

表7.47 常用的Ⅱ型圆推杆尺寸系列/mm

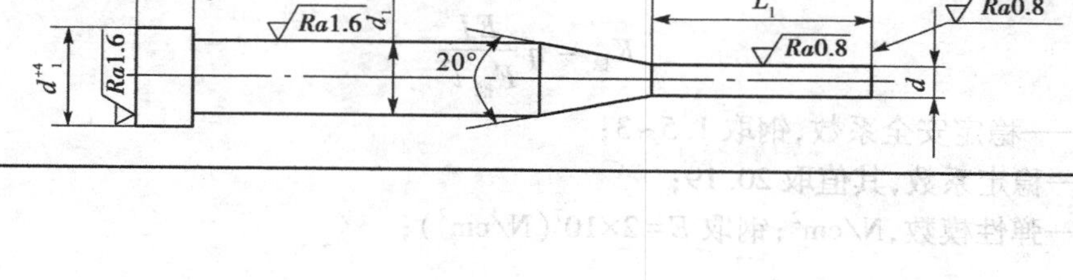

续表

<table>
<tr><td rowspan="2">d
f9</td><td>公称尺寸</td><td>3</td><td>4</td><td>5</td><td>6</td><td>8</td><td>10</td></tr>
<tr><td>偏差</td><td>-0.006
-0.031</td><td colspan="3">-0.010
-0.040</td><td colspan="2">-0.013
-0.049</td></tr>
<tr><td colspan="2">d_1</td><td colspan="2">8</td><td colspan="2">10</td><td>12</td><td>14</td></tr>
<tr><td colspan="2">L</td><td colspan="6">L_1</td></tr>
<tr><td colspan="2">80</td><td rowspan="5">30</td><td rowspan="5">40</td><td rowspan="7">50</td><td rowspan="7"></td><td rowspan="11"></td><td rowspan="15"></td></tr>
<tr><td colspan="2">85</td></tr>
<tr><td colspan="2">90</td></tr>
<tr><td colspan="2">95</td></tr>
<tr><td colspan="2">100</td></tr>
<tr><td colspan="2">105</td><td rowspan="4">40</td><td rowspan="4">50</td></tr>
<tr><td colspan="2">110</td></tr>
<tr><td colspan="2">115</td><td rowspan="8">70</td><td rowspan="8">70</td></tr>
<tr><td colspan="2">120</td></tr>
<tr><td colspan="2">130</td><td rowspan="3">50</td><td rowspan="3">60</td></tr>
<tr><td colspan="2">140</td></tr>
<tr><td colspan="2">150</td><td rowspan="6">70</td></tr>
<tr><td colspan="2">160</td><td rowspan="11"></td><td rowspan="11"></td></tr>
<tr><td colspan="2">170</td></tr>
<tr><td colspan="2">180</td></tr>
<tr><td colspan="2">190</td><td rowspan="8"></td><td rowspan="8"></td><td rowspan="8">80</td></tr>
<tr><td colspan="2">200</td></tr>
<tr><td colspan="2">210</td><td rowspan="3">80</td></tr>
<tr><td colspan="2">220</td></tr>
<tr><td colspan="2">240</td></tr>
<tr><td colspan="2">260</td><td rowspan="3"></td></tr>
<tr><td colspan="2">280</td></tr>
<tr><td colspan="2">300</td></tr>
</table>

表 7.48　常用的Ⅲ型方推杆尺寸系列/mm

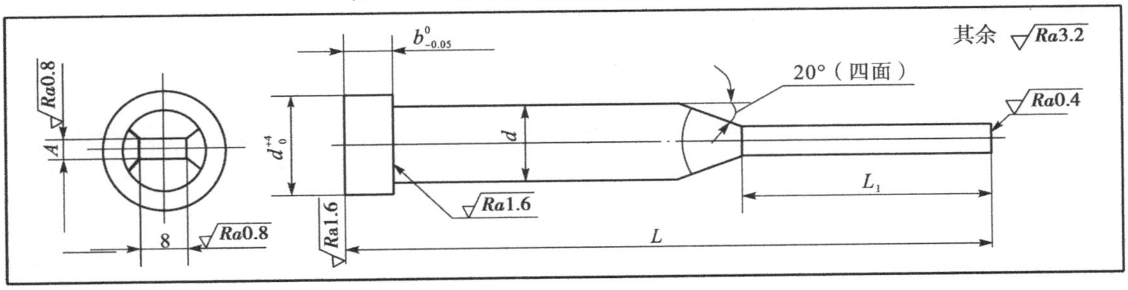

续表

<table>
<tr><td rowspan="2">A
f9</td><td>公称尺寸</td><td colspan="2">2</td><td colspan="2">3</td><td colspan="2">4</td></tr>
<tr><td>偏差</td><td colspan="4">-0.006
-0.031</td><td colspan="2">-0.010
-0.040</td></tr>
<tr><td rowspan="2">B
f9</td><td>公称尺寸</td><td>6</td><td>8</td><td>6</td><td>8</td><td>6</td><td>8</td></tr>
<tr><td>偏差</td><td>-0.010
-0.040</td><td>-0.013
-0.049</td><td>-0.010
-0.040</td><td>-0.013
-0.049</td><td>-0.010
-0.040</td><td>-0.013
-0.049</td></tr>
<tr><td colspan="2">d</td><td colspan="2">10</td><td colspan="2">10</td><td colspan="2">12</td></tr>
<tr><td colspan="2">L</td><td colspan="6">L_1</td></tr>
<tr><td colspan="2">80</td><td colspan="2" rowspan="5">40</td><td colspan="2" rowspan="5">40</td><td colspan="2" rowspan="5">50</td></tr>
<tr><td colspan="2">85</td></tr>
<tr><td colspan="2">90</td></tr>
<tr><td colspan="2">95</td></tr>
<tr><td colspan="2">100</td></tr>
<tr><td colspan="2">105</td><td colspan="2" rowspan="6">50</td><td colspan="2" rowspan="6">50</td><td colspan="2" rowspan="6">60</td></tr>
<tr><td colspan="2">110</td></tr>
<tr><td colspan="2">115</td></tr>
<tr><td colspan="2">120</td></tr>
<tr><td colspan="2">125</td></tr>
<tr><td colspan="2">130</td></tr>
<tr><td colspan="2">135</td><td rowspan="8">50</td><td rowspan="8">60</td><td rowspan="8">60</td><td rowspan="8">70</td><td rowspan="8">70</td><td rowspan="8">80</td></tr>
<tr><td colspan="2">140</td></tr>
<tr><td colspan="2">145</td></tr>
<tr><td colspan="2">150</td></tr>
<tr><td colspan="2">155</td></tr>
<tr><td colspan="2">160</td></tr>
<tr><td colspan="2">165</td></tr>
<tr><td colspan="2">170</td></tr>
</table>

(8)推杆的配合

推杆的典型配合及参数见表 7.49。

表 7.49 推杆的配合及参数

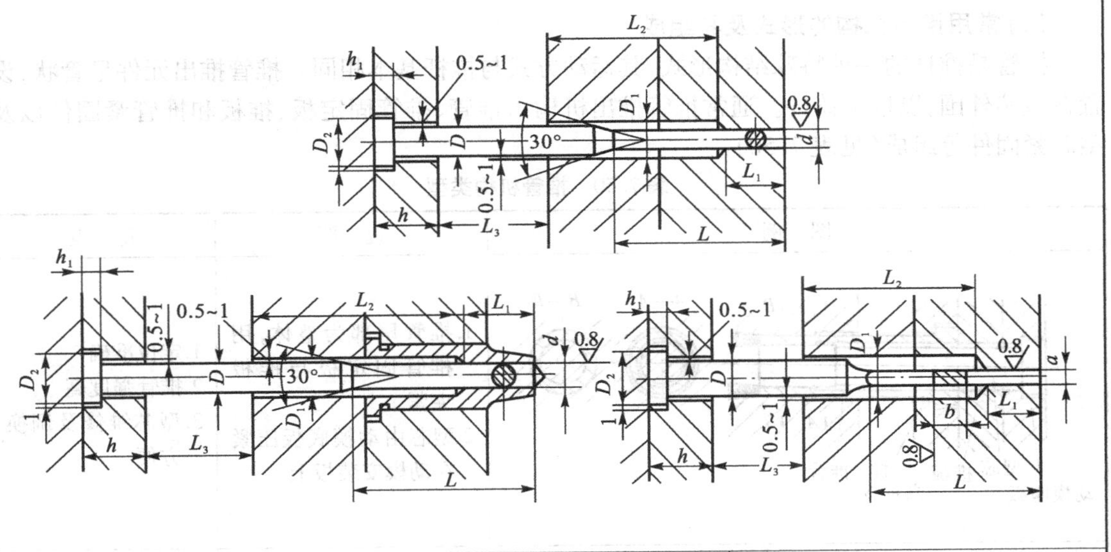

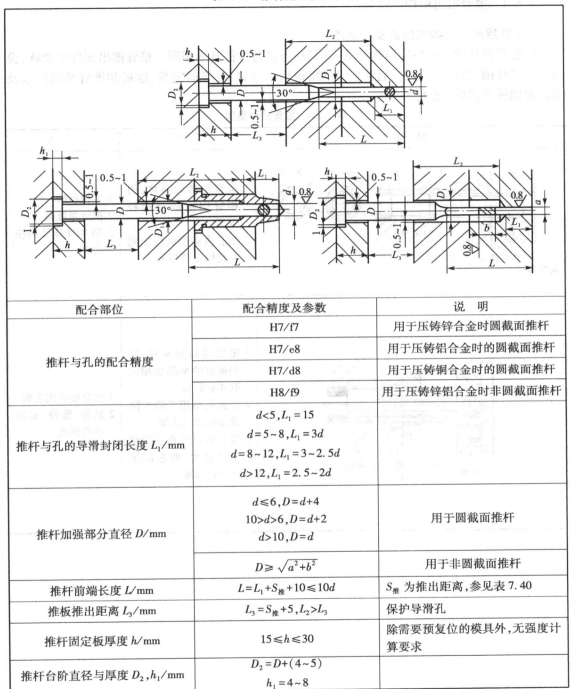

配合部位	配合精度及参数	说 明
推杆与孔的配合精度	H7/f7	用于压铸锌合金时圆截面推杆
	H7/e8	用于压铸铝合金时的圆截面推杆
	H7/d8	用于压铸铜合金时的圆截面推杆
	H8/f9	用于压铸锌铝合金时非圆截面推杆
推杆与孔的导滑封闭长度 L_1/mm	$d<5, L_1=15$ $d=5\sim8, L_1=3d$ $d=8\sim12, L_1=3\sim2.5d$ $d>12, L_1=2.5\sim2d$	
推杆加强部分直径 D/mm	$d\leqslant6, D=d+4$ $10>d>6, D=d+2$ $d>10, D=d$	用于圆截面推杆
	$D\geqslant\sqrt{a^2+b^2}$	用于非圆截面推杆
推杆前端长度 L/mm	$L=L_1+S_{推}+10\leqslant10d$	$S_{推}$ 为推出距离,参见表 7.40
推板推出距离 L_3/mm	$L_3=S_{推}+5, L_2>L_3$	保护导滑孔
推杆固定板厚度 h/mm	$15\leqslant h\leqslant30$	除需要预复位的模具外,无强度计算要求
推杆台阶直径与厚度 D_2, h_1/mm	$D_2=D+(4\sim5)$ $h_1=4\sim8$	

7.3.3 推管推出机构的设计

(1)常用推出机构的形式及其组成

推管是推杆的一种特殊结构形式,其运动方式与推杆基本相同。推管推出元件呈管状,设置在型芯外围,以推出铸件。通常推管推出机构由推管、推管固定板、推板和推管紧固件以及型芯紧固件等组成(见表7.50)。

表7.50 推管机构类型

图 例	说 明	特 点
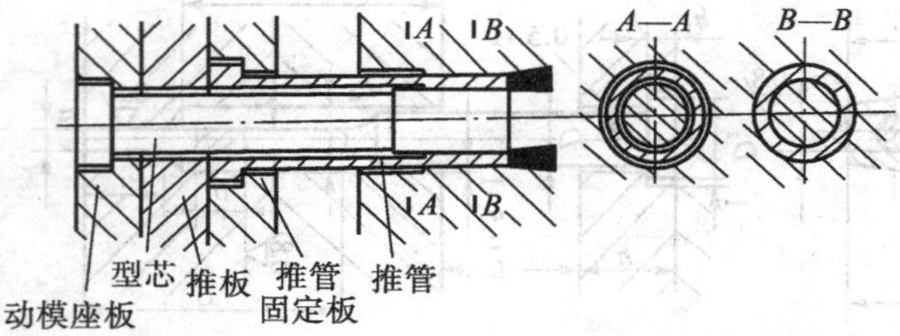	1.推管尾部为整体,用推管固定板与推板夹紧 2.型芯由动模底板压紧在动模安装板上	1.定位准确 2.推管强度高 3.型芯维修及调换方便
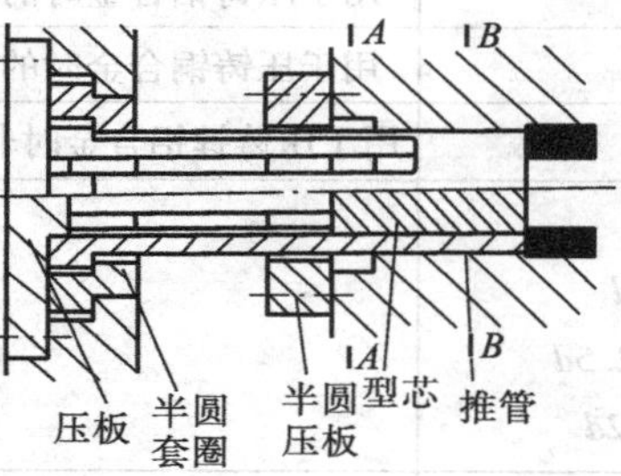	1.推管尾部为4片,安装推管的型芯也相应开4处缺口 2.推管尾部用半圆套圈及压板定位压紧 3.型芯的台阶直径较推管外径大,型芯用半圆压块压紧	1.省略推管固定板 2.制造、维修、安装都较困难

续表

图　例	说　明	特　点
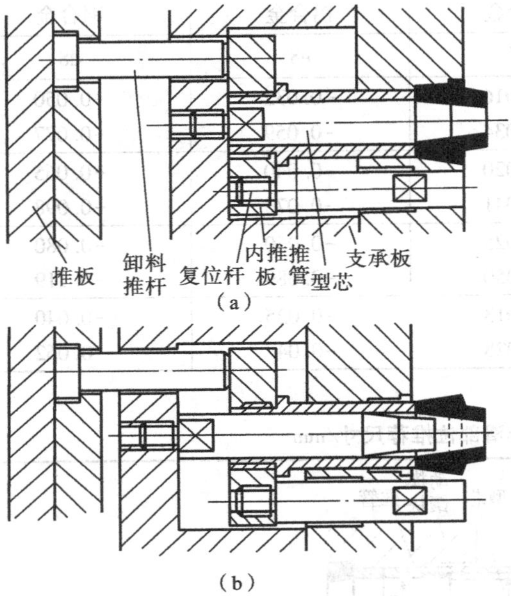	1.推管的尾部用螺纹与内推板紧固 2.型芯直接固定在动模支承板上 3.内推板的推出与复位由卸料推杆与复位杆完成	1.模具结构紧凑 2.在推出距离不大的情况下使用

(2)推管设计要点

①设计推管时，应保证推管在推出时不致擦伤型芯及动模镶块的相应成型表面(见图 7.19)。推管内、外径配合偏差见表 7.51。推管的外径尺寸，应设计成比筒形铸件外壁尺寸单边小 0.2~0.5 mm。推管的内径尺寸应比铸件内壁尺寸单边大 0.2~0.5 mm，如图 7.19 所示。尺寸变化处用圆角 $R0.12 \sim R0.15$ 过渡。

②通常推管内径在 $\phi10 \sim \phi60$ 范围内选取为宜。而且管壁应有相应的厚度，取 1.5~6 mm 范围内。

③推管的导滑封闭段长度 L 计算为

$$L=(S_{推}+10)\geq 20(\text{mm}) \tag{7.22}$$

式中　$S_{推}$——推出距离，mm；参见表 7.40。

④推管的非导滑部位尺寸见表 7.52

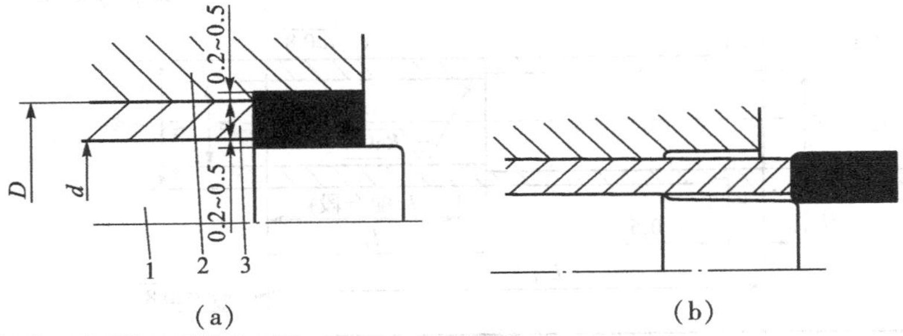

图 7.19　推管内、外径尺寸设计
1—型芯；2—动模镶块；3—推管

表 7.51　推管内、外径配合偏差/mm

公称尺寸	内 径	外 径		
	H8	锌合金	铝合金	铜合金
		f7	e8	d8
>10~18	+0.027 0	-0.016 -0.034	-0.032 -0.059	-0.050 -0.077
>18~30	+0.033 0	-0.020 -0.041	-0.040 -0.073	-0.065 -0.098
>30~50	+0.039 0	-0.025 -0.050	-0.050 -0.089	-0.080 -0.119
≤10	+0.02 0	-0.013 -0.028	-0.025 -0.047	-0.040 -0.062

表 7.52　推管的非导滑部位推荐尺寸/mm

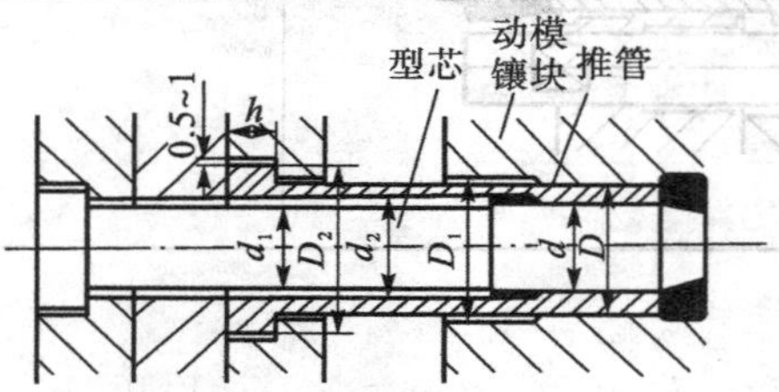

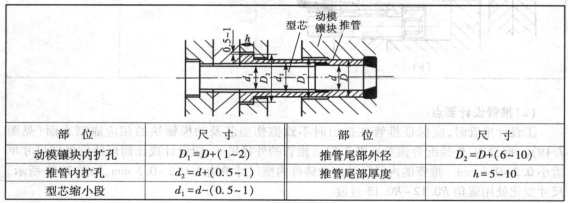

部　位	尺　寸	部　位	尺　寸
动模镶块内扩孔	$D_1=D+(1\sim2)$	推管尾部外径	$D_2=D+(6\sim10)$
推管内扩孔	$d_2=d+(0.5\sim1)$	推管尾部厚度	$h=5\sim10$
型芯缩小段	$d_1=d-(0.5\sim1)$		

(3)常用的推管尺寸

常用的推管有Ⅰ型、Ⅱ型和Ⅲ型3种。见表7.53—表7.55。

表 7.53　常用的Ⅰ型推管尺寸系列/mm

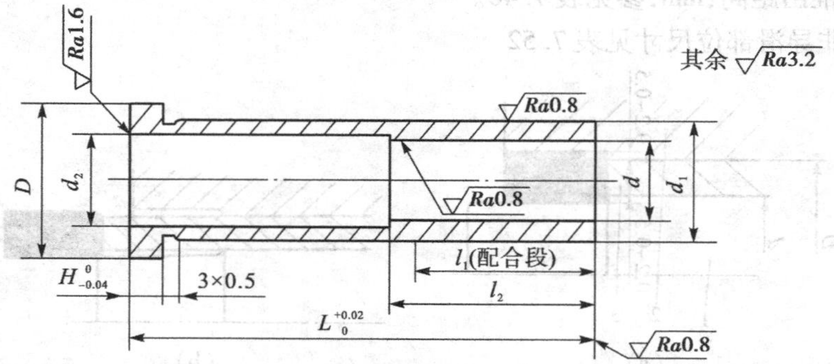

续表

d H7	公称尺寸	15	18	20	22	25	28	30	32	35	40	45	50	55	60
	偏差	+0.027 0		+0.033 0					+0.039 0					+0.046 0	
d_1 e8	公称尺寸	19	22	24	26	29	32	34	37	40	45	50	55	60	65
	偏差	−0.040 −0.073					−0.050 −0.089					−0.06 −0.106			
d_2	公称尺寸	16	19	21	23	26	29	31	33	36	41	46	52	57	62
D	公称尺寸	24	27	29	31	34	37	39	42	45	51	56	61	66	71
H	$6^{0}_{-0.05}$														
l_1, l_2	按需要确定长度														

表 7.54　常用的Ⅱ型推管尺寸系列/mm

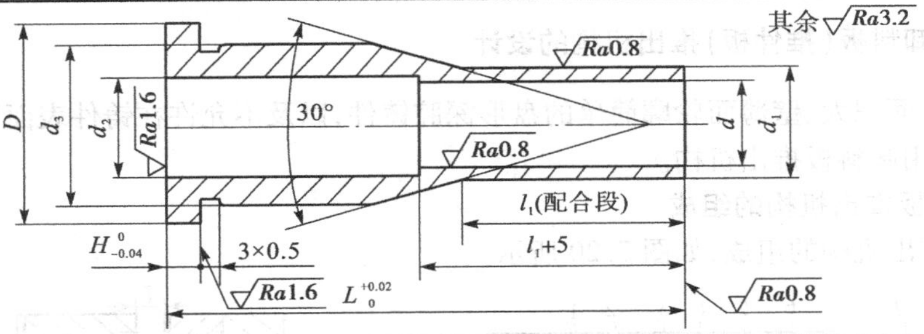

d H7	公称尺寸	15	18	20	22	25	28	30	32	35	40	45	50	55	60
	偏　差	+0.027 0		+0.033 0					+0.039 0					+0.046 0	
d_1 e8	公称尺寸	16.5	19.5	21.5	23.5	26.5	29.5	31.5	34	37	42	47	53	58	63
	偏　差	−0.032 −0.059	−0.040 −0.073					−0.050 −0.089					−0.060 −0.106		
d_2	公称尺寸	16	19	21	23	26	29	31	33.5	36.5	41.5	46.5	51.5	56.5	61.5
d_3	公称尺寸	24	27	29	31	34	39	41	43.5	46.5	53.5	58.5	62.5	68.5	73.5
D	公称尺寸	28	32	34	36	39	44	47	49.5	52.5	59.5	64.5	68.5	74.5	79.5
H	$6^{0}_{-0.05}$														
l_1, L	按需要确定长度														

表 7.55　常用的Ⅲ型推管尺寸系列/mm

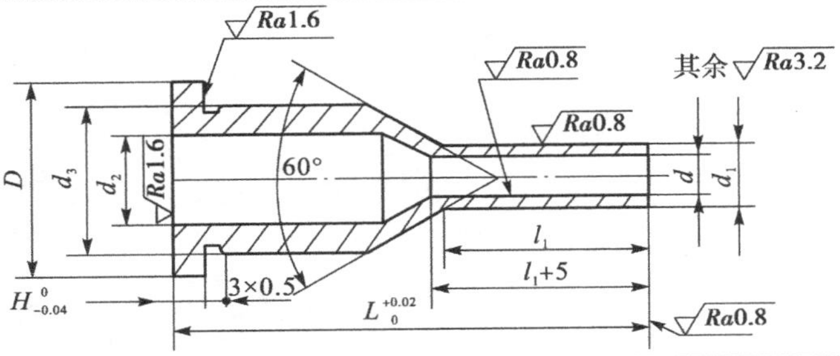

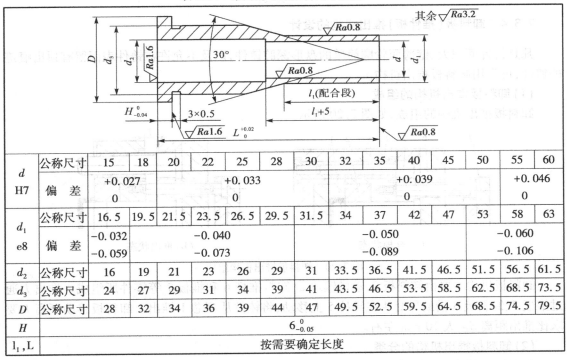

续表

d	公称尺寸	6	8	10	12	15
H7	偏差	$^{+0.012}_{0}$	$^{+0.015}_{0}$		$^{+0.018}_{0}$	
d_1	公称尺寸	8	10	12	14	17
e8	偏差	$^{-0.025}_{-0.047}$		$^{-0.032}_{-0.059}$		
d_2	公称尺寸					
d_3	公称尺寸					
D	公称尺寸					
H	$6^{0}_{-0.05}$					
l_1,L	按需要确定					

7.3.4 卸料板(推件板)推出机构的设计

凡是铸件面积大、壁薄而轮廓简单的盘形深腔铸件,以及不允许在铸件表面留有顶出痕迹的铸件,可采用卸料板推出机构。

(1)卸料板推出机构的组成

卸料板推出机构的组成,如图 7.20 所示。

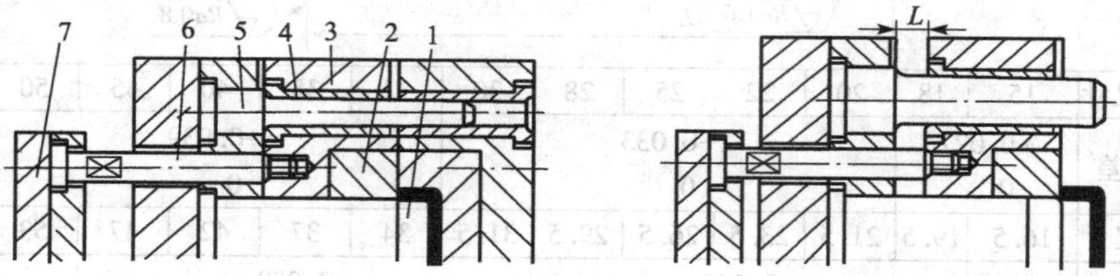

(a)合模状态　　(b)推出状态

图 7.20 卸料板推出机构组成

卸料板机构主要由卸料板 3、动模镶块 2、卸料推杆 6 和推板 7 等零件所组成。推出力通过推板 7、卸料板 3 借助导套 4 在导柱 5 上移动,将铸件从型芯 1 推出。卸料板移动距离 L 要求比推出距离 $S_{推}$ 大 10 mm 左右。

(2)卸料板推出机构的分类

根据卸料板推出机构的运动特点可分为两类,见表 7.56。

表 7.56　卸料板推出机构的分类

<table>
<tr><th>分类</th><th>名称</th><th>图　例</th><th>说　明</th></tr>
<tr><td rowspan="2">一般结构</td><td>卸料板整体式</td><td>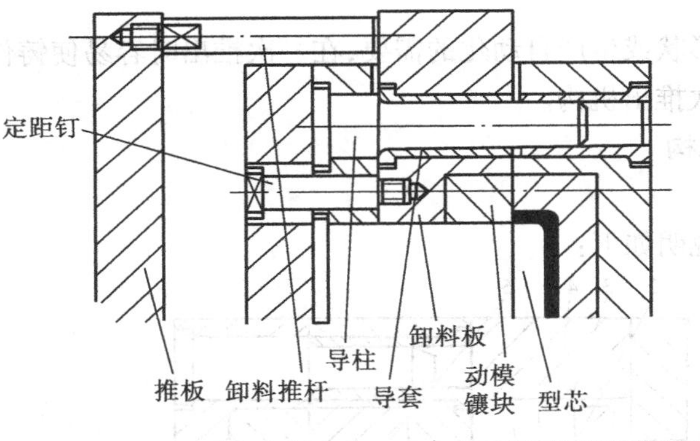</td><td>1.卸料板借助导套在导柱上移动
2.推出力由推板通过卸料推杆、卸料板和动模镶块传递给铸件
3.用定距钉限制推出距离</td></tr>
<tr><td>动模镶块式</td><td>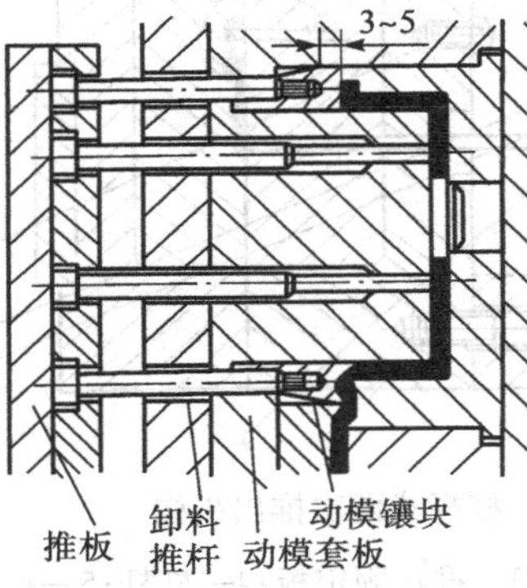</td><td>1.铸件较大，如采用卸料板整体式推出较困难，而且卸料推杆布置较远，故采用动模镶块推出
2.动模镶块兼卸料板的作用，由内孔与型芯作推出时的导向
3.动模镶块与套板配合段除距离分型面 3~5 mm 平直面外，其余部位制作3°~5°斜度，减少推出时摩擦，复位时可顺利导向</td></tr>
<tr><td>特殊结构</td><td>斜动式</td><td>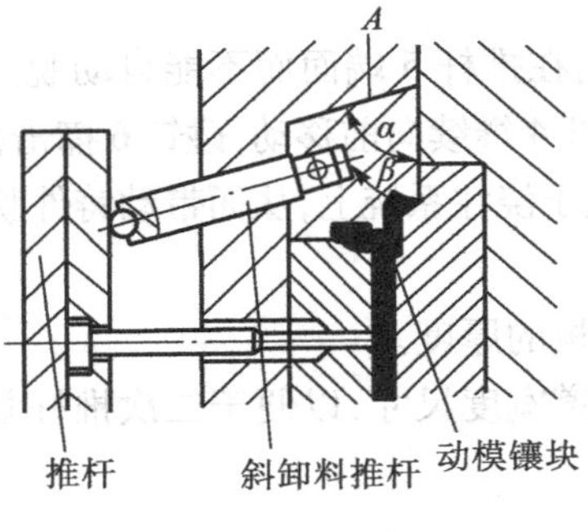</td><td>1.铸件有较宽大的外侧凹，在不宜采用斜滑块时可选用此结构
2.推板通过斜卸料推杆使动模镶块斜向运动，在抽出侧凹的同时推出铸件
3.斜卸料推杆应与动模镶块刚性连接、尾部铆接钢珠以减少摩擦，但长期使用后，钢珠与推板间易产生磨损形成沟槽而出现间隙，引起推出时不同步
4.$\alpha \leqslant \beta-(3^\circ \sim 5^\circ)$有利于减少摩擦和复位
5.为保持对称至少应设置相对应的两根斜卸料推杆</td></tr>
</table>

(3)卸料板推出机构设计要点

①推出铸件时，动模镶块推出距离 $S_{推}$ 不得大于动模镶块与动模固定型芯接合面长度的 2/3，以使模具在复位时保持稳定。

②型芯同卸料板(动模镶块)间的配合精度一般取 H7/e8—H7/d8，如型芯直径较大，与卸

料板配合段可制成1°~3°斜度，以保证顺利推出。

7.3.5 两次推出机构简介

有时由于铸件的特殊形状或生产自动化的需要，在一次推出时容易使铸件变形，或不能自动脱落，此时，可以采用两次推出机构。

(1)杠杆式两次推出机构

1)机构说明

如图7.21所示，机构说明如下：

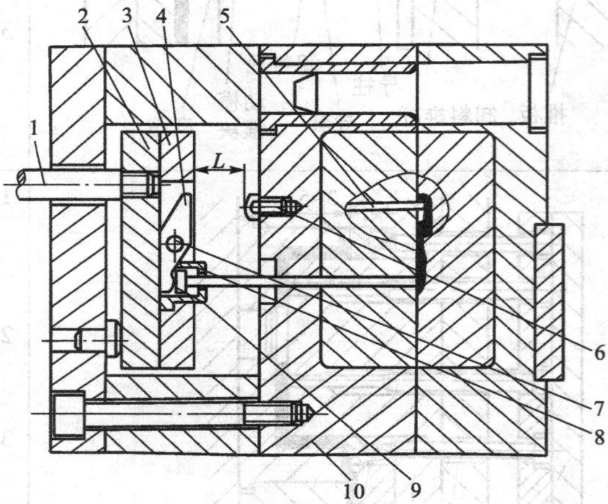

图7.21 杠杆式两次推出机构

1—撞杆；2—推杆板；3—推杆固定板；4—杠杆；5—推杆；
6—碰钉；7—销；8—压块；9—二次推杆；10—动模套板

①开模后，撞杆1带动推杆板2、推杆固定板3和推杆5向前移动预留间隙L距离，使铸件脱离动模型腔和型芯。

②由于铸件黏附力作用，铸件黏附在推杆5端面而不能自动脱落。

③推杆板2、推杆固定板3带动杠杆4继续向前移动，碰钉6撞击杠杆4，杠杆4绕销7转动，撞击二次推杆9。由于二次推杆9作用于浇注系统上，从而带动铸件脱离推杆5端面自动脱落。

2)设计要点

①杠杆厚度一般不超过推杆固定板的厚度。

②二次推杆的直径尺寸应大于浇道宽度尺寸，以便于二次推杆复位。

(2)摆块式超前二次推出机构

1)机构说明

如图7.22所示，机构说明如下：

①铸件用卸料板及推杆作两次推出。

②推出时，推杆4，2推动动模板1和铸件一起移动l_1距离，使铸件脱出型芯3，完成第一次推出。

③撞杆5与垫板接触，继续推出时，推杆4推动动模板1继续移动。同时，由于撞杆5迫使摆块6摆动，推杆2作超前于动模板1的移动，将铸件从型腔中推出。

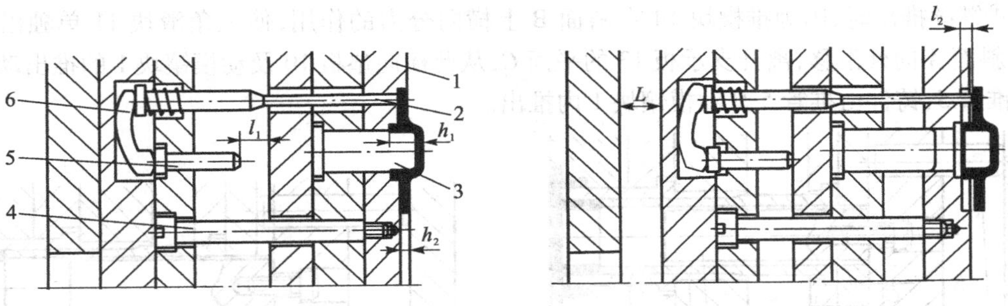

(a)未推出机构　　(b)推出机构

图7.22　摆块式超前二次推出机构

1—动模板；2,4—推杆；3—型芯；5—撞杆；6—摆块

2)设计要点

为了保证铸件的顺利推出，第一次推出行程 l_1 与第二次推出行程 l_2，应满足以下条件：

$l_1 \geqslant h_1$　$l_2 \geqslant h_2$

(3)楔板滑块式二次推出机构

1)机构说明

如图7.23所示，机构说明如下：

①推出时，推动推杆3,4和动模板1，使铸件脱出型芯2，当楔板7迫使滑块5滑动至其上的孔对准推杆4时，完成第一次推出。

②推出动作继续进行，则推杆3将铸件从动模板1中推出。

2)设计要点

①弹簧必须有足够的弹力，同时滑块5运动要灵活。

②$L_1 \geqslant h_1, L_2 \geqslant h_2, L = L_1 + L_2$。

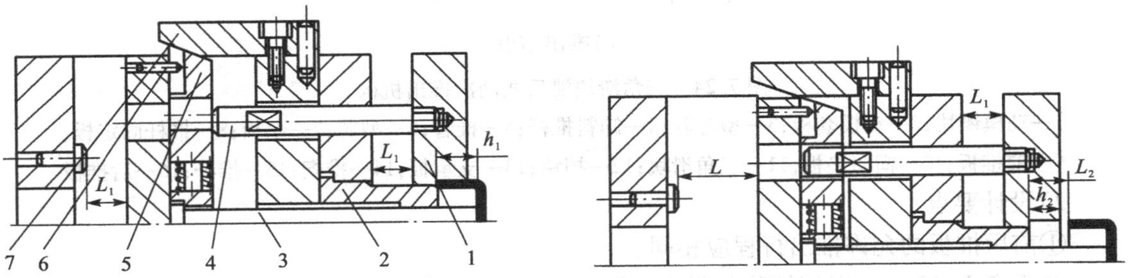

(a)第一次推出状态　　(b)第二次推出状态

图7.23　楔板滑块式二次推出机构

1—动模板；2—型芯；3,4—推杆；5—滑块；6—止动销；7—楔板

(4)三角滑块滞后式两次推出机构

1)机构说明

如图7.24所示，机构说明如下：

①前后两组推板分别置于支承板13的左右两边，前后推板间用推杆15保持一定的作用距离。

②卸料推杆4兼作横向垫板10的导向元件。

③推出开始时，前后推板9,16及其组件协同，将铸件推离型芯套3及中间型芯6。此时铸件仍留于动模镶块1内，直到推出行程达到 L 时为止。

④继续推出时,因为推楔块 14 在斜面 B 上横向分力的作用,使三角滑块 11 单独沿挡块 12 的斜面 A 向外滑移,离开支承板 13 的平面 C,从此横向垫板 10 及动模镶块 1 的推出动作滞后于推管 5,铸件由推管 5 从动模镶块 1 内推出。

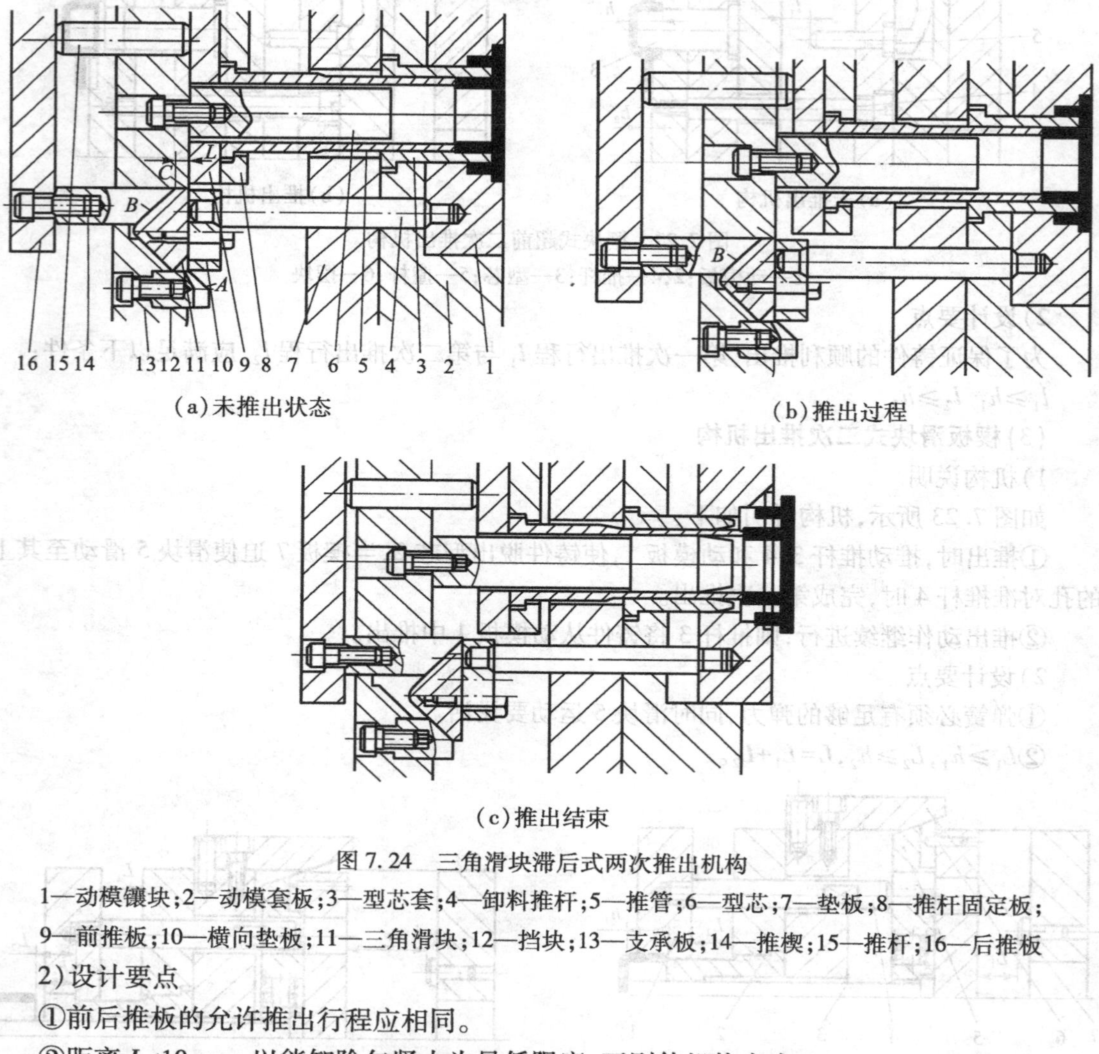

图 7.24　三角滑块滞后式两次推出机构

1—动模镶块;2—动模套板;3—型芯套;4—卸料推杆;5—推管;6—型芯;7—垫板;8—推杆固定板;9—前推板;10—横向垫板;11—三角滑块;12—挡块;13—支承板;14—推楔;15—推杆;16—后推板

2)设计要点

①前后推板的允许推出行程应相同。

②距离 $L<10$ mm,以能卸除包紧力为最低限度,否则使机构庞大。

③横向垫板 10 上正对推楔块 14 的部位应有缺口,否则形成阻碍。

④三角滑块应设置两组,在模具两侧或上下对称布置,使运动平稳。

⑤三角滑块 11 滞后推出行程为推楔块 14 推出行程的$\frac{1}{2}$。

7.3.6　典型的二次分型机构简介

有时为了分型时确保压铸件留在动模部分,以便让设置在动模的推出机构将压铸件推出,根据压铸件的结构特点和工艺要求,模具需要设置两个或两个以上的分型面,并且能按一定的顺序打开,限定每个分型面分型的距离,满足这类要求的机构称为多次分型机构,也称顺序定距分型机构，最常采用的是二次分型机构。

1）机构说明

如图7.25所示，机构说明如下：

①摆钩2用轴3固定在定模套板4上，定距螺钉8也固定在定模套板4上，在定模座板上固定有滚轮6。

②如图7.25(a)所示为压铸结束的合模状态，在弹簧5的作用下，摆钩2一端钩住动模套板1，另一端与滚轮6相接触。

③分型时，由于摆钩钩住动模套板的作用，使模具从A分型面分型，压铸件包在型芯上与动模一起移动，浇注系统凝料从浇口套中拉出，如图7.25(b)所示。

④继续开模，滚轮与摆钩后端斜面接触，并使其绕轴3作顺时针方向转动而脱钩，与此同时，定距螺钉端部与定模座板接触，使A分型面分型结束，并且B分型面开始分型，浇注系统余料被拉断，如图7.25(c)所示。

⑤分模行程结束，推出机构（图7.25中尚未画出）工作，将压铸件从型芯上推出。

2）设计要点

为了分型时受力平衡，摆钩的设置应是成双对称布置。

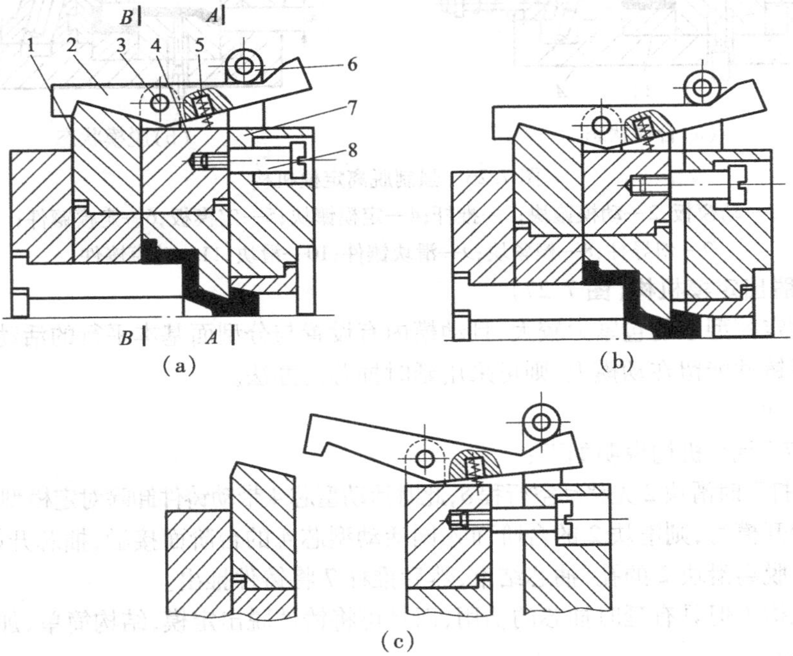

图7.25　摆钩式二次分型机构

1—动模套板；2—摆钩；3—轴；4—定模套板；5—弹簧；6—滚轮；7—定模座板；8—定距螺钉

7.3.7　定模推出机构

对于要求先脱离动模或需要强制脱离定模的铸件，可以采用定模推出机构。

(1)强制脱离定模机构

1）机构说明

如图7.26所示，机构说明如下：

①铸件左端虽有包紧力,但主要包紧力在右端定模内。

②当开模时,斜导柱 7 移动开模行程 h 后,与滑块 10 右端接触,滑块镶件 9 才有抽芯动作,利用 A 端面将铸件从定模镶件 6 上强制脱开。

③铸件脱离定模镶件 6 后,滑块镶件 9 抽芯,抽芯结束后,推杆 3 将铸件推出。

2)设计要点

①开模行程为

$$h = \frac{\delta}{\sin \alpha} \tag{7.23}$$

式中　δ——导柱与滑块 10 右端间隙;

α——斜导柱斜度。

②开模行程 h 的大小要根据定模型芯的长短和脱模斜度的大小而定。

③这种结构不要设计在模具的下方。

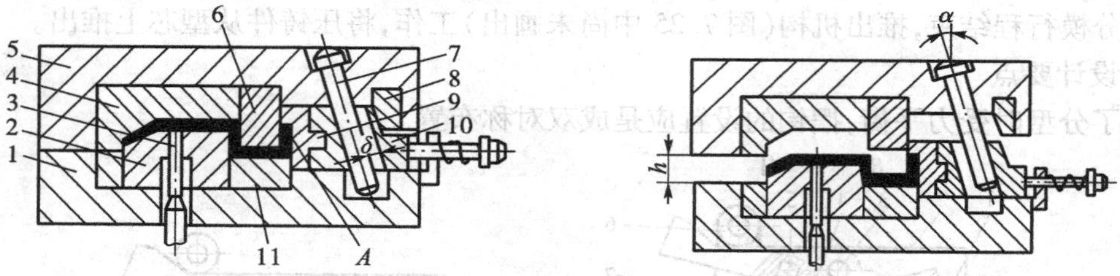

(a)合模状态　　(b)脱模状态

图 7.26　强制脱离定模机构

1—动模板;2—动模镶块;3—推杆;4—定模镶块;5—定模板;6—定模镶件;7—斜导柱;8—楔紧块;9—滑块镶件;10—滑块;11—动模镶件

(2)延时脱出定模机构(图 7.27)

若铸件对定模型芯的包紧力较大,且动模内有设置与分型面基本平行的活动型芯时,为了保证在开模时铸件能留在动模上,则可采用延时抽芯的办法。

1)机构说明

如图 7.27 所示,机构说明如下:

①分型面打开时滑块 2 先移动空行程 δ,此时活动型芯 4 带动铸件卸除对定模型芯 6 的包紧力。

②当继续开模时,则滑块 2 的台阶面 A 同活动型芯 4 的台阶面接触,抽芯开始。

③斜销 1 脱离滑块 2 的孔,抽芯结束,然后推杆 7 将铸件推出。

④此种机构不但具有延时抽芯的功用,而且可将铸件脱出定模,结构简单,加工方便。

2)设计要点

①滑块孔深增量 δ 为

$$\delta = S_{延} \times \tan \alpha \tag{7.24}$$

式中　$S_{延}$——延时抽芯行程(按设计需要确定);

α——斜导柱倾斜角。

②活动型芯在合模状态应有定位面 B,否则,活动型芯在插芯结束时呈浮动状态,起不到准确延时抽芯的作用。

③活动型芯的直径不小于 ϕ15 mm,数量不少于 3 个,且应布置均衡。否则容易扭折,使模

具工作不正常甚至引起事故。

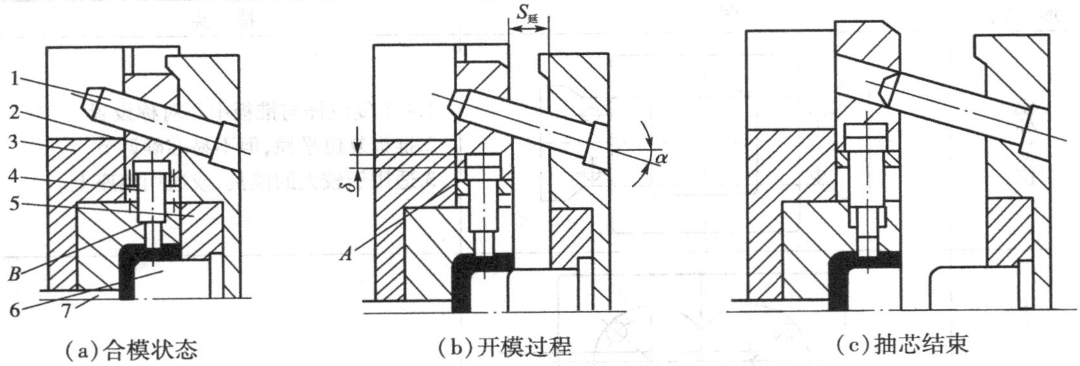

图 7.27　延时脱出定模机构

1—斜销；2—滑块；3—动模；4—活动型芯；5—定模；6—定模型芯；7—推杆

7.3.8　推出机构的复位与导向

(1)推出机构的复位

在压铸的每一个工作循环中，推出机构推出铸件后，都必须准确地恢复到原来的位置。这个动作通常是借助复位杆来实现的，并用挡钉作最后定位，使推出机构在合模状态下处于准确可靠的位置。该位置即推杆复位后，推杆的工作端面与型面齐平，或凸出型面，凸出高度不大于 0.1 mm；复位杆复位后，其工作端面应与分型面齐平，或凸出分型面，凸出高度不超过 0.05 mm。

复位机构如图 7.28 所示。

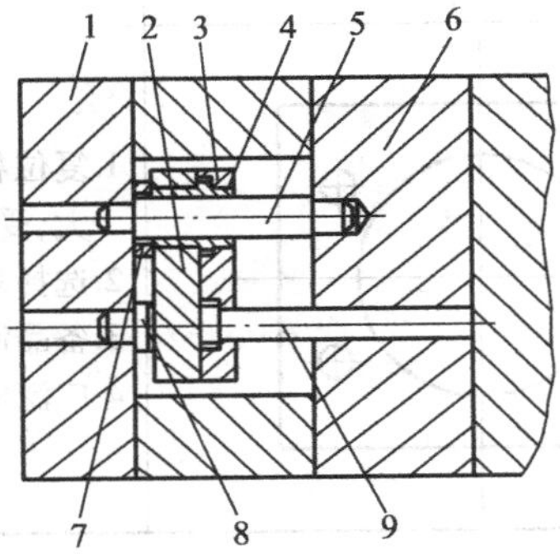

图 7.28　复位机构

1—动模座板；2—推杆板；3—推杆固定板；

4—导套；5—导柱；6—动模套板；7—推板垫圈；8—挡钉；9—复位杆

①合模时，复位杆 9 与定模分型面相接触，推动推板 2 向后退，与挡钉 8 相碰而停止，达到精确复位。

②挡钉等限位元件尽可能设置在铸件投影面积之内，复位杆、导向元件及限位元件要均匀分布，以使推杆板受力均衡。

(2)常见复位与限位形式

1)复位形式

常见复位形式见表 7.57。

表 7.57 复位形式

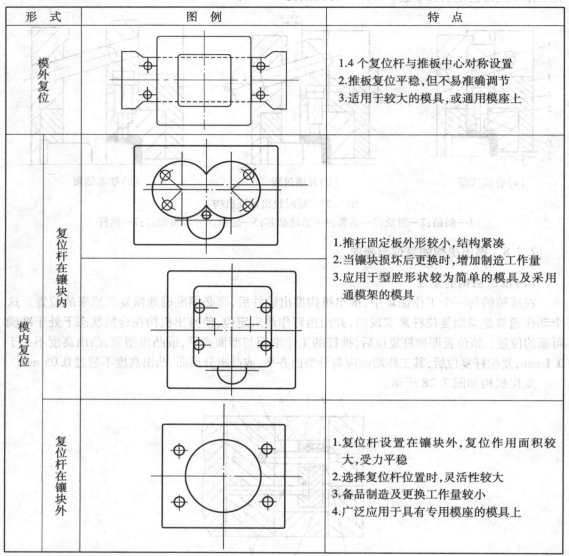

形式		图例	特点
模外复位		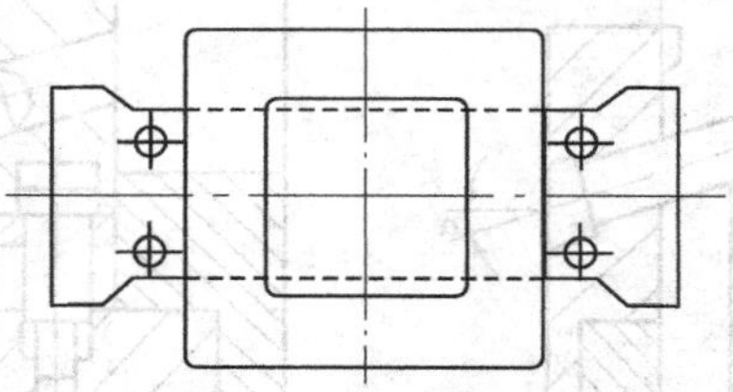	1.4 个复位杆与推板中心对称设置 2.推板复位平稳,但不易准确调节 3.适用于较大的模具,或通用模座上
模内复位	复位杆在镶块内	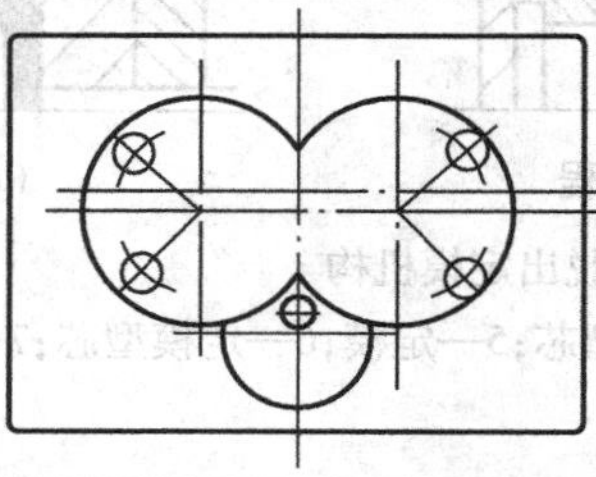 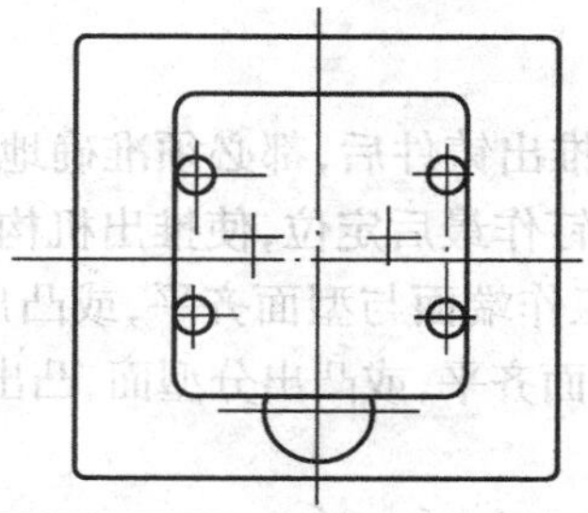	1.推杆固定板外形较小,结构紧凑 2.当镶块损坏后更换时,增加制造工作量 3.应用于型腔形状较为简单的模具及采用通模架的模具
	复位杆在镶块外	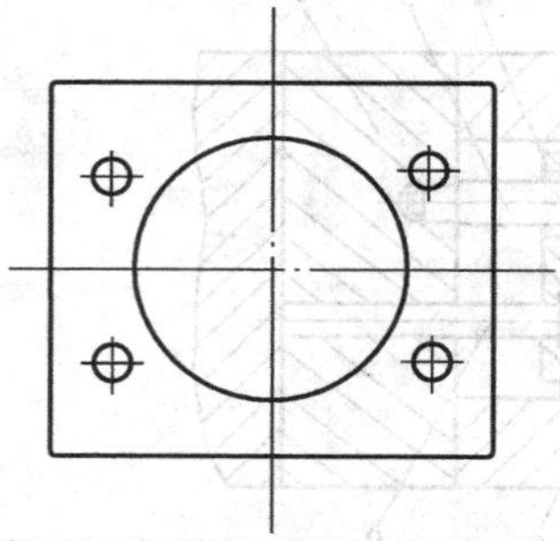	1.复位杆设置在镶块外,复位作用面积较大,受力平稳 2.选择复位杆位置时,灵活性较大 3.备品制造及更换工作量较小 4.广泛应用于具有专用模座的模具上

2)限位形式

常用限位形式见表 7.58。

表 7.58 推板限位形式

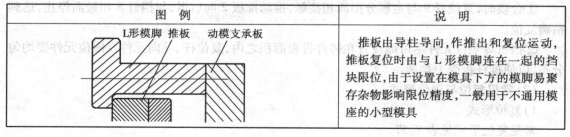

图例	说明
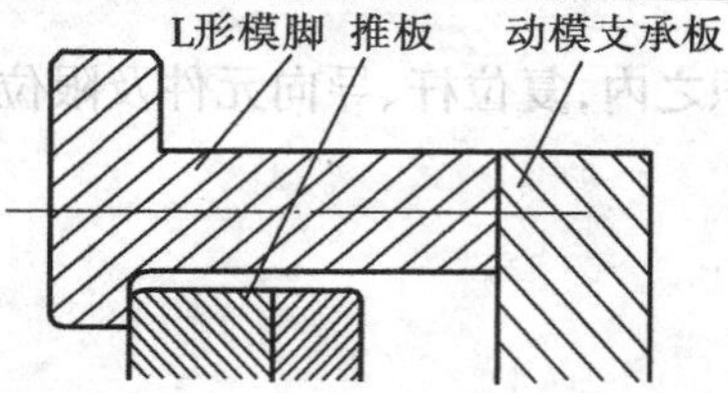	推板由导柱导向,作推出和复位运动,推板复位时由与 L 形模脚连在一起的挡块限位,由于设置在模具下方的模脚易聚存杂物影响限位精度,一般用于不通用模座的小型模具

续表

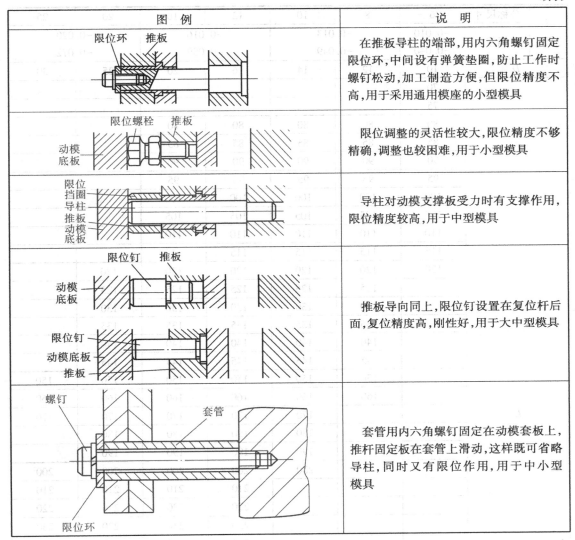

图　例	说　明
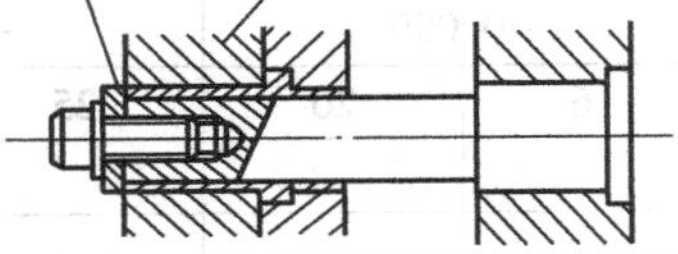	在推板导柱的端部，用内六角螺钉固定限位环，中间设有弹簧垫圈，防止工作时螺钉松动，加工制造方便，但限位精度不高，用于采用通用模座的小型模具
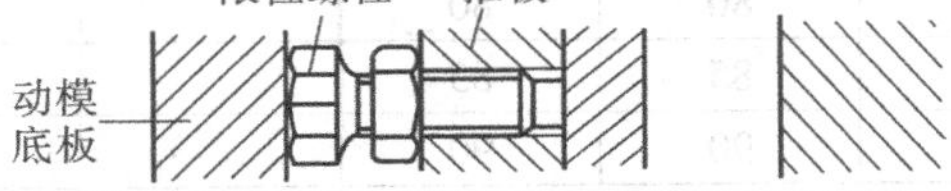	限位调整的灵活性较大，限位精度不够精确，调整也较困难，用于小型模具
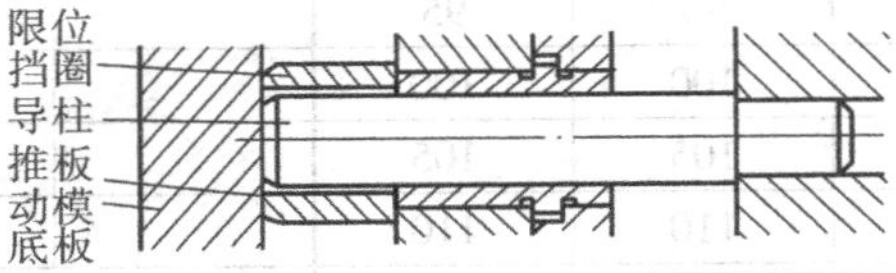	导柱对动模支撑板受力时有支撑作用，限位精度较高，用于中型模具
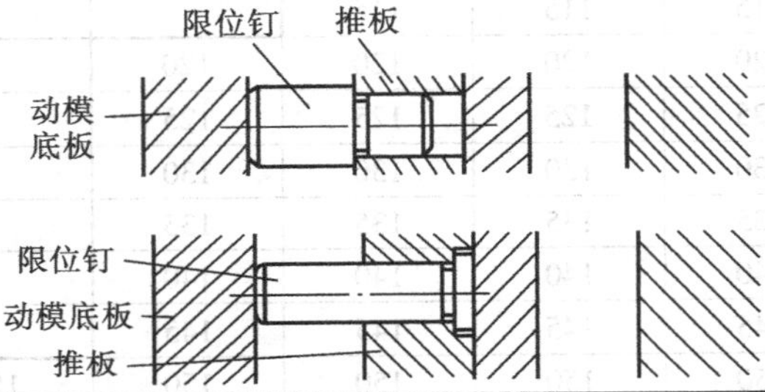	推板导向同上，限位钉设置在复位杆后面，复位精度高，刚性好，用于大中型模具
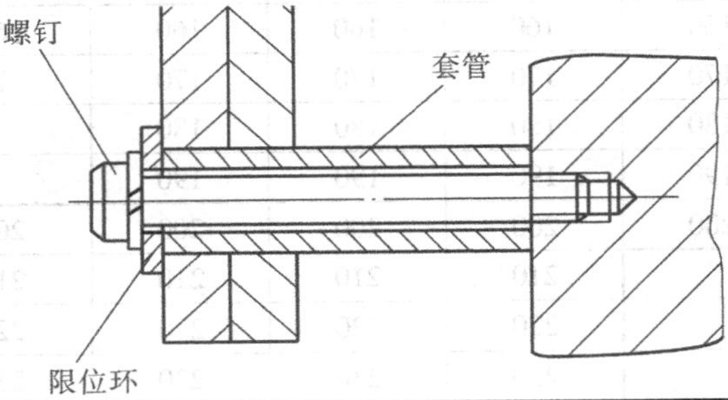	套管用内六角螺钉固定在动模套板上，推杆固定板在套管上滑动，这样既可省略导柱，同时又有限位作用，用于中小型模具

(3)常见复位零件尺寸系列

1)复位杆尺寸系列

常用复位杆尺寸系列见表7.59。

表7.59　常用复位杆尺寸系列/mm

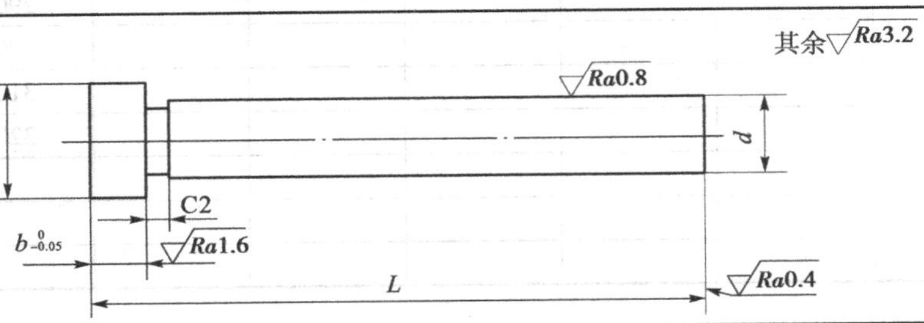

续表

d	公称尺寸	6	8	10	12	16	20	25
f9	偏差	-0.010 -0.040	-0.013 -0.049		-0.016 -0.059		-0.020 -0.072	
D		10	12	14	16	20	25	30
		70						
		75						
		80	80	80	80	80		
		85	85	85	85	85		
		90	90	90	90	90		
		95	95	95	95	95		
		100	100	100	100	100		
		105	105	105	105	105		
		110	110	110	110	110		
		115	115	115	115	115		
		120	120	120	120	120	120	
			125	125	125	125	125	
			130	130	130	130	130	
			135	135	135	135	135	
			140	140	140	140	140	
			145	145	145	145	145	
			150	150	150	150	150	150
			160	160	160	160	160	160
L				170	170	170	170	170
				180	180	180	180	
				190	190	190	190	
				200	200	200	200	200
					210	210	210	210
					220	220	220	220
					230	230	230	230
					240	240	240	240
						250	250	250
						260	260	260
						270	270	270
						280	280	280
							290	290
							300	300
							310	310
							320	320
								330
								340
								350

2)限位钉尺寸系列

常用限位钉尺寸系列见表 7.60。

表 7.60　常用限位钉尺寸系列/mm

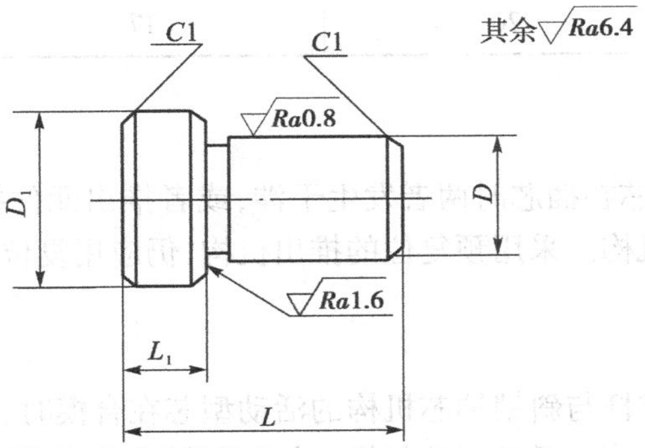

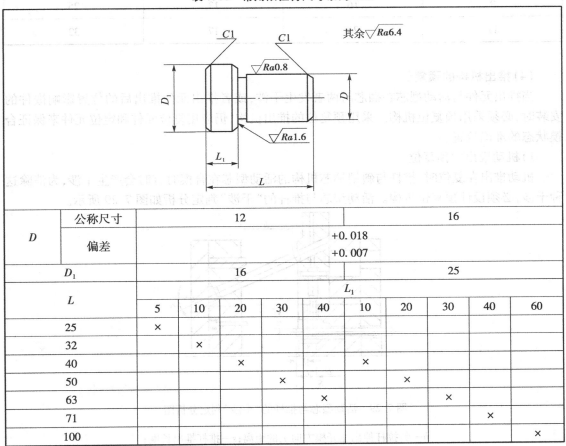

D	公称尺寸	12					16			
	偏差	$^{+0.018}_{+0.007}$								
D_1		16					25			
L		L_1								
		5	10	20	30	40	10	20	30	40	60
25		×									
32			×								
40				×			×				
50					×			×			
63						×			×		
71										×	
100											×

3)推板垫圈尺寸系列

常用推板垫圈尺寸系列见表 7.61。

表 7.61　常用推板垫圈尺寸系列/mm

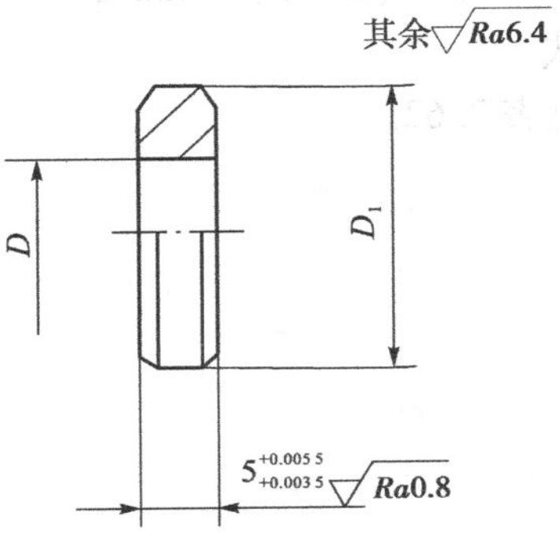

续表

D	D_1	D	D_1
9	16	13	25
11	20	17	32

(4)推出机构的预复位

当推出元件与活动型芯在插芯时两者发生干涉,或者推出元件推出后的位置影响嵌件的安装时,必须采用预复位机构。采用预复位的推出机构,仍应用复位元件和定位元件来保证合模状态的准确位置。

1)机动推出的预复位

机动推出在复位时,推杆与斜销抽芯机构的活动型芯在合模时有时会产生干涉,为消除这种干涉,必须设计预复位机构。活动型芯与推杆的"干涉"判定分析如图 7.29 所示。

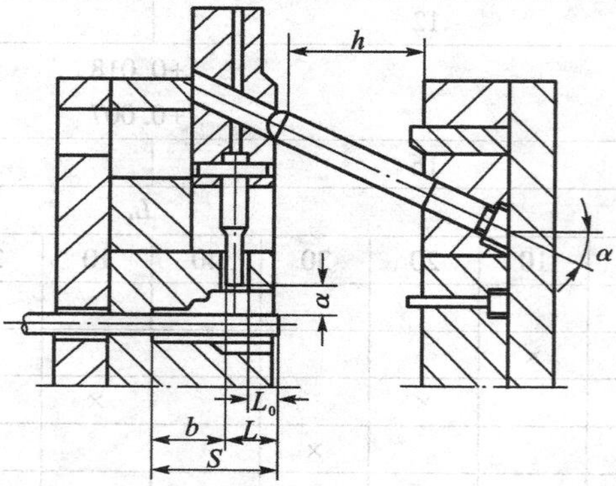

图 7.29　活动型芯与推杆的"干涉"判定分析图

h—斜拉杆伸出在开模方向上的距离;*s*—推杆推出长度;

L—活动型芯下边缘至推杆顶部的距离;L_0—推杆与活动型芯发生"干涉"的长度;

b—活动型芯下边缘至推杆复位面的距离;α—斜导柱的斜角;

a—活动型芯端面至推杆边缘的距离

根据图 7.29,当 $S<h$ 时,设 e 为推杆尚未开始复位,斜导柱便提前插芯的插入距离,则

$$e = (h - S) \times \tan\alpha \tag{7.25}$$

2)常用机动预复位机构形式

常用机动预复位机构形式见表 7.62。

表 7.62　常用机动预复位机构

形式	图　例	说　明
摆杆式预复位	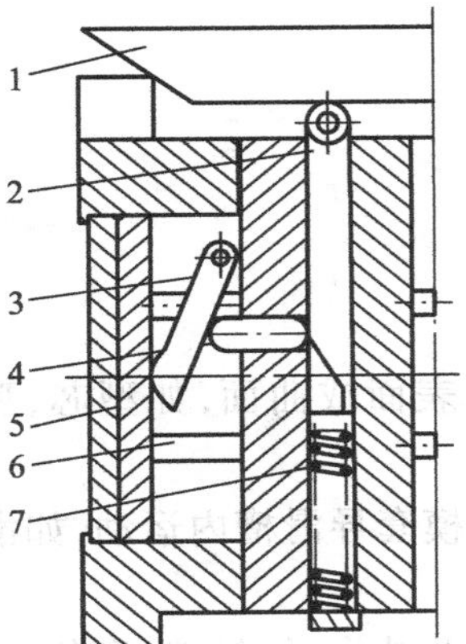	1.复位杆 1 压迫滑块 2 下滑，推动滑销 4 左移，从而推动摆杆 3 绕其支撑销旋转，推动推杆固定板 5 后移，完成预复位 2.适用于动定模相对距离比较大的情况
摆板式预复位	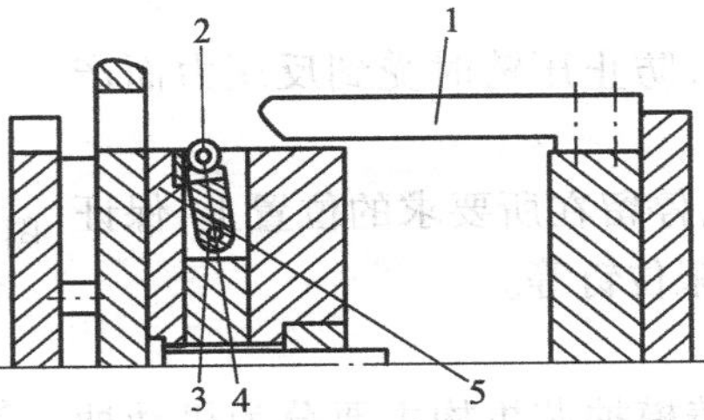	1.预复位杆 1 推动滚轮 2，带动摆板 3 绕轴 4 摆动，推动推杆固定板 5 预复位 2.适用于推出距离较大的预复位模具
三角块式预复位	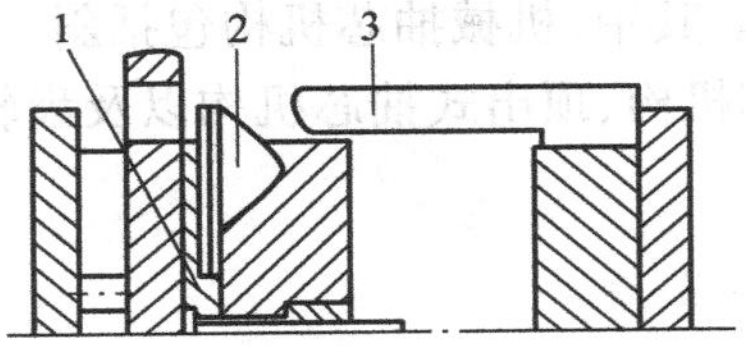	1.预复位杆 1 推动三角块 2 下滑，带动推杆固定板 3 左移，完成预复位 2.适用于推出距离较小的预复位模具
连杆式预复位	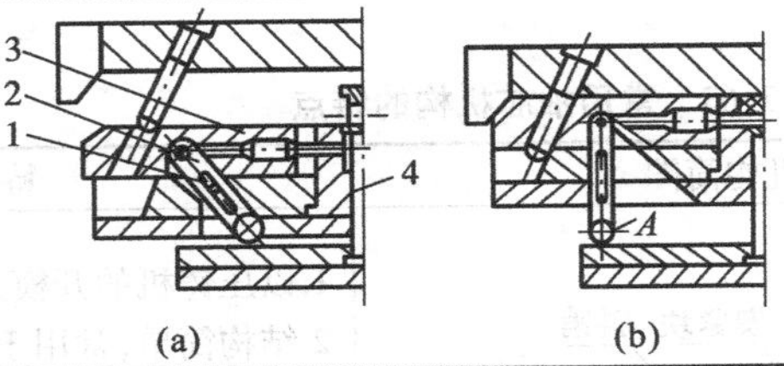 (a)　(b)	合模时，由于滑块 3 作用于连杆 2 绕圆柱销 1 转动，连杆 A 端迫使推杆 4 预复位

7.4　抽芯机构的设计

7.4.1　抽芯机构的作用

当压铸件存在与模具开模方向不一致的侧孔、侧凹或侧凸形状时，这就要求将阻碍开模的部位制成侧抽芯，以保证压铸件的成型和模具的开模。在模具推出压铸件时，应先抽出侧抽芯，以保证模具推出压铸件，完成压铸件的顺利脱模，因此，抽芯机构的作用就是辅助压铸件的成型和脱模。

7.4.2 抽芯机构的组成及分类

(1)抽芯机构的组成

抽芯机构的组成如图 7.30 所示。

抽芯机构一般由以下 5 部分组成：

①成型元件形成压铸件的侧孔、凹凸表面或曲面，如型芯、型块等。

②运动元件连接并带动型芯或型块在模套导滑槽内运动，如滑块、斜滑块等。

③传动元件带动运动元件作抽芯和插芯动作，如斜销、齿条、液压抽芯器等。

④锁紧元件合模后压紧运动元件，防止压铸时受到反压力而产生位移，如锁紧块、楔紧锥等。

⑤限位元件使运动元件在开模后，停留在所要求的位置上，保证合模时传动元件工作顺利，如限位块、限位钉等。

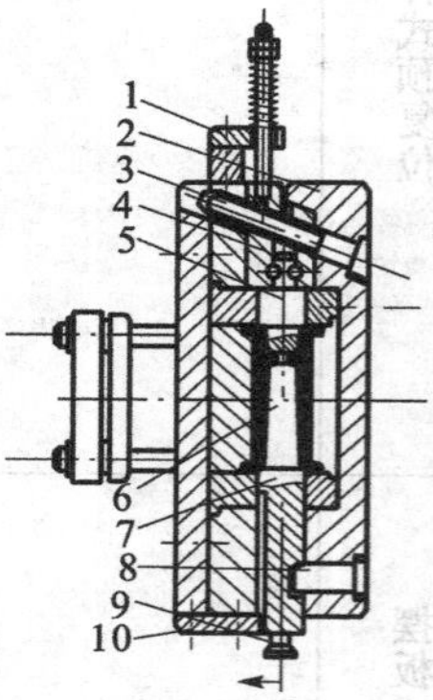

图 7.30　抽芯机构的组成

1—限位块 2,8—楔紧块；3—斜销；4—矩形滑块；5,6—型芯；7—圆形滑块；9—接头

(2)抽芯机构的分类

按照抽芯结构的动力源分类，压铸模抽芯机构主要分为机动抽芯机构、液压抽芯机构和手动抽芯机构。其中，机械抽芯机构包括斜销抽芯机构、弯销抽芯机构、斜滑块抽芯机构、顶出式抽芯机构以及齿轮齿条抽芯机构等抽芯机构。

7.4.3 常用抽芯机构的特点

常用抽芯机构的特点见表 7.63。

表 7.63　常用抽芯机构的特点

分类		常用抽芯机构简图	特点
机动抽芯机构	斜销抽芯机构	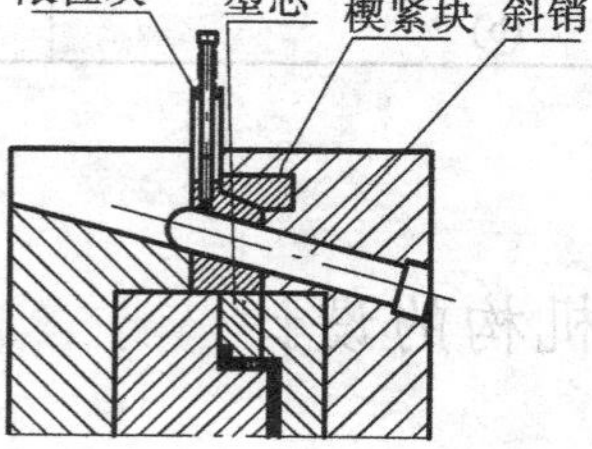	1.以压铸机的开模力为抽芯力 2.结构简单，常用于中小型芯的抽芯 3.用于抽出接近分型面抽芯力不大的型芯 4.抽芯距离等于抽芯行程乘 tan α，抽芯所需开模距离较大 5.抽出方向一般要求与分型面平行 6.延时抽芯距离较短

续表

分　类		常用抽芯机构简图	特　点
机械抽芯机构	弯销抽芯机构	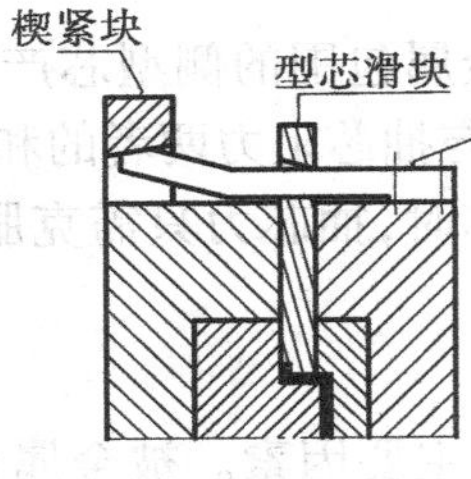	1.用于抽出离分型面垂直距离较远的型芯 2.与斜销相比较,相同截面的弯销可承受更大的抽芯力 3.延时抽芯距离长 4.弯销可设置在模具外侧,结构紧凑
	齿轮齿条抽芯机构	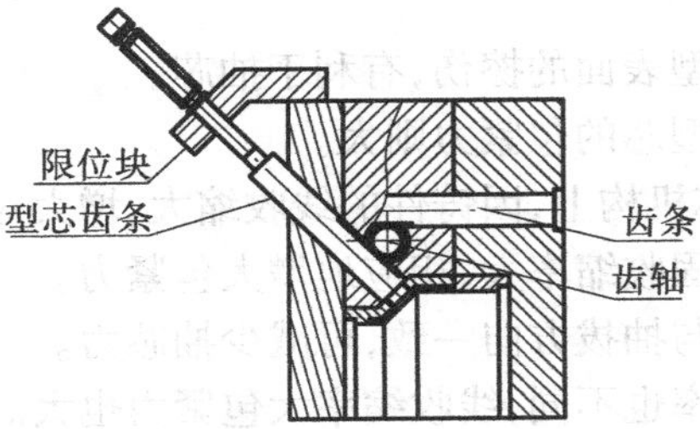	1.可抽出与分型面成任何夹角,抽芯力不大的型芯 2.抽芯行程等于抽芯距离,能抽出较长的型芯 3.可实现长距离延时抽芯 4.模具结构较复杂
	斜滑块抽芯机构	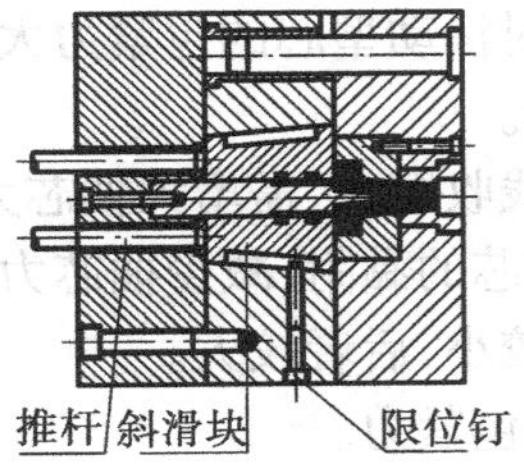	1.适应抽出成型深度较浅,面积较大的侧凹凸形状的型芯 2.抽芯与推出的动作同时完成 3.斜滑块分型处有利于排气、溢流 4.斜滑块通过模套锁紧
液压抽芯机构		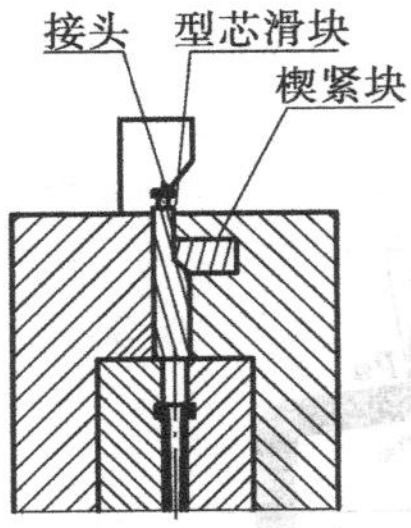	1.可抽出与分型面成任何夹角的型芯 2.抽芯力及距离都较大,普遍用于大中型模具 3.液压抽芯器为通用零件,简化了模具设计 4.抽芯力平稳,对铸件反力较小的活动型芯可直接用抽芯机构楔紧
手动抽芯机构		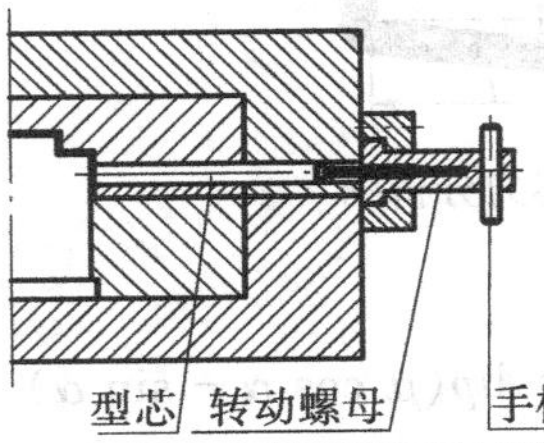	1.模具结构简单 2.用于抽出处于定模或离分型面距离较远的小型芯 3.操作时劳动强度较高,生产率低,用于小批量生产

7.4.4　抽芯力与抽芯距的计算

(1)抽芯力

压铸时,金属液充填型腔,冷凝收缩后,将对被金属包围的侧型芯产生包紧力;另外,抽芯机构运动时会有各种摩擦阻力即抽芯阻力。包紧力与抽芯阻力两者的和即为抽芯开始瞬时所需的抽芯力,这种抽芯力也称起始抽拔力。继续抽芯时,抽芯力只需克服抽芯阻力,这种抽芯力也称相继抽拔力。

1)影响抽芯力的主要因素

①型芯的大小和成型深度是决定抽芯力大小的主要因素。被金属包围的成型表面积越大,所需抽芯力也越大。

②加大成型部分出模斜度,可避免成型表面的擦伤,有利于抽芯。

③成型部分的几何形状复杂,铸件对型芯的包紧力则大。

④铸件侧面孔穴多且布置在同一抽芯机构上,因铸件的线收缩大,增大对型芯包紧力。

⑤铸件成型部分壁较厚,金属液的凝固收缩率大,相应地增大包紧力。

⑥活动型芯表面粗糙度低,加工纹路与抽拔方向一致,可减少抽芯力。

⑦压铸合金的化学成分不同,线收缩率也不同,线收缩率大包紧力也大。

⑧对压铸铝合金中,过低的含铁量,对钢质活动型芯会产生化学黏附力,将增大抽芯力。

⑨压铸后,铸件在模具中停留时间长,铸件对活动型芯的包紧力大(但不是无限增大)。

⑩压铸时,模温高,铸件收缩小,包紧力也小。

⑪持压时间长,增加铸件的致密性,但铸件线收缩大,需增大抽芯力。

⑫在模具中喷刷涂料,可减少铸件与活动型芯的黏附,减少抽芯力。油质涂料对活动型芯降温较慢,水质降温较快,前者对收缩率的影响较小,后者较大。

⑬采用较高的压射比压,增大铸件对型芯的包紧力。

⑭抽芯机构运动部分的间隙,对抽芯力的影响较大。间隙太小,需增大抽芯力;间隙太大,易使金属液窜入,增大抽芯力。

2)估算抽芯力

抽芯时型芯受力的状况如图 7.31 所示。

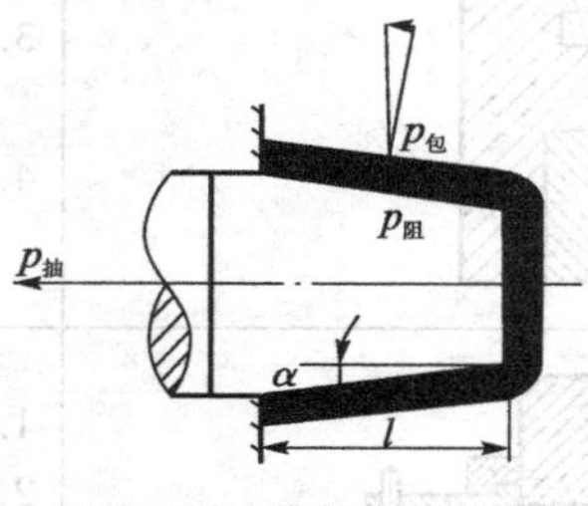

图 7.31　抽芯力分析图

抽芯力可计算为

$$F = F_{阻}\cos\alpha - F_{包}\sin\alpha = Alp(\mu\cos\alpha - \sin\alpha) \tag{7.26}$$

式中　F——抽芯力,N;

$F_{阻}$——抽芯阻力,N;

$F_{包}$——铸件冷凝收缩后对型芯产生的包紧力,N;

A——被铸件包紧的型芯成型部分断面周长,cm;

l——被铸件包紧的型芯成型部分长度,cm;

p——挤压应力(单位面积的包紧力);对锌合金一般 p 取 6~8 MPa,对铝合金一般 p 取 10~12 MPa,对铜合金一般 p 取 12~16 MPa,对镁合金一般 p 取 12~16 MPa;

μ——压铸合金对型芯的摩擦系数;一般取 0.2~0.25;

α——型芯成型部分的出模斜度,(°)。

3)抽芯力的查用图

按式(7.26)取挤压应力和摩擦系数的较大值,作出锌、铝、铜合金压铸时的抽芯力查用图(见图 7.32),以简化设计时的计算。

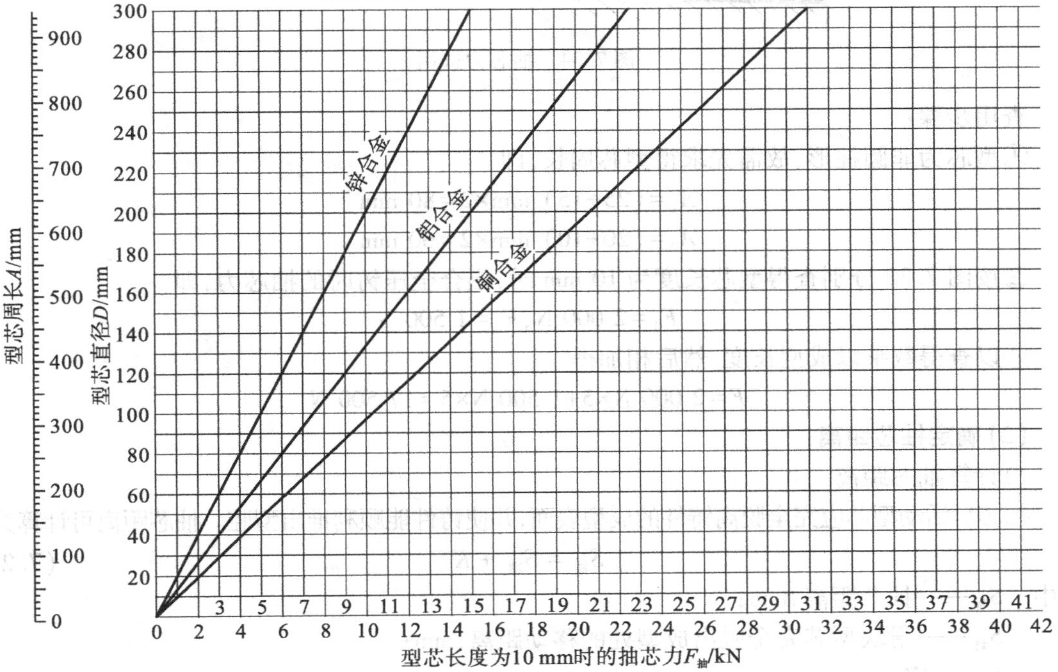

图 7.32　抽芯力查用图

查用举例:

例如,铝合金压铸件,抽芯部分的尺寸如图 7.33 所示。

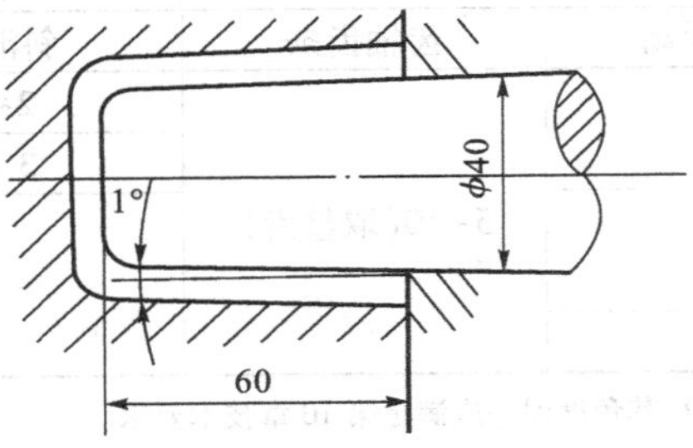

图 7.33　抽芯力选用

查用步骤：

①按图 7.32，型芯直径为 40 mm，查得型芯长度为 10 mm 时，铝合金压铸时的抽芯力为 3 050 N。

②以查得数乘以成型长度得

$$F=6\times3\ 050\ \text{N}=18\ 300\ \text{N}=18.3\ \text{kN}$$

又如，铝合金压铸件抽芯部位尺寸如图 7.34 所示。

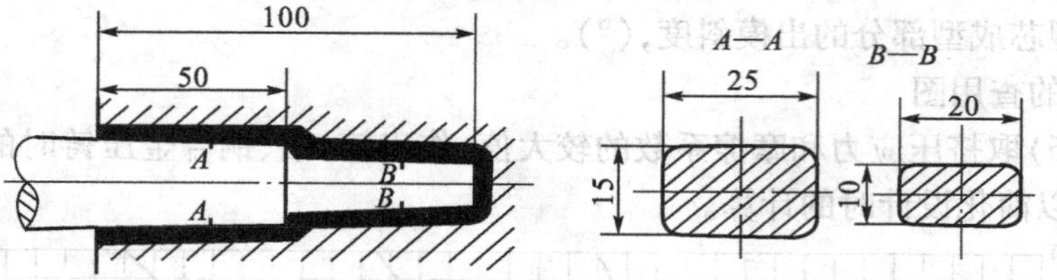

图 7.34　抽芯力选用

查用步骤：

①型芯为非圆柱形，故需先求得型芯周长，即

$$A_1=(25+15)\ \text{mm}\times2=80\ \text{mm}$$

$$A_2=(20+10)\ \text{mm}\times2=60\ \text{mm}$$

②按图 7.32 分别查得型芯长度为 10 mm 时，铝合金压铸时的抽芯力，即

$$F_1=2\ 000\ \text{N},F_2=1\ 500\ \text{N}$$

③以查得数乘以成型长度，然后相加得

$$F=2\ 000\ \text{N}\times5+1\ 500\ \text{N}\times5=17\ 500\ \text{N}$$

(2)确定抽芯距离

1)计算抽芯距离

抽芯后活动型芯应完全脱离铸件的成型表面，并使铸件能顺利推出型腔。抽芯距离可计算为

$$S_{抽}=S_{移}+K \tag{7.27}$$

式中　$S_{抽}$——抽芯距离，mm；

$S_{移}$——滑块型芯完全脱出成型处的移动距离，mm；

K——安全值。

安全值 K 按抽芯距离长短及抽芯机构选定，见表 7.64。

表 7.64　常用抽芯距离的安全值/mm

$S_{移}$	抽芯机构			
	斜销、弯销、手动	齿轴齿条	斜滑块	液　压
<10	3~5	5~10(取整齿)	2~3	—
10~30			3~5	
30~80	5~8		—	8~10
80~180				10~15
180~360	8~12			>15

注：1.斜销、弯销、斜滑块所取的安全值，其角度误差应满足第 10 章技术要求。

2.所抽拔的型芯直径大于成型深度时，安全值 K 应按直径尺寸查取。

3.同一抽芯滑块上有许多型芯时，安全值应按型芯最大间距查取。

①各种侧向成型孔、侧凹抽芯距离 $S_{抽}$ 可计算为(见图7.35)

$$S_{抽} = h + K \tag{7.28}$$

式中　h——抽芯处铸件壁厚或成型深度,mm;

K——安全值(查表7.64)。

对于同一滑块上抽出多个型芯时,应取最大成型深度 h。

②铸件外形全部在滑块内成型时抽芯距离的计算如下:

a.铸件外形为圆形并用二等分滑块抽芯时(见图7.36),则

$$S_{抽} = \sqrt{R^2 - r^2} + K \tag{7.29}$$

式中　R——外形最大圆角半径,mm;

r——阻碍推出铸件的外形最小圆角半径,mm;

K——安全值。

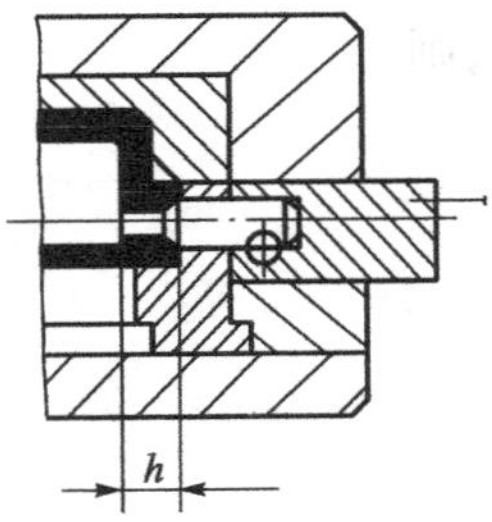

图7.35　侧向成型孔抽芯

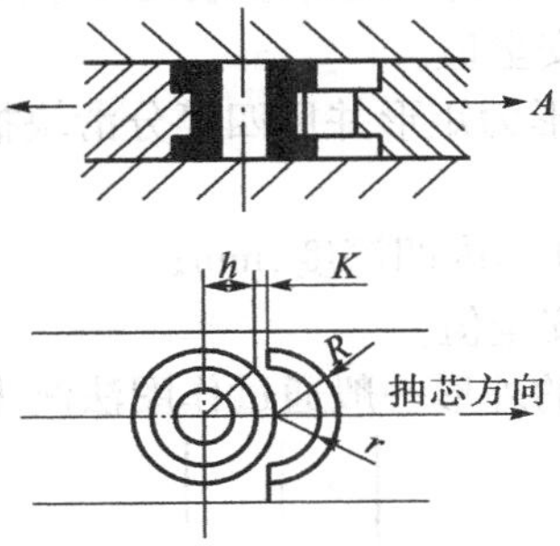

图7.36　二等分滑块抽芯

b.铸件外形为圆形并用多等分滑块抽芯时(见图7.37),则

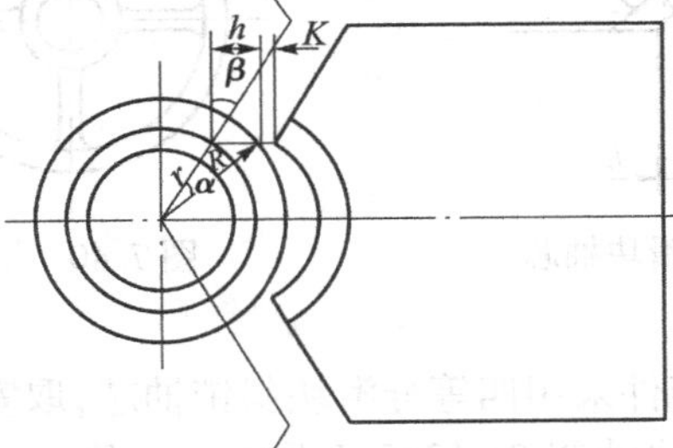

图7.37　多等分滑块抽芯

$$S_{抽} = \frac{R \sin \alpha}{\sin \beta} + K \tag{7.30}$$

式中　R——最大圆角半径,mm;

K——安全值;

α——夹角,$\alpha = 180° - \beta - \gamma$。其中,$\gamma = \arcsin \dfrac{r \sin \beta}{R}$;$r$ 为阻碍铸件推出的外形最小圆角半径,mm;

β——夹角(见图7.37)。三等分滑块抽出时,$\beta = 120°$;四等分滑块抽出时,$\beta = 135°$;五等分滑块抽出时,$\beta = 144°$;六等分滑块抽出时,$\beta = 150°$。

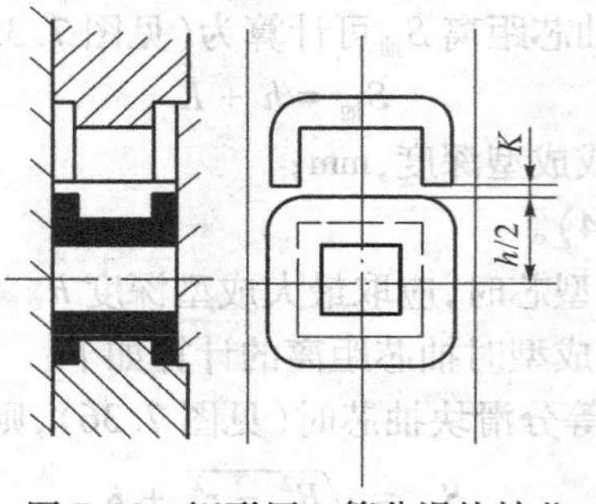

图 7.38　矩形用二等分滑块抽芯

c.铸件外形为矩形并用二等分滑块抽芯时(见图 7.38),则

$$S_{抽} = h/2 + K \tag{7.31}$$

式中　h——矩形铸件的外形最大尺寸,mm;

K——安全值。

d.铸件外形为矩形并用四等分滑块抽芯时(见图 7.39),则

$$S_{抽} = h + K \tag{7.32}$$

式中　h——外形内凹深度,mm;

K——安全值。

e.较复杂的外形一般通过作图法测出。

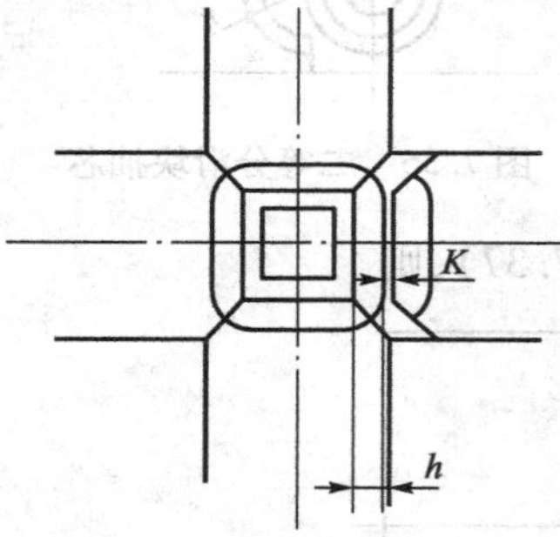

图 7.39　四等分滑块抽芯

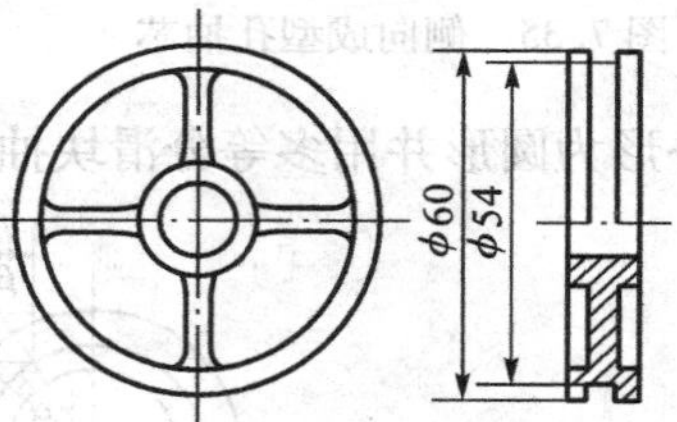

图 7.40　绕线盘铸件尺寸

2)抽芯距离计算举例

如图 7.40 所示为绕线盘铸件采用四等分滑块斜销抽芯,取安全值为 5 mm。求抽芯距离。已知 R=30 mm,四等分滑块抽芯 β=135°,K 取 5 mm,则

$$\alpha = 180° - \beta - \gamma$$

$$\gamma = \arcsin \frac{r \sin \beta}{R} = 39.5°$$

$$\alpha = 180° - 135° - 39.5° = 5.5°$$

按式(7.30)得

$$S_{抽} = S_{移} + K = \frac{R \sin \alpha}{\sin \beta} + K = 7.88 \text{ mm}$$

7.4.5　斜销抽芯机构的设计

(1)斜销抽芯机构的构成

斜销抽芯机构的构成如图 7.41 所示。

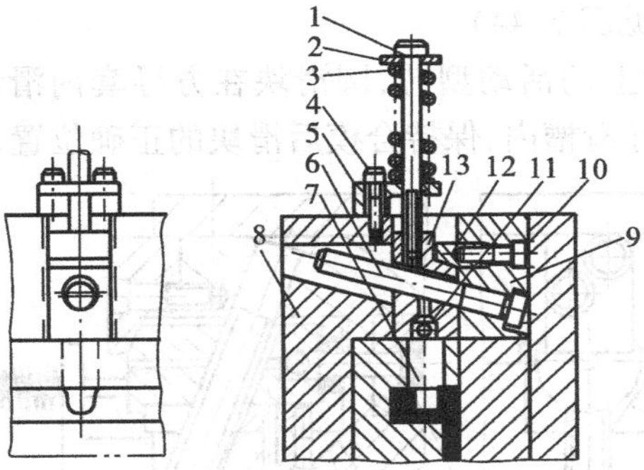

图 7.41　斜销抽芯机构的构成

1—螺栓;2—垫圈;3—弹簧;4—螺钉;5—限位块;6—斜销;7—活动型芯;8—动模套板;
9—定模套板;10—螺钉;11—销钉;12—楔紧块;13—滑块

(2)斜销抽芯机构的动作过程

斜销抽芯机构的动作过程如图 7.42 所示。

图 7.42(a)为合模状态。斜销与分型面成一倾斜角,固定于定模套板内,穿过设在动模导滑槽中的滑块孔,滑块由楔紧块锁紧。

图 7.42(b)为开模抽芯。开模后,动模与定模分开,滑块随动模运动,由于定模上的斜销在滑块孔中,使滑块随动模运动的同时,沿斜销方向强制滑块运动,抽出型芯。

图 7.42(c)为抽芯结束。开模到一定距离后,斜销与滑块斜孔脱离,抽芯停止运动,滑块由限位块限位,以便再次合模时斜销准确地插入滑块斜孔,迫使滑块复位。

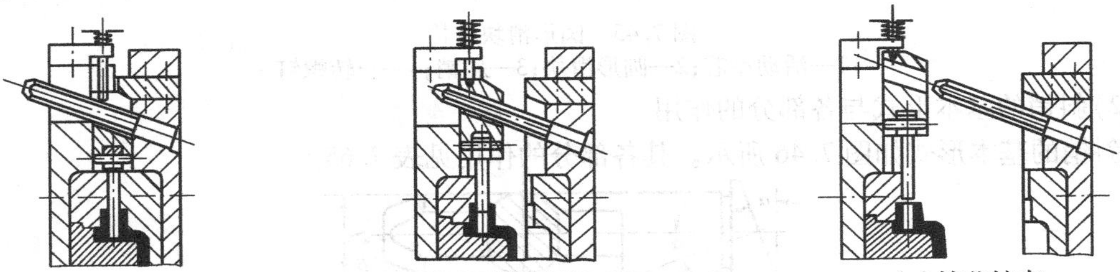

(a)合模状态　(b)开模抽芯　(c)抽芯结束

图 7.42　斜销抽芯动作过程

(3)斜销抽芯机构的结构设计

一般侧抽芯机构的设计应包括滑块的导滑、楔紧和限位 3 大要素的设计。

1)常用斜销抽芯机构的结构形式

① T 形滑块结构(见图 7.43)

该结构稳定可靠,为最常用形式。

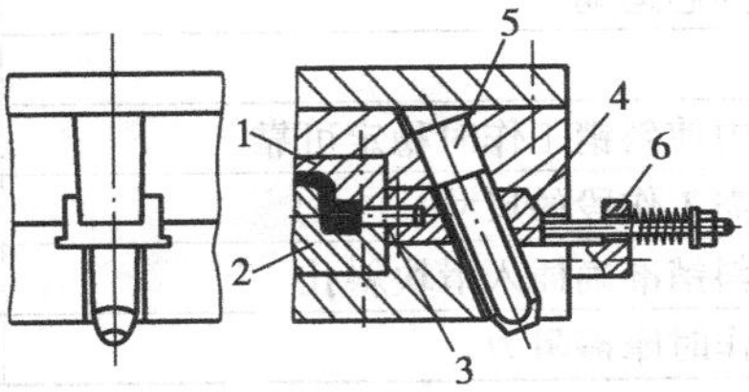

图 7.43　T 形滑块结构

1—定模;2—动模;3—活动型芯;4—T 形滑块;5—斜销;6—限位块

②方导套圆滑块结构(见图 7.44)

该结构用于抽出分型面上的活动型芯，圆滑块在方导套内滑动，方导套固定于动模套板上，压铸时金属液不易窜入导滑槽内，保持合模后滑块的正确位置，但结构较复杂。

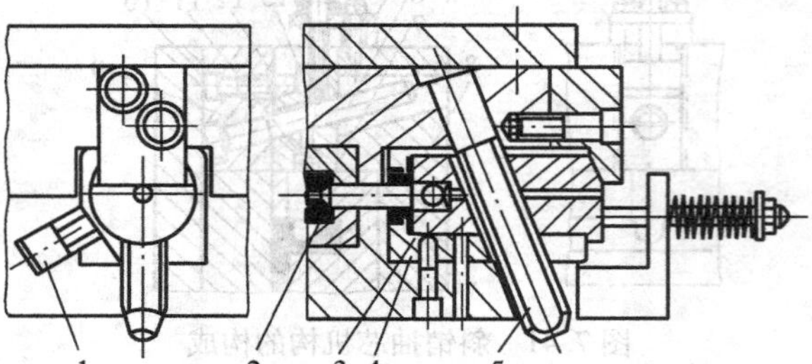

图 7.44　方导套圆滑块结构

1—止转装置;2—活动型芯;3—圆滑块;4—方导套;5—斜销

③圆形滑块结构(见图 7.45)

适用于距分型面垂直距离较远的小孔的抽芯，结构紧凑，动模套板强度较好。

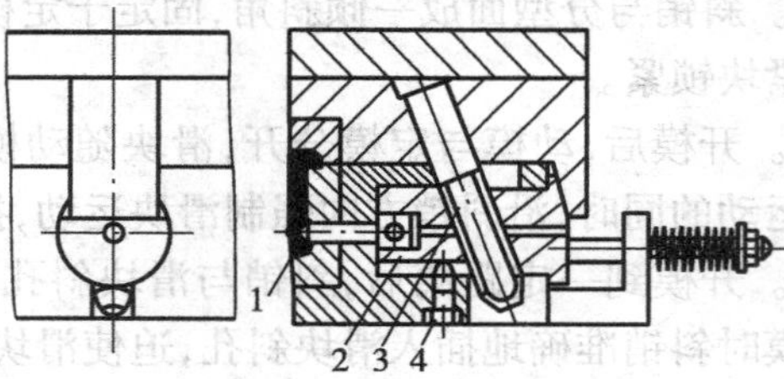

图 7.45　圆形滑块结构

1—活动型芯;2—圆形滑块;3—斜销;4—止转螺钉

2)斜销的基本形式与各部分的作用

斜销的基本形式如图 7.46 所示。其各部分的作用见表 7.65。

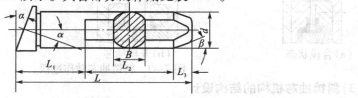

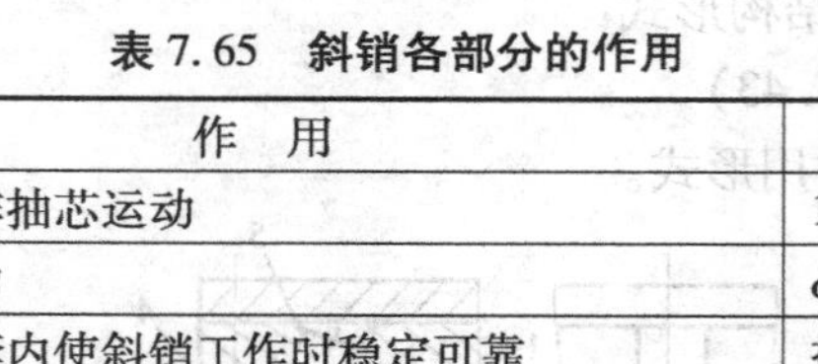

图 7.46　斜销的基本形式

表 7.65　斜销各部分的作用

符　号	作　用	选用尺寸范围/mm
α	强制滑块作抽芯运动	10°~25°
d	承受抽芯力	ϕ10~ϕ40
L_1	固定于模套内使斜销工作时稳定可靠	按需要进行计算
L_2	完成抽芯所需工作段的尺寸	按需要进行计算
L_3	插芯时保持斜销准确插入滑块斜孔	$\beta=\alpha+2°\sim3°$或$\beta=30°$
B	减少斜销工作时摩擦阻力	$B=0.8\ d$

注:符号含义如图 7.46 所示。

3)斜销固定端尺寸与配合精度

斜销固定端各部分尺寸与配合精度如图 7.47 所示及见表 7.66。

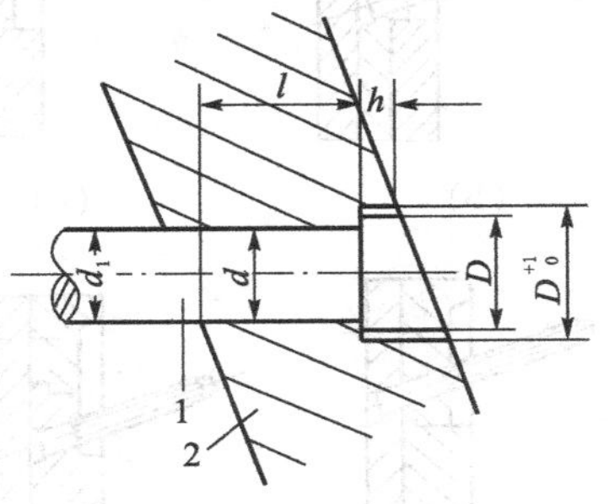

图 7.47　斜销固定端尺寸

1—斜销;2—套板

表 7.66　斜销固定端尺寸与配合

配合部分	尺寸与精度
固定端配合长度 L	与斜销直径有关 $L \geqslant 1.5d$
固定端台阶外径 D	$D=d+(6\sim8)$
固定端台阶高度 h	$h \geqslant 5$
斜销与安装孔配合直径 d	选 H7/S6
斜销与滑块斜孔配合直径 d_1	选 H11/h11

注:一般滑块斜孔与模体组合加工。

4)斜销固定端的基本形式

斜销固定端形式如图 7.48 所示。图 7.48(a)为配合段直径较工作段直径大,用于延时抽芯;图 7.48(b)为配合段与工作段直径尺寸相同,滑块与模套板的斜孔一次加工出;图7.48(c)为固定部分台阶采用 120°圆锥形,适用于 10°~25°斜销(通用件);图 7.48(d)为固定端台阶采用弹簧圈,用于抽芯力较小的场合。

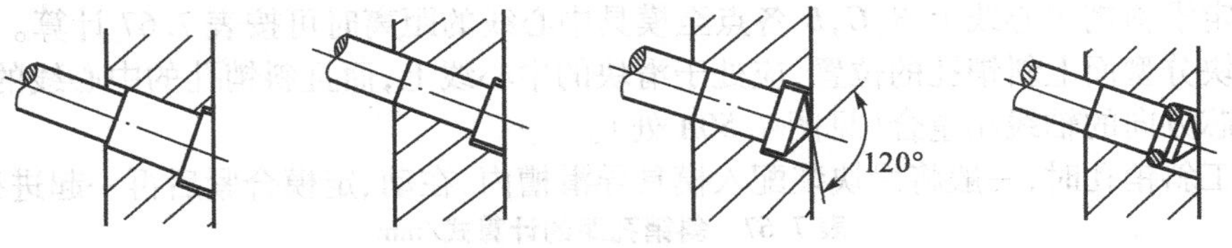

图 7.48　斜销固定端形式

5)斜销在模套内的安装形式

如图 7.49(a)、图 7.49(b)、图 7.49(c)所示为斜销常用安装形式,其优点是安装牢固,工作时较稳定可靠。如图 7.49(d)、图 7.49(e)、图 7.49(f)所示为不合理的安装形式。

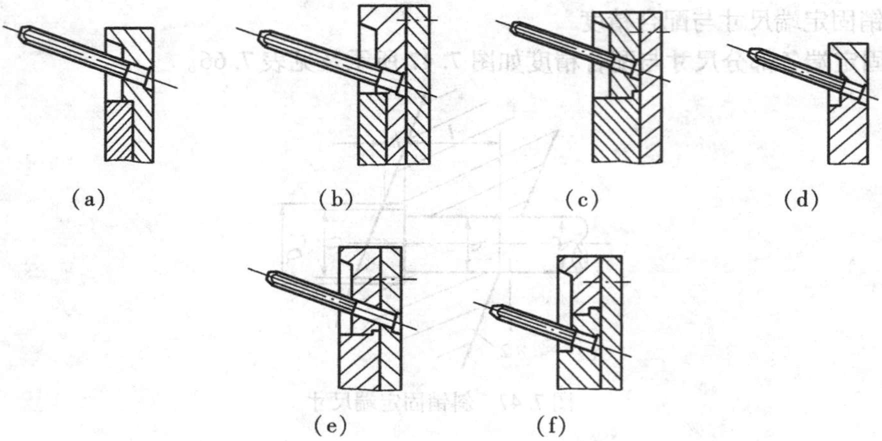

图 7.49　斜销的安装形式

6)斜销设计的要点

①斜销端部从滑块斜孔脱开，抽芯动作结束时，应有滑块限位装置，使滑块不致因惯性或其他原因而移动。

②斜销与滑块孔之间应有一定的间隙，以保持斜销尽可能不承受弯曲应力。

③斜销抽芯机构抽出较长的型芯时，应对压铸机的有效开模距离进行核算，以保证模具所需最小开模距离小于压铸机的有效开模距离。

④活动型芯下面不宜设置推出元件，以免合模时相互干扰。

7)斜销孔位置的确定

如图 7.50 所示，确定斜销孔距 S、S_1、S_2和 S_3的步骤如下：

①在滑块顶面长度为 1/2 处取 B 点，通过 B 点作出斜销斜角为 α 的直线段与模具外平面处 A 点相交。

②取 A 点到模具中心线的距离，并调整为整数后即为孔距的基本尺寸 S。

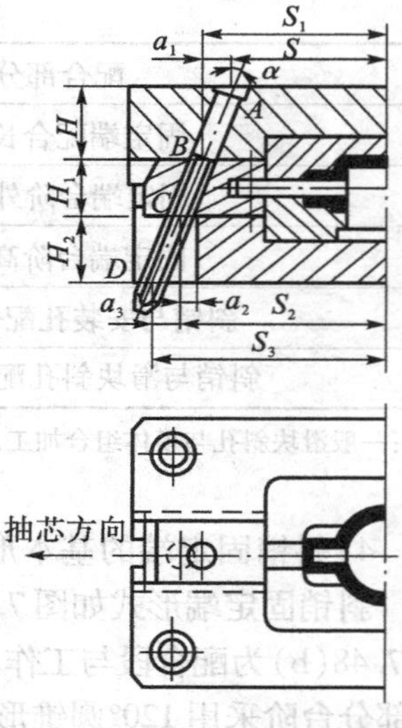

图 7.50　斜销孔位置的确定

③确定沿斜销中心线上 B,C,D 各点至模具中心线的距离时可按表 7.67 计算。

④滑块分型面上斜销孔的位置，应处于滑块的中心线上，而且斜销孔的中心线的投影线应与滑块抽芯方向的轴线相重合(见图 7.50A 处)。

⑤加工斜销孔时，一般将滑块装配入模具导滑槽内，在动、定模合紧后再一起进行加工。

表 7.67　斜销孔距的计算式/mm

α	S_1	S_2	S_3
10°	S+0.176H	S_1+0.176H_1	S_2+0.176H_2
15°	S+0.268H	S_1+0.268H_1	S_2+0.268H_2
18°	S+0.329H	S_1+0.329H_1	S_2+0.329H_2
20°	S+0.364H	S_1+0.364H_1	S_2+0.364H_2
22°	S+0.404H	S_1+0.404H_1	S_2+0.404H_2
25°	S+0.466H	S_1+0.466H_1	S_2+0.466H_2

(4)斜销工作段尺寸的计算与选择

1)斜销斜角 α 的选择

①抽芯方向与分型面平行时,斜角的选择与抽芯力的大小、抽芯行程的长短、斜销承受弯曲应力以及开模阻力有关,如图 7.51 所示及见表 7.68。结合具体情况,斜角 α 值一般采用 10°,15°,18°,20°,22°,25°等。

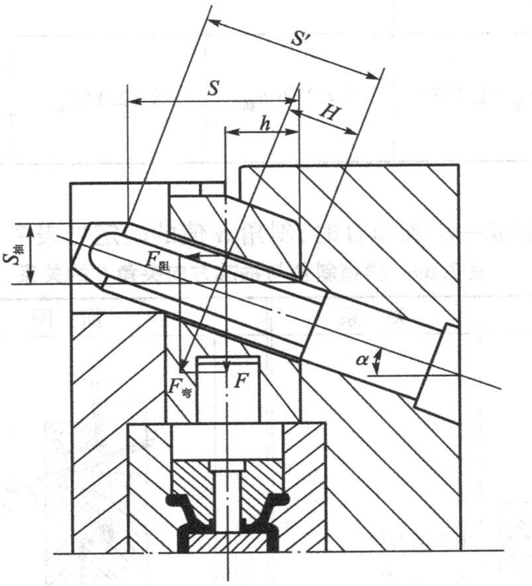

图 7.51　斜销受力简图

α—斜销斜角;$S_{抽}$—抽芯距离;F—抽芯力;$F_{弯}$—斜销抽芯时受弯曲应力;

$F_{阻}$—开模阻力;H—斜销受力点距离;h—斜销受力点垂直距离

表 7.68　斜销斜角与其他参数的关系

α	$F_{阻}=P\tan\alpha$	$F_{弯}=\dfrac{F}{\cos\alpha}$	$S'=\dfrac{s_{抽}}{\sin\alpha}$	$S=S_{抽}\cot\alpha$	α 与 $F_{阻}$,F,$F_{弯}$、$S_{抽}$、S 的相互关系
10°	$F_{阻}=0.176F$ $F=5.69Q_{阻}$	$F_{弯}=1.015F$	$S'=5.75S_{抽}$	$S=5.67S_{抽}$	α 值小,开模力小,抽芯力大,抽芯产生的开模阻力为抽芯力的 17%~26%。抽芯力作用在斜销上的弯曲应力小,能抽出抽芯力较大的型芯;用于抽短型芯
15°	$F_{阻}=0.268F$ $F=3.73Q_{阻}$	$F_{弯}=1.035F$	$S'=3.86S_{抽}$	$S=5.67S_{抽}$	
18°	$F_{阻}=0.325F$ $F=3.06Q_{阻}$	$F_{弯}=1.051F$	$S'=3.24S_{抽}$	$S=3.73S_{抽}$	α 值适中,抽芯产生的开模阻力为抽芯力的 30%~35%。斜销承受的弯曲应力接近抽芯力的 1.05 倍,抽芯所用的开模距离接近行程的 3 倍
20°	$F_{阻}=0.364F$ $F=2.74Q_{阻}$	$F_{弯}=1.064F$	$S'=2.93S_{抽}$	$S=3.08S_{抽}$	

续表

α	$F_{阻}=P\tan\alpha$	$F_{弯}=F_{弯}\dfrac{F}{\cos\alpha}$	$S'=\dfrac{s_{抽}}{\sin\alpha}$	$S=S_{抽}\cot\alpha$	α与$F_{阻}$,F,$F_{弯}$、$S_{抽}$、S的相互关系
22°	$F_{阻}=0.404F$	$F_{弯}=1.079F$	$S'=2.62S_{抽}$	$S=2.41S_{抽}$	α值较大,所需开模力大,抽芯产生的开模阻力为抽芯力的40%~45%。斜销承受的弯曲应力接近抽芯力的1.1倍,抽芯所用的开模距离接近行程的2.5倍;斜销受力情况较差,为了缩短开模行程可用于抽芯行程较长的型芯
	$F=2.48Q_{阻}$				
25°	$F_{阻}=0.466F$	$F_{弯}=1.103F$	$S'=2.36S_{抽}$	$S=2.14S_{抽}$	
	$F=2.15Q_{阻}$				

②抽芯方向与分型面成一小夹角β时,斜角α值的确定见表7.69。

表7.69 斜销斜角与抽芯方向夹角β的关系

简图		关系	简图		关系
斜向定模	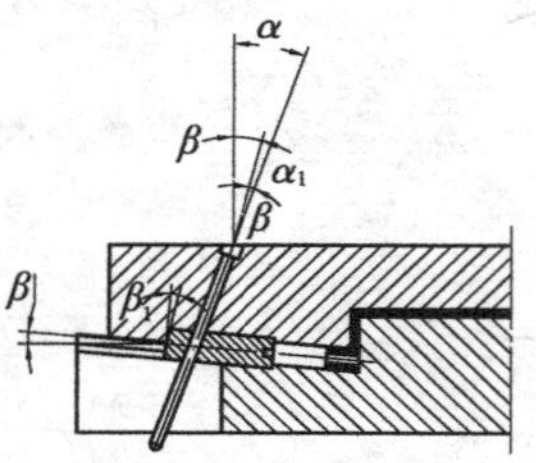	$\alpha=\alpha_1+\beta$ $\alpha_1=\alpha-\beta$ $\beta_1\geqslant\alpha_1+1°\sim2°$ $\alpha-\beta\leqslant25$	斜向动模	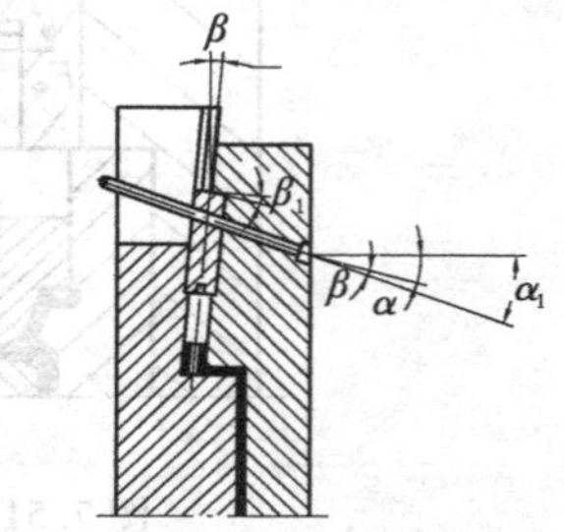	$\alpha=\alpha_1+\beta$ $\alpha_1=\alpha-\beta$ $\beta_1\geqslant\alpha_1+1°\sim2°$ $\alpha+\beta\leqslant25$
	α—斜销与分型面垂线的斜角 α_1—抽芯角 β—抽芯方向与分型面的夹角 β_1—楔紧角			α—斜销与分型面垂线的斜角 α_1—抽芯角 β—抽芯方向与分型面的夹角 β_1—楔紧角	

2)斜销直径的估算与查用

斜销所受的力,主要取决于抽芯时作用于斜销上的弯曲应力(见图7.51)。斜销直径d可估算为

$$d\geqslant\sqrt[3]{\frac{F_{弯}h}{3\,000\cos\alpha}}$$

或
$$d\geqslant\sqrt[3]{\frac{Fh}{3\,000\cos^2\alpha}}\tag{7.33}$$

式中 $F_{弯}$——斜销承受的最大弯曲应力,N;

h——滑块端面至受力点的垂直距离,cm;

F——抽芯力,N。

为简化计算,按式(7.33)作出表7.70、表7.71供设计时查用。

表7.70　斜销斜角与抽芯力查出对应的最大弯曲应力

最大弯曲应力 $F_{弯}$/N	斜销斜角 α					
	10°	15°	18°	20°	22°	25°
	抽芯力 F/N					
1 000	980	960	950	940	930	910
2 000	1 970	1 930	1 900	1 880	1 850	1 810
3 000	2 950	2 890	2 850	2 820	2 780	2 720
4 000	3 940	3 860	3 800	3 760	3 700	3 630
5 000	4 920	4 820	4 750	4 700	4 630	4 530
6 000	5 910	5 790	5 700	5 640	5 560	5 440
7 000	6 890	6 750	6 650	6 580	6 500	6 340
8 000	7 880	7 720	7 600	7 520	7 410	7 250
9 000	8 860	8 680	8 550	8 460	8 340	8 160
10 000	9 850	9 650	9 500	9 400	9 270	9 060
11 000	10 830	10 610	10 450	10 340	10 190	9 970
12 000	11 820	11 580	11 400	11 280	11 120	10 880
13 000	12 800	12 540	12 350	12 220	12 050	11 780
14 000	13 790	13 510	13 300	13 160	12 970	12 680
15 000	14 770	14 470	14 250	14 100	13 900	13 590
16 000	15 760	15 440	15 200	15 040	14 830	14 500
17 000	16 740	16 400	16 150	15 980	15 770	15 410
18 000	17 730	17 370	17 100	16 920	16 640	16 310
19 000	18 710	18 330	18 050	17 860	17 610	17 220
20 000	19 700	19 300	19 000	18 800	18 540	18 130
21 000	20 680	20 260	19 950	19 740	19 470	19 030
22 000	21 670	21 230	20 900	20 680	20 400	19 940
23 000	22 650	22 190	21 850	21 620	21 330	20 840
24 000	23 640	23 160	22 800	22 560	22 250	21 750
25 000	24 620	24 120	23 750	23 500	23 180	22 660
26 000	25 610	25 090	24 700	24 440	24 110	23 560
27 000	26 590	26 050	25 650	25 380	25 030	24 700
28 000	27 580	27 020	26 600	26 320	25 960	25 380
29 000	28 560	27 980	27 550	27 260	26 890	26 280
30 000	29 550	28 950	28 500	28 200	27 820	27 190
31 000	30 530	29 910	29 450	29 140	28 740	28 100

续表

最大弯曲应力 $F_{弯}/N$	斜销斜角 α					
	10°	15°	18°	20°	22°	25°
	抽芯力 F/N					
32 000	31 520	30 880	30 400	30 080	29 670	29 000
33 000	32 500	31 840	31 350	31 020	30 600	29 910
34 000	33 490	32 810	32 300	31 960	31 520	30 810
35 000	34 470	33 710	33 250	32 900	32 420	31 720
36 000	35 460	34 740	34 200	33 840	33 380	32 630
37 000	36 440	35 700	35 150	34 780	34 310	33 530
38 000	37 430	36 670	36 100	35 720	35 230	34 440
39 000	38 410	37 630	37 050	36 660	36 160	35 350
40 000	39 400	38 600	38 000	37 600	37 090	36 250

查用说明：

①按式(7.26)求出抽芯力，选定斜销斜角后查表7.70得到斜销所受的最大弯曲应力。

②按所查出的斜销最大弯曲应力和斜销受力点垂直距离，查表7.71得到斜销直径。

③查表时，如已知值在两挡数字之间，为安全计一般取较大的一挡数字。

表7.71　最大弯曲应力和受力点垂直距离查出斜销直径

α	h /mm	最大弯曲应力 $F_{弯}$/kN																													
		1	2	3	4	5	6	7	8	9	10	11	12	13	14	15	16	17	18	19	20	21	22	23	24	25	26	27	28	29	30
		斜销直径 d/mm																													
10°~15°	20	10	12	14	14	16	16	18	18	20	20	20	22	22	22	22	24	24	24	24	24	24	26	26	26	26	28	28	28	28	28
	30	12	14	14	16	18	20	20	22	22	22	24	24	24	24	26	26	26	28	28	28	28	30	30	30	30	30	32	32	32	32
	40	12	14	16	18	20	22	22	24	24	24	26	26	28	28	28	30	30	30	30	32	32	32	32	34	34	34	34	34	36	36
18°~20°	20	10	12	14	16	16	18	18	20	20	20	20	22	22	22	22	24	24	24	24	24	26	26	26	26	28	28	28	28	28	28
	30	12	14	16	18	18	20	20	22	22	22	24	24	24	24	26	26	28	28	28	28	30	30	30	30	30	32	32	32	32	32
	40	12	16	18	18	20	22	22	24	24	24	26	26	28	28	28	30	30	30	30	32	32	32	32	34	34	34	34	34	36	36
22°~25°	20	10	12	14	16	16	18	18	20	20	20	22	22	22	22	24	24	24	24	24	26	26	26	26	28	28	28	28	28	28	30
	30	12	14	16	18	18	20	22	22	22	24	24	24	24	26	26	28	28	28	28	28	30	30	30	30	30	32	32	34	32	34
	40	14	16	18	18	20	22	24	24	24	26	26	28	28	28	30	30	30	30	32	32	32	32	34	34	34	34	34	34	36	36

查用举例：

已知 $F=14\ 000$ N，$\alpha=20°$，$h=40$ mm。查斜销直径。

查表7.70得 $F_{弯}=15\ 000$ N。

查表7.71得斜销直径 $d=28$ mm。

(5)斜销长度的确定

对于斜销抽芯机构按所选定的抽芯力、抽芯行程、斜销位置、斜销斜角、斜销直径以及滑块的大致尺寸，在总图上按比例作图进行大致布局后，即可按作图法、计算法或查表法来确定斜销的长度。

1）作图法（见图 7.52）

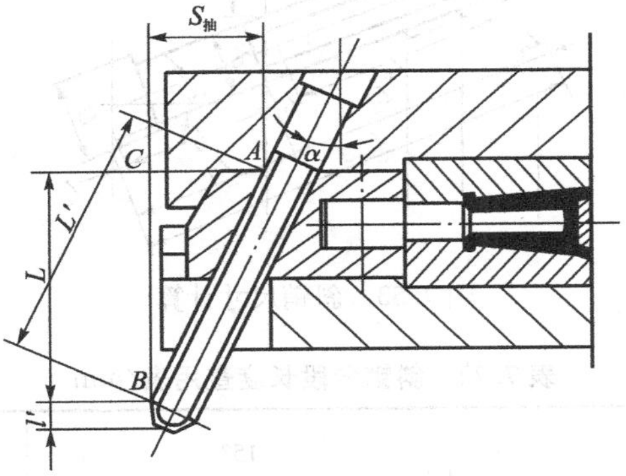

图 7.52　用作图法确定斜销的有效长度

①取滑块端面斜孔与斜销外侧斜面接触处为 A 点。

②自 A 点作与分型面相平行的直线 AC，使 $AC=S_抽$（抽芯距离）。

③自 C 点作垂直于 AC 线的 BC 线，交斜销外侧斜面于 B 点。

④AB 线段的长度 L' 为斜销有效工作段长度 $L'=\dfrac{S_抽}{\sin\alpha}$。

⑤BC 线段长度加上斜销导引头部高度 l' 为斜销抽芯结束时所需的最小开模距离，即

$$L_开=\frac{S_抽}{\tan\alpha}+l'$$

2）计算法

斜销长度的计算是根据抽芯距离 $S_抽$、固定端模套厚度 H、斜销直径 d 以及所采用的斜角 α 的大小而定（见图 7.53）。斜销总长度 L 可计算为（滑块斜孔导引口端圆角 R 对斜销长度尺寸的影响省略不计）

$$L=L_1+L_2+L_3=\frac{D-d}{2}\tan\alpha+\frac{H}{\cos\alpha}+d\tan\alpha+\frac{S_抽}{\sin\alpha}+(5\sim10) \tag{7.34}$$

式中　L_1——斜销固定段尺寸，mm；

L_2——斜销工作段尺寸，mm；

L_3——斜销工作导引段尺寸（一般取 5～10），mm；

$S_抽$——抽芯距离，mm；

H——斜销固定段套板的厚度，mm；

α——斜销斜角，(°)；

d——斜销工作段直径，mm；

D——斜销固定段台阶直径，mm。

3）查表法

为简化烦琐的计算，将常用范围内的数值列表（见表 7.72），按选定的 α，由 $\dfrac{D-d}{2}$，H，d，$S_抽$ 查出相应的 l_1，l_2，l_3，l_4（见图 7.53）相加即可确定斜销长度。

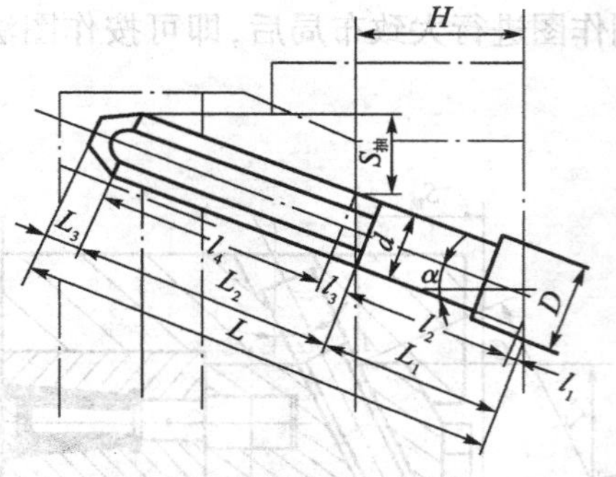

图 7.53　斜销尺寸计算

表 7.72　斜销分段长度查用表/mm

斜销斜角 α	10°			15°			18°		
设计参数 $\frac{D-d}{2}$, $H,d,S_{抽}$	l_1,l_3	l_2	l_4	l_1,l_3	l_2	l_4	l_1,l_3	l_2	l_4
1	0.18	1.02	5.76	0.27	1.04	3.86	0.33	1.05	3.24
2	0.35	2.03	11.52	0.54	2.07	7.73	0.63	2.10	6.47
3	0.53	3.05	17.28	0.80	3.11	11.59	0.98	3.15	9.71
4	0.70	4.06	23.04	1.07	4.14	15.46	1.30	4.21	12.95
5	0.88	5.08	28.80	1.34	5.18	19.32	1.63	5.26	16.18
6	1.06	6.09	34.56	1.61	6.22	23.18	1.95	6.31	19.42
7	1.23	7.11	40.32	1.88	7.25	27.05	2.27	7.36	22.65
8	1.41	8.12	46.08	2.14	8.28	30.91	2.60	8.41	25.90
9	1.59	9.14	54.84	2.41	9.32	34.78	2.92	9.46	29.13
10	1.76	10.15	57.60	2.68	10.35	38.64	3.25	10.51	32.36
20	3.53	20.31	115.21	5.36	20.70	77.28	6.50	21.03	64.72
30	—	30.46	172.81	—	30.06	115.92	9.75	31.54	97.09
40	—	40.52	230.41	—	41.41	154.56	—	42.06	129.45
50	—	50.77	288.02	—	51.77	193.20	—	52.57	161.81
60	—	60.92	—	—	62.19	—	—	63.08	194.17
70	—	71.08	—	—	72.47	—	—	73.60	—
80	—	81.23	—	—	82.82	—	—	84.11	—
90	—	91.39	—	—	93.18	—	—	94.63	—
任意值	$0.176\frac{D-d}{2}(d)$	$1.015H$	$5.76S_{抽}$	$0.268\frac{D-d}{2}(d)$	$1.035H$	$3.804S_{抽}$	$0.325\frac{D-d}{2}(d)$	$1.051H$	$3.236S_{抽}$
斜销斜角 α	20°			22°			25°		
设计参数 $\frac{D-d}{2}$, $H,d,S_{抽}$	l_1,l_3	l_2	l_4	l_1,l_3	l_2	l_4	l_1,l_3	l_2	l_4

续表

斜销斜角 α	20°			22°			25°		
1	0.36	1.06	2.92	0.40	1.08	2.67	0.47	1.10	2.37
2	0.73	2.13	5.85	0.81	2.16	5.34	0.93	2.21	4.73
3	1.09	3.19	8.77	1.21	3.24	8.01	1.40	3.31	7.10
4	1.46	4.26	11.70	1.62	4.31	10.69	1.87	4.41	9.47
5	1.82	5.32	14.62	2.02	5.39	13.35	2.33	5.52	11.83
6	2.18	6.39	17.54	2.42	6.47	16.02	2.80	6.62	14.20
7	2.55	7.45	20.47	2.83	7.55	18.69	3.26	7.72	16.56
8	2.91	8.51	23.39	3.23	8.63	21.36	3.73	8.83	18.93
9	3.28	9.58	26.32	3.64	9.71	24.03	4.20	9.93	21.30
10	3.64	10.64	29.24	4.04	10.79	26.70	4.66	11.03	23.66
20	7.28	21.28	58.48	8.08	21.57	53.39	9.32	22.07	47.33
30	10.92	31.93	87.72	12.12	32.36	80.09	13.99	33.10	70.99
40	—	42.57	116.96	16.16	43.14	106.78	18.65	44.14	94.65
50	—	53.21	146.20	—	53.93	133.48	—	55.17	118.32
60	—	63.85	175.44	—	64.71	160.17	—	66.20	141.98
70	—	74.49	204.68	—	75.50	186.87	—	77.24	165.64
80	—	85.14	—	—	86.28	213.56	—	88.27	189.30
90	—	95.78	—	—	97.07	—	—	99.30	212.97
任意值	$0.364\frac{D-d}{2}(d)$	$1.064H$	$2.924S_{抽}$	$0.404\frac{D-d}{2}(d)$	$1.079H$	$2.670S_{抽}$	$0.466\frac{D-d}{2}(d)$	$1.103H$	$2.366S_{抽}$

查用说明：

①查用值可由已知设计参数查取。例如，l_1，l_2，l_3，l_4可分别从$\frac{D-d}{2}$，H，d，$S_{抽}$查取。

②在设计参数栏内，如无直接数值可查时，则可按以下两种方法查取：

a.从两个或两个以上的已知设计参数中，分别查出后再相加而得。例如，$\alpha=20°$，$S_{抽}=76$ mm，查 l_4值，取 $S_{抽}=70$ mm+6 mm 得

$$l_4=240.68\text{ mm}+(2.924\times6)\text{ mm}=240.68\text{ mm}+17.54\text{ mm}=222.22\text{ mm}$$

b.直接查取任意一栏数值，然后相乘而得。例如，$\alpha=18°$，$S_{抽}=94$ mm，查 $l_4=3.236\times94$ mm$=304.2$ mm。

查用举例：

已知 $\alpha=15°$，$d=18$ mm，$D=24$ mm，$H=30$ mm，$S_{抽}=32$ mm，取 $L_3=8$ mm。

查取斜销各工作段和总长尺寸。

由表中查出：$l_1=0.80$ mm，$l_2=30.06$ mm，$l_3=2.68$ mm$+2.14$ mm$=4.82$ mm，$l_4=115.92$ mm$+7.73$ mm$=123.65$ mm。

得出斜销固定段尺寸为

$$L_1=l_1+l_2=0.80\text{ mm}+30.06\text{ mm}=30.86\text{ mm}$$

斜销工作段尺寸为

$$L_2=l_3+l_4=4.82\ \text{mm}+123.56\ \text{mm}=128.47\ \text{mm}$$

斜销总长尺寸为

$$L=l_1+l_2+l_3=30.86\ \text{mm}+128.47\ \text{mm}+8\ \text{mm}=167.33\ \text{mm}$$

(6)斜销延时抽芯

斜销延时抽芯是依靠滑块斜孔在抽出方向上有一小段增长量来实现，由于受到滑块长度的限制，这一段增长量不可能很大，因此延时抽芯行程较短，一般仅用于铸件对定模型芯的包紧力较大，或铸件分别对动、定模型芯的包紧力相等的场合，以保证在开模时铸件留在动模上。

1)斜销延时抽芯动作过程(见图7.54)

图7.54(a)为合模状态。定模上有较长的型芯，需借助抽芯滑块将铸件从定模上脱出。

图7.54(b)为开模过程。铸件已卸除对定模型芯包紧力，斜销移动一小段增长量，接触滑块孔面开始抽芯。

图7.54(c)为抽芯结束。斜销脱离滑块孔，抽芯结束，然后推出铸件。

图7.54(d)为合模插芯。合模时斜销插入滑块斜孔，由于斜孔有延时抽芯的增长量，合模达一定距离后(相当于抽芯时延时抽芯行程)，滑块方可开始复位。

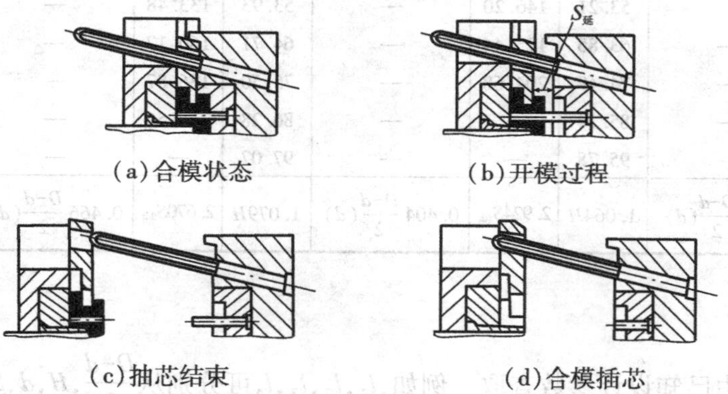

图7.54　斜销延时抽芯过程

2)延时抽芯有关参数的计算

①延时抽芯行程$S_延$(见图7.55)按设计需要确定。

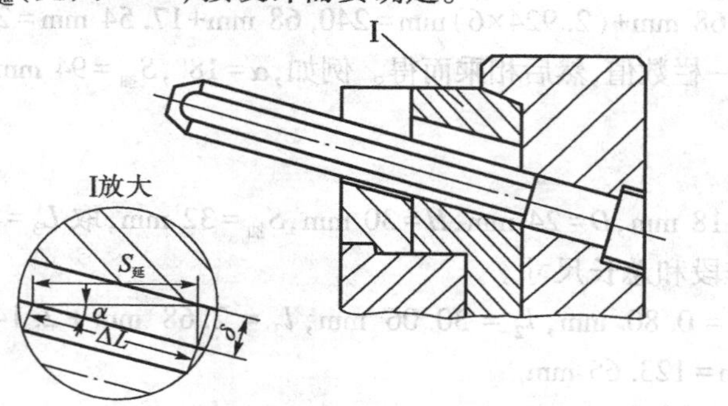

图7.55　延时抽芯有关参数

②延时抽芯斜销直径d按式(7.33)计算。计算时滑块端面至受力点垂直距离h应加延

时抽芯行程 $S_{延}$。

③滑块斜孔增长量可计算为

$$\delta = S_{延} \sin \alpha \tag{7.35}$$

式中　δ——滑块斜孔增长量，mm；

$S_{延}$——延时行程，mm；

α——斜销斜角，(°)。

常用延时抽芯行程 $S_{延}$ 与所需滑块斜孔增长量 δ 的关系见表 7.73。

④延时抽芯时斜销的总长度尺寸 L'，按式(7.34)计算后再加 ΔL，即

$$L' = L + \Delta L \tag{7.36}$$

式中　L——非延时抽芯时斜销总长度，mm；

ΔL——延时抽芯时斜销长度增长量，mm；$\Delta L = \dfrac{S_{延}}{\cos \alpha}$，如图 7.55 所示。

常用延时抽芯行程所需斜销长度增长量见表 7.74。

表 7.73　滑块斜孔增长量/mm

斜销斜角 α	延时抽芯行程 $S_{延}$					
	5	10	15	20	25	30
	滑块斜孔增长量 δ					
10°	0.87	1.74	2.61	3.46	4.33	5.21
15°	1.29	2.59	3.88	5.18	6.47	7.76
18°	1.54	3.09	4.63	6.18	7.72	9.27
20°	1.71	3.42	5.13	6.84	8.55	10.26
22°	1.87	3.75	5.62	7.49	9.36	11.24
25°	2.11	4.23	6.34	8.45	10.56	12.68

表 7.74　斜销长度增长量/mm

斜销斜角 α	延时抽芯行程 S 延					
	5	10	15	20	25	30
	斜销长度增长量 ΔL					
10°	5.08	10.15	15.23	20.31	25.39	30.46
15°	5.18	10.35	15.53	20.70	25.88	31.05
18°	5.27	10.52	15.78	21.10	26.30	31.60
20°	5.32	10.64	15.79	21.28	26.60	31.92
22°	5.39	10.78	16.17	21.56	26.95	32.24
25°	5.52	11.03	16.65	22.07	27.59	33.10

7.4.6 弯销侧抽芯机构的设计

弯销抽芯机构的工作原理与斜销抽芯机构相同，也是通过开模动作使弯销与滑块之间产生相对运动，从而带动成型零件从压铸件中抽出。不同之处在于弯销的截面形状为矩形，斜销的截面形状为圆柱形。弯销抽芯机构主要用于延时抽芯或活动型芯离分型面较远的情况。

(1)弯销抽芯机构的组成

弯销抽芯机构的组成如图 7.56 所示。

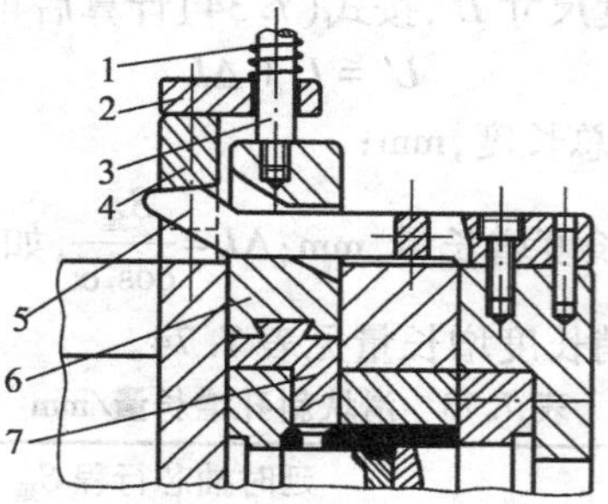

图 7.56　弯销抽芯机构

1—弹簧；2—限位块；3—柱头螺钉；4—楔紧块；5—弯销；6—滑块；7—型芯

(2)弯销抽芯过程

弯销抽芯过程如图 7.57 所示。

图 7.57(a)为合模状态。图 7.57(b)为开模过程，卸除对定模型芯的包紧力，楔紧块脱离滑块。图 7.57(c)为开模终止，型芯抽出，滑块由限位钉定位，以便再次合模。

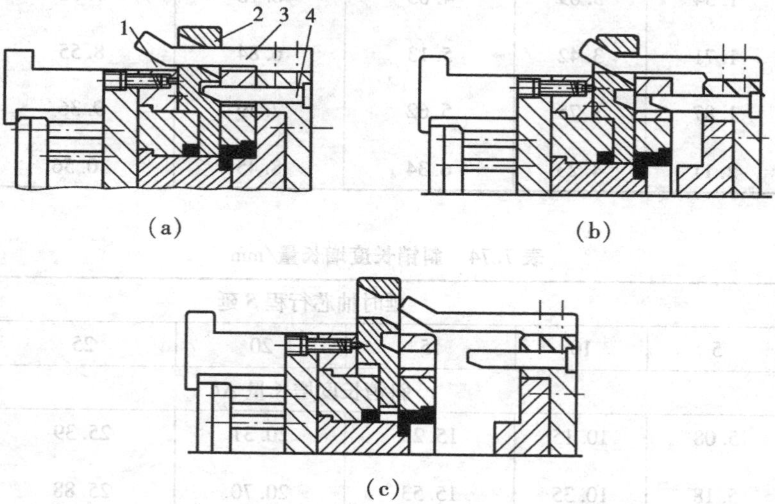

图 7.57　弯销抽芯动作过程

1—限位钉；2—型芯滑块；3—弯销；4—楔紧块

(3)弯销抽芯机构的设计要点

1)弯销的基本形式

弯销的基本形式见表 7.75。

表 7.75　常用弯销的基本形式

简　图	说　明	简　图	说　明
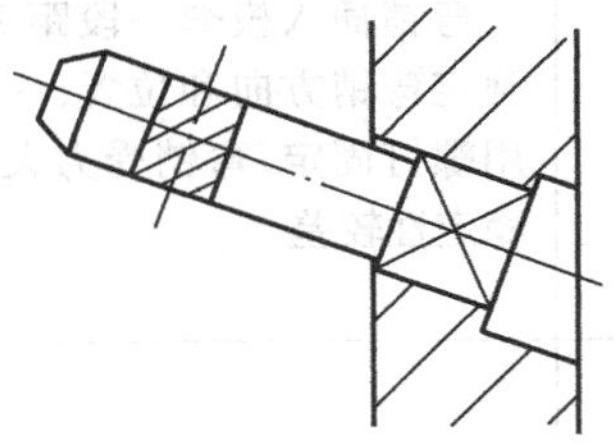	刚性和受力情况比斜销好，但制造费用较高	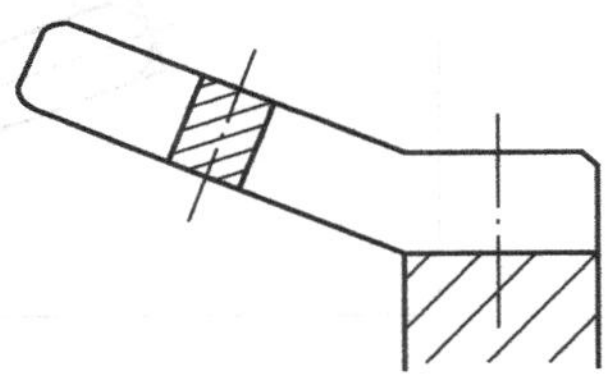	无延时抽芯要求，用于抽拔与分型面垂直距离较近的型芯，弯销头部倒角，有利于合模时进入滑块孔内
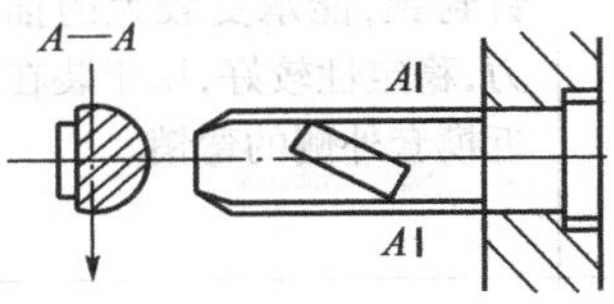	用于抽芯距离较小的场合，同时起导柱作用，模具结构紧凑	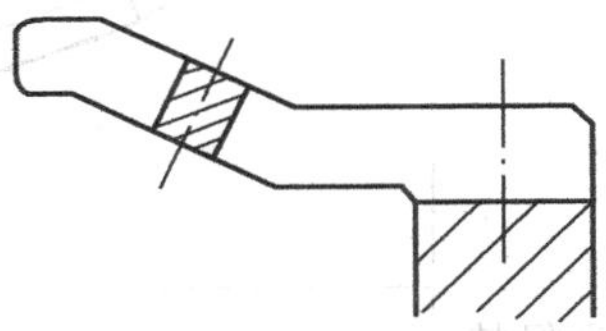	用于抽拔与分型面垂直距离较远及有延时要求的型芯

2）弯销的固定形式

弯销的固定形式见表 7.76。

表 7.76　常用弯销的固定形式

固定部位	简　图	说　明
固定于定模套外侧，模套强度高，结构紧凑，但滑块较长，对模套外形尺寸要求较严	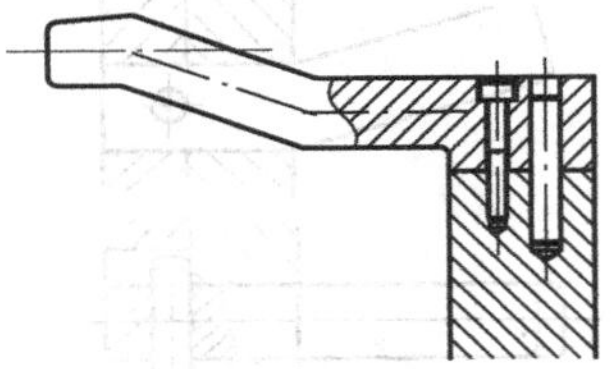	用于抽芯距离较小的场合，装配方便，但螺钉易松动
	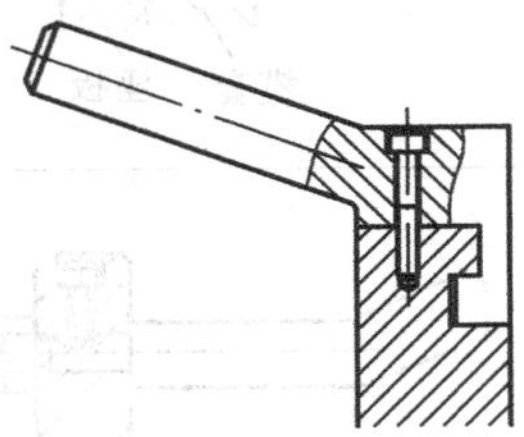	能承受较大的抽芯力，但加工装配较复杂
固定于模套内，为保持模套的强度，需适当加大模套外形尺寸	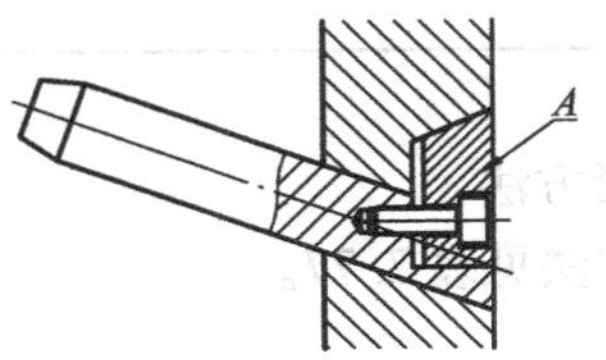	弯销插入模套后旋紧螺钉，通过 A 块斜面固定弯销，用于抽芯力不大的场合

续表

固定部位	简 图	说 明
固定于模套内,为保持模套的强度,需适当加大模套外形尺寸	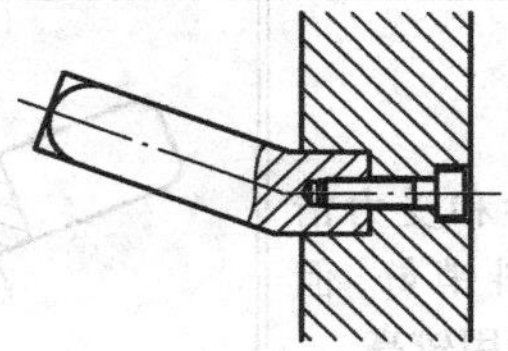	弯销插入模套一段距离,确定弯销方向和位置,一端用螺钉固定,弯销受力大时稳定性较差
	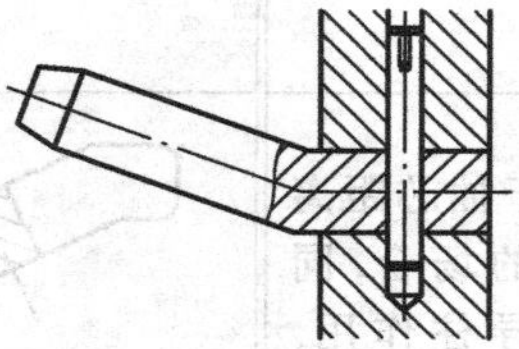	弯销插入模套,一侧用销钉封锁,能承受较大的抽芯力,稳定性较好,用于装在接近模套外侧的弯销
	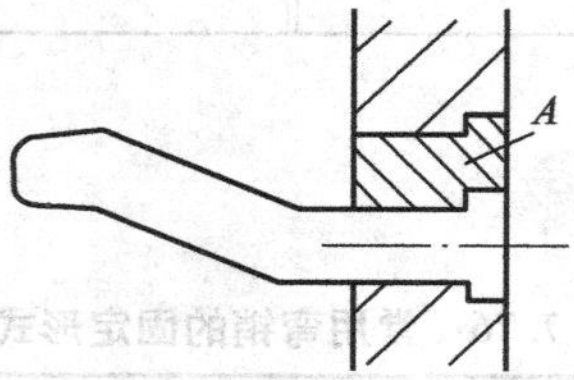	与弯销辅助块 A 同时压入模套,可承受较大的抽芯力,稳定性较好,用于模套内部的弯销
	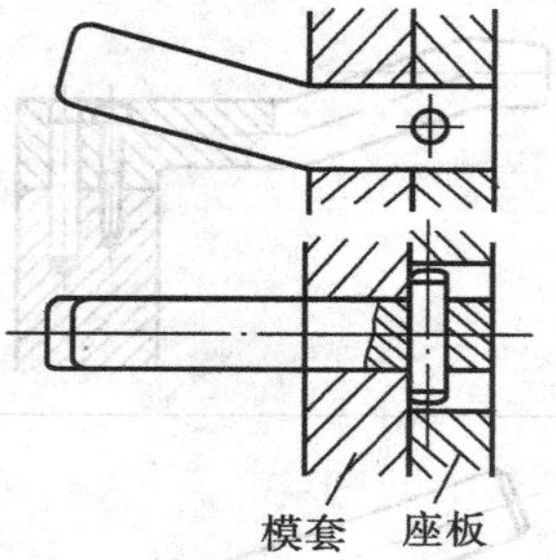	固定形式简单,能承受较大的抽芯力,装配时将弯销敲入模套内,再敲入定位销,然后装入座板
固定于动模支撑板或推板上	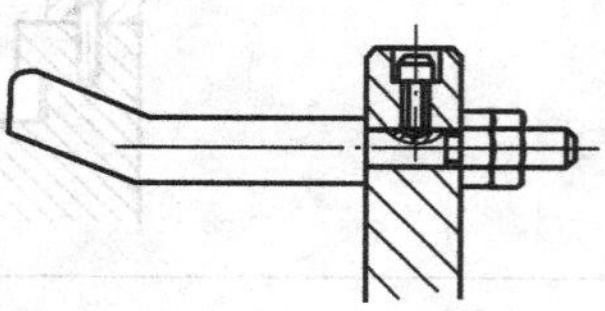	用于抽芯距离较短,抽芯力不大的场合

3)弯销抽芯机构中滑块的楔紧方法

弯销抽芯机构中滑块的楔紧方法见表 7.77。

表 7.77　弯销抽芯机构中滑块的楔紧方法

楔紧结构形式	说　明
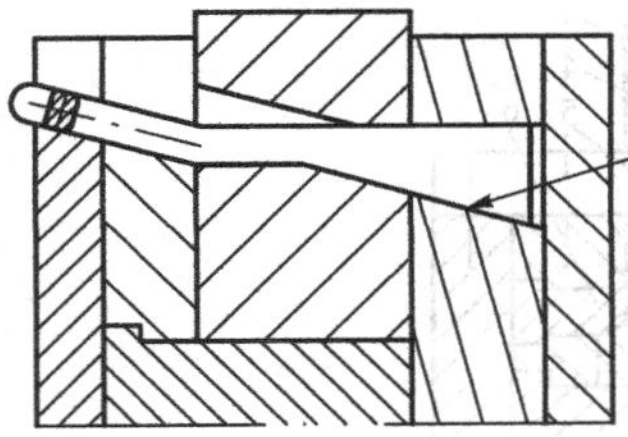	弯销截面为矩形，与滑块孔为面接触，接近分型面的滑块的反压力不大时，可直接用弯销楔紧（图上 C 为楔紧段）
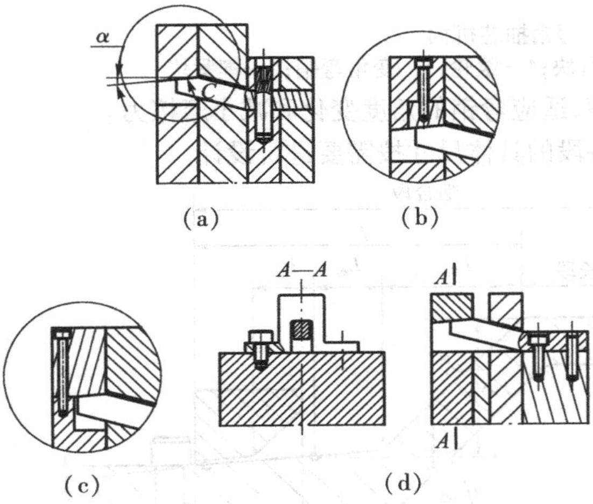	对弯销头部楔紧，通过弯销产生弹性变形楔紧滑块，用于滑块反力不大，弯销较长的场合 图(a)：头部楔紧在模套内，结构简单，但磨损后易松动 图(b)：模套内嵌入经热处理的头部，楔紧块经久耐用，并能调整，但加工复杂 图(c)：头部楔紧在模套外侧，加工简单，但应防止螺钉松动 图(d)：头部楔紧块采用座架形，用于弯销较长的场合
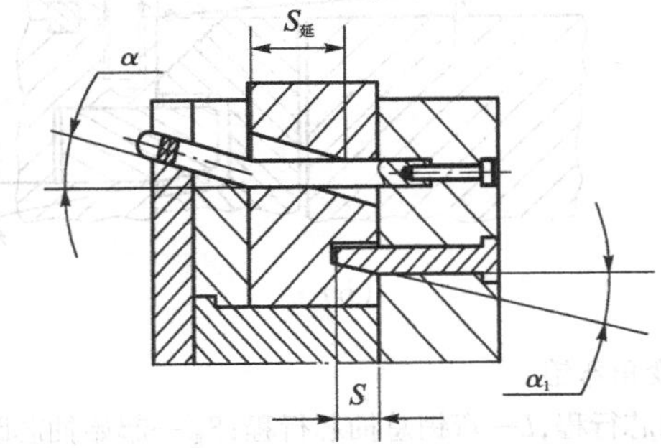	滑块的反压力大时，应另加楔紧块 $\alpha>\alpha_1$，则 $S_{延}>S$

(4) 确定弯销尺寸

弯销的具体尺寸查阅有关设计手册按需要进行设计。

(5) 变角弯销的特点与应用

如图 7.58 所示为变角弯销的结构形式，变角弯销用于抽拔较长且抽芯力较大的型芯。起始抽芯时采用 $\alpha=15°$ 的抽芯角，以承受较大的弯曲应力。抽出一定距离后，弯销仅带动滑块运动，采用 $\beta=30°$ 的抽芯角，以满足较长的抽芯距离。变角弯销克服弯销受力与抽芯距离 $S_{抽}$ 的矛盾，使弯销的截面和长度均可缩小，模具结构紧凑。

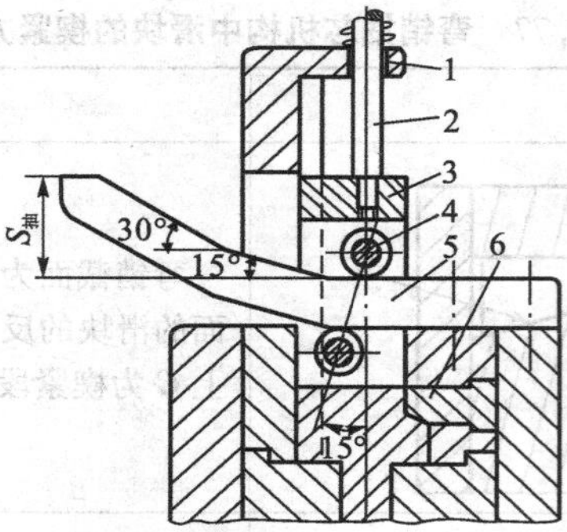

图 7.58　变角弯销抽芯机构

1—支承滑块的限位块；2—螺栓；3—滑块；4—滚轮；5—变角弯销；6—楔紧块

在滑块孔内设置滚轮与弯销形成滚动摩擦，适应弯销的角度变化和减小摩擦力。

变角弯销的工作段尺寸如图 7.59 所示，各段的具体尺寸按需要进行设计。

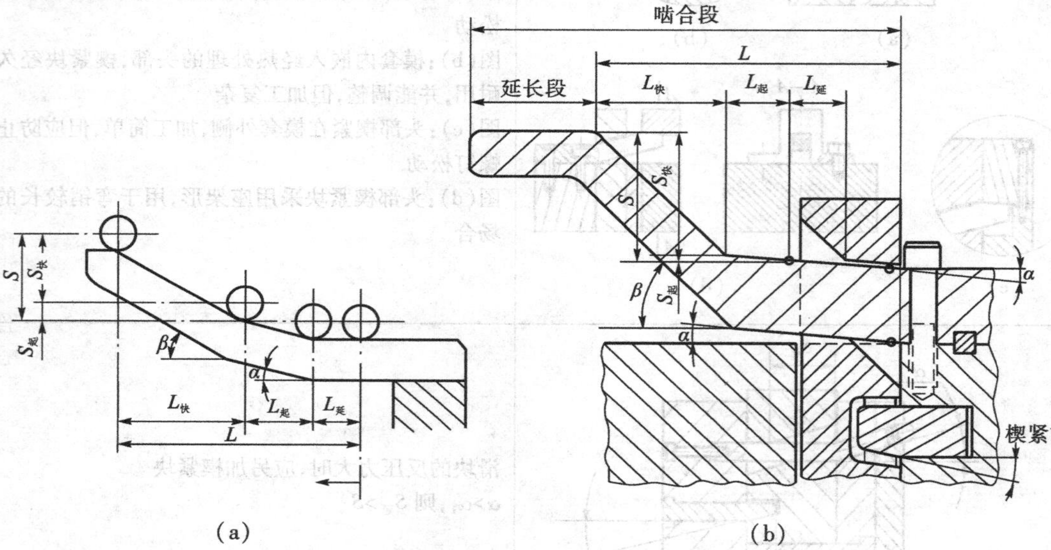

图 7.59　变角弯销

$L_延$—延时抽芯行程；$L_起$—起始抽芯行程；$L_快$—快速抽芯行程；L—弯销总抽芯行程；$S_起$—起始抽芯距离；$S_快$—快速抽芯距离；S—总抽芯距离；α—起始抽芯角；β—快速抽芯角

7.4.7　液压侧抽芯机构的设计

(1) 液压抽芯机构的组成

液压抽芯机构的组成如图 7.60 所示。

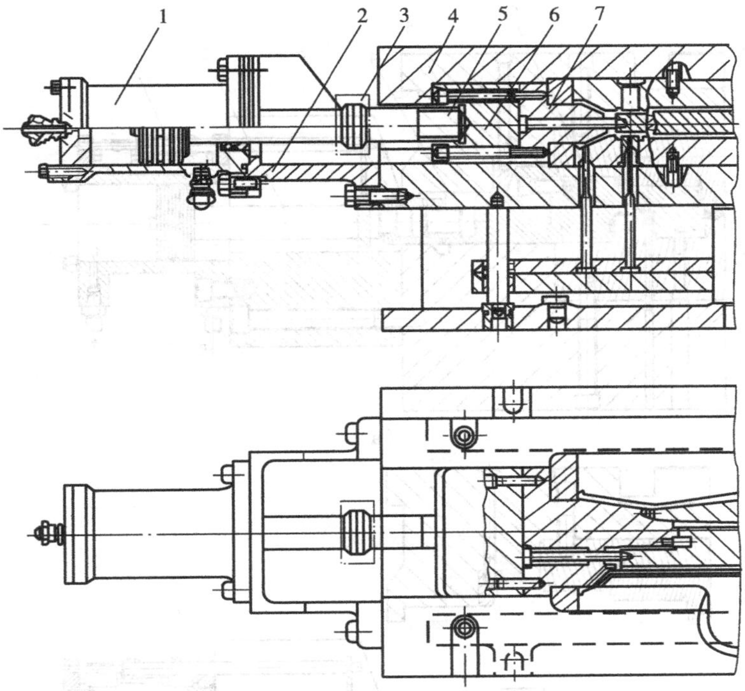

图7.60　液压抽芯机构的组成

1—抽芯器；2—抽芯器座；3—联轴器；4—定模套板；5—拉杆；6—滑块座；7—滑块(侧型芯)

(2)液压抽芯动作过程

1)液压抽芯器抽芯动作过程

如图7.61(a)所示为合模状态。抽芯器借助于抽芯器座装在模具上，联轴器将滑块拉杆与抽芯器连成一体，高压液从抽芯器后腔进入，推动活塞，将活动型芯插入型腔。合模时，由定模楔紧块封锁滑块，模具处于压铸状态。如图7.61(b)所示为开模状态。开模时，楔紧块脱离滑块，开模结束，高压液在抽芯器前腔进入，开始抽出活动型芯。如图7.61(c)所示为抽芯状态，继续开模抽出铸件。抽芯器的动作在调试时可以手动操作，试模到正常后，即可按行程开关的信号进行程序控制。

2)双活塞复合油缸液压抽芯器抽芯动作过程

该抽芯器由大、小活塞组成，大活塞用于起始抽拔，小活塞用于完成大行程的抽芯要求。如图7.62(a)所示为合模位置，双活塞复合油缸液压抽芯器总装在模具上，联轴器将滑块与抽芯器相连接。高压液进入A，推动小活塞，通过抽芯器一侧的弯管孔，使高压液作用于C腔大活塞，此时大小活塞同时向前推动，使滑块带动型芯处于合模状态。如图7.62(b)所示为压铸后开模到楔紧块脱离时中停的位置。如图7.62(c)所示为抽芯结束后，高压液由B处进入，A，C腔回液，使大活塞产生作用力，然后将作用力传递到与滑块连接的小活塞上，完成抽出较大型芯的起始抽芯动作。大活塞动作终止，高压液继续通过大活塞的小孔，推动小活塞，完成抽芯动作。

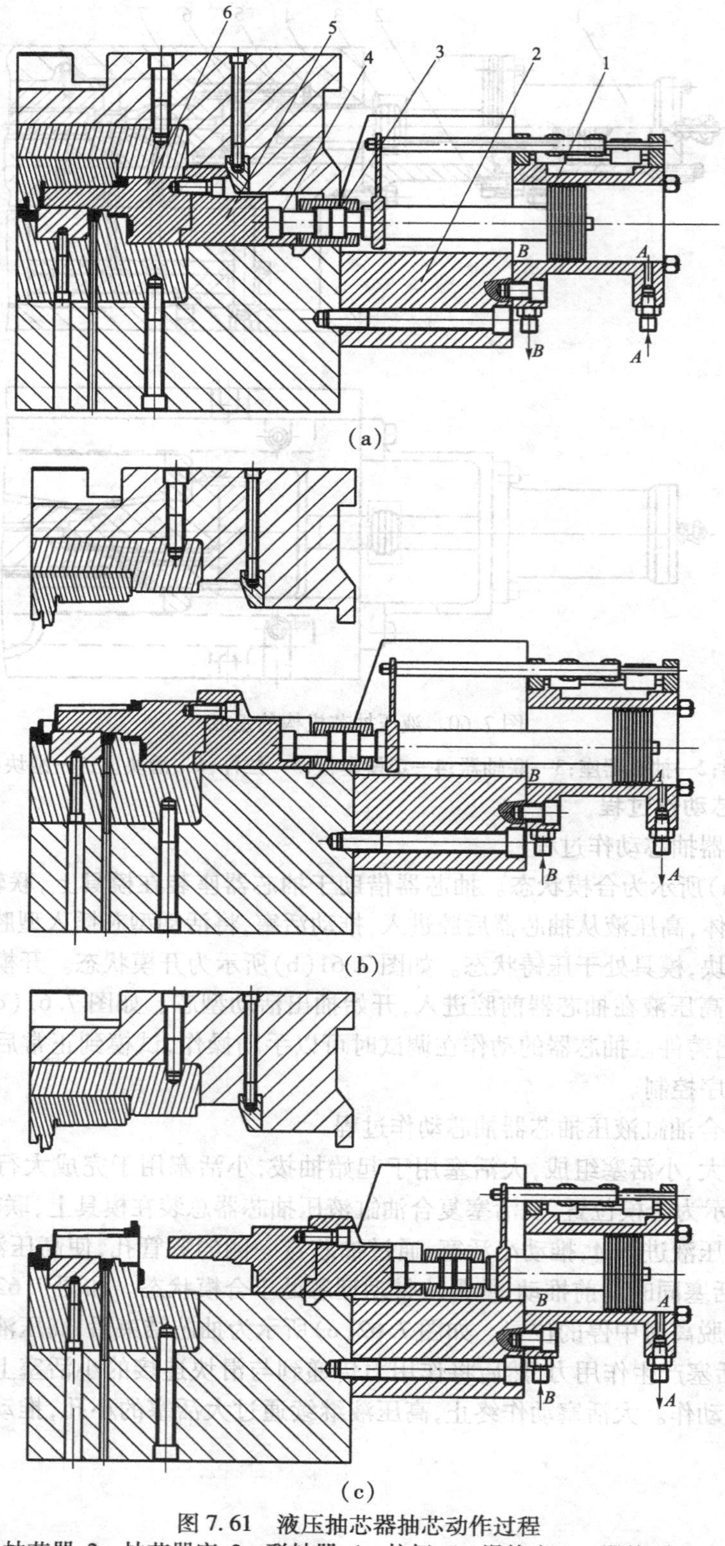

图 7.61　液压抽芯器抽芯动作过程
1—抽芯器；2—抽芯器座；3—联轴器；4—拉杆；5—滑块座；6—滑块(侧型芯)

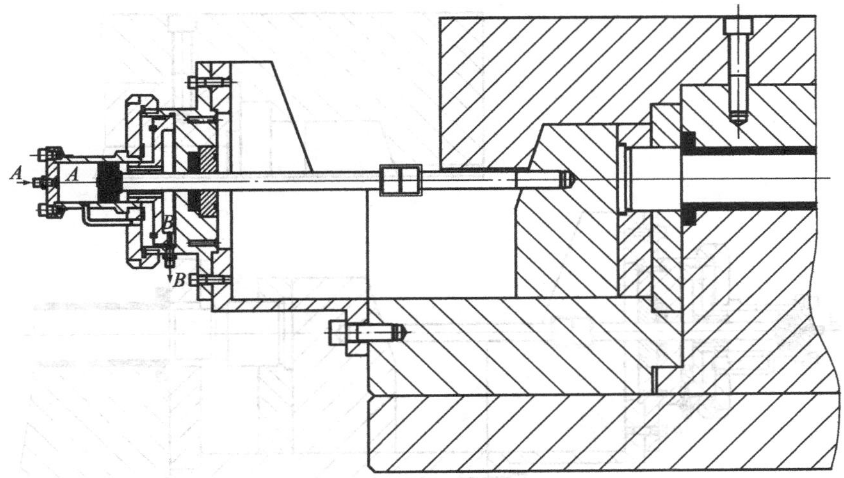

(a)

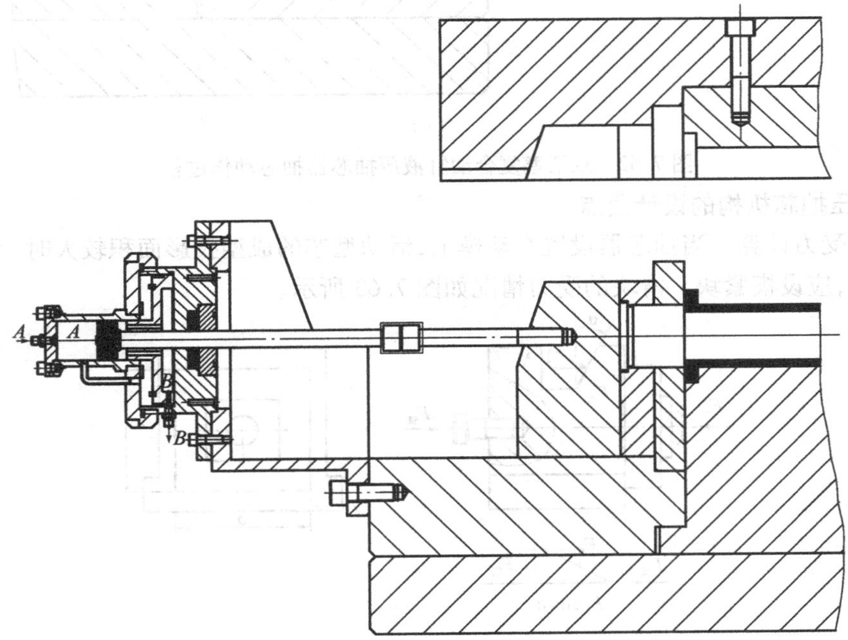

(b)

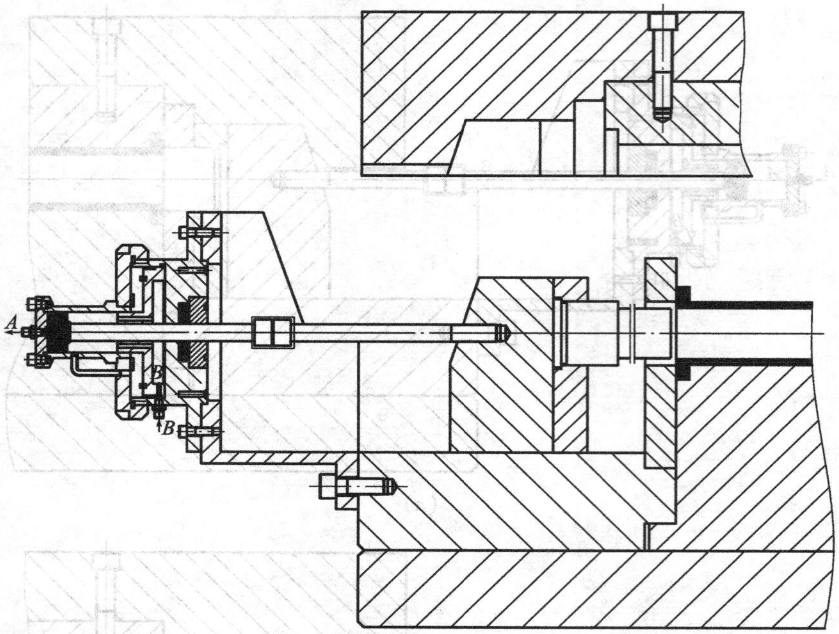

(c)

图 7.62　双活塞复合油缸液压抽芯器抽芯动作过程

(3)液压抽芯机构的设计要点

①滑块受力计算。当抽芯器设置在动模上，活动型芯的成型投影面积较大时，为防止压铸时滑块后移，应设楔紧块。滑块的受力情况如图 7.63 所示。

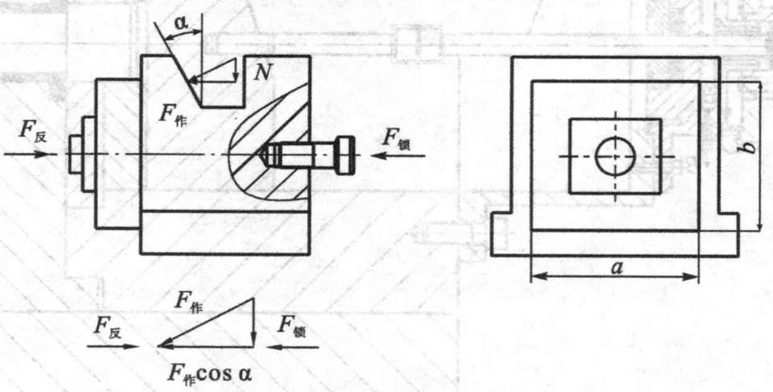

图 7.63　滑块受力分析

a.楔紧滑块所需要的作用力 $F_{作}$ 可计算为

$$F_{作} \geqslant K\frac{F_{反} - F_{锁}}{\cos\alpha} = K\frac{pA - F_{锁}}{\cos\alpha} \tag{7.37}$$

式中　$F_{反}$——压铸时的反压力，N；

p——压射比压，MPa；

A——受压铸反力的投影面积，mm^2；

K——安全值(取 1.25)；

$F_{锁}$——抽芯器锁芯力(见表 7.78)，N；

α——滑块楔紧角。

b.锁芯力的计算。液压抽芯机构中，当抽芯器设置在定模时，开模前须先抽芯，不得设置楔紧块，依靠抽芯器本身的锁芯力锁住滑块型芯，锁芯力的计算取决于抽芯器活塞的面积和管路压力，此外还与压铸机的油路系统有关。当抽芯器的前腔有常压时，则锁芯力小；抽芯器的前腔道回油时则锁芯力大。抽芯器锁芯力的计算见表 7.78。

表 7.78　抽芯器锁芯力的计算公式

	抽芯时有背压	抽芯时无背压
简　图	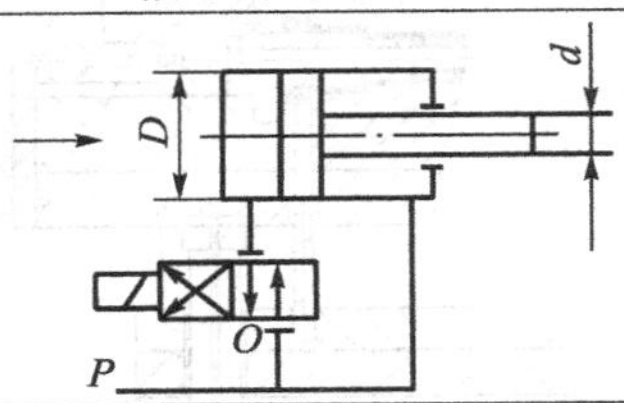	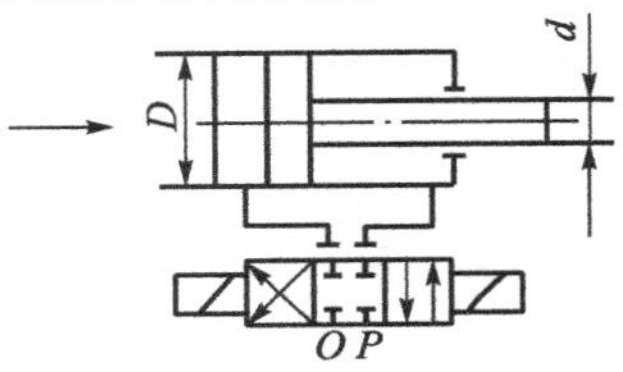
已知抽芯器活塞直径的计算公式	$F_{锁} = p\frac{\pi d^2}{4}$	$F_{锁} = p\frac{\pi D^2}{4}$
已知抽芯器活塞杆直径的计算公式		$F_{锁} = F_{抽} + p\frac{\pi d^2}{4}$
说　明	式中　D—抽芯器活塞直径，mm d—抽芯器活塞杆直径，mm p—管路压力，MPa $F_{锁}$—抽芯器锁芯力，N $F_{抽}$—抽芯器抽芯力，N	

②当抽芯力及抽芯距离决定选用抽芯器时，应按所算得的抽芯力乘以 1.3 的安全值。

③抽芯器不宜设置在操作者一侧，以防发生事故。

④无特殊要求时，不宜将抽芯器的插芯力作为锁紧力，需另设置楔紧块。

⑤合模前，首先将抽芯器上的型芯复位，防止楔紧块碰坏滑块或型芯。在抽芯器上应设置行程开关与压铸机上电气系统连接，使抽芯器按压铸程序进行工作，可防止构件相互干扰。

⑥由于液压抽芯机构在合模前，滑块先复位，因此要特别注意避免活动型芯与推杆的干扰。一般在活动型芯下不宜设置推出元件。

⑦液压抽芯机构的配合要求如图 7.64 所示。

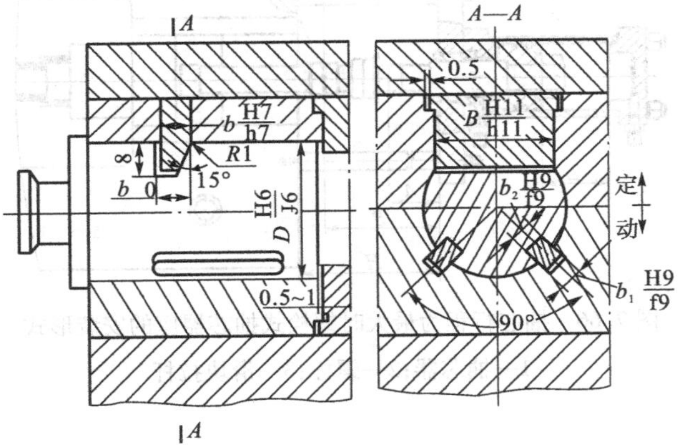

图 7.64　液压轴芯机构的配合要求

(4)液压抽芯器座的安装形式

1)通用抽芯器座的安装形式

①通用抽芯器座一般为标准件,横断面呈半圆形,一端与抽芯器相连接,另一端与模具相连接,如见图 7.65 所示。

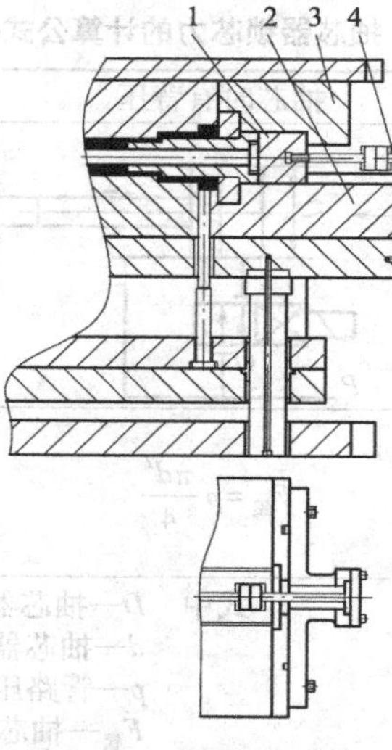

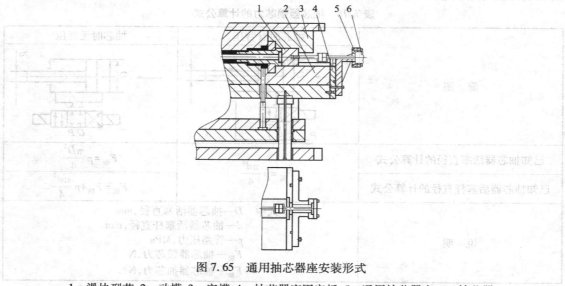

图 7.65 通用抽芯器座安装形式

1—滑块型芯;2—动模;3—定模;4—抽芯器座固定板;5—通用抽芯器座;6—抽芯器

②通用抽芯器座是按抽芯器最大抽芯行程设计的,如需选用较短的抽芯行程时,另设抽芯器座固定板,以调整抽芯距离。

2)螺栓式抽芯器座的安装形式

①螺栓式抽芯器座制造简单,安装方便,但由于刚性较差,常用于抽芯力小于 15 t 的抽芯器,其安装形式如图 7.66、图 7.67 所示。

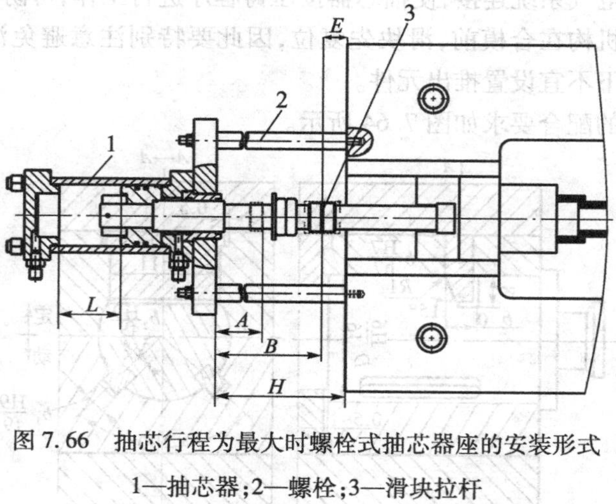

图 7.66 抽芯行程为最大时螺栓式抽芯器座的安装形式

1—抽芯器;2—螺栓;3—滑块拉杆

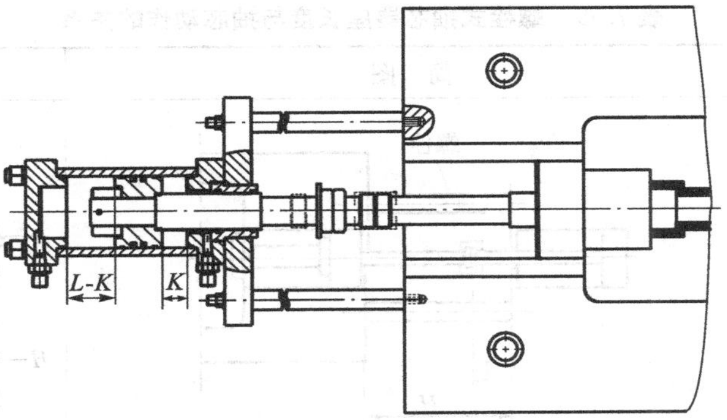

图 7.67　抽芯距离取抽芯器一部分行程时螺栓式抽芯器座的安装形式

②螺栓长度 H 一般按抽芯器的最大抽芯行程设计，如需选用较短的抽芯行程时，可按表 7.79 的方法调整，使滑块限位。

③常用抽芯器中 A，B 和 E 尺寸（见图 7.66）的选用见表 7.80。

3）框架式抽芯器座的安装形式

①框架式抽芯器座刚性和稳定性较好，用于抽芯力大于 15 t 的抽芯器。其安装形式如图 7.68 所示。

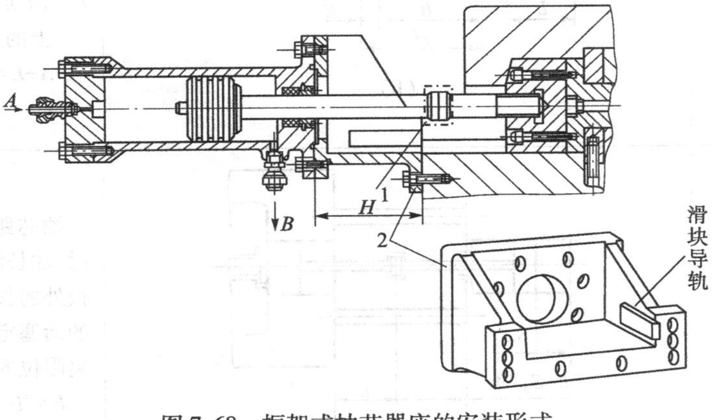

图 7.68　框架式抽芯器座的安装形式

1—联轴器；2—抽芯器座

②对于大型滑块，选用抽芯力较大的抽芯器时，可在框架式抽芯器座的内侧布置导轨，使伸出套板外的滑块运动平稳，并可以减少模具滑槽长度和模具整体尺寸。

③抽芯器座长度 H 的计算，可参见表 7.79。

表 7.79 螺栓式抽芯器座长度与抽芯动作的关系

项　目	简　图	说　明
全行程抽芯	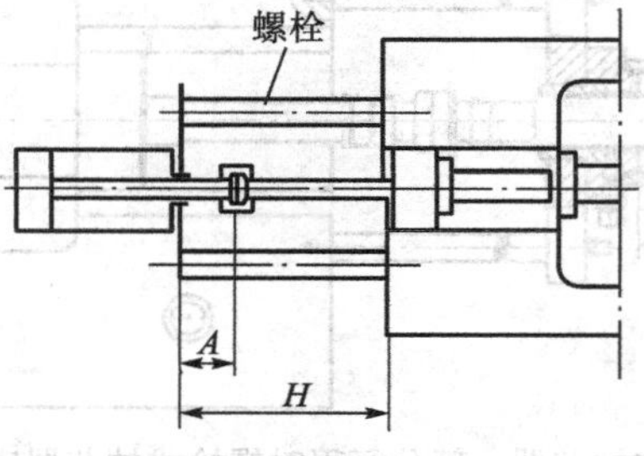 (a)	A—抽芯杆外露尺寸(抽芯器活塞处于极限抽芯位置) H—螺栓长度(取通用抽芯器座标准长度)
	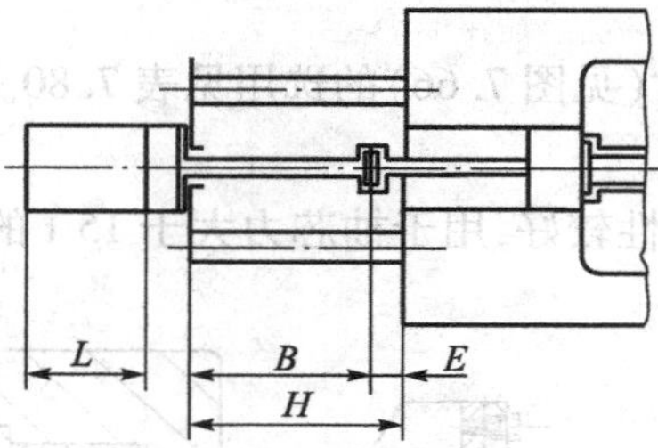 (b)	L—抽芯器全行程 B—抽芯杆外露尺寸(抽芯器活塞处于极限抽芯位置,$B=L+A$) E—滑块连接杆在模具边框上的外露尺寸($H=L+A+E=B+E$)
抽芯距离小于抽芯器行程时的调整方法	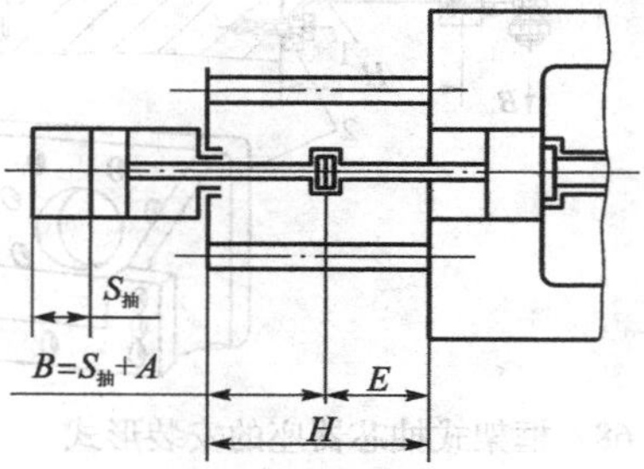 (c)	抽芯距离小于抽芯行程时,加长滑块连接杆伸出模板外的长度 E,以抽芯器中的活塞定位,可达到抽芯距离限位的要求,其中: $E=H-B=H-(S_抽+A)$ 式中　$S_抽$—抽芯距离
	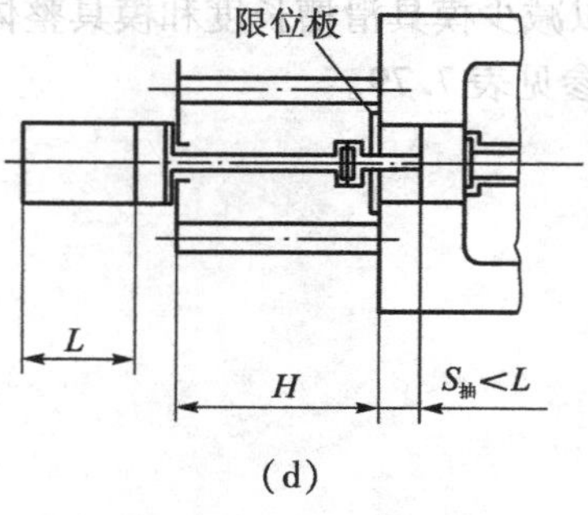 (d)	在模具上加设限位板,可达到抽芯距离限位的要求

续表

项　目	简　图	说　明
抽芯距离小于抽芯器行程时的调整方法	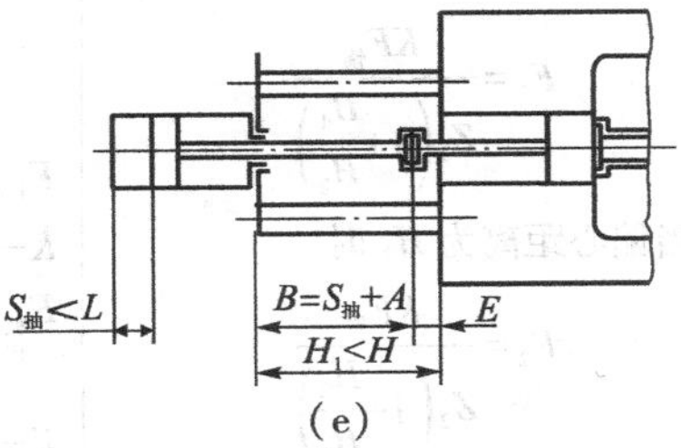 (e)	当抽芯距离 $S_抽$ 与抽芯全行程 L 相差悬殊时，可缩短抽芯器座长度（即螺栓长度）以减少模具的外形尺寸，其中： $H_1<H,H_1=S_抽+A+E$ 式中　H_1—专用抽芯器座长度
	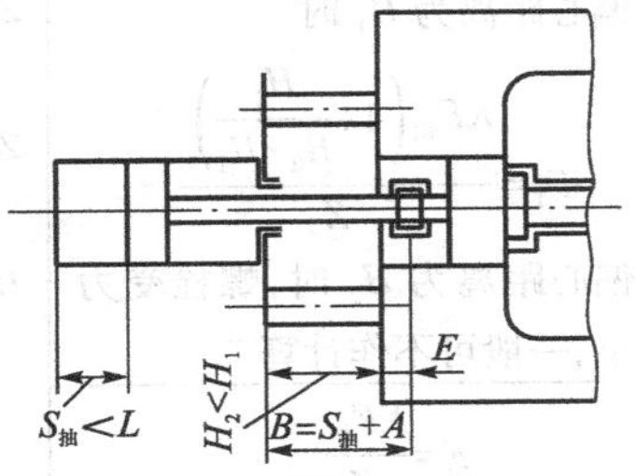 (f)	当抽芯器的联轴器能伸入滑块槽内时，可进一步缩短抽芯器座长度，其中： $H_2<H_1,H_2=S_抽+A-E$

表7.80　常用抽芯器中 A,B 和 E 尺寸

抽芯器吨位/t	抽芯器行程/mm	联轴器外径/mm	A/mm	B/mm	E/mm
3	150	ϕ60	130	280	20
5	160	ϕ80	140	300	30
9	250	ϕ100	150	400	40
15	250	ϕ120	160	410	45

4）抽芯器座安装螺钉的受力计算

液压抽芯器座采用螺钉与模具连接时，应考虑螺钉的连接强度。

①按不同的安装形式，计算单个螺钉的受力大小，见表7.81。

表7.81　单个螺钉受力分析与计算

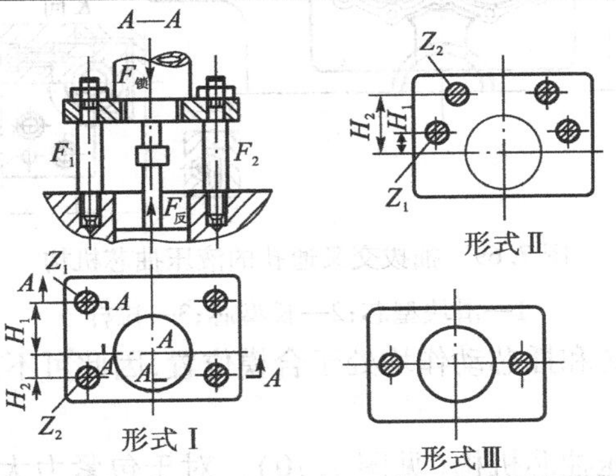

续表

项 目	计算公式	说 明
锁芯力 $F_{锁}$ 处在螺栓中间,但偏心距离 H_1 与 H_2 不等距离(见形式Ⅰ)	1.当偏心距离为 H_1 时 $F_1=\dfrac{KF_{锁}}{Z_1\left(1+\dfrac{H_1}{H_2}\right)}$ 2.当偏心距离为 H_2 时 $F_2=\dfrac{KF_{锁}}{Z_2\left(1+\dfrac{H_2}{H_1}\right)}$	F_1,F_2—螺钉所受的力,N K—安全值(取 1.25~1.5) $F_{锁}$—抽芯器锁芯力, N, 参见表 7.78 Z—螺钉总数 Z_1—当偏心距离为 H_1 时的螺钉数 Z_2—当偏心距离为 H_2 时的螺钉数 H_1,H_2—偏心距离,mm
锁芯力 $F_{锁}$ 偏于螺栓的一侧(见形式Ⅱ)	1.当偏心距离为 H_1 时 $F_1=\dfrac{KF_{锁}\left(1+\dfrac{H_1}{H_2-H_1}\right)}{Z}$ 2.当偏心距离为 H_2 时,螺栓受力较小,一般可不作计算	
锁芯力 $F_{锁}$ 处在与螺栓的同一中心线上(见形式Ⅲ)	$F=\dfrac{KF_{锁}}{Z}$	

②通过计算,选择螺钉的直径。

5)液压抽芯机构应用实例

①抽拔交叉通孔的液压抽芯机构(见图 7.69)。图 7.69 铸件上有交叉通孔,采用斜销和液压抽芯器联合抽芯机构。插芯和抽芯动作要求按程序进行。合模时,斜销先将滑块型芯 1 推入型腔,合模后再用液压抽芯器作插芯动作。将长型芯 2 插入型腔,构成互相交叉的通孔型芯,如图 7.69 所示的 $A—A$。开模前,液压抽芯器先作抽芯动作,将长型芯 2 抽出,然后开模,利用斜销将滑块型芯 1 抽出。

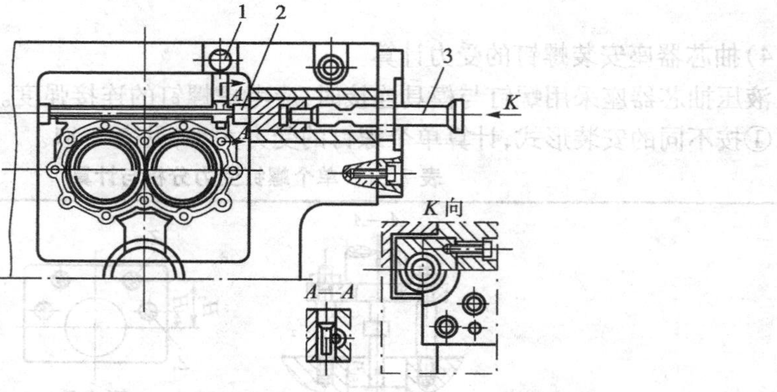

图 7.69 抽拔交叉通孔的液压抽芯机构

1—滑块型芯;2—长型芯;3—拉杆

由于液压抽芯器的抽芯和插芯动作均处于合模位置,因此可不用楔紧块锁紧,而靠液压抽芯器本身的插芯力锁模。

②带抽芯支承板的液压抽芯机构(见图 7.70)。对于包紧力大于铸件断面的拉应力的抽

芯过程中，在模具抽芯侧面都需设置有足够强度和刚度的抽芯支承板（固定于动模部分），使抽芯时传递给铸件的抽芯力分别由抽芯支承板承担，防止铸件变形。

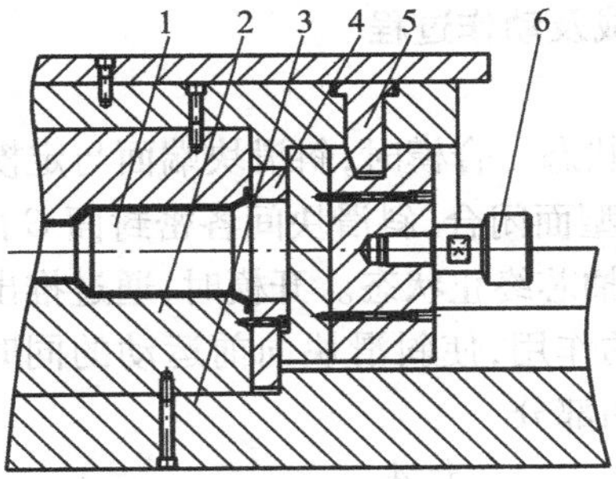

图7.70　带抽芯支承板的液压抽芯机构

1—滑块大型芯；2—动模镶块；3—动模套板；4—抽芯支承板；5—楔紧块；6—液压抽芯器拉杆

③单缸抽拔交角型芯的液压抽芯机构（见图7.71）。图7.71为连杆机构与液压抽芯器联合应用实例。连杆各端分别与抽芯器滑套3、交角型芯7尾端以及水平型芯8的末端相连，组成一套肘节机构。当抽芯器1往复运动时，带动连杆作曲、张动作，使型芯7和8同时抽插。

采用此种机构时，型芯7的包紧力及压射时对型芯7的反压力均不宜过大，并需保持A，B，C这3点在一直线上，方能起到锁模作用。

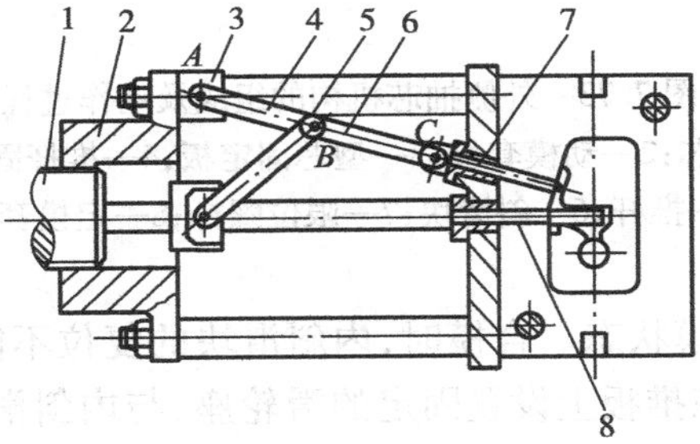

图7.71　单缸抽拔交角型芯的液压抽芯机构

1—抽芯器；2—抽芯器支架；3—滑套；4，5，6—连杆；7，8—型芯

④双缸抽拔交角型芯的液压抽芯机构（见图7.72）。

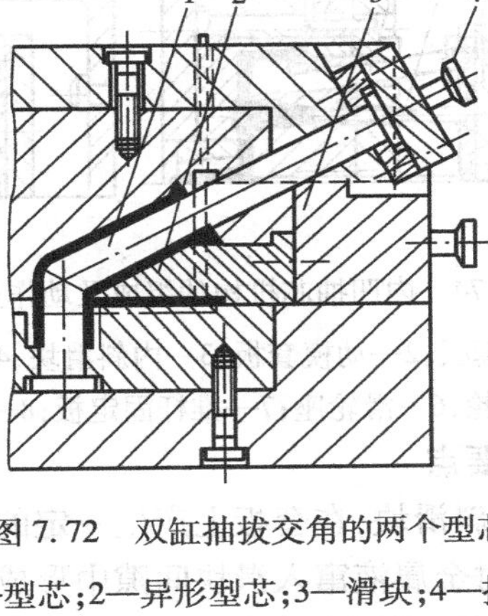

图7.72　双缸抽拔交角的两个型芯

1—型芯；2—异形型芯；3—滑块；4—拉杆

7.4.8 斜滑块侧抽芯机构的设计

(1)斜滑块抽芯机构的组成及动作过程

1)外侧抽芯机构

如图7.73(a)所示为合模状态。合模时,斜滑块端面与定模分型面接触,使斜滑块进入动模套板内复位,直至动、定模分型面闭合,斜滑块间各密封面C由压铸机锁模力锁紧。

如图7.73(b)所示为开模抽芯终止状态。开模时,通过推出机构推出斜滑块,在推出过程中,由于动模套板内斜导向槽的作用,使斜滑块向前运动的同时,作K向分型位移,在推出铸件的同时,抽出铸件侧面的凸凹部分

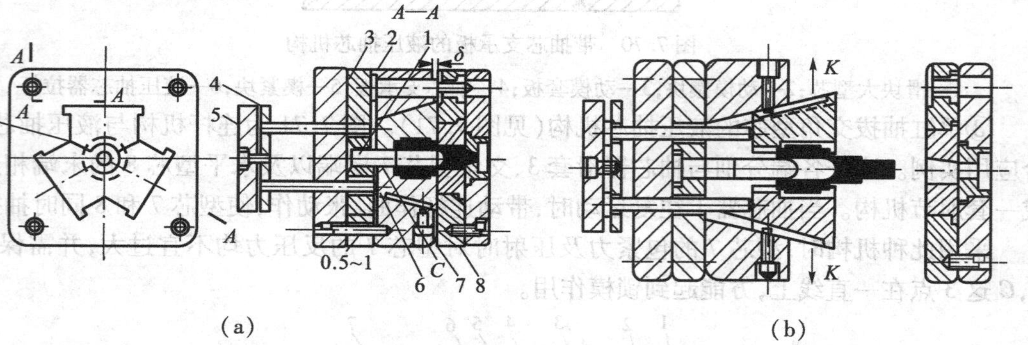

图7.73 外侧抽芯机构的组成及动作过程

1—型芯;2—动模套板;3—型芯固定板;4—推杆固定板;

5—推杆;6—斜滑块;7—限位螺杆;8—定模套板

2)内凹抽芯机构

如图7.74(a)所示为合模状态。合模时,内斜滑块的复位不能直接依靠内斜滑块的端面触及定模分型面来完成,需在推板上设置固定的滑轮座,与内斜滑块尾端的滚轮连接,使内斜滑块与推板同步联动,借助推出机构上的复位杆,使内斜滑块合模时正确复位。

如图7.74(b)所示为开模抽芯终止状态。开模动作过程基本上与外侧抽芯机构相同。

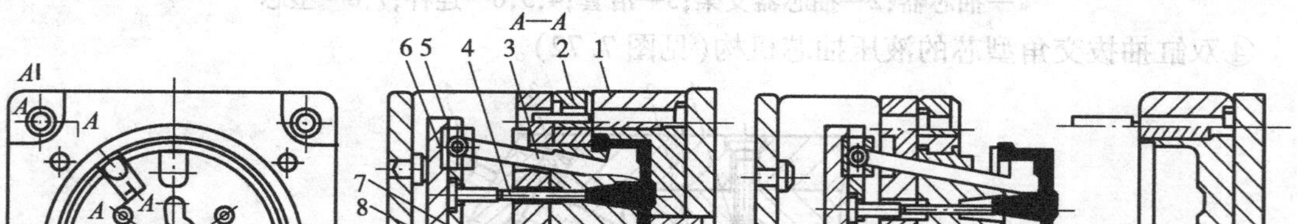

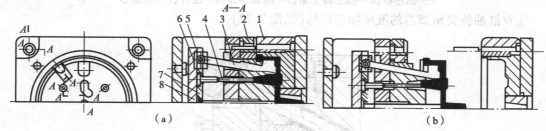

图7.74 内凹抽芯机构的组成及动作过程

1—定模套板;2—动模套板;3—内斜滑块;4—推杆;

5—滑轮;6—滑轮座;7—推杆固定板;8—推板

(2)斜滑块抽芯机构的设计要点

①通过合模后的锁模力压紧斜滑块,在套板上产生一定的预应力,使各斜滑块侧向分型面间具有良好的密封性,防止压铸时金属液窜入滑块间隙中形成飞边,影响铸件的尺寸精度。斜滑块与动模套板装配后的要求如下(见图7.73):

a.斜滑块底面留有 0.5~1 mm 的空隙。

b.斜滑块端面需高出动模套板分型面有一小段 δ 值。δ 值的选用与斜滑块导向斜角有关，见表 7.82。

表 7.82　斜滑块端面高出分型面的 δ 值

导向角 α	5°	8°	10°	12°	15°	18°	20°	22°	25°
δ/mm	0.55	0.35	0.28	0.21	0.18	0.16	0.14	0.12	0.10

注：1.表内 δ 值的制造偏差取上限+0.05 mm。

2.非表中推荐的导向斜角相对应的 δ 值则可按增大值选取。

②在多块斜滑块的抽芯机构中，推出时要求同步，以防铸件由于受力不匀而产生变形。达到同步推出的具体措施如下：

a.在两块滑块上增加横向导销，强制斜滑块在推出时同步，如图 7.75 所示。

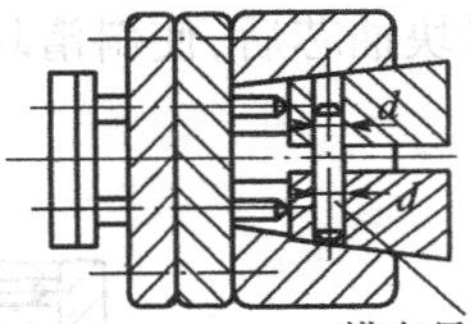

图 7.75　横向导销保持同步结构

b.在推出机构的推杆前端增设导向套，使推板导向平稳，从而保证斜滑块推出时同步，如图 7.76 所示。

c.采用斜滑块及卸料板组成的复合推出机构（见图 7.77），达到同步的效果。此机构加工精度要求较高，推出铸件后，卸料板遮住型芯，喷刷涂料困难。

d.在铸件上只有一个侧面或局部采用斜滑块抽芯时，可采用推杆和斜滑块所组成的复合推出机构，注意推杆长度尺寸的精确性，以保证同步推出（见图 7.78），防止铸件变形。其 δ 值应小于 0.10 mm。

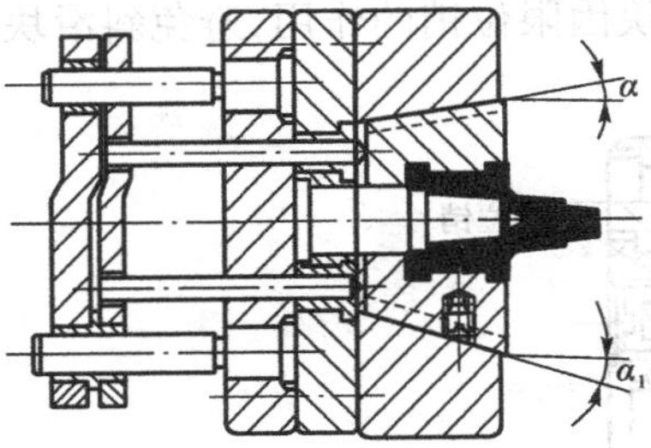

图 7.76　推杆导向套保持同步结构

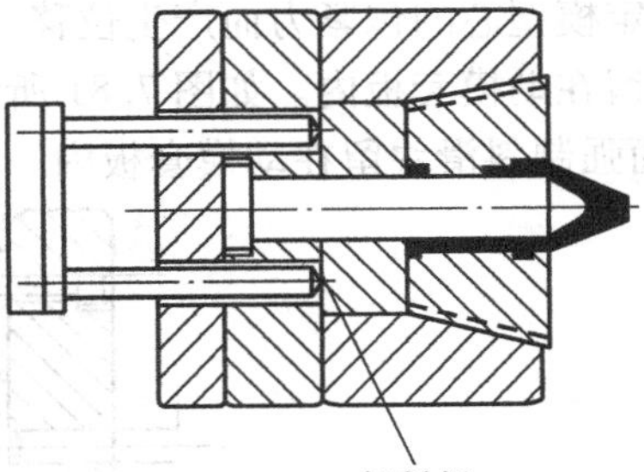

图 7.77　复合推出机构保持同步结构

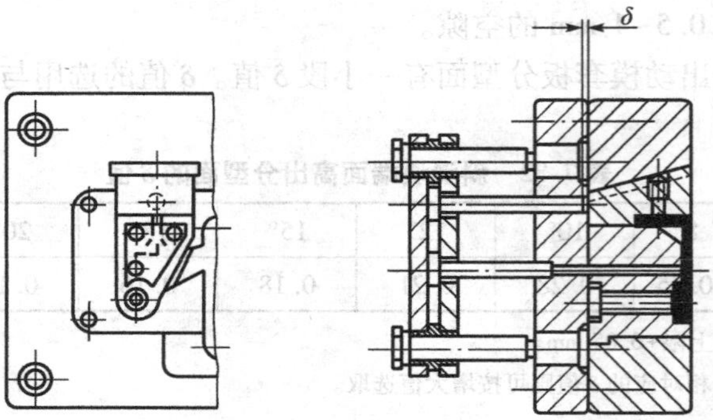

图 7.78　保证推杆长度的精度保持同步结构

③取出铸件后，为便于清除残留金属碎屑，在斜滑块底部的动模支承板平面上，应布置深度为 3~4 mm 的排屑槽(见图 7.79)，以免遗留残屑影响斜滑块的正常复位。对于某些铸件，可将型芯固定在动模座板上，推动斜滑块抽芯后，使斜滑块与型芯之间留出宽敞的排屑通道，如图 7.80 所示。

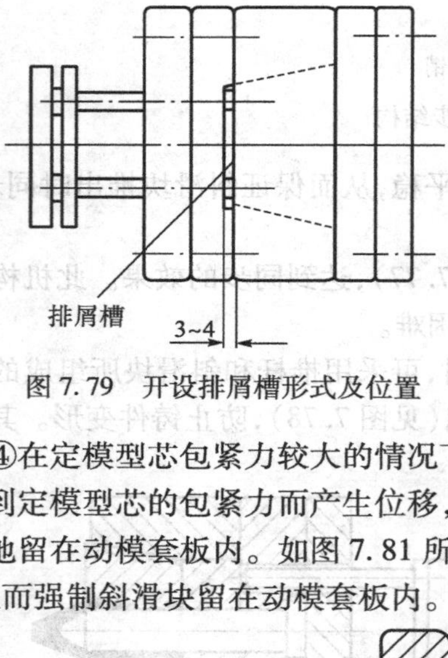

图 7.79　开设排屑槽形式及位置

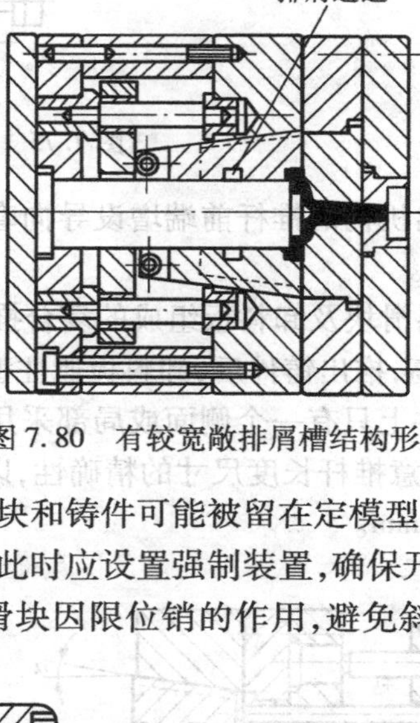

图 7.80　有较宽敞排屑槽结构形式

④在定模型芯包紧力较大的情况下，开模时斜滑块和铸件可能被留在定模型芯上，或斜滑块受到定模型芯的包紧力而产生位移，使铸件变形。此时应设置强制装置，确保开模后斜滑块稳定地留在动模套板内。如图 7.81 所示，开模时斜滑块因限位销的作用，避免斜滑块径向移动，从而强制斜滑块留在动模套板内。

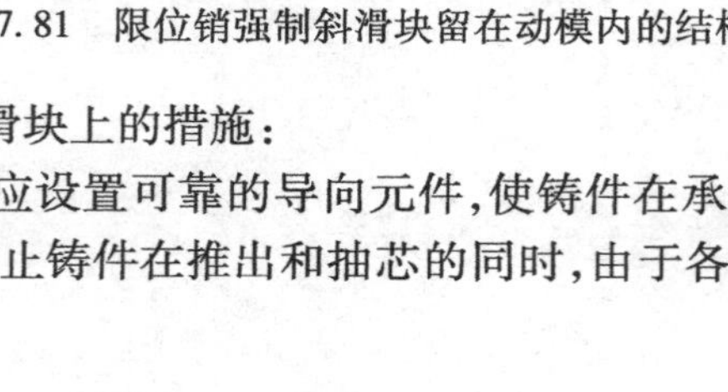

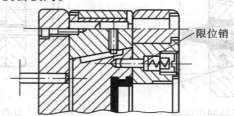

图 7.81　限位销强制斜滑块留在动模内的结构

⑤防止铸件留在一侧斜滑块上的措施：

a.推出铸件时，动模部分应设置可靠的导向元件，使铸件在承受侧向拉力时，仍能沿着推出方向在导向元件上滑移，防止铸件在推出和抽芯的同时，由于各斜滑块的抽芯力大小不同，将铸件拉向抽芯力较大的一侧，造成取件困难。如图7.82所示为无导向元件的结构，开模后，铸件留在抽芯力较大的一侧，影响铸件取出。如图7.83所示，采用动模导向型芯，避免铸件留在斜滑块一侧。如图7.84所示，在铸件两侧增设导向肋，开模时铸件沿着导向肋推出，避免留在一侧；导向肋的长度应大于斜滑块的推出高度。

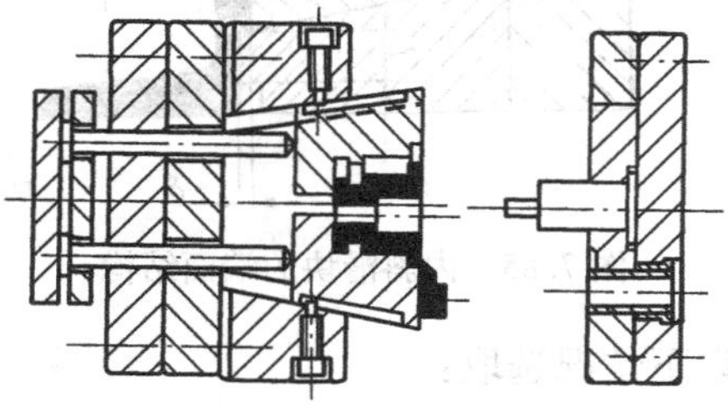

图7.82　铸件留在斜滑块一侧的无导向元件结构

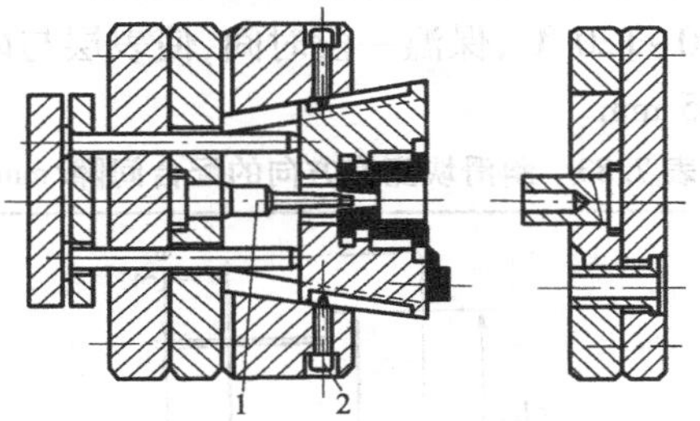

图7.83　动模导向型芯导向结构

1—动模导向型芯；2—限位螺钉

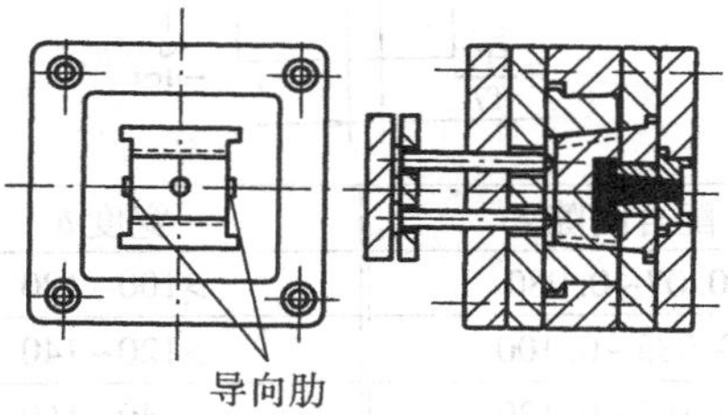

图7.84　型腔导向肋导向结构

b.斜滑块成型部分应有足够的出模斜度和较高的表面光洁度，以免铸件受到过大的侧向拉力而变形。

⑥内斜滑块的端面应低于型芯的端面（$\delta=0.05\sim0.10$），如图7.85所示。否则推出铸件时，由于内斜滑块端面陷入铸件底面，阻碍内斜滑块的径向移动。在内斜滑块边缘的径向移动范围内（即$L>L_1$），铸件上不应有台阶，否则阻碍内斜滑块的活动。

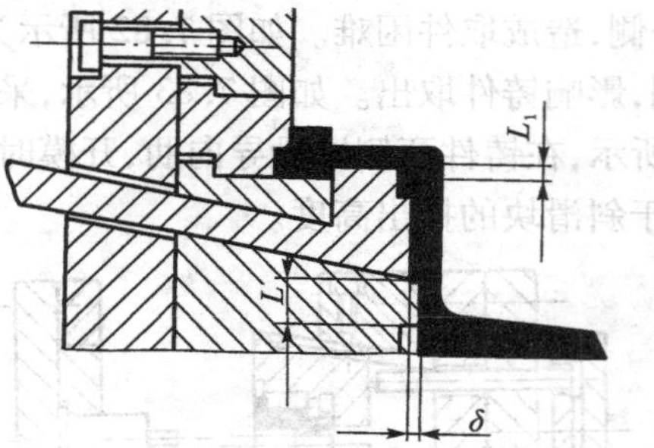

图 7.85　内斜滑块的端面结构

⑦斜滑块的配合间隙按以下情况选取：

a.压铸锌、铝、镁合金时，斜滑块的配合间隙按斜滑块宽度 b 选取（见表 7.83）。

b.用于铜合金斜滑块的配合间隙，按下述配合方法选取：

将斜滑块单独加热至 100~120 ℃，保温一段时间，使表层与内部温度一致，与室温的模套配合，其单面间隙应小于 0.05 mm。

表 7.83　斜滑块宽度方向的配合间隙/mm

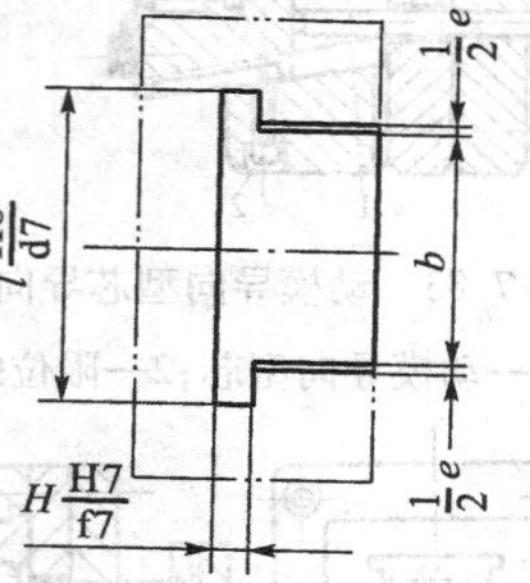

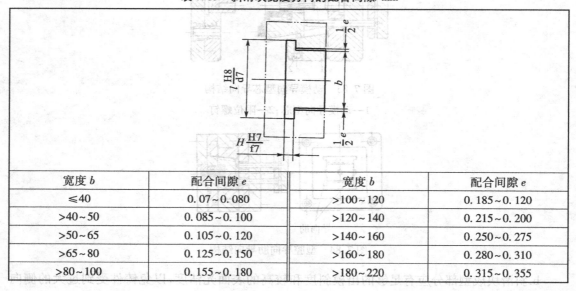

宽度 b	配合间隙 e	宽度 b	配合间隙 e
≤40	0.07~0.080	>100~120	0.185~0.120
>40~50	0.085~0.100	>120~140	0.215~0.200
>50~65	0.105~0.120	>140~160	0.250~0.275
>65~80	0.125~0.150	>160~180	0.280~0.310
>80~100	0.155~0.180	>180~220	0.315~0.355

⑧对于抽芯距离较长或推出力较大的滑块，工作时斜滑块底面和推杆端面的摩擦力也大，在这两个端面上，应有较高的硬度和表面光洁度。此外，还可另设置滚轮推出装置，以减少端面的摩擦力，但应保持斜滑块的同步推出（见图 7.80）。

⑨斜滑块的推出距离的控制，除去可用推板和支承板之间距离加以限制外，还应设置限位螺钉，特别是处于模具下方的斜滑块，推出后往往因自重而滑出导向槽，尤其应注意限位（见图 7.83）。

⑩斜滑块的主分型面上，尽量不设置浇注系统，以防金属窜入套板和斜滑块的配合间隙。在特定情况下，可将浇道设置在定模分型面上，如图 7.86 所示。如采用缝隙浇口时，可设置在垂直分型面上，但都以不阻碍斜滑块径向顺利移动为原则。在垂直分型面上设计溢流槽时，流

入口的截面厚度应增加至 1.2~1.5 mm，防止取出铸件时断落在斜滑块的某一部位上，合模时挤裂滑块。

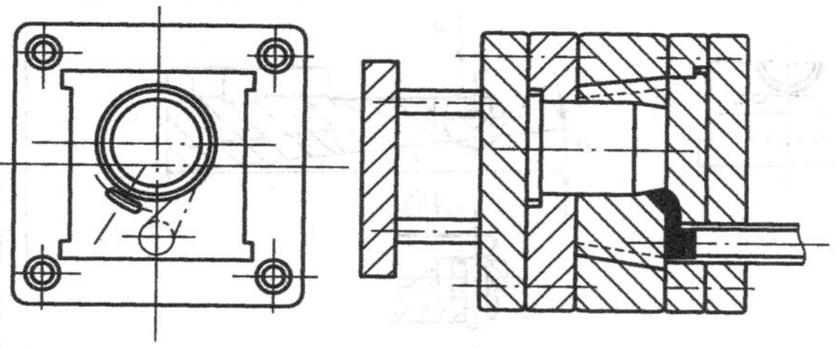

图 7.86　浇注系统设置在滑块上的形式

⑪带有深腔的铸件，采用斜滑块抽芯机构时，需要计算开模后能取出铸件的开模行程。

(3) 斜滑块导滑的基本形式

斜滑块常用的基本形式见表 7.84。

表 7.84　斜滑块常用的基本形式

形　式	简　图	特点及选用范围
T 形槽	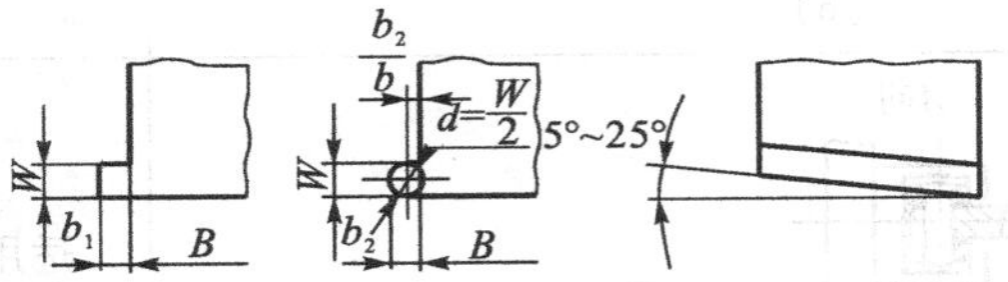	适用于抽芯和导向斜角较大的场合，模套的导向槽部位加工工作量较大，但导向形式牢固可靠，广泛用于单、双斜滑块模具
燕尾槽	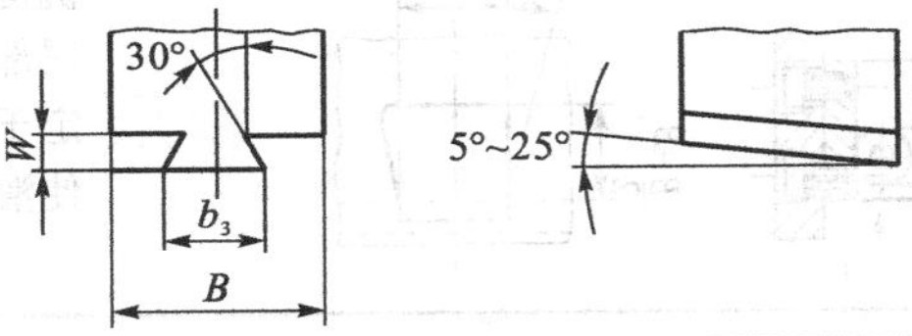	
双圆柱销	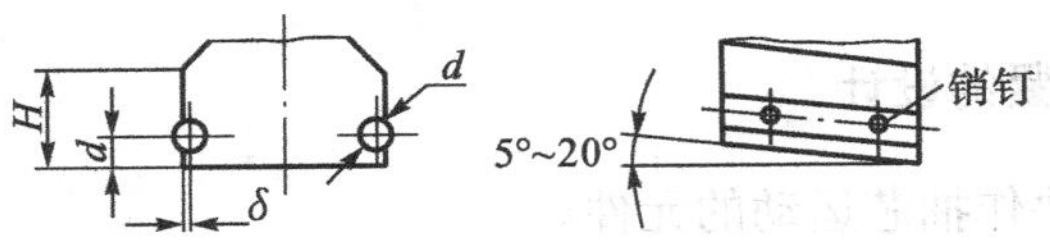	适用于抽芯和导向斜角中等的场合，导向部分加工方便，用于多斜滑块模具
单圆柱销	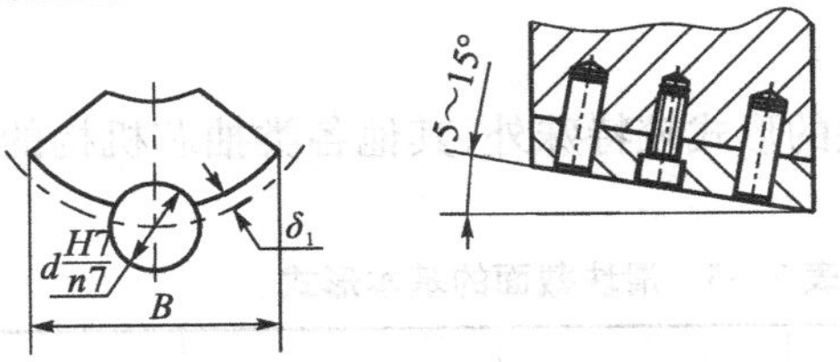	适用于抽芯和导向斜角较小的多斜滑块模具，导向部分加工方便、结构简单
斜导销	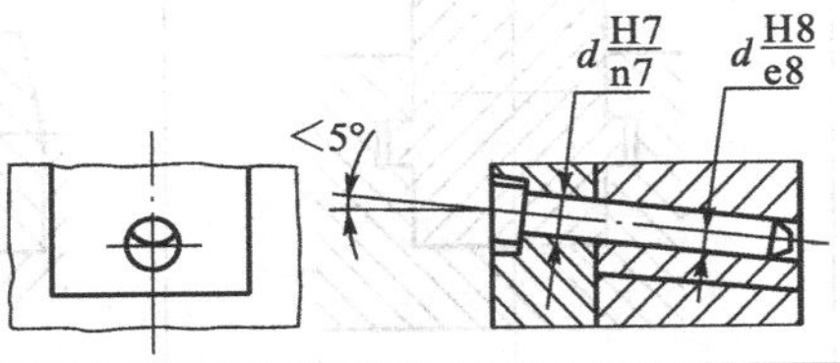	适用于抽芯力较小，导向斜角较大的场合，如抽拔铸件侧向要求无斜度或倒斜角的模具型块，加工方便

续表

形　式	简　图	特点及选用范围
斜滑块与推杆的组合	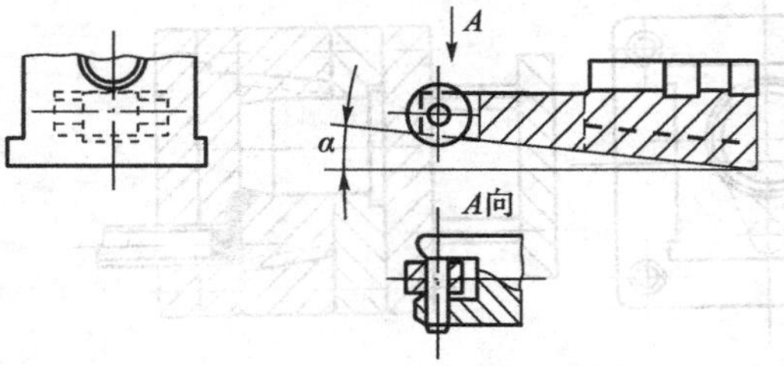 (a) 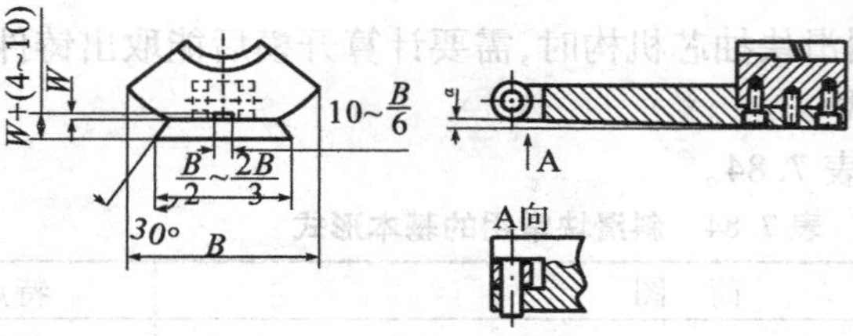 (b)	适用于推出高度较大或抽芯长度较长的场合 图(a)为斜滑块与推出元件制成一体，尾部设置滑轮，可减轻推板表面的摩擦力，此结构形式能承受较大的推出力，可靠性好，但模具材料消耗较大 图(b)为图(a)的镶拼形式，推杆部分用结构钢制成
斜滑块与推板联动	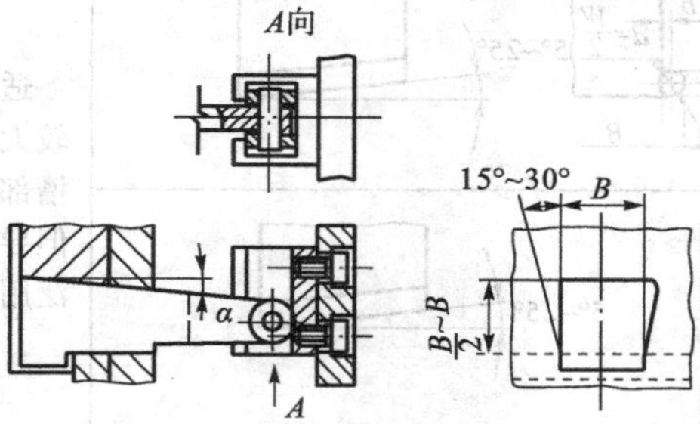	适用于内斜滑块和推出机构联动的场合。斜滑块尾部的滑轮装置设置在固定于推板上的滑轮座内，使滑块与推板动作同步

7.4.9　滑块及滑块限位楔紧的设计

滑块是连接活动型芯或型块作抽芯运动的元件。

(1)滑块的基本形式和主要尺寸

1)滑块的基本形式

在各种抽芯机构中，除斜滑块的形式较特殊外，其他各类抽芯机构的滑块形式基本相同，见表7.85。

表7.85　滑块截面的基本形式

简图	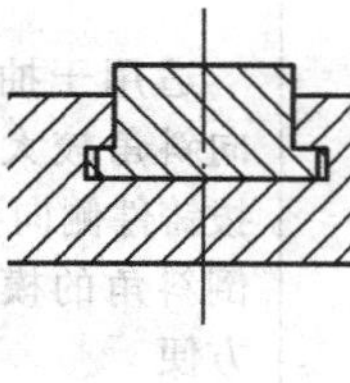	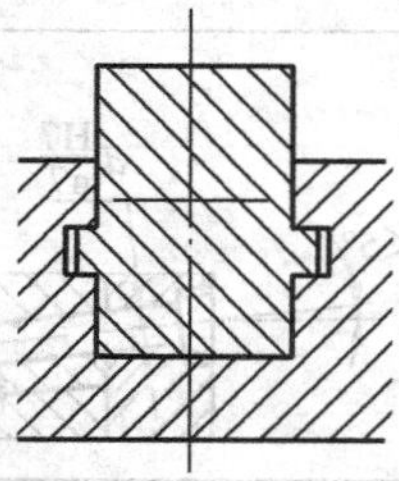	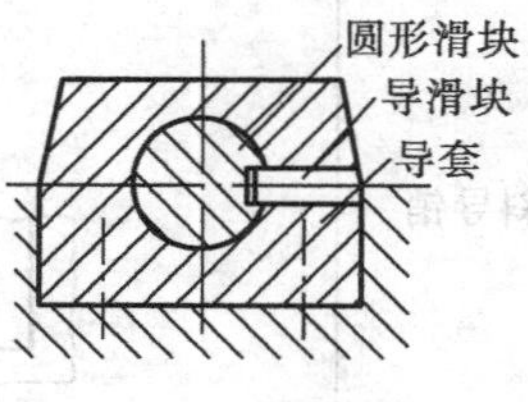

续表

说明	T 形槽面在滑块底部,用于较薄的滑块,型芯中心与 T 形导滑面较靠近,抽芯时滑块稳定性较好	滑块较厚时,T 形导滑面设在滑块中间,使型芯中心尽量靠近 T 形导滑面,提高抽芯时滑块的稳定性	在分型面上设置抽拔圆柱形型芯时,滑块截面用圆形导滑块设在固定于动模面上的矩形导套内,运动平稳,制造简便

2)滑块主要尺寸的设计

①滑块宽度 C 与高度 B 的确定(见图 7.87)

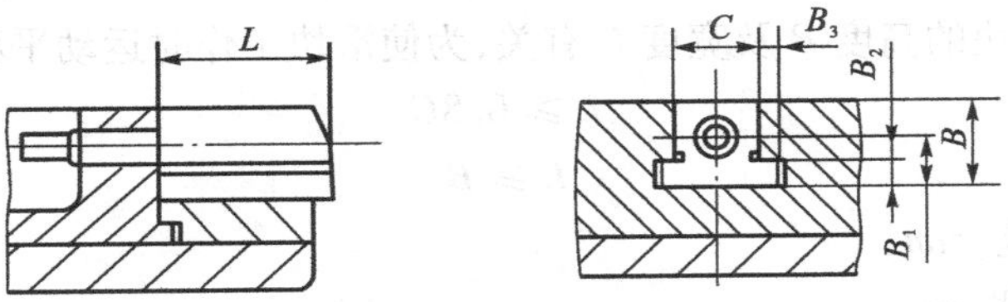

图 7.87　滑块主要尺寸

尺寸 C,B 是按活动型芯外径最大尺寸或抽芯动作元件的相关尺寸(如斜销孔径)以及滑块受力情况等由设计需要来确定,见表 7.86。

表 7.86　确定滑块 C,B 尺寸/mm

简　图	计算公式
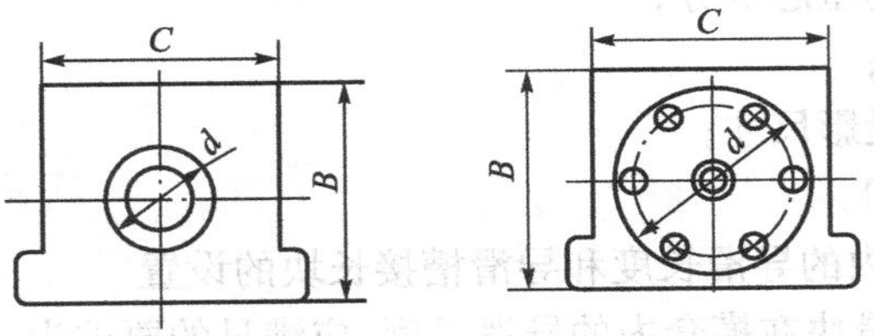	抽单型芯时 $C=B=d+(10\sim30)$
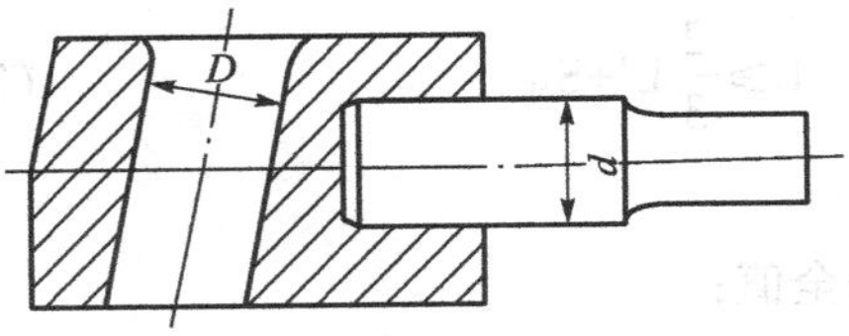	单型芯直径 $d<D$ 时,尺寸 C,B 按传动元件的相关尺寸确定,即 $C=B=D+(10\sim30)$
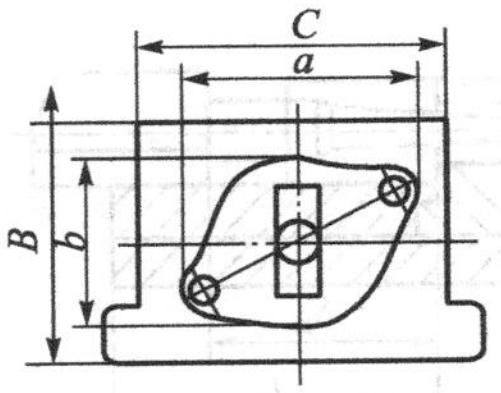	按活动型芯轮廓尺寸确定,即 $C=a+(10\sim30)$ $B=b+(10\sim30)$
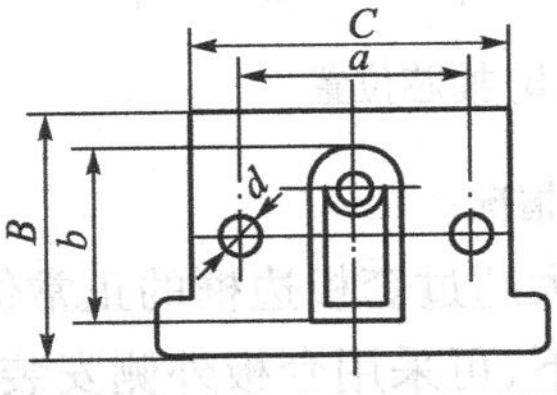	抽多型芯时,按多型芯最大外形尺寸确定,即 $C=a+d+(10\sim30)$ $B=b+(10\sim30)$

②滑块尺寸 B_1,B_2,B_3的确定(见图 7.87)

a.尺寸 B_1是活动型芯中心到滑块底面的距离。抽单型芯时,使型芯中心在滑块尺寸 C,B 的中心;抽多型芯时,活动型芯的中心应是各型芯抽芯力中心,此中心应在滑块尺寸 C,B 的中心。

b.尺寸 B_2是 T 形滑块导滑部分的厚度。为使滑块运动平稳,一般需要取尺寸 B_2厚一些,但要考虑套板强度。常用尺寸 B_2为 15~25 mm。

c.尺寸 B_3是 T 形滑块导滑部分宽度。在机械抽芯机构中,主要承受抽芯中的开模阻力,因此需要有一定的强度。常用尺寸 B_3为 6~10 mm。

③滑块长度 L 的确定

滑块长度 L 与滑块的高度 B 及宽度 C 有关,为使滑块工作时运动平稳,L 应满足的要求为

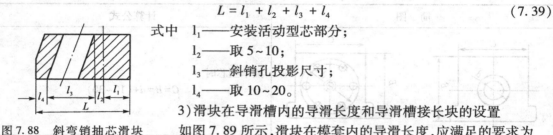

$$L \geqslant 0.8C$$
$$L \geqslant B \tag{7.38}$$

式中 L——滑块长度,mm;

C——滑块宽度,mm;

B——滑块高度,mm。

因各种抽芯机构的工作情况不同,滑块长度的确定也有所不同,在常用机械抽芯机构中斜弯销抽芯滑块的长度尺寸(见图 7.88)可计算为

$$L = l_1 + l_2 + l_3 + l_4 \tag{7.39}$$

式中 l_1——安装活动型芯部分;

l_2——取 5~10;

l_3——斜销孔投影尺寸;

l_4——取 10~20。

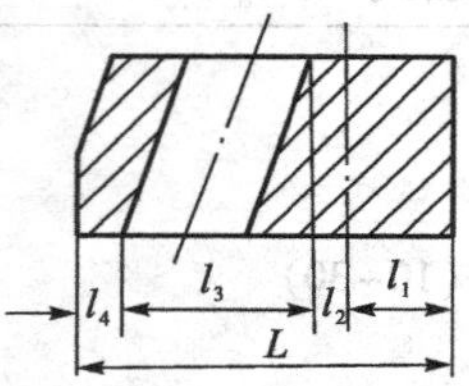

图 7.88 斜弯销抽芯滑块长度尺寸

3)滑块在导滑槽内的导滑长度和导滑槽接长块的设置

如图 7.89 所示,滑块在模套内的导滑长度,应满足的要求为

$$L \geqslant \frac{2}{3}L' + S_{抽} \tag{7.40}$$

式中 L——导滑槽最小配合长度,mm;

$S_{抽}$——抽芯距离,mm;$S_{抽}$=S+K,其中,K 为安全值;

L′——滑块实际长度,mm。

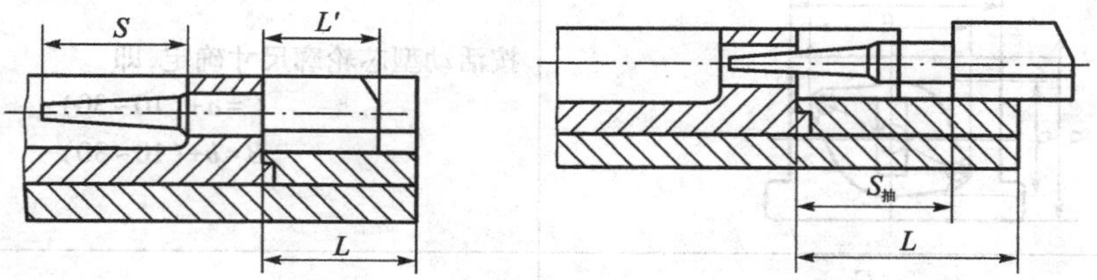

(a)插芯位置 (b)抽芯位置

图 7.89 滑块在导滑槽工作段情况

抽拔较长的型芯时,由于 $S_{抽}$值较大,所计算的 L 值大大超过套板边框的正常值,如加大边框则增加模具外形尺寸,增加了模具的质量。在一般情况下,可采用套板外侧安装导滑槽接长块,以减少模具质量,如图 7.90 所示。

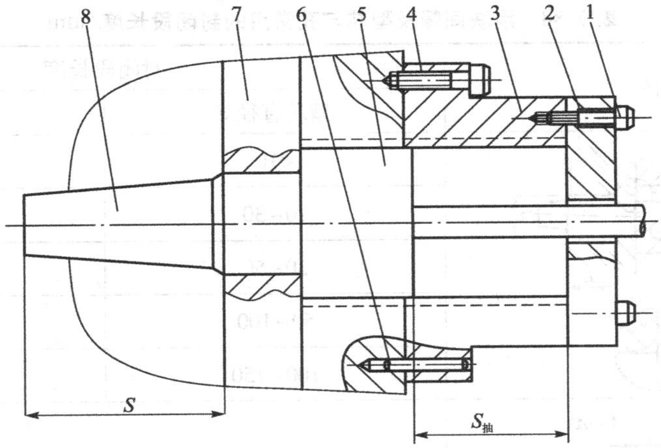

图 7.90　导滑槽接长的结构形式

1,4—螺钉;2—定位板;3—导滑接长块;5—滑块;6—定位销;7—动模镶块;8—活动型芯

常用导滑槽接长块形式见表 7.87。

表 7.87　常用导滑槽接长块形式

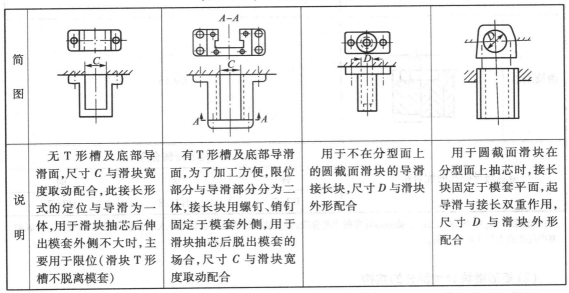

简图	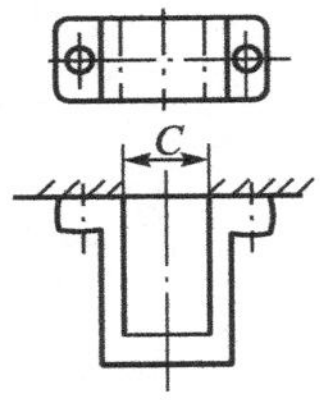	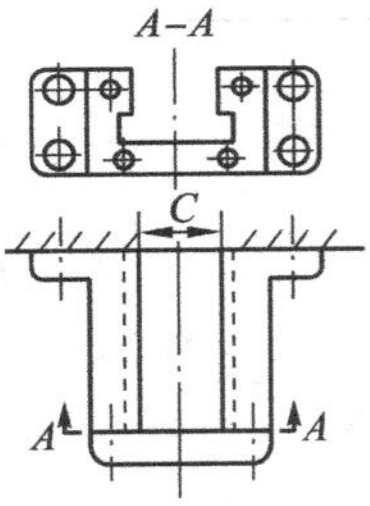	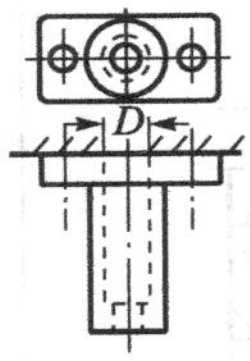	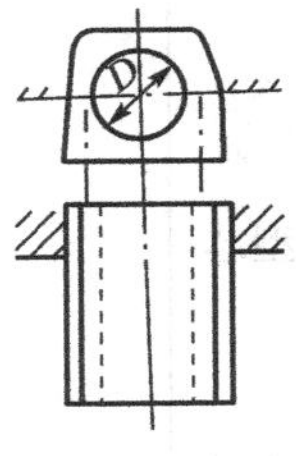
说明	无 T 形槽及底部导滑面,尺寸 C 与滑块宽度取动配合,此接长形式的定位与导滑为一体,用于滑块抽芯后伸出模套外侧不大时,主要用于限位(滑块 T 形槽不脱离模套)	有 T 形槽及底部导滑面,为了加工方便,限位部分与导滑部分分为二体,接长块用螺钉、销钉固定于模套外侧,用于滑块抽芯后脱出模套的场合,尺寸 C 与滑块宽度取动配合	用于不在分型面上的圆截面滑块的导滑接长块,尺寸 D 与滑块外形配合	用于圆截面滑块在分型面上抽芯时,接长块固定于模套平面,起导滑与接长双重作用,尺寸 D 与滑块外形配合

4)滑块的配合间隙和活动型芯的封闭段长度的确定

滑块的合理配合间隙和型芯的配合段长度是防止金属液窜入的重要条件,具体数据见表 7.88。

表 7.88　滑块间隙及型芯与孔常用的封闭段长度/mm

简　图		封闭段长度	
		型芯直径 d	封闭段 L
型芯与型芯导向孔	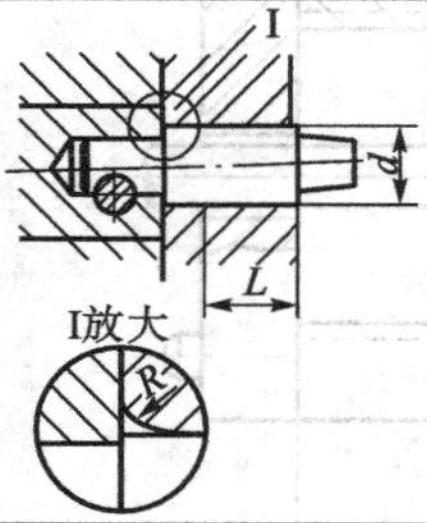	<10	≮15
		10~30	15~25
		30~50	25~30
		50~100	30~50
		100~150	50~70
滑块间	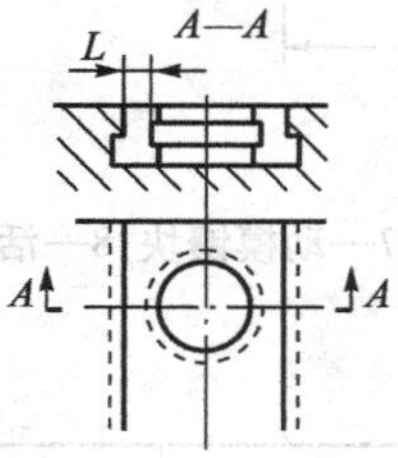	$L \geqslant 10 \sim 15$	
滑块型芯	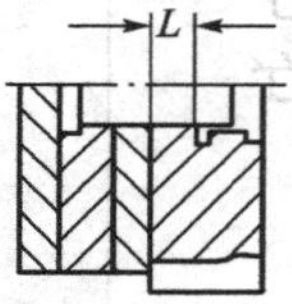	L≮15	

型芯与导向孔的配合精度	用于压铸合金		
	锌	铝	铜
	H7/f7	H7/e8	H7/f7

注：抽芯距离 $S_{抽}>L$ 时，抽芯后，活动型芯可能脱出配合段，为使抽芯时活动型芯易于导入配合孔，要求孔的进入设计成如表中局部放大图 I 所示结构。

(2)矩形滑块导滑部分的结构

矩形截面滑块导滑部分的结构见表 7.89。

表 7.89　矩形截面滑块的导滑结构

结构形式		说　明
整体式	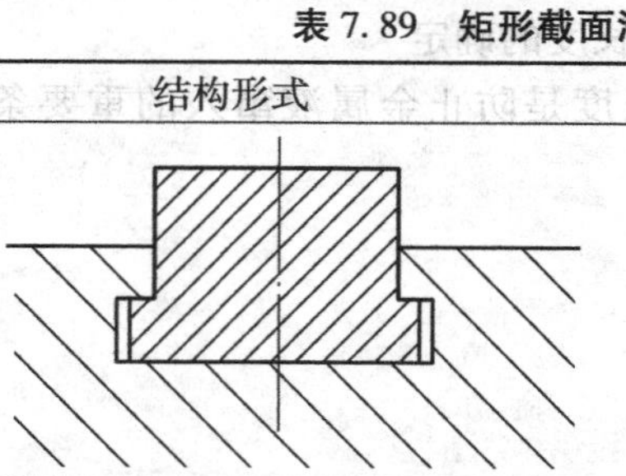	强度高、稳定性好，但导滑部分磨损后修正困难，用于较小的滑块

续表

	结构形式	说明
滑块与导滑件相连接	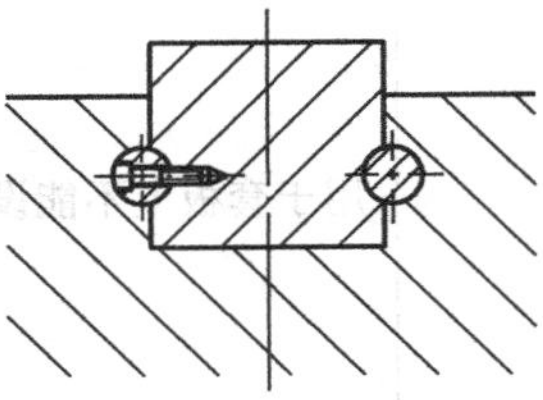	
	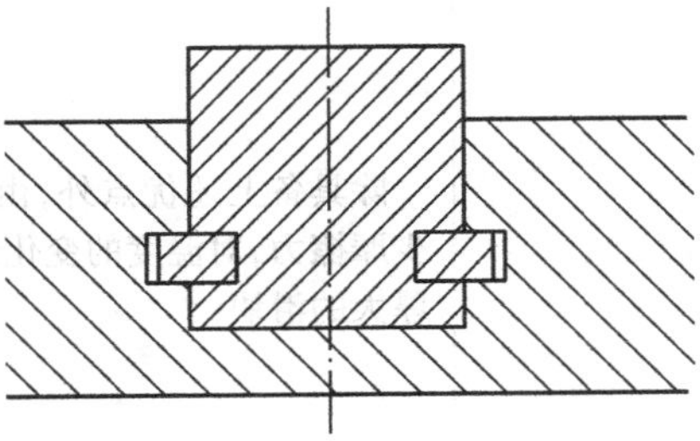	导滑部分磨损后可修正,加工方便,用于中型滑块
	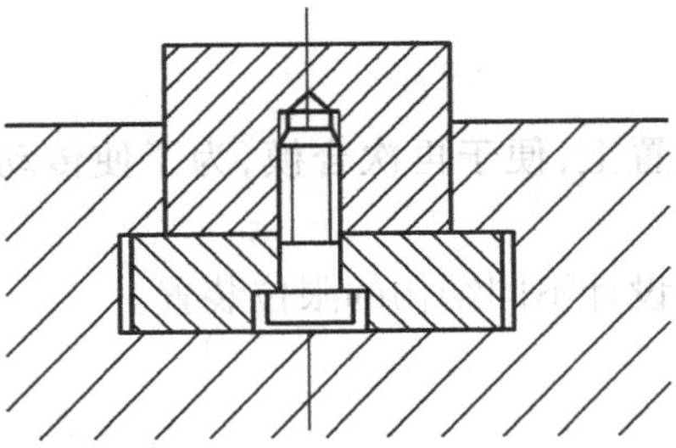	
槽板导滑件镶块	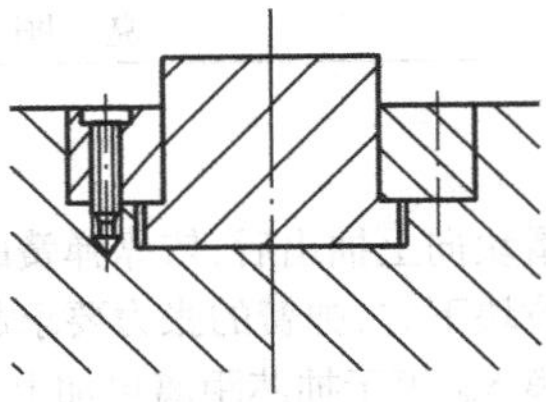	滑块的导滑部分,采用单独的导滑板或槽板,通过热处理来提高耐磨性,加工方便,易更换,最后两示图的结构用于宽大的滑块上
	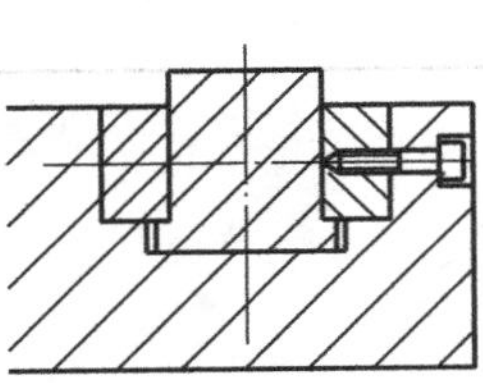 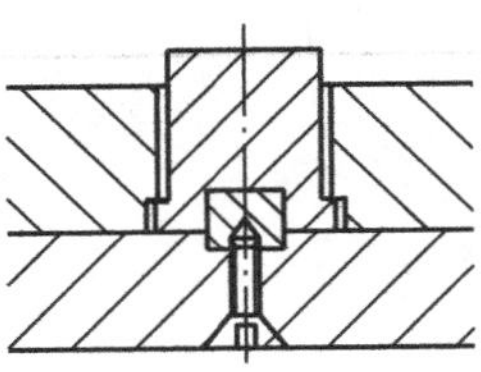	

续表

结构形式		说 明
槽板导滑件镶块	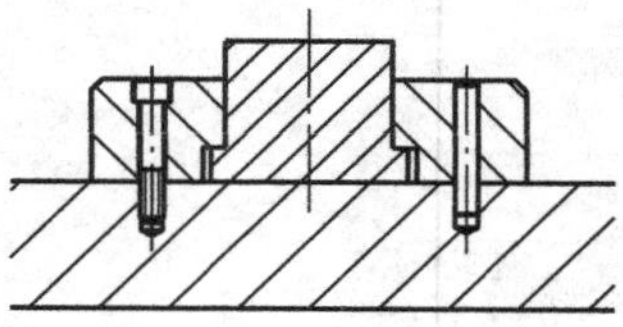	用于套板上不能设置导滑槽的场合
	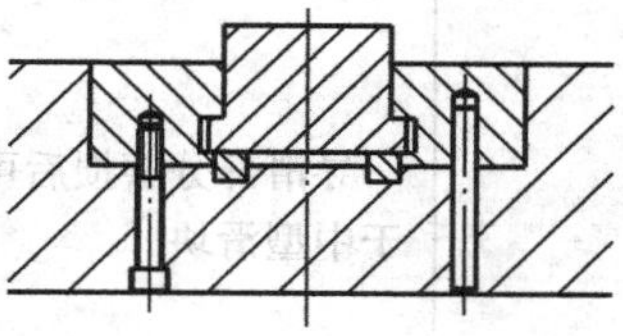	除具备上述优点外，由于导滑表面减少摩擦力，对温度的变化影响也小，用于厚大的滑块

(3)滑块限位装置的设计

滑块在抽出后，要求稳固地保持在一定位置上，便于再次合模，为了使传动元件带动滑块准确复位，需设计限位装置。

根据滑块的运动方向和限位的可靠性，可设计不同结构的限位装置。

1)滑块沿上、下运动的限位装置

滑块沿上、下运动的限位装置见表 7.90。

表 7.90 滑块沿上、下运动的限位装置

装置简图		说 明
滑块向上运动	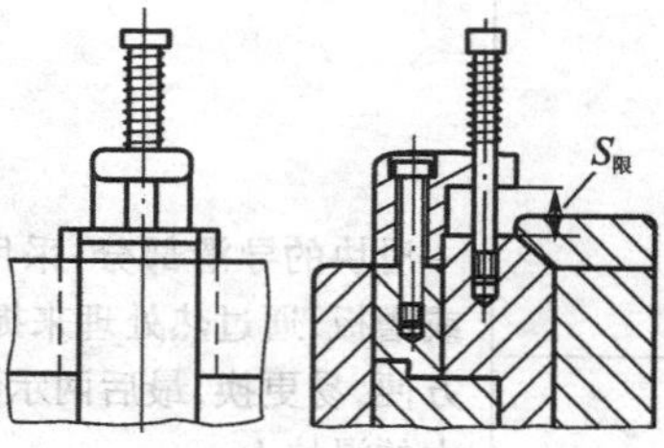	滑块向上抽出后，依靠弹簧的张力，使滑块紧贴于限位块下方，弹簧的张力要求超过滑块的质量，限位距离 $S_{限}$ 等于抽芯距离再加上 1~1.5 mm 的安全值。此结构简单可靠，广泛用于抽芯距离较短的场合

续表

装置简图		说　明
滑块向上运动	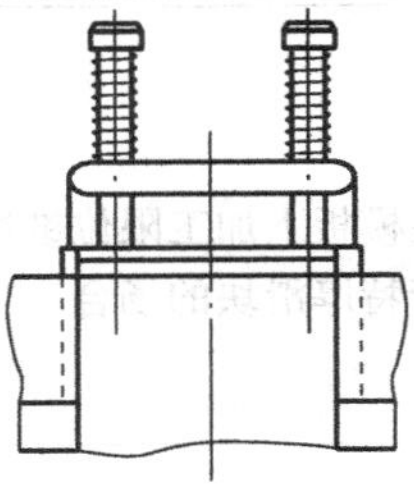	滑块较宽时，采用两个弹簧，以保持滑块抽出时运动平稳
	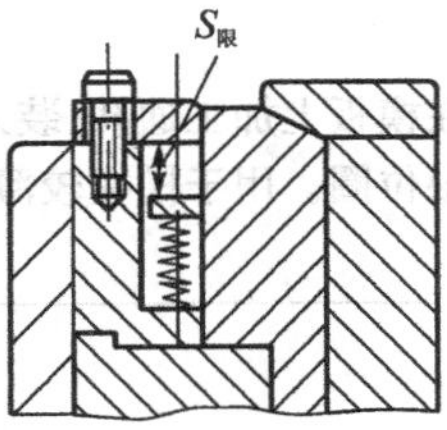	弹簧处于滑块内侧，当滑块向上抽出后，在弹簧的张力作用下，对滑块限位。模具外形简洁，适用于抽芯距离短的场合
	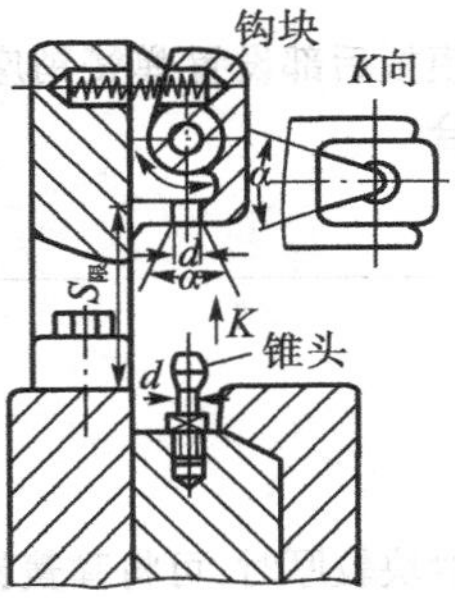	滑块向上抽出时，由于惯性力，使滑块尾部的锥头进入钩块内，通过弹簧的弹力，钩住滑块。合模时，由传动件强制锥头脱离钩块，进行复位，此结构可用于抽芯距离较长的场合
滑块向下运动	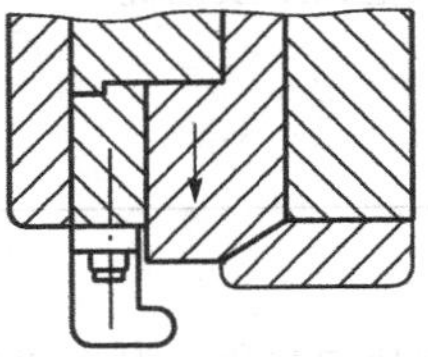	向下运动的滑块，抽芯后因滑块自重下落，落坐在限位块上，省略了螺钉、弹簧等装置，简化结构

2) 滑块沿水平方向运动的限位装置

滑块沿水平方向运动的限位装置见表 7.91。

表 7.91　滑块沿水平方向运动的限位装置

结构简图		说　明
基本形式	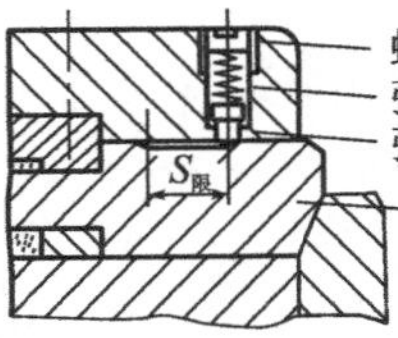	在滑块的底面或侧面，沿导滑方向加工两个锥坑，通过相对应位置上的弹簧销或钢珠限位，结构简单，拆装方便，弹簧的压紧力取 3 kg 以上，限位距离 $S_{限}$ 等于抽芯距离

续表

	结构简图	说 明
其他结构形式	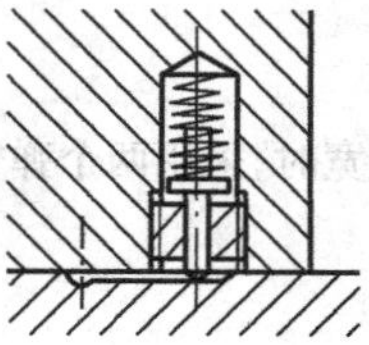	在模板上加工限位锥坑，弹簧销装入滑块内，用于特厚滑块的场合
	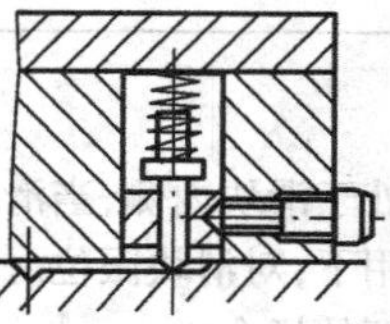	在模板上加工通孔，装入弹簧销后，用螺钉压紧限位圈。用于模板较薄的场合
	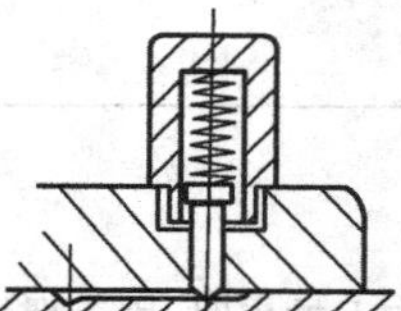	模板后部设置弹簧销座套，用于模板特薄的场合
	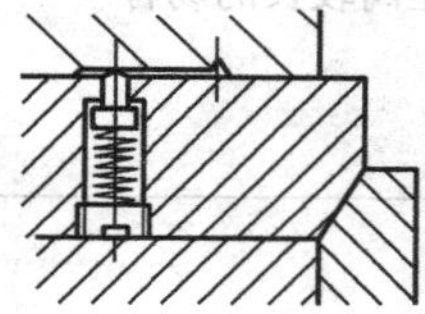	滑块较厚时，可将弹簧销全部装入滑块内，在模板上加工限位坑
特殊形式	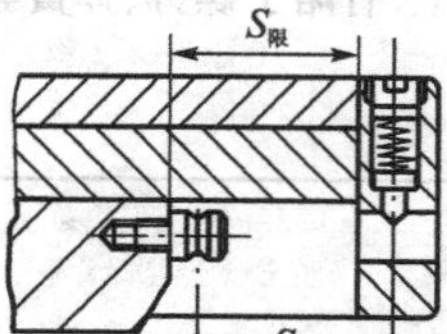	滑块尾部装上限位接头，弹簧销布置在挡板内，抽芯距离 $S_{抽}$ 等于限位距离 $S_{限}$，此结构适用于抽芯距离较长而滑块较短的场合

(4)滑块楔紧装置的设计

1)楔紧块的布置

①楔紧块布置在模外的结构见表 7.92。

②楔紧块布置在模内的结构见表 7.93。

表7.92　楔紧块布置在模外的结构

	结构简图	说　明
基本结构	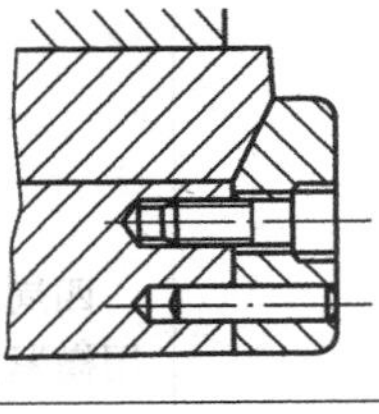	1.当反压力较小时，可将楔紧块固定在模体外，以减小模具外形尺寸 2.紧固螺钉尽量靠近受力点，并用销钉定位 3.制造简便，便于调整楔紧力，但楔紧块刚性较差，长时间使用后螺钉易松动
增加楔紧力结构	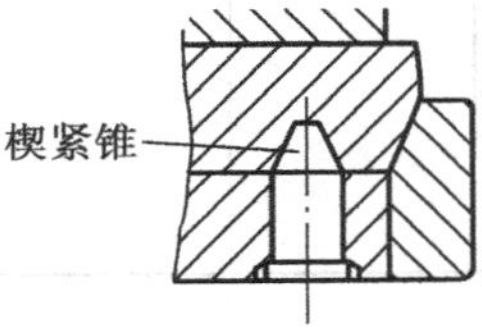	滑块上除有楔紧块外，还应加楔紧锥，以增加楔紧力，如紧固螺钉松动也不致使滑块在压射过程中后退
	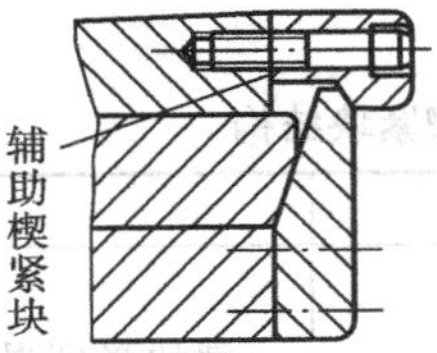	延长楔紧块端部，在动模体外侧镶接辅助楔紧块，以增加原有楔紧块的刚性
	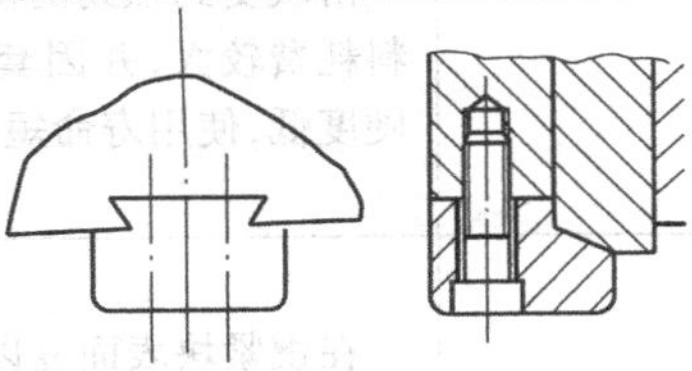	楔紧块用燕尾槽紧配入模套外侧，防止滑块由于螺钉松动，在压射过程中退位，但这种结构加工复杂

表7.93　楔紧块布置在模内的结构

	简　图	说　明
基本结构	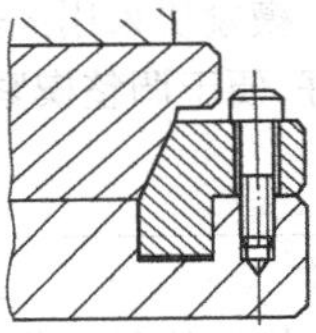 (a) 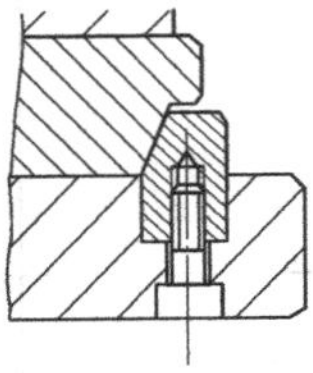 (c) 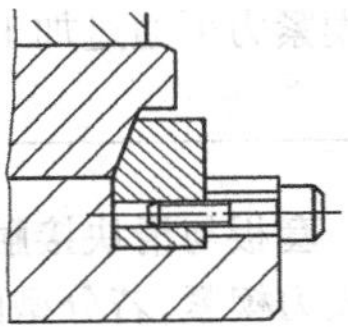 (b) 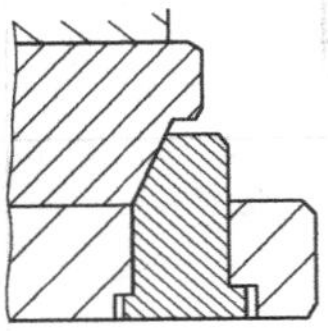 (d)	楔紧块固定在模套内，以提高强度和刚性，用于楔紧受反压力较大的滑块

续表

简 图		说 明
其他结构	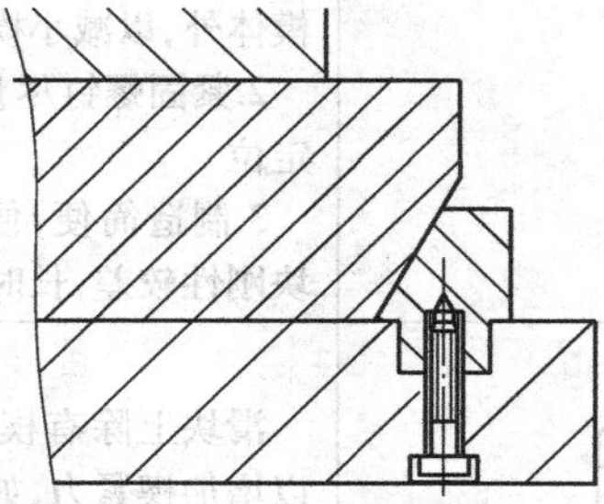	四周皆有滑块,需同时楔紧时,可用楔紧圈形式

③整体式楔紧块结构见表 7.94。

表 7.94　整体式楔紧块结构

简 图		说 明
基本结构	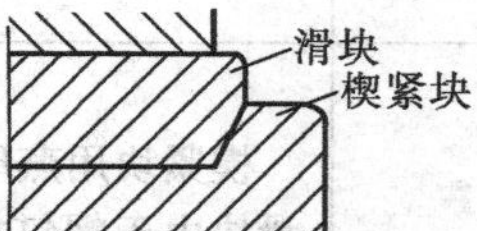	滑块受到强劲的楔紧力不易移动,但材料耗费较大,并因套板未经热处理,表面硬度低,使用寿命短,难以调整楔紧力
	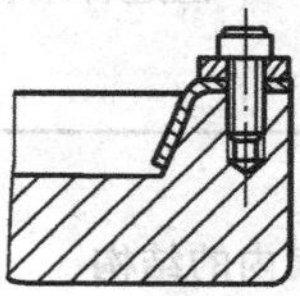	在楔紧块表面复以冷轧薄钢板,使用寿命长,维修简便,通过更换钢板的厚度可调整楔紧力的大小
	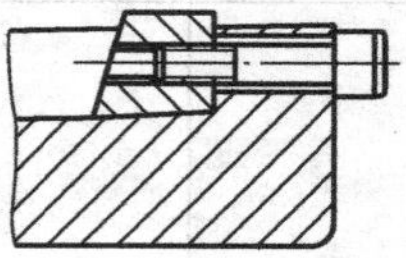	楔紧块采用经热处理后的镶块,耐磨性好,便于调整楔紧力,维修方便
其他结构	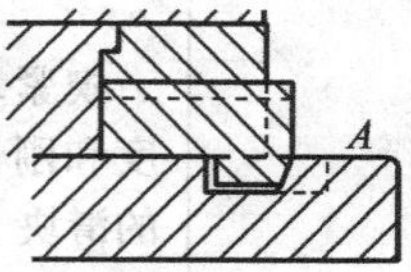	楔紧块斜面凸出滑块上,套板上仅加工斜面坑与滑块楔紧,节省模套材料,调整楔紧力可通过加工 A 平面达到
	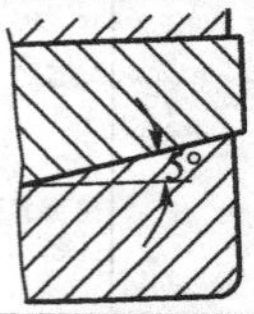	套板与滑块接触平面有 5°斜度,利用锁模力楔紧,若分型面上有异物则影响对滑块的楔紧

2)常用楔紧块的楔紧斜角

常用楔紧块的楔紧斜角见表7.95。

表7.95　楔紧块的楔紧斜角

抽芯机构		楔紧斜角	抽芯机构	楔紧斜角
斜销抽芯		大于斜销斜角3°~5°	液压或手动抽芯	5°~10°
弯销抽芯	无延时	大于弯销斜角3°~5°	齿轮齿条抽芯	10°~15°
	有延时	10°~15°		

(5)滑块与型芯型块的连接

由于滑块和型芯的工作条件也不同,对材料和热处理要求也不同,因此在一般情况下,型芯和滑块皆采用镶接,其结构有以下几种:

①单件型芯型块的连接形式见表7.96。

②多件型芯的连接形式见表7.97。

表7.96　单件型芯型块的连接形式

连接形式	说　明	连接形式	说　明
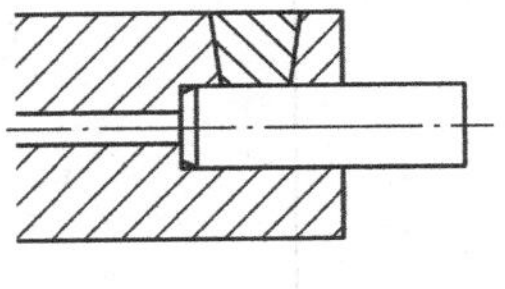	型芯用楔块固定,滑块尾部钻孔便于拆卸型芯。在同一平面的滑块上布置多型芯时也可采用	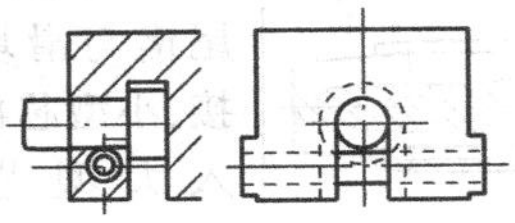	滑块上加工开口槽,装入型芯后,由销钉限位,型芯本体与滑块孔采用动配合,使型芯在运动时不致因同轴度的误差而卡住
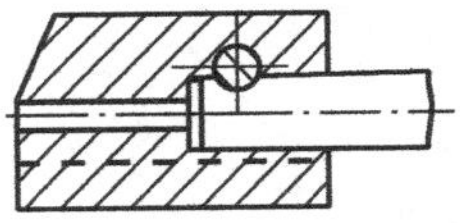	型芯用骑缝销固定,用于型芯直径较小的场合	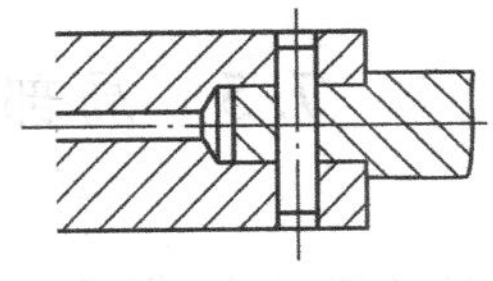	型芯尺寸较大时,可将型芯尾端加工成台阶,用定位销与滑块连接,型芯与滑块孔采用动配合
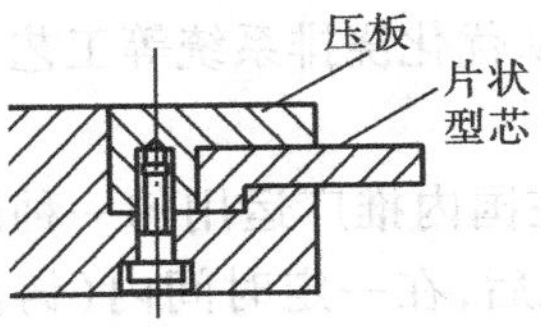	片状型芯可采用压板压紧结构	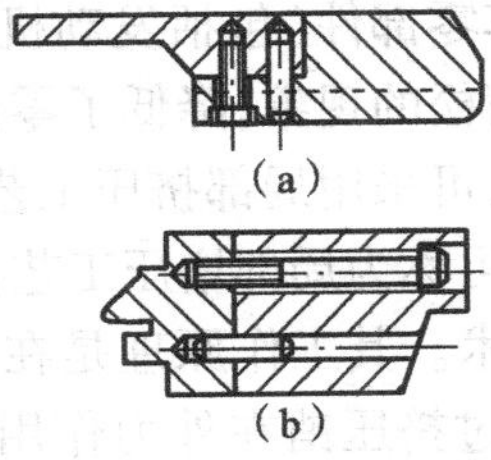	大型芯或型块,可采用螺钉连接,并以销钉定位,装配方便
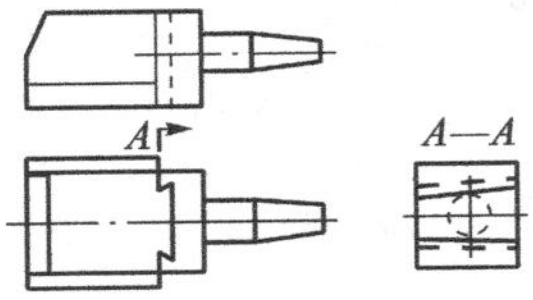	型芯较大时,可采用燕尾槽同滑块连接,并以横销定位,受力时强度较好,但加工较困难	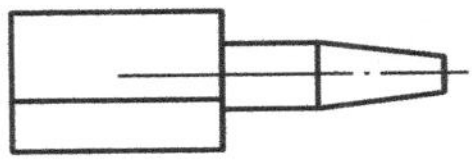	型芯与滑块采用镶拼结构困难时,可采用整体制成

表 7.97　多件型芯的连接形式

连接形式	说　明	连接形式	说　明
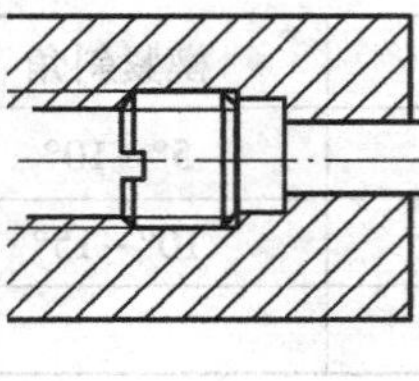	对于不处在同一条直线上的型芯，可由滑块尾部装入后，用螺塞固定	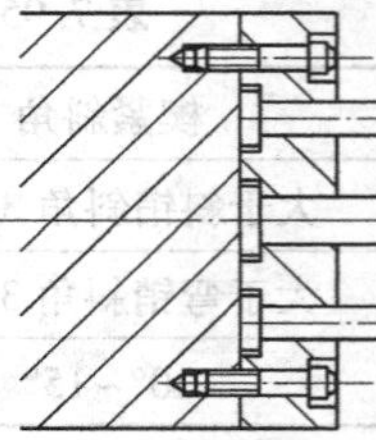	在大面积滑块上装配多件型芯时，可采用固定板再用螺钉及销钉紧固
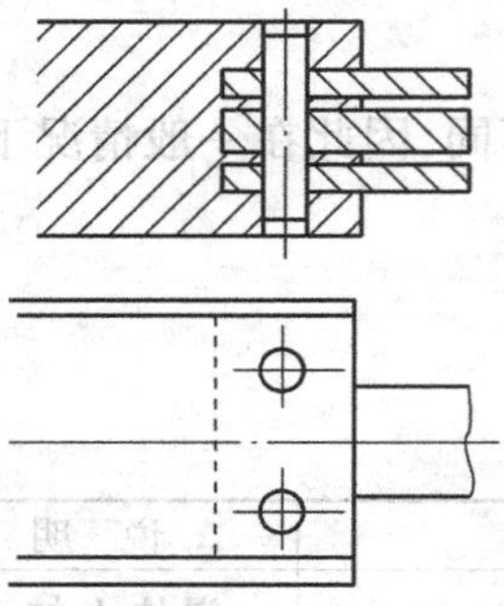	多片型芯采用销钉连接，型芯与滑块采用动配合	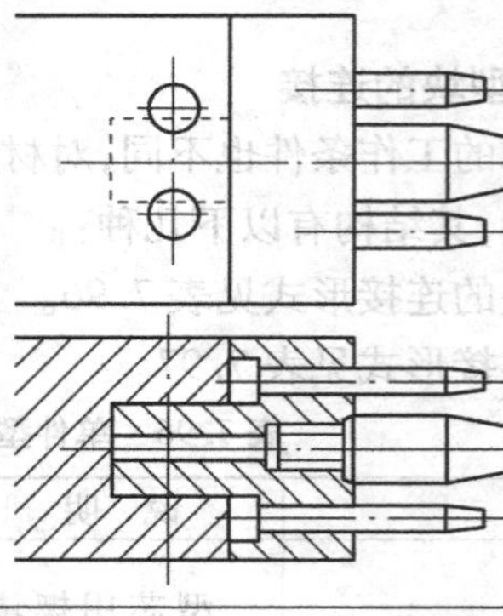	采用插入式固定板，将型芯装配其上，固定板用骑缝销与滑块连接
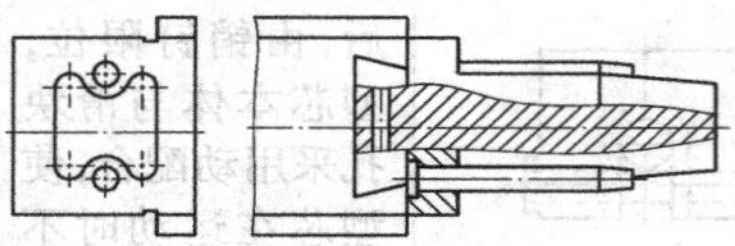	大型芯用燕尾槽与滑块连接，小型芯再镶入大型芯内固定		

7.5　局部挤压机构的设计

近年来，随着对产品的轻量化、集成性和使用性能的要求不断提高，压铸类的产品结构越来越复杂，尤其是汽车零部件（包括发动机缸体、变速箱壳体、离合器壳体等），其中少数厚壁处很容易产生缩孔、缩松的现象，降低了零件的气密性和强度。当从优化浇排系统等工艺方法很难解决这类问题时，可采用局部挤压工艺技术。

局部挤压工艺也可称为局部增压工艺，是最近十年来才开始在国内推广运用的一种改善铸件内部质量的新技术。其工作原理是在金属液压铸充填完成之后，在一定时间内（铸件凝固时间），在厚壁处通过挤压销在外力作用下以强制补缩来消除该处的缩孔、缩松，从而得到致密的内部组织。如图 7.91 所示为局部挤压机构的模具结构简图。

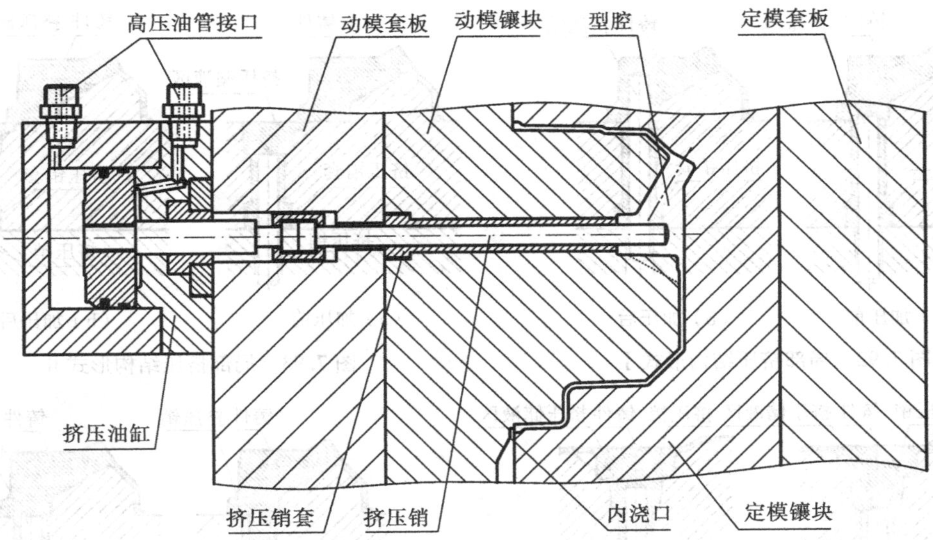

图 7.91　局部挤压机构模具结构简图

局部挤压机构的工作原理为:模具合模→填充金属液→增压开始的同时,挤压油缸推动挤压销前行到设计位置→铸件凝固→开模→推出机构将铸件顶出并取件→喷涂冷却模具→挤压销在挤压油缸的带动下返回到初始位置→合模→进入下一循环周期。

局部挤压工艺能很好地解决压铸件的缩孔、缩松问题,提高试压渗漏检测的通过率,减少工序,降低能耗,最终达到降低生产成本的目的。但是需要设置局部挤压的区域不能太多,因为每增加一处模具会变得更加复杂,增加了机构出故障的几率,又会因各个挤压机构的运动存在细微差异而使控制变得复杂。如果过多的高压油管是直接连接在压铸机上,由于压铸时其他工序(如抽芯油缸、压射缸、合模油缸等)消耗了大量的液压油,会使局部挤压工艺因系统供油原因导致加压压力不足,挤压效果不稳定等情况发生。一般建议一副模具上设置的挤压机构应在 3 个以内。

局部挤压工艺运用的关键在于挤压压力和挤压开始时间,再加上合理的结构设计便可获得合格的压铸产品。下面对局部挤压机构的设计进行介绍。

7.5.1　局部挤压的结构形式

局部挤压的结构形式一般有以下几种:如图 7.92 所示为在产品的孔、沉台部位设置挤压销,直接铸出铸件底孔;如图 7.93 和图 7.94 所示为在铸件厚壁边缘增设挤压储液区,加压时将储液区内的部分金属液回填进铸件厚壁疏松处,压铸后储液区需增加后工序去除。不同形式适用于不同的铸件结构,可根据需要选择。

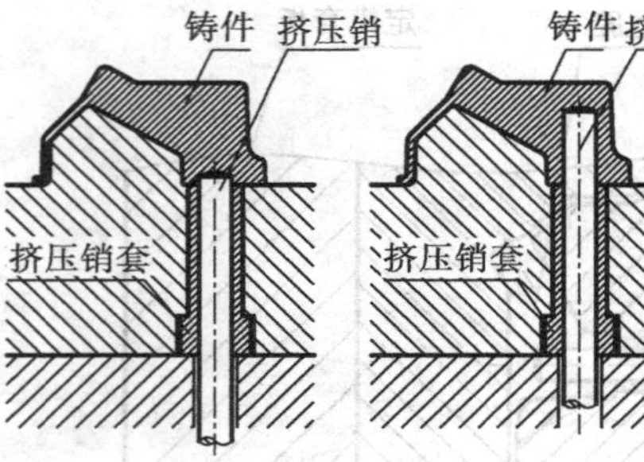

（a）加压前　（b）加压后

图 7.92　局部挤压结构形式 Ⅰ

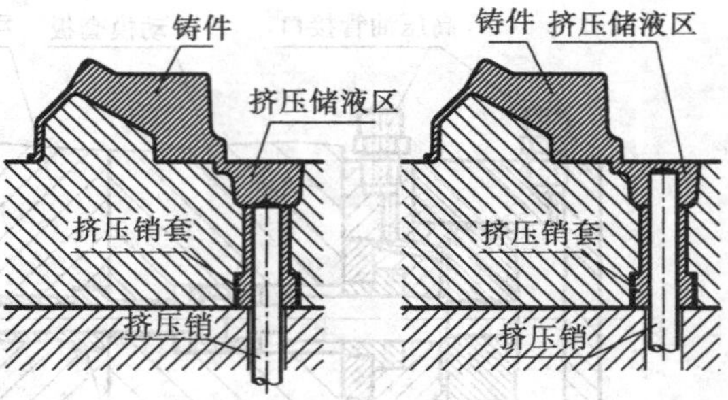

（a）加压前　（b）加压后

图 7.93　局部挤压结构形式 Ⅱ

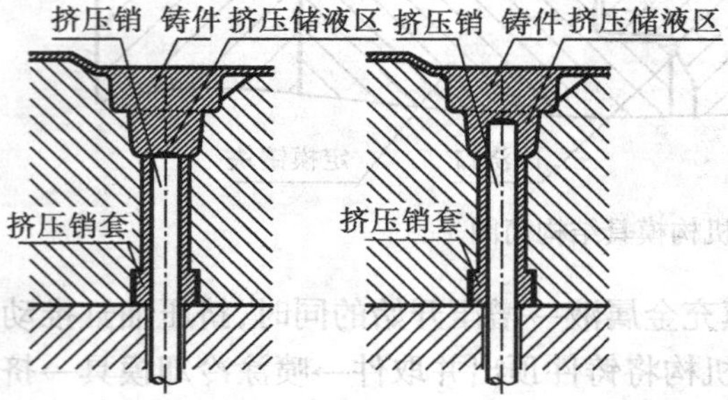

（a）加压前　（b）加压后

图 7.94　局部挤压结构形式 Ⅲ

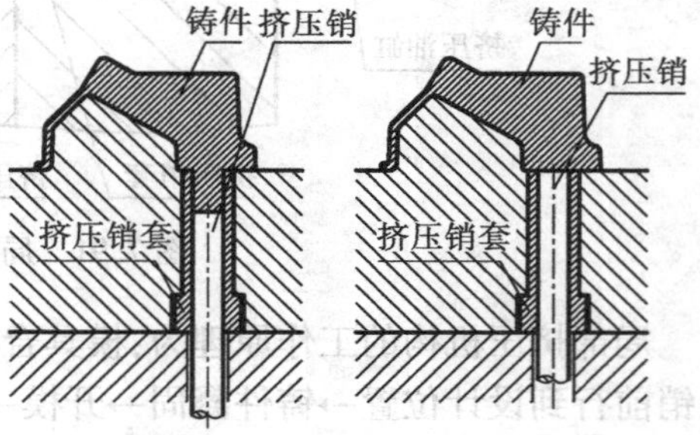

（a）加压前　（b）加压后

图 7.95　局部挤压结构形式 Ⅳ

如图 7.95 所示的结构形式一般不予考虑，因加压前金属液首先进入挤压销套，而挤压销与挤压销套属间隙配合，挤压销在向上顶的过程中难免部分液体贴在销套壁上，同时挤压销和套受热膨胀并且不易得到冷却和润滑，因此这种结构极易卡死。而另外几种的结构形式避免了金属液直接与挤压销套内壁接触，防止了卡死和磨损。喷涂时挤压销能够得到充分的润滑和冷却，可大大地减小与挤压销套之间的摩擦，保证了压铸生产的顺利进行，延长了挤压销和挤压销套的使用寿命。

7.5.2　局部挤压机构的尺寸设计和参数选用

(1)挤压力的计算

为了确定挤压油缸的大小，保证能顺利推动挤压销运动，必须首先计算挤压力 F(N)。设定挤压销直径为 D(mm)，压铸机增压压力为 P(MPa)，挤压可靠系数为 k(一般取 2~3)，则

$$F = kP\frac{\pi D^2}{4} \tag{7.41}$$

因通往挤压油缸的液压油压力为已知条件，故可算出挤压油缸内径尺寸。

(2)挤压销直径的选用

挤压销直径的选定一般根据被挤压区域的大小确定。但挤压销直径不能设计得太小，太小受力时容易折断；也不能太大，太大会要求提供更大的挤压力，需要设计更大的挤压油缸。压铸铝合金时一般推荐直径范围为 8~30 mm。

(3)挤压深度的确定

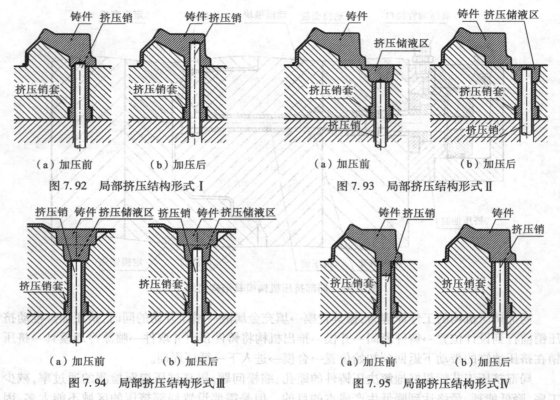

为了达到理想的挤压效果，挤压销直径选定后，还要确定合理的挤压深度（即挤压销在挤

压油缸的作用下向前推进的距离)，以保证铸件组织的致密。但是，因为先期设计时很难定量确定厚壁处疏松组织的尺寸大小和疏松程度，所以挤压所需回填的金属液体积难以计算，从而挤压深度也难以确定。如果要准确计算出回填金属液体积，可采用实验法来确定，即模具设计时首先预留出挤压结构位置，第1次试模时将样件的疏松区域切割下来计算其实际密度，然后与理论密度值进行比较，通过密度差算出所需回填金属液体积。还有种方法就是先设计好挤压销和行程可调的挤压油缸，试模时通过调节挤压油缸的行程来控制挤压销向前推进的距离，将不同挤压深度的试模件进行探伤或者气密性实验，合格的试模件的挤压深度即为设计要求的挤压深度。

(4)挤压销与挤压销套的配合公差的选用

合适的挤压销与挤压销套的配合间隙，可有效地保证挤压运动的稳定性和使用寿命。一般来说，配合间隙太大，挤压销套内容易窜入金属液致使挤压销卡死；配合间隙太小，挤压销受热膨胀容易拉伤。设计时可参考推杆与推杆孔的推荐配合公差来选用，一般配合公差按H8/e7选用。

7.5.3　局部挤压工艺参数的选择

从型腔完成填充后开始计算，挤压开始时间越短效果越好。其原因在于刚填充完毕时，金属液正处于半凝固状态，形成的枝晶数量较少，强度较低，在挤压力的作用下很容易使枝晶间的液体流到疏松处达到补缩效果。而挤压开始时间越长，凝固过程中枝晶间的液体就越少，流动性越差，因此补缩的效果就越差。参数设置时，一般控制在填充完成后2 s以内比较合适。如果填充还没完成就开始挤压，显然起不到效果。

一般来说，局部挤压压力越大，对应部位铸件组织越致密，效果越好。但是如果挤压开始的时间较晚，金属液已经基本凝固后才挤压，这时候不仅挤不动，还可能将铸件挤裂。

因此，局部挤压工艺参数(挤压开始时间和挤压压力)对铸件内部的致密度有很大的影响，挤压开始时间越早、挤压压力越大，则效果越好。

练　习　题

1.成型零件镶拼结构的特点是什么？它的使用场合是什么？

2.镶块的固定形式主要有哪几种？

3.小型芯在模内的固定方法一般有哪几种？分别指出其使用场合。

4.如何计算型腔、型芯和各类中心距的尺寸？

5.简述模体的基本结构形式。

6.简述型腔、型芯镶块在套板内的布置形式。

7.在动、定模座板设计时应分别注意什么问题？

8.推出机构包括哪些元件？各类元件的作用是什么？

9.影响脱模力的因素有哪些？

10.简述常用推出机构的工作原理。

11.分别阐述推杆、推管固定及工作部分的配合情况。

12.计算推杆的直径及数量时,应注意哪些问题?

13.推出机构中复位及导向机构的作用是什么?

14.抽芯机构主要分哪几类?

15.抽芯力及抽芯距离如何确定?

16.斜销抽芯机构由哪些元件组成?各元件的作用分别是什么?

17.液压抽芯机构设计时应注意哪些问题?

18.抽芯时发生的“干涉现象”是指什么?怎样避免?

19.抽芯机构限位及楔紧装置如何设计?

20.压铸模具局部挤压机构的作用是什么?

21.设计压铸模具局部挤压机应注意哪些问题?

第 8 章 压铸模具常用材料与热处理及表面处理

学习目标：

通过本章学习掌握压铸模各部件常用材料及其材料性能、热处理要求。

能力目标：

通过本章学习具备设计压铸模时选材和编写材料技术要求的能力。

8.1 压铸模零件常用材料与使用要求

8.1.1 压铸模成型零件与浇注系统零件的材料使用要求

压铸模成型零件与浇注系统零件是在高温、高压的条件下工作，因此，对材料提出了较高的要求。

①具有良好的可锻性和切削性能。

②高温下具有较高的红硬性、较高的高温强度、高温硬度，抗回火稳定性和冲击韧度。

③具有良好的导热性和抗热疲劳性。

④具有足够的高温抗氧化性。

⑤热膨胀系数小。

⑥具有较高的耐磨性和耐腐蚀性。

⑦具有良好的淬透性和较小的热处理变形率。

8.1.2 压铸模结构零件的材料使用要求

(1)滑动配合零件材料使用要求

①具有良好的耐磨性和适当强度。

②适当的淬透性和较小的热处理变形率。

(2)套板和支承板、垫块使用材料的要求

①具有足够的强度和刚性。

②易于切削加工。

③较好的减振性能。

④使用过程不易变形。

8.2 压铸模零件的材料选用及热处理要求

在选用材料时，首先应根据本章8.1节对不同零件的材料要求进行选择，同时还应根据压铸合金的种类、压铸件的形状和复杂程度、尺寸精度、表面粗糙度、压铸件生产批量、生产成本等因素，决定应优先采用的模具材料。

8.2.1 压铸模成型零件的材料选用与热处理要求

压铸模成型零件国产材料选用及热处理要求见表8.1。

表8.1 压铸模成型零件国产材料选用及热处理要求

零件名称		压铸合金			热处理要求	
		锌合金	铝、镁合金	铜合金	压铸锌、铝、镁合金	压铸铜合金
与金属液接触的零件	型腔镶块、型芯、滑块成型部位等成型零件，浇口套、浇道镶块、分流锥（分流块）等浇注系统零件	4Cr5MoV1Si（RH13，SWPH13） 3Cr2W8V（3Cr2W8） 5CrNiMo	4Cr5MoV1Si（RH13，SWPH13） 3Cr2W8V（3Cr2W8） 4Cr5MoV1Si（RH13，SWPH13） 3Cr2W8V（3Cr2W8）	3Cr2W8V（3Cr2W8） 4Cr5MoV1Si（RH13，SWPH13） 3Cr3Mo3V	43~47HRC（4Cr5MoV1Si） 44~48HRC（3Cr2W8V）	38~42HRC（成型零件）（浇注系统零件）

注：1.表中所列材料，先列者优先选用。

2.压铸锌、铝、镁合金的成型零件经淬火后，成型面可进行软氮化处理，氮化深度为0.08~0.15 mm，硬度HV≥600。

3.美国的牌号H13相当于我国的4Cr5MoV1Si，但性能更好，目前使用较广泛，有条件的时候建议采用。其他国产牌号对应的外国牌号可参考表8.3进行选用。

8.2.2 压铸模结构零件的材料选用与热处理要求

压铸模结构零件国产材料选用及热处理要求见表8.2。

表 8.2 压铸模结构零件国产材料选用及热处理要求

<table>
<tr><th colspan="2">零件名称</th><th>材料牌号</th><th>热处理要求</th></tr>
<tr><td rowspan="4">滑动配合零件</td><td>导柱、导套、反导柱、反导套、斜销、弯销、锁紧块</td><td>T10A(T8A)</td><td>50~55HRC</td></tr>
<tr><td rowspan="2">推杆</td><td>4Cr5MoV1Si(RH13)
3Cr2W8V(3Cr2W8)</td><td>45~50HRC</td></tr>
<tr><td>T10A(T8A)</td><td>50~55HRC</td></tr>
<tr><td>复位杆</td><td>T10A(T8A)</td><td>50~55HRC</td></tr>
<tr><td rowspan="2">模架结构零件</td><td rowspan="2">动、定模套板，支承板，垫块，动、定模座板，推板，推杆固定板</td><td>45#,50#(板类件)</td><td>调质,32~36HRC</td></tr>
<tr><td>铸钢(ZG45)、合金钢、球铁(QT600-3)
(用于套板)</td><td></td></tr>
</table>

注:大型压铸模动定套板常用 QT600-3,也可选用预硬钢 P20(进口),推杆常购买 SKD61 标准件。

8.2.3 压铸模具常用国产材料与国外材料牌号对照

国内外常用压铸模具钢材牌号的对照见表 8.3。

表 8.3 国内外常用压铸模具钢材牌号对照表

中国(GB)	美国(AISI)	俄罗斯(FOCT)	日本(JIS)	瑞典(ASSAB)
4Cr5Mov1Si	H13(SWPH13)	—	SKD61(DAC)	8407(8402),DIEVAR
4Cr5MovSi	H11	4X5MψC	SKD6	—
3Cr2W8V	H21	3X2B8ψ	—	—
3Cr3Mo3V	H10	3X3Msψ	—	—
5CrNiMo	—	5XHM	SKT4	—
T8A	W108	y8A	SK6	—
T10A	W110	y10A	SK4	1880
45	1045	45	S45C	1650(SIS)

注:1.各国钢牌号,均有各国家标准钢牌号和生产厂家标准钢牌号。如 SKD61 是日本国家标准钢牌号,但 DAC 是生产厂家标准钢牌号。

2.每外国标准的钢牌号,均可找到与其对应的中国标准钢牌号。

8.3 压铸模具成型零件材料的热处理工艺

8.3.1 常用成型零件材料的热处理工艺

压铸模成型零件(如动、定模镶块,型芯等)及浇注系统使用的热模钢必须进行热处理,才能保证模具的使用寿命。为保证热处理质量,避免出现畸变、开裂、脱碳、氧化和腐蚀等疵病,可在盐浴炉、保护气氛炉装箱保护加热或在真空炉中进行热处理。尤其是在高压气冷的真空炉中淬火,淬火质量最好。

工件淬火前应进行一次除应力退火处理,以消除加工时残留的应力,减少淬火时的变形程度及开裂危险。淬火加热宜采用两次预热,然后加热到规定温度,保温一段时间,再进行油淬或气淬。

模具零件淬火后应进行2~3次回火,以免模具零件开裂。

压铸铝、镁合金用的模具硬度为43~47HRC最适宜,为防止黏模和提高模具使用寿命,在模具尺寸正确后应对成型零件进行软氮化处理。

压铸锌合金的压铸模,模具零件的硬度宜取高一些,一般取48~50HRC。

压铸铜合金的压铸模,模具零件的硬度宜取低一些,一般不超过42HRC。

下面以4Cr5MoV1Si为例,介绍压铸模零件的热处理工艺。

(1)毛坯锻轧后进行退火工艺

毛坯锻轧后进行退火工艺,如图8.1所示。

(2)加工过程消除应力退火工艺

加工过程消除应力退火工艺,如图8.2所示。

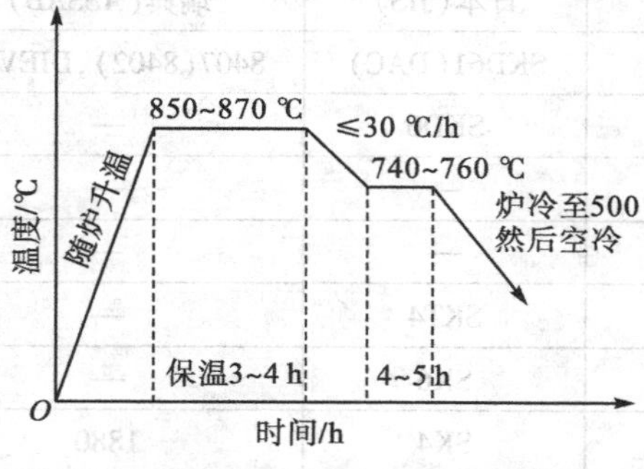

图8.1 4Cr5MoV1Si钢锻轧后退火工艺曲线

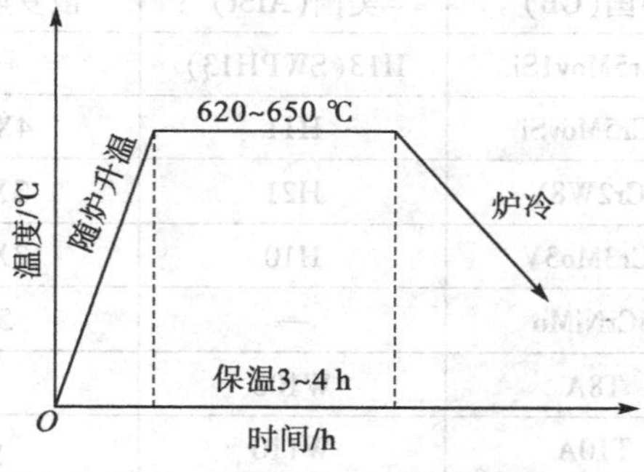

图8.2 4Cr5MoV1Si钢消除应力退火工艺曲线

(3)淬火工艺

淬火工艺见表8.4、表8.5和如图8.3所示。

(4)回火工艺

回火工艺见表8.6和如图8.4所示。

表 8.4　4Cr5MoV1Si 钢的淬火工艺

淬火温度/℃	冷却			硬度/HRC
	介　质	介质温度/℃	冷却到	
1 020～1 050	油或空气	20～60	室温	56～58

注：气淬真空炉淬火的冷却介质为高纯度氮气。

表 8.5　保温时间(见图 8.3)

加热方式	*a*	*b*	*c*	*d*
盐浴炉	1～1.5 min/mm	0.5～0.8 min/mm	0.2～0.4 min/mm	5～20 min
保护气氛炉	1.5～2.5 min/mm	1～2 min/mm	1～1.2 min/mm	
真空气淬炉	1.5 h	1.5 h	1～1.5 h	
	或以零件心部温度接近表面温度后保温 0.5 h			

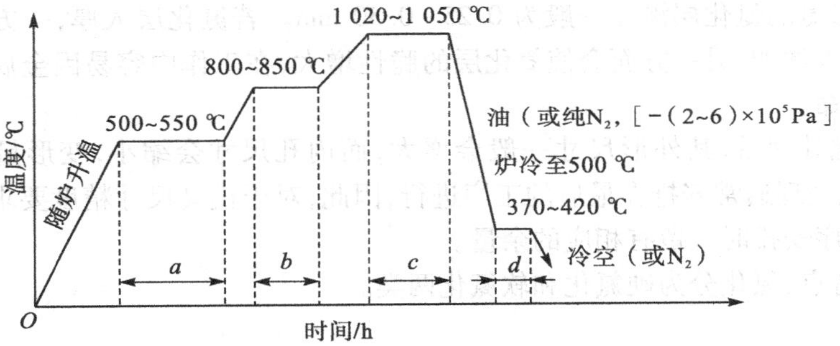

图 8.3　4Cr5MoV1Si 淬火工艺曲线

表 8.6　4Cr5MoV1Si 的回火工艺

回火目的	回火温度/℃	加热设备	冷却介质	回火硬度/HRC
消除应力，降低硬度	560～580	熔融盐浴或空气炉	空气	43～47

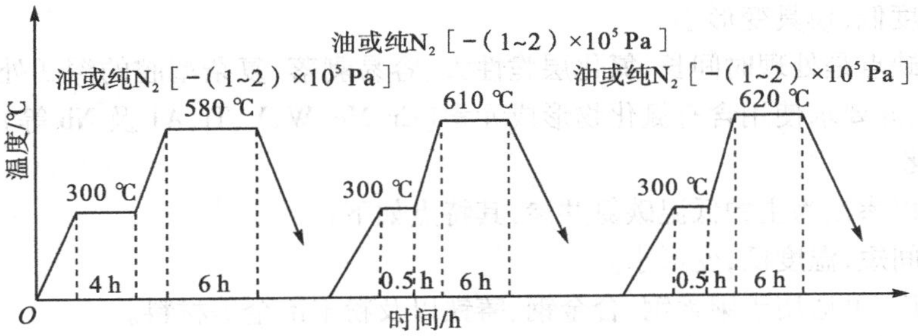

图 8.4　4Cr5MoV1Si 回火工艺曲线

注：第 1 次回火，硬度 52～56HRC；
第 2 次回火，硬度 43～47HRC；
第 3 次回火，硬度 43～47HRC

(5)淬火注意事项

①大型模具采用加热温度的上限值,小型模具采用加热温度的下限值。

②大型模具应先预热,保温一段时间后再加热到淬火温度。

③加热保温时间,火焰炉淬火时,可根据模具零件的厚度,每25 mm保温40~50 min;电炉淬火时,可根据模具零件的厚度,每25 mm保温45~60 min。

④气淬真空炉冷却介质为高纯度氮气。

⑤由于进口钢种牌号很多,热处理应根据材料供应商要求进行,市场最常用的8407、DIEVAR是由材料供应商一胜百公司指定热处理厂家。

8.3.2 模具成型零件的表面处理工艺

为了提高成型零件使用寿命、防止形成粘模,在热处理工序之后,还应当有一些表面强化工艺。压铸模表面强化工艺主要有渗硼及渗金属等几种。目前,应用最多的是渗氮。它是向钢的表面渗入活性氮原子,目的是为了提高成型零件与金属液接触表面的表面硬度,提高材料的耐磨性、耐腐蚀性、抗高温氧化性以及提高材料的疲劳极限。

成型零件渗氮的氮化层深度一般为0.25~0.30 mm。若氮化层太厚,一方面由于氮化时间太长,生产成本增加;另一方面会使氮化层的脆性增大,在工作中容易因金属液的冲刷而剥落,影响使用寿命。

模具经氮化处理后,其外形尺寸一般会增大,而内孔尺寸会缩小,变形量通常为0.01~0.03 mm。氮化处理通常安排在最后的工序进行,因此,对于模具尺寸精度要求很高的成型零件,在前面的工序安排时应留有相应的余量。

按照工艺特点,氮化分为硬氮化和软氮化两类。

(1)硬氮化

硬氮化一般是模具制造过程中的最后一道工序。模具成型零件氮化前一般需进行调质处理,以获得回火索氏体组织,但必须严防表面氧化脱碳。

氮化温度一般为510~560 ℃,时间为20~30 h,氮化介质为氨气。硬氮化具有以下特点:

①硬氮化层具有高硬度和高耐磨性,可达1 000~1 200HV,而且在600~650 ℃也不会明显降低。

②氮化层内存在着较大的残余压应力,可使疲劳极限提高1.5%~5%。

③氮化温度低,模具变形小。

硬氮化的缺点是处理时间长,氮化层脆性大、容易剥落,复杂型腔的深凹处难以形成一定厚度的氮化层,并要求使用含有氮化物形成元素(Cr,Mo,W,V,Ti,A1及Nb等)的专用钢材。

(2)软氮化

软氮化是以渗氮为主的低温碳氮共渗,其特点如下:

①处理时间短,温度低,变形小。

②适应性广,可适用于碳素钢、合金钢、铸铁以及粉末冶金等材料。

③形成的ε相是以Fe_3N为主的化合物,它不仅对脆性及裂纹敏感性小,而且还具有耐磨、耐疲劳、抗咬合、抗擦伤和耐腐蚀等特点。

软氮化的缺点是渗碳层较薄,不宜在重载条件下工作。

按所渗介质的不同,软氮化分为气体软氮化和液体软氮化两种。其中,以前者应用最广,它在封闭式加热炉内同时或分别供给碳、氮气，在 520~570 ℃条件下保温 2~6 h，出炉后油冷或空冷。

通过软氮化的模具，其使用寿命会得到明显提高。

练 习 题

1.压铸模具的成型零件材料有哪些要求？

2.填写表 8.7 压铸模装配图明细表中的材料栏和热处理栏。

表 8.7　压铸模装配图明细表

序号	图　号	名　称	标准号	材料牌号	规格大小	热处理硬度
1	D110805-01	定模套板			690×650×130	
2	D110805-02	定模			470×470×146	
3	D110805-03	集中排气板			110×90×27	
4	D110805-04	集中排气板			110×90×27	
5	D110805-05	动模			470×470×160	
6	D110805-06	动模套板			690×650×270	
7	D110805-07	垫块			610×100×150	
8	D110805-08	限位块			70×40×30	
9	D110805-09	推杆	GB/T 4678. 11—2003		$\phi \times L$	
10	D110805-10	推板			590×430×30	
11	D110805-11	推杆固定板			590×430×30	
12	D110805-12	导柱			ϕ54×200	
13	D110805-13	导套			ϕ68×64	
14	D110805-14	螺钉	GB 70—1986		M16×45	
15	D110805-15	浇口套			ϕ140×85	
16	D110805-16	支撑柱			ϕ60×150	
17	D110805-17	推板导柱			ϕ55×60	
18	D110805-18	推板导套			ϕ50×60	
19	D110805-19	复位杆	GB/T 4678. 12—2003		$\phi \times L$	

3.书写压铸模主要零件热处理的技术要求。

4.画出压铸模成型零件的热处理工艺路线。

5.为什么要进行压铸模成型零件的表面强化处理？表面强化处理的方法有哪些？

6.软氮化和硬氮化各有什么优缺点？

第 9 章

压铸模具计算机辅助设计与分析(CAD/CAE)简介

学习目标:

通过本章学习了解常用压铸模具辅助设计与分析软件的特点以及压铸模具 CAD 的设计过程和 CAE 分析的内容。

能力目标:

通过本章学习基本具备选用常用压铸模具辅助设计与分析软件的能力。

9.1 压铸模具 CAD

9.1.1 常用压铸模具 CAD 软件的发展概况

随着对产品多样化需求和对品质要求的不断提高,传统手工绘图的设计方式因效率低下、劳动强度大、容易出错等原因,已经远远满足不了需求。伴随着计算机技术的发展,CAD 技术顺应时代潮流逐渐得到运用和普及。

压铸是最先进的金属成型方法之一,压铸件的运用范围日益扩大,因而压铸模具的设计任务也日益繁重。加上压铸模的设计较之非标准件设计具有的更多的规律性,这就使压铸模 CAD 的运用显得非常有必要。通过压铸模 CAD 的运用,可很方便地完成压铸工艺和压铸模设计过程中的信息检索、方案构思、分析、计算、工程绘图及文件编制等工作。目前,专门针对压铸模具而开发的商用软件还很少,一般都选用通用 CAD 系统,如 Unigraphics(UG)、CATIA、Pro/Engneer、SOLIDEDGE、SolidWorks、AutoCAD、浩辰、中望、CAXA 等。下面对部分常用 CAD 软件简要介绍一下。

(1) Unigraphics(UG)软件

UG 是一个交互式 CAD/CAM(计算机辅助设计与计算机辅助制造)系统,它功能强大,可轻松实现各种复杂实体及曲面的建构。它在诞生之初主要基于工作站,但随着 PC 硬件的发展和个人用户的迅速增长,在 PC 上的应用取得了迅猛的增长,目前已经成为模具行业三维设计的一个主流应用。

从具体运用上讲,该软件的特点有:以 Parasolid 作为实体建模核心,支持开放的 UNIX 平台和普及性更广泛的 Windows 平台;引入了复合建模的概念,使实体建模、曲线建模、框线建模、半参数化以及参数化建模融为一体,设计变得更加灵活方便;具有强大的同步建模技术,使在处理外来模型(非参实体模型)变得游刃有余。

(2)CAXA 软件

依靠北京航空航天大学的科研实力,北航海尔开发出了中国第一款完全自主研发的 CAD 产品——CAXA(读作"卡萨")。目前,其软件所有者北京数码大方科技有限公司是中国领先的 CAD/CAM/PLM 供应商。CAXA 是我国制造业信息化的优秀代表和知名品牌,拥有完全自主知识产权的系列化 CAD,CAPP,CAM,DNC,EDM,PDM,MES,MPM 等 PLM 软件产品和解决方案,覆盖了制造业信息化设计、工艺、制造和管理 4 大领域。在与其他国产软件比较中,市场占有率较高,是我国工业软件企业能与国外品牌抗衡的生力军。

因为是中国自主研发的软件,从使用角度看,CAXA 品牌旗下的各类专业软件更贴近中国人的设计使用习惯。具有友好的用户界面、灵活方便的操作方式、实用的功能模块和辅助工具、全面支持国家标准、较低的硬件配置需求等。

目前,压铸模设计的计算机应用很多都还停留在绘图和简单的计算,新产品开发周期长,质量不易保证。为了更有效率地进行压铸模具设计,借鉴宝贵的理论知识和经验,有必要建立专业的压铸模具 CAD 系统,规范并简化设计流程,使模具产品质量更高、成本更低、速度更快。其实现目标的途径主要有两种:一种是基于通用 CAD 软件平台进行开发;另一种是据 Windows 环境下可视化编程语言编写 CAD 核心程序,核心程序以外的部件由其他专业 CAD 软件开发,如对于图形处理功能,可采用 UG,Pro/Engneer 等软件来实现。目前,国内外已经有一些企业和科研单位在作这方面的研究,并取得了很好的效果。

随着计算机技术的高速发展,压铸模 CAD 技术也逐渐深化。较高级的压铸模 CAD 系统,除了对压铸模设计参数进行计算、选择外,还可以自动生成图形、输出图形,并能进行压铸过程模拟、分析并输出数控加工程序,形成 CAD/CAM 系统。澳大利亚联邦科学工业研究机构(CSIRO)开发的压铸浇注系统 CAD/CAM 应用软件 Metlflow,提供了一个浇注系统设计分析与制造于一体的 CAD/CAM 系统。另外,还有日本丰田公司开发的名为 CADDES 的压铸模辅助设计系统,Sharp Precision Machinery 公司开发的名为 Scioure 的 CAD/CAM 系统,Yasaku 公司的 EVKUD 的 CAD/CAM 系统,等等。我国在 20 世纪 90 年代,也开始尝试压铸模 CAD 系统的开发与研究,并将其应用于设计之中。

随着模具工业的飞速发展和 CAD 技术重要性被模具界的认可,近 10 年来 CAD 开发商投入了很大的人力和物力,将通用 CAD 系统改造为模具专用的 CAD 系统,推出了参数化、一体化、智能化的专用系统,受到了广大模具设计工作者的好评。例如,美国 PTC 软件公司与日本丰田汽车公司在 PRO/E 软件基础上开发的模具型面设计模块 PRO/DIEFACE,我国华中科技大学基于 UG 平台进行二次开发的压铸模设计 CAD 系统,等等,这也是模具 CAD 的一个发展方向。

目前总的来说,压铸模 CAD 系统虽然研究和运用取得了不小的进步。但因标准化程度低、市场需求总量不大、推广工作做得不够好等原因,商用压铸模 CAD 系统还很少,导致行业普及程度很低。尤其是中小型压铸模具企业,更是无力投入大量资金和人力进行研发。

9.1.2　压铸模具 CAD 设计的内容与方法

(1)压铸模 CAD 设计的内容

压铸模 CAD 设计的内容大致为绘制或者输入铸件具体形状、尺寸、合金种类后,可计算出铸件体积与质量、平均壁厚、投影面积等基本信息,然后选择压铸机并确定压铸参数,设计浇注系统、型腔镶块、导向机构、模板、推出机构等,并选用材质,最后绘出模具图纸。

一个典型的三维压铸模 CAD 系统主要包括下面几个模块:压铸工艺参数模块;分型面设计模块;浇注系统设计模块;模温控制系统设计模块(包括冷却系统和加热系统);模具结构设计模块;推出机构设计模块;复位和预复位机构设计模块;抽芯及滑块机构设计模块,等等。如图 9.1 所示为一般压铸模 CAD 系统的模块结构。

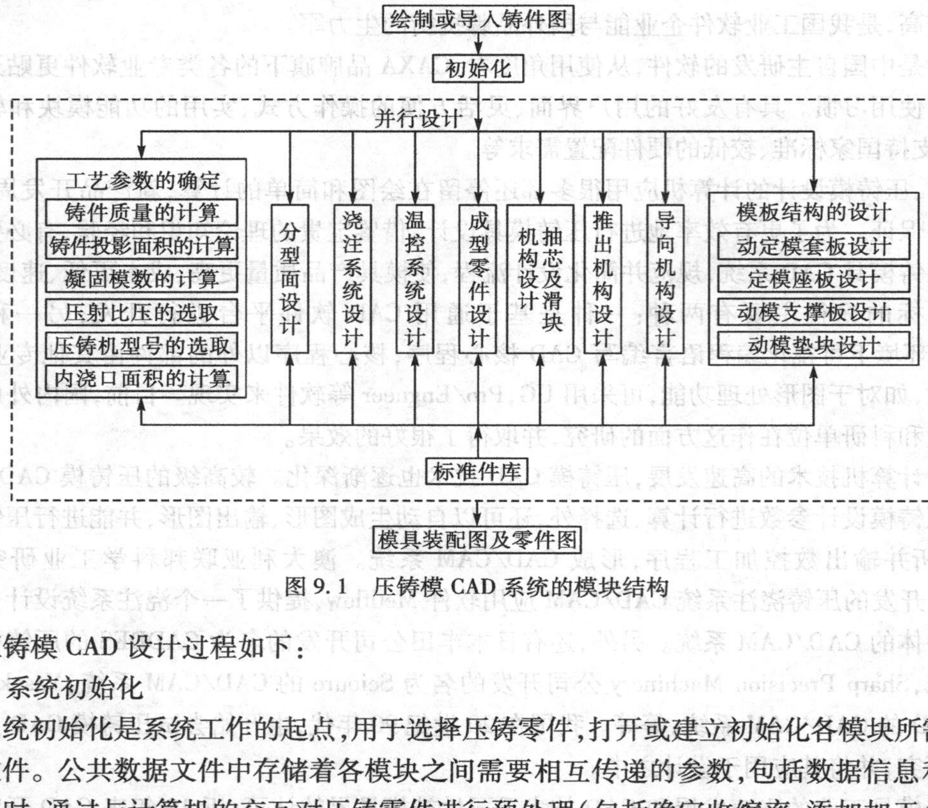

图 9.1　压铸模 CAD 系统的模块结构

压铸模 CAD 设计过程如下:

1)系统初始化

系统初始化是系统工作的起点,用于选择压铸零件,打开或建立初始化各模块所需的公共数据文件。公共数据文件中存储着各模块之间需要相互传递的参数,包括数据信息和路径信息。同时,通过与计算机的交互对压铸零件进行预处理(包括确定收缩率、添加加工余量生成毛坯、补孔、确定分模方向和模腔数等)。

2)压铸件工艺参数的确定

确定工艺参数的内容:确定铸件的体积、质量、在分型面上的投影面积、凝固模数;确定压铸机型号、压射压力、锁模力大小、充填时间、充填速度;根据工艺参数推荐内浇口面积、厚度、宽度和横浇道厚度、横浇道宽度。

大多数工艺参数之间都存在因果关系。例如,计算压铸件体积的目的就是估算压铸机的压室容量,而计算分型面投影面积可确定胀型力大小,从而为初选压铸机型号提供参考。凝固模数是计算内浇口截面积的重要参数,系统通过调入的压铸件三维实体,可快速计算出实体的体积和表面积,就能方便地求出凝固模数。

3)分型面设计

通过对拔模方向的分析确定分型线和分型面,完成型腔、型芯和滑块区域的提取,为成型零件的设计作好准备工作。

4)浇排系统设计

通过与计算机交互选择并设计浇注系统和排溢系统。浇注系统的设计包括直浇道的设计、横浇道的设计以及内浇口的设计;排溢系统的设计包括确定溢流槽的形状、尺寸、数量和位置。初始设计一般凭经验,然后通过 CAE(本章 9.2 节要讲到)反复验证确定最优方案。

5)成型零件的设计

设计人员通过对已确定的信息(包括铸件毛坯、收缩率、分型面、分模方向、模腔数、浇排系统等)的处理,生成一个包含上述信息的三维实体。然后选择合适的动(或定)模镶块大小,作出一个体积块与之进行布尔差运算或修剪,就得到动(或定)模镶块零件,按同样方法可设计出滑块、抽芯等其他成型零件。

6)模架结构的设计

模架设计模块包括动定模套板的设计、定模座板的设计、动模支撑板的设计、动模垫块的设计等。模架设计的内容:根据模具套板和压铸机型号设计动定模座板;确定镶块的固定方法;确定抽芯机构各部分的尺寸;确定推出机构各部分的位置和尺寸;核对开模距离、压铸机大杠间距、压铸机安装槽或孔的位置;根据所选用的压射压力,计算模具胀型力,复核压铸机的锁模力。根据压铸模具种类或工厂设计习惯,其具体结构会有所差异。

7)温控系统的设计

对压铸过程中可能过热的地方设置冷却系统,过冷的地方增加加热管道,以保持模温的平衡。

8)模具资料的输出

将设计完的模具资料(包括装配图、3D 和 2D 零件图及其他信息资料)通过网络或生产管理系统自动下传到生产部门进行指导生产。

(2)压铸模 CAD 设计方法

压铸模 CAD 设计一般采用通用或者专用软件来完成,实际使用中可采用以下设计方法:

①目前常见的通用 CAD 软件大都具有很强的三维造型能力,可直接采用其 3D 模块和装配模块绘制出铸件、模具零件并建立其装配关系。简单模具比较适合用这种方法,但设计复杂模具时,容易出错,效率不高。

②由于注塑模具的 CAD 系统运用比较广泛和相对成熟,而压铸模具与注塑模具有许多相似的结构和设计方法,故可以直接套用专用的注塑模具软件。如用 UG 的 Moldwizard 模块或 Pro/ENGINEER 的 Molddesign 模块来进行压铸模具设计,可大大提高设计效率。但由于注塑模具和压铸模具在某些具体结构和工艺方面还是存在一定的差异,使用还是有一定的局限性。

③采用专用压铸模具 CAD 软件来进行设计,其设计质量和效率可以得到较大提升。

如图 9.2 所示为采用 UG 的 Moldwizard 模块设计的摩托车发动机箱体压铸模具。

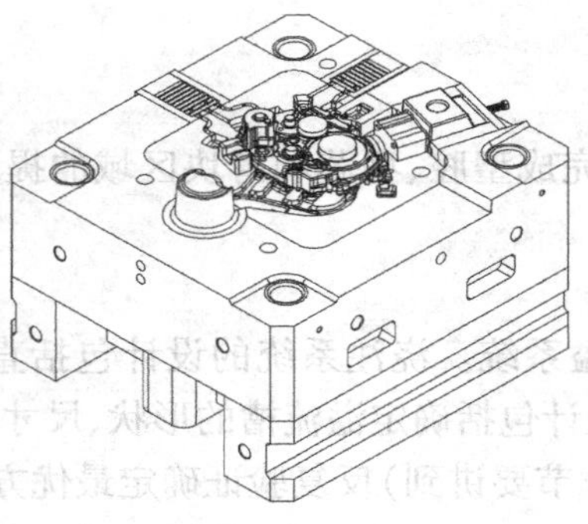

(a)动模部分

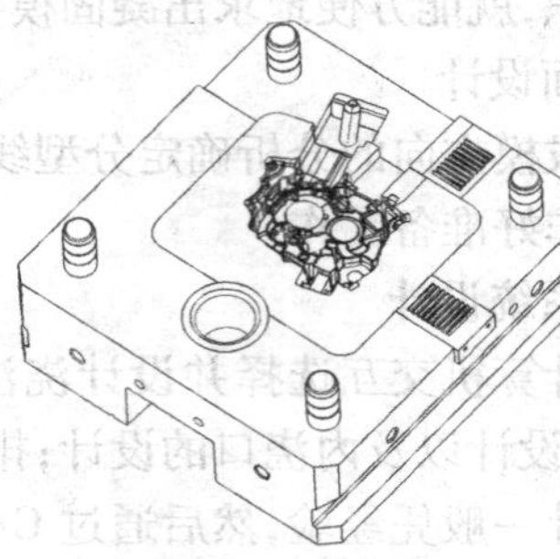

(b)定模部分

图 9.2　摩托车发动机箱体压铸模具

9.2　压铸模具 CAE

9.2.1　压铸模具 CAE 的原理与基本内容

CAE(Computer Aided Engineering,计算机辅助工程分析)是指以某项设计或者加工作为初值,通过计算机按预先规定的方法对具备这一特点的设计进行模拟仿真。经过计算机的快速计算,对输入条件和模拟的模型进行评估,并确定修正措施,进行修正。上述过程反复进行,直到取得一个成功的设计方案。CAE 技术是一门以 CAD/CAE 技术水平的提高为发展动力,以高性能的计算机和图形显示设备的推出为发展条件,以计算力学和传热学、流体力学等的有限元、有限差分、边界元、结构优化设计、模态分析等方法为理论基础的新技术。

(1)压铸模具 CAE 的原理

在压铸生产过程中,液态或半固态的金属在高速、高压下填充并迅速凝固,容易产生流痕、欠铸、冷隔、气孔等缺陷,同时易造成模具的冲蚀、表面热疲劳裂纹等情况,缩短了模具的使用寿命。因此,充分了解填充过程的流动和热交换规律,设计合理的铸件、铸型结构和浇注系统,选择恰当的压铸工艺参数,实现理想的型腔充填和热平衡状态,不仅可降低铸件废品率,提高铸件质量和生产效率,而且可延长模具使用寿命。

传统的压铸模设计过程,往往凭借设计师的经验给出压铸工艺方案,很难保证该工艺方案的最佳化。往往要在模具制成后,在其使用中进行修补,甚至重新制作,才能实现预期的工艺目标。将 CAE 用于压铸模具,就是要在模具具体结构设计前借助于 CAE 技术筛选出最佳的压铸工艺方案,避免或减少后期对模具的修改,节约时间和成本。压铸模 CAE 主要以铸件充型-凝固过程的数值模拟、模具/铸件温度场模拟、模具/铸件压力场数值模拟为主。通过这些手段,帮助工程技术人员评价浇注和排溢系统的合理性、模具冷却工艺和模温平衡状态,评估可能出现的缺陷类型、程度和位置,以实现对生产工艺的优化和对铸件质量的控制。

其操作流程为工艺人员首先根据工艺原则和已有的经验拟订一个原始方案,将此方案交由 CAE 软件进行模拟分析,评估可能出现的问题,然后有针对性地进行改进,得出新的工艺方案,再交 CAE 软件进行模拟分析,如此循环,直至得到满意的工艺方案。由于这一过程全部在计算机上完成,避免了大量实际生产试验的消耗,缩短了模具试制周期,因此是一种理想的先进的分析方法。

压铸件填充、凝固过程数值模拟的基本思路是用有限元分析方法对填充、凝固过程相应的流动、温度、应力应变等物理场所服从的数理方程进行数值求解,得出这些物理场基于时空四维空间分布与变化规律,由此引出相应的工程性结论。一般而言,这些数理方程都是时空四维空间里的二阶偏微分方程,这种方程只有在极其简单的边界条件下才有可能通过数学推导的方法求得解析解,而在实际情况下,边界和初始值条件都非常复杂,不存在通用的解析解。但是,借助高速发展的计算机及其相关技术,采用数值求解方法,这些复杂的边界初值问题可以得到很好的解决。经过大量的实践验证,证明数值求解不仅能解出方程,而且确实能辅助铸造工艺的优化。

工程数值模拟常用的方法有:有限差分法(Finite Difference Method,FDM)、直接差分法(Direct Finite Difference Method,DFDM)、有限元法(Finite Element Method,FEM)和边界元法(Boundary Element Method,BEM)。其中,压铸模 CAE 最常用的方法是有限差分法(FDM)和有限元法(FEM)。FDM 一般用于压铸模填充、凝固模拟,FEM 常用于压铸模力学分析和结构设计。

FDM 又称为泰勒展开差分法,是最早用于传热的计算方法。该方法具有公式导出简单和计算成本低等优点,目前已成为应用最广泛的数值分析方法之一,绝大部分流动场和温度场数值模拟计算均采用此方法。它把基本方程和边界条件(一般为微分方程)近似地改用差分方程表示,把求解微分方程的问题转换为求解代数方程的问题。在铸造领域中,FDM 在温度场、流场模拟、缺陷(缩孔、缩松)预测等方面都表现出很大的优势,具有良好的前景。

FEM 又称有限单元法、有限元素法,从 20 世纪 60 年代开始在工程上应用到今天,其理论和算法已经非常成熟,是求解复杂工程和产品的结构强度、刚度、屈曲稳定性、动力响应、热传导、三维形体接触、弹塑性等力学性能的必不可少的数值计算工具,同时也是处理连续力学问题以及结构性能的优化设计等问题的一种近似数值分析方法。其核心思想是结构的离散化,就是将实际结构假想地离散为有限数目的规则单元组合体,实际结构的物理性能可以通过对离散体进行分析,得出满足工程精度的近似结果来替代对实际结构的分析,这样可以解决很多实际工程需要解决而理论分析又无法解决的复杂问题。它克服了有限差分法网格形状固定、在曲面离散时会有阶梯现象的缺点,单元划分更灵活,对曲面可以实现很好的拟合,但其离散算法复杂,对硬件要求很高。

(2)压铸模具 CAE 的基本内容

压铸模 CAE 主要是指建立在数值模拟技术上的分析优化技术,一般来说包括流动充型分析、传热凝固分析、应力/应变分析等。其中,传热分析、凝固分析以及流动与传热耦合分析已很成熟,可以较有效地指导实际压铸生产。

1)流动充型分析

铸件填充过程中的金属液体流动不仅对卷气、欠铸、流痕、夹渣等铸造缺陷产生直接影响,还是直接影响凝固过程模拟结果的重要条件。压铸过程是在高压下高速填充,这使得金属液以喷射状态进入型腔;又由于铸件的普遍特点是结构复杂、薄壁,使得压铸过程分析模拟较为困难。压铸的这种工艺和结构上的特点,使压铸过程数值模拟比普通重力铸造条件下的数值模拟更为困难。为此,针对压铸过程的数值模拟必须能够处理如下问题:方便地处理复杂的实体建模;较为准确地处理湍流流动、填充时气体与液体相互作用对流动过程的影响;能够处理复杂的传热问题。

为了较好地解决上述问题,要求 CAE 软件应有广泛的数据接口、变网络分析能力、巨大的计算容量、较高的计算速度和较好的湍流处理能力。

如图 9.3 所示为韩国的 AnyCasting 软件对铸件进行的流动充型模拟过程的截图。

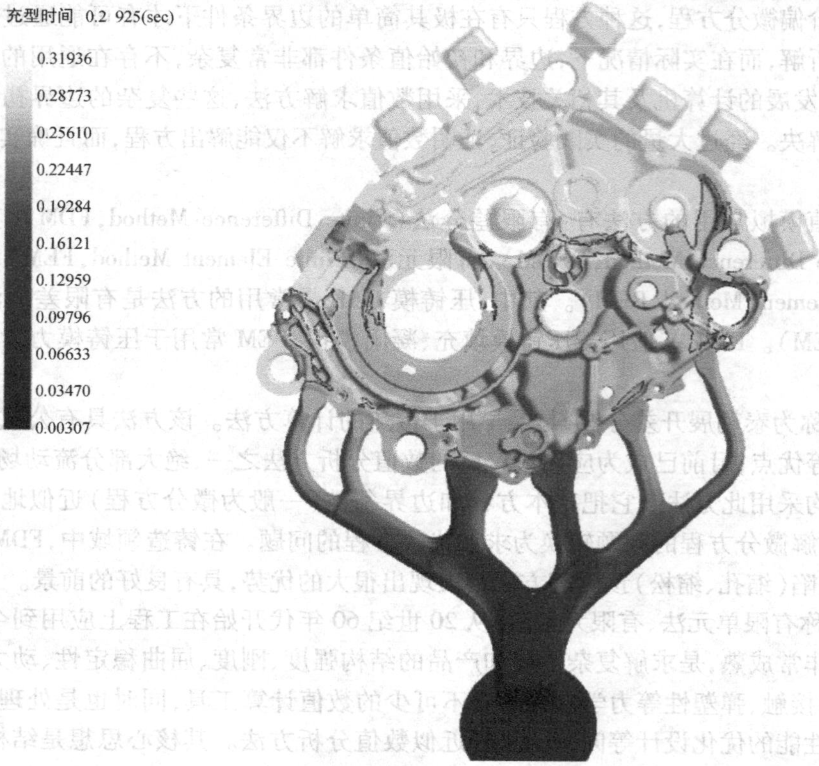

图 9.3　流动充型模拟过程截图

2)传热凝固分析

铸造凝固过程的数值模拟技术,是通过数值分析的方法,模拟金属由液态到固态的冷却过程,预测与凝固过程相关的铸造缺陷。对于 CAE 软件要做的工作:数值计算方法的选择;潜热处理方法;缩孔缩松的预测判断;铸件/铸型的界面传热问题。性能良好的 CAE 软件能较好地处理上述问题,并且在此基础上还可以优化模具壁厚、模具预热方案、模具冷却工艺、预报模温平衡和最佳开模时间等。

3)应力/应变分析

压铸模应力场模拟是建立在温度场模拟基础之上的,是一个较新的研究领域。压铸模应力场计算的力学模型主要有热弹性模型、热弹塑性模型、理想弹塑性模型、热弹黏塑性模型和热弹塑性蠕变模型,其中热弹塑性模型和热弹塑性蠕变模型的精度要高。热弹塑性模型目前被广泛使用。

应力场模拟多采用热-力耦合模型来模拟铸件凝固过程中的物理变化,包括传热、应力应变以及缺陷形成等。通过应力场模拟,可预测铸件变形和模具寿命,从而指导压铸件产品的结构改进和模具强度优化。

9.2.2　压铸模具CAE的关键技术

(1)多循环、多阶段技术

多循环、多阶段是压铸生产的一个显著特点。一般来说,每个压铸循环周期都包括压射阶段、凝固阶段、开模阶段。每一个阶段各有其特点,压射过程的模拟主要是流动和传热耦合计算;凝固阶段的模拟为传热凝固计算;开模阶段主要是传热计算。每一个阶段的计算结果为后一个阶段提供初始条件。

20世纪90年代的多循环模拟往往是基于"瞬间冲型、初温均布"的假想,或只进行一个循环的冲型模拟,这样的处理会大大影响计算的准确性。随着技术的进步对每个循环的充型阶段进行准确模拟成为可能。但在微机上要进行十几个多循环的模拟,计算速度依然比较慢,异位网络计算技术可以较好地解决此问题。其方法为:对同一个分析对象,准备两套网络,其中,一套网络尺寸大、网络数少,用来作充型耦合计算;另一套网络尺寸小、网络数多,用来作传热计算。这样的处理可以加快多循环计算速度又可以保证传热凝固计算的精度。

(2)复杂冷却工艺分析

压铸大多采用冷却工艺来控制模具温度,冷却工艺对铸件形成过程有巨大的影响,模拟时必须加以考虑。而冷却工艺所采用的冷却介质是首先应考虑的因素,对于一冷却介质需要输入入口温度、出口温度、密度、比热容、导热系数和黏度系数等参数。

定义了冷却介质后,就可以设置冷却工艺了,可设置数十个冷却通道,而每个通道又可有几个冷却阶段,每个阶段需要输入管道内径、开始时间、结束时间、冷却介质的流动速度,从冷却介质库里选择合适的冷却介质后,即可自动确定界面导温系数。

(3)多相复杂流动模拟技术

这里的"相"指的是物质。多相模拟就是建立数学模型同时对研究对象中的所有相的变化和相互影响进行模拟分析。在压铸填充过程中,存在着液体、气体两相,每一相均具有自己的流场、温度场、浓度场等,并且相互影响。

利用常用的有限差分法(FDM)求解多相流动的数学方程的困难在于如何建立压力校正方程,用各个相质量守恒方程还是用总的连续性方程作为建立压力校正方程的基础,目前还没有完全定论。除了探求数值解法之外,还需要处理包面张力、湍流问题、固壁问题、初始条件、边界条件、计算稳定性等众多问题。多相流动,特别是对于最常见的液-气两相流,在处理湍流问题时,常见的K-ε湍流模型仅用于液相的湍流计算。而气相密度很低,与液相比动量小,不需使用湍流模型计算有效黏度,对整体模拟对象而言影响很小。不同于单相流动,多相流动还存在相间拖动现象,也就存在一个相间摩擦问题,同时也存在着相间传热问题。这些问题都需要妥善解决,以保证计算分析结果的可靠性和可信度。

9.2.3　国内外常用的压铸模具CAE软件

目前,在市场上有许多商品化的压铸模CAE软件,国外的有德国的MagmaSoft、美国的ProCAST和Flow3D、日本的Solidia和CASTAS、英国的Solstar、法国的Simulor、瑞典的NovaCast、芬兰的CastCAE、韩国的AnyCasting等;国内有华铸CAE,FT-Star和inteCast等。选购压铸模CAE软件时应考虑以下几个方面:系统模拟的准确性、系统的计算分析容量、系统的计算分析速度、系统的稳定性与安全性、系统的易用性与开放性、系统的升级、售前与售后服务等。下面对华铸 CAE 软件作一简要介绍。

“华铸 CAE”是华中科技大学(原华中理工大学)开发的铸造工艺分析软件。它以铸件充型、凝固过程数值模拟技术为核心,对铸件的成型过程进行工艺分析和质量预测,从而协助工艺人员完成铸件的工艺优化工作。多年来在提高产品质量,降低废品,减少消耗,缩短试制周期,赢得外商订单等方面为众多的厂家创造了显著的经济效益,在行业内享有广泛的声誉和信誉。

其有以下特点:

①适合多类合金材质和多种铸造方法。合金材质包括铸钢、球铁、灰铁、铝合金、铜合金;铸造方法包括砂型铸造、金属型铸造、压铸、低压铸造、熔模铸造、倾斜铸造等。

②可进行多种类模拟分析。包括凝固分析、充型分析以及流动和传热耦合计算分析;可对低压铸造、压铸、金属型铸造的多周期、多阶段全过程的分析;可以对包括水、油、气等不同冷却介质的各种复杂冷却工艺进行优化分析;能够模拟多个不同规格的浇包同时浇注的复杂浇注过程;能够模拟补浇工艺、点冒口过程;应用了重力补缩技术,可以直接准确模拟缩孔缩松的形成过程,实现了缩孔缩松的位置、形状和大小的定量的模拟;可显示负压分布的实时变化过程,模拟卷气、夹杂形成过程;可显示充型过程的固相率动态分布状况,模拟浇不足、冷隔以及融合纹的形成过程。

③丰富的三维接口。可与绝大部分三维造型平台(包括 Auocad、PRO/E、UG、MDT、SOLIDEDGE、SOLDWORKS、I-DEAS、CATIA、金银花等)顺利连接。

④自动网格剖分、速度快、稳定性好、容错能力强,一般中等复杂程度铸件,剖分千万个网格几分钟内完成;凝固分析处理网格数可达数千万个,甚至上亿个,软件不限制网格数,仅受内存限制,计算任务一般在数小时之内完成,容量及速度在国内领先;实用的流场分析、流动与温度耦合计算,单元数可达数百万个。

⑤后处理采用最新可视化技术、多媒体技术,丰富、直观、生动,任意实时缩放、任意实时旋转、任意实时剖切。可自动生成 X 射线透视图、凝固色温图、温度梯度图、铸件结构图、铸型系统装配图、流动向量图、填充体积图、压强分布图、充型温度分布图等。颜色随意调整、画面直接打印。分析结果三维动画自动合成,动画演示直观准确,透彻明了。动态过程完整细腻;后处理中实时动态显示技术、动画显示技术达到国际同类软件的先进水平。

⑥特有的数值鼠标技术。在各种函数三维分布图形画面上,伴随鼠标移动,在鼠标光标的延伸空间,能以数字方式即时刷新显示鼠标所指单元相应的几何、物理函数值,或区域极值,或区域统计值。

⑦对计算机硬件和操作系统具有广泛的适应性。可在微机和 WINDOWS 下运行。软件稳定可靠,易维护、易升级。

总的来说,压铸模 CAE 的发展和进步提高了模具设计的准确性和成功率,已经成为目前压铸模具设计非常重要的辅助工具。

练 习 题

1.叙述压铸模具 CAD 的设计过程。

2.目前压铸模 CAE 主要对压铸过程中哪些内容进行模拟分析?

第 10 章 压铸模具设计技术要求

学习目标：

通过本章学习掌握压铸模具总装的技术要求，掌握压铸模具成型零件和结构零件的公差与配合要求，掌握压铸模具主要零件的表面粗糙度要求。

能力目标：

通过本章的学习应具备编制压铸模具总装的技术要求、选择成型零件和结构零件的公差与配合精度等级以及确定压铸模具主要零件表面粗糙度值的能力。

10.1 压铸模具总装后的技术要求

为了指导模具后序设计、钳工装配及压铸工艺的选择，需要在压铸模总装图上注明一些基本的技术要求和信息。其中包括：压铸件的合金材料；浇注系统及主要尺寸；模具的最大外形尺寸（长×宽×高）；最小的开模行程（如开模最大行程有限制时，也应注明）；推出机构的推出行程；滑块及抽芯机构的尺寸和行程；标明温控系统、液压系统进出口；模具有关附件的规格和数量以及工作程序、注明特殊机构的动作过程；选用压铸机的型号、压室内径（或冲头直径）和压射比压等内容。

10.1.1 压铸模的外形和安装部位的技术要求

①安装面应光滑平整无凸起，模板的边缘均应倒角。

②在非工作面上醒目的地方打上标记或者贴上标牌（内容包括产品代号、模具编号、制造日期、模具制造厂家名称或代号等）。

③在动、定模板上分别设有吊装用螺钉孔，其他质量较大的零件（大于 25 kg）也应设起吊螺孔。

④模具安装部位的有关尺寸应符合所选用的压铸机相关对应的尺寸（如模具外形尺寸、压板槽位置及尺寸、与熔杯的配合形状及尺寸、水管和油管接口标准等）。

⑤分型面上除导套孔、斜销孔外，所有模具制造过程中的工艺孔、螺钉孔都应堵塞，并且与分型面平齐或略低于分型面。

10.1.2　压铸模总体的装配精度要求

①装配后的压铸模分型面对动、定模板安装平面的平行度，导柱、导套对动、定模板安装平面的垂直度可分别按表10.1和表10.2选取。

表10.1　模具分型面对模板安装平面的平行度/mm

被测面最大直线长度	≤160	>160~250	>250~400	>400~630	>630~1 000	>1 000~1 600
公差值	0.06	0.08	0.10	0.12	0.16	0.20

表10.2　导柱导套对模板安装平面的垂直度/mm

导柱导套工作长度	≤40	>40~63	>63~100	>100~160	>160~250
公差值	0.015	0.020	0.025	0.030	0.040

②在分型面上，定模、动模镶件平面应分别与定模套板、动模套板齐平或允许略高，但高出量为0.05~0.10 mm。推杆、复位杆应分别与型面齐平，推杆允许凸出型面，但不大于0.1 mm，复位杆允许低于型面，但不大于0.05 mm。推杆在推杆固定板中应能灵活转动，但轴向间隙不大于0.1 mm。

③模具所有活动部位应保证位置准确，动作可靠，不得歪斜和卡滞。开模后，滑块和抽芯应准确退回到设定位置，保证型芯最前端与铸件上相对应型位或孔的端面距离应大于2 mm以上。滑动机构配合间隙适当，保证运动平稳、灵活。合模后滑块与楔紧块应压紧，接触面积不小于楔紧面的1/2，且具有一定预应力。

④浇道转接处应光滑连接，镶拼处应配合紧密，表面粗糙度 *Ra* 不大于0.4 μm，拔模斜度不小于5°。

⑤合模时镶块分型面应紧密贴合，如局部有间隙，也应不大于0.05 mm（排气槽除外）。

⑥温控系统通道（冷却水道和温控油道）应畅通，不应有渗漏现象，所有管线应分类接入总水冷座或油路座，进口和出口处应有明显标记。

⑦所有表面都不允许有缺损、击伤、擦伤或裂纹。

10.2　压铸模具成型零件的公差与配合要求

压铸件的轮廓外形精度，除了主要受合金自身冷凝收缩影响外，压铸模成型零件在工作状态时的型腔尺寸变化也是重要的因素之一。在压铸生产过程中，高温金属液和成型零件会产生剧烈的热交换，温度交替变化，成型零件的尺寸也会发生细微变化。同时，金属液高速填充时对成型表面的冲击和末期增压产生的很大的胀型力，也会使强度较差的地方发生变形。除了上述温度和压力的影响外，零件的形状大小、工作部位受热程度、温控系统分布情况都会对成型零件尺寸产生影响。因而，要准确计算出压铸模成型零件的尺寸是非常困难的。

为了保证生产的顺利进行并压铸出尺寸合格的铸件，需要成型零件的尺寸公差和配合公差满足以下条件：

10.2.1　形成铸件表面轮廓的成型零件尺寸公差

根据现有模具制造水平和铸件使用情况，一般公差等级取 IT9 级，孔类形状尺寸用 H，轴类形状尺寸用 h，长度和位置尺寸用±IT/2 公差。如果压铸件局部有特殊要求（如有装配关系等）或者尺寸公差很小，模具成型零件对应部位公差可取 IT8—IT6 级，并且需要按照可修正的原则调整，如孔类形状用 h，轴类形状尺寸用 H，等模具试模验证后再修正。成型部位未注公差尺寸的极限偏差要求见表 10.3，成型部位转接圆弧未注公差尺寸的极限偏差要求见表 10.4，成型部位未注角度和锥度公差要求见表 10.5。

表 10.3　成型部位未注公差尺寸的极限偏差/mm

基本尺寸	≤10	>10~50	>50~180	>180~400	>400
极限偏差	±0.03	±0.05	±0.10	±0.15	±0.20

表 10.4　成型部位转接圆弧未注公差尺寸的极限偏差/mm

基本尺寸	≤6	>6~18	>18~30	>30~120	>120
凸圆极限偏差	0 -0.15	0 -0.20	0 -0.30	0 -0.45	0 -0.60
凹圆极限偏差	+0.15 0	+0.20 0	+0.30 0	+0.45 0	+0.60 0

表 10.5　成型部位未注角度和锥度公差

锥体母线或角度短边长度/mm	≤6	>6~18	>18~50	>50~120	>120
极限偏差	±30′	±20′	±15′	±10′	±5′

10.2.2　同一半模内的配合公差

同一半模内的配合可分为两种情况：第 1 种是装配后固定的零件，即在压铸过程中与配合零件不产生相对位移的零件，其受热膨胀后变形不能使配合过紧，以避免局部负载超过零件的强度极限而发生断裂。第 2 种是工作时相对动模或者定模产生滑（移）动的零件，在压铸过程中应维持间隙配合的配合性质，保证动作正常，并且填充过程中金属液不窜入配合间隙。

第 1 种情况主要包括套板和镶块的配合；镶块孔和型芯的配合；套板和浇口套、镶块、分流器的配合等。配合精度可取 H8/h7 或 H7/h6（多个镶块组合的，镶块与镶块之间取 js7，并使组合累计公差为 h7）。

第 2 种情况主要包括滑块、抽芯、推杆（管）、成型推板等。配合精度可按表 10.6 选取。

表 10.6　滑动成型零件的配合类别和精度等级

配合类别	压铸使用合金	配合类别和精度等级
成型滑块和镶块	锌合金	H7/e8
	铝合金、镁合金	H7/d8
	铜合金	H7/c8
推杆和推杆孔、分流锥和浇口套、成型推板和镶块(型芯)、抽芯和抽芯孔	锌合金	H7/f8
	铝合金、镁合金	H7/e8
	铜合金	H7/d8

10.2.3　动、定模分型面的配合公差

动、定模分型面的配合公差，需保证压铸过程中开合模正常，模具闭合后分型面贴合紧密，不产生飞边，其制造公差可取 IT7—IT6 级。模具主分型面(动、定模镶块贴合部分投影面积最大的面，一般设计成与开合模方向垂直)距成型镶块底面的尺寸公差选 H，并保证合模后充分接触。其余配合面孔类尺寸选 H，轴类尺寸选 h，高度尺寸选 h，并且配合后产生的间隙在任何位置不能大于产生飞边的最小间隙(如铝合金约为 0.12 mm)。在非主分型面配合后一般可设计间隙值为：铝合金 0.04~0.08 mm，镁合金 0.04~0.08 mm，锌合金 0.02~0.06 mm。

10.2.4　成型零件的基面尺寸公差

成型零件的基面尺寸公差一般为 js7。

10.3　压铸模具结构零件的公差与配合要求

压铸模在高温条件下进行工作，因此在选择结构零件的配合公差时，不仅要求在室温下达到一定的装配精度，而且要求在工作温度下确保各结构件的稳定性、动作可靠性。对压铸模结构零件的公差与配合要求如下：

(1)模板尺寸的公差与配合

①模板基准面尺寸公差取 js7。

②模板厚度尺寸公差取 h10。

③模板上安装固定孔(包括导柱、导套孔，斜销孔，圆柱或对称形状的型芯和镶块孔，分流锥、浇口套孔等)中心距基准面尺寸公差取 js7。异形或非对称形状的型芯和镶块孔边缘到模板基准面的尺寸公差取 js8。模板上过孔(包括复位杆孔、推杆过孔、抽芯过孔、螺钉过孔等)中心距基准面尺寸公差取 js14。

④滑块导滑槽到模板基准面的尺寸公差取 f7，到镶块孔底面(整体式套板)或套板底面(组合式套板)的尺寸公差取 js7。

⑤固定在模板上的零件与模板的配合要求：斜销、锁紧块与孔的配合取 H7/m6；导柱、导套分别与模板上孔的配合取 H7/m6(或者 H7/r6，H7/k6)，滑块导滑槽与对应孔的配合取

H7/k6。

(2)导柱导套的公差与配合

①导柱与导套为间隙配合,配合公差取 H7/k6,H7/f7 或 H8/e7。

②导柱导套轴心之间的距离尺寸公差取 js7,或者组合加工。

(3)推板导柱导套的公差与配合

①推板导柱与导套为间隙配合,配合公差取 H8/e7。

②推板导柱与动模座板和动模套板的配合,配合公差取 H7/h6。

③推板导套与推杆固定板的配合,配合公差取 H8/h7;推板导套与推板的配合,配合公差取 H8/e7;推板导套轴向定位面的配合,沉孔深度取+0.05~+0.10 mm,轴向限位台高度取-0.05~-0.03 mm。

(4)滑块、斜滑块与导滑槽的公差与配合:

滑块、斜滑块与导滑槽的公差与配合,孔取 H7,轴取 e7,e8 或 d8。

(5)垫块、支撑柱、限位块、推板、推杆压板厚度公差

垫块、支撑柱、限位块厚度公差取 js8;推板、推杆压板厚度公差取 h7。

(6)型芯限位台、推杆(复位杆)限位台与对应沉孔的公差配合

沉孔深度取+0.05~+0.08 mm,限位台高度取-0.05~-0.03 mm。

(7)结构零件的未注尺寸公差

所有结构零件未注尺寸公差的公差等级取 IT14 级,孔用 H,轴用 h,长度(高度)及距离尺寸取 js14。

10.4　压铸模具主要零件的表面粗糙度要求

模具结构零件表面粗糙度直接影响到各机构的正常工作和模具使用寿命。成型零件的表面粗糙度以及抛光痕迹和方向,既影响铸件表面质量,又影响脱模的难易,甚至是导致成型零件表面产生裂纹的起源。成型表面粗糙也是产生金属黏附的原因之一。因此,压铸模具型腔、型芯的零件表面需要很高的表面粗糙度,其抛光的方向应与铸件脱模方向一致,不允许存有凹陷、沟槽、划伤等缺陷。导滑部位(如推杆与推杆孔、导柱与导套孔、滑块与滑块槽等)的表面质量差,往往会使零件过早磨损或产生咬合。压铸模具各零件表面粗糙度推荐见表 10.7。

表 10.7　压铸模具零件推荐表面粗糙度

分　类	工作部位	表面粗糙度 Ra/μm
成型表面	型腔及型芯出型段	0.4~0.2
浇注系统表面	直浇道、横浇道、溢流槽、内浇口	0.4~0.1
安装面	动(定)模座板、模脚与压铸机的安装面	0.8
受压力较大的摩擦表面	分型面、滑块锁紧面	0.8~0.4
导向表面	导柱、导套和斜销的导滑面	0.8~0.4

续表

分　类	工作部位	表面粗糙度 Ra/μm
与金属液不接触的滑动表面	复位杆与孔的配合面，滑块、斜滑块传动机构的滑动表面	1.6~0.8
与金属液有接触的滑动表面	推杆与孔的表面、卸料板与镶块表面、抽芯与孔的表面以及滑块与镶块配合面等	0.8~0.4
固定配合表面	导柱、导套、型芯、镶块、斜销、弯销、锁紧块、分流锥、浇口套等固定部位表面	1.6~0.8
加工基准面	加工、测量基准面	1.6
受压紧力的台阶表面	型芯、镶块的台阶表面	1.6
不受压紧力的台阶表面	导柱、导套、推杆和复位杆台阶表面	3.2~1.6
排气槽表面	排气槽	1.6~0.8
非工作的其他表面	套板、座板、模脚非基准侧表面及倒角面，各类螺钉过孔表面，推杆、复位杆过孔等	6.3~3.2

注：1.在各类配合面中，孔和异形表面的表面粗糙度可取较低值，轴类表面取较高值。

2.对于用砂型等铸造方法获得的模具零件，其非工作表面和倒(圆)角面如已满足尺寸公差要求，其表面粗糙度可不另作规定。

练　习　题

1.压铸模具装配图应说明哪些技术要求？它们有何指导意义？

2.如何考虑压铸模零件的配合间隙？

3.模具零件表面质量对模具工作有何影响？

第 11 章 典型铝合金压铸模具设计实例

学习目标：

通过本章学习熟悉铝合金压铸模设计过程，掌握铝合金压铸模设计的程序和方法，熟练掌握铝合金压铸模具成型零件尺寸的计算和其他技术要求的编制。

能力目标：

通过本章的学习应具备设计一些简单的铝合金压铸模具，并能够熟练绘制模具各部件图的能力。

11.1 压铸件技术要求

如图 11.1 所示为 4G15T 正时皮带张紧器铝合金压铸件图，压铸件材料合金牌号为 ADC12，压铸件毛坯化学成分及力学性能按 GT/T 15115—1994 执行。不允许有气孔、缩孔等

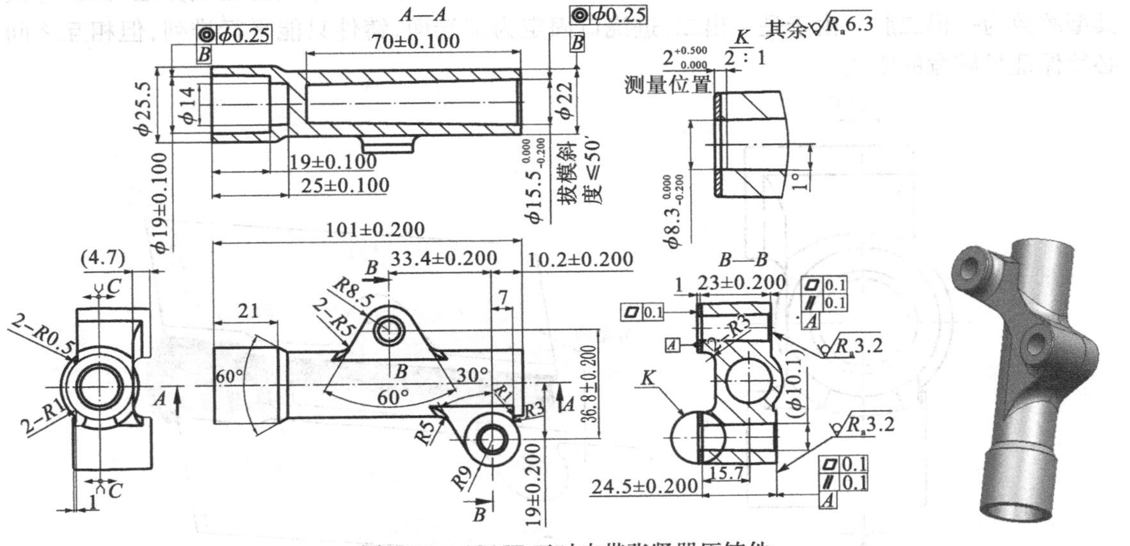

图 11.1　4G15T 正时皮带张紧器压铸件

缺陷,外表光滑,无毛刺。未注圆角 $R1 \sim R2$,未注公差按 CT8 级执行。铸件表面喷细丸,呈银灰色。真空压力浸渗处理(成品壳体内腔在 0.3~0.5 MPa 气压下保持 20 s,不允许有漏气现象),未注拔模斜度不大于 30′。按卧式冷压室压铸机设计压铸模具。

11.2 压铸模具设计程序

(1)压铸件成型工艺分析

压铸件成型工艺分析的目的:熟悉和掌握产品特性和对模具的相关要求。

1)压铸件结构

该压铸件形状较为简单,很容易理解,产品较小,上下抽芯,有两个滑块,模具看起来一般机械加工都能成形,但产品表面有粗糙度要求,并对致密度也提出了要求和试验要求,铸件壁厚不均匀,产品容易出现热节、缩凹、气孔。因此设计模具时应充分考虑这些技术要求,拟制订模具加工工艺和设计方案,有的放矢,以免犯方向性错误,造成模具报废。

2)尺寸精度

该铸件重要尺寸都提出了尺寸公差要求和形位公差要求,尺寸公差大部分控制在 ±0.2 mm,平面度和平行度都要求为 0.1 mm,同心度要求 0.25 mm,动定模分开加工很难满足同心度要求,只有组合车加工才能满足其要求,两凸台平面度和平行度 0.1 mm 制作成组合电极同时电加工。101±0.2 mm 由于是滑块端面,尺寸不容易保证,只有铸后机加。

3)材料

压铸材料为 ADC12,为压铸铝合金,可以用作压铸该零件的材料,其平均收缩率取 5‰。

(2)选择分型面

该零件大部分为圆柱形,分型面很容易选择,对半分型,产品排气顺畅。排溢系统和浇注系统很容易布置,因此,该零件宜采用如图 11.2 所示的 C—C 处的平面分型面分型,拟设计模具型腔数为一模二腔。由于是一出二,进浇口固定为圆端面,铸件只能平行排列,但相互之间必须保证足够宽的距离。

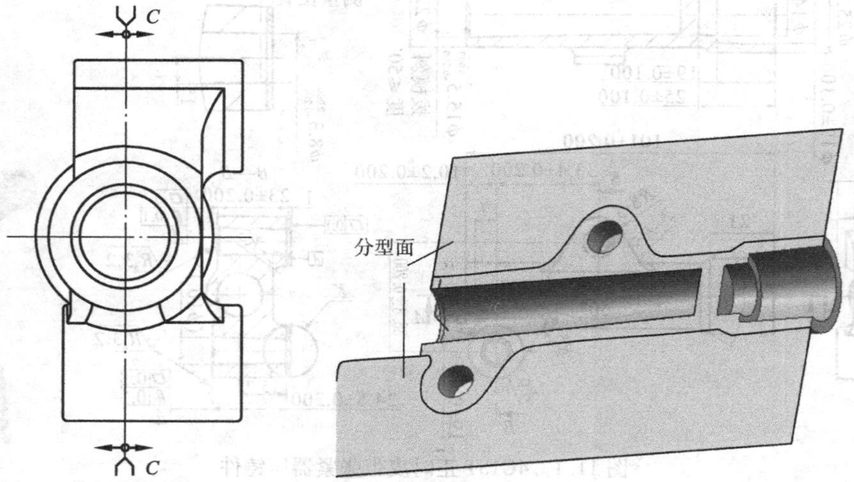

图 11.2 分型面的位置

(3)浇注系统和排溢系统的确认

该零件一出二,在卧式冷压室压铸机上压铸成型。从零件形状和技术要求上分析,大分型面上面不能有进浇痕迹,表面有粗糙度要求,并冲刷滑块抽芯,浇口去除后有缩孔,增加二次加工和废品率,尺寸和同轴度都不容易保证,只能选择圆柱两端面,然后进行内浇口截面积核算,计算后两端面内浇口截面积都够,选大圆端面不利于水的流动,水有阻碍,选择小圆端面搭浇注系统会更好。铝液呈扩胀式流动。

该零件比较特殊,有气压要求和良品率指标考核,一般压铸很难达到要求,模具还需抽真空。

把浇注系统设想好后,先设想水的流动顺序及合金液的交汇处,假想设置排溢系统,然后用流动分析软件分析,反复修改,最终确定浇注系统和排溢系统的尺寸大小。其结构如图11.3所示。

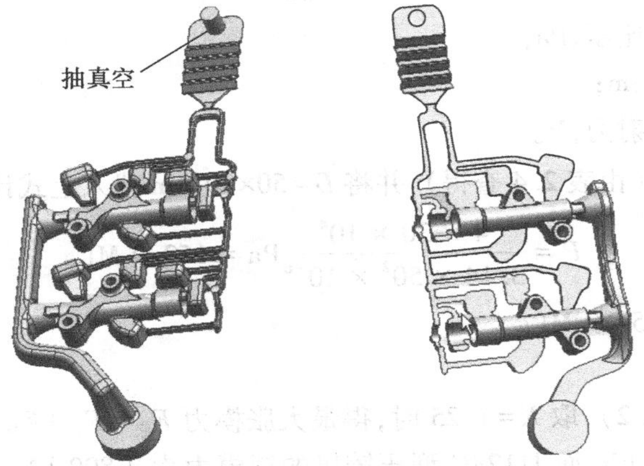

图11.3 带抽真空的浇注系统和排溢系统

(4)选择压铸机型号

1)计算胀型力 $F_{主}$

由式(2.2)可知,主胀型力为

$$F_{主}=\frac{AP}{10}$$

查表1.23,取该零件的压室压力 P 为100 MPa(耐气密性件)。

A 由3部分组成 A_1,A_2,A_3,分别代表压铸件、浇注系统以及排溢系统在分型面上的投影面积,经估算,$A_1+A_2+A_3=23.21\ \text{cm}^2\times 2+52.48\ \text{cm}^2+77.7\ \text{cm}^2=176.6\ \text{cm}^2$,也可通过三维软件精确计算,因此

$$F_{主}=176.6\times\frac{100}{10}\text{kN}=1\ 766\ \text{kN}$$

2)计算锁模力 $F_{锁}$

由式(2.1)可知,锁模力为

$$F_{锁}\geqslant K(F_{主}+F_{分})$$

由于该零件有一个滑块,一个液压抽芯,则

$F_{分}=F_{分1}+F_{分2}$

$$= \left[\frac{A_{芯} P}{10} \times tan\ \alpha\right] + \varepsilon\left[\frac{A_{芯} P}{10}\tan\alpha - F_{插}\right]$$

$$= \left[\frac{3.14 \times 0.95^2 \times 100 \times 2}{10} \times \tan 20\right] \text{kN} + \left[\frac{3.14 \times 0.78^2 \times 100 \times 2}{10} \times \tan 20 - 0.78\right] \text{kN}$$

$$= 33.76\ \text{kN}$$

取安全系数 K=1.25,则

$$F_{锁} \geqslant 1.25(1\ 766+33.76)\text{kN} = 2\ 249.7\ \text{kN}$$

由表 2.4 查出 J1128G 的锁模力为 2 800 kN,大于所计算的锁模力,完全能满足其要求。

取压室直径 ϕ50 mm,则其对应的最大压射比压为

$$P = \frac{4F_{max}}{\pi D^2}$$

式中 P——最大压射比压,Pa;

D——压室直径,m;

F_{max}——最大压射力,N。

取 $F_{max}=30\times10^4$ N(由表 2.4 查得),并将 $D=50\times10^{-3}$ m 代入上式计算得

$$P = \frac{4 \times 30 \times 10^4}{3.14 \times 50^2 \times 10^{-6}}\text{Pa} = 152.9\ \text{MPa}$$

即得最大压射比压为 152.9 MPa。

3)校核锁模力

按式(2.1)和式(2.2),取 K=1.25 时,得最大胀模力 $F_{胀}=F_{主}+F_{分}$=152.9(176.6+3.5)/10 kN−0.78 kN=2 752 kN,而 J1128G 型压铸机的锁模力为 2 800 kN,故锁模力能满足要求。为了满足产品质量的稳定性,可查表 2.4 选择 J1140G 型压铸机。

4)压室额定容量的校核

J1125G 型压铸机选用 ϕ50 mm 压室直径时,压室内最大铝合金容量为 3 kg,因此,压铸件及浇注系统、排溢系统的总质量必须小于 3 kg。经计算(用三维软件计算),压铸件及浇注系统、排溢系统的总量为 0.75 kg,故 J1125G 型压铸机的压室额定容量能满足要求。

(5)确定模具结构,绘制模具装配图及模具三维图

由于模具是一模二腔,分型面是平面,采用平磨就可达到要求,由于上下半模有同轴度要求,在机加工艺时需安排动、定模组合车,定模有型芯,孔位有尺寸要求,用慢走丝线割可以满足要求,滑块抽芯较长,固定方式要牢靠,用外圆磨可以达到。模具装配图如图 11.4 所示。

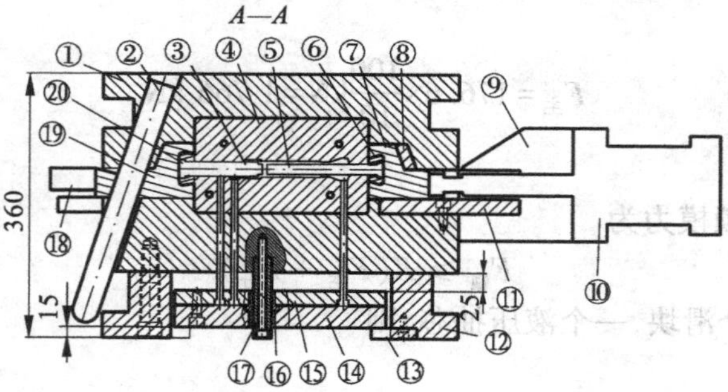

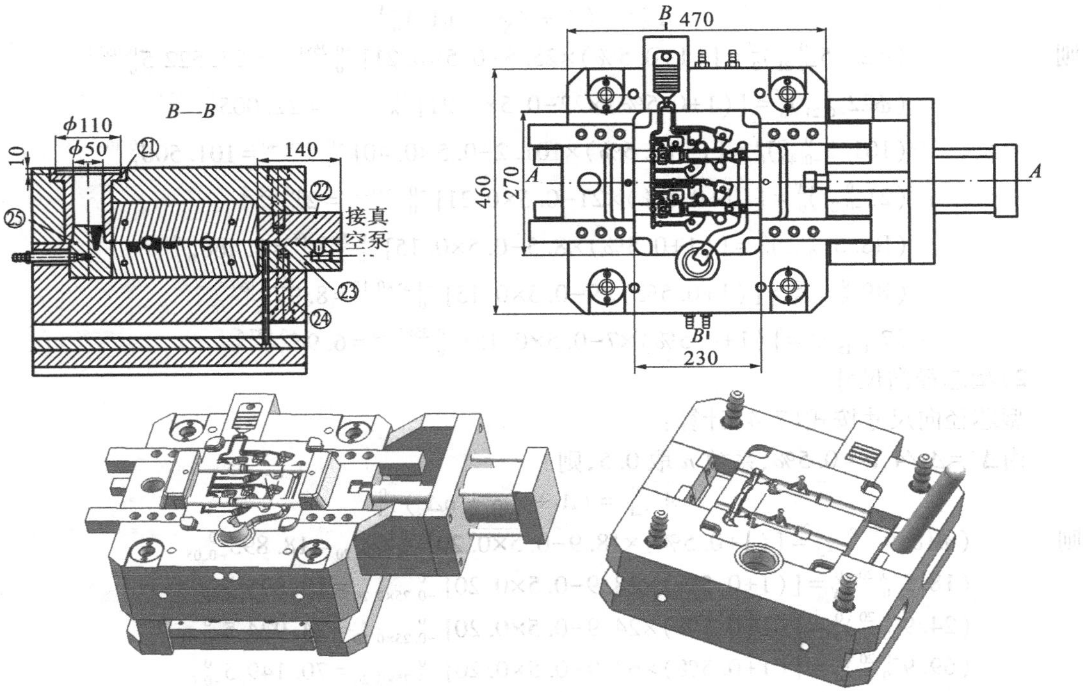

图 11.4　4G15T 正时皮带张紧器模具装配图

1—定模套板；2—斜销；3—左抽芯；4—定模；5—右抽芯；6—抽芯固定块；7—右滑块座；8—锁紧块；9—油缸支架；10—液压缸；11—耐磨条；12—垫块；13—推板限位块；14—推板；15—推杆固定板；16—反导套；17—反导柱；18—导滑条；19—左滑块座；20—抽芯固定块；21—浇口套；22—定模激冷块；23—动模激冷块；24—动模套板；25—分流锥

(6)模具成型部分尺寸计算

计算成型部分尺寸的目的主要是为了设计成型零件，计算时把图纸尺寸归为两大类，即原标注有公差的尺寸和未标注公差的尺寸，未注尺寸公差按 IT12 级，将所有铸件尺寸的偏差分类标注为单向偏差，然后再计算成型尺寸的数值。

型腔径向尺寸（磨损后增大的尺寸）有 $\phi25.5^{0}_{-0.21}$，$\phi22^{0}_{-0.21}$，$101.2^{0}_{-0.4}$，$21^{0}_{-0.21}$，$R8.5^{0}_{-0.15}$，$R9^{0}_{-0.15}$，$7^{0}_{-0.15}$。

型芯径向尺寸（磨损后减小的尺寸）有 $\phi18.9^{+0.2}_{0}$，$18.9^{+0.2}_{0}$，$24.9^{+0.2}_{0}$，$69.9^{+0.2}_{0}$，$\phi15.3^{+0.2}_{0}$，$\phi8.1^{+0.2}_{0}$，$\phi14^{+0.18}_{0}$

型腔深度尺寸有 $23.2^{0}_{-0.4}$，$24.7^{0}_{-0.4}$。

型腔中心线到凹模的尺寸有 $15.7^{0}_{-0.18}$，$10.4^{0}_{-0.18}$。

型芯或型腔中心距离尺寸有 33.4 ± 0.2，19 ± 0.2，36.8 ± 0.2。

有些连接圆弧，如 2-$R0.5$，2-$R1$，$R5$，$R1$，$R3$，2-$R5$，2-$R3$ 等，因对压铸件尺寸影响较小，可直接标在模具工作图上。

1)型腔径向尺寸

型腔径向尺寸按式(7.3)计算：

由 $\Delta'=\Delta/4$，$\varphi=0.5\%$，系数 n 取 0.5，则

$$A'^{+\Delta'}_{0} = (A + A\varphi - n\Delta')^{+\Delta'}_{0}$$

则 $(\phi25.5^{\ 0}_{-0.21})^{+\Delta'}_{0} = [(1+0.5\%)\times25.5-0.5\times0.21]^{+0.25\times0.21}_{0} = 25.522\,5^{+0.052\,5}_{0}$

$(\phi22^{\ 0}_{-0.21})^{+\Delta'}_{0} = [(1+0.5\%)\times22-0.5\times0.21]^{+0.25\times0.21}_{0} = 22.005^{+0.052\,5}_{0}$

$(101.2^{\ 0}_{-0.40})^{+\Delta'}_{0} = [(1+0.5\%)\times101.2-0.5\times0.40]^{+0.25\times0.40}_{0} = 101.506^{+0.10}_{0}$

$(21^{\ 0}_{-0.21})^{+\Delta'}_{0} = [(1+0.5\%)\times21-0.5\times0.21]^{+0.25\times0.21}_{0} = 21^{+0.052\,5}_{0}$

$(R8.5^{\ 0}_{-0.15})^{+\Delta'}_{0} = [(1+0.5\%)\times8.5-0.5\times0.15]^{+0.25\times0.15}_{0} = 8.468^{+0.037\,5}_{0}$

$(R9^{\ 0}_{-0.15})^{+\Delta'}_{0} = [(1+0.5\%)\times9-0.5\times0.15]^{+0.25\times0.15}_{0} = 8.97^{+0.037\,5}_{0}$

$(7^{\ 0}_{-0.15})^{+\Delta'}_{0} = [(1+0.5\%)\times7-0.5\times0.15]^{+0.25\times0.15}_{0} = 6.96^{+0.037\,5}_{0}$

2)型芯径向尺寸

型芯径向尺寸按式(7.4)计算：

由$\Delta'=\Delta/4$，$\varphi=0.5\%$，系数n取0.5，则

$$A'^{\ 0}_{-\Delta'} = (A + A\varphi + n\Delta)^{\ 0}_{-\Delta'}$$

则 $(\phi18.9^{+0.20}_{0})^{\ 0}_{-\Delta'} = [(1+0.5\%)\times18.9-0.5\times0.20]^{\ 0}_{-0.25\times0.20} = 18.895^{\ 0}_{-0.05}$

$(18.9^{+0.20}_{0})^{\ 0}_{-\Delta'} = [(1+0.5\%)\times18.9-0.5\times0.20]^{\ 0}_{-0.25\times0.20} = 18.895^{\ 0}_{-0.05}$

$(24.9^{+0.20}_{0})^{\ 0}_{-\Delta'} = [(1+0.5\%)\times24.9-0.5\times0.20]^{\ 0}_{-0.25\times0.20} = 24.924\,5^{\ 0}_{-0.05}$

$(69.9^{+0.20}_{0})^{\ 0}_{-\Delta'} = [(1+0.5\%)\times69.9-0.5\times0.20]^{\ 0}_{-0.25\times0.20} = 70.149\,5^{\ 0}_{-0.05}$

$(\phi15.3^{+0.20}_{0})^{\ 0}_{-\Delta'} = [(1+0.5\%)\times15.3-0.5\times0.20]^{\ 0}_{-0.25\times0.20} = 15.277^{\ 0}_{-0.05}$

$(\phi8.1^{+0.20}_{0})^{\ 0}_{-\Delta'} = [(1+0.5\%)\times8.1-0.5\times0.20]^{\ 0}_{-0.25\times0.20} = 8.140\,5^{\ 0}_{-0.05}$

$(\phi14^{+0.18}_{0})^{\ 0}_{-\Delta'} = [(1+0.5\%)\times14-0.5\times0.18]^{\ 0}_{-0.25\times0.18} = 13.98^{\ 0}_{-0.045}$

3)型腔深度尺寸

型腔深度尺寸按式(7.3)计算：

由$\Delta'=\Delta/4$，$\varphi=0.5\%$，系数n取0.5，则

$$A'^{+\Delta'}_{0} = (A + A\varphi - n\Delta)^{+\Delta'}_{0}$$

则 $(23.2^{\ 0}_{-0.4})^{+\Delta'}_{0} = [(1+0.5\%)\times23.2-0.5\times0.4]^{+0.25\times0.4}_{0} = 23.116^{+0.10}_{0}$

$(24.7^{\ 0}_{-0.4})^{+\Delta'}_{0} = [(1+0.5\%)\times24.7-0.5\times0.4]^{+0.25\times0.4}_{0} = 24.823\,5^{+0.10}_{0}$

4)型芯或型腔中心距离尺寸

型芯或型腔中心距离尺寸按式(7.5)计算：

由$\Delta'=\Delta/4$，$\varphi=0.5\%$，则

$$A' \pm\frac{\Delta'}{2} = (A + A\varphi) \pm\frac{\Delta'}{2}$$

则 $(33.4\pm0.20)\pm\dfrac{\Delta'}{2} = [(1+0.5\%)\times33.4]\pm\dfrac{0.25\times0.20}{2} = 33.567\pm0.05$

$(19\pm0.20)\pm\dfrac{\Delta'}{2} = [(1+0.5\%)\times19]\pm\dfrac{0.25\times0.20}{2} = 19.095\pm0.05$

$(36.8\pm0.20)\pm\dfrac{\Delta'}{2} = [(1+0.5\%)\times36.8]\pm\dfrac{0.25\times0.20}{2} = 36.984\pm0.05$

5)型腔中心线到凹模壁的尺寸

型腔中心线到凹模壁的尺寸按式(7.6)计算：

由 $\delta_z=\Delta/4, K=0.5\%$，则

$$A' \pm \frac{\Delta'}{2} = \left(A + A\varphi - \frac{\Delta'}{24}\right) \pm \frac{\Delta'}{2}$$

则

$$15.7^{\ 0}_{-0.18} \pm \frac{\Delta'}{2} = \left[(1+0.5\%) \times 15.7 - \frac{0.25}{24}\right] \pm \frac{0.25}{2} \times 0.18 = 15.768 \pm 0.0225$$

$$10.4^{\ 0}_{-0.18} \pm \frac{\Delta'}{2} = \left[(1+0.5\%) \times 10.4 - \frac{0.25}{24}\right] \pm \frac{0.25}{2} \times 0.18 = 10.442 \pm 0.0225$$

(7) 绘制压铸模零件图

前面讲了绘制零件图的步骤，这一小节重点阐述不同零件的画法，如图 11.5—图 11.10 所示为模具的部分零件图。

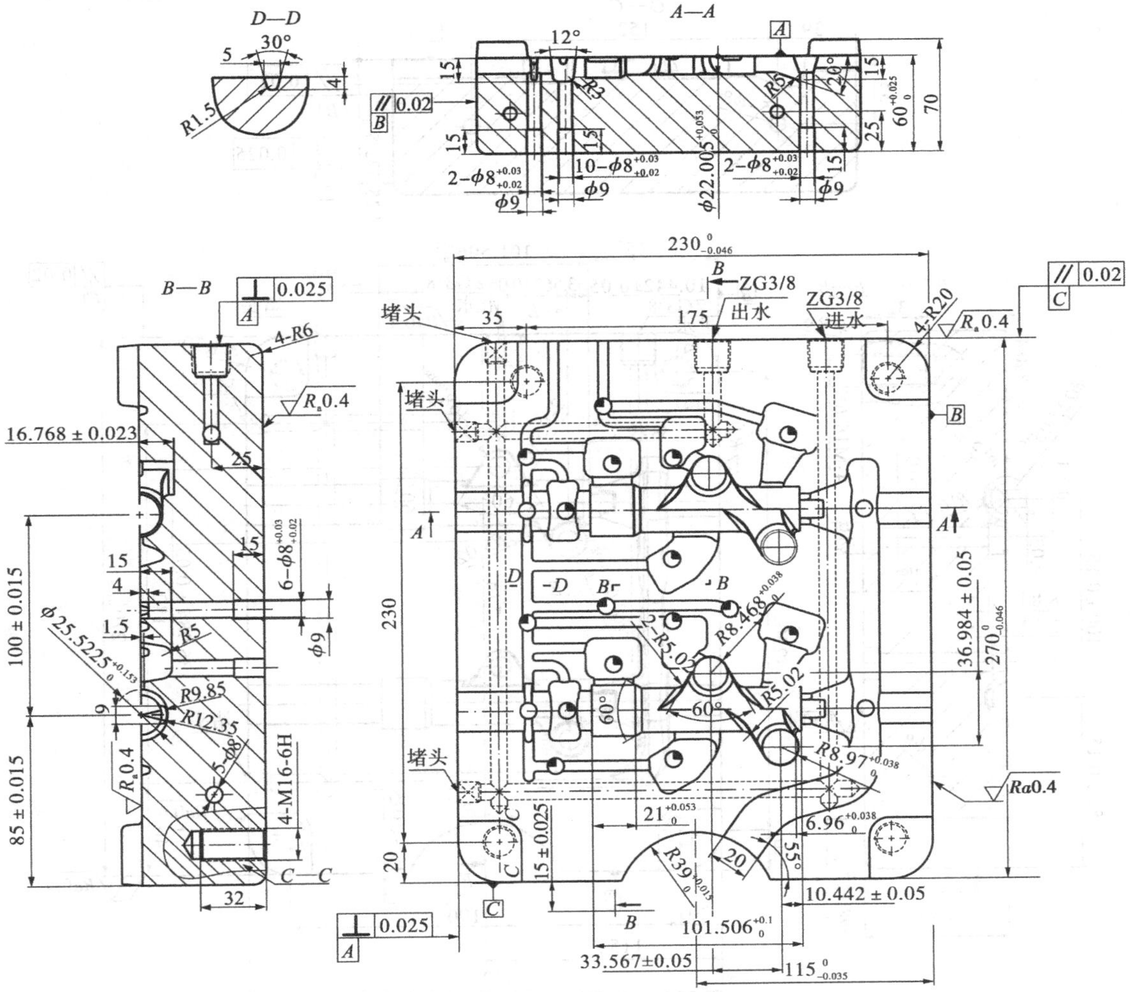

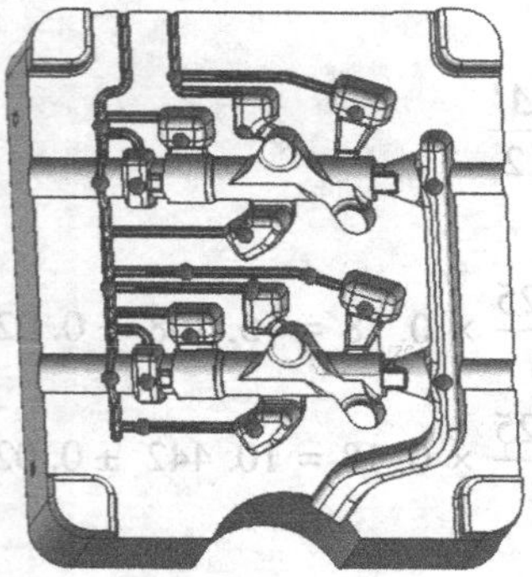

技术要求

1.材料:H13

2.成型部分表面粗糙度 *Ra*0.4,其余未注表面粗糙度 *Ra*1.6

3.真空淬火,46~48HRC

4.成型部脱模斜度 1°,浇道处斜度 6°,渣包斜度 10°

图 11.5　动模

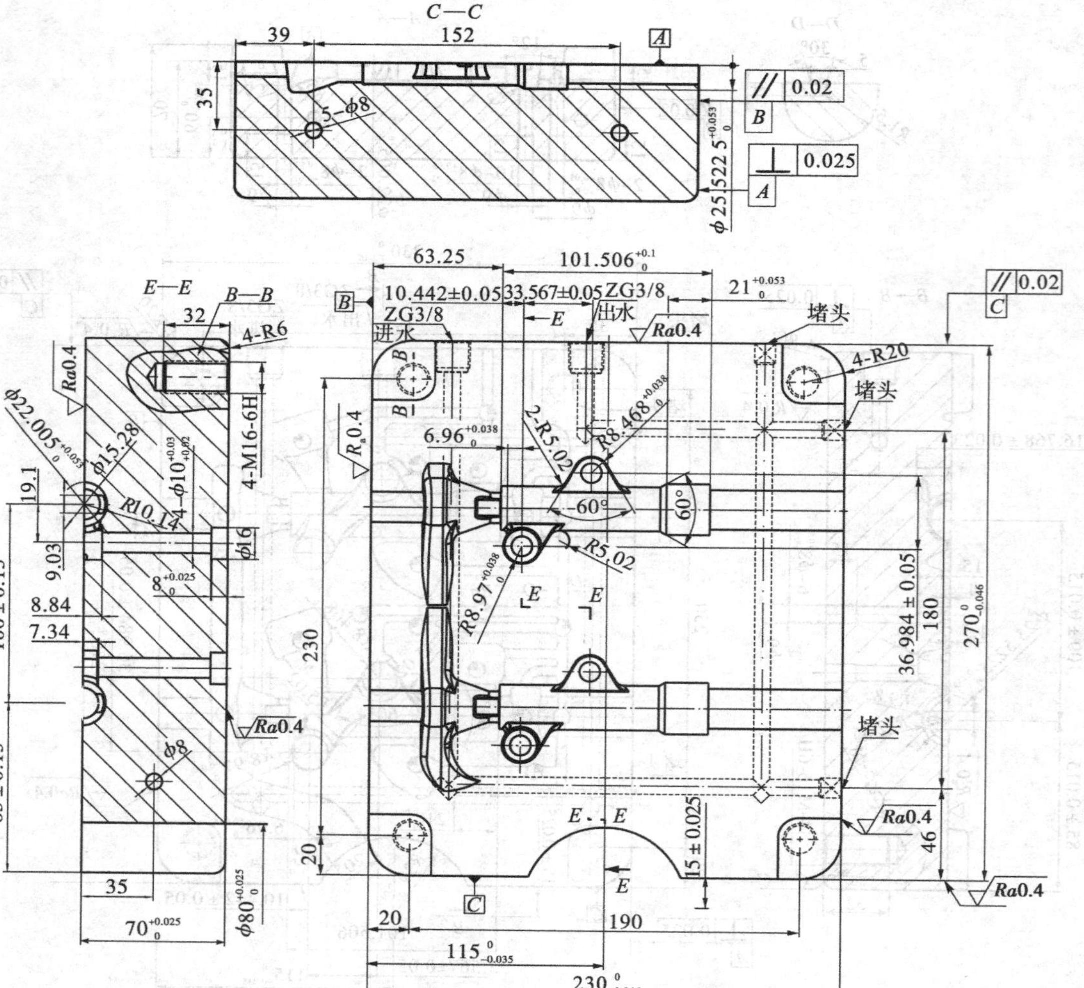

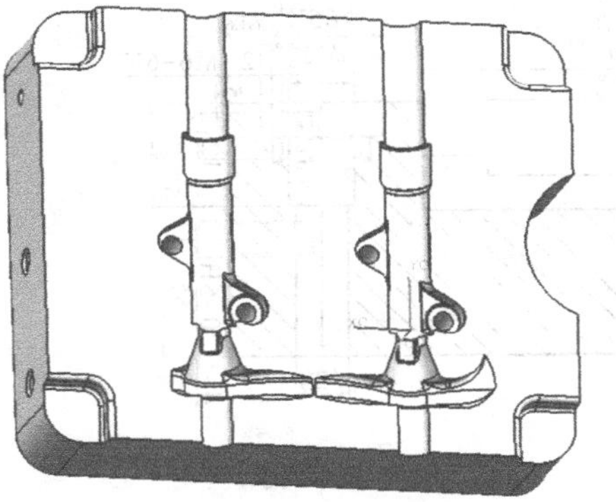

技术要求

1.材料:H13

2.成型部分表面粗糙度 *Ra*0.4,其余未注表面粗糙度 *Ra*1.6

3.真空淬火,46~48HRC

4.成型部脱模斜度 1°,内浇口和浇道斜度 6°

图 11.6 定模

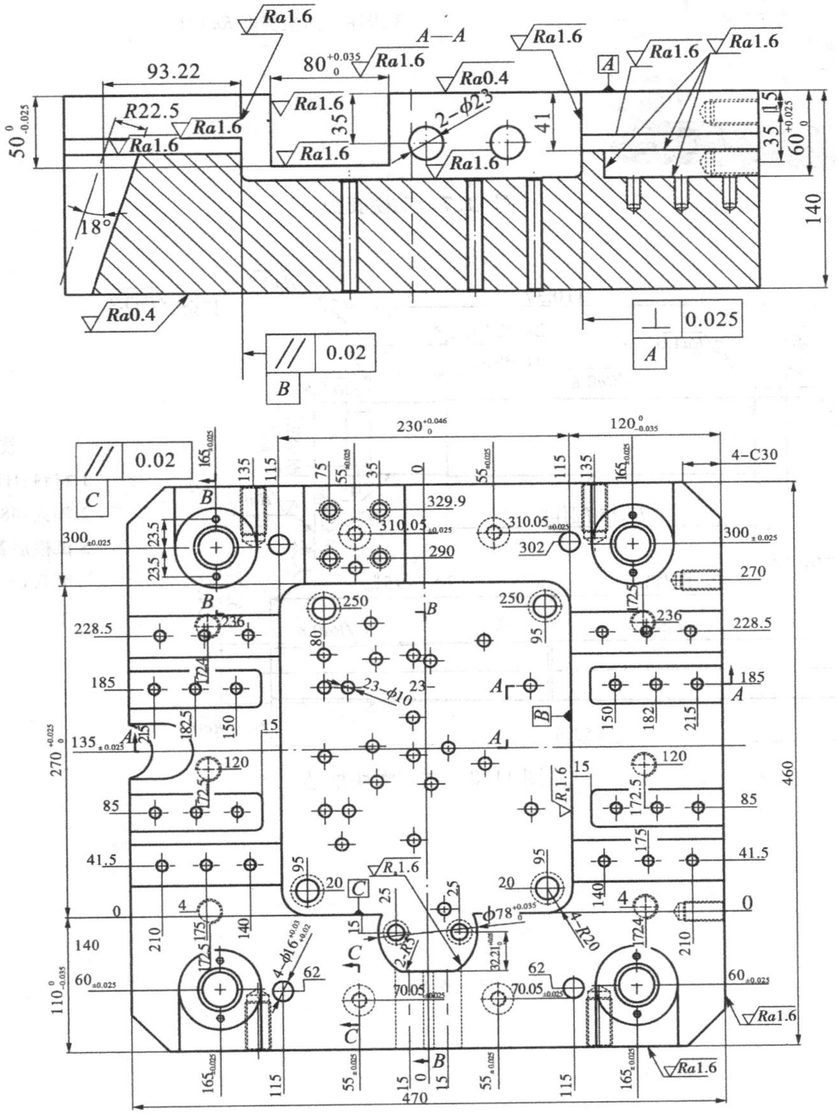

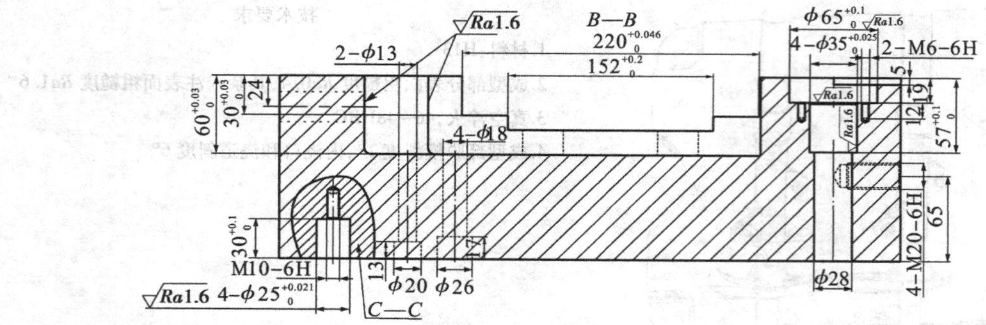

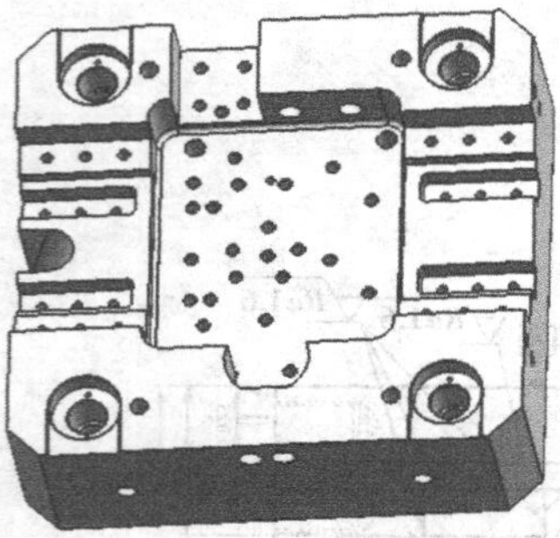

技术要求

1.材料:QT600-3

2. 4-$\phi35^{+0.025}_{0}$孔位置与定模套板保持一致,23-φ10 顶针孔钳工和动模配钻

3.未注表面粗糙度 $Ra3.2$

图 11.7　动模套板

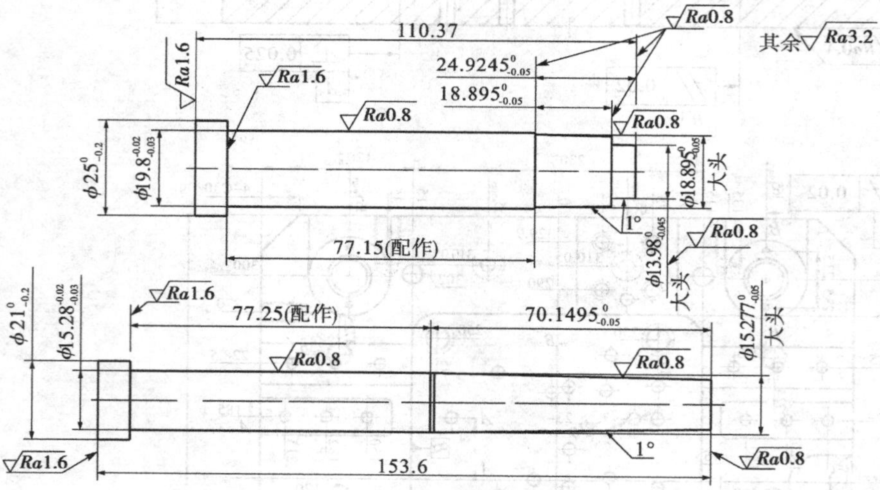

技术要求

1.材料:H13

2.淬火:48~52HRC

3.试模后氮化,氮化层深度 0.08~0.15 mm

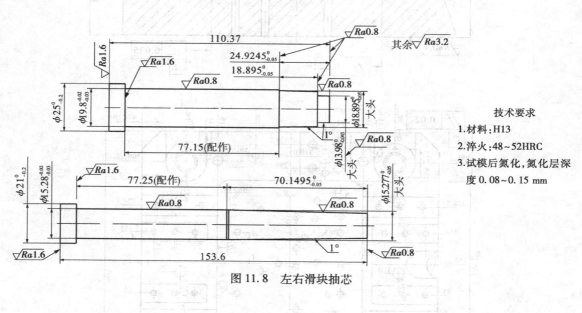

图 11.8　左右滑块抽芯

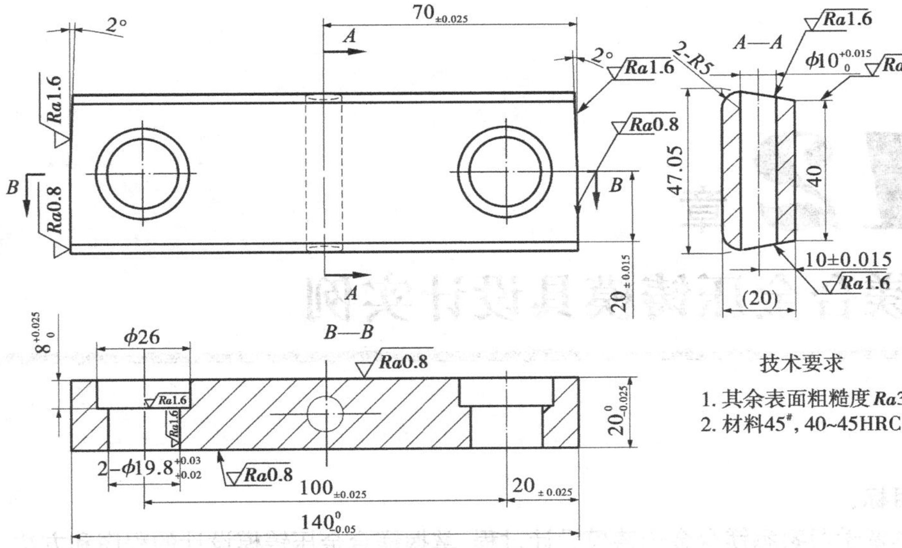

技术要求

1. 其余表面粗糙度 *Ra*3.2
2. 材料45#, 40~45HRC

图 11.9　左滑块抽芯固定块

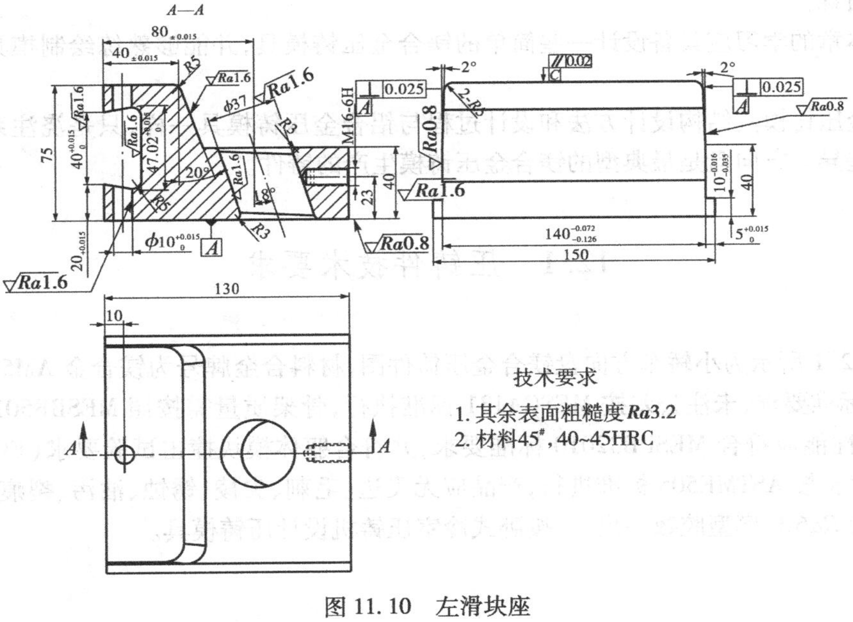

技术要求

1. 其余表面粗糙度 *Ra*3.2
2. 材料45#, 40~45HRC

图 11.10　左滑块座

练　习　题

简述压铸模具的设计程序。

第12章 典型镁合金压铸模具设计实例

学习目标：

通过本章学习熟悉镁合金压铸模设计过程，掌握镁合金压铸模设计的程序和方法，熟练掌握镁合金压铸模具成型零件尺寸的计算和其他技术要求的编制。

能力目标：

通过本章的学习应具备设计一些简单的镁合金压铸模具，并能够熟练绘制模具各部件图的能力。

镁合金压铸模具结构设计方法和设计过程与铝合金压铸模具一样，只是浇注系统和排渣系统稍有差异。方向盘是最典型的镁合金压铸模生产的铸件。

12.1 压铸件技术要求

如图12.1所示为小轿车方向盘镁合金压铸件图，材料合金牌号为镁合金AM50A，且满足ASTMB94标准要求，未注公差按MESCA131标准执行，骨架质量需按照MESBB501标准进行测量，骨架性能应符合MESPB32010标准要求，并符合躯体模块撞击试验要求（ECER12），压铸件探伤检验按ASTME505标准进行，产品应无飞边、毛刺、尖棱、锈蚀、油污、裂痕等缺陷，表面粗糙度为*Ra*6.3，模型腔数一出一，按卧式冷室压铸机设计压铸模具。

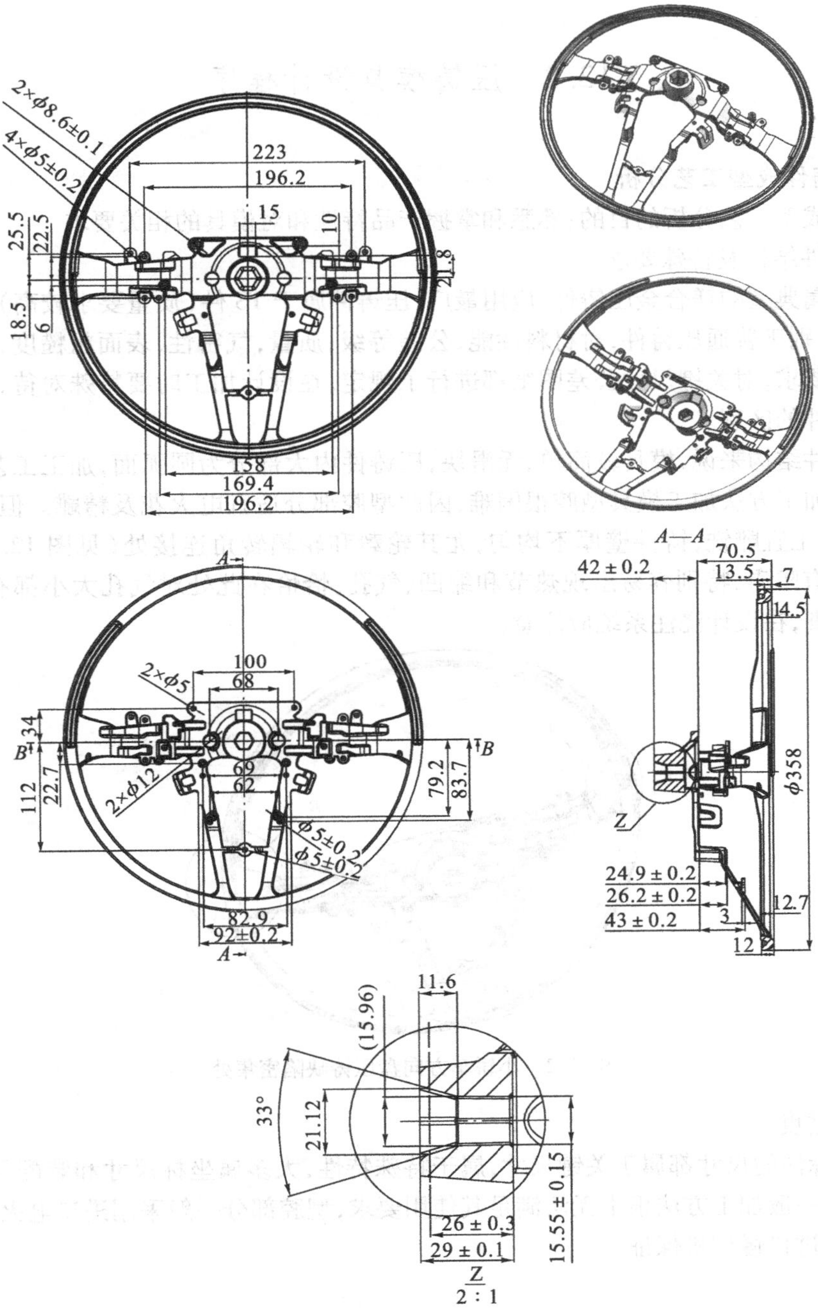

图 12.1　小轿车方向盘压铸件

12.2 压铸模具设计程序

(1)压铸件成型工艺分析

压铸件成型工艺分析的目的:熟悉和掌握产品特性和对模具的相关要求。

1)压铸件结构及特殊要求

方向盘属典型的镁合金压铸件,应用最广,压铸件属于TS件(质量要求较高),日常用件,要求极高,区别于普通压铸件,对材料性能,公差等级,质量,气密性,表面粗糙度,安全性能都有具体指标要求,对关键尺寸公差图纸都进行了规定,在设计加工时要特殊对待,这是压铸汽车件和其他件的区别。

从压铸件结构来说,模具较简单,无滑块,压铸件内大部分为圆弧面,加工工艺性较差,用一般的机械加工方法加工模具型腔很困难,因此型腔部分适宜电火花及精雕。但电火花成本较高,现在加工宜雕铣,铸件壁厚不均匀,尤其轮毂和轮辐转角连接处(见图12.2中A,B,C处),水流又有阻碍,特别容易出现热节和缩凹、气孔,恰恰在此处对气孔大小都有严格规定,必须探伤检查,在设计浇注系统应注意。

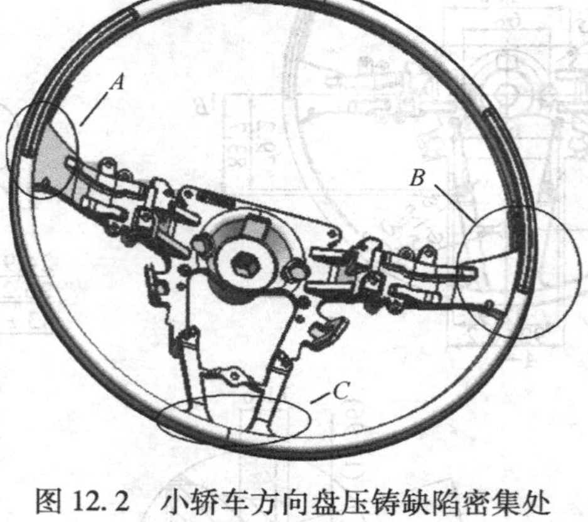

图12.2 小轿车方向盘压铸缺陷密集处

2)尺寸精度

该铸件标注的尺寸都属于关键尺寸,属于特殊特性,大多属坐标尺寸和装配尺寸,深度也有公差要求,一般加工方法根本无法满足其使用要求,型腔部分一般采用进口电火花和精雕机加工,孔位用进口慢切机保证。

3)材料

压铸材料为AM50A,属压铸镁合金,可以用作压铸该另件的材料,其平均收缩率取6‰。

(2)选择分型面

该零件轮辐为圆形,中间轮毂为圆锥形,因此主分型面为平面在如图11.3所示A—B处。这样分型有利于布置排渣系统,中间轮毂分型面可以设计为圆锥形,并把型腔凸出部分作定模,把凹下部分作动模,防止黏定模,这样分型有利排气,中间还可以沿型布置渣包。

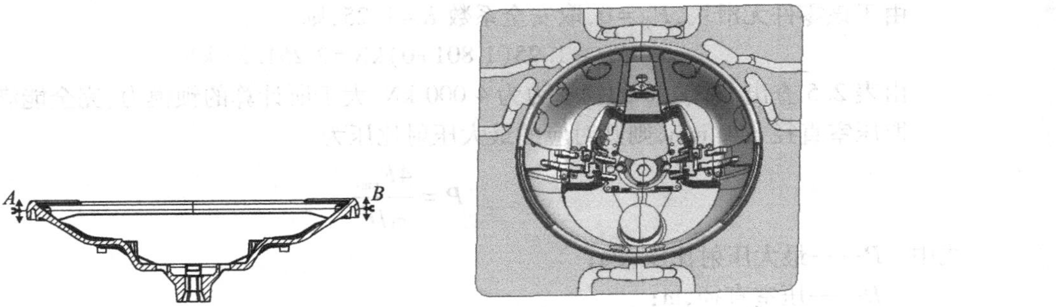

图 12.3　分型面的位置

(3)浇注系统和排溢系统的确认

由于产品的特殊性，该零件只能一出一，在卧式冷压室压铸机上压铸成型。从零件形状上分析，轮辐面不能进浇，水流紊乱，浇口去除后会凸现气孔，表面不好处理，处理后圆失真，轮毂中心部分有条直边可以粗略，选择在此处进料，其他地方都是斜面，进料不好，选择大直边进浇，水流趋势较好；然后核算内浇口的截面是否够（方法同铝合金，公式不一样），经仔细核算，内浇口的截面积足够，就选择在此处搭浇注系统。

把浇注系统设想好后，先设想水的流动顺序及合金液的交汇处，在重要部分和交汇处需设置排溢系统，然后用流动分析软件分析，反复修改，最终确定浇注系统和排溢系统的尺寸大小。其结构如图 12.4 所示。

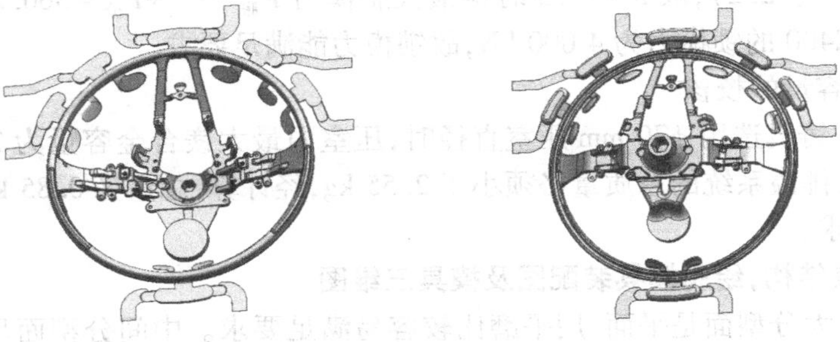

图 12.4　浇注系统和排溢系统

(4)选择压铸机型号

1)计算胀型力 $F_{主}$

由式(2.2)可知，主胀型力为

$$F_{主}=\frac{AP}{10}$$

查表 1.23，取该零件的压室压力 P 为 50 MPa。

A 由 3 部分组成 A_1,A_2,A_3，分别代表压铸件、浇注系统以及排溢系统在分型面上的投影面积。经估算，$A_1+A_2+A_3=262\ \text{cm}^2+55.2\ \text{cm}^2+43\ \text{cm}^2=360.2\ \text{cm}^2$，也可通过三维软件精确计算，故

$$F_{主}=360.2\times50/10\ \text{kN}=1\ 801\ \text{kN}$$

2)计算锁模力 $F_{锁}$

由式(2.1)可知，锁模力为

$$F_{锁}\geqslant K(F_{主}+F_{分})$$

由于该零件无滑块，$F_{分}=0$，取安全系数 $K=1.25$，则

$$F_{锁} \geqslant 1.25(1\ 801+0)\text{kN}=2\ 251.25\ \text{kN}$$

由表2.5查出DCC400的锁模力为4 000 kN，大于所计算的锁模力，完全能满足其要求。

取压室直径 $\phi70$ mm，则其对应的最大压射比压为

$$P=\frac{4F_{max}}{\pi D^2}$$

式中 P——最大压射比压，Pa；

D——压室直径，m；

F_{max}——最大压射力，N。

把 $D=60\times10^{-3}$m，$F_{max}=40\times10^4$N（由表2.5查得）代入上式，计算得

$$P=\left[\frac{4\times40.5\times10^4}{3.14\times60^2\times10^{-6}}\right]\text{Pa}=105.2\times10^6\text{Pa}$$

即得最大压射比压为105.2 MPa。

3）校核铸造面积

DCC400型压铸机在压室直径 $\phi70$mm，增压405 kN的情况下，最大压射比压为105.2 MPa，铸造面积375 cm^2，而实际360.2 cm^2，故能满足要求。

4）校核锁模力

按式（2.1）和式（2.2），取 $K=1.25$ 时得最大胀模力 $F_{胀}=F_{主}+F_{分}=360.2\times105.2/10$ kN$=$3 789 kN，而DCC400的锁模力为4 000 kN，故锁模力能满足要求。

5）压室额定容量的校核

DCC400型压铸机选用 $\phi70$ mm压室直径时，压室内最大镁合金容量为2.55 kg，因此，压铸件及浇注系统、排溢系统的总质量必须小于2.55 kg，经计算，总量为0.85 kg（用三维软件计算），也能满足要求。

（5）确定模具结构，绘制模具装配图及模具三维图

模具一出一，大分型面是平面，用平磨比较容易满足要求。中间分型面呈圆锥形，用精雕加工来保证，但中间部分需消气，合型面才能合好。由于孔位及大小要求极严，压铸攻丝即装配使用，在安排加工工艺时特别注意，尽量使用精密机床，动、定模成型部分先精雕，后局部电火花加工，孔用慢走丝线割加工。模具装配图如图12.5所示。

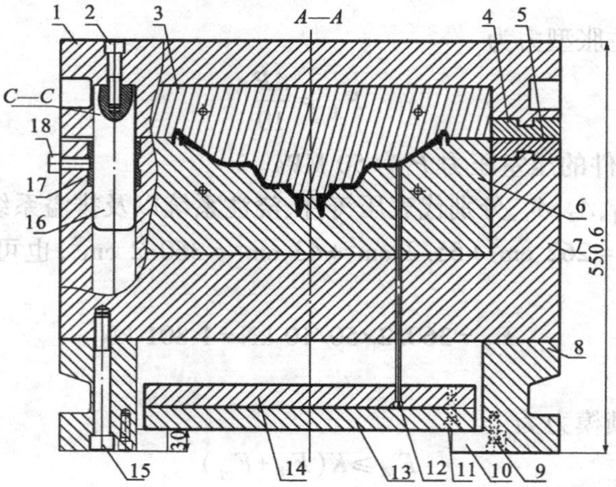

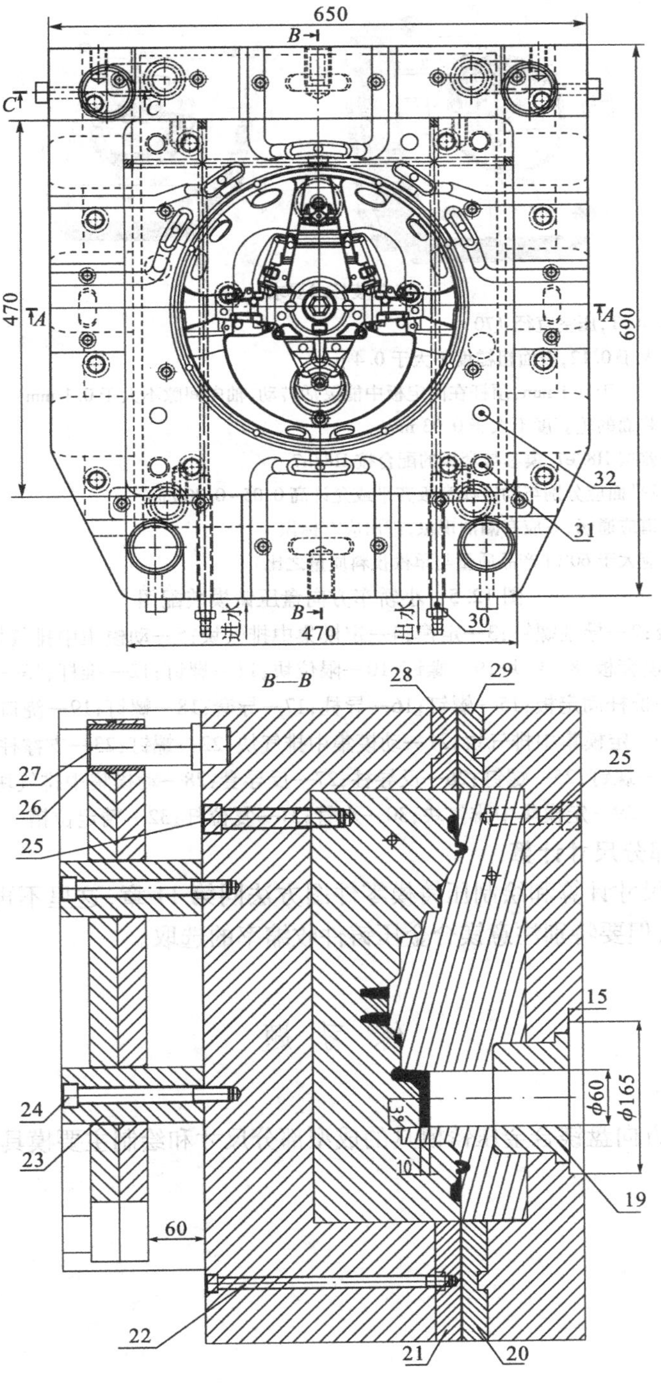
650
B
C
C
470
A
A
690
32
31
进水
出水
30
470
B—B
28
29
27
26
25
25
15
ϕ60
ϕ165
24
23
19
60
22
21
20

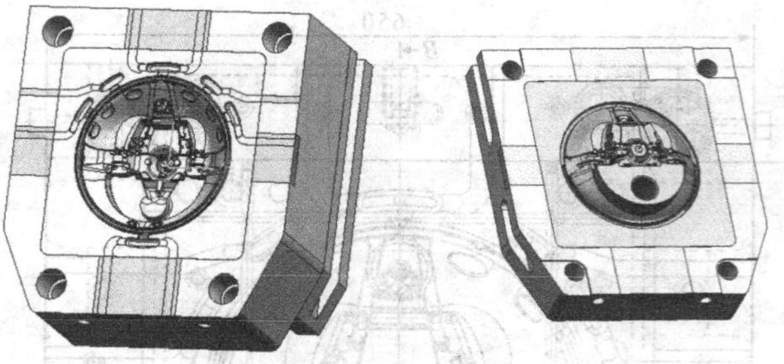

总装技术要求

1.压机型号:DCC630/400T,压室直径 $\phi70$

2.分型面的平行度不大于 0.12,表面粗糙度不大于 0.4 μm

3.顶杆允许凸出型面不大于 0.1 mm,顶杆在固定板中能灵活转动,轴向间隙不大于 0.1 mm

4.导柱导套对套板安装面的垂直度不大于 0.03 mm

5.导柱导套的配合公差按 H8/e7,模芯与套板的配合按 H8/h7

6.在分型面上,动定模平面应分别与动定模套板齐平或允许高 0.05~0.30 mm

7.冷却水道和温控油道应通畅,不应有漏油现象,进出应有标识

8.每模次产品收得率应大于 60%(产品质量与单模投料质量之比)

图 12.5　小轿车方向盘压铸模装配图

1—定模套板;2—导柱螺钉;3—定模;4—定模集中排气块;5—动模集中排气块;6—动模;7—动模套板;8—垫块;9—螺钉;10—限位块;11—螺钉;12—推杆;13—推板;14—推杆固定板;15—螺钉;16—导柱;17—导套;18—螺钉;19—浇口套;20—定模集中排气块;21—动模集中排气块;22—螺钉;23—支撑柱;24—螺钉;25—螺钉;26—反导柱;27—反导套;28—动模集中排气块;29—定模集中排气块;30—水管;31—复位杆;32—精定位销

(6)模具成型部分尺寸计算

模具成型部分尺寸计算和绘制压铸模零件图方法同第 11 章,这里不再赘述,可以把它当作一个练习题练习,但要特别注意镁合金压铸件收缩率的选取。

练 习 题

试计算小轿车方向盘镁合金压铸模具的成型部分尺寸和绘制主要模具零件图。

第 13 章 压铸模具失效分析与提高使用寿命的措施

学习目标：

通过本章学习了解压铸模具常见的失效形式和主要原因，掌握提高压铸模具使用寿命和正确使用及维护保养压铸模具的方法。

能力目标：

通过本章的学习具备准确诊断压铸模具失效的形式和分析主要原因，并具备能制订整改措施的能力；同时具备正确使用和维护保养压铸模具的能力。

13.1 压铸模具常见的失效形式及主要原因

压铸模具在生产使用过程中，由于高温、高压、高速的液体金属直接作用在其成型部件上，因此，压铸模具将受到机械冲击、机械损蚀、热疲劳和化学侵蚀的反复作用，容易产生失效。下面结合压铸工厂实际情况对压铸模具的常见失效形式和主要原因分析如下：

13.1.1 压铸模具常见的失效形式

(1) 热裂纹

热裂纹，通常也称为龟裂。它是压铸模具最常见的失效形式。热裂纹通常形成于模具型腔表面或型腔内部热应力集中处，当裂纹形成后，应力重新分布，应力发展到一定程度时，由于塑性应变而产生应力松弛使裂纹停止扩展。随着循环次数的增加，裂纹尖端附近出现一些小孔洞并逐渐形成微裂纹，与开始形成的主裂纹合并，裂纹继续扩展，最后裂纹间相互连接从而导致模具失效。

(2) 整体脆断

整体脆断是由于外力作用导致机械过载或热过载，从而导致模具断裂。材料的塑韧性、热稳定性等与此现象紧密相关，同时，材料中有严重缺陷、杂质或操作不当，会引起整体脆断。

(3) 侵蚀或冲刷

侵蚀或冲刷常常是由于机械和化学腐蚀综合作用的结果，金属液高速射入型腔，造成型腔表面的机械磨蚀。同时，金属合金液中的一些元素与模具材料生成脆性的化合物，成为热裂纹新的扩展源。金属液充填到裂纹之中与裂纹壁产生机械作用,并与热应力叠加,加剧裂纹尖端的拉应力,从而加快了裂纹的扩展。

(4)机械损伤

机械损伤往往是由于压铸模具在使用过程中,由于作业者操作不当,将会使模具造成一些机械性的损害,如塌陷、弯曲甚至断裂等。

13.1.2 压铸模具失效的主要原因

由于压铸模具失效的原因比较复杂,总的来说,导致压铸模具失效的主要因素有压铸件和压铸模具的结构设计、压铸模具的制造工艺、压铸模具材料的选用及热处理、压铸生产过程中的压铸工艺等,这些方面的内容将在后序的有关提高压铸模具使用寿命的措施中进行介绍。下面重点从压铸模具在使用过程中的工作条件加以分析。

①热交变应力的影响。压铸生产是在一定周期内循环操作,这个周期的长短是根据所用合金材料、压铸工艺要求、压铸件结构、压铸模具结构等决定的。在压铸填充过程中,金属液以较高的温度(铝合金和镁合金通常为600 ℃以上,锌合金为400 ℃以上,铜合金在850 ℃以上)充入型腔,而模具型腔内成型零件的表面温度通常为150~300 ℃。因此,在填充的瞬间,成型零件急剧升温。铸件取出后,成型零件表面与空气接触,并在脱模剂(压铸涂料)的激冷作用下,急剧降温。这样周而复始的在短的时间内经受忽冷忽热的作用,使成型零件表面形成交变应力,从而产生热疲劳现象,继而发生塑性变形,产生热裂,继而形成龟裂。严重的或在局部薄弱处产生裂纹甚至发生零件断裂的现象。

②压铸成型过程也是热交换的过程。在填充过程中,由于受到成型材料热传导的限制,成型表面首先达到较高温度而膨胀,而内层的模温则相对较低,膨胀量也相对较小,使其表面产生拉应力,形成龟裂。

③金属液在高温、高压的作用下,从而使金属向型壁黏附或焊合,加剧模具成型零件表面层的应力状态,形成龟裂。

④含有氧、氢等活性气体的熔融金属以及杂质和熔渣,会引起模具成型零件工作表面的氧化、氢化或气体腐蚀,使成型表面产生化学腐蚀和裂纹。

⑤熔融金属液在高压、高速的状态下,冲击型腔内成型零件,容易造成型芯的偏移、弯曲,甚至断裂。

⑥在压铸生产过程中,由于操作不当,会引起模具型腔机械损伤,如塌陷、变形、弯曲、断裂等失效形式。

综上所述,压铸模具成型零件是在极其恶劣的条件下工作的,温度应力和热疲劳导致的热裂纹是成型零件最先达到破坏失效的主要原因。

13.2 提高压铸模具使用寿命的主要措施

通过对各种原因的深入分析,可归纳出影响压铸模寿命的众多因素,既包括外部因素又包括内部因素。外部因素主要有压铸件结构、合金材料、压铸工艺、设备条件、维护及保养等。内部因素主要有模具设计和模具制造等。其中,压铸件与压铸模具的设计、模具制造、维护保养是影响模具寿命的主要因素。下面分别进行阐述。

13.2.1　压铸件与压铸模具设计的影响及改善措施

(1)压铸件设计的影响及改善措施

压铸件的设计原则除了满足功能性要求外，还要考虑其设计的合理性与工艺的适应性。不合理的压铸件设计可使模具局部表面过早产生龟裂、擦伤、磨损，甚至断裂。因此，设计压铸件时应注意以下 6 点：

①合金材料的选择。不同种类的压铸合金，物理特性各不相同。其中，合金材料的熔点温度、熔融合金液的流动性和与模具成型表面的亲和性，对模具的使用寿命影响很大。因此，在满足使用要求和经济性的前提下尽量选用熔点温度较低、流动性好、与成型零件亲和性差的合金。

②压铸件宜采用适当薄而均匀的壁厚。采用薄壁除了可减轻铸件质量外，也减少了模具的热载荷，较低的热载荷可延缓模具成型表面热龟裂的发生。但壁厚太薄也会使合金充填困难，从而必须提高压射速度以保证充填质量，过高的填充速度会对模具的表面产生较大的冲刷，内浇口附近尤其严重，反而降低了模具寿命。均匀的壁厚可使合金填充顺畅、速度平稳，同时避免产生热节，减少局部热量集中。

③铸件的转角处应有适当的铸造圆角，以避免在模具对应部位形成尖角，从而减缓该处龟裂纹和塌陷的生成，也有利于改善填充条件。

④压铸件上应有合适的脱模斜度，以避免开模顶出和抽芯时拉伤模具侧壁表面。

⑤压铸件上应尽量避免窄而深的凹槽和孔，使对应模具部位无尖细的凸台。因为模具上尖细的凸台不仅强度差，易受冲击而弯曲、断裂；还会导致散热条件恶化，过早出现热疲劳。

⑥根据铸件的使用特点和装配要求，设计时可适当降低压铸件上不太重要区域的验收标准，即降低该部位的尺寸精度等级和表面质量，使这些成型区域在使用过程中即使产生细微磨损和龟裂也不至于导致模具报废。

(2)模具设计的影响及改善措施

所有模具零件对模具寿命都有不同程度的影响，其中成型零件、模架、浇注系统零件、导滑和导向零件等影响较大。因此，在模具设计时应重点考虑这些地方。

①模具设计时应保证各元件有足够的强度，以承受锁模力和金属液充填时的反压力而不产生超出允许的变形量。导滑和导向零件除了要有足够的强度外，还要有很高的表面耐磨性，保证模具使用过程中可靠地滑动和定位。在模具零件选材上，所有成型零件均应选用耐热合金钢(如 4Cr5MoSiV1)，并采取合适的热处理工艺，以保证在模具高温环境下工作时具有较高的强度和较低的收缩率。模具套板可选用球墨铸铁(如 QT600-3)、中碳钢(如 45 钢)或低合金结构钢并进行调质处理。导滑元件一般用优质工具钢(如 T10A，T8A)并淬火处理。

②正确选择各种零件的公差配合和表面粗糙度，使模具在正常工作温度下，保证活动部位不但能顺畅运动又不致窜入金属液，固定部位不致产生松动或过紧致零件胀裂。成型表面和浇排系统表面应有较高的表面粗糙度要求，以减轻合金液冲刷和摩擦对其表面产生的侵蚀和磨损。导滑和导向零件的工作面也应设置较小的粗糙度值以尽量减小摩擦阻力、避免表面拉伤。

③设计合理浇注系统。控制好内浇口的开设位置和方向，要尽量防止金属液正面冲击或

冲刷型壁和型芯，减轻冲蚀对模具的破坏。设计时内浇口一般可开设在厚壁处或者顺着壁填充。避免浇口、溢流槽、排气槽靠近导柱、导套和抽芯机构，以免金属液窜入。在工艺参数可调范围内适当增大内浇口截面积，以降低内浇口速度，从而提高模具使用寿命。合理的溢流槽还可以优化模具的热平衡。

④设置合理的模温控制系统以保证模具的热平衡，良好的热平衡可大大提高模具寿命。在压铸过程中，通过调节模具每个冷却点的水流量和流速来调节模具温度，使模温控制在允许范围内并且温差尽量小，以减轻模具的热疲劳和热黏模。大型复杂的模具还应设置加热系统，使用前先将模具加热到预热温度，然后再压铸产品，这样不仅可减少冷模压铸时产生的废料数量，同时也减小了高温合金液对模具表面的热冲击。在正常的生产过程中，通过在局部过冷的地方设置加热系统，不仅使合金液填充更顺畅、改善铸件质量，同时也减小了模具成型零件的温差和热应力。

⑤合理采用镶拼结构和型芯。在模具的易损部位，特别是较小截面的凸台、细小而长的型芯，应尽量采用镶拼的做法，便于损坏时更换，避免因局部失效而更换整个零件。对不适应热处理工艺要求的零件(可能产生开裂、变形严重或者零件太大热处理困难等)，也需采用镶拼结构。设置推杆和型芯孔时，应与镶块边缘保持一定的距离以使镶块强度足够，溢流槽与镶块边缘也应保持一定距离以避免合金液冲入拼缝。为避免受力(热)引起应力集中，在有尖角的部位也需采用镶拼结构。

⑥模具应设计合理的吹气位置和排渣通道，避免生产过程中产生的微小粉尘的堆积，导致合模不严产生毛刺和飞边，同时也造成模具零件表面压凹。当粉尘窜入活动零件工作表面时，还可能使其表面拉伤，甚至卡死。如果有较大的异物(如脱落的渣包)落在模具型腔内不能及时排出，在巨大的合模力作用下可立刻使模具相应部位断裂。

⑦对于细小而长的型芯，因自身强度差、受热面积大，往往很快就会失效。为了提高小型芯的使用寿命，选材上可选高温强度更好的优质钢材或特殊合金(如导热率更高的铍青铜、钨基合金等)；结构上可设置细芯冷却方式使积聚的热量迅速被带走，避免热黏模和龟裂；另外，还可以采用特殊的表面处理工艺(如压铸铝合金时，因铸件材料与铁有亲和性，钢制小型芯易发生热黏模，采用表面镀钛可显著提高其寿命)。

13.2.2　压铸模具制造的影响及改善措施

模具零件加工工艺方法的选用和合理安排、制造装配精度和表面质量、原材料的质量、零件热处理工艺和表面强化处理的合理运用、制造失误的合理补救方法等也是影响模具寿命的重要因素。

(1)模具零件加工工艺方法的运用和合理安排

随着基础理论、装备技术和加工手段的不断发展进步，模具的制造工艺也不断地变化和改进，尤其是最近十几年，先进工艺技术的运用已得到推广和普及。工艺技术的革新，不仅大大提高了模具制造的效率和精度，同时也提高了模具的使用寿命。

由于数控铣床加工精度的提高和刀具的不断改进，在成型零件的成型和配合表面的加工上基本已不用磨削加工，避免了传统的磨削加工对模具寿命的影响。铣削加工产生的热量可通过被去除的材料带走 70%~80%，再加上合理的冷却方式可大大减轻零件表面的热应力。零件在精加工时通过选择合理的刀具(刀刃为负后角)，可使零件表面产生压应力，从而提高抗疲劳能力。

随着硬质合金刀具的普遍运用,使加工高硬度材料变得更容易。成型零件的工艺安排可淬火后再进行精加工切削,使零件同时满足硬度和精度的要求。选用高速加工中心(或5轴加工中心)再配上热缩柄刀具夹持系统,可使切削加工深型腔和窄槽形零件变得容易。尽量不用或减少放电加工,这样可避免或减轻放电加工对模具寿命的影响,因为在放电加工去除较大较厚的材料时,不仅会产生很大的应力,还会使原来淬火硬度较高的表层去除后露出硬度较低的内部组织,导致其抗疲劳和冲蚀能力的降低,从而影响模具寿命。另外,放电加工产生的硬而脆的白亮层如果不打磨干净,也会在随后的去应力处理时产生表面细裂纹。

大型、复杂的成型零件,在粗加工后应安排去应力处理;精加工完后也需安排去应力处理以消除磨削、放电加工等产生的残余应力。

(2)模具零件制造装配精度和表面质量

在加工过程中,必须保证零件正确的几何形状和尺寸精度,这是保证模具能够正常使用的前提,尺寸超差往往导致零件过早失效。例如,因尺寸超差而使滑动配合间隙过大会使合金液窜入,导致滑动表面拉伤、卡死,甚至断裂;因配合间隙过小而使压铸过程中局部胀型力过大,当超过零件的承受极限,会导致零件产生裂纹直至断裂。

除了尺寸精度外,还需要有较好的表面质量。尤其是在成型零件表面和浇排系统表面,需要保证有很小的表面粗糙度值,以减少黏模和表面裂纹的产生。不允许有残留加工痕迹和划伤痕迹,特别是对于高熔点合金的压铸模,该处往往成为裂纹的起点。导滑导向零件表面也应保证有较小的表面粗糙度值,防止运动时擦伤零件表面影响寿命。

(3)模具零件原材料的质量

压铸模具原材料的质量对其寿命的影响极大,主要体现在抗热疲劳性能。锻材中气体含量高、成分偏析以及碳化物分布的不均匀程度严重,都会降低模具的热疲劳寿命。锻材内部不允许有夹杂物、缩孔等缺陷,其往往是萌生裂纹的核心,夹杂物的尺寸大于某一临界尺寸后,疲劳强度会随着夹杂物颗粒尺寸的加大而按立方根的比例下降。例如,用精炼(真空熔炼或电渣重熔)方法获得的4Cr5MoSiV1钢制作的模具与普通熔炼方法相比,使用寿命要高出1倍以上。

钢坯应采用多向反复锻打的锻造工艺,可使碳化物分布均匀并消除纤维状组织及方向性,从而提高材料的耐磨性和各向同性以及抗咬合能力。为了使锻件毛坯组织均匀,硬度适中,以便于切削加工,最后一般需作一次高温退火处理。

目前,模具厂家大都是直接购买退火状态的坯料或是根据零件大小下好的材料,直接进行粗加工。因此,需要选择质量可靠的材料厂商作为供货商,并认真做好原材料入厂的检验工作,防止有问题的材料进入生产环节。

(4)模具零件热处理工艺和表面强化处理的合理运用

通过热处理可改变材料的金相组织,以保证压铸模具材料具有较好的高温强度和回火稳定性,这样才可能获得优异的抗热疲劳性能和耐磨性能。经过热处理后的零件要求变形量少、无裂纹和尽量减少残余内应力的存在。热处理质量对压铸模使用寿命起十分重要的作用,如果热处理不当,往往会导致模具过早损伤、开裂而报废。采用真空或保护气氛热处理,可以减少脱碳、氧化、变形和开裂。成型零件淬火后应采用二次或多次的回火。实践证明,只采用调质(不进行淬火)再进行表面氮化的工艺,往往在压铸数千模次后会出现表面龟裂和开裂,其模具寿命较短。

采用表面强化处理工艺可以提高模具成型表面的强度、耐磨性和耐蚀性，从而延缓热裂纹的产生并阻止其扩散，提高模具寿命。常见的表面强化处理方法有软氮化处理、喷丸处理、表面氧化处理、硫碳氮共渗、TD涂覆处理等。

(5)模具零件制造失误的合理补救方法

成型零件在制造时如果出现尺寸或形状差错，需留用时，尽量采用镶拼补救的办法。小面积的焊接在有些零件部位也允许使用(采用氩弧焊焊接或激光精密焊接)，焊条材料必须与所焊接工件一致，并严格按照正确的焊接工艺操作，焊前做好预热工作，焊后及时消除应力。

13.2.3 压铸生产工艺及生产过程的影响及改善措施

①压铸生产前模具的预热，对压铸模具寿命的影响很大。若模具没有进行充分地、均匀地预热，高温的金属液在填充型腔时，低温的型腔表面受到剧烈的热冲击，致使成型零件内外层产生较大的温度梯度，容易造成表面裂纹。同样，如果模具局部过热，容易形成局部退火，会造成该处热裂的提前产生或扩大。

②在压铸生产过程中，模具温度逐步升高，当模温过热时，会使压铸件产生黏模或活动的结构件抱紧失灵的现象。因此，有效、合理地设置模具温度控制装置，使压铸模具在生产过程中始终保持在适宜的工作温度范围内，可以延长模具的使用寿命。

③在较长的压铸运作中，热应力的积累也会使模具产生裂纹。因此，在模具投入批量生产后，达到一定的生产数量后，要对模具的成型零件进行回火处理或进行振动去应力，以消除模具的应力，也是延长模具寿命的必要措施。

④在压铸过程中，对成型部位涂料的选用和使用以及相对移动部位的润滑，对模具的使用寿命也会产生很大的影响。

⑤合理的压铸工艺对模具的使用寿命影响也很大。为了尽可能地提高压铸模具的使用寿命，在保证产品质量的前提下，应该尽可能地采用低的压射速度、低的压射比压和低的浇注温度。

⑥模具在制造或维修时，要尽可能避免烧焊(氩弧焊)。烧焊对模具损伤很大，很容易导致模具产生裂纹或焊疤脱落。实在避免不了需要焊修，最好采用冷焊、滚焊，不要用高温。

⑦模具的机械性损伤，生产过程中若模具型腔内残屑未清理干净，在生产过程中经反复合模挤压，会导致将模具塌陷、变形甚至断裂。若生产过程中全部或局部铸件留在模具中而再次合模，这时，如模具内的铸件及残片稍有位移，就会使模腔或型芯损裂，因此，切记铸件留在型腔内合模，尤其是对带有滑块抽芯机构的模具，更应加倍注意。因此，正确的操作规程也能影响模具的使用寿命。

13.3 压铸模具的正确使用和维护保养

在生产使用过程中，压铸模具的正确使用和维护保养也是影响压铸模具寿命的一个重要环节。为了保持压铸模具的良好性能和避免过早失效，生产过程中，对压铸模具的使用和维护保养要从以下方面进行：

①压铸模具必须安装在性能良好、与设计机型相符的压铸机上生产。使用的压铸件材料要与原设计相同。

②安装模具应注意动、定模对中，配合间隙均匀，紧固可靠，保证开闭模具平稳、准确、灵活、无卡滞现象。

③压铸模具通常在投入生产使用前，都要求先期试模。试模前，要对模具各滑动、导向部位加油润滑，用慢速重复空模启闭数次，观察模具各部位运行是否正常。确认各滑动部位平稳、可靠、灵活后才能开始压铸试模。

④试模时，模具应充分均匀预热（一般铝合金压铸模应预热到 130~180 ℃），压铸工艺参数应选择较低的浇注温度、较低的压射比压和较低的压射速度等条件进行试压。冷却时间要充分，开模时应在低速下进行。随后根据试模情况逐步调整各压铸工艺参数，达到最佳状态。禁止一开始就采用高压力、模具不预热就压铸试模。试模后应尽快检验压铸件是否符合要求，必要时需按规定进行试加工、试装配，当确认压铸件合格时，则可以认为试模完成，模具才可投入批量生产。

⑤试模中如发现压铸成型不良或压铸件缺陷较多（如欠铸、气孔、缩孔、黏模、飞边等）时，应从压铸工艺参数的选择和模具的浇排系统进行综合分析，找出原因并采取措施予以消除。

⑥模具每班开始生产前，操作者应检查模具分型面，有滑块的模具要检查滑块、滑槽等是否清洁或有异物，并清理干净；所有滑动、导向部位要打上润滑油；检查模具安装是否有松动现象，并连续空模开闭 3~4 次，当开闭顺畅、没有异响时才能进行下个动作（如预热模具）。

⑦生产过程中，应保持模具导向、滑动部位的润滑；应注意模具的均匀冷却，保持模具各部位的工作温度为 180~250 ℃，冷却液温度不低于 20 ℃；随时关注模具状况，如有黏模、拉伤、飞皮等异常情况，须处理后才能继续生产。

⑧模具批量投产后应进行消除应力处理，以消除压铸生产时产生的应力。目前，常用的是热处理去应力。热处理去应力通常在真空炉或保护气氛炉中进行，温度为 400~500 ℃，时间以每小时 25 mm 模具镶块厚度计算，然后在炉中慢慢冷却至室温。消除热应力的生产模次推荐值见 13.1。

表 13.1　消除热应力的生产模次推荐值

铸件材料	第 1 次去应力/模次	第 2 次去应力/模次	备　注
锌合金	20 000	50 000	第 3 次及以后的消除热应力每次之间的模次可逐步增加
铝合金	5 000~10 000	20 000~30 000	
镁合金	5 000~10 000	20 000~30 000	
铜合金	300~500	1 000	

⑨模具批量投产后，每连续生产一定数量后须对模具进行一次维护保养（检修），连续生产的数量一般由各压铸厂根据压铸件的特点自己规定。维护保养的内容如下：

a.用煤油、柴油或干冰清洗模具，去除铝屑、油污，保持模具外观干净整洁，必要时刷上防腐漆。

b.检查清理模具分型面上的铝屑、飞皮、杂质，检查修理模具是否存在塌陷或“跑水”现象。

c.检查、修理或更换模具活动、导向部位是否磨损或间隙过大。

d.检查处理模具连接螺钉是否松动。

e.检查、更换型腔内型芯、顶杆是否断裂、弯曲、磨损。

f.对照尾件检查处理型腔是否有黏模或拉伤现象。

g.检查处理模具冷却系统是否通畅,用水冷的模具须定期去除通道内水垢。

h.将所有活动部位打上润滑油,型腔、分型面上打上防锈油,并填写《模具保养卡》,将模具调入指定位置陈放。

练 习 题

1.影响压铸模具寿命的因素有哪些?

2.提高压铸模寿命的措施有哪些?

3.通过尽量多的途径收集对压铸模寿命提高有益的方法和案例,并开展小组讨论。

第 14 章 压铸件缺陷分析与预防

学习目标:

掌握压铸件缺陷的种类、名称及特征;

掌握压铸件缺陷形成的原因;

掌握压铸件缺陷的预防措施。

能力目标:

通过本章的学习具备准确诊断压铸缺陷和分析主要原因,并具备制订纠正预防措施的能力。

14.1 压铸件缺陷种类及名称

压铸件缺陷种类有表面缺陷、表面损伤、内部缺陷、裂纹缺陷、几何形状与图样不符、材质性能与要求不符、杂质缺陷等,每类缺陷又有很多种,见表 14.1。下面遴选生产过程中的部分常见缺陷加以讲述。

表 14.1 压铸件缺陷种类

序号	缺陷种类	具体缺陷名称
1	表面缺陷	流痕及花纹、网状毛刺、冷隔、缩陷(凹陷)、印痕、铁豆、黏附物痕迹、分层(夹皮及剥落)、摩擦烧蚀、冲蚀
2	表面损伤	机械拉伤、黏模拉伤、碰伤
3	内部缺陷	气孔、气泡、缩孔、缩松
4	裂纹缺陷	裂纹
5	几何形状与图样不符	尺寸不合格、欠铸及轮廓不清晰、变形、飞翅、多肉或带肉、错型或错扣、型芯偏位
6	材料性能与要求不符	化学成分不符合要求、力学性能不符合要求
7	杂质缺陷	夹渣(渣孔)、金属硬点、非金属硬点
8	其他缺陷	脆性、渗漏

14.2 典型压铸缺陷分析与预防措施

(1)表面缺陷

1)网状毛翅缺陷

网状毛翅缺陷的特征为铸件表面有网状发丝一样凸起或凹陷的痕迹,如图 14.1 所示。

缺陷产生的原因:压铸模表面出现龟裂纹。

预防措施:

①正确选用模具材料及压铸模热处理工艺。

②金属液浇注温度不宜过高。

③模具要充分预热。

④压铸模要定期或使用一定次数后进行退火,打磨成型部分的表面。

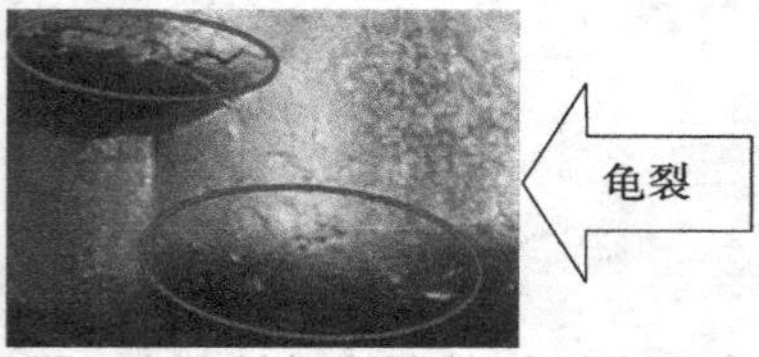

图 14.1 压铸件表面的龟裂纹缺陷

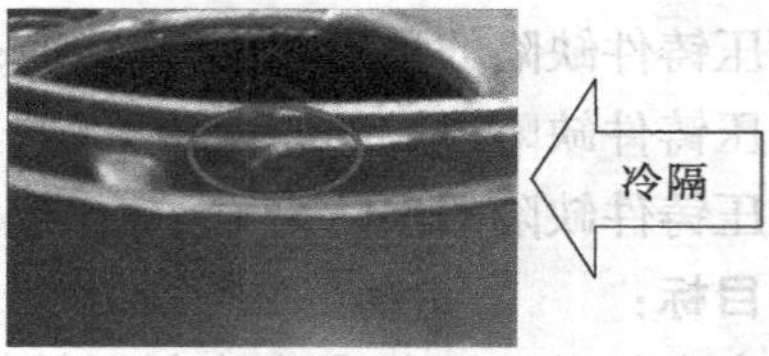

图 14.2 压铸件表面的冷隔缺陷

2)冷隔

冷隔是指铸件表面有明显的、不规则的、穿透或不穿透的下陷纹路,形状细小而狭长,有时交接边缘光滑,如图 14.2所示。

缺陷产生的原因:金属液充型时,因两股金属流相互对接,而金属液结合力极弱,未能完全熔合。

预防措施:

①适当提高金属液浇注温度和压铸模温度。

②提高压射比压及速度,缩短金属液充填时间。

③改变内浇道位置,加大内浇道面积。并在适当位置开设溢流槽和排气道,改善金属液充型及排气条件。

④正确选用压铸合金,提高其流动性,并防止金属液氧化。

3)黏附物痕迹

黏附物痕迹是铸件表面上有小片状金属或非金属物,它与铸件主体部分熔接,在外力作用下片状物会剥落,剥落后铸件该部有发亮或暗灰色痕迹。

缺陷产生的原因:压铸模型腔表面有金属和非金属残留物,或浇注时带进的杂质附在型腔表面上。

预防措施:

①注前应将压铸模型腔及压室清理干净,不得有黏附物。

②浇注的金属液要清洁干净。

③选择合适的涂料,要喷涂均匀。

4)分层(夹皮或剥落)

分层的特征是铸件局部有明显的金属分层,如图 14.3 所示。

缺陷产生的原因:压铸过程中模具发生抖动,或压射冲头前进不平稳,或浇注系统设计不当。

预防措施:

①加强模具刚度,要紧固压铸模各部件,使之稳定。

②调整压射冲头与压室的配合。

③合理设计浇注系统。

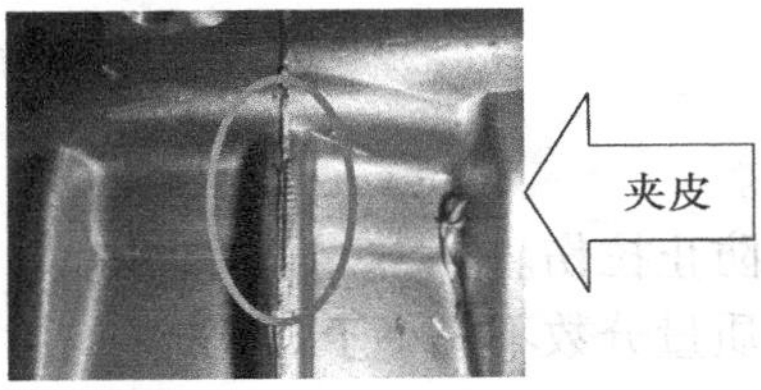

图 14.3　压铸件表面的夹皮缺陷

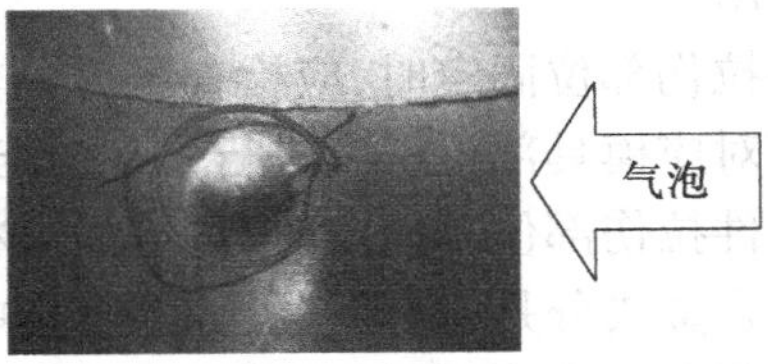

图 14.4　压铸件表面的气泡缺陷

5)气泡

气泡是压铸件表面有米粒大小的隆起,表皮下形成空洞,如图 14.4 所示。

缺陷产生的原因:

①金属液在压室中充满度过低,易产生卷气,压射速度过高。

②模具排气不良。

③合金液未除气,熔炼温度过高。

④模温过高,金属凝固时间不够,而过早开模推出压铸件,受压气体膨胀起来。

⑤涂料太多。

⑥内浇口位置开设不合理,充填方向不顺畅。

预防措施:

①提高金属液在压室中的充满度。

②降低第一阶段压射速度,改变低速与高速压射的切换点。

③降低模温。

④增设排气槽和溢流槽,充分排气。

⑤调整熔炼工艺,进行除气处理。

⑥留模时间延长。

⑦减少涂料用量。

6)流痕及花纹

流痕及花纹是指压铸件表面上有与金属液流动方向一致的条纹,有明显可见的与基体颜色不一样的无方向性的纹路,如图 14.5 所示。

缺陷产生的原因:压铸工艺参数不当,如压铸模温度过低或浇注温度过低;涂料过多,浇注系统不当等造成金属液喷溅,或先进入型腔的金属液凝固的薄层被后来金属液弥补留下的痕迹。

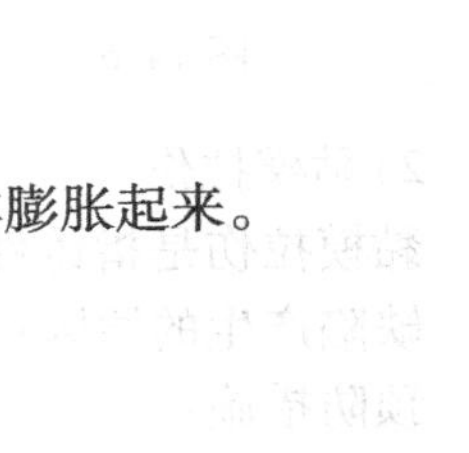

图 14.5　压铸件表面花纹缺陷

预防措施:

①提高模温及浇注温度。

②调整内浇道位置及大小。
③调整内浇道速度和压力。
④选用合适的涂料及调整用量。

(2)表面损伤

1)机械拉伤缺陷

机械拉伤缺陷是指铸件表面顺出模方向有擦伤的痕迹,如图 14.6 所示。
缺陷产生的原因:铸件出模受阻造成的擦伤。
预防措施:
①铸件拉伤部位固定时,应检查压铸模。
②对该对应模具部位斜度进行修正、打光压痕。
③当铸件拉伤部位不固定时,可增加涂料量来防止拉伤。
④检查合金成分是否有问题,如铝合金中铁的质量分数不应小于 0.6%。
⑤调整顶杆使顶出力平衡。

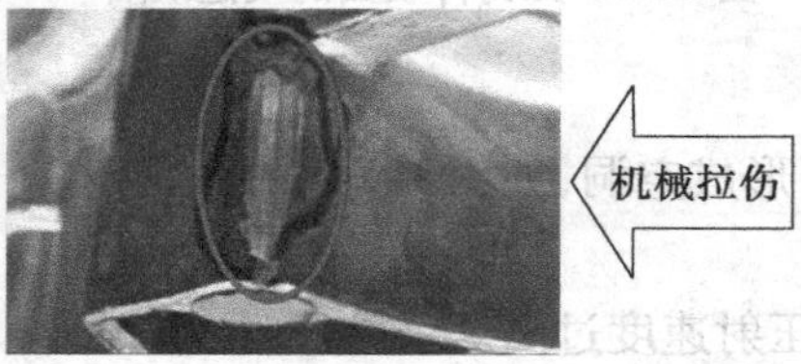

图 14.6　压铸件表面的拉伤缺陷

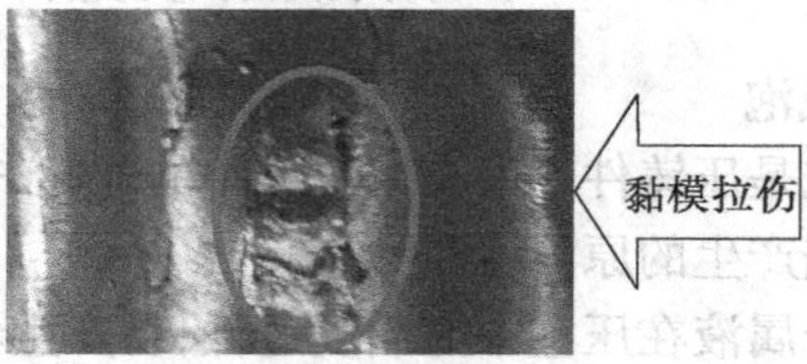

图 14.7　压铸件表面的拉伤缺陷

2)黏模拉伤

黏模拉伤是指铸件表面有拉伤或被撕破的痕迹,如图 14.7 所示。
缺陷产生的原因:金属液与压铸模局部粘在一起,铸件出模时使粘连处出现拉伤和撕破。
预防措施:
①金属液浇注温度和压铸模温度控制在工艺规定范围内。
②正确选用涂料的种类和用量。
③浇注系统的开设不应让金属液正面冲击型芯和模具,同时应适当降低充填速度。
④正确选用压铸模材料并进行热处理,消除模具型腔粗糙表面。

3)磕碰伤

磕碰伤是指压铸件表面有碰伤,如图 14.8 所示。
缺陷产生的原因:铸件搬运及装卸不当,造成其被碰伤。
预防措施:
压铸件在取件、搬运、装卸时均应注意防止碰伤。

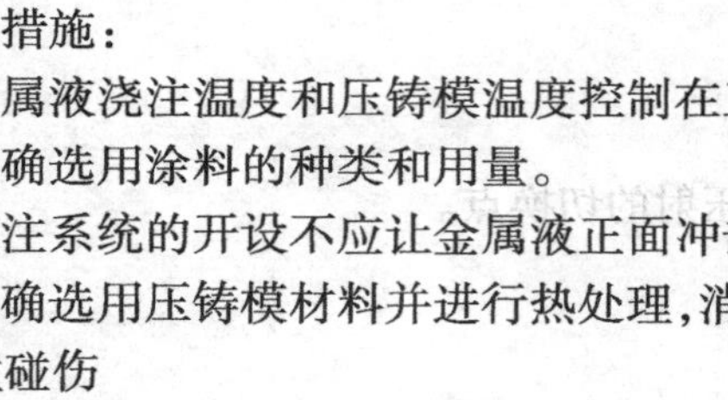

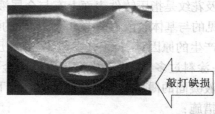

图 14.8　压铸件表面碰缺

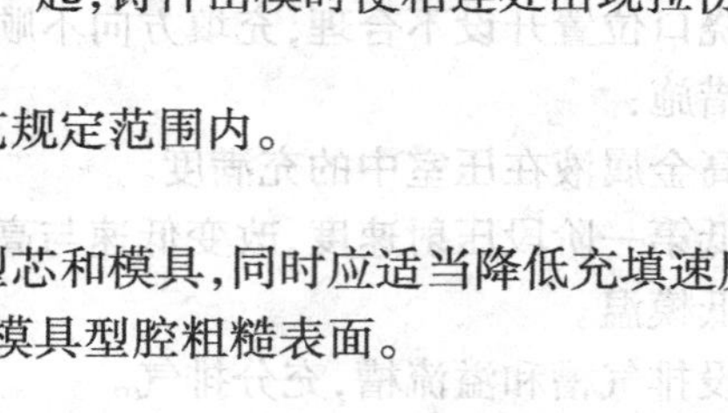

图 14.9　压铸件表面碰损

4)敲打伤

敲打伤是指压铸件表面被敲打缺损,如图 14.9 所示。

缺陷产生的原因:去除铸件浇排系统或飞边毛刺时,因操作不当造成其被碰伤。

预防措施:

压铸件在去浇口或飞边毛刺时严格按工艺要求操作,注意防止打伤、打缺铸件。

(3)内部缺陷

1)气孔

气孔是铸件上存在着孔壁光滑的圆形或椭圆形孔洞,其表面多呈灰色,如图 14.10 所示。

缺陷产生的原因:模具型腔中气体、压室中气体,或金属液中气体,或涂料产生的气体被卷包在铸件中,未能排出铸件外造成的缺陷。

预防措施:

①改进内浇道导入位置及面积,合理设置溢流槽、排气槽,加大排气量。

②采用慢速压铸技术,防止卷入压室气体。

③降低产生气孔位置对应压铸模处的模温。

④使用干燥、干净的炉料,熔炼温度不可过高,除气要充分,尽量减少金属液中的含气量。

⑤选用发气量小的涂料,用量不可过多。

图 14.10　压铸件内部的气孔缺陷

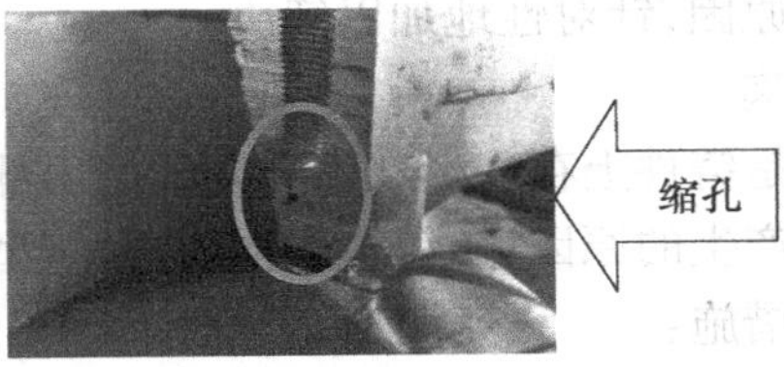

图 14.11　压铸件内部的缩孔缺陷

2)缩孔、缩松

缩孔、缩松是压铸件内部存在形状不规则、不光滑的孔洞,大而集中的称缩孔,小而分散的称缩松,如图 14.11 所示。

缺陷产生的原因:铸件冷凝过程中,金属液液态收缩和凝固期收缩得不到补偿,或得到的补偿不足,而造成铸件的缩孔、缩松的缺陷。

一般缩孔、缩松产生在铸件最后凝固的、壁厚较厚处。

预防措施:

①改变铸件结构,使铸件壁厚较均匀,消除热节。

②在可能条件下,适当降低浇注温度。

③适当提高压射比压。

④改善浇注系统,使压力能更好地传递。

(4)裂纹缺陷

裂纹缺陷是指铸件上有直线或波浪形、穿透或不穿透的狭小而长的裂纹,如图 14.12 所示。

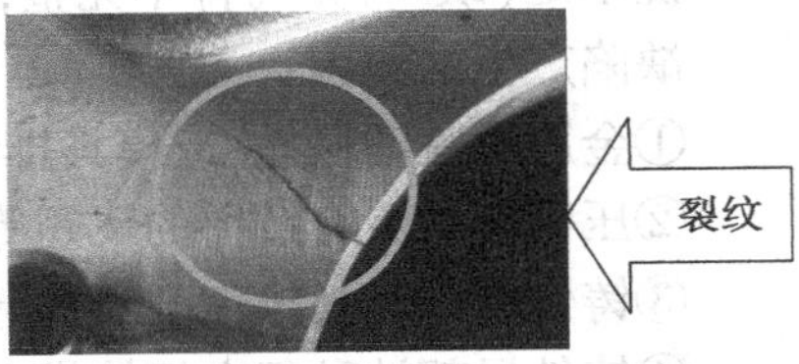

图 14.12　压铸件裂纹缺陷

缺陷产生的原因:铸件内应力或外力超过材质的强度极限造成铸件裂开。细分原因如下:

①铸件收缩应力超过材质的强度极限。

②开模、推出铸件等机械操作造成铸件裂纹。

③金属液压入型腔时模具或型芯后退造成铸件裂纹。

预防措施。

①合金成分要按规定、杂质含量不应超过规定,以防止合金由于成分问题有热脆性和冷脆性。如铝合金中铁含量不能过高或硅含量过低,铝硅合金、铝硅铜合金含锌或含铜量过高等。

②压铸件结构要合理,壁厚应均匀,不要有过薄的部位;壁厚不均匀时应逐步过渡;不应有尖凹角等。

③铸件从压铸模中取出时间要适当,不能留模时间过长。

④推出铸件时,要使铸件各处受力均匀。

⑤保证压铸机和压铸模处于正常状态。

(5)几何形状与图样不符

1)压铸件尺寸不合格

压铸件尺寸不合格可能是压铸模设计尺寸错误或压铸模磨损或模温波动造成的。也可能是压铸时合模力不足,动模后退,或活动型芯、镶嵌活块错位及偏移造成的,或压铸模定位用的导柱、衬套磨损造成压铸模错动造成的以及其他原因造成的。应找出造成压铸件形状、尺寸不符的具体原因,针对性地加以解决。

2)多肉

多肉是铸件上存在形状不规则的凸出部分,如图 14.13 所示。

缺陷产生的原因:压铸模磨损或损坏,型芯拆断等。

预防措施:

①修理压铸模,更换型芯等。

②正确进行压铸模热处理,严格操作规程,防止模具掉块。

③防止模具龟裂掉块等。

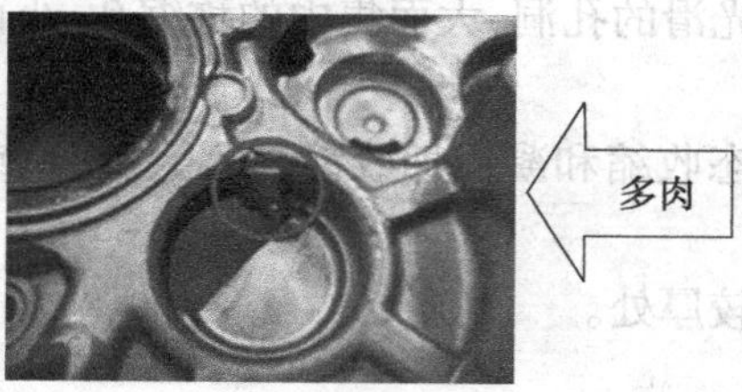

图 14.13　压铸件内孔多肉

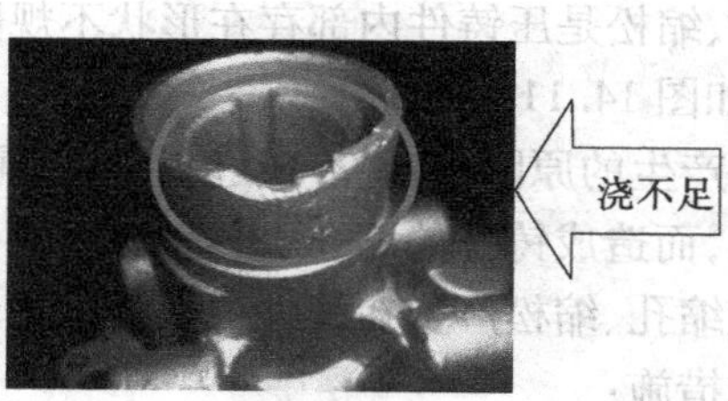

图 14.14　压铸件浇不足(缺肉)

3)浇不足(缺肉)

浇不足(缺肉)是铸件不完整,局部缺损,如图 14.14 所示。

缺陷产生的原因:

①金属液流动性差,或模具排气不良,或压射比压和速度不足,引起铸件没充满。

②压铸模中夹有残留的飞翅等,使铸件形成欠铸。

③铸件顶出时尚未完全凝固,形成顶杆凹坑。

④铸件局部被黏留在压铸模上。

⑤模具温度偏低。

⑥浇注温度偏低。

⑦涂料过多,排气不畅。

⑧合金液中含气量高,氧化夹渣多,流动性差。

预防措施:

①适当提高模具温度和合金液的浇注温度。

②适当延长留模时间。

③模具成型部位均匀喷涂涂料。

④提高压射比压和充填速度。

⑤严格控制熔炼工艺,尤其是精炼和撇渣环节。

⑥改善排气条件。

4)飞翅缺陷(错模)

飞翅缺陷(错模)指铸件分型面处或压铸模的活动部分对应铸件处凸出过多的金属薄片,如图14.15所示。

缺陷产生的原因:压铸机调整不当,或压铸模强度不够和磨损,或操作工人操作不当。

预防措施:

①检查压铸机合模力及增压情况。

②调整增压机构使压射增压峰值降低。

③检查压铸模强度和锁紧零件、修整模具。

④操作工人要清理压铸模分型面,防止有杂物存在等。

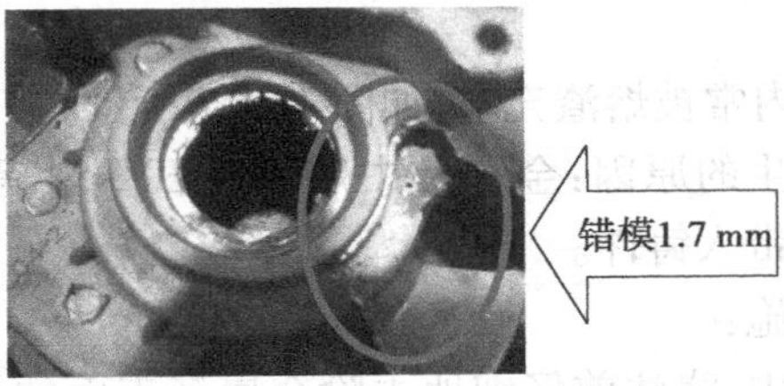

图14.15　压铸件错模

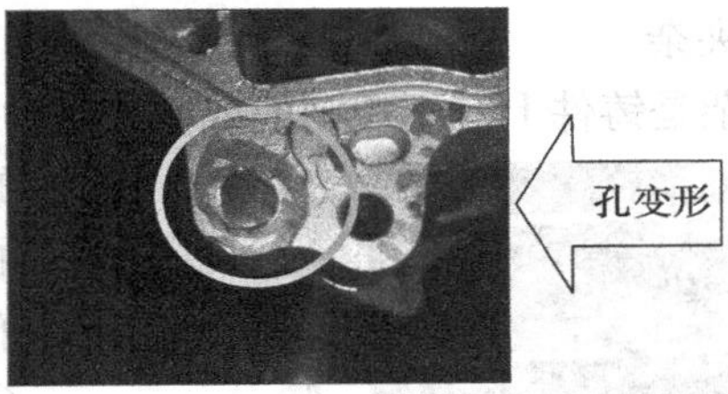

图14.16　压铸件变形

5)变形

变形是压铸件形状翘曲超过图样尺寸公差,称铸件变形,如图14.16所示。

缺陷产生的原因:压铸件结构不合理,或工艺操作不当等。

预防措施:

①改进铸件结构,让铸件壁厚尽量均匀。

②铸件不要堆叠存放,特别是大而薄的铸件不可堆叠存放。

③时效或退火处理不要堆叠入炉。

④必要时可对变形的压铸件进行校对、矫正。

6)包模

包模是压铸件包紧力过大,导致铸件脱模时局部拉变形或拉缺。

缺陷产生的原因:合金材料收缩大、持压时间过长、增压比压过大等。

预防措施:

①提高合金材料纯净度。

②涂料喷涂均匀。

③控制好持压时间符合压铸工艺要求。

④控制好增压比压符合压铸工艺要求。

(6)材料性能与要求不符

1)化学成分不符合要求

化学成分不符合要求是指铸件合金元素不符合要求或杂质过多。

缺陷产生的原因:原材料及回炉料未准确分析就使用,或配料不准确,或熔炼不当等。

预防措施:

①炉料要经化验后才能使用。

②炉料要严格管理、经配料计算后准确配料使用,新旧料按一定比例使用。

③严格控制熔炼工艺和操作等。

2)力学性能不符合要求

力学性能不符合要求是指铸件合金力学性能低于标准要求。

缺陷产生的原因:化学成分有误,或铸件内部有缺陷,或试样处理方法有误等。

预防措施:

①严格控制合金的成分和杂质含量。

②严格熔化工艺,如控制好合金熔化温度,消除合金液中氧化物等。

③生产中定期进行工艺性实验。

(7)杂质缺陷

1)夹杂

夹杂是铸件上有不规则的或明或暗的孔,孔内常被熔渣充塞,如图 14.17 所示。

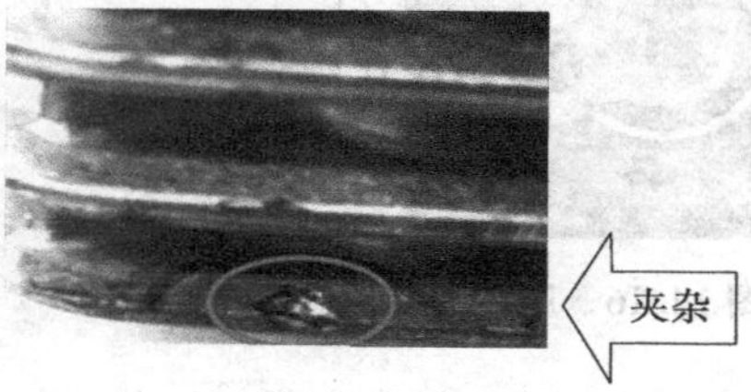

图 14.17　压铸件中的夹杂缺陷

缺陷产生的原因:金属液中熔渣或石墨坩埚及涂料脱落物等被带入铸件。

预防措施:

①熔炼中、浇注前仔细地去除金属液表面的熔渣,手工舀取金属液时要遵循舀取工艺,防止舀入熔渣。

②使用石墨坩埚时,边缘要装上铁环。

③使用涂料用量要适当、均匀。

2)非金属硬点

非金属硬点是压铸件上有硬度高于金属基体的细小质点或块状物,加工后常常显示出不同亮度,经分析知这些质点和块状物为非金属,称非金属硬点。

缺陷产生的原因:浇入铸型的金属液中混有金属液表面氧化物、金属液与炉衬等的反应产物、金属液与涂料反应产物等。

预防措施:应从金属液熔炼、浇注、上涂料等各工序严格控制来加以防止。

3)金属硬点

金属硬点是压铸件上有硬度高于金属基体的细小质点或块状物,经分析这些质点或块状物为合金元素或金属间化合物,加工后常显示出不同亮度。防止金属硬点应从严格熔炼着手。

练 习 题

1.防止压铸件产生气孔的预防措施有哪些?

2.压铸件缩孔与缩松的产生原因和防止措施是什么?

3.压铸件冷隔的形成原因和防止措施是什么?

4.防止压铸件产生裂纹的措施有哪些?

参考文献

[1] 田雁晨,田宝善,王文广.金属压铸模设计与实例[M].北京:化学工业出版社,2006.

[2] 吴春苗.压铸实用技术[M].广州:广东科技出版社,2003.

[3] 杨裕国.压铸工艺与模具[M].北京:机械工业出版社,1996.

[4] 付宏生.压铸成型工艺与模具[M].北京:化学工业出版社,2007.

[5] 屈华昌.压铸成型工艺与模具设计[M].北京:高等教育出版社,2008.

[6] 黄勇.压铸模具简明设计手册[M].北京:化学工业出版社,2009.

[7] 潘宪曾.压铸模设计手册[M].北京:机械工业出版社,2006.

[8] 潘宪曾,黄乃瑜.压力铸造与金属型铸造模具设计[M].北京:电子工业出版社,2007.

[9] 李清利.压铸新工艺新技术及其模具创新设计实用手册[M].北京:世界知识音像出版社,2005.

[10] 田雁晨.金属压铸模设计技巧及实例[M].北京:化学工业出版社,2006.